普通高等教育药学专业"十三五"系列教材

本项目由"一省一校"研究生课程建设专项资金资助

制药工艺学

ZHIYAO GONGYIXUE

主编　张秋荣　施秀芳

郑州大学出版社

图书在版编目(CIP)数据

制药工艺学/张秋荣,施秀芳主编 . —郑州:郑州大学出版社,2018.1(2023.1 重印)
ISBN 978-7-5645-3263-5

Ⅰ.①制… Ⅱ.①张…②施… Ⅲ.①制药工业-工艺学-高等
学校-教材 Ⅳ.①TQ460.1

中国版本图书馆 CIP 数据核字 (2016) 第 175919 号

郑州大学出版社出版发行

郑州市大学路 40 号　　　　　　　　　邮政编码:450052

出版人:孙保营　　　　　　　　　　　发行部电话:0371-66966070

全国新华书店经销

郑州宁昌印务有限公司印制

开本:787 mm×1 092 mm　1/16

印张:22.75

字数:542 千字

版次:2018 年 1 月第 1 版　　　　　　印次:2023 年 1 月第 2 次印刷

书号:ISBN 978-7-5645-3263-5　　　　定价:58.00 元

作者名单

普通高等教育药学专业
"十三五"系列教材

主　编　张秋荣　施秀芳

副主编　（以姓氏笔画为序）

　　　　　杨奇超　吴春丽　秦上尚

编　委　（以姓氏笔画为序）

　　　　　汤　英　郑州大学

　　　　　杨奇超　南阳师范学院

　　　　　吴春丽　郑州大学

　　　　　宋　旭　郑州大学

　　　　　张秋荣　郑州大学

　　　　　周　婕　郑州大学

　　　　　施秀芳　郑州大学

　　　　　秦上尚　郑州大学

前言

普 通 高 等 教 育 药 学 专 业
" 十 一 五 " 系 列 教 材

随着我国医药工业的迅速发展,需要培养大批既懂得药物生产工艺、设备和车间设计等方面的知识,又具有药学专业理论知识的应用型人才,以满足医药企业生产和发展的需要,但是,目前缺乏相应的配套教材。依据国家教育部有关高等教育教材建设的文件精神,适应我国高等医药教育的改革和发展、满足市场竞争和医药管理体制对药学教育的要求,以培养实用型药学人才为目标编写了本册制药工艺学。

制药工艺学(Pharmaceutical Technology)是在药物化学、有机化学、药剂学、物理化学、化工原理、药物分析、生物化学等专业基础课的学习基础上,结合所学单元操作的基本技能,充分考虑药物生产条件,研究、设计和选用最安全、最经济、最简便、最先进的药物工业生产方法,也就是研究、选择适宜的原料、中间体和辅料,确定药物的生产原理和工艺路线,实现制药工业生产过程最优化的一门综合性学科。

本教材着重体现"基本理论、基本知识、基本技能",突出"思想性、科学性、先进性、启发性、实用性"的编写思想,在编写过程中从培养生产、服务、管理的高级应用型技术人才的目标出发,贯彻"基础理论教学以应用为目的,掌握概念、培养技能为教学重点"的原则,突出应用能力和综合素质的培养;同时还广泛征求了制药专家的意见,使得理论与实践密切结合,具有较强的实用性。

本教材涉及面广,涵盖多门学科知识,如化学制药理论、药物制剂理论、环境保护及安全生产知识、中试放大和药物生产技术等内容。在阐明基本理论知识的同时,结合生产实际对制药反应设备的选择和操作做了介绍,增加了实用性;还选择了典型药物的生产技术进行具体分析,加深对工艺路线的设计、选择和对生产工艺原理的认识,着重培养学生学会应用在基础课和专业基础课中所学的理论知识。剖析药物化学结构,探讨工艺路线设计、选择和改革;尽可能对生产方法和工艺体现科学性、先进性。

本书内容丰富、新颖,简明扼要,适用于本、专科药学专业的教学,还可作为药学相关专业师生及药品生产企业工作人员的参考用书。

由于编者水平有限,对于在资料选材、理论与实际结合等问题上,可能会存在一些不足之处,恳请使用本书的教师同仁和广大读者批评指正。

编者

2007 年 4 月

随着现代社会与经济的飞速发展,为提高我国高等医药院校的药学专业水平,依据教育部有关高等教育教材建设的文件精神和国家医药行业人才供需情况,适应我国高等医药教育的改革和发展,满足市场人才需要和医药管理体制对药学教育事业的要求,以培养高素质实用型和创新型的药学人才为目标而编写了这部教材。

本课程是在医学、药学、化学、生命科学、工程学、环境学、管理学和仪器分析技术等多门课程基础上形成的交叉学科,随着全球制药工业现代化步伐的加快,对制药工艺的要求也日趋完善。本教材在前一版的基础上,以现代制药技术为基础,结合制药企业对药物生产工艺要求和质量管理规范,以使本教材更好地适应我国制药行业的发展需要。

本教材涉及面广,牵涉多门学科知识,如化学制药理论、生物制药理论、环境保护及安全生产知识、中试放大和药物生产技术等内容;在阐明制药基本理论知识的同时,结合生产实际对制药设备的选型和操作进行介绍,增强本教材的实用性;通过对典型药物的生产制备原理和技术分析,加深学生对药物工艺路线的设计、选择和工艺原理的认识和理解,着重培养学生对制药工艺的学习积极性和能动性,以及分析和解决制药工业生产中实际问题的能力和创新意识,突出实用性,更好地发挥学生的想象力和创造力,促进高素质人才培养模式的建立。

本教材内容丰富、新颖,简明扼要,实用性强,有助于提升国家经济发展人才市场培养体制建设,加速培养实用型和创新型药学技术人才,促进我国医药行业的发展。本教材不仅可用作药学及相关专业研究生、本科生的教材,还可作为药品生产企业工作人员的参考用书。

　　由于编者水平有限,在资料选材、理论与实际结合等问题上有一定局限性,恳请各位同仁使用时提出宝贵的建议。

编者
2017 年 1 月

内容提要

普 通 高 等 教 育 药 学 专 业
"十 一 五"系 列 教 材

  制药工业是一个知识密集型的高技术产业,是以新药研究与开发为基础的朝阳行业。本书主要介绍了生产药物的基本原理和方法及工艺规程,从原料药和制剂研究的工艺路线设计、小试研究、中试放大、"三废"处理等理论进行了深入浅出的描述;选择了一些典型药物进行具体剖析,将理论联系我国制药工业的实际,加深对药物工业化生产的认识,推动药学领域中其他相关课程的发展。

  本书既可作为药学专业本、专科学生的教学用书,也可供相关学科人员作为参考用书。

再版内容提要

普 通 高 等 教 育 药 学 专 业

" 十 三 五 " 系 列 教 材

制药工艺学是研究药物的制备原理和生产过程的一门综合性学科,是药物生产的核心部分,是药物产品化的技术过程,属于现代医药行业的关键技术领域。制药工业是一个知识密集型的高新技术产业,是以新药研究与开发为基础的朝阳行业。

本教材介绍有关药物生产的基本原理和方法、工艺规程以及环境保护措施等内容,从药物研究的工艺路线设计、小试研究、中试放大、"三废"处理等方面进行了系统阐述,对典型药物的分子结构剖析,将制药理论知识和新技术与企业生产实际相结合,集中反映现代制药工艺发展的方向、特点。

本教材为高等院校药学类和化工类相关专业书籍,即可用作药学及相关专业研究生、本科生的教学用书,也可作为新药研究开发人员和制药企业技术人员以及相关学科人员的参考用书。

目录

普 通 高 等 教 育 药 学 专 业

"十 三 五" 规 划 教 材

第一章　绪　论

药物是一类具有预防、治疗和诊断疾病作用或用以调节机体生理功能的物质,是一种特殊的商品。根据其来源和性质的不同,常常分为天然药物、化学药物和生物药物,药物的研究和开发推动着药学向前发展,药物的生产和质量与人类的健康息息相关。如何实现药物的工业化生产是制药工艺学研究的主要内容。制药工艺学是由多门学科相互渗透的综合性交叉学科,是实现药物制备工艺过程经济、安全、高效的一门课程。

第一节　概　述

一、制药工艺学的研究内容

制药工艺学是药物研究、开发和生产中的重要组成部分,它是研究、设计和选择最安全、最经济、最简便和最先进的药物工业生产途径和方法的一门学科,也是研究和选择适宜的原辅料、中间体来确定药物的生产技术路线、工艺原理和工业生产过程,实现制药工业生产过程最优化的一门学科,是药学领域中重要的课程之一。

制药工业是一个知识密集型的高技术产业,研究开发医药新产品和不断改进制药生产工艺是当今世界各国制药企业在竞争中求得生存与发展的基本条件。它一方面要为创新药物积极研究和开发易于组织生产、成本低廉、操作安全、不污染环境的生产工艺;另一方面还要为已投产的药物,特别是产量大、应用范围广的品种,研究和开发更先进的技术路线和生产工艺。

制药工艺学的研究内容包括药品的生产工艺原理和操作规程以及工业"三废"的治理措施。它是综合应用物理化学、有机化学、药物分析、药物化学、药剂学、生物化学、微生物学、基因工程、化工原理和设备等学科的理论知识,研究药物的工艺原理和工业生产过程,制订生产工艺规程,实现药物工业化生产。

二、制药工艺学的研究方法

药物工艺的研究可分为实验室工艺研究、中试放大工艺研究以及工业生产工艺研究三个相互联系的阶段;若是创新药物的开发研究,应该对其理化及药学和药理毒理学性质、临床评价、潜在市场进行合理的分析和总结,在对相关资料进行科学的论证后,对药物工艺路线的设计路线以及对工艺条件研究等各种方案进行审议和评价。如果是仿制已知的、不受专利保护的药物,首先要对所遴选的药物进行详细的调查研究,尤其是药物的工艺路线和市场需求预测等内容,写出调研报告,选择适合我国国情、经济合理的药物及其工艺路线,再开展系统的工艺条件研究工作。

实验室工艺研究(俗称小试工艺研究或小试)包括:考察工艺技术条件、设备的要求、劳动保护、安全生产技术、"三废"治理、综合利用,以及对原辅材料消耗、成本等初步估算。在实验室工艺研究中,要求初步弄清各步化学反应规律并不断对所获得的数据进行分析、优化、整理。最后写出实验室工艺研究总结,为中试放大研究做好技术准备。

中试放大研究(俗称中试放大或中试)是确定药物生产工艺的关键环节,即把实验室工艺研究中所确定的工艺路线和工艺条件,进行工业化生产的考察、优化,为生产车间的设计、施工安装,"三废"处理,制订各步关键中间体和最终产品的质量标准和工艺操作规程等提供数据和资料,并在车间试生产若干批号后,制订该产品的生产工艺规程。

工业生产工艺研究是指对已投产的药物,尤其是产量大、应用面广的品种进行工艺路线和工艺条件的优化和改进,研究和应用更先进的新技术路线和生产工艺,提高产品质量,降低生产成本,增强市场竞争力,服务于广大患者。

本教材内容包括药物工艺路线的设计、选择和改革,其中以选择和改革为主,定性讨论反应条件对化学反应影响的一般规律、手性药物、微生物发酵制药、基因工程制药、药物的安全生产和"三废"防治以及工艺规程的制订原则;以临床常用的典型药物为例,重点讨论了药物的生产工艺原理及工艺过程。

总之,通过对本教材的学习,可以使学生熟悉药物技术路线及设计思路、选择方法及工艺改革途径,掌握药物生产的基本方法,培养学生观察、分析和解决生产过程中出现问题的能力,能够胜任药物生产及新产品的研究、试制等工作,为顺利适应社会生产发展的需求打下良好的基础。

第二节　制药工业的现状

制药工业与人类健康休戚相关,它是一个以新药研究与开发为基础,长盛不衰、高速发展的朝阳行业。自20世纪80年代以来,一批创新药物的研制成功和上市,推动了世界制药工业的高速发展,使制药行业迅速从化工行业中分离出来,传统的药物制药技术与现代生物技术相结合逐步形成了一个完整的医药产业体系。

一、世界制药工业的现状

药品是广大人民群众防病治病、保护健康必不可少的重要物品,也是一种特殊商品。多年来,许多国家的制药工业发展速度一直高于其他传统工业的发展速度。由于新药开发的加快、人口老龄化及人们对健康期望值的提高,医药产品市场的增长速度高于经济综合增长速度。全世界医药产品市场以稳步的速度递增,世界医药市场的大部分份额被少数国家、少数跨国制药公司所控制和垄断,其主要支撑点是近年开发成功的、可获得巨额利润的新药。

创新药物研发投入不断增长,研发风险不断增加,新药研发周期长,复杂程度高。新药品种从实验室发现到进入市场一般需要十几年的时间,新药开发期的不断延长导致其上市后享有的专利保护期缩短,专利保护期的缩短意味着销售额大量减少。在原研药上市 4 年之后,仿制药就可提交上市批准申请。随着疾病复杂程度的提升,临床试验的设计和程序变得越来越复杂,临床试验受试者的获取和保留也变得越发困难,需要更多的人力、物力和时间;有些公司将从世界最大的仿制药生产商转型开发更多的专利药公司。

2004—2013 年,美国食品药物管理局(Food and Drug Administration,FDA)批准 220个新分子实体(new molecular entity,NME)和 42 个生物技术药物上市。这些新药的上市与应用推动了制药工业的快速发展。近十年创新药物的研发重点转向慢性病和难治愈性疾病,肿瘤、糖尿病、多发性硬化症和艾滋病等临床药物需求大、治疗费用高和适合于新技术应用的治疗领域得到快速发展。

在不同国家之间药品消费层次有显著差异,经济发达国家普遍实行医疗保险制度,各国医疗保健事业随着国民经济的发展和人口老龄化而发展。这既促进了医药产品的研制和生产的发展,又扩大了国际医药产品贸易。无论是经济发达国家还是发展中国家,医药产品的外贸依赖度都比较高,在国际上,医药产品是国际交换最大的产品之一,也是世界出口总值增长最快的产品之一。世界制药工业的发展动向可概括为:高科技、高要求、高速度、高集中。

二、我国制药工业发展概况

新中国成立以来,在党和国家关怀下,制药工业得到快速发展,紧紧围绕防病治病的需要,20 世纪五六十年代重点发展地方病、传染病用药和量大面广的解热镇痛药、抗生素和维生素,配合卫生部门使地方病、传染病(如血吸虫病、黑热病、钩虫病、丝虫病、结核病、麻风、疟疾、伤寒)、肺炎、流行性脑膜炎等疾病,有的得到控制,有的趋于消灭(血吸虫病、结核病近年又死灰复燃)。20 世纪七八十年代,发展了甾体药物、心脑血管药、抗肿瘤药、呼吸系统用药、消化系统用药等。

随着人民生活水平的提高和对医疗保健需求的不断增长,近 50 年来,医药工业快速发展,产品数量和质量及效益不断提高,成为国民经济中发展最快的行业之一。在国内生产总值中的比重逐年递增,到 2011 年我国成为全球第三大医药市场。

但我国制药工业与国外先进水平相比、与发达国家相比,总体水平还校低,医药人均产值不高。我国目前仅是制药大国,与制药强国相比还存在一些差距。我国医药工业在快速发展的同时,仍然存在一些问题,主要表现为以下几点。

(1)技术创新能力弱,企业研发投入低,高素质人才不足,创新体系有待完善,企业研发投入少、创新能力弱一直是困扰我国医药产业深层次发展的关键问题。

目前我国医药研发的主体仍是科研院所和高等院校,大、中型企业内部设置科研机构的比重仅为 50%。同时,国内风险投资市场尚未建立,整个技术创新体系中间环节出现严重断裂。由此造成我国的医药产品在国际医药分工中处于低端领域,国内市场的高端领域也主要被进口或合资产品占据。有效整合科研院所、工程和医学临床机构等资源,建立以企业为主体、市场为导向、产品为核心、产学研相结合的较为完善的医药创新体系,全面提高行业原始创新能力、集成创新能力和引进消化吸收再创新能力,具备较强的工程化、产业化能力,这是创新体系建设的长期目标。

(2)产品结构亟待升级,一些重大、多发性疾病药物和高端诊疗设备依赖进口,生物技术药物规模小,药物制剂发展水平低,药用辅料和包装材料新产品、新技术开发应用不足;我国多数重大原料药品种生产技术水平不高,生产装备陈旧,劳动生产率低,产品质量和成本缺乏国际市场竞争力。虽然我国化学原料药的出口额较大,但是通过国际市场注册和认证的产品却不多。

(3)产业集中度低,企业多、小、散的问题依然突出,低水平重复建设严重,造成过度竞争、资源浪费和环境污染;大多数生产企业规模小,科技含量低,管理水平低,生产能力利用率低。大部分企业品种雷同,没有特色和名牌产品,低水平重复研究、重复生产、重复建设。例如具有头孢哌酮钠/舒巴坦钠复方制剂批文的企业多达411家,107家企业注册生产;286家企业有奥美拉唑的生产批文,267家注册生产;维生素C等老产品也出现盲目扩大生产规模的问题,产品价格一降再降,甚至处于亏损边缘。

(4)药品质量安全保障水平有待提高,企业质量责任意识亟待加强。企业存在"重认证、轻管理"的倾向,部分企业质量管理部门地位低下、质量否决权受到多方干扰、质量管理人员素质参差不齐和质量责任意识弱化,生产线上技术人员专业不对口,技术考核制度不健全,员工培训流于形式,尤其缺少"质量事故"的典型教育。

三、我国制药工业的发展前景

当今世界经济形态正处于深刻转变之中,以消耗原料、能源和资本为主的工业经济,正在向以知识和信息的生产、分配、使用的知识经济转变。这也为医药产业的发展提供了良好的机遇和巨大的空间,今后几年是国民经济和社会发展承前启后、继往开来的重要历史时期,是完成以产业结构、企业组织结构和产品结构调整为主要内容的医药经济结构调整的关键阶段,贯彻"科教兴药"的伟大战略,运用自然科学基础研究的最新成就和世界技术革命丰硕成果,实施技术创新工程,支持自主创新药物的研究开发,发展医药高新技术及其产业,开拓医药经济发展的新的增长点,加强医药产业关键技术开发和应用,使一批重点医药产品生产技术接近或达到世界先进水平。

总结改革开放二十多年来的经验,我国医药行业在加入世界贸易组织后,已经融入了全球经济一体化,面临着严峻的挑战和发展机遇。从长远来看,有利于我国医药管理体制与国际接轨,有利于医药新产品的研究与开发及知识产权保护,有利于获得我国医药发展所需的国际资源,有利于我国比较具有优势的化学原料药和中常规医疗器械进一步扩大国际市场份额,也有利于我国医药企业转化经营机制与体制创新,总之,有利于提高医药行业的整体素质和国际竞争力。

综观当前世界制药业发展的新形势,我国医药行业的发展方向是:依靠创新,提高竞争力,加快由医药大国向医药强国迈进的步伐。发展的重点是着重于内涵发展,着眼于技术创新和提高水平,提高质量。投资的重点在于促进医药产品的结构升级,不追求数量和扩增。从宏观上以发展为主题,以结构调整为主线,以市场为导向,以企业为主体,以技术进步为支撑,以特色发展为原则,以保护和增进人民健康、提高生活质量为目的,加快医药行业的发展。

第三节 制药工业的特点和发展趋势

一、制药工业的特点

药品是直接关系到人民健康、生命安危的特殊产品,医药工业是一个特殊行业,其特殊性主要表现在:①药品质量要求特别严格。药品质量必须符合《中华人民共和国药典》(简称《中国药典》)规定的标准和《药品生产质量管理规范》(GMP)要求。②生产过程要求高。在药品生产中,经常遇到易燃、易爆及有毒、有害的溶剂、原料和中间体,因此,对于防火、防爆、安全生产、劳动保护、操作方法、工艺流程设备等均有特殊要求。③药品供应时间性强。社会需求往往有突发性(如灾情、疫情和战争),这就决定了医药生产要具有超前性和必要的储备。④品种多、更新快。但医药工业同其他工业有许多共性,但又有它自己的基本特点,主要表现在以下几个方面。

(一)高度的科学性、技术性

随着科学技术的不断发展,早期的手工作坊式的生产药物逐步被机器取代,制药生产企业中现代化的仪器、仪表、电子技术和自控设备得到了广泛的应用,无论是产品设计、工艺流程的确定,还是操作方法的选择,都有严格的要求,必须依据科学技术知识,否则就难以保证正常生产,甚至出现事故。所以,只有系统地运用科学技术知识,采用现代化的设备,才能合理地组织生产,促进药品生产的发展。

(二)生产分工细致、质量要求严格

在医药企业中有原料药合成厂和制剂药生产厂等,虽然它们的生产方法不同,但必须密切配合,才能完成药品的生产任务。在现代化的制药企业里,根据机器设备的要求,合理地进行分工和组织协作,使企业生产的整个过程、各个工艺阶段、加工过程、各道工序以及每个人的生产活动,都能同机器运转协调一致,企业的生产才能顺利进行,生产出合格的药品,否则就会影响产品的质量,危害人民的健康和生命安全。所以,药品的生产分工很细致,质量要求严格,我国政府颁布了《中华人民共和国药品管理法》,用法律的形式将药品生产经营管理确定下来;药品生产企业还必须严格遵守《药品生产质量管理规范》的要求组织生产;厂房、设施和卫生环境必须符合现代化的生产要求,必须为药品的质量创造良好的生产条件;生产药品所需的原料、辅料以及直接接触药品的容器和包装材料必须符合药用规格;研制新药,必须严格遵守《药品非临床研究质量管理规范》(GLP)和《药品临床试验管理规范》(GCP)等。

(三)生产技术复杂、品种多、剂型多

在药品生产过程中,所用的原料、辅料的种类繁多。每个药品的制造过程大致可由回流、蒸发、干燥、蒸馏和分离等几个单元操作串联组合,但由于一般有机化合物合成均包含有较多的化学单元反应,其中往往又伴随着许多副反应,整个操作变得复杂化了,更何况在连续操作过程中,由于所用的原料不同,反应的条件不同,又多是管道输送,原料和中间体中有很多易燃、易爆、易腐蚀和有害物质,这就带来了操作的复杂性和多样性。随着经

济的发展和人民生活水平的不断提高,对产品的更新换代要求越来越强烈,疗效差的老产品被淘汰,新产品不断产生,要满足市场和人民健康的需要,就要求药品生产者不仅要有现代化的文化知识,懂得现代化的生产技术和企业管理的要求,还要加紧研制新产品,改革老工艺和老设备,以适应制药工业的发展和市场的需求。

（四）生产的比例性、连续性

生产的比例性、连续性是现代化大生产的共同要求,但制药生产的比例性、连续性,有它自己的特点。制药生产原则上由药品生产工艺原理和设备所决定的,制药企业各生产环节、各工序之间,在生产上保持一定的比例关系是很重要的,如果比例失调,不仅影响产品的产量和质量,甚至会造成事故,迫使停产。医药工业的生产,从原料到产品加工的各个环节,大多是通过管道输送,采取自动控制进行调节,各环节的联系相当紧密,这样的生产装置连续性强,任何一个环节都不可随意停产。

（五）高投入、高产出、高效益

制药工业是一个以新药研究与开发为基础的工业,而新药的开发需要投入大量的资金。一些发达国家在此领域中的资金投入仅次于国防科研。高投入带来了高产出、高效益,某些发达国家制药工业的总产值已跃居各行业的第 5～6 位,仅次于军火、石油、汽车、化工等。它的巨额利润主要来自受专利保护的创新药物,制药工业也是一个专利保护周密、竞争非常激烈的行业。

全球制药产业呈现一直高增长的趋势,20 世纪 70 年代平均每年增长 13.5%,近十年来平均每年增长 8%,原因有以下几点:①经济发展,个人收入增加,人们对生活质量、对健康的要求更高;②人口老龄化;③高额科研开发投入运用了新技术,不断产生新品种。所以,制药工业是高增长、高科技、高投入、高回报、高竞争、高风险的产业。

二、制药工业的发展趋势

制药工业是一个高新技术行业,创新药物研究需要高知识含量和结构合理的研究队伍,需要化学、药学、医学、计算机、经济管理和商业销售等多学科合作。各国制药公司都在不断加强其研究开发队伍,确保一流的创新思想和研究条件。只有不断推出新药,才能提高市场竞争能力。

（一）制药企业重新组合

制药工业是一个知识产权垄断性行业,不断提高市场占有率是所有企业追求的目标。在世界制药行业迅速发展和医药市场激烈竞争条件下,为提高生产效率、保持市场优势、获取高额利润,企业集中化浪潮正在全世界进一步发展。始于 20 世纪 90 年代的兼并浪潮,通过强强联合,优势互补,实现生产与营销的集中。这种集团化、一体化的结果,一方面使大型制药企业数目减少、规模加大,有利于某些大型企业在激烈竞争中立于不败之地;另一方面,兼并和收购使企业的产品有了新的延伸,市场得到拓展,形成跨国界、跨行业的企业巨人,从而有利于风险分散,提高收购企业的竞争实力。然而新医药产品研究开发难度增大,开发费用不断上升,世界各国政府对医疗费用的控制加大,制药企业为了生存和发展,不得不进行兼并和收购。兼并的目的:实现规模生产,降低生产、管理和销售成本;强化其核心产业,提高研究开发实力;提高市场占有率,进行市场的再分配。大企业在兼并和收购的同时,也把一些非核心的产业剥离出去,以集中资金和人力资源于核心产业。

(二) 制药工业与清洁化生产

清洁技术指能减少环境污染,减少原材料资源和能源使用的技术,清洁技术开发与创新的有效与否将直接影响环境,清洁技术是从产品的源头削减或消除对环境有害的污染物,不是简单地保持生产车间环境的清洁,减少"跑、冒、滴、漏";清洁技术的目标是分离和再利用本来要排放的污染物,实现"零排放"的循环利用策略。它是一种预防性的环境战略,也称为"绿色工艺"或"环境友好的工艺",属于绿色化学的范畴。清洁技术可以在产品的设计阶段引进,也可以在现有工艺中引进,使产品生产工艺发生根本改变。

制药工业中的清洁技术就是用化学原理和工程技术来减少或消除造成环境污染的有害原辅材料、催化剂、溶剂、副产物;设计并采用更有效、更安全、对环境无害的生产工艺和技术。其主要研究内容有以下几点。

1. 原料的绿色化

用无毒、无害的化工原料或生物原料替代剧毒、严重污染环境的原料,生产特定的医药产品和中间体是清洁技术的重要组成部分。如碳酸二甲酯已被国际化学品机构认定是毒性极低的绿色化学品,它可以取代剧毒的光气和硫酸二甲酯,作为羰基化试剂、甲基化试剂和甲氧碳基化试剂参加化学反应。又如催化氢化替代化学还原反应,用空气或氧气替代有毒、有害的化学氧化剂等。

2. 催化剂或溶剂的绿色化

药物的合成反应常常需要催化剂,很多是在溶剂中完成,而且在制剂生产中也用到各种溶剂,催化剂或溶剂的绿色化对保护环境是非常重要的。

酶是生物细胞所产生的有机催化剂,利用酶催化反应来制备医药产品和中间体是清洁技术的重要领域。例如甾体激素的 A 环芳构化和 C-10 位上引入 β-羟基、维生素 C 的两步微生物氧化等。近年来,酶催化反应在改进氨基酸、半合成抗生素的生产工艺以及酶动力学拆分等方面取得显著进展。

大量的化学反应都是在溶剂化状态下进行的,使用安全、无毒溶剂,实现溶剂的循环使用是发展方向。当前,溶剂绿色化最活跃的研究领域是超临界流体,用超临界状态下的二氧化碳或水作为溶剂,替代在有机合成中经常使用的对环境有害的有机溶剂,已成为一种新型的制药工艺条件。在近临界水中进行化学反应,具有副产物少、目的产物收率高、易于分离等特点。据报道,烷基取代的芳香族化合物在近临界水中可选择性地进行催化氧化反应。如:二甲苯进行氧化反应时,可得到对苯二甲酸;乙苯氧化可得到苯乙酮,改变反应条件也可以生成苯乙醛。

3. 化学反应绿色化

理想的原子经济反应是原料分子中的原子全部转化成产物,最大限度地利用资源,从源头不生成或少生成副产物或废物,争取实现废物的"零排放"。在原子经济性理论基础上,设计高效利用原子的化学合成反应,称为化学反应绿色化。在手性药物合成中,不对称合成反应使手性药物或手性中间体的生产从根本上消除了无效或有害的副产物。目前,可利用的原子经济反应类型不多,尚需深入开发研究。

4.研究新合成方法和新工艺路线

化学药物品种繁多、工艺复杂、污染程度和污染物性质各不相同,而且频繁出现的新品种又不断带来新的污染物。因此,研究新合成方法和新工艺路线时,指导思想要从传统的片面寻求最高总收率转变到将排出废物减少到最低限度的清洁化技术上来。

清洁化技术的核心科学问题是研究新的反应体系,选择反应专一性最强的技术路线。尽量减少非目标产物化学结构上所需的原辅材料,使每一步反应都尽可能地达到完全的程度,提高分子收率。例如,乙炔与甲醛发生反应得到重要中间体丁炔二醇,再经催化氢化、环合制得四氢呋喃,这条路线不仅"三废"多,而且安全操作要求高。新工艺路线以丁烷为原料,经催化氧化(氧化矾磷为催化剂,循环流动床系统)制成顺丁烯二酸酐,然后再经催化加氢得到四氢呋喃。不仅反应转化率高,而且其主要副产物顺丁烯二酸酐可作为商品出售或返回反应系统,其他气体类副产物可作为供热的燃料。

在制药工业中,清洁技术或绿色工艺是促进制药工业清洁化生产的关键,也是制药工业今后的发展方向。目前已开发成功的清洁技术非常有限,大部分药品的生产工艺远没有达到"原子经济效应"和"三废零排放"的要求。制药工业生产一方面必须从技术上减少或消除对大气、土地和水域的污染,即通过品种更替和工艺改革等途径解决环境污染和资源短缺问题;另一方面要全面贯彻《中华人民共和国环境保护法》和《药品生产质量管理规范》,保证化学药物从原料、生产、加工、储存到运输、销售、使用和废弃处理等各个环节的安全。新世纪的制药工业将是无污染的、可持续发展的产业。

第二章 药物工艺路线的设计和选择

药物工艺路线设计的基本内容,主要是针对已经确定化学结构的药物,研究如何应用制备药物的理论和方法,设计出适合其生产的工艺路线。它的意义在于:①有生物活性和医疗价值的天然药物,由于它们在动植物体内含量甚微,不能满足要求,在许多情况下需要进行人工合成或半合成;②根据现代医药科学理论找出具有临床应用价值的药物,必须及时申请专利和进行合成与工艺路线设计研究,以便新药审批及获得新药证书后,能够尽快进入规模生产;③引进的或正在生产的药物,由于生产条件或原辅材料变换或改变药品质量,都需要在工艺路线上改进与革新。因此,药物工艺路线的设计和选择是非常重要的,它将直接关系到药品的质量。

化学药物一般由化学结构比较简单的化工原料经过一系列化学合成和物理处理过程制得(习称全合成);或由已知具有一定基本结构的天然产物经化学结构改造和物理处理过程制得(习称半合成)。在多数情况下,一个化学合成药物往往可有多种合成途径,通常将具有工业生产价值的合成途径称为该药物的工艺路线。在制药工业生产中,首先是工艺路线的设计和选择,以确定一条最经济、最有效的生产工艺路线。

在药物化学和药物合成反应等课程中,已经探讨过新药研究和化学合成方法。在新药创制中,首先是通过筛选,发现先导化合物,合成一系列目标化合物,优选出最佳的有效化合物;其次是对被认为有开发前景的有效化合物,进行深入的药效学、毒理学、药代动力学等药理学研究、化学稳定性研究、药物剂型和生物利用度等药剂学研究。在后一阶段,要合成一定数量的有效化合物,供试验应用,所需数量通常较少,即使开始进入临床试用阶段用量也不大,这个阶段,注重产品质量、稳定性、药效等方面的研究工作,研究进展的速度是首要问题。化学合成也只是在实验室规模进行,当新药在临床试验中显示出优异疗效和优良性质之后,便要加紧进行生产研究,并根据社会的潜在需要确定生产规模。这时必须把药物工艺路线的工业化、最优化和降低生产成本放在首位。

药物生产工艺路线是药物生产技术的基础和依据,工艺路线的技术先进性和经济合理性是衡量生产技术水平高低的尺度。结构复杂、化学合成步骤较多的药物工艺路线的设计和选择尤其重要,必须首先探索工艺路线的理论和策略,寻找化学合成药物的最佳途径,使它适合于工业生产,同时,还必须认真地考虑经济问题。合成同一种药物,由于采用的原料不同,其合成途径与工艺、"三废"治理等不同,产品质量、收率和成本也不同。理想的药物工艺路线应该是:①化学合成途径简短;②原辅材料易得;③中间体容易以较纯形式分离出来,质量合乎标准,最好是多步反应连续操作;④可在易于控制的条件下进行制备,如安全、无毒;⑤设备条件要求不苛刻;⑥"三废"少并且易于治理;⑦操作简便,经分离、纯化易达到药用标准;⑧收率最佳、成本最低、经济效益最好。

药物工艺路线的设计和选择时,必须先对类似化合物进行国内外文献资料调查研究和论证。优选一条或若干条技术先进、操作切实可行、设备容易解决、原辅材料有可靠来源的技术路线,写出文献总结和研究方案,比如:新药的合成路线、反应条件、精制方法;确证其化学结构的数据和图谱(红外、紫外、核磁、质谱等);生产过程中可能产生或残留的杂质、质量标准;稳定性试验数据;"三废"治理的试验资料等。

在探讨药物工艺路线设计和选择时,必然会联想到生物体的合成。细胞内没有强酸、强碱、高温、高压等,属于自然过程,即室温或接近室温条件下就能起反应。它不像用化学合成方法,获得的多为外消旋化合物,还须通过不同的拆分方法分离。近年来,生物技术(主要包括基因工程、固定化酶、细胞固定化和厌氧发酵等技术)在制药工业领域的应用得到迅速的发展,已应用于半合成抗生素、甾体药物、氨基酸等药物的生产上。尽管目前生物技术在制药工业是一个辅助手段,但必须注意到它给药物的生产带来的巨大影响和发展潜力。

药物工艺路线的设计和选择,两者的概念虽然不相同,但有着密切的联系,前者着重讨论药物工艺的设计原则,后者着重讨论选择药物工艺路线的理论和策略。

第一节　工艺路线设计的方法

药物工艺路线的设计,首先应从剖析药物的化学结构入手,然后根据其化学结构特点采取相应的设计方法,对药物发现过程和化学结构测定中的一些有关资料以及前人对该药物所进行的有关合成工作等情况做必要的调查研究。这也是制订正确的药物工艺路线必不可少的步骤。

药物的化学结构剖析应分清主要部分(主环)和次要部分(侧链),基本骨架与功能基;研究分子中各部分的结合情况,找出易断键部分;考虑基本骨架的组合方式、形式方法;功能基的引入、变换、消除与保护等;若是手性药物时,还必须同时考虑其立体结构的要求和不对称合成等问题。当然,药物工艺路线的设计应针对药物结构和生产条件不同的特点,因地制宜地将它们结合起来考虑。例如,苯丙酸类抗炎药,当前常见的有布洛芬、萘普生和酮洛芬等20余种,它们共有的化学结构为2-芳香基取代丙酸,它们也是 α-甲基芳基乙酸衍生物,它们都含有手性原子,一般在体内可由 R-型转变为 S-型;只有萘普生需要进行拆分,其 S(+)异构体有效。又如,酮洛芬的合成中若以二苯酮为原料,需要在其间位引入 C—C 键,就不能用 Friedel-Crafts 反应中的酰化反应,而只能用 Friedel-Crafts 反应中的烷基化反应,即由二氯甲基醚($ClCH_2OCH_2Cl$)进行烷化反应,才能生成 C—C 键,引入氯甲基制得关键中间体——3-氯甲基二苯酮。

化学结构测定的资料对设计工艺路线也很重要。在用降解法测定化学结构时,某个降解产物很可能被考虑作为该产物的关键中间体。因为在降解过程中,常需要由降解产物经化学合成为原来的药物,以确证它们之间的结构联系。特别是某些天然药物的合成,可简化为它的某个关键中间体的合成。例如,在樟脑(2-1)的合成中,得知其降解产物樟脑酸(2-2)后,可设计为二羧酸化合物(2-4)再转变为樟脑。因此,仅需要考虑合成樟脑酸(2-2)的方式。

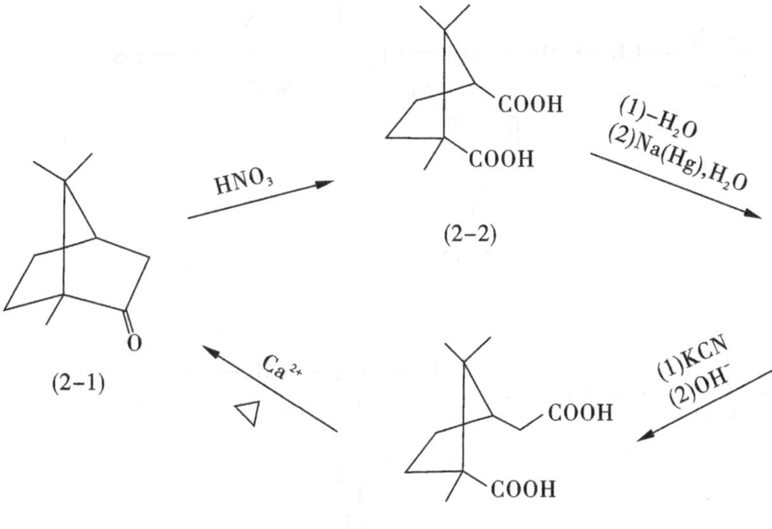

近代物理方法作为测定天然化合物的手段,已逐步取代了化学降解法,研究其化学结构特点,对进行设计合理的药物工艺很有帮助。以合成子和切断为手段的合成子法,在1994 年由 Corey 创立以来已引起制药界极大兴趣和重视。利用电子计算机用合成子法来设计亦已不乏其人。例如,前列腺素(prostaglandin,PG)、白三烯(leukotriene,LT)等生理活性化合物的合成设计,在新药研究和有机合成中已取得了重大成就。

药物工艺路线设计属于有机合成化学中的一个分支。因此,工艺路线设计的方法与有机合成方法有许多类似之处,并在不断丰富和发展中。诸如追溯求源法、类型反应法、分子对称法、模拟类推法等。下面就常用的药物工艺路线设计方法结合具体药物加以描述。

一、追溯求源法

从药物分子的化学结构出发,将其化学合成过程一步一步逆向推导进行寻源的思考方法称为追溯求源法,又称倒推法或逆向合成分析。首先从药物化学结构的最后一个结合点考虑它的前驱物质是什么和经什么反应得到,如逆向切断、连接、添加、消除、重排和功能基互换等。如此继续追溯求源到最后的前驱物质为止,后者应该是易于得到、价格合理的化工原料、中间体、副产物或天然化合物。

药物分子中具有 C—N,C—S,C—O 等碳—杂键的部位,乃是该分子的易断键部位,亦是其合成时的连接部位。经追溯求源最终达到已知的起始原料,进而设计出药物工艺路线。如抗真菌药物益康唑(2-5)分子中有 C—O 和 C—N 两个易断键部位,则可从 a、b 两处追溯其合成的前驱物质。

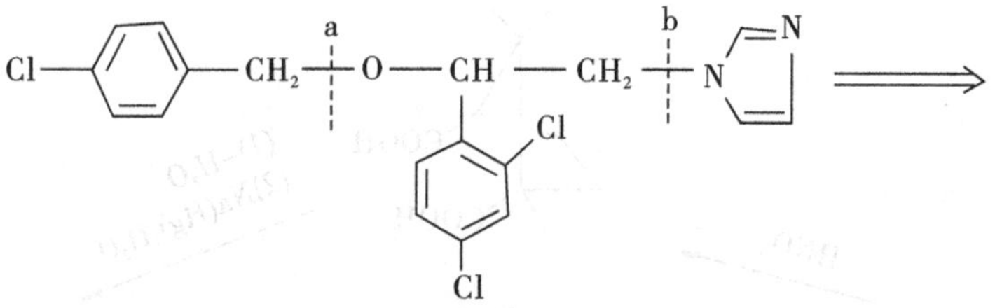

（2-5）

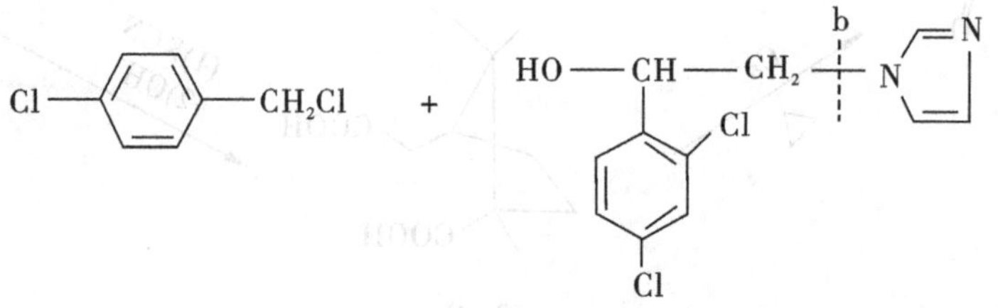

（2-6） （2-7）

按虚线 a 考虑,C—O 键可通过羟基的烷化反应,利用氯甲基(—CH₂Cl)和仲醇作用。因此,益康唑(2-5)的前驱物质就分为对氯苄基氯(2-6)和 α-(2,4-二氯苯基)-β-(1-咪唑基)-乙醇(2-7)。后者分子中的易断键部位为 C—N 键,即虚线 b,可考虑通过氨基的烷化反应形成,于是(2-7)的前驱物质为 α-(2,4-二氯苯基)-β-氯代乙醇(2-8)和咪唑(2-9)。

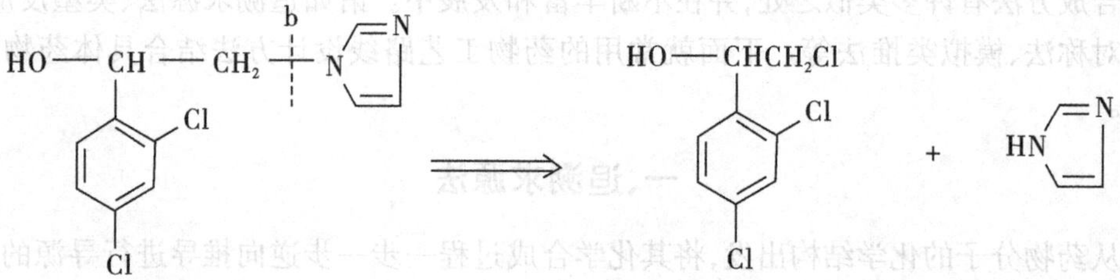

（2-7） （2-8） （2-9）

若先按虚线 b 考虑,C—N 键的形成也采用胺的烷基化反应,则前驱物质为 α-对氯苄氧基-β-氯代-2,4-二氯苯乙烷(2-10)和咪唑。(2-10)分子中有 C—O 易断键部位,若从虚线 a 考虑,故其前驱化合物为(2-6)和(2-8)。

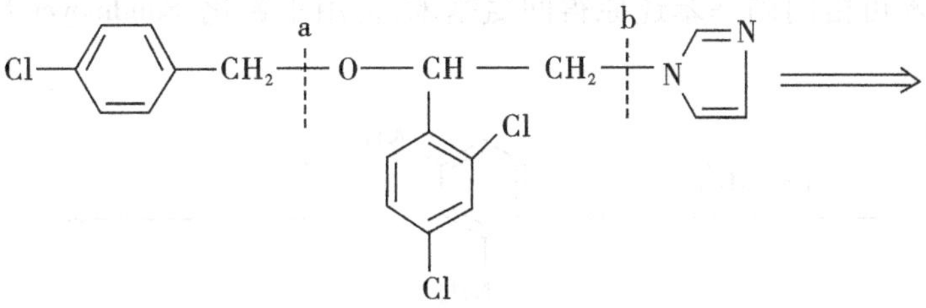

（2-5）

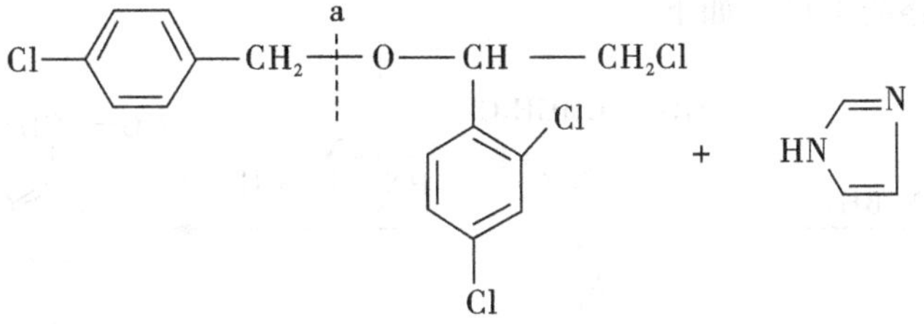

（2-10）　　　　　　　　　（2-9）

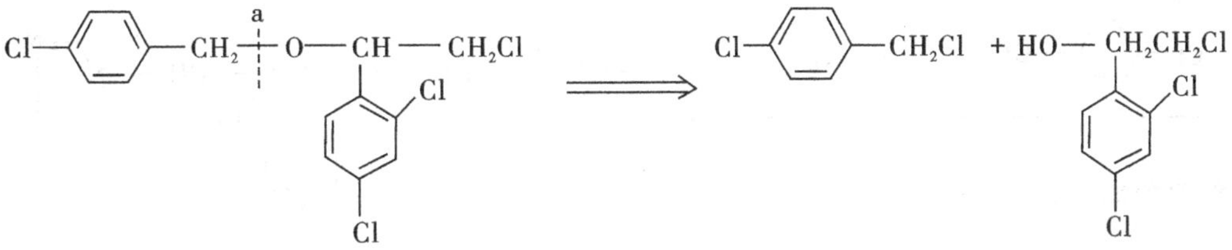

（2-10）　　　　　　　　　（2-6）　　　　　（2-8）

　　益康唑及其中间体分子的组装有两条虚线考虑，即 a,b 两种连接方法；但 C—O 键与 C—N 键形成的先后次序不同，这对合成有较大影响。若用上述 b 法拆开，（2-6）与（2-8）在碱性试剂存在下反应制备中间体（2-10）时，不可避免发生（2-10）自身分子间的烷基化反应，从而使反应复杂化，降低（2-10）的收率。因此，采用先形成 C—N 键，然后再形成 C—O 键的 a 法连接组装更有利。

　　再分析化合物（2-8），它是一个仲醇，可由相应的酮还原制得。故其前驱物质为（2-11），它可由 1,3-二氯苯与 α-氯代乙酰氯经 Friedel-Crafts 反应制得。

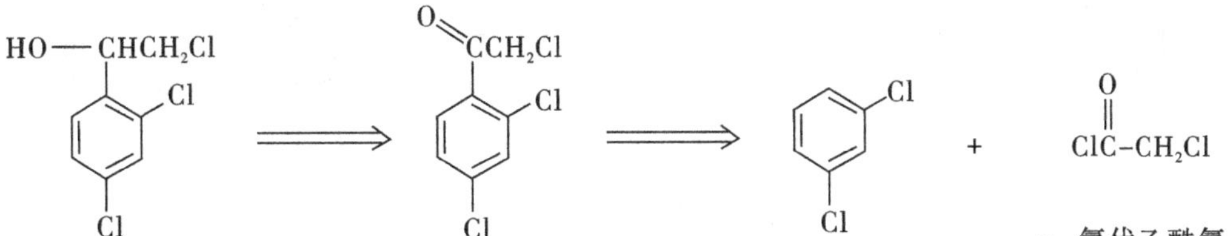

（2-8）　　　　　　　（2-11）　　　　　　　　　　α-氯代乙酰氯

而间二氯苯可由间硝基苯还原得间氨基苯,再用重氮化、Sandmeyer 反应制得,如下所示。

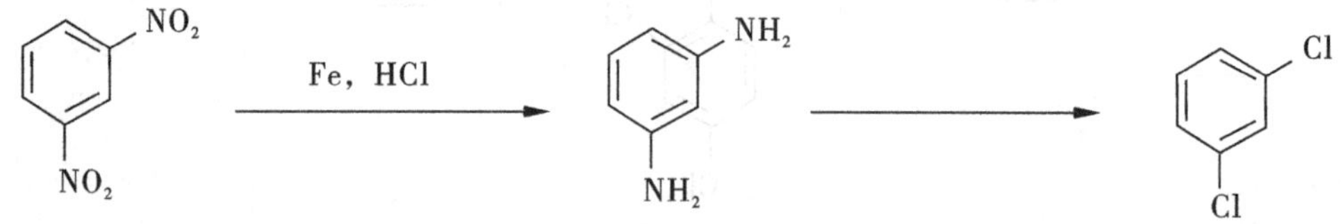

化合物(2-6)可由对氯甲苯经氯化制得。这样,以间二硝基苯和对氯甲苯为起始原料合成益康唑的路线可设计如下:

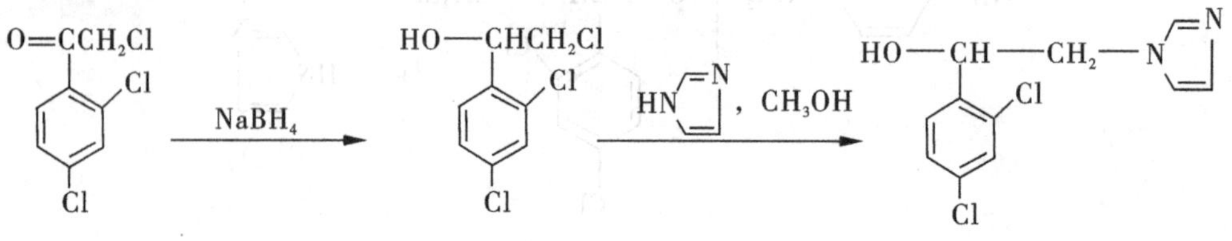

（2-11）　　　　　　　（2-8）　　　　　　（2-7）

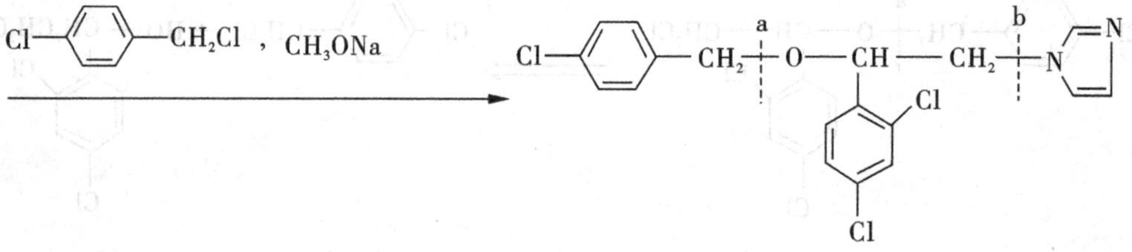

(2-5)

追溯求源法也适合于具有 C—C,C =C 和 C≡C 键化合物的合成设计。如设计环己烯为目标的化合物时:若从脱水反应的追溯求源法,可以想到其前驱物为环己醇;若从双烯的逆合成考虑时,可以想到其前驱物为丁二烯与乙烯通过 Diels-Alder 反应得到。因此,止血药氨甲环酸(凝血酸,2-12)的合成设计可考虑由氯代丁二烯(2-13)与丙烯酸酯(2-14),经 Diels-Alder 反应得关键中间体对氯环己酸甲酯(2-15),再经氰化、氢还原制得(2-12)。

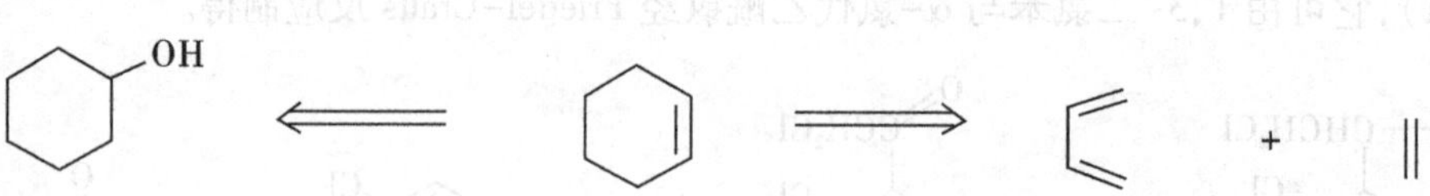

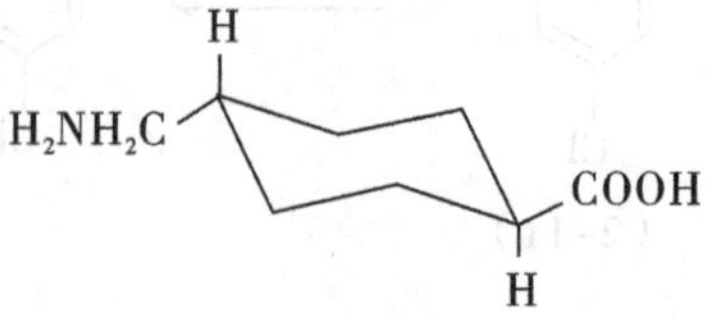

(2-12)

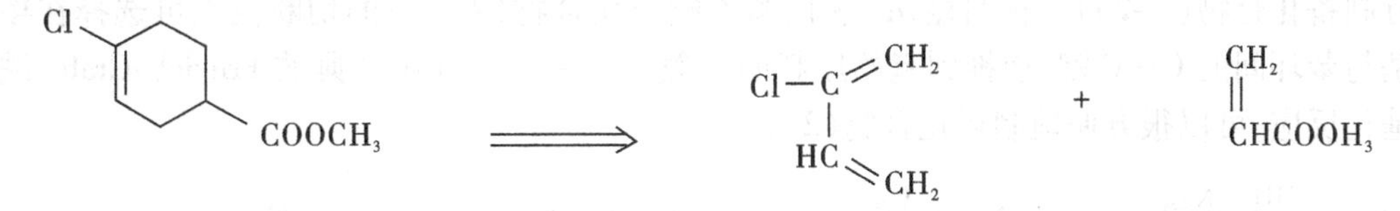

(2-15)　　　　　　　　　　　(2-13)　　　　　　(2-14)

广泛用作食品色素的姜黄素(2-16)可用乙酰丙酮(2-17)和香兰醛在硼化物催化下一步合成。这是运用功能基形成碳架的例子。

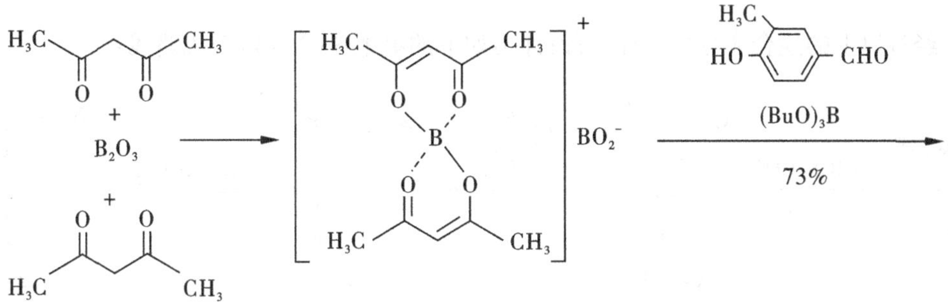

(2-16)

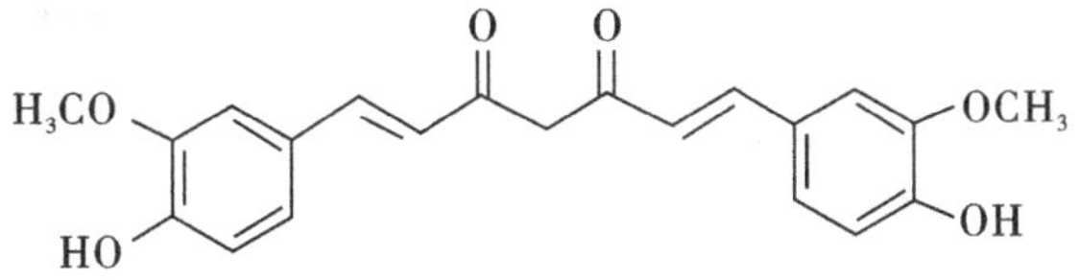

(2-16)

在使用追溯求源法进行药物合成工艺路线设计的过程中,切断位点的选择是决定合成路线优劣的关键环节。在药物合成路线设计的实际工作中,通常选择分子骨架中方便构建的碳—杂键或碳—碳键作为切断位点。判断分子中哪些键易于合成,需要路线设计者对常用的基本化学反应十分熟悉,对某些常见的化学反应也有一定的了解。掌握的化学反应方面的知识越全面、越熟练,合成路线的设计思路就越开阔、手段越多样。氟康唑(2-18)为氟代三唑类广谱抗真菌药物,化学名称为2-(2,4-二氟苯基)-1,3-双(1H-1,2,4-三唑-1-基)-2-丙醇。氟康唑(2-18)的分子结构特征比较明显,它是1位和3位连有三氮唑环,2位连有2,4-二氟代苯基的2-丙醇。根据这一结构特征,可以选择1位的C—N键作为第一次的切断位点,逆推至1、2位为环氧环的化合物(2-19);利用三氮唑N原子的亲核性,通过与环氧化合物(2-19)间的亲核取代反应完成C—N键的构建,并形成2位羟基。环氧化合物(2-19)的切断位点选择在1、2位间的C—C键和1位的C—O键,逆推到羰基化合物(2-20);利用硫叶立德与羰基间的反应,可一次性构建C—C、C—O键,形成环氧环。羰基化合物(2-20)的切断应选择C—N键处,逆推至α-氯代苯乙酮类化合物(2-21);采用三氮唑与α-氯代苯乙酮类化合物(2-21)发生亲核取代反应,即可制备化合物(2-20)。很明显,α-氯代苯乙酮类化合物(2-21)的切断位点可选择在羰基与苯环间的 C—C 键,逆推到起始原料间二氟苯(2-22);利用经典的 Friedel-Crafts 酰基化反应,可以很方便地制得化合物(2-21)。

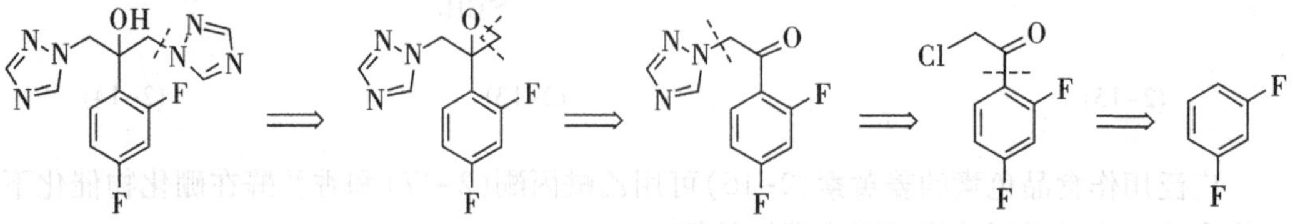

（2-18）　　　　（2-19）　　　　（2-20）　　　　（2-21）　　　　（2-22）

经过以上的逆合成分析过程,可设计出如下的氟康唑(2-13)合成路线:

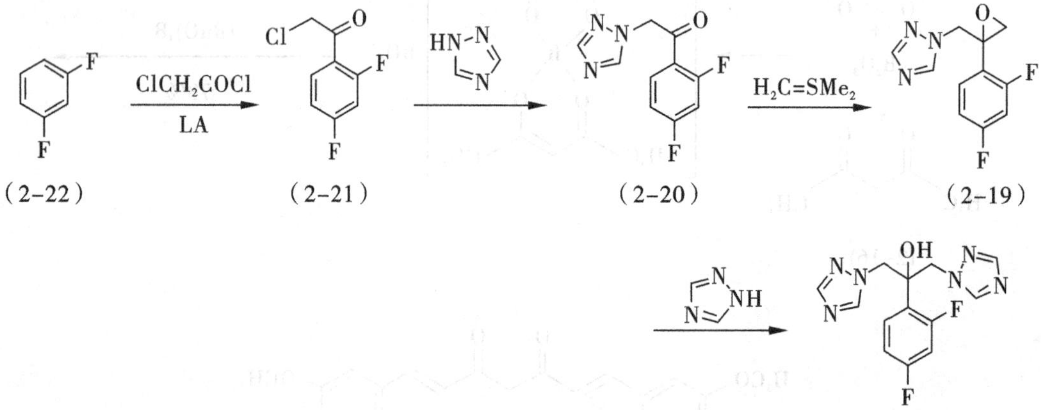

（2-22）　　　　（2-21）　　　　（2-20）　　　　（2-19）

（2-18）

以间二氟苯(2-22)为原料,在 Lewis 酸的催化下与氯乙酰氯发生 Friedel-Crafts 酰基化反应,制备 α-氯代苯乙酮类化合物(2-21);后者(2-21)在碱的作用下与三氮唑发生亲核取代反应,制得了羰基化合物(2-20);事先制备的硫叶立德与化合物(2-20)反应,得到环氧化合物(2-19);后者(2-19)再与三氮唑反应,最终完成氟康唑(2-18)的合成。

在设计药物合成工艺路线时,通常希望路线尽量简捷,以最少的反应步骤完成药物分子的构建。但需要特别注意的是,追求路线的简捷不能以牺牲药物的质量为代价,必须在确保药物的纯度等关键指标的前提下去考虑合成路线的长短、工艺过程的难易等因素。在路线设计的过程中,要求设计者对反应(特别是关键反应)的选择性有充分了解,尽量使用高选择性反应,减少副产物的生成。必要时须采用保护基策略,提升反应的选择性,以获取高质量的产物。沙丁胺醇(2-23)为 β₂-肾上腺素受体激动剂,作为临床常见的镇咳药用于治疗支气管哮喘、喘息性支气管炎、支气管痉挛、肺气肿等呼吸道疾病,其化学名称为1-(4-羟基-3-羟甲基苯基)-2-(叔丁氨基)乙醇。根据沙丁胺醇(2-23)的邻氨基醇结构特征,一种最为简捷的逆合成分析路径是逆推到环氧化合物(2-24),利用叔丁胺对环氧环的亲核取代反应直接构建沙丁胺醇(2-23)。然而,该反应的选择性并不理想。环氧环上的两个碳原子都有可能被氨基进攻,在形成主产物沙丁胺醇(2-23)的同时,伴随较多异构体副产物生成,且主、副产物的结构高度近似,分离纯化困难,产物质量下降,致使该路线无法实现工业化。改进的逆合成方式如下:首先进行官能团转换,从沙丁胺醇(2-23)逆推至相应的羰基化合物(2-25)。选择羰基邻位的 C—N 键作为切断位点,逆推到羰基 α-溴代物(2-26);利用叔丁胺的亲核取代反应构建 C—N 键。切断羰基 α-溴代物(2-26)的 C—Br 键,逆推到苯乙酮类化合物(2-27);利用选择性的羰基 α-位溴代反应合成化合物(2-26)。从苯乙酮类化合物(2-27)可逆推到廉价易得的原料水杨酸(2-28)。与上一路线相比,此路线的步骤明显增加,但总体而言,反应比较可靠,选择性较好。如果细致分析可以发现,羰基 α-溴代物(2-26)的反应活性较高,可使叔丁胺 N 原子上发生两次烷基化,导致副产物的出现。采用控制两种物料配比的方法并不能规避副产物的生成,需要采用保护基策略,在叔丁胺 N 上先行引入合适的保护基,完成 C—N 键构建后,再选择适当的时机将保护基去掉。

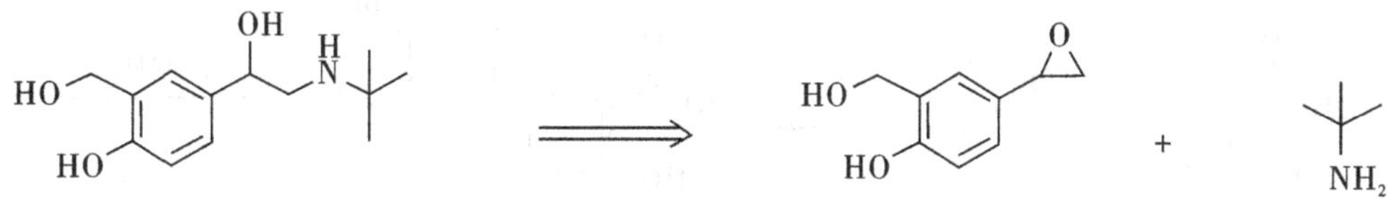

（2-23）　　　　　　　　　　　（2-24）

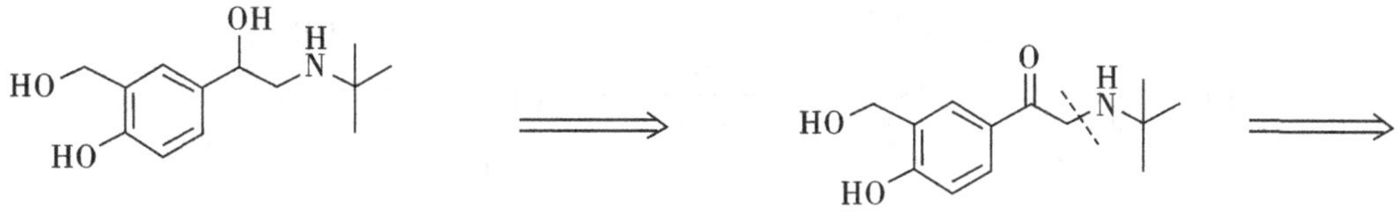

（2-23）　　　　　　　　　　　（2-25）

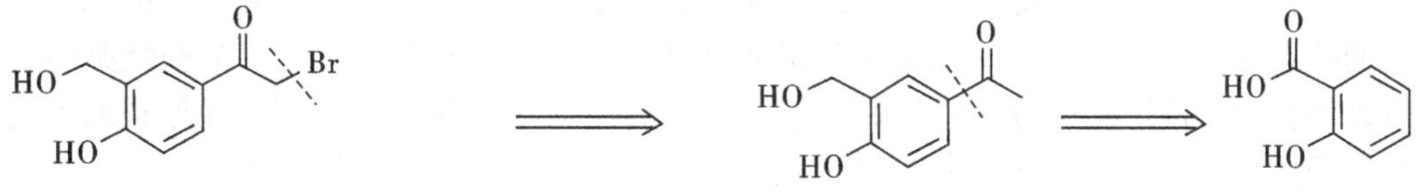

（2-26）　　　　　　　（2-27）　　　　　　（2-28）

　　以上述逆合成分析为基础,考虑到关键反应的选择性以及类似反应一步完成等问题,设计了具有工业化价值的沙丁胺醇(2-23)合成路线。从水杨酸(2-28)出发,首先经过 O-乙酰化反应制得乙酰水杨酸(2-27),即阿司匹林。阿司匹林是最早应用于临床的化学合成药物,它不仅是经典的解热镇痛药,还有抗血栓的作用,制备方法简单、可靠。阿司匹林(2-28)在 Lewis 酸的催化下发生 Fries 重排反应,高效率地制得羟基对位乙酰化产物(2-29)。在惰性溶剂中,以单质溴作为溴代试剂,苯乙酮类化合物(2-30)发生离子型的溴代反应。制得羰基 α-单溴代产物(2-31);此过程中,化合物(2-30)分子中其他基团未受到影响。在随后的反应中,使用 N 上引入苄基保护基的叔丁胺作为反应物,可避免叔丁胺 N 原子两次烷基化副产物的生成;此为药物合成中以提高反应选择性为目标使用保护基策略的典型例子。亲核取代反应的产物(2-32)在高活性还原剂氢化锂铝的作用下，分子中的羰基和羧基同时被还原，分别形成仲醇和伯醇结构，制备了化合物(2-33)；在这一步反应过程中，同时完成了羰基还原和羧基还原两种化学转化，是“双反应”的典型实例。化合物(2-33)经 Pd/C 催化氢解反应，脱除 N 上苄基保护基，完成了沙丁胺醇(2-23)的合成。以上合成路线虽然步较多，但选用的反应选择性高，保护基策略使用得当，整个路线的总收率较高，成本较低，所得到的沙丁胺醇(2-23)产品质量良好。

(2-28)　(2-29)　(2-30)

(2-31)　(2-32)

(2-33)　(2-23)

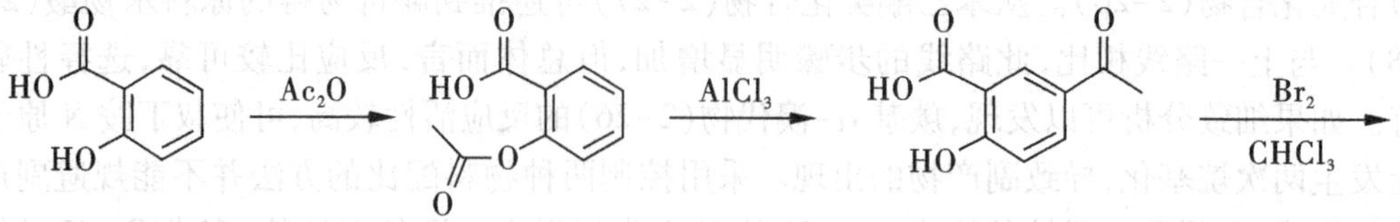

药物合成工艺路线设计是一项复杂、细致的工作，设计者不仅要对可能涉及的化学反应的特点有深入了解，还要对可能使用的各种物料的性质有充分的认识。某些经典的反应条件在使用特定物料的情况下并不使用，需要具体问题具体分析，通过更换原料或改变反应条件，设计出合理、可行的合成路线。

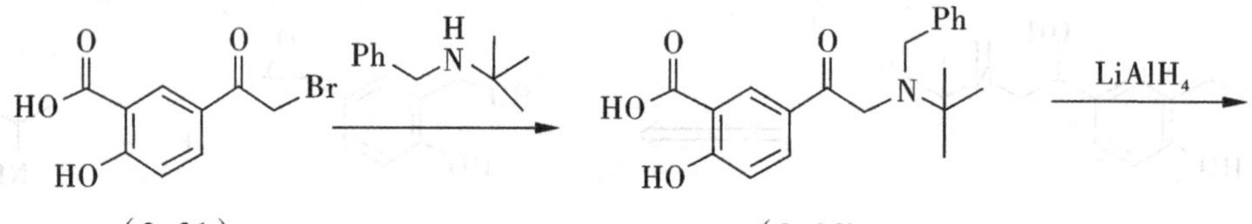

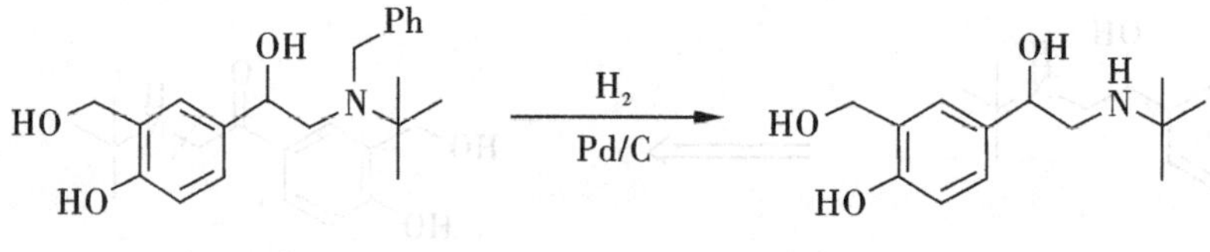

二、类型反应法

新药的合成往往在文献上无现成的合成途径可供参考，或者虽有但不理想。对于有些化合物或它的关键中间体，可根据它们分子的化学结构类型和功能基等情况，采用类型反应法进行药物工艺路线设计。所谓类型反应法是指利用常见的典型有机化学反应与合成方法进行药物合成设计的思考方法。它包括具有各类化学结构的化合物有机合成的通用合成法，功能基的形成、转换、保护的合成反应单元等。对于有明显类型结构特点和功能基的化合物，常常采用此种方法进行设计。

抗霉菌药物克霉唑(2-34)是咪唑类化合物，分子中的 C—N 键是一个易断键部位；即可由咪唑的亚胺基与卤代烷通过烷基化反应形成。因此，首先找出易断键部位，得到两个关键中间体邻氯苯基二苯氯甲烷(2-35)和咪唑(2-9)。文献报道，化合物(2-35)是由邻氯苯甲酸乙酯进行 Grignard 反应，先合成叔醇(2-36)，然后再用二氯亚砜氯化而得到。

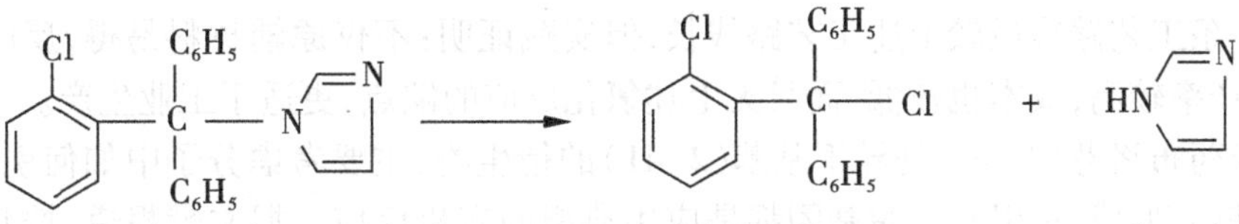

$$（2-34）\qquad\qquad（2-35）\qquad\qquad（2-9）$$

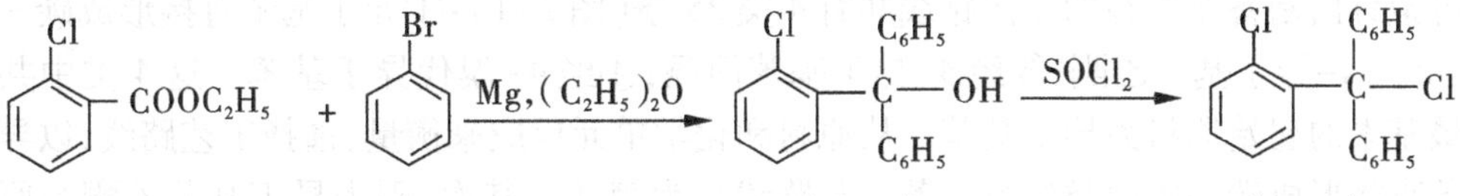

$$（2-36）\qquad\qquad\qquad（2-35）$$

　　这种合成方法制得的克霉唑的质量较好,但这条工艺路线中应用 Grignard 反应,要求高度无水操作,原辅料和溶剂质量要求严格,且溶剂乙醚易燃、易爆,工艺设备上须有相应的防爆安全措施,因而在生产中受到限制。

　　鉴于上述情况,参考四氯化碳与苯通过 Friedel-Crafts 反应先生成三苯基氯甲烷(2-37)的类型反应,设计了由邻氯苯基三氯甲烷(2-38)的合成路线。此法合成路线短,原辅材料来源方便,收率也高,曾为工业生产采用。但这条工艺路线仍有一些缺陷:主要是要用邻氯甲苯进行氯化制得(2-38)。这一步反应需要引入 3 个氯原子,反应温度较高,且反应时间长,并有未反应的氯气逸出,不易吸收完全,这样就会污染环境,还有设备腐蚀等问题。

$$CCl_4+3C_6H_6 \longrightarrow （C_6H_5）_3CCl$$

$$（2-37）$$

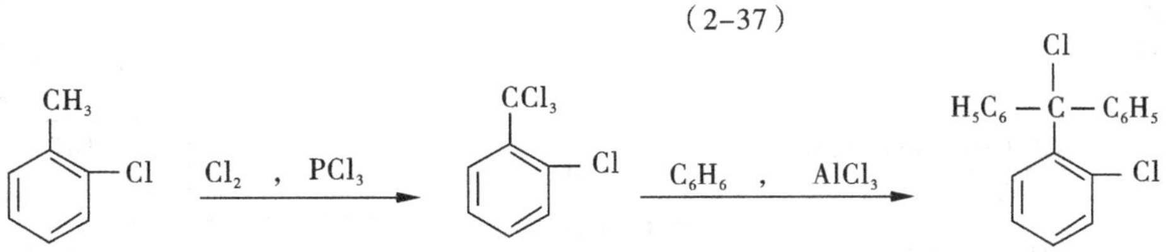

$$（2-38）\qquad\qquad\qquad（2-34）$$

　　另外,以邻氯苯甲酸(2-39)为起始原料,经两步氯化、两步 Friedel-Crafts 反应来合成关键中间体(2-34)。

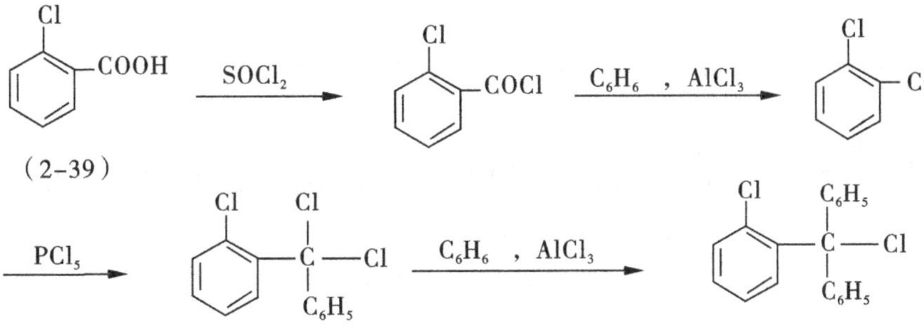

$$（2-39）$$

$$（2-34）$$

　　后一条工艺路线虽较上述工艺路线长,但实践证明:不仅原辅材料易得,反应条件温和,各步产率较高,成本也较低,而且无上述氯化反应的缺点,更适于工业生产。

　　抗炎药布洛芬(2-40)是异丁基苯(2-41)的衍生物,主要考虑分子中如何引入 α-甲基乙酸基团,形成 α-甲基乙酸基团都是应用典型的有机反应。据文献报道,按其原料不同可拟订出制备布洛芬的工艺路线共有 4 类 25 条(图 2-1):①异丁基苯直接形成碳—碳键;②经 4-异丁基苯乙酮;③经 4-异丁基苯丙酮;④经 4-溴代异丁基苯。这 4 类中共同的最基本的起始原料为异丁基苯。从原料和化学单元反应来衡量,选择工艺路线,以异丁基苯直接形成碳—碳键类的第 3 条工艺路线最为简洁。其次,则为异丁基苯乙酮为原料的第 1 条工艺路线。但从原辅材料、收率、设备条件等诸方面衡量,则将选择工艺路线的注意力转移到异丁基苯乙酮类为原料的第 5 条路线上来。且后一条路线已广泛用于工业生产。

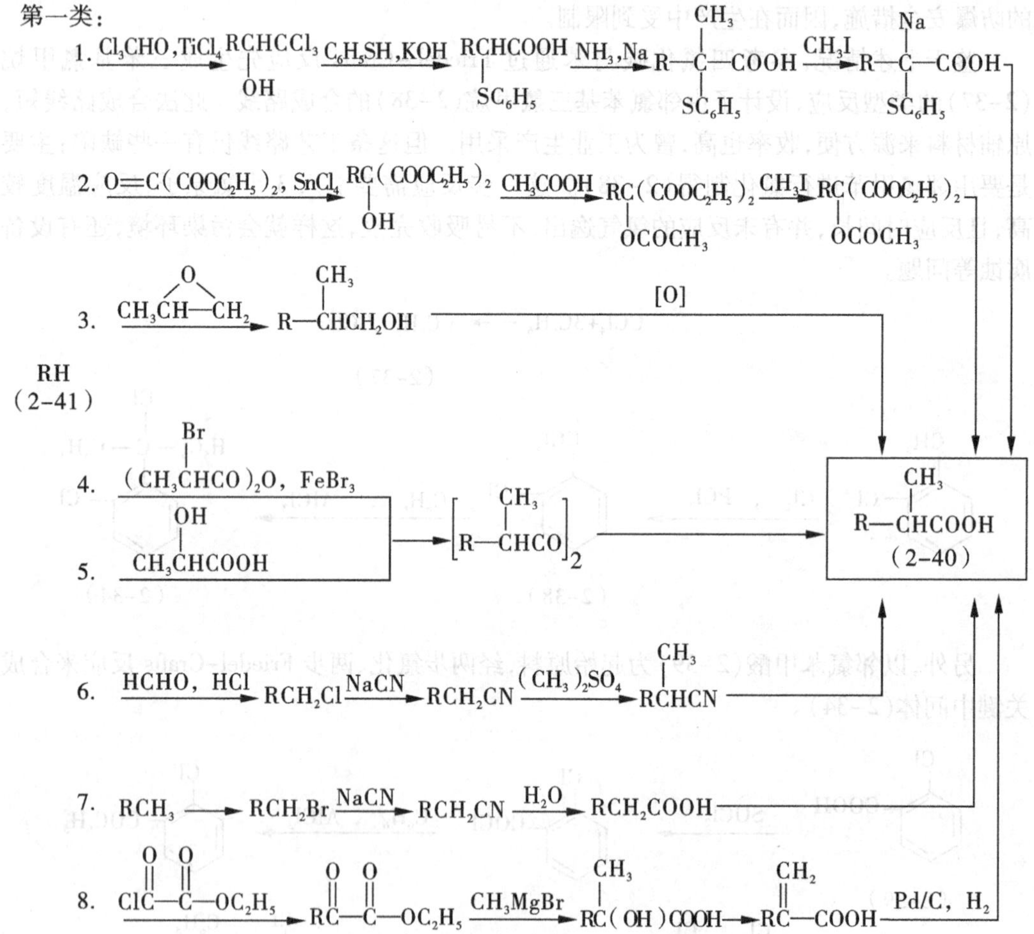

第一类:

图 2-1　布洛芬生产工艺路线(1)
(第一类异丁基苯直接形成碳—碳键)

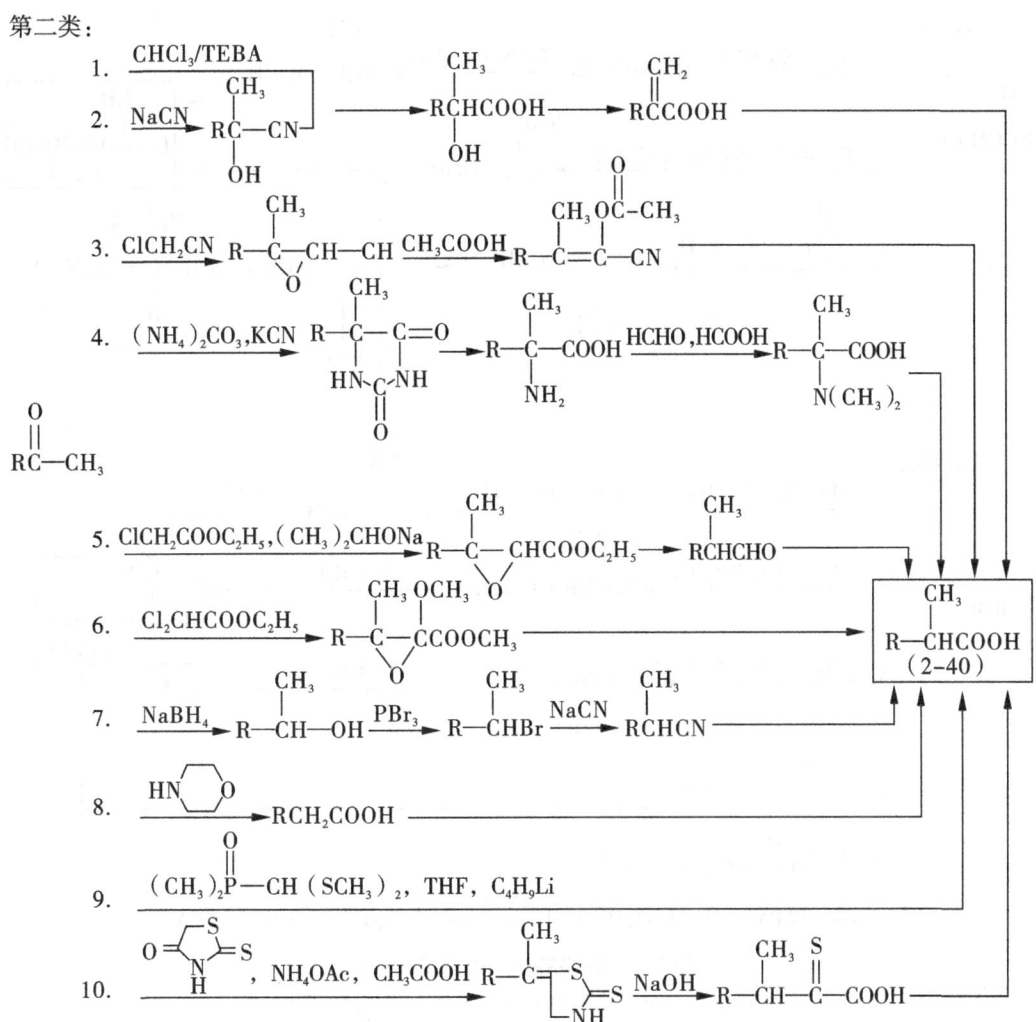

图 2-1　布洛芬生产工艺路线(2)

(第二类经 4-异丁基苯乙酮)

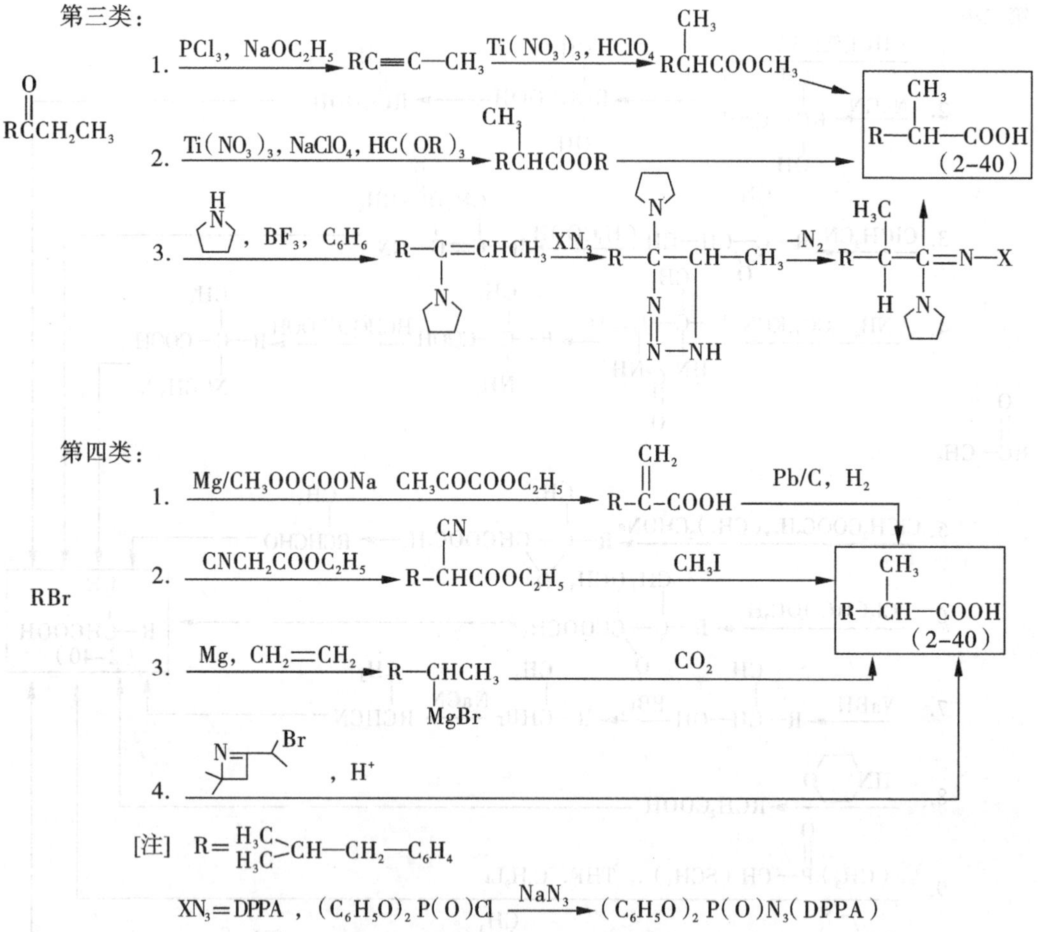

第三类：

1. $RCCH_2CH_3$ （O） $\xrightarrow{PCl_3,\ NaOC_2H_5}$ $RC\!=\!C\!-\!CH_3$ $\xrightarrow{Ti(NO_3)_3,\ HClO_4}$ $R\overset{CH_3}{\underset{}{C}HCOOCH_3}$ ⟶

2. $\xrightarrow{Ti(NO_3)_3,\ NaClO_4,\ HC(OR)_3}$ $R\overset{CH_3}{\underset{}{C}HCOOR}$ ⟶

$$R\overset{CH_3}{\underset{}{C}H\!-\!COOH}\quad(2\text{-}40)$$

3. $\xrightarrow[\quad\text{H}\ \text{N}\ \text{(吡咯烷)}\ ,\ BF_3,\ C_6H_6\quad]{}$ $R\!-\!C\!=\!CHCH_3$ $\xrightarrow{XN_3}$ $R\!-\!\underset{N=N-NH}{C}\!-\!CH\!-\!CH_3$ $\xrightarrow{-N_2}$ $R\!-\!\underset{H}{C}\!-\!\underset{N}{C}\!=\!N\!-\!X$

第四类：

RBr

1. $\xrightarrow{Mg/CH_3OOCOONa\quad CH_3COCOOC_2H_5}$ $R\!-\!\overset{CH_2}{\underset{}{C}}\!-\!COOH$ $\xrightarrow{Pb/C,\ H_2}$

2. $\xrightarrow{CNCH_2COOC_2H_5}$ $R\!-\!\overset{CN}{\underset{}{C}HCOOC_2H_5}$ $\xrightarrow{CH_3I}$

3. $\xrightarrow{Mg,\ CH_2\!=\!CH_2}$ $R\!-\!\overset{}{\underset{MgBr}{C}HCH_3}$ $\xrightarrow{CO_2}$

4. $\qquad$ ，H^+

$$R\!-\!\overset{CH_3}{\underset{}{C}H\!-\!COOH}\quad(2\text{-}40)$$

[注] $R=\overset{H_3C}{\underset{H_3C}{}}CH\!-\!CH_2\!-\!C_6H_4$

$XN_3=DPPA$ ，$(C_6H_5O)_2P(O)Cl\ \xrightarrow{NaN_3}\ (C_6H_5O)_2P(O)N_3(DPPA)$

图 2-1 布洛芬生产工艺路线(3)

（第三类经 4-异丁基苯丙酮与第四类经 4-溴代异丁基苯）

应用类型反应法进行药物或中间体的工艺设计时,如果功能基的形成与转化的单元反应排列方法出现两种或两种以上不同安排时,不仅需要从理论上推测合理的排列顺序,而且还要从实践上着眼于原辅材料、设备条件等进行实验研究,经过实验设计及选优方法遴选,反复比较来选定。虽然它们有相同的化学单元反应,但进行的顺序不同或应用原料不同,即反应物料的化学组成与理化性质就不同,随之就会带来许多问题,比如在药物质量、收率、"三废"治理、反应设备和生产周期等方面都会有较大的差异。

三、分子对称法

剖析某些药物或其中间体结构时,常发现存在分子对称性,这对于药物工艺设计是很有用处的,它们往往可由两个相同的分子经化学合成制得,也可以在同一步反应中将分子的相同部分同时构建起来,这就是分子对称法。对于具有对称性或潜在对称性的药物就需要用分子对称法来进行工艺路线的设计。

非甾体雌激素类药物己烯雌酚(2-42)、己烷雌酚(2-43)等二苯乙烯类化合物可用分子对称法设计工艺路线。

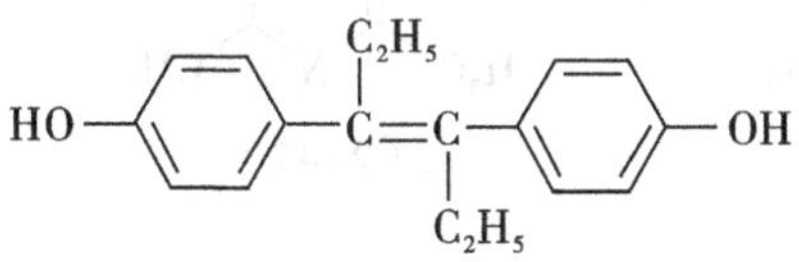

（2-42） 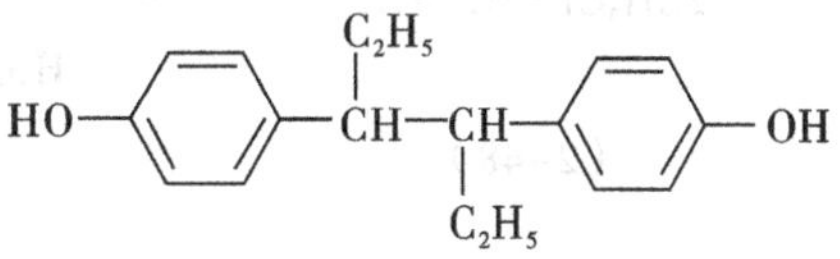　　　　　　　　　　　　　　　（2-43）

例如己烷雌酚的合成路线可由两分子的硝基苯丙烷(2-44)在氢氧化钾存在下用水合肼还原,同时发生缩合生成3,4-双对氨苯基己烷(2-45),后者再经重氮化、水解反应得己烷雌酚。

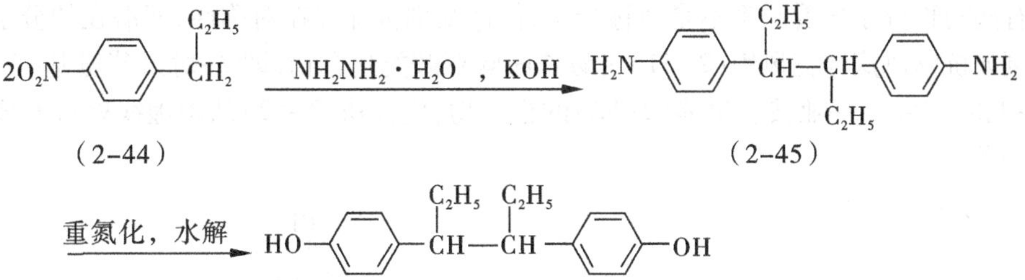

（2-44）　　　　　　　　　　　　　　　（2-45）

肌肉松弛药肌安松也是对称性分子,它的化学名为内消旋3,4-双(对-三甲氨基苯基)己烷双碘甲烷季胺盐(2-46)。同样也可应用分子对称法合成。

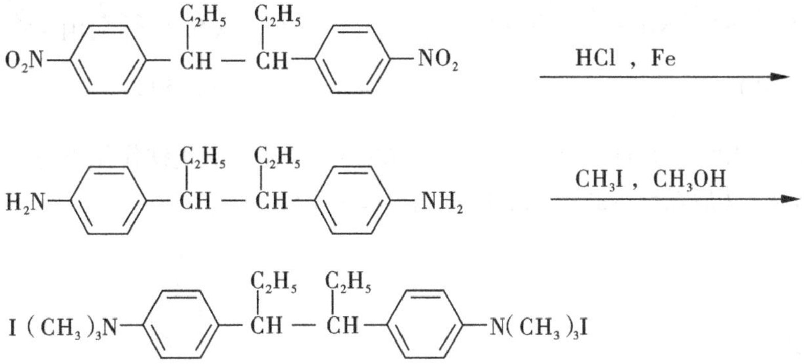

（2-46）

从中药川芎分离出来的川芎嗪(2-47),化学名为四甲基吡嗪,用于治疗冠心病、心绞痛,可根据其分子内对称性和杂环吡嗪合成法,用3-氨基丁酮-2(2-48)作为原料,经互变异构使两分子烯醇式自身缩合,再氧化制得。

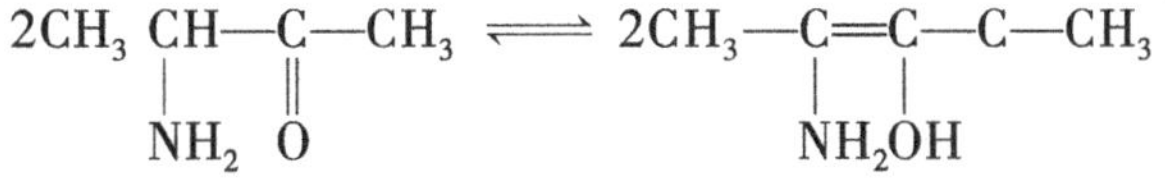

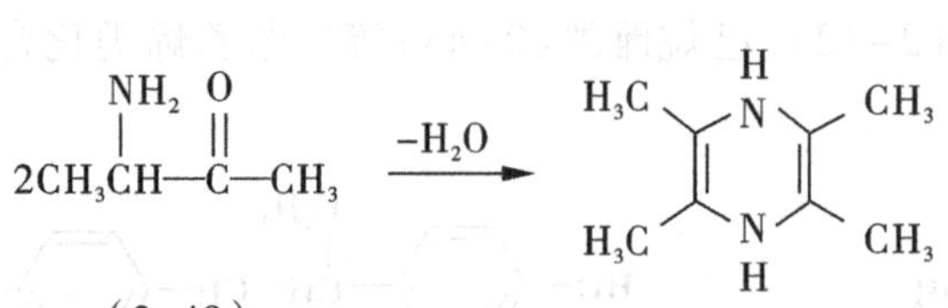

（2-48）　　　　　　　　　　　　　　　　　　　　　　　　（2-47）

同样,抗肠虫药磷酸哌嗪(2-49)的工艺路线也可应用相似的途径,即乙醇胺(2-50)脱水环合制得。

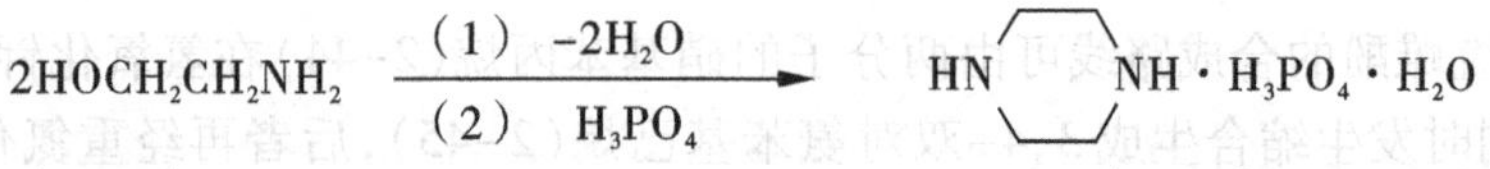

（2-50）　　　　　　　　　　　　　　　　　　（2-49）

有些药物分子乍看起来不是对称分子,但仔细剖析却存在对称性,即潜在的分子对称性。例如抗麻风病药克风敏(2-51)可看作吩嗪亚胺类化合物,即 2-对氯苯氨基-5-对氯苯基-3,5-二氢 -3-亚胺基吩嗪(2-52)的衍生物,化合物(2-52)从画虚线处可看成两个对称分子。

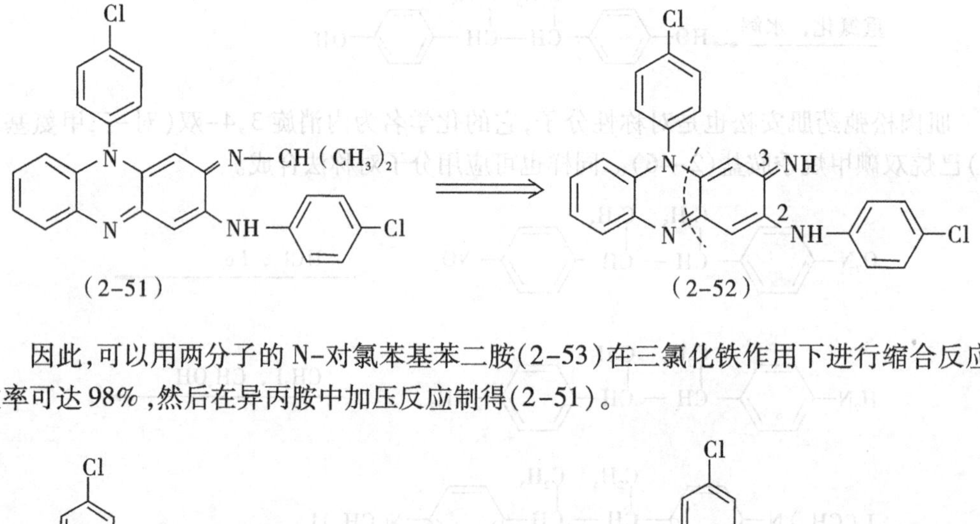

（2-51）　　　　　　　　　　　　　　　　　　（2-52）

因此,可以用两分子的 N-对氯苯基苯二胺(2-53)在三氯化铁作用下进行缩合反应,收率可达98%,然后在异丙胺中加压反应制得(2-51)。

（2-53）　　　　　　　　　　　　　　　　　　　　　　　（2-52）

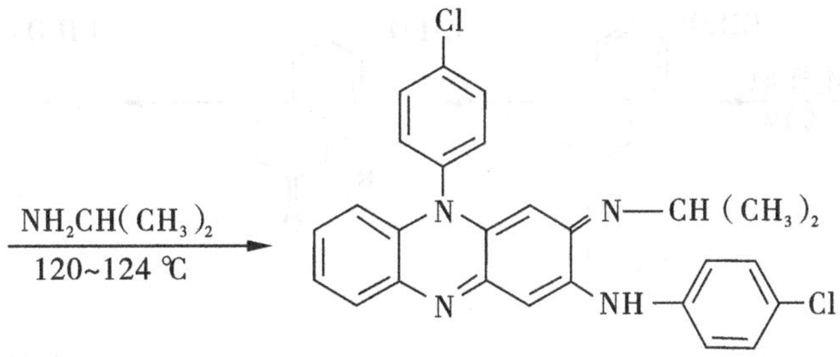

（2-51）

　　无叶豆碱,又称鹰爪豆碱(2-54),可用于治疗心律不齐,它的分子结构可认为是由两个喹诺里西啶环合并而成的,也是个对称分子;可由哌啶、甲醛和丙酮为起始原料,经两次曼尼希(Mannich)反应合成。

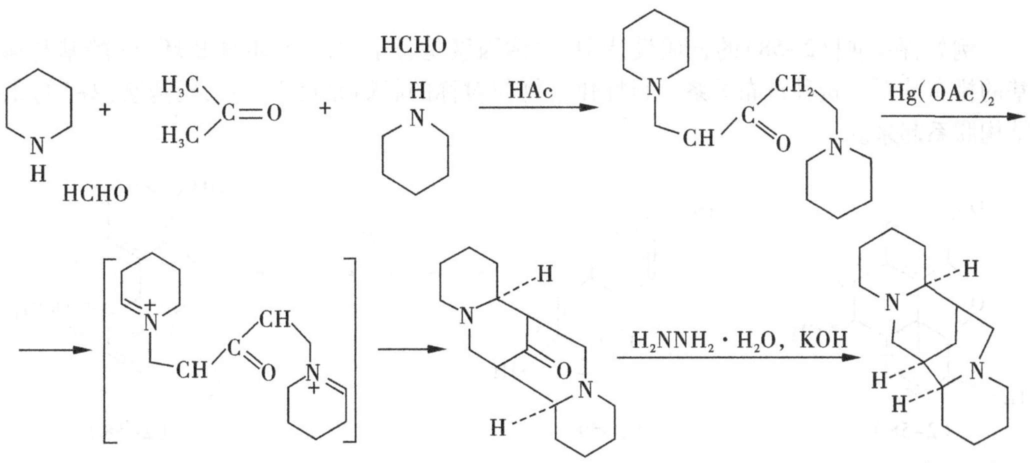

（2-54）

　　药物分子中对称的排布与工艺设计及确定起始原料有着密切的关系。在9-取代苯并吗啡烷(2-55)的工艺设计中,首先识别出化学结构上的A环与B环,甲氧基与酮基的排布存在有对称性,故可选用对称性的2,7-二甲氧基萘(2-56)为起始原料。

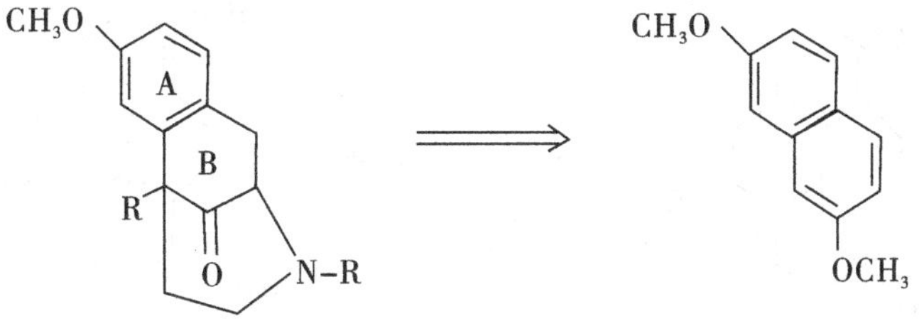

（2-55）　　　　　　　　　　　　　（2-56）

　　原料(2-56)经还原反应可得3,4-二氢-7-甲氧基-2-(2-H)萘酮(2-57),再经5步功能基转变,可得9-取代苯并吗啡烷(2-55)。

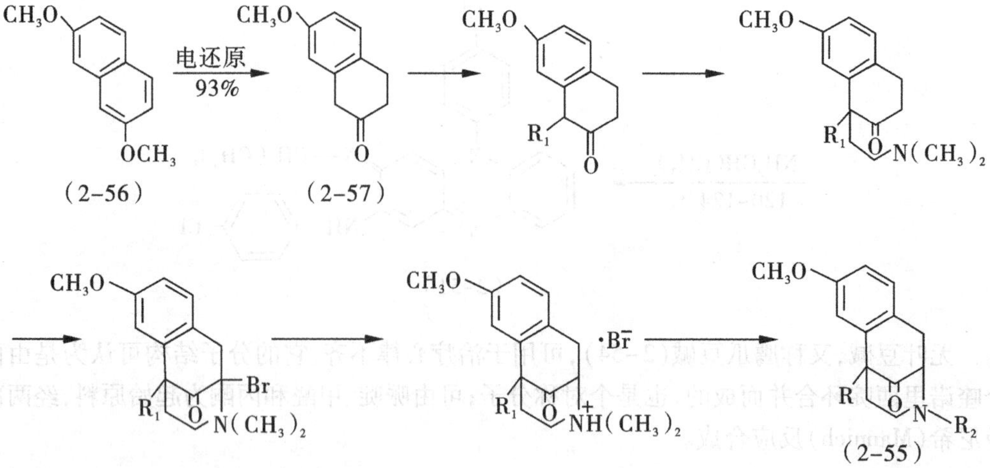

（2-56） （2-57）

（2-55）

例如，在吗啡（2-58）的合成设计中，对称因素是分子中的 A 环与 B 环、3-酚基与氨基的排布关系。这种排布关系把目标化合物与对称的起始原料3,7-二羟基萘（2-59）的结构联系起来。

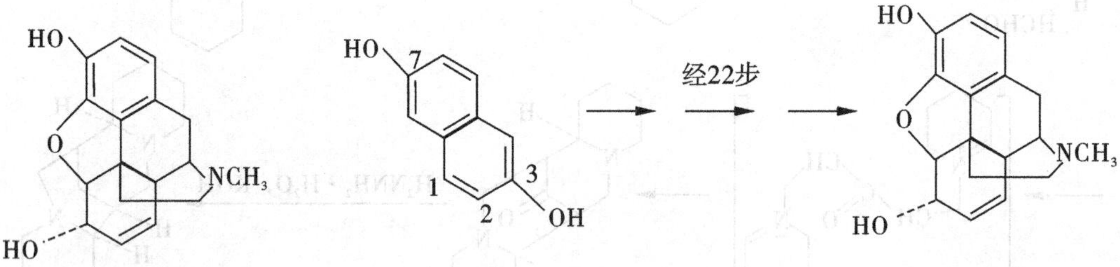

（2-58） （2-59） 经22步 （2-58）

用这种思考方法确定起始原料或前驱物质之后，剖析工作就转移到与已知化合物之间的关系来设计合成路线。

吗啡的全合成目前尚无工业价值。一般自植物中提取，或以蒂巴因（2-60）为原料进行合成（即半合成制备）。

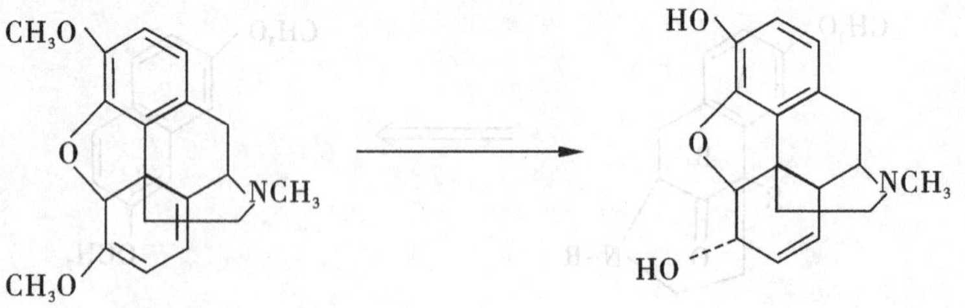

（2-60） （2-58）

四、模拟类推法

对化学结构复杂的药物即合成路线不明显的各种化学结构只好猜测。从不那么正确的设想开始，通过文献调研，改造他人尚不完善的概念来进行药物工艺路线设计。可模拟类似化合物的合成方法。如祛痰药杜鹃素(2-61)和紫花杜鹃素(2-62)都属于二氢黄酮类化合物。因此，可模拟二氢黄酮的合成途径进行设计。分子中存在的甲基和羟基，显然是分子骨架形成前就具备的。它们可采用相应的酚类与苯丙烯酸或苯丙烯酰氯进行环合；也可用相应的酮类，经查耳酮类制备(2-61)和(2-62)。

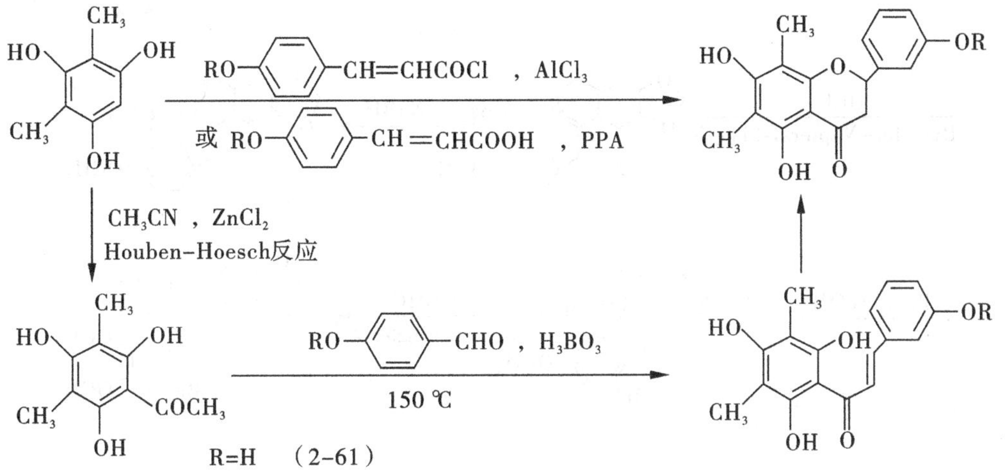

R=H　(2-61)
R=CH$_3$　(2-62)

中药黄连中的抗菌有效成分——黄连素(2-63)的合成路线设计也是个很好的模拟类推法的例子。它是模拟巴马汀(2-64)和镇痛药延胡索乙素(又称四氢巴马汀硫酸盐，2-65)的合成方法。它们都具有母核二苯并[a,g]喹嗪，含有并合的异喹啉的特点。

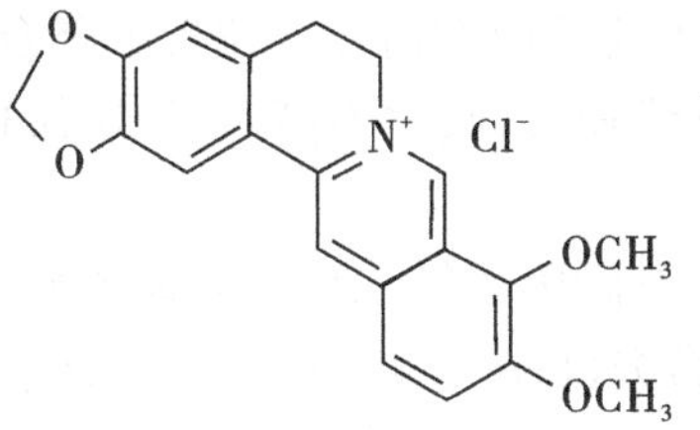

(2-63)

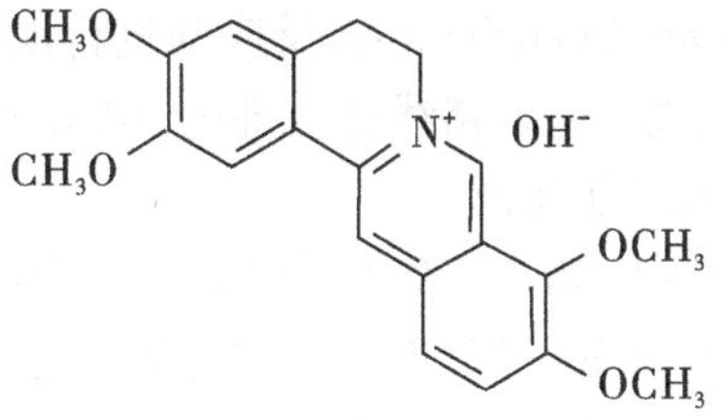

(2-64)

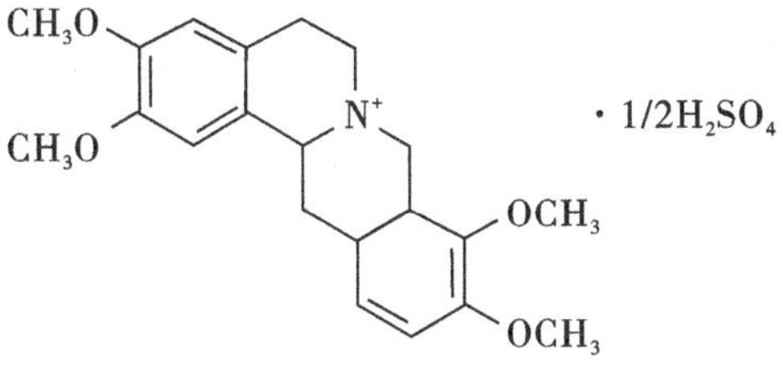

(2-65)

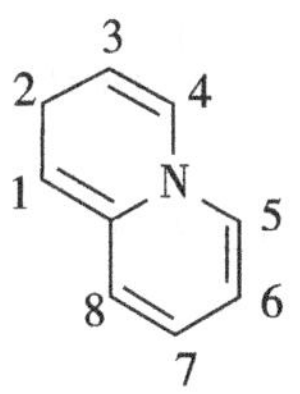

4H-喹嗪

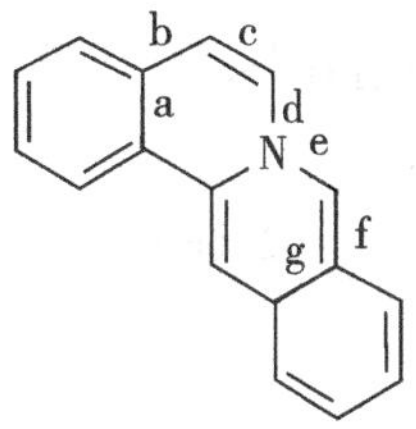

二苯并[a, g]喹嗪

黄连素可采用合成喹啉环的方法经 Bischler–Napieralski 反应及 Pictet-Spengler 反应，先后两次环合而得。合成路线如下：

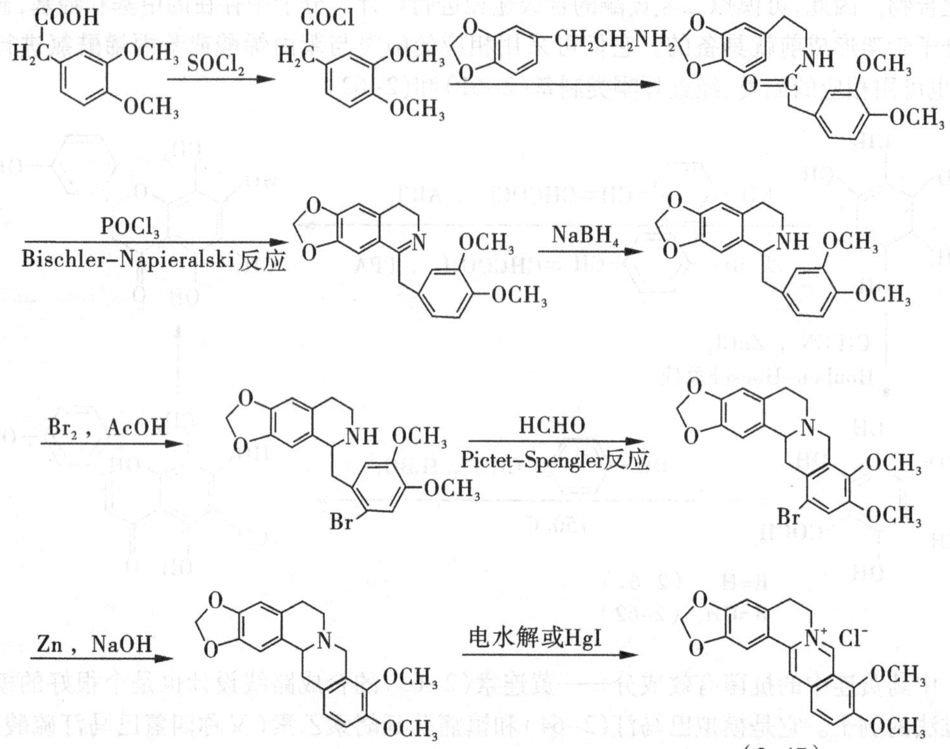

（2-47）

在 Pictet-Spengler 环合反应前进行溴化是为了使反应在需要的位置上环合。从合成化学观点考察，这条路线是合理的，但由于合成路线较长，收率不高，且使用昂贵的试剂，因而不适宜工业生产。

1969 年 Muller 等发表了巴马汀的合成方法，是采用3,4-二甲氧基苯乙胺(2-66)与2,3-二甲氧基苯甲醛(2-67)进行脱水缩合生成席夫(Schiff)碱(2-68)，一次引进两个碳原子而合成二苯并(a,g)喹嗪环。按这个合成途径得到的是二氢巴汀高氯酸盐(2-69)与巴汀高氯酸盐(2-70)的混合物。

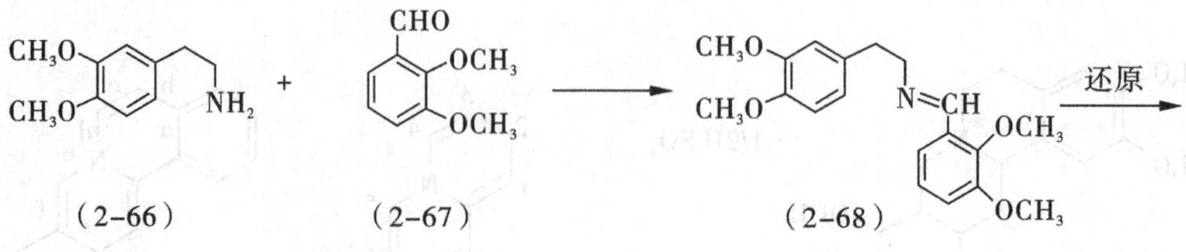

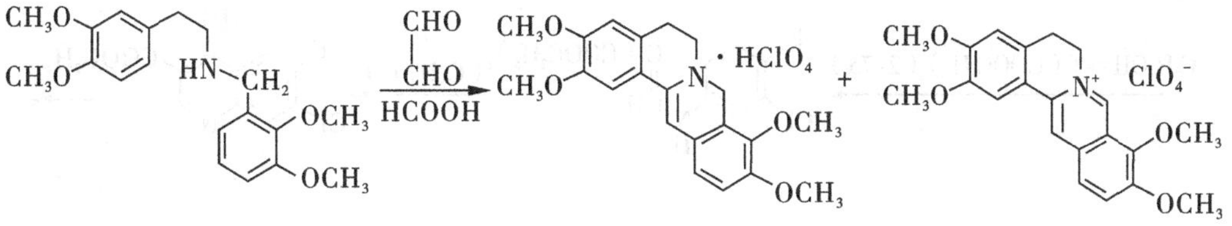

（2-69）　　　　　　　（2-70）

参照上述巴马汀的合成，终于设计了从胡椒乙胺(2-71)与2,3-二甲氧基苯甲醛出发合成盐酸黄连素的工艺路线，并试验成功。

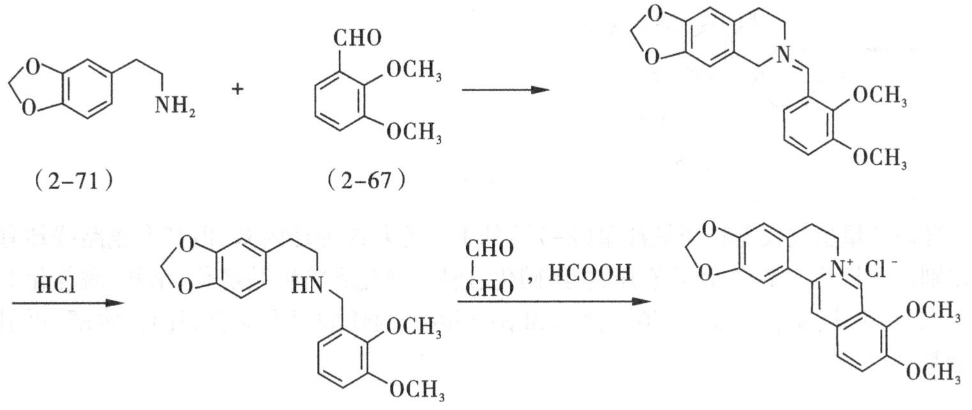

（2-71）　　　　　　（2-67）

（2-63）

按这条工艺路线制得的盐酸黄连素(2-63)经分析检验，完全不含二氢衍生物。产物的理化性质与抑菌能力同天然提取的黄连素完全一致，全部符合药用要求。它的合成步骤较前述路线更为简洁，且所用的2,3-二甲氧基苯甲醛可利用生产香料醛的副产物。这是我国自力更生创建的全合成路线，符合工业生产要求。延胡索乙素也可用模拟类推法进行化学合成，其成本接近由天然来源的提取法。

在应用模拟类推法设计药物工艺路线时，还必须和已有方法对比，并注意对比化学结构、化学活性的差异。模拟类推法的要点在于类比和对有关化学反应的了解。如诺氟沙星(氟哌酸,2-72)和环丙沙星(2-73)合成工艺的比较。(2-72)的合成可从二氯苯为起始原料，经硝化、氟化、还原，生成3-氯-4-氟苯胺(2-74)，然后与乙氧基亚甲基丙二酸二乙酯(2-75)缩合，再经环合、乙基化和引入哌嗪基。

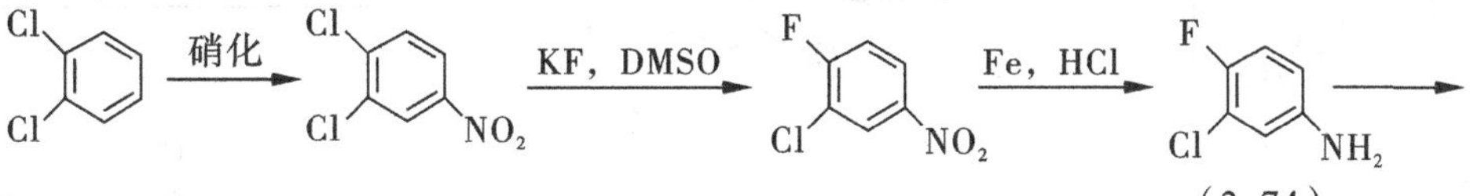

（2-74）

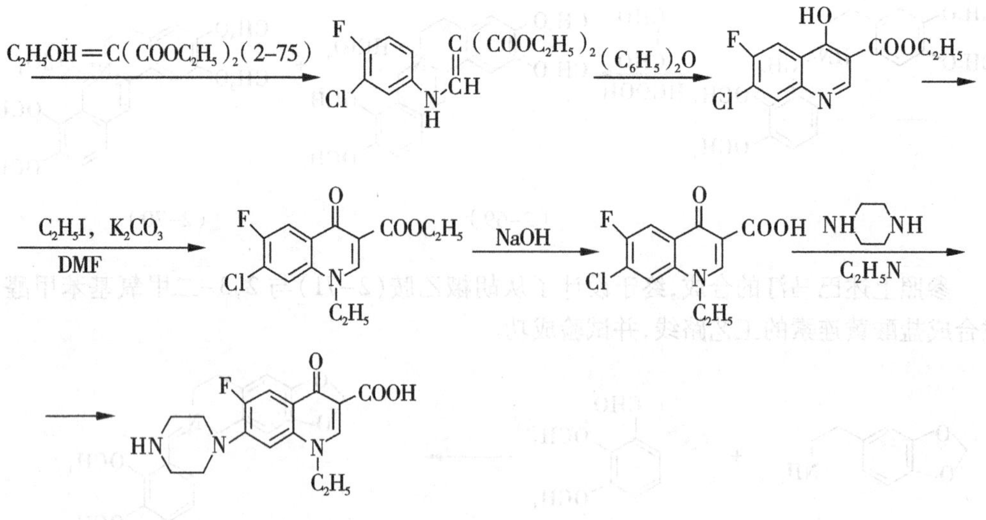

$$C_2H_5OH=C(COOC_2H_5)_2 (2-75)$$

（反应流程图）

环丙沙星虽仅仅是将诺氟沙星(2-72)的 1 位乙基改为环丙基,但其合成路线却有很大差别。它是从 2,4-二氯甲苯开始,经硝化、还原、氟化和将甲基氯化、水解、酰氯化形成 2,4-二氯-5-氟苯甲酰氯(2-76),然后和 β-环丙胺丙烯酸甲酯缩合、环合、水解,再引入哌嗪基。

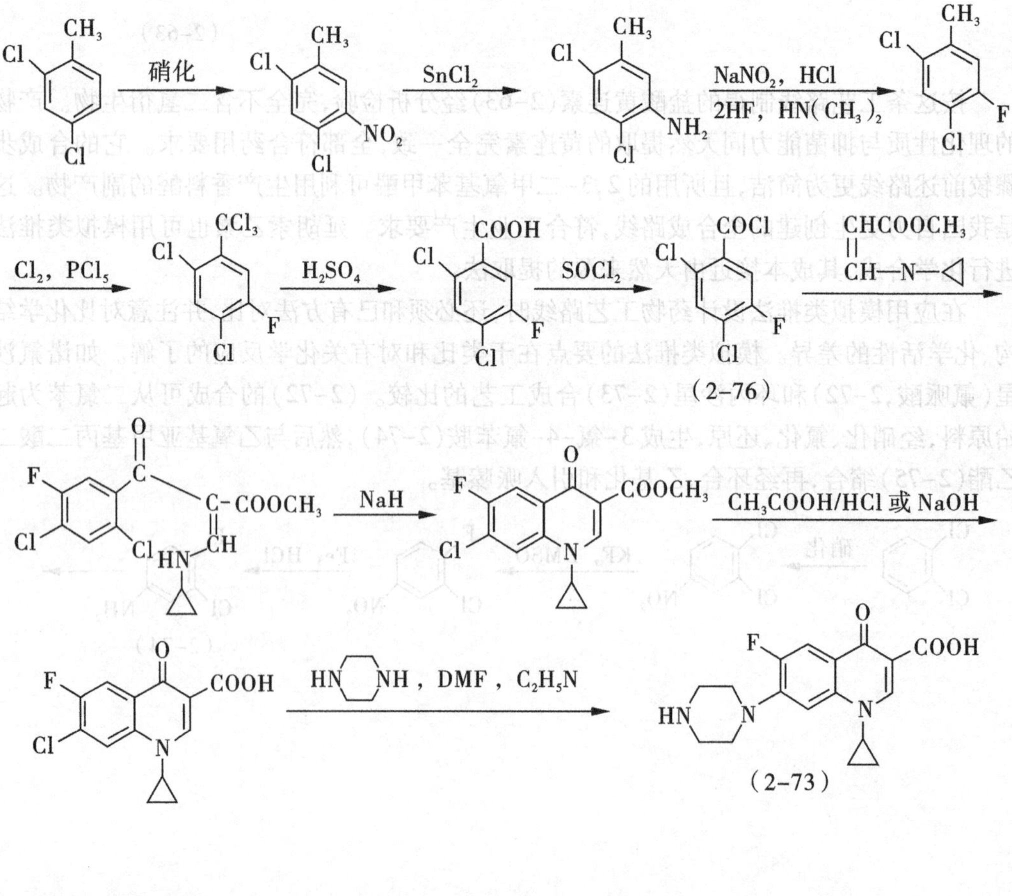

（反应流程图 2-76）

（反应流程图 2-73）

上述工艺路线都较成熟,但工艺步骤较多。引入哌嗪基时,上述两条路线都放在最后,且收率较低,技术难度大。近年来有较大改进,特别是成环工艺改进很大。由2-氯-4-氨基-5-氟苯甲酸乙酯(2-77)为起始原料,后 4 步总收率可达 90% 以上。

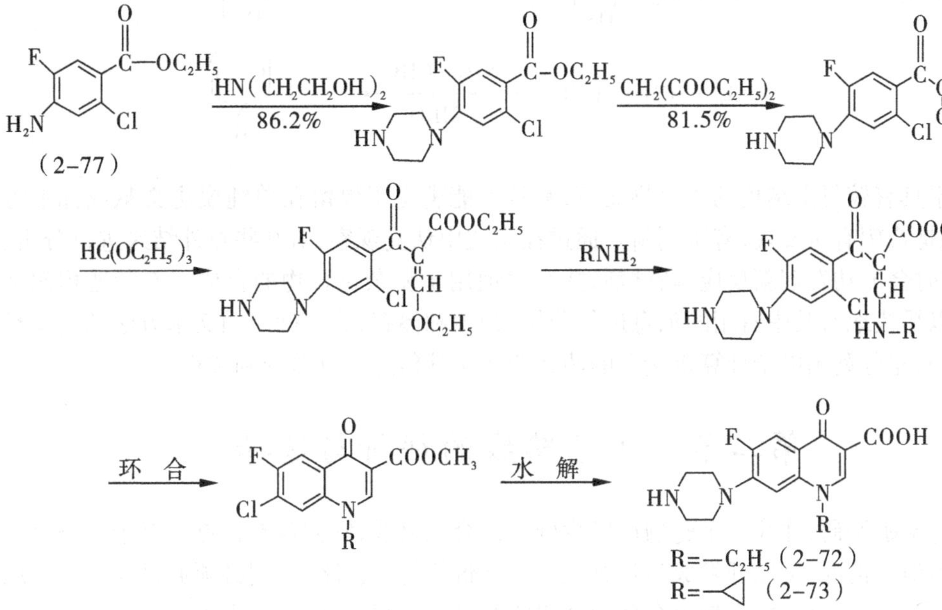

在设计合成路线时,除采用上述方法外,对于简单分子或已知结构衍生物的合成设计,可通过查阅有关文献专著、综述或化学文献,找到若干可供模拟的方法。查阅文献时,除了需合成的化合物本身进行合成方法的查阅外,还应对其各个中间体的制备方法进行查阅,在比较、摸索后选择一条实用路线。必要时还可对其中某些反应条件加以改进,以简化操作,提高收率等。这些方法是经典合成方法的继续,其中对选定合成路线起主导作用的是化学文献介绍的已知方法和理论。

对于某些杂环化合物的合成,应用熟知的人名反应来得到其母体结构时,亦属这种方法。还有一些在研究中发现的新试剂和方法,最初并不具有通用性的标准合成法,但在实践中不断改进和完善,逐渐成为某些化合物的合成通法。

模拟类推法具有减少工作量、节约试剂、避免盲目性等特点,从而引起了广泛的重视,并在实践中不断改进和完善,逐渐成为一般合成方法。例如抑制甲状腺素、治疗甲状腺素亢进的药物 2-甲基-2-硫基咪唑(又名他巴唑)就是应用“模拟类推法”进行合成的一个例子。它是利用文献报道中的标准合成法改进设计的。合成路线如下:

$$CH_3COOCH{=}CH_2 \xrightarrow{Br_2,\ C_2H_5OH} BrCH_2CH(OC_2H_5)_2 \xrightarrow[90\sim100\ ℃]{CH_3NH_2,\ C_6H_6,\ Cu_2Cl_2}$$

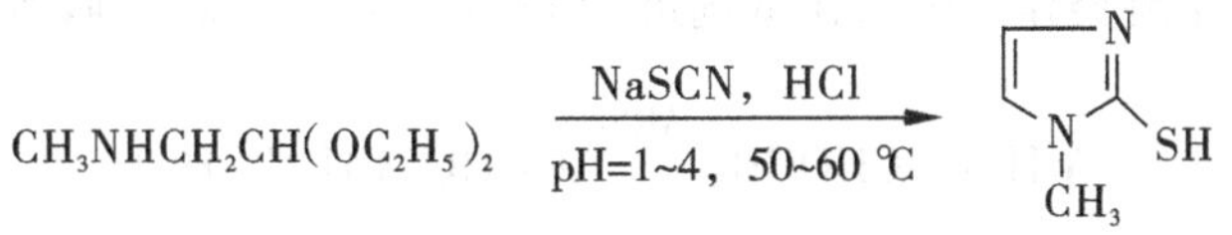

(2-78)

它是利用文献报道中的标准合成法(合成路线如下)改进设计的:

$$CH_3CHO \xrightarrow[CH_2OH]{Br_2,\ CH_2OH} BrCH_2\begin{array}{c}O\\ \diagdown\\ O\end{array} \xrightarrow{NH_3} H_2NCH_2\begin{array}{c}O\\ \diagdown\\ O\end{array} \xrightarrow{H^+,\ H_2O}$$

$$H_2N-CH_2-CHO \xrightarrow[-2H_2O]{NH_2-CHO} \begin{array}{c}\text{咪唑}\end{array}$$

对于具有较复杂结构的化合物而言,常常不能满足于停留在单纯模仿文献或标准方法上,而是希望有所发现,有所创新。通过在实践中认真观察,对某些意外结果进行分析、判断,有时会成功发现新反应、新试剂,并有效地用于复杂化合物的合成。不断地积累文献资料以尽快地对其中有用的消息进行分析、归纳和储存,是正确应用文献方法的重要环节。另外,充分利用电子计算机储存的药物合成设计信息也日益受到重视。

第二节　工艺路线的评价与选择

通过文献调研,往往一个药物可以找到多条合成路线,它们各有特点。至于哪条路线更适合当地的情况,可以开发成为具有工业生产价值的工艺路线,则必须通过深入细致地综合比较和论证,以选择出最为合理的合成路线,制订出具体的实验室工艺研究方案。当然,在文献上不能找到现成合成路线的,或虽有而尚不理想时,则需要自己设计。这时可利用前节所述的原则和方法进行设计。从这个领域大量的实践中总结出来的药物工艺路线评价原则是很有指导意义的。下面仅就药物工艺路线的评价和选择进行探讨。

一、反应类型

在化学制药工艺学中常常有多条不同的合成路线。如前节讲到布洛芬的合成路线可有 25 条之多(图 2-1)。每条合成路线中又有不同的化学反应可用来组合。如在芳环上需引入醛基,就有下列的化学反应可供采用:

(1)Gattermann 反应:

$$ArH + Zn(CN)_2 + HCl \xrightarrow{ZnCl_2} ArCH=NH \cdot HCl \xrightarrow{H_2O} ArCHO$$

(2)Gattermann-Koch 反应:

$$ArH + CO + HCl \xrightarrow{AlCl_3} ArCHO$$

(3)由二氯甲基醚类作为甲酰化试剂进行 Friedel-Crafts 反应,收率在60%左右:

$$ArH + Cl_2CHOCH_3 \xrightarrow{AlCl_3} ArCHO + CH_3Cl + HCl$$

（4）Vilsmeier 反应：

$$ArH + \underset{\substack{\text{‖}\\O}}{C} - N(CH_3)_2 \longrightarrow ArCHO$$

（5）应用三氯乙醛在苯酚的对位上引入醛基，收率仅 30% ~ 35%，这是由于所得产物对羟基苯甲醛易聚合的缘故。

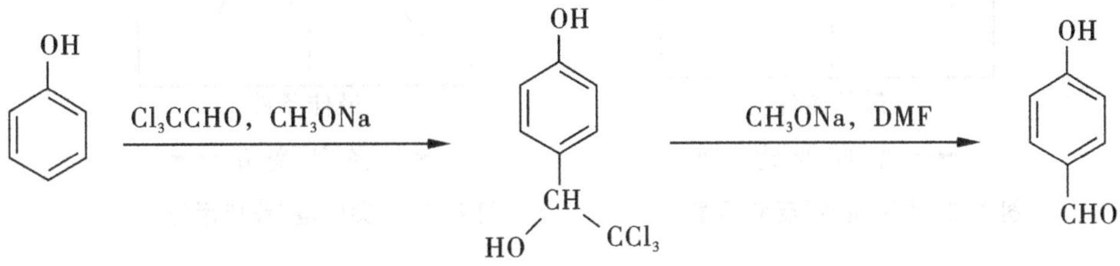

（6）应用 Duff 反应在酚类的苯环上引入醛基：

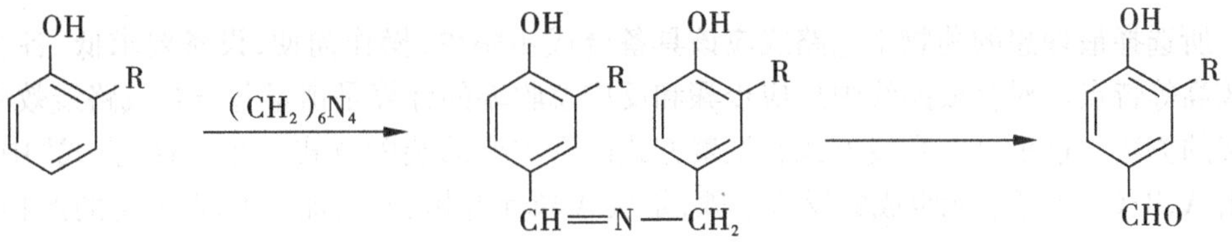

R=—OCH₃、烷基等

若 R =—H 则醛基在邻位上，收率为 15% ~ 20%。

上述不同的例子，说明在含有不同取代基的苯核上引入同一个功能基，各有不同的取代方式。相同的苯取代化合物引入同一个功能基可有不同的方法，同时还可以存在两种极端的反应类型，即"平顶型"和"尖顶型"反应（图2-2，图2-3）。在尖顶型类型中，副反应多，反应条件苛刻，稍有出入就会使收率下降，这里还关系到安全生产技术、"三废"防治、设备条件等。许多实验室工艺（小试）的操作多属"尖顶型"反应，要求对操作细节极其注意。如应用三氯乙醛在苯酚的对位上引入醛基，副反应多、收率低、产物又易聚合，生成大量树脂状物又需要处理，且反应时间需 20 多小时。Gattermann－Koch 反应，收率尚好，虽也属"尖顶型"反应，且应用剧毒原料，设备要求也高，但因可以做到自动控制，原料低廉，已为工业生产所采用。应用 Duff 反应在酚类的苯环上引入醛基是应用 Duff 反应合成香兰醛的工业化方法之一，反应条件易于控制，国内曾用于甲氧苄胺嘧啶中间体的生产。工业生产上愿意采用"平顶型"反应，工艺操作条件稍有差异也不至于严重影响收率，可减轻操作工人劳动强度。因此，在初步确定合成路线后，制订化学制药工艺实验研究方案时，还必须做必要的考察，阐明所组成的化学反应类型到底是"平顶型"还是"尖顶型"；甚至还需要设计有极端性或破坏性的试验，探讨属于哪一种反应类型，这也能为化工设备设计寻找出必要的条件和数据。但这个原则又不是一成不变的，"尖顶型"反应类型在工业生产上还可利用工业生产的有利条件通过精密自动控制予以实现。

Gattermann–Koch 反应就属于这类反应。在氯霉素的生产中对硝基乙苯催化氧化制备对硝基苯乙酮时的反应就属于"尖顶型"反应类型,已成功地用于工业生产。

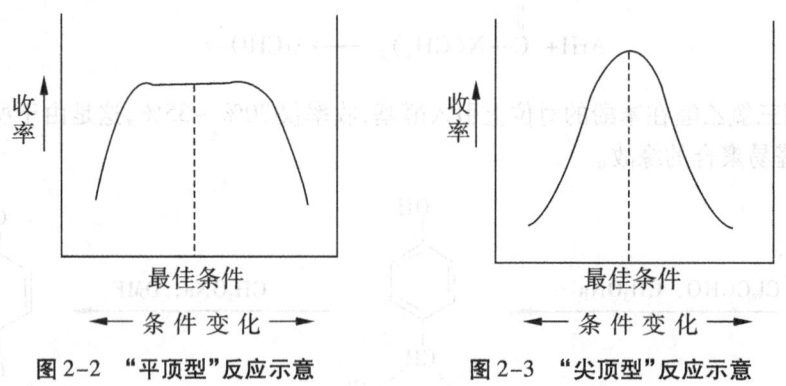

图 2-2 "平顶型"反应示意   图 2-3 "尖顶型"反应示意

二、合成步骤和总收率

所选择最理想的药物工艺路线应该具备合成步骤少,操作简便,设备要求低,各步收率较高等特点。对合成路线中反应步骤和反应总收率的计算是衡量各条合成路线效率最直接的方法。这里可有直线方式和汇聚方式两个主要的装配方式。在"直线方式"中,一个由 A,B,C…J 等单元组成的反应步骤,是从 A 单元开始,然后加上 B,在所得的产物 A–B 上再加上 C,如此下去,直到完成。

$$A \xrightarrow{B} A\text{–}B \xrightarrow{C} A\text{–}B\text{–}C \xrightarrow{D} A\text{–}B\text{–}C\text{–}D \longrightarrow \cdots$$

由于化学反应的各步收率很少能达到 100%(理论收率);总收率又是各步收率的连乘积,对于反应步骤多的直线方式,必须用大量的起始原料 A。当 A 接上分子量相似的 B 得到产物 A–B 时,即使用重量收率表示虽有所增加,但越到后来,当 A–B–C–D 的分子量变得比要接上的 E, F, G…大得多时,产品的重量收率也就将惊人地下降,致使最终产品的量非常少。

因此,通常采用另一种装配方式即"汇聚方式"。先以直线方式分别构成 A–B–C,D–E–F,G–H–I–J 等各个单元;然后汇聚组装成所需产品(图 2-4)。

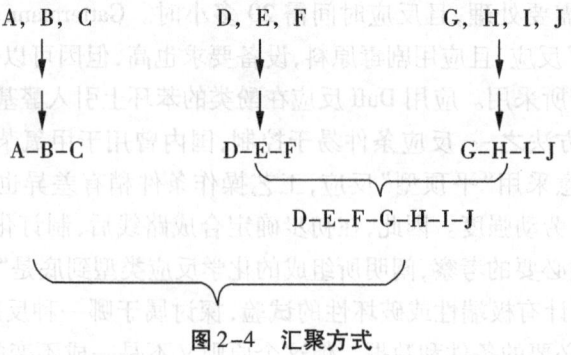

图 2-4 汇聚方式

采用这一策略就有可能分别积累 A-B-C,D-E-F 等单元到相当数量。当把大约相等重量的两个单元接起来时,可望获得有良好收率的产物。汇聚方式装配的另一个优点是:如果偶然损失一个批号的中间体,比如 A-B-C 单元,还不至于使整个路线瘫痪。而另一方面,在直线方式装配中,随着每一个单元的加入,产物将会变得愈来愈珍贵。最后化学反应时,投料就得再三斟酌。这就是说,在相同合成步数的情况下,宜将一个分子的两个大块分别组装,然后,尽可能在最后阶段将它们化合在一起。这种汇聚式的合成路线比直线式的合成路线有利得多;同时把收率高的步骤放在最后,经济效益也最好。图 2-5 表示假定每步的收率都为 90% 时的两种方式的总收率。

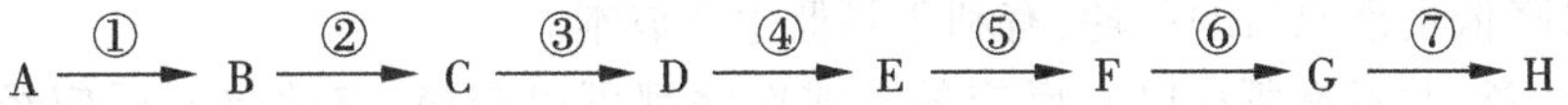

$$A \xrightarrow{①} B \xrightarrow{②} C \xrightarrow{③} D \xrightarrow{④} E \xrightarrow{⑤} F \xrightarrow{⑥} G \xrightarrow{⑦} H$$

直线式总收率 47.8%

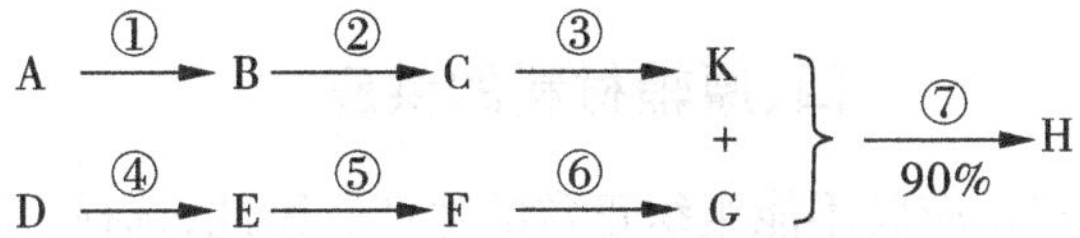

$$A \xrightarrow{①} B \xrightarrow{②} C \xrightarrow{③} K$$
$$D \xrightarrow{④} E \xrightarrow{⑤} F \xrightarrow{⑥} G$$
$$\left.\right\} \xrightarrow[90\%]{⑦} H$$

汇聚式总收率 65.6%

图 2-5　两种方式的总收率

三、单元反应的次序安排

在药物的合成工艺路线中,除工序多少对收率及成本有影响外,工序的先后次序有时也会对成本及收率产生影响。单元反应虽然相同,但进行的次序不同,由于反应物料的化学结构与理化性质不同,会使反应的难易程度和需要的反应条件等随之不同,故往往导致不同的反应结果,即在产品质量和收率上可能产生较大差别。这时,就需要研究单元反应的次序如何安排最为有利。从收率角度看,应把收率低的单元反应放在前边,而把收率高的放在后边,这样做符合经济原则,有利于降低成本。最佳的安排要通过实验和生产实践验证。

例如,应用对硝基苯甲酸为起始原料合成局部麻醉药盐酸普鲁卡因时就有两种单元反应排列方式:一种是采用先还原后酯化的 A 路线,另一种是采用先酯化后还原的 B 路线。

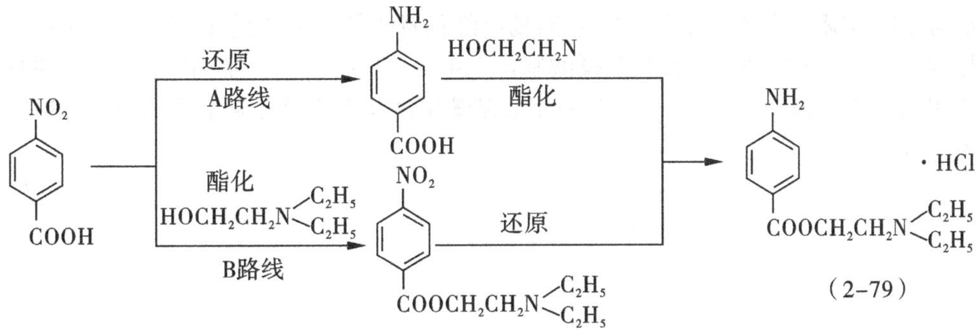

(2-79)

　　首先,A 路线中的还原反应若在电解质存在下用铁粉还原时,则芳香酸能与铁离子形成不溶性的沉淀混于铁泥中,难以分离,故它的还原不能采用较便宜的铁粉还原法,而要用其他价格较高的还原剂进行,这样就不利于降低产品成本。其次,下步酯化反应中,由于对氨基苯甲酸的化学活性较对硝基苯酸的活性低,故酯化反应的收率也不高,这样就浪费了较贵重的原料二乙氨基乙醇。但若按 B 路线进行合成时,由于对硝基苯甲酸的酸性强,有利于加快酯化反应速率,而且两步反应的总收率也较 A 路线高 25.9%,所以采用 B 路线的单元反应排列方法较好。

　　此外,在考虑合理安排工序次序的问题时,应尽可能把价格较贵的原料放在最后使用,这样可降低贵重原料的单耗,有利于降低生产成本。

　　需要注意,并不是所有单元反应的合成次序都可以交换,有的单元反应经前后交换后,反而较原工艺路线的情况更差,甚至改变了产品的结构。对某些有立体异构体的药物,经交换工序后,有可能得不到原有构型的异构体,所以要根据具体情况安排操作工序。

四、原辅材料的供应

　　没有稳定的原辅材料供应就不能组织正常的生产。因此,选择工艺路线,首先应考虑每一合成路线所用的各种原辅材料的来源、规格和供应情况,其基本要求是利用率高、价廉易得。所谓利用率,包括化学结构中骨架和功能基的利用程度,它取决于原辅材料的化学结构、性质和所进行的反应。因此,必须对不同合成路线所需的原料和试剂做全面的了解,包括理化性质、相类似反应的收率、操作难易以及市场来源和价格等。有些原辅材料一时得不到供应,则需要考虑自行生产的问题;同时,要考虑到原辅材料的质量规格以及运输等。对于准备选用的那些合成路线,应根据已找到的操作方法,列出各种原辅材料的名称、规格、单价,算出单耗(生产 1 kg 产品所需各种原料的千克数),进而算出所需各种原辅材料的成本和原辅材料的总成本,以资比较。例如生产抗结核病药异烟肼需用4-甲基吡啶,后者既可用乙炔与氨反应制得,又可用乙醛与氨合成而得。某制药厂因与生产电石的化工厂邻近,乙炔可以从化工厂直接用管道输送过来,则可采用乙炔为起始原料。若邻近有乙醛供应的制药厂则宜选用乙醛为起始原料。

　　又如甲氧苄氨嘧啶的重要中间体3,4,5-三甲氧基苯甲醛(2-80),按其原辅材料供应可有两种方案。

(一)以没食子酸为原料

　　没食子酸系由五倍子中的鞣酸(又称单宁酸,2-81)水解制取,五倍子为倍蚜科昆虫角倍蚜或倍蛋蚜在其寄生的盐肤木、青麸杨或红麸杨等树上形成的虫瘿。我国原料来源充足,制备简便,价格便宜。直接从鞣酸制备 3,4,5-三甲氧基苯甲酸甲酯(2-82)的收率可达95%以上。由(2-82)和3,4,5-三甲氧基苯甲酰肼和铁氰化钾氧化得到(2-80),收率为76%。

(2-81)　(2-82)　(2-80)

或其他类似物

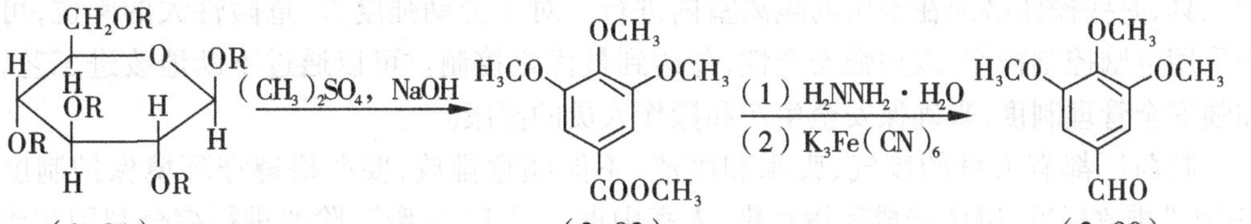

(二)以香兰醛为原料

香兰醛(2-83)的来源有天然和合成两条途径。天然来源系从木材造纸废液中回收木质磺酸钠(木质素水解产物),经氧化可得香兰醛。它在木质磺酸钠中的含量约15%。这是个资源丰富、价格便宜的原料,值得在化学制药工业上加以利用。另一条来源是化学合成,可从邻氨基苯甲醚(2-84)为原料经愈创木酚(2-85)和引入醛基而得香兰醛,它也是燃料中间体的副产物,经溴化、水解可得5-羟基香兰醛(2-86),再甲基化可得3,4,5-三甲氧基苯甲醛。各步反应收率:溴化达99.4%,水解83.3%,甲基化90%;三步总收率74.5%。这是目前制备(2-80)合成途径中反应步骤最短、收率较高的合成路线。

(2-84)　(2-85)　(2-83)

(2-86)　(2-80)

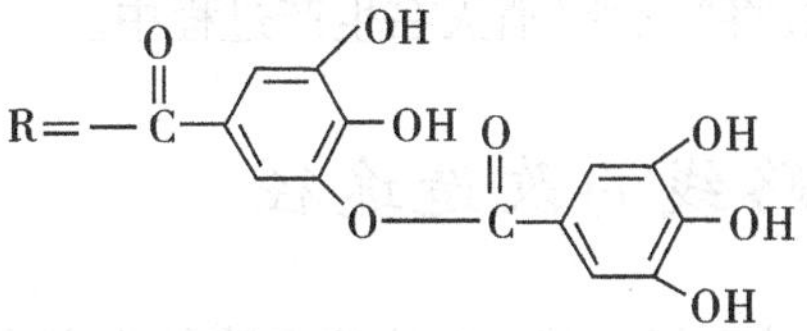

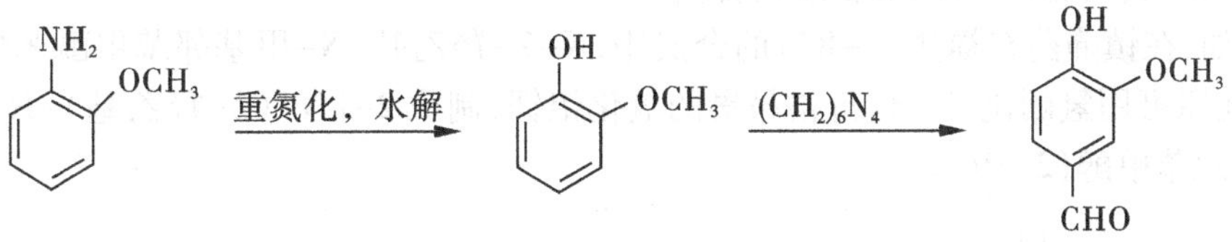

五、安全生产和环境保护

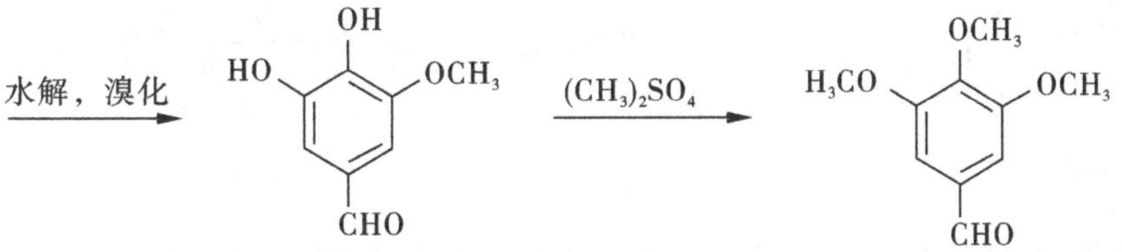

在设计和选择工艺路线时,除要考虑合理性外,还要考虑生产的安全问题。生产要安全,没有安全保障也就谈不上生产。

保证安全生产应从两方面入手:一是尽量避免使用易燃易爆或具有较强毒性的原辅材料,从根本上清除隐患;二是当生产中必须用易燃易爆或毒性原辅材料时,对于生产工艺中必须使用的有毒有害原材料,一定要采取安全措施,如注意排气通风、配备必要的防护工具,有些操作必须在专用的隔离室内进行。对于劳动强度大、危险性大的岗位,可逐步采用电脑控制操作,以加强安全性,并达到最优化控制。可以通过不断地改进工艺,并加强安全管理制度,来确保安全生产和操作人员的健康。

制药厂都有大量的废气、废水和废渣,不能随意排放,要严格遵守环境保护制度和"三废"排放标准,以免造成环境污染、人畜中毒。对于"三废",除要进行综合利用和治理外,还应在设计和选择工艺路线时予以考虑,将"三废"消灭在生产过程中。

第三节　工艺路线的改造途径

工艺路线应随着技术进步而进行改造,从而提高劳动生产率和降低生产成本,才能在市场经济中立于不败之地。工艺路线的改造途径包括:选用更好的反应原辅料和工艺条件;修改合成路线,缩短反应步骤;改进操作技术,减少生成物在处理过程中的损失;新反应、新技术的应用。

一、原辅料的更换及改善工艺条件

在相同的化学合成路线中,采用同一化学反应,因地制宜地更换原辅料,虽然都是得到同一产物,但收率、劳动生产率和经济效益会有很大差别。如某些药物生产工艺路线中需用乙醚等低沸点、易燃易爆的有机溶剂,在我国很多地区夏季气温过高时,只得停产。这时可用四氢呋喃、甲苯或混合溶剂替代。

例如,在镇痛药奈福泮(2-87)的合成中,N-2-羟乙基-N-甲基邻苯甲酰苯酰胺(2-88)的还原可用氢硼化钠替代价格昂贵的氢化铝锂,制取2-[N-(2-羟乙基)-N-甲基氨甲基]-双苯甲醇(2-89)。

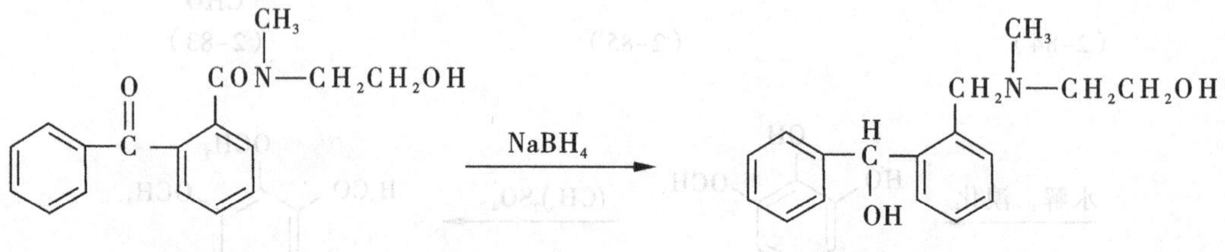

化合物(2-88)酰氨基中的羰基一般不能被氢硼化钠或氢硼化钾还原,但若加入其衍生物乙酸氢硼化钠(NaBH₃COAc)或三氯化铝等 Lewis 酸作催化剂,还原能力即可得到增强,收率可达80%以上。应用硼氢化钠还有不易吸湿、在空气中较稳定和价格较低廉等优点,再经氢溴酸和二氯乙烷环合便得(2-87)。

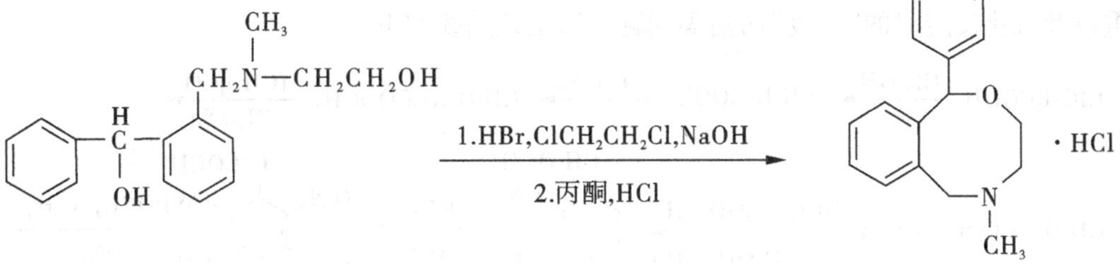

（2-89）　　　　　　　　　　　　　　　　（2-87）

二、修改工艺路线及简化反应步骤

通过修改工艺路线,缩短反应步骤,简化操作,可使收率明显提高,劳动强度降低,原料成本明显降低,同时给环境治理也减轻了压力。

例如,生产安定药泰尔登的旧工艺中,在合成母核时产生 4 个异构体,其中只有 1 个是所需要的中间体,其余 3 个都是副产物。反应如下:

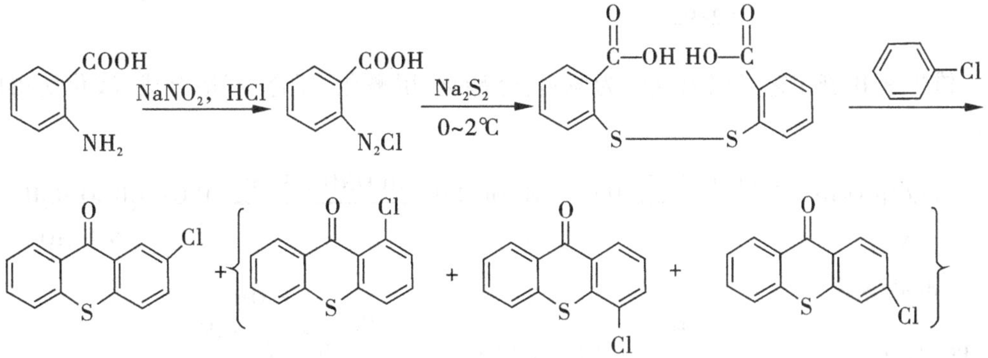

主产物　　　　　　　　　　　　　　副产物

若改变其合成路线,同样由邻氨基苯甲酸为原料经重氮化反应后,与对氯苯硫酚反应,便可避免异构体的生成,从而提高了收率。

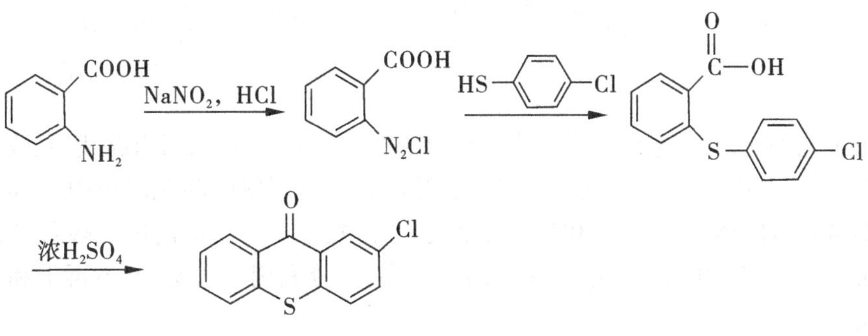

又例如维生素 B_6(又称盐酸吡多辛,2-90)原来采用氯乙酸为起始原料的工艺路线,需经过酯化、甲氧化、缩合、氨解、环合、硝化、氯化、氢化、重氮化、水解等多步反应,路线

长,工艺复杂,原料品种繁多。另外,硝化反应操作不安全、高温酸性水解对设备的腐蚀严重以及氢化反应时的"三废"防治等问题。旧工艺路线如下：

$$ClCH_2COOH \xrightarrow{CH_3OH} ClCH_2COOCH_3 \xrightarrow{CH_3ONa} CH_3OCH_2COOCH_3 \xrightarrow[CH_3ONa]{(CH_3)_2CO}$$

$$CH_3OCH_2COCH_2COCH_3 \xrightarrow[NH_4OH]{NCCH_2COOC_2H_5} \text{（吡啶环 CH_2OCH_3, CN, OH, H_3C）} \xrightarrow[Ac_2O]{HNO_3} \text{（O_2N, CH_2OCH_3, CN, OH, H_3C）} \xrightarrow[DNF]{POCl_3, C_6H_6}$$

（吡啶环 O_2N, CH_2OCH_3, CN, Cl, H_3C） $\xrightarrow[]{Pd/C, H_2}$ （H_2N, CH_2OCH_3, CH_2NH_2, H_3C） $\xrightarrow[]{NaNO_2, HCl}$ （HO, CH_2OCH_3, CH_2OH, H_3C）

$$\xrightarrow{H_2O, HCl} \text{（HO, CH_2OH, CH_2OH, H_3C·HCl）}$$

（2-90）

维生素 B_6 新工艺是以丙氨酸为原料,经酯化、甲酰化、环合、双烯合成、酸化所得的产品。

$$H_3CCHCOOH(NH_2) \xrightarrow{C_2H_5OH, HCl} H_3C-CHCOOC_2H_5(NH_2) \xrightarrow{HCONH_2, 甲苯} H_3C-CHCOOC_2H_5(NHCHO)$$

dl-丙氨酸

$$\xrightarrow{POCl_3, CHCl_3} \text{（噁唑 CH_3, OC_2H_5）} \xrightarrow[回流6\,h]{二氧七环, HCl, H_2O} \text{（HO, CH_2OH, CH_2OH, H_3C·HCl）}$$

（2-90）

其中：$C-CH_2OH(C-CH_2OH) \xrightarrow[NH_3·HCl]{Pd/C, H_2} HC-CH_2OH(HC-CH_2OH) \xrightarrow[H_3C-C_6H_4-SO_3H]{HCHO} \text{（二氧七环）}$

与旧工艺相比,新工艺将原来的直线型反应改成汇聚型反应,具有路线短、收率高、成本低、避免了剧毒原料、操作安全,"三废"少等优点。在丙氨酸酯化反应中,反应液中分离出来的氯化铵固体,用8%~10%的氯化氢-乙醇提取出未反应的丙氨酸及其衍生物,并入下批酯化反应物中,再酯化,从而提高了收率,充分利用了丙氨酸,不再中和,改善了劳动环境。

如上例所述,有些药物原生产工艺路线长,工序繁杂,占用设备多。对此若一个反应所用的溶剂和产生的副产物对下一步反应影响不大时,往往可以将几步反应合并,在一个反应釜内完成,中间体无须纯化而合成复杂分子,生产上习称为"一勺烩"或"一锅煮"。

改革后的工艺可节约设备和劳动力,简化了后处理。

例如,以对硝基苯酚为原料制备扑热息痛时也可应用"一勺烩"工艺。对硝基苯酚在乙酸和乙酸酐混合液中,用5% Pd/C 催化氢化还原,同时乙酰化即得扑热息痛,收率可达79%。用过的 Pd/C 以乙酸加热回流处理,过滤后可连续套用 4 次。氢化反应和乙酰化反应同时进行,所得产品中几乎不含游离的对氨基苯酚,扑热息痛含量达 98.5% 以上,质量符合《中华人民共和国药典》的要求。

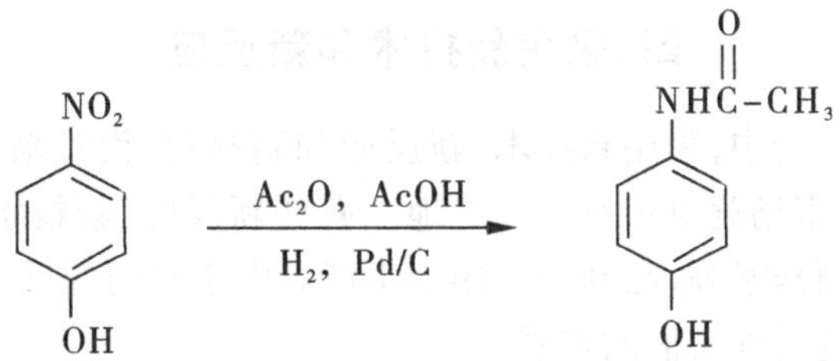

应当指出,采用"一勺烩"工艺,必须首先弄清各步反应的历程和工艺条件,只有在搞清楚反应进程的控制方法、副反应产生的杂质及其对后处理的影响,以及前后各步反应对溶质、pH 值、副产物等的影响后,才能实现这种改革。另外,在该工艺中,由于缺乏中间体的监控,制得的产品常常需要精制,以保证产品质量。

三、改进操作方法及提高反应收率

药品生产工艺路线中都有中间体、产物的分离、精制,也称后处理。后处理属于物理处理过程,但它是药物工艺的重要组成部分,只有经过后处理才能最终得到符合质量规格的药物。生成物的分离、纯化常常是药物生产工艺中的难题,改进后处理操作方法,可以有效提高产品收率。

例如,布酞嗪(2-91)的工艺改进。布酞嗪的化学名为 4-甲基-3-戊烯-2-酮(1-酞嗪基)腙,是一种较新的降压药。其作用徐缓,对心率影响小,安全性高。临床主要用于原发性高血压,特别适用于老年患者。对于布酞嗪的生产工艺主要是从操作方法上加以改进的。

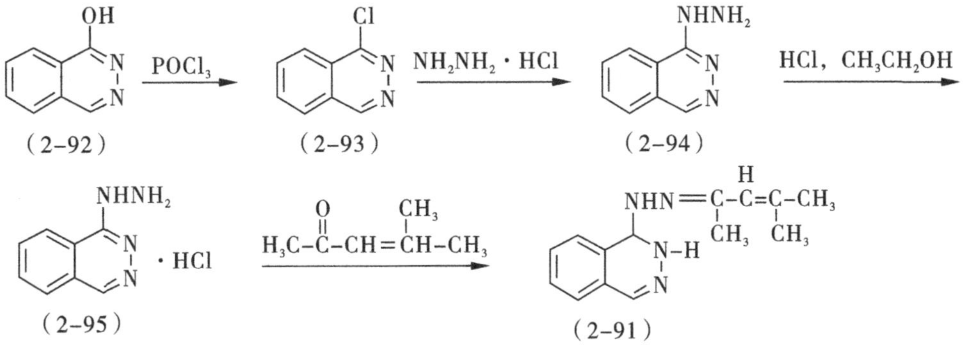

原工艺是将化合物(2-93)与水合肼在 87~89 ℃下反应 12 h,然后热过滤,析出结晶得化合物(2-94),再将(2-94)溶解于盐酸中,加乙醇析出中间体(2-95)。此工艺缺点是

反应时间过长,温度不易控制,后处理较烦琐,中间体(2-95)的质量差,收率低。

　　改进的工艺是将 1-羟基酞嗪(2-92)与三氯氧磷反应得湿品(2-93),将其用乙醇溶解,不经加热干燥,直接与水合肼回流 2 h,蒸去乙醇,加一定量盐酸,过滤,滤液加乙醇析出中间体(2-95)。改进后的工艺较原工艺有如下优点:可省去干燥、析出结晶等工序,避免了化合物(2-93)的分解破坏;肼化反应时间由 12 h 缩短为 2 h;提高了收率,连续试验结果,氯化、肼化及成盐三步反应平均收率为 64.2%,比原工艺的文献数据高4.2%。

四、采用新技术和新反应

　　在化学制药工业生产中,采用新技术、新反应和新材料,设计新工艺,提高产品质量、降低生产成本,才能在市场竞争中有立足之地。有些新反应、新技术,例如相转移催化反应、酶催化反应、固相酶技术等,已开始应用于生产。由于它们的反应条件温和,反应收率高,简化了流程,越来越受到人们的重视。

　　例如,由 α-萘酚(2-96)与环氧氯丙烷制得(2-97),再异丙胺化可合成肾上腺素β-受体阻断药普萘洛尔(心得安,2-98)。

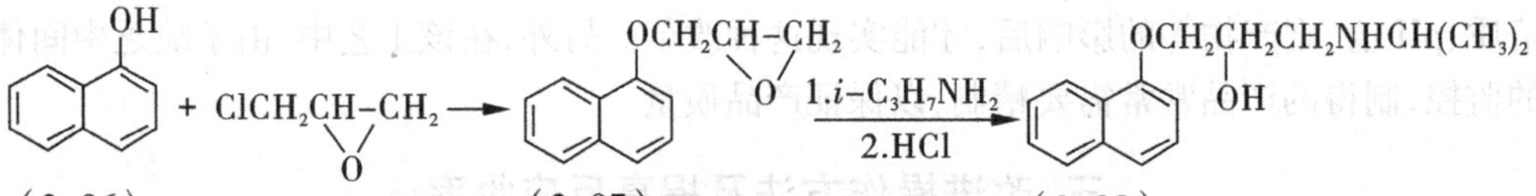

（2-96）　　　　　（2-97）　　　　　（2-98）

　　旧工艺(2-98)的收率仅为55%,由于制备中间体(2-97)时副产物较多,后处理困难,给生产带来的困难较多,若不进行分离纯化而直接胺化,所得(2-98)精制困难,最后影响药品质量。采用相转移催化技术在多聚乙二醇催化下,70～75 ℃,1.5～2.0 h,收率可达87%,且精制容易,成品质量很好。

　　过去在甾体化合物药物的生产中,通常用化学方法进行改造,引进某些基团。这种方法往往步骤长,收率低,价格昂贵。由于发现了酶催化反应,可用于在甾体骨架上的一定部位发生许多有价值的转换反应,如羟基化、脱氢、甾醇侧链的降解和 A 环的芳香化、异构化等,从而使甾体药物的合成大大简化,为工业生产创造了极为有利的条件。

第三章　工艺路线的研究与优化

第一节　概　述

药物的生产工艺是各种化学单元反应与化工单元操作的有机组合和综合应用,工艺路线中各个化学单元反应的优劣直接影响工艺路线的先进性与可行性。影响制药工艺水平的反应条件和影响因素主要概括为以下 7 个方面。

1. 配料比与反应物浓度

参与反应的各物料相互间物质量的比例称为配料比(也称投料比)。通常物料以摩尔为单位,又称为投料的摩尔比。

2. 溶剂

进行化学反应往往需要溶剂,溶剂主要作为进行化学反应的介质。这里涉及反应物的浓度、溶剂化作用、加料次序、温度、压力等。

3. 催化

催化剂是化学工业的支柱,也是化学研究的前沿领域。现代化学工业生产,80% 以上涉及催化过程。化学制药生产工艺研究上也常应用催化反应,如酸碱催化、金属催化、相转移催化、酶催化等加速化学反应,缩短生产周期,提高产品的纯度和收率。

4. 能量的供给

化学反应需要热、光、搅拌等能量的传输和转换等。药物合成工艺研究需要注意考察反应时的温度变化、搅拌速度等。

5. 反应时间及反应终点的监控

将物料在一定条件下通过化学反应变成产品,与化学反应时间有关。通过控制反应终点,可以获得收率较高、纯度较好的产品。

6. 后处理

药物合成反应常伴有副反应,因此反应完成后,常需要从副反应和未反应的原辅料或溶剂中分离出主产物。分离所用的技术基本上与实验室的蒸馏、萃取、重结晶、柱分离、过滤、膜分离等分离技术类似。

7. 产品的纯化和检验

为了保证产品质量,所有中间体都必须制定一定的质量控制标准,最终产品必须符合国家规定的药品标准。化学原料药的最后工序(精制、干燥和包装)必须在符合 GMP 规定的车间内进行。

第二节　反应物的浓度和配料比

一、反应物浓度

在研究反应物浓度和配料比对制药工艺的影响时,首先要搞清楚反应类型和反应原理。凡是反应物分子在碰撞中一步直接转化为生成物分子的反应称为基元反应。反应物分子要经过若干步,即若干基元反应才能转化为生成物的反应,称为非基元反应。化学反应按其过程,可分为简单反应和复杂反应两大类。由一个基元反应组成的化学反应称为简单反应,两个以上基元反应构成的化学反应则称为复杂反应。简单反应在化学反应动力学上是以反应分子数与反应级数来分类的。复杂反应又分为可逆反应、平行反应和连续反应等。无论是简单反应还是复杂反应,一般都可以用质量作用定律来计算反应物浓度和反应速度之间的关系,即温度不变时,反应速度与该反应物瞬间浓度的乘积成正比,并且每种反应物浓度的指数等于反应式中各反应物的系数。

例如,在 $aA + bB = nD + mE$ 的反应中用 A 或 B 反应物的浓度变化率表示反应速度时,可以用下列两式表示:

$$-\frac{dC_A}{dt} = k_A C_A^a C_B^b \quad \text{或} \quad -\frac{dC_B}{dt} = k_B C_A^a C_B^b$$

各浓度项的指数称为级数。所有浓度项的指数总和称为反应级数。要从质量作用定律正确判断浓度对反应速度的影响,首先必须确定反应原理,了解反应的真实过程。

1. 单分子反应

在基元反应过程中,若只有一个分子参与反应,则称为单分子反应。多数一级反应为单分子反应,反应速度与反应物浓度成正比。

$$-\frac{dC}{dt} = kC$$

属于这一类反应的有热分解反应、异构化反应(如顺反异构化)、分子重排反应(如贝克曼(Beckman)重排、联苯胺重排等)以及酮式和烯醇式的互变异构等。

2. 双分子反应

当两个分子(不论是同类分子还是不同类分子)碰撞时相互作用而发生的化学反应称为双分子反应,也就是二级反应。反应速度与反应物浓度的乘积(相当于二次方)成正比。

$$-\frac{dC}{dt} = kC_A C_B$$

在溶液中进行的许多有机化学反应就属于这类反应。如加成反应(羰基加成、烯烃的加成等)、取代反应(亲核取代和亲电取代反应等)和消除反应等。

3. 零级反应

反应速度与反应物浓度无关,仅受其他因素影响的反应称为零级反应,其反应速度为常数。

$$-\frac{dC}{dt}=k$$

如某些光化学反应、表面催化反应、电解反应等。它们的反应速度常数与浓度无关，而分别与光的强度、表面状态及通过的电量有关。实质上这是一种特殊情况。

4. 可逆反应

这是复杂反应中常见的反应。两个方向相反的反应同时进行，对于正向反应和逆向反应，质量作用定律都适用。例如乙酸和乙醇的酯化反应。

$$CH_3COOH+C_2H_5OH \underset{k_2}{\overset{k_1}{\rightleftharpoons}} CH_3COOC_2H_5+H_2O$$

若乙酸和乙醇的初始浓度各为 C_A 和 C_B，经过 t 时间反应后，生成乙酸乙酯及水的浓度为 x，则该瞬间乙酸的浓度为 (C_A-x)，乙醇的浓度为 (C_B-x)，按照质量作用定律，在该瞬间：

$$正反应速度=k_1[C_A-x][C_B-x]$$
$$逆反应速度=k_2x^2$$

两速度之差，便是总的反应速度。

$$\frac{dx}{dt}=k_1[C_A-x][C_B-x]-k_2x^2$$

可逆反应的特点是正反应速度随时间逐渐减小，逆反应速度则随时间逐渐增大，直到两个反应速度相等，反应物和生成物浓度不再随时间而发生变化，于是就建立了化学平衡。对于这类反应来说，可以用移动化学平衡的方法来破坏平衡，以利于反应向正反应方向进行，即通过加大某一反应物的投料量或移出生成物来控制反应速度，通常加大价格便宜、易得反应物的投料量。例如，尼群地平的制备工艺中，在 2-(3-硝基亚苄基)乙酰乙酸乙酯与 3-氨基巴豆酸甲酯缩合反应中用无水乙醇(50 mL)为溶剂(反应物按 0.05 mol 投料计)，反应 10 h，收率为 86.1%。如将反应物置于索氏提取器中进行，以分子筛作为脱水剂，则反应 4 h 和 10 h，产品收率分别为 90.8% 和 93%，通过移去生成的水，使反应向正反应进行，则反应时间可缩短，收率又可提高。

利用影响化学平衡的因素，不仅可以使正逆反应趋势相差不大的可逆平衡向着有利于生产需要的方向进行，即使正逆反应趋势相差很大，也可利用化学平衡的原理，使可逆反应中处于次要地位的反应上升为主要地位。如乙醇钠的制备，乙醇和金属钠作用生成乙醇钠，乙醇钠遇水立即分解成氢氧化钠和乙醇。乙醇钠的水解反应存在可逆平衡，即：

$$C_2H_5ONa+H_2O \rightleftharpoons NaOH+C_2H_5OH$$

尽管在上述平衡混合物中，主要是氢氧化钠和乙醇，乙醇钠含量极少，也就是说，在这个可逆反应中，乙醇钠水解趋势远远大于乙醇和氢氧化钠生成乙醇钠的趋势，但若按照化学平衡移动原理，设法将水除去，也可使平衡向左移动，使平衡混合物中乙醇钠的含量增加到一定浓度。生产上就是利用苯与水生成共沸混合物不断将水带出，来制备乙醇钠。

5. 平行反应

平行反应(又称竞争性反应)也是复杂反应。即一反应系统中同时进行几种不同的

化学反应。在生产上将需要的反应称为主反应,其余称为副反应。这类反应在有机反应中经常遇到,例如,氯苯的硝化反应:

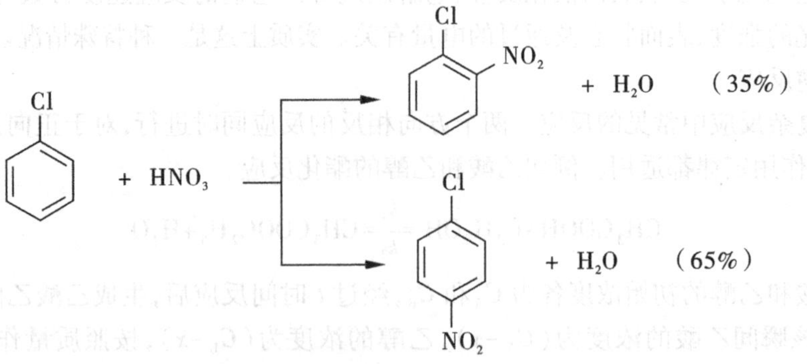

若反应物氯苯的初始浓度为 a,硝酸的初始浓度为 b,反应 t 时后,生成邻位和对位硝基氯苯的浓度分别为 x、y,其速度分别为 $\dfrac{dx}{dt}$、$\dfrac{dy}{dt}$,则:

$$\frac{dx}{dt}=k_1(a-x-y)(b-x-y) \tag{1}$$

$$\frac{dy}{dt}=k_2(a-x-y)(b-x-y) \tag{2}$$

反应的总速度为上两式之和。

$$-\frac{dC}{dt}=\frac{dx}{dt}+\frac{dy}{dt}=(k_1+k_2)(a-x-y)(b-x-y)$$

式中 $-\dfrac{dC}{dt}$ 表示反应物氯苯或硝酸的消耗速度。若将(1)、(2)式相除得 $\dfrac{dx}{dt}\Big/\dfrac{dy}{dt}=k_1/k_2$,将两式相乘得 $x/y=k_1/k_2$。这说明级数相同的平行反应,反应速度之比为常数,与反应物浓度及时间无关。也就是说,不论反应时间多长,各生成物的比例是一定的。如上述氯苯在一定条件下硝化,其邻位和对位生成物的比例均为 35∶65。对于这类反应,显然不能用改变反应物的配料比或反应时间来改变生成物的比例,但可以用温度、溶剂、催化剂等来调节生成物的比例。

在一般情况下,增加反应物的浓度,有助于加快反应速度。有机反应大多存在副反应,有时也加速了副反应。所以应选择最适宜的浓度,以统一矛盾。例如在解热镇痛药吡唑酮类的合成中,苯肼与乙酰乙酸乙酯的环合反应:

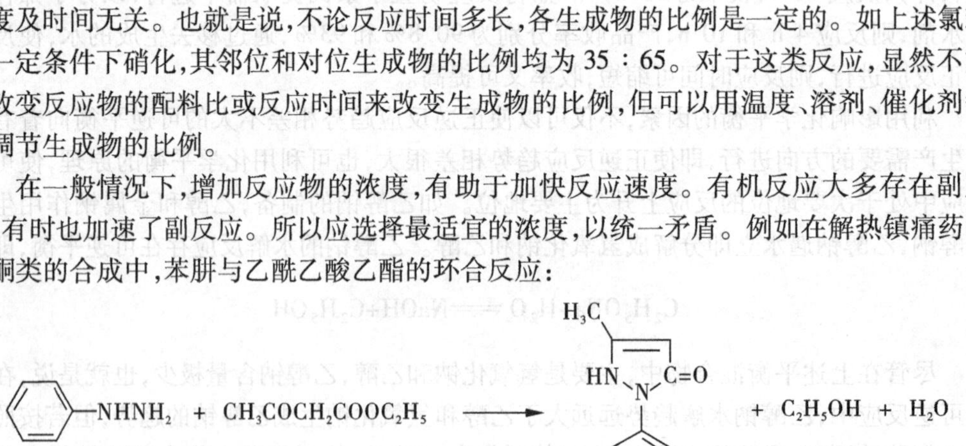

$$-\frac{dC}{dt}=k[苯肼][乙酰乙酸乙酯]$$

若苯肼浓度增加较多会引起 2 分子苯肼与 1 分子乙酰乙酸乙酯的缩合反应。

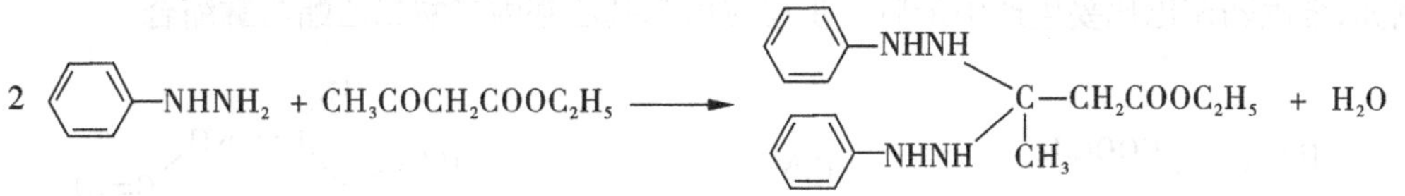

$$-\frac{dC}{dt}=k\,[\,苯肼\,]^{2}\,[\,乙酰乙酸乙酯\,]$$

因此,苯肼的反应浓度应控制在较低水平,既能保证主反应的正常进行,又不致于引起副反应。

二、反应物配料比

有机化学反应很少按理论值定量完成,也很少按理论配料比进行反应。这是由于许多反应是可逆的、动态平衡的;有些反应平行竞争,除了主反应外还有平行或串联的副反应存在,此外还有其他因素。因此,需要采取各种措施来摸索最合适的配料比。合适的配料比,既可以提高收率、降低成本,又可以减少后处理负担。选择合适配料比首先要分析要进行的化学反应的类型和可能存在的副反应,然后,根据不同的化学反应类型的特征进行考虑。一般可根据以下几方面来进行综合考虑。

(1)凡属可逆反应,可采用增加反应物之一的浓度,通常是将价格较低或易得的原料的投料量较理论值多加 5% ~20% 不等,个别甚至达两三倍以上,或从反应系统中不断除去生成物之一以提高反应速度和增加产物的收率。

(2)当反应生成物的产量取决于反应液中某一反应物的浓度时,则增加其配料比,最合适的配料比应符合收率较高和单耗较低的要求。例如在磺胺合成中,乙酰苯胺的氯磺化反应产物对乙酰氨基苯磺酰氯(ASC)的收率取决于反应液中氯磺酸与硫酸两者浓度的比例。氯磺酸的浓度越高,对 ASC 的生成越有利。如乙酰苯胺与氯磺酸投料比(摩尔数比)为 1.0∶4.8 时,ASC 的收率为 84% ;当摩尔比增加到 1.0∶7.0 时,则收率可达 87% 。考虑到氯磺酸的有效利用率和经济核算,工业上采用了较为经济合理的配料比为 1.0∶(4.5~5.0)。

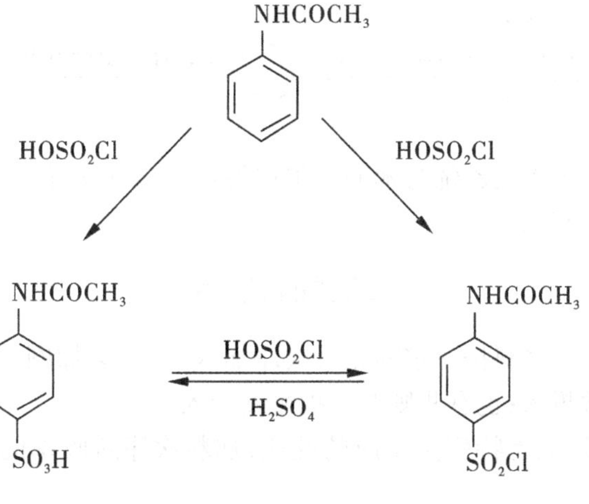

（3）若反应中有一反应物不稳定,则可增加其用量,以保证有足够的量参与主反应。例如,催眠药苯巴比妥生产中最后一步反应由苯基乙基丙二酸二乙酯与脲缩合。

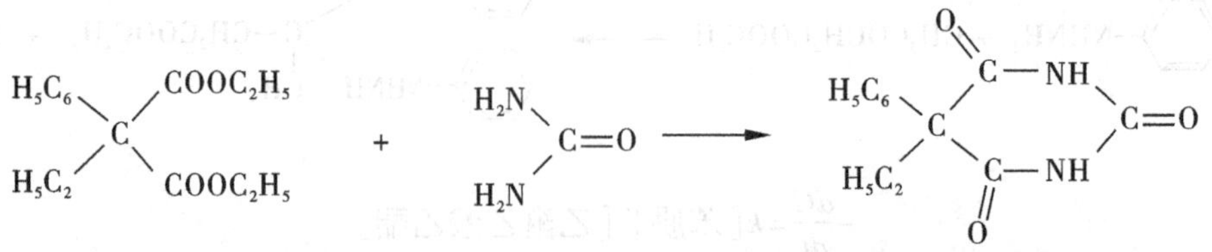

该缩合反应在碱性条件下进行。脲在碱性条件下加热易分解,所以要用过量的脲。

（4）当参与主、副反应的反应物不尽相同时,可利用这一差异,通过增加某一反应物的用量,增强主反应的竞争能力。例如氟哌啶醇中间体 4-对氯苯基-1,2,3,6-四氢吡啶可由对氯-α-甲基苯乙烯与甲醛、氯化铵作用生成噁嗪中间体,再经酸性重排制得。

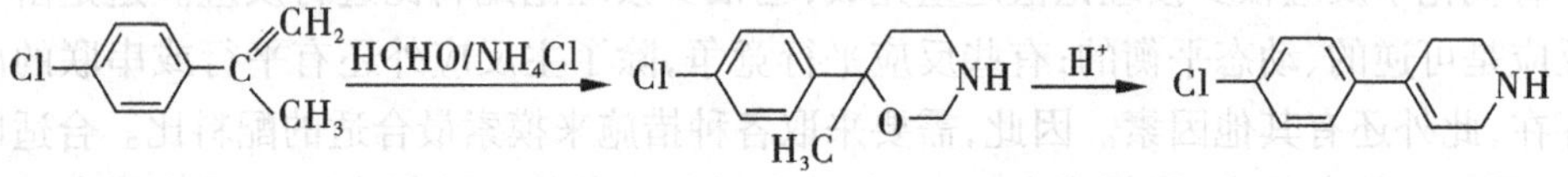

这里的副反应之一是对氯-α-甲基苯乙烯单独与甲醛反应,生成 1,3-二氧六环化合物。

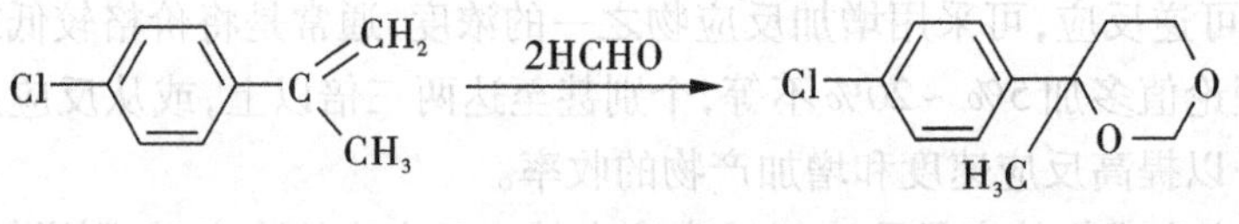

这个副反应可看作是主反应的一个平行反应。为了抑制此副反应,可适当增加氯化铵用量。目前生产上氯化铵的用量就超过理论量的 100%。

（5）为了防止连续反应（副反应）的发生,有些反应的配料比宜小于理论量,使反应进行到一定程度停止。如乙苯是在三氯化铝催化下将乙烯通入苯中制得。所得乙苯由于引入乙基的供电性能,使苯环更为活泼,极易继续引入第二个乙基。如不控制乙烯通入量,易产生二乙苯或多乙苯。

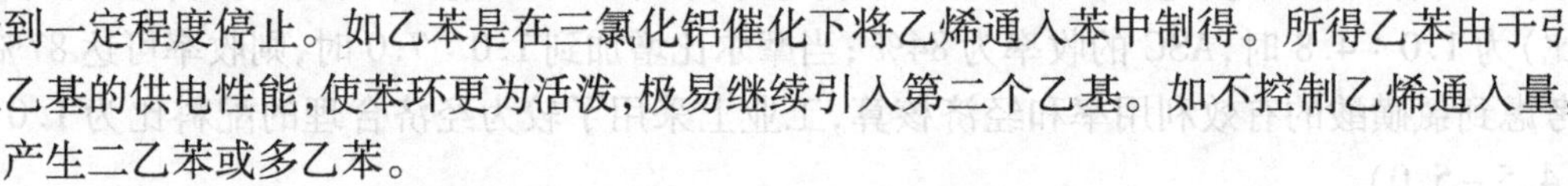

所以在工业生产上控制乙烯与苯的摩尔比为 0.4∶1.0 左右。这样乙苯收率较高,过量的苯可以回收循环利用。

三、加料次序

某些化学反应要求物料按一定的先后次序加入,否则会加剧副反应,降低收率;有些物料在加料时可一次投入;也有些则要分批慢慢加入。

对一些热效应较小、无特殊副反应的反应,加料次序对收率的影响不大。如酯化反应,从热效应和副反应的角度来看,对加料次序并无特殊要求。在这种情况下,应从加料便利、搅拌要求或设备腐蚀等方面来考虑,采用比较适宜的加料次序。如酸的腐蚀性较强,以先加入醇再加酸为好;若酸的腐蚀性较弱,而醇在常温时为固体,又无特殊要求,则以先加入酸再加醇较方便。

对一些热效应较大同时也可能发生副反应的反应,加料次序则成为一个不容忽视的问题,因为它直接影响着收率的高低。热效应和副反应的发生常常是相连的,往往由于反应热较多而促使反应温度升高,引起副反应。当然这只是副反应发生的一个方面,还有其他许多因素,如反应物的浓度、pH 值等。所以必须针对引起副反应的原因而采取适当的控制方法,必须从使反应操作控制较为容易、副反应较小、收率较高、设备利用率较高等方面综合考虑,来确定适宜的加料次序。例如,在合成甲氧苄氨嘧啶时,需要制备 3-甲氧基丙腈,它是在甲醇钠催化下由甲醇和丙烯腈反应制得的。

$$H_2C=\!\!=\!\!CH-CN+CH_3OH \xrightarrow{CH_3ONa} CH_3OCH_2CH_2CN$$

正确的加料次序是在冷却下(10 ℃)将甲醇和丙烯腈的混合物滴加到甲醇钠溶液中。这是因为丙烯腈不太稳定,遇碱易聚合成胶状物。

再如,对于巴比妥生产中的乙基化反应,除配料比中溴乙烷的用量要超过理论量10% 以外,加料次序对乙基化反应至关重要。

$$\underset{\substack{|\\ \text{COOC}_2\text{H}_5}}{\overset{\text{COOC}_2\text{H}_5}{\text{CH}_2}} + \text{C}_2\text{H}_5\text{Br} \xrightarrow{2\text{C}_2\text{H}_5\text{ONa}} \underset{\text{H}_5\text{C}_2}{\overset{\text{H}_5\text{C}_2}{\text{C}}}\!\!\!\begin{matrix}\text{COOC}_2\text{H}_5\\ \\ \text{COOC}_2\text{H}_5\end{matrix}$$

正确的加料次序应该是先加乙醇钠,再加丙二酸二乙酯,最后滴加溴乙烷。若将丙二酸二乙酯与溴乙烷的加料次序颠倒,则溴乙烷和乙醇钠的作用机会大大增加,生成大量乙醚,而使乙基化反应失败。

$$\text{C}_2\text{H}_5\text{Br}+\text{C}_2\text{H}_5\text{ONa} \longrightarrow \text{C}_2\text{H}_5\text{OC}_2\text{H}_5+\text{NaBr}$$

第三节 溶剂的选择和溶剂化效应

在药物合成中,绝大多数的化学反应都是在溶剂中进行的。如须采用重结晶法精制产品,也需要溶剂,所以溶剂起着非常重要的作用。无论是作为反应时的溶剂,还是作为重结晶精制时的溶剂,首先要求溶剂具有不活泼性。尽管溶剂分子可能是过渡状态的一个重要部分,并在化学反应过程中牵涉很广,但总的来说,还是不要让它产生干扰。这就是说,不要在反应物、试剂和溶剂之间产生副反应;或在重结晶时,溶剂与产物之间发生化学反应,即在化学变化或重结晶的条件下,溶剂应是惰性(稳定)的。溶剂还是一个稀释剂,它可以帮助反应散热或传热,并使反应分子能够均匀分布,增加分子间碰撞和接触的机会,从而加速反应进程。同时,从某种意义上讲,溶剂直接影响化学反应的反应速度、反应方向、反应深度、产品构型等。因而在药物合成中,对溶剂的选择与使用应予以重视。

一、溶剂的性质和分类

溶剂有各种分类方法,如根据化学结构、物理常数、酸碱性以及特异性的溶质-溶剂间的相互作用等。溶剂一般可分为质子性溶剂和非质子性溶剂两大类。

质子性溶剂含有易取代的氢原子,既可与含负离子的反应物发生氢键结合产生溶剂化作用,也可与负离子的孤电子对配位,或与中性分子中的氧原子(或氮原子)形成氢键,或由于偶极矩的相互作用而产生溶剂化作用。质子性溶剂有水、醇类、乙酸、硫酸、多聚磷酸、氢氟酸-三氟化锑($HF-SbF_3$)、氟磺酸-三氟化锑(FSO_3H-SbF_3)、三氟乙酸(CF_3COOH)以及氨或胺类化合物等。

非质子性溶剂不含易取代的氢原子,主要靠偶极矩或范德华力的相互作用而产生溶剂化作用。介电常数(D)和偶极矩(μ)小的溶剂,溶剂化作用亦小,一般把介电常数在15以上的称为极性溶剂,15以下的称为非极性溶剂或惰性溶剂。非质子性溶剂有醚类(乙醚、四氢呋喃、二氧六环等)、卤素化合物(氯甲烷、氯仿、二氯甲烷、四氯化碳等)、酮类(丙酮、丁酮等)、含氮烃类(硝基甲烷、硝基苯、吡啶、乙腈、喹啉等)、亚砜类(二甲基亚砜)、酰胺类(甲酰胺、二甲酰胺、N-甲基吡咯酮、二甲基乙酰胺、六甲基磷酰胺等)、芳烃类(氯苯、苯、甲苯、二甲苯等)和脂肪烃类(正己烷、庚烷、环己烷和各种沸程的石油醚),一般又称为惰性溶剂。

二、溶剂对化学反应的影响

(一)溶剂对反应速度的影响

有机反应按反应原理大体可分成两大类。一类是自由基反应,另一类是离子型反应。在自由基反应中,溶剂对反应无显著影响。在离子型反应中,溶剂对反应影响常常很大。极性溶剂可以促进离子反应,显然这类溶剂对 SN_1 反应最适合。又如氯化氢或对甲苯磺酸这类强酸在甲醇中的质子化作用将首先被甲醇分子破坏而遭削弱。在氯仿或苯中,酸的强度将集中作用在反应物上,因而得到加强,导致更快的,甚至完全不同的反应。例如,贝克曼(Beckmann)重排反应形成取代酰胺。

$$\begin{array}{c} C_6H_5CC_6H_5 \\ \parallel \\ NOC_6H_2(NO_2)_3 \end{array} \xrightarrow{\text{慢}} \begin{array}{c} C_6H_5CC_6H_5 \\ \parallel \\ N^+OC_6H_2(NO_2)_3 \end{array} \longrightarrow \begin{array}{c} C_6H_5C=O \\ \; \\ C_6H_5N-C_6H_2(NO_2)_3 \end{array}$$

其反应速度取决于第一步的解离反应,故极性溶剂有利于反应。

在下列溶剂中其反应速度次序是:二氯乙烷> 氯仿> 苯,此三种溶剂的介电常数 D(20 ℃)分别为 10.7、5.0、2.28。这是由于离子或极性分子处于极性溶剂中时,溶质和溶剂之间能发生溶剂化作用。在溶剂化过程中,物质放出热量而降低位能,一般说来,如果反应过渡状态(活化络合物)比反应物更容易发生溶剂化,那么,随着反应物或活化络合物位能下降($\triangle H$)(图3-1),反应活化位能也降低,溶剂的极性越大,对反应越有利,故反应加速。反之,如果反应物更容易发生溶剂化,则反应活化位能降低($\triangle H$)(图3-2),相当于活化位能增高,溶剂的极性越大,对反应越不利,于是反应速度降低。

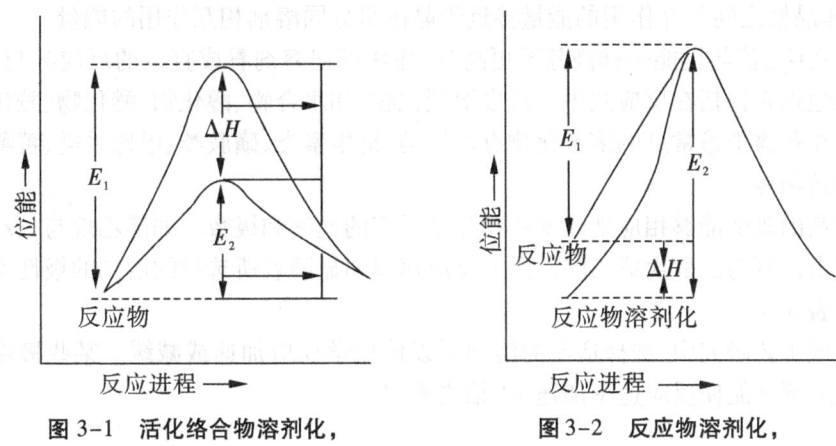

图 3-1　活化络合物溶剂化,
反应活化位能降低

图 3-2　反应物溶剂化,
反应活化位能增高

溶剂化是指每一个溶解的分子或离子被一层溶剂分子不同疏密程度地包围着。对于水溶液来说,常用水化这个术语,由于溶质离子对溶剂分子施加特别强的力,溶剂层的形成是溶质离子和溶剂分子间作用力的结果,这在电解质溶液中溶剂分子和溶质离子间的相互作用尤为重要。

溶剂化自由能 $\triangle G_{solv}$ 是溶剂化能力的量度,是 4 种不同性质的重要能量组分叠加的结果。①空穴能,由溶解的分子或离子在溶剂中产生;②定向能,与偶极溶剂分子的部分定向现象有关,是由于溶剂化分子或离子的存在而引起的;③无向性相互作用能,相应于非特异性分子间力,具有长的活动半径(即静电能、极化能和色散能);④有向性相互作用能,产生于特异性的氢键的形成,或者是电子给予体和电子对接受体之间键的形成。

物质的溶解不仅需要克服溶质分子间的相互作用能(对晶体来说就是晶格能),而且也需要克服溶剂分子本身之间的相互作用能。这些所需能量可通过溶剂化自由能 $\triangle G_{solv}$ 而得到补偿。一个化合物的溶解热,可以看作是溶剂化能和晶格能之间的差值,表示如下(图 3-3):

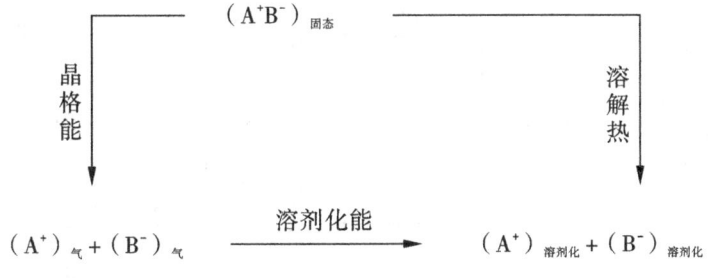

图 3-3　溶剂化能和晶格能之间的差值

如果释放出的溶剂化能高于晶格能,那么溶解的全过程是放热的。在相反的情况下,需要向体系提供能量,溶解过程便吸热。氯化钠溶解过程的有关数值是一个典型的例子。

晶格能+766 kJ·mol^{-1},水化能-761 kJ·mol^{-1},溶解热+3.8 kJ·mol^{-1}。溶解热通常比较小,因为在晶体晶格之间相互作用的能量接近于晶体组分同溶剂相互作用的能量。

溶剂化的$\triangle G_{solv}$值与键能一样高甚至更高时,往往可把溶剂看成直接的反应参与者,并且应该如实地把它包括在反应式中。许多溶剂化物,如水合物、醇化物、醚化物、胺化物等就是例子。在药物中最常见的溶剂化物有甾体类、抗生素类、磺胺类、巴比妥类、黄嘌呤类及强心苷类药物等。

反应中溶剂的改变能够相应地改变均相化学反应的速率和级数。如碘乙烷与三乙胺生成季铵盐和由乙酐与乙醇生成乙酸乙酯的反应速率明显随着所选择的溶剂的极性不同而改变。详见表3-1。

在药物合成工艺研究中,选择适当的溶剂可以使化学反应加速或减缓。某些极端的情况下仅改变溶剂就能使反应速率加速10^{9}倍之多。

表 3-1　溶剂对比速度的影响

溶剂	$C_2H_5-I + N(C_2H_5)_3$, 100 ℃	$C_2H_5OH + (CH_3CO)_2O$, 50 ℃
$n-C_6H_{14}$	0.000 18	0.011 9
C_6H_6	0.005 8	0.004 6
C_6H_5Cl	0.023	0.005 3
$p-CH_3O-C_6H_5$	0.040	0.002 9
$C_6H_5NO_2$	70.1	0.002 4

(二)溶剂对反应方向的影响

溶剂对反应方向有时具有决定性影响,这可以从以下几个例子说明。

(1)甲苯与溴进行溴化时,取代反应发生在苯环上还是在甲基侧链上,可用不同极性的溶剂来控制。

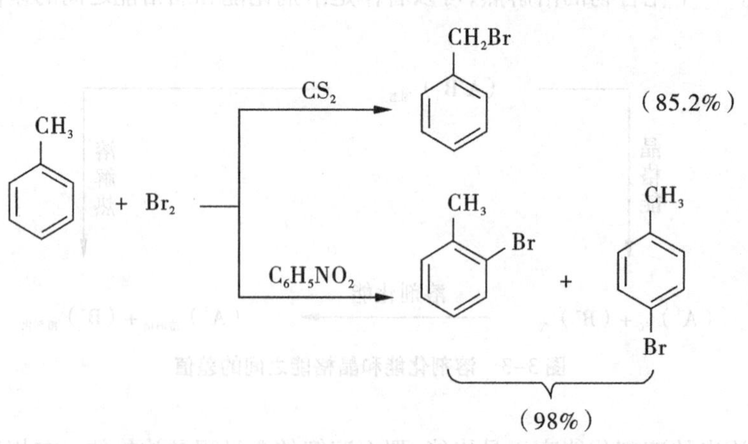

(2)苯酚与乙酰氯进行 Friedel-Crafts 反应,在硝基苯溶剂中,产物主要是对位取代

物。若在二硫化碳中反应,产物主要是邻位取代物。

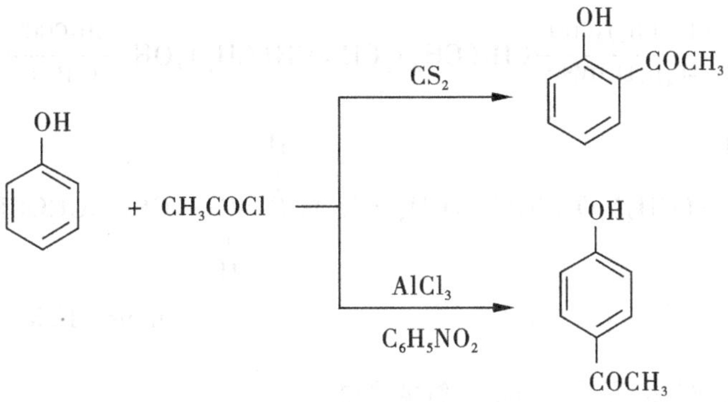

(三)溶剂对产品构型的影响

溶剂不同,有时反应产物中顺、反异构体的比例也不同。Wittig 试剂与醛类或不对称酮类反应时,得到的烯烃是一对顺(cis)、反(trans)异构体。

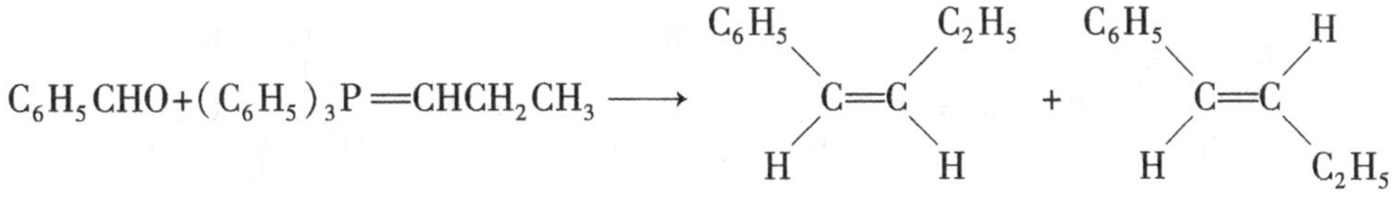

以前认为产品的立体构型是无法控制的,因而,只能得到顺、反异构体的混合物。近年来的研究工作表明,控制反应的溶剂和温度可以使某种构型的产物成为主产品。实验表明,当反应在非极性溶剂中进行时有利于反式异构体的生成,在极性溶剂中进行时则有利于顺式异构体的生成。

$$\xleftarrow{\text{顺式增加}}$$
$$DMF > EtOH > THF > Et_2O > PhH$$
$$\xrightarrow{\text{反式增加}}$$

例如:

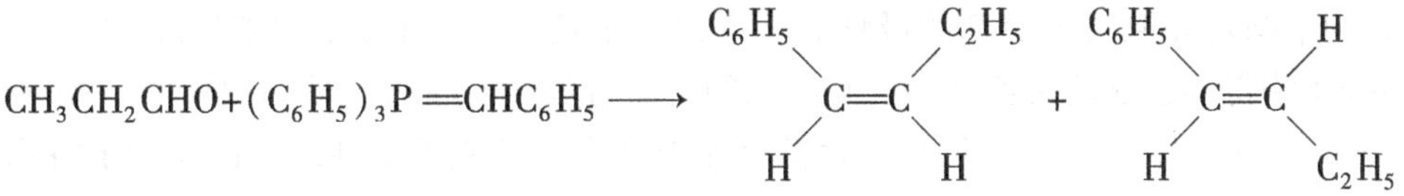

DMF 为溶剂时 96% 是顺(cis),PhH 为溶剂时 100% 是反(trans)。

这个原理已在昆虫激素的生产工艺上获得应用。梨小食心虫性外激素由顺式-8-十二烯醇乙酯和反式异构体组成。当反式比例占 10% 左右时,诱蛾活性最高。旧工艺是按乙炔路线合成,须先分别合成顺、反两种异构体,再按一定的比例混合,路线冗长,操作繁杂。中国科学院北京动物研究所用 Wittig 反应合成梨小食心虫性外激素,找到了最有利的反应溶剂和条件,使产物中的顺式构型占 88%,田间试验表明具有最大的诱蛾活性。

$$Br(CH_2)_8OH+(C_6H_5)_3P \longrightarrow [(C_6H_5)_3P^+CH_2(CH_2)_7OH]Br^-$$

$$\xrightarrow[n-C_4H_9Li,DMSO]{CH_3(CH_2)_2CHO} CH_3(CH_2)_2CH=CH(CH_2)_7OH \xrightarrow[C_5H_5N]{CH_3COCl}$$

$$\underset{\text{cis}(88\%)}{CH_3(CH_2)_2\overset{\overset{H}{|}}{C}=\overset{\overset{H}{|}}{C}-(CH_2)_7OCOCH_3} \quad +\quad \underset{\text{trans}(12\%)}{CH_3(CH_2)_2\overset{\overset{H}{|}}{C}=\underset{\underset{H}{|}}{C}-(CH_2)_7OCOCH_3}$$

（四）溶剂极性对互变异构平衡的影响

溶剂极性可影响化合物酮式-烯醇式互变异构体系中两种形式的含量,因而也影响产物的收率等。通常 1,3-二羰基化合物,包括 β-二醛、β-二酮醛和 β-酮酸酯等,在溶液中可能以二酮式(3-1a)、顺式-烯醇式(3-1b)和反式-烯醇式(3-1c)三种互变异构体形式同时存在。

$$（3-1b）\qquad\qquad （3-1a）\qquad\qquad （3-1c）$$

很少观察到开链的 1,3-二羰基化合物反式-烯醇式的存在。若不考虑反式-烯醇式时,酮式和烯醇式的平衡常数 k_T 可以用下式表示。

$$k_T = \frac{[\text{烯醇式}]}{[\text{二酮式}]}$$

在溶液中,开链的 1,3-二羰基化合物实际上完全烯醇化为顺式-烯醇式,这种形式可以通过分子内氢键而稳定化。相反,环状的 1,3-二羰基化合物能够以反式-烯醇式(对于小环化合物)存在。通常,当二酮式较螯合的顺式-烯醇式具有更大的极性时,酮式和烯醇式的平衡常数取决于溶剂的极性。下面以乙酰乙酸乙酯和乙酰丙酮为例进行探讨,^{1}H-NMR 测得的乙酰乙酸乙酯和乙酰丙酮的平衡常数(表3-2)表明,这些顺式-烯醇式的 1,3-二羰基化合物在非极性质子性溶剂中要比在极性质子溶剂或极性非质子溶剂中的烯醇式含量高。

在非极性非质子性溶剂中所得出的比值近似于气相下得到的数值。原则上,当 β-二羰基化合物溶解于低极性溶剂时,顺式-烯醇式的百分比提高,当溶于极性溶剂时,平衡移向二酮式。在两种互变异构体中烯醇式是极性比较小的一种形式。在烯醇式时,分子内氢键的形成有助于降低羰基的偶极-偶极之间的斥力。在二酮式中这种斥力是不会降低的。此外,当同一溶剂分子间的氢键不发生竞争时,分子内氢键使烯醇式稳定化的作用变得更为明显。这样,当溶剂向极性较强的方向改变时,分子间氢键的形成倾向(电子对给予体溶剂）通常和烯醇式含量的下降相关联。

表 3-2　在各种溶剂中乙酰乙酸乙酯的平衡常数（k_T）和乙酰丙酮的平衡常数（k_T'）
（温度:33±2 ℃，溶质浓度:0.1 mol）

溶剂	k_T	烯醇式,%	k_T'	烯醇式,%
气相*	0.74	42.6	11.7	92.1
己烷	0.64	39	19	95
四氯化碳	0.39	28	24	96
乙醚	0.29	22	19	95
二硫化碳	0.25	20	16	94
苯	0.19	16	8.1	89
1,4-二氧杂环己烷	0.12	11	4.6	82
乙醇	0.11	10	4.6	82
氯仿	0.081	7.5	6.7	87
溶质	0.081	7.5	4.3	81
甲醇	0.062	5.8	2.8	74
乙腈	0.052	4.9	1.6	62
二甲基亚砜	0.023	2.2	1.6	62
乙酸	0.019	1.9	2.0	67

* 40 测得此值

三、重结晶溶剂的选择

应用重结晶法精制或提纯中间体、药物,主要是为了除去由原辅材料和副反应带来的杂质。为此,首先要选择适当的理想溶剂,在选择精制溶剂时,应通盘考虑溶解度、溶解杂质的能力、脱色力、安全、供应情况和价格、溶剂回收的难易和回收费用等因素,主要可以从以下几方面进行考虑。

（1）溶剂必须是惰性的,即不与被结晶物质发生化学反应。

（2）溶剂的沸点不能高于被重结晶物质的熔点。溶剂的沸点太高时,固体就在溶剂中熔融而不是溶解。

（3）被重结晶物质在该溶剂中的溶解度,在室温时仅微溶,而在该溶剂的沸点时却相当易溶,其溶解度曲线相当陡,如（图 3-4）A 线所示。斜率小的 B 线和 C 线,不适合作为重结晶物精制的溶剂。

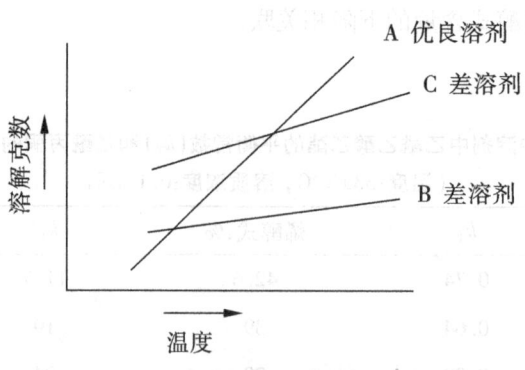

图 3-4　药物溶解度与温度的关系

（4）杂质的溶解度或是很大（待重结晶物质析出时,杂质仍留在母液中）或是很小（待重结晶物质溶解在溶剂里,借过滤除去杂质）。

（5）溶剂的挥发性。低沸点溶剂,可通过简单的蒸馏回收,且析出结晶后,有机溶剂残留很容易去除。

（6）容易与重结晶物质分离。

此外,重结晶溶剂的选择还必须与产品的晶型相结合。因为产品的晶型与药物的疗效密切相关。当药物存在多晶型时,用不同的溶剂进行重结晶,得到产品的晶型不同。对多晶型药物重结晶溶剂的选择必须结合药理药效及制剂生产实际,通过实验研究加以确定。例如盐酸洛美利嗪用乙腈重结晶时为晶型 1,用甲醇、乙醇、正丙醇、异丙醇、正丁醇或 2-丁酮重结晶时为晶型 2,文献报道,晶型 1 在 64% RH 以下,几乎不吸潮,最适合药用,晶型 2 在 20% ~50% RH 时 1 mol 可吸收药 2 mol 水,吸潮明显,不适宜作为药用。

在选择适当溶剂进行重结晶纯化中间体、成品时,虽然可参考文献借鉴前人的经验,但往往是决定产品质量优劣的重要课题。特别是第一类或第二类（图 2-1）新药都未经深入的工艺研究和广泛的临床应用,更应特别注意。进行制药工艺研究时,常用非常少量待结晶的物料以多种溶剂进行试验,选择一种溶剂供重结晶用。这种试验是在全部物料付诸结晶之前,用一特定的溶剂,以试管规模进行试验,习称尝试误差法。其方法是:取几个小试管,各放入约 0.2 g 待结晶的物质,分别加入 0.5 ~1 mL 不同种类的溶剂,加热至完全溶解。冷却后,以析出晶体量多的溶剂为好。如果固体物质在 3 mL 热溶剂中仍不能全溶,则该溶剂不适用于重结晶。如果固体在热溶剂中能溶解,而冷却后,即使用玻璃棒在液面下的试管内壁上摩擦,仍无晶体析出,则说明固体在该溶剂中的溶解度很大,这样的溶剂也不适用于重结晶。如果物质易溶于某一溶剂而难溶于另一溶剂,且两溶剂能互溶,那么就可以用两者的混合溶剂来进行试验,常用的混合溶剂有乙醇-水、甲醇-水、甲醇-乙醚、苯-乙醚等。

有机药物、中间体的溶解度是溶剂和溶质（即被溶解的药物）两者的函数。直观的经验通则是"相似相溶"。溶质的极性很大,就需要极性很大的溶剂才能使它溶解。溶质是非极性的,则需要用非极性溶剂溶解。带有氢键的功能基团（如—OH、—COOH、—CONH 等）的化合物在像水或甲醇之类含羟基的溶剂中比在苯或乙烷之类的烃类溶剂中易溶。

如果功能基团并非分子的主要部分,那么溶解度就可能变化。例如十二醇几乎不溶于水,它所具有的十二个碳的长链,使它的性能像烃类而不像醇类。

中间体大多需要精制,要制定中间体的质量控制标准。有些中间体难精制,其中杂质对下一步反应又无影响,且在下一步产品精制中易去除,则可不进行精制,可直接用于下一步反应。但应测定含量,进行折纯投料,并制定含量的最低投料标准。总之,在生产实践中,需要具体问题具体分析,在理论指导下,摸索出最适合工业化生产的重结晶条件。

第四节　反应温度和压力

一、反应温度

温度对化学反应速度、反应方向、产率及副产物的多少等均有很大关系,温度的选择和控制是制药工艺研究的重要因素。如提高反应温度可以加快反应速度,缩短生产周期,进而提高劳动生产率,但升高温度副反应相应增多,常常使反应物、中间体或产物(特别是化学活泼性较大的反应物、中间体或产物)发生分解或发生更多更复杂的副反应,从而降低收率。另外,提高温度的同时也提高了对工业生产中设备材料和加热方式的要求,增加了能耗。最适宜温度的确定应从单元反应的反应机制入手,综合分析正、副反应的规律、反应速度与温度的关系,以及经济核算等进行通盘考虑。反应温度的选择首先参考相关文献或类似反应进行设计和试验,常用类推法加以选择。如果是新反应,先设定一个反应温度(如室温)进行研究,用薄层色谱(TLC)检测反应发生的变化。若无反应发生,则逐步升高温度或延长反应时间。若反应过快或激烈,可以降低温度或控温使之缓和进行。若 TLC 检测显示出现杂质斑点或杂质斑点增多,可以适当降低温度和缩短反应时间。反应温度的控制对于实验室规模来说比较容易达到,低温可以选用冰-水(0 ℃)、冰-盐水(-10 ~ -5 ℃)、干冰-丙酮(-60 ~ -50 ℃)、液氮(-196 ~ -190 ℃),加热可以选用电炉(加热套)、导热油、水浴等。在工业化生产中对反应温度的控制则有一定难度,由于工业生产中加热通常使用蒸汽浴和加压蒸汽,一般希望反应温度在150 ℃以下,超过150 ℃时常使用电加热反应釜来完成,但反应体积不宜太大。低温和冷却在工业化生产中常用水循环冷却,0 ℃以下,则需要使用冰机等冷冻设备,用冰-水、冰-盐水等作为介质。考虑到工业化生产中反应温度控制的难度,只要有可能总希望在室温上下进行反应。

例如,阿司匹林生产中的乙酰化反应对温度的控制十分严格。从乙酰化反应本身而言,提高温度可以加速反应。但是,两分子水杨酸能够结合成水杨酰水杨酸(副反应1),水杨酸也能与阿司匹林作用而得到乙酰水杨酰水杨酸(副反应2),这两个副反应随着反应温度的升高而加快,故温度的提高受到了限制。

阿司匹林的合成:

副反应1：

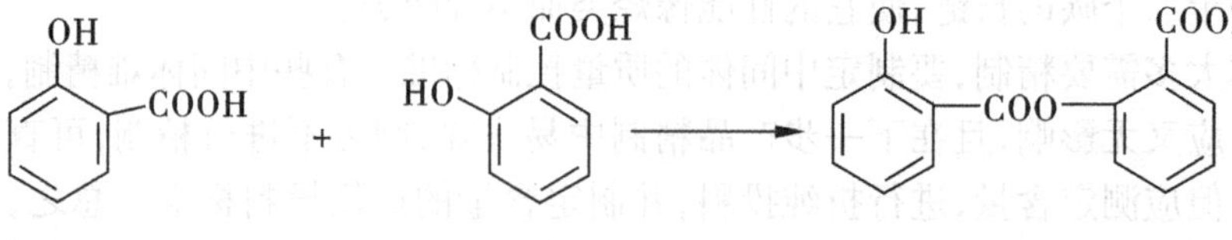

副反应2：

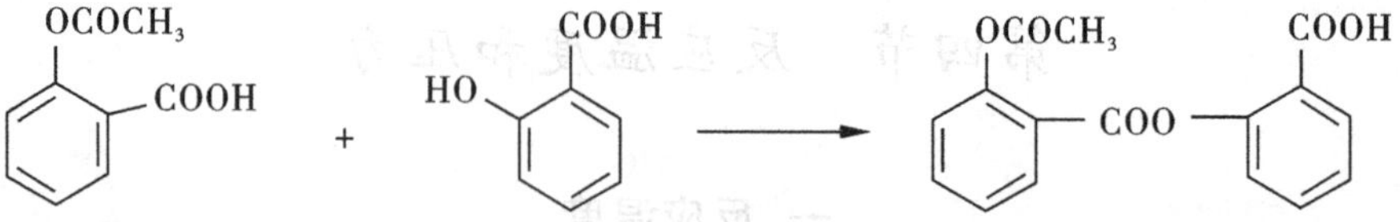

当温度达到90℃时，两分子阿司匹林分解而得水杨酰水杨酸和乙酐，这是一个不可逆反应，而且随着温度的升高而加快分解速度。

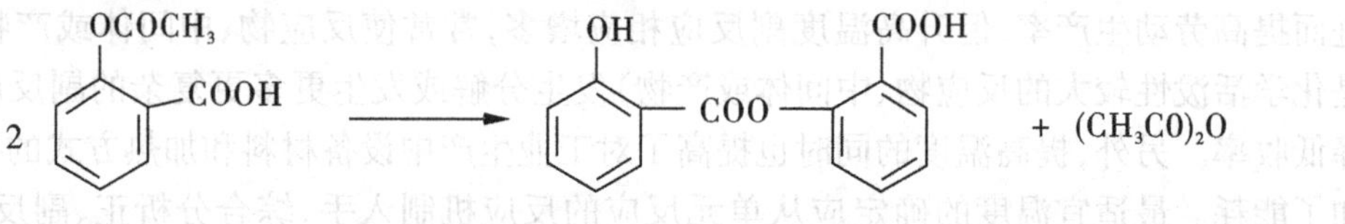

因此，工业化生产上采用的反应温度为80℃，不超过88℃，这样既考虑到乙酰化反应，又考虑到避免副反应。

1. Arrhenius 定律

$$k = Ae^{-E/RT}$$

反应速度常数 k 可以分解为频率因子 A 和指数因子 $e^{-E/RT}$ 的乘积。指数因子一般是控制反应速度的主要因素。指数因子的核心是活化能 E，而绝对温度 T 的变化也能使指数因子变化而导致 k 值的变化。E 值反映温度对速度常数 k 影响的程度，E 值大时，升高温度，k 值增大显著，若 E 值较小时，升高温度，k 值增大并不显著。

温度升高，一般都可以使反应速度加快，例如对硝基氯苯与乙醇钠在无水乙醇中生成对硝基苯乙醚的反应，升高温度，k 值增加（表3-3）。

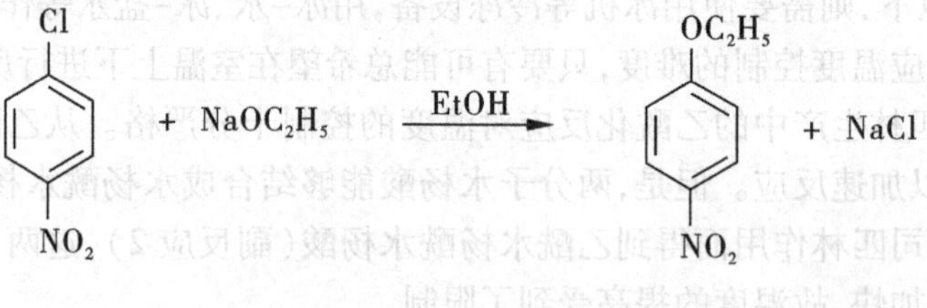

表3-3   温度对对硝基氯苯与乙醇钠反应的反应常数的影响

温度 T(℃)	60	70	80	90	100
k(L·mol^{-1}·h^{-1})	0.120	0.303	0.760	1.82	5.20

2. Van't Hoff 规则

$$k_{T+10}/k_T = 1 \sim 2$$

Van't Hoff 规则是根据大量实验归纳总结得到的一个经验规则,即当反应温度每升高 10 ℃时,反应速度常数增加 1~2 倍。温度对反应速度常数的影响可以通过 Van't Hoff 规则进行粗略估计。多数反应大致符合上述规则,但并不是所有的化学变化都符合。温度对反应速度常数的影响是复杂的,一般来讲,可以归纳成下列 4 种类型(图 3-5)。

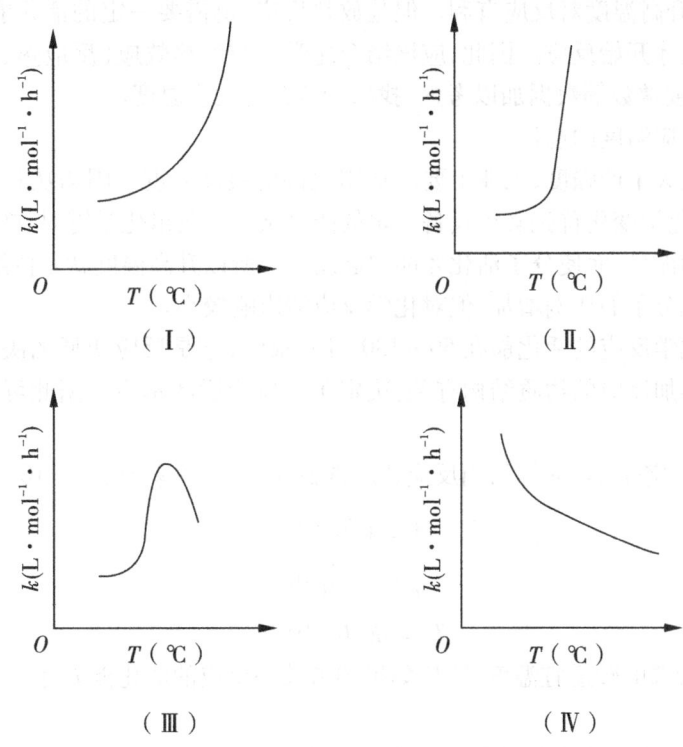

图 3-5　不同反应中温度(t)对速度常数(k)的影响

第 I 种类型,反应速度常数随着温度的升高而相应加速,它们之间呈指数关系,这类化学反应最为常见,可以应用 Arrhenius 方程 $\ln k = \dfrac{-E}{RT} + \ln A$,求出反应速度常数的温度系数与活化能之间的关系。第 II 种类型为有爆炸极限的化学反应,这类反应开始时受温度影响较小,当温度升高到一定数值时,反应速度常数突然高速上升,Arrhenius 公式就不适用了。第 III 种类型为酶或其他催化剂催化的反应,由于酶在高温时会受到破坏,而催化剂的吸附数量在高温时随着温度的升高而下降,因而,在达到一定温度以后,再升高温度,反应速度常数反而下降,对此类反应 Arrhenius 公式也不适用。第 IV 种类型属反常型,升高温度,反应速度常数反而降低,如硝酸生产中一氧化氮的氧化反应,Arrhenius 公式显然也不适用,生产上这类反应并不常见。

温度对化学平衡的关系式为：

$$\lg k = \frac{-\Delta H}{2.303RT} + C$$

式中，R：气体常数，T：绝对温度，ΔH：热效应，k：速度常数。

从上式中可以看出，若 ΔH 为负值，为放热反应，温度升高，k 值减小。对于这类反应，一般降低反应温度有利于反应的进行。反之，若 ΔH 为正值，即吸热反应，温度升高，k 值增大，也就是升高温度对反应有利。但是放热反应，也需要一定的活化能，即需要先加热到一定的温度才开始反应。因此，应该结合化学反应的热效应（反应热、稀释热和溶解热等）和反应速度常数等数据加以考虑，找出最适合的反应温度。

3. 最适合反应温度的选择

为了取得最大生产强度，工业上要求选用允许的最高温度。因为从化学运动的特殊性来看，要发生化学变化首先必须具备一定的能量条件。改组化学键时，必须在分子碰撞时取得最起码的能量，而使分子活化才能引起反应。所以升高温度就是供给部分能量，使反应体系中活化分子的比例增加，但对化学反应能影响较小。

一般有机化学反应的活化能在 $50 \sim 130\ kJ \cdot mol^{-1}$，它是反应快慢的决定因素。而它的大小直接与参加反应的物质结构有关，决定于反应物质的本质。据此可粗略选择较适宜反应温度。

由 Arrhenius 定律 $k = Ae^{-E/RT}$，当反应速度常数为 1 时，频率因子 $A = 10^{12}\ s^{-1}$，则：

$$1 = 10^{12} e^{-E/RT}$$

所以，

$$e^{-E/RT} = 10^{-12}$$

取对数得：

$$T_p = -E/R\ln 10^{-12}$$

式中 T_p 为所选的较适宜温度，这样如果知道某一反应的活化能 E，就可以选择反应较适温度。

例 1　脂肪族卤素化合物置换成羟基的反应为 $RX + OH^- \rightarrow ROH + X^-$，其反应活化能 $E = 67 \sim 96\ kJ \cdot mol^{-1}$，平均值约为 $81.5\ kJ/mol$，则此类反应的较适宜温度 T_p：

$$T_p = -81500 / 8.314\ln 10^{-12} = 354.70\ K (81.55\ ℃)$$

例 2　芳香族卤化物被—OH 置换反应为 $ArX + OH^- \rightarrow ArOH + X^-$，其反应活化能 $E = 105 \sim 180\ kJ/mol$，平均值约为 $165\ kJ/mol$，则此反应的较适宜温度 T_p：

$$T_p = -165\ 000/8.314\ln 10^{-12} = 718.11\ K (444.9\ ℃)$$

因此，氯苯水解反应须在高温下进行，一般水解反应在 $350 \sim 600\ ℃$ 下反应。

例 3　当芳香族氯化物引入—NO_2 时，分子活性增加，水解反应活化能降低，约为 $96\ kJ/mol$，其反应的适宜温度 T_p：

$$T_p = -96\ 000/8.314\ln 10^{-12} = 417.81\ K (144.6\ ℃)$$

综合以上实例可以看出,根据反应活化能可以选择较适宜的温度,其基本关系式是:

$$T_p = -E/R\ln10^{-12} = E/229.77$$

二、反应压力

大多数反应在常压下进行。从工艺角度来讲,也应尽可能在常压下进行化学反应,这样可以减少设备的投资,操作也比较安全。因为在工业化生产中,对加压反应有严格的要求。加压反应需要在加压釜中进行,需要考虑压力容器的材质、安全系数以及车间的防爆措施等。但是,由于其他反应条件的制约,有些反应必须加压才能提高产率。

压力对于液相反应影响不大,而对气相或气、液相反应的平衡影响比较显著。概括起来主要有以下3种情形。

1. 有气体参与的反应

压力对于理论产率的影响,依赖于反应前后体积或分子数的变化,如果一个反应的结果使体积增加(即分子数增加),那么加压对产物的生成不利;反之,加压则有利于产物的生成。反应压力对反应平衡的影响可由下面公式看出。

$$K_P = K_N \cdot P^{\Delta V}$$

K_P 为用压力表示的平衡常数,K_N 为用摩尔数表示的平衡常数,ΔV 为反应过程中的分子数的增加(或体积的增加)。理论产率决定于 K_N,并随着 K_N 的增加而增大。当反应体系的平衡压力 P 增大时,$P^{\Delta V}$ 的值视 ΔV 的值而定。如果 $\Delta V<0$,P 增大后,则 $P^{\Delta V}$ 减小。因 K_P 不变,K_N 如保持原来值就不能维持平衡,所以当压力增高时,K_N 必然增加,因此加压对反应有利。或者说,加压使平衡向体积减小或分子数减小的方向移动。如果 $\Delta V>0$,则正好相反,加压将使平衡向反应物方向移动,对反应不利,这类反应应该在常压甚至在减压下进行。如 $\Delta V=0$,反应前后体积或分子数无变化,则压力对理论产率无影响。例如在一氧化碳和氢气合成甲醇的反应中,体积或分子数是减少的。

$$CO+2H_2 \rightleftharpoons CH_3OH$$
$$\Delta V = 1-(2+1) = -2$$

在常压、350 ℃时,甲醇的理论产率约为 10^{-5}%,说明常压下这个反应无实际意义。若将压力增大到30.4 MPa,则甲醇的产率可达40%,使原来可能性不大的反应转化为可能发生的反应。

2. 催化加氢反应

此类反应有 H_2 的参与,该气体在反应时必须溶于溶剂中或吸附于催化剂上,加压能增加该气体在溶剂中或催化剂表面上的浓度而促使反应的进行。若能寻找到最适当的溶剂或选用更活泼的催化剂,这类反应就有可能在常压下进行,不过反应时间会大大延长。

3. 反应温度超过所用溶剂的沸点,加压以提高反应速度

此类反应一般在液相中进行,所需的反应温度超过了反应物(或溶剂)的沸点,特别是许多有机化合物沸点较低且有挥发性,加压才能进行反应。加压下可以提高反应速度,

缩短反应时间。这类反应在制药工业中比较常见,例如,在合成磺胺嘧啶时,缩合反应是在甲醇中进行的,它在常压下反应,需要 12 h 才能完成。现在在 0.294 2 MPa 压力下进行反应,2 h 即可反应完全。

$$HCON(CH_3)_2 + POCl_3 + C_2H_5OCH = CH_2 \longrightarrow [(CH_3)_2 \overset{+}{N} = CH - CH = CHOC_2H_5 \rightleftharpoons$$

$$(CH_3)_2 N - CH = CH - \overset{+}{CH} - OC_2H_5] \cdot OPCl_2 \xrightarrow[\text{0.294 2 MPa, 2 h}]{\text{CH}_3\text{ONa, SG}} H_2N - - SO_2NH - $$

第五节　搅 拌

　　搅拌是使两个或两个以上反应物获得密切接触的重要措施,在制药工业中,搅拌很重要。通过搅拌,不仅可以加速反应物之间的传热和传质过程,加快反应速度,缩短反应时间,还可以避免或减少由于局部浓度过大或局部温度过高引起的某些副反应。搅拌是影响反应条件的主要因素之一。对于互不混合的液-液相反应、液-固相反应、固-固相反应(熔融反应)以及固-液-气三相反应等,搅拌好坏直接影响产物的收率和产品纯度。另外,在结晶、萃取等物理过程中,搅拌也很重要。

　　不同的反应要求不同的搅拌器形式和搅拌速度,实验室和工业化生产对搅拌的要求也不一样。工业化搅拌在实验室里不易研究,须在中试车间或生产车间中解决。若反应过程中反应物越来越黏稠,则搅拌器形式的选择颇为重要。有些反应一经开始,必须连续搅拌,不能停止,否则很容易发生安全事故(爆炸)和生产事故(收率降低)。如乙苯硝化时,混酸是在搅拌下加入到乙苯中去的,因两者互不相溶,故与搅拌效果关系很大,若突然停止搅拌,会造成安全事故。又如抗生素发酵也不能停止搅拌,否则将造成生产事故。

一、搅拌器的形式

1. 桨式搅拌器

　　桨式搅拌器是最简单的搅拌器。制造简便,转速一般在 20～80 r/min。比较适合用于液-液互溶系统的混合或可溶性固体的溶解。但在很高的转速下也可以起到涡轮式搅拌器的效果。

2. 框式或锚式搅拌器

　　框式或锚式搅拌器仍属于桨式搅拌器。主要用于不需要剧烈搅拌及含有相当多的固体悬浮物或有沉淀析出的反应。需要注意,固体和液体的比重差不能太大。此类搅拌器在重氮化等反应中较为常用,转速一般控制在 15～60 r/min。

3. 推进式搅拌器

　　推进式搅拌器一般有 3 片桨叶,呈螺旋推进器形式,犹如轮船上的推进器。此类搅拌器用于需要剧烈搅拌的反应,例如,使互不相溶的液体呈乳浊状态,使少量固体物质保持悬浮状态,以利反应的进行。此类搅拌器转速较高,一般在 300～600 r/min,最高可达

1 000 r/min,对于搅拌低黏度且重 2 t 左右的各种液体有良好的效果。

4. 涡轮式搅拌器

涡轮式搅拌器能够最剧烈地搅拌液体,它特别适用于黏度相差较大的两种液体,含有较高浓度固体微粒的悬浮液。比重相差较大的两种液体或气体在液体中需要充分分散等场合,转速一般可达 200 ~ 1 000 r/min,抗生素发酵车间大都采用此类搅拌器。

二、搅拌器的应用

搅拌在药物生产中的重要性已越来越被认识。正确选择搅拌器的形式和速度,不仅能使反应顺利进行,提高收率,而且还有利于安全生产。如果搅拌器的形式和速度选择不当,不仅产生副反应,降低收率,还可能发生安全事故和生产事故。

例 1　铁粉还原岗位多数采用框式搅拌器加铁粉,推动沉淀在罐底的铁粉翻动,使其充分与还原物接触,从而达到还原的目的。这种搅拌器转速不高,一般在 60 r/min。

例 2　环合反应岗位多数采用推进式搅拌器,因为反应是在液相中进行,而环合却是在瞬间完成的,所以要求搅拌器的转速快,一般在 300 r/min 左右,一旦环合物(固体)生成,会阻止搅拌器转动,此时应注意及时停止搅拌,反应数小时后再进行处理。

例 3　在硝化反应中,搅拌是为了使反应物成乳化状态,增加乳化物和混酸的接触,以利于正反应。硝化要求搅拌器转速均匀,不宜过快。但若转速过慢或中途停止,很容易因局部过热而造成冲料或发生重大安全事故。

例 4　在结晶岗位,晶体不同,对搅拌器的形式和转速的要求也不同。一般说来,希望晶体大的,搅拌器采用框式或锚式,转速 20 ~ 60 r/min;希望晶体小的,则搅拌器采用推进式,转速可根据需要来确定。

第六节　反应终点的控制与反应后处理方法的研究

一、反应终点的控制

许多化学反应完成后必须停止,并使反应生成物立即从反应系统中分离出来,否则继续反应可能使反应产物分解破坏、副产物增多或发生其他更复杂变化,使收率降低,产品质量下降。若反应未达到终点,过早地停止反应,也会导致同样的不良后果。必须注意,反应时间与生产周期和劳动生产率都有关系。为此,对于每一个反应都必须掌握好它的进程,控制好反应终点,保证产物质量。

反应终点的控制,主要是控制主反应的完成,测定反应系统中是否尚有未反应的原料(或试剂)存在,或其残存量是否达到一定的限度。在工艺研究中常用薄层色谱、纸色谱或气相色谱等来监测反应。一般也可用简易快速的化学或物理方法(如测定其显色、沉淀、酸碱度、相对密度、折光率)等手段进行监测。实验室中常采用薄层色谱(TLC)检测,有紫外吸收的药物用硅胶 GF$_{254}$ 制成的薄板在 254 nm 紫外灯下可观察到荧光斑点。TLC检测时,首先将原料用适当的溶剂溶解,用毛细管或微量点样器取少量原料溶液点于薄层板上并做相应的记号,再取反应一定时间的反应液点于板上,然后将板放于展开槽中用合适的展开剂展开,当溶剂前沿比较合适时,取出吹干,置紫外灯下观察荧光斑点,判断原料点是否消失或原料点几乎不再变化,除了产物和原料外是否有新的杂质斑点生成,这些信息可以决定是否终止反应。原料点消失说明原料反应完全,原料点几乎不再变化说明反应达到平衡。有新的杂质斑点,说明有新的副反应发生或产物发生分解。在药物合成研究中,常发现反应进行到一定程度后,微量原料很难反应完全,继续延长反应时间,则会出现新的杂质斑点的现象。试验中一般在原料消失时或原料斑点几乎不变而未出现新的杂质斑点时停止反应,进行后处理。而对于无紫外吸收的原料、产品可用碘缸显色观察原料和产品的位置,并根据斑点颜色的深浅初步判断反应液中各斑点的浓度。碘缸显色有时不够清晰,可以将已被溶剂展开的薄层板浸入某种显色剂中,取出后,或晾干或用电吹风加热,往往能使有机物显示色斑。几种常见显色剂配方及适用范围、条件见表3-4。

　　一种显色方式并非对所有有机物都有显色作用。最好用2~3种显色剂进行挑选,以防止在TLC检测判断时漏掉所需要分离的物质。

表3-4　几种常用的TLC显色剂

名称	制备方法	显色条件	适用范围
碘	5% I_2/CHCl$_3$溶液	晾干后,1%淀粉溶液	通用
三氯化铁	1%~5% FeCl$_3$+水或醇溶液	加热120 ℃	酚类
茚三酮	1%茚三酮/乙醇溶液	加热110 ℃	氨基酸
KMnO$_4$	1% KMnO$_4$-7% K$_2$CO$_3$-0.01% NaOH/水溶液	加热	醇类
磷钼酸	5% H$_3$P$_2$Mo$_7$O$_4$/乙醇溶液	加热120 ℃	一般有机物

　　在工业生产中通常用气相色谱、液相色谱、化学或物理方法来监测化学反应。例如,由水杨酸制备阿司匹林的乙酰化反应和由氯乙酸钠制造氰乙酸钠的氰化反应,都利用快速的化学测定法来确定反应终点。前者测定反应系统中原料水杨酸的含量达到0.02%以下方可停止反应,后者是测定反应液中氰离子(CN^-)的含量在0.04%以下方为反应终点。又如重氮化反应,是利用淀粉碘化钾试液(或试纸)检测反应中是否有过剩的亚硝酸来控制反应终点。在催化氢化反应中,一般以吸氢量控制反应终点。当氢气吸收到理论量时,氢气压力不再下降或下降速度很慢即表示反应已达到终点或临近终点。通氯气的氯化反应常常以反应液的相对密度变化来控制其反应终点。在氯霉素合成中,成盐反应终点是根据对硝基-α-溴代苯乙酮与成盐物在不同溶剂的溶解度判定。在其缩合反应中,由于反应原料(乙酰化物)和缩合物的结晶形态不同,可通过观察反应液中结晶的形态来确定反应终点。

二、反应后处理方法的研究

　　一般来说,反应后处理是指在化学反应结束后一直到取得最终反应产物的整个过程。这里不仅要从反应混合物中分离得目的产物,而且也包括母液的处理等。它的化学过程较少(中和等),而多数为物理操作过程,如分离、提取、蒸馏、结晶、过滤以及干燥等。

在合成药物生产中,有的合成步骤与化学反应并不多,而后处理的步骤与工序却很多,而且较为麻烦。因此,搞好后处理对于提高反应产物的收率,保证药品质量,减轻劳动强度和提高劳动生产率都有着非常重要的意义。为此,必须重视后处理工作。

后处理的方法随反应的性质不同而异。但研究此问题时,首先,应摸清反应产物系统中可能存在的物质的种类、组成和数量等(这可通过反应产物的分离和分析化验等工作加以解决),在此基础上找出它们性质之间的差异,尤其是主产物或反应目的物与其他物质相区别的特性。然后,通过实验拟订主产物的后处理方法。在研究与制订后处理方法时,还必须考虑简化工艺操作的可能性,并尽量采用新工艺、新技术和新设备,以提高劳动生产率,降低成本。

例如:

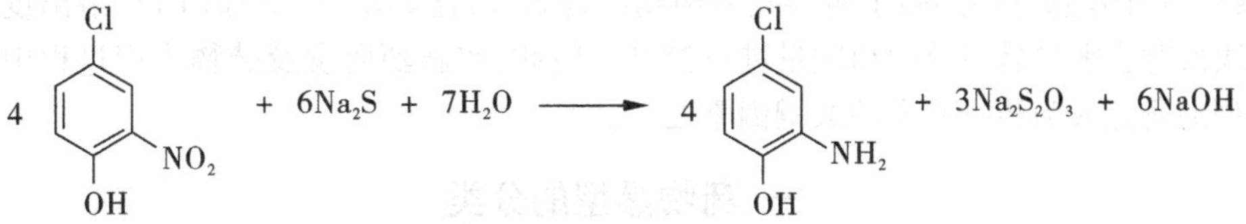

反应的后处理方法为:要取得邻氨基对氯苯酚(不溶于水,溶于酸和碱的水溶液),必须加入使反应混合液 pH 值降低的物质,以使邻氨基对氯苯酚从其钠盐中游离出来,生成不溶于水的邻氨基对氯苯酚。若用稀硫酸或盐酸中和,则会析出硫,使产品质量下降,所以生产上用碳酸氢钠中和,使邻氨基对氯苯酚沉淀析出,过滤得产品。

第七节 药物晶型与质量控制

物质在结晶时由于受各种因素影响,使分子内或分子间键合方式发生改变,致使分子或原子在晶格空间排列不同,形成不同的晶体结构。同一物质具有两种或两种以上的空间排列和晶胞参数,形成多种晶型的现象称为多晶型现象。一般而言,溶解性质较差的固体化学药物易存在多晶型现象。据统计,大约 80% 以上的固体化学药物存在有多晶型问题。在药物原料成分、化学纯度等都达到国际标准要求的背景下,药物晶型将是影响药物质量水平的主要因素。药物晶型不同,导致药物在溶解度、熔点、密度、稳定性、生物利用度、疗效等方面出现差异,有的甚至出现毒副作用。例如研究发现棕榈酸氯霉素有 A、B、C 3 种晶态晶型和一种无定型,其中 B 晶型的生物活性是 A 晶型的 7 倍以上,C 晶型属于亚稳态,易于转化为 A 晶型,1975 年以前我国市售药物的晶型都是 A 晶型,后来通过改进工艺,才生产出有生物活性的 B 晶型,并在质量标准中增加了非活性晶型的含量限度,提高了药品的质量,确保了临床疗效。另外,在新药研发初期对药物剂型的选择时也应充分考虑到药物的多晶型问题,一个惨痛的教训就是 Abbott 公司在研发抗艾滋病药利托那韦时刚开始认为它只有一种晶型,公司开发了溶液和半固体两种剂型上市,两年后发现半固体制剂中出现一种十分稳定、溶解度很小的新晶型,迫使暂时停止生产半固体制剂,给公司造成严重损失。

多晶型药物的形成与药物分子结构的构型、构象、分子排列状态、分子间的作用力、共晶物质等多种因素有关。多晶型一般表现为药物原料在固体状态下的存在形式,在固体制剂中也同样会存在。在一定温度与压力下,多晶型中只有一种是稳定型,溶解度最小,化学稳定性好,其他晶型为亚稳定型,它们最终可转变为稳定型。一般讲,亚稳定型的生物利用度高,为有效晶型,而稳定晶型药物往往低效甚至无效。一种药物可以有多种晶型,同一种药物的不同晶型,在体内的溶解和吸收可能不同,也会影响其制剂的溶出和释放,进而影响临床疗效和安全性。因此,药物晶型问题直接关系到药物的质量和疗效。目前药物多晶型的研究已经成为新药开发和审批、药物的生产和质量控制以及新药剂型确定前设计所不可缺少的重要组成部分。

2007年7月,美国食品药品监督管理局颁布了行业指南《ANDAs:药物固体多晶现象,化学、制造和控制信息》,我国也随之颁布了《仿制药晶型研究的技术指导原则》,另外,我国《中国药典》中加强了对多晶型药物的检查项,比如熔点、红外(IR)、溶出度及用 X 射线衍射法来对晶型纯度和质量进行控制。因此,在新药研发及药物生产过程中对药物晶型的研究成为药物研发的关键因素之一。

一、药物晶型的分类

固体多晶型包括构象型多晶型、构型型多晶型、色多晶型和假多晶型。构象型多晶型是指晶体中分子在晶格空间的排列不同形成的晶体;构型型多晶型是指晶体中的原子在分子中的位置不同形成的晶体;色多晶型是指药物在不同的溶剂中结晶时,形成不同颜色的晶体,这是由于晶型不同,光学性质亦不同,从而产生了不同的颜色;而当药物在结晶时,溶剂分子以化学计量比例结合在晶格中而构成分子复合物则称为假多晶型。

药物分子通常有不同的固体形态,包括盐类、多晶、共晶、无定形、水合物和溶剂合物;同一药物分子的不同晶型,在晶体结构、稳定性、可生产性和生物利用度等性质方面可能会有显著差异,从而直接影响药物的疗效以及可开发性。

需要注意晶型与结晶形态(晶癖)的区别,前者由晶格中分子的排列来决定,后者是指所形成的结晶的外观形状。同一晶型的药物,可能具有不同的外观形状;反之,外观形状相同的结晶,其晶型也可能不同。晶癖是指特定晶体品种在常规外界条件下在自发生长过程中在晶体外形上表现出来的某种特有的优势几何结晶习性或惯态。晶癖采用普通光学显微镜即可准确判断,如针状结晶、片状结晶、柱状结晶等。

二、药物晶型的检测方法

(一)熔点法

药物晶型不同,熔点可能会有差异。一般来说,晶型稳定性越高熔点也越高;两种晶型的熔点差距大小,可以相对地估计出它们之间的稳定性关系。如果两种晶型熔点相差不到1℃时,则这两种晶型在结晶过程中就可以同时析出,且两者的相对稳定性较难判别。两者熔点越接近,不稳定的晶型越不易得到。除常见的毛细管法和熔点测定仪方法外,热载台显微镜也是通过熔点研究药物多晶型存在的常见方法之一,该方法能直接观察晶体的相变、熔化、分解、重结晶等热力学动态过程,因此利用该工具照《中国药典》规定进行熔点测定可初步判定药物是否存在多晶现象。

（二）显微镜法

显微分析技术包括光学显微镜和电子显微镜观察方法，主要是通过对晶体外形识别达到晶型分析目的。但是，同一晶型物质可以表现为不同的晶体外形，而不同的晶型物质也可能表现为相同的晶体外形。所以，仅凭借晶体外形无法独立对晶型进行定性定量分析，而需要借助其他分析技术给出晶型种类与晶体外形之间的关系。

偏光显微镜除了含有一般光学显微镜的结构外，最主要的特点是装有两个偏光零件，主要适用于透明固体药物。由于晶体结构不同和偏光射入时的双折射作用，在偏光显微镜上、下偏光镜的正交作用下，晶体样品置于载物台上旋转360°时，则晶体显现短暂的隐失和闪亮，晶体隐失时晶体与偏振器振动力向所成的交角称为消光角，通过不同的消光角，即可决定晶体所属的晶型。偏光显微镜法还可研究晶型间的相变，可以准确测定晶体熔点。

扫描隧道显微镜可使人类能够直接观察到晶体表面上的单个原子及其排列状态，并能够研究其相应的物理和化学特性；可以直接观测晶体的晶格和原子结构、晶面分子原子排列、晶面缺陷等，对于药物多晶型研究非常有利，具有广阔的应用前景。

（三）X 射线衍射法

X 射线衍射是研究药物晶型的主要手段，该方法可用于区别晶态和非晶态、鉴别晶体的品种、区别混合物和化合物、测定药物晶型结构、测定晶胞参数（如原子间的距离、环平面的距离、双面夹角等），还可用于不同晶型的比较。X 射线衍射法又分为粉末 X 射线衍射和单晶 X 射线衍射两种，前者主要用于结晶物质的鉴别及纯度检查，后者主要用于分子量和晶体结构的测定。

1. 单晶 X 射线衍射分析

单晶 X 射线衍射是国际上公认的确证多晶型的最可靠方法，利用该方法可获得对不同晶型药物的晶胞参数，进而确定结晶构型和分子排列，从分子层面揭示晶型药物的本质。而且该方法还可用于分析共晶溶剂种类与结晶水含量、成盐药物碱基或酸根间成键连接方式等定量信息。但由于其分析结果仅针对一颗单晶体而言，不能代表全部样品的普遍性，因此有一定的局限性。另外，由于较难得到足够大小和纯度的单晶，因此该方法在实际操作中存在一定困难。

2. 粉末 X 射线衍射分析

粉末 X 射线衍射是研究药物多晶型的最常用的方法。粉末法研究的对象不是单晶体，而是众多取向随机的小晶体的总和。晶体的粉末 X 射线衍射图谱具有较强的指纹特征性，即相同药物的不同晶型，其粉末 X 射线衍射图谱可完全不同。利用该方法所测得的每一种晶体的衍射线强度和分布都有着特殊的规律，以此利用所测得的图谱，可获得晶型变化、结晶度、晶构状态、是否有混晶等信息。利用粉末 X 射线衍射技术可进行晶型纯度的定量分析，但它无法独立判别晶型纯度，而需借助单晶 X 射线衍射技术共同完成定量分析。该方法不必制备单晶，使得实验过程更为简便，但在应用该方法时，应注意粉末的细度，而且在制备样品时需特别注意研磨过筛时不可发生晶型的转变。

（四）热分析法

不同晶型,升温或冷却过程中的吸、放热也会有差异。热分析法就是在程序控温下,测量物质的物理化学性质与温度的关系,并通过测得的热分析曲线来判断药物晶型的异同。热分析法主要包括差示扫描量热法(differential scanning colorimety, DSC)、差热分析法(differential thermal analysis, DTA)和热重分析法(thermogravimetric analysis, TGA)。

1. 差示扫描量热法

DSC 是在程序控制下,通过不断加热或降温,测量样品与惰性参比物(常用 α-Al_2O_3)之间的能量差随温度变化的一种技术。DSC 可用于测定多种热力学和动力学参数,分析样品的熔融分解情况以及是否有转晶或混晶现象。

2. 差热分析法

DTA 和 DSC 较为相似,所不同的是,DTA 是通过同步测量样品与惰性参比物的温度差来判定物质的内在变化。各种物质都有自己的差热曲线,因此 DTA 是物质物理特性分析的一种重要手段。

3. 热重分析法

TGA 是在程序控制下,测定物质的质量随温度变化的一种技术,适用于检查晶体中溶剂的丧失或样品升华、分解的过程,可推测晶体中含结晶水或结晶溶剂的情况,从而可快速区分无水晶型与假多晶型。热分析法所需样品量少,方法简便,灵敏度高,重现性好,在药物多晶型分析中较为常用。

（五）红外光谱法

不同晶型药物分子中的某些化学键键长、键角会有所不同,致使其振动-转动跃迁能级不同,与其相应的红外光谱的某些主要特征如吸收带频率、峰形、峰位、峰强度等也会出现差异,因此红外光谱可用于药物多晶型研究。

红外光谱法常用的样品制备方法有 KBr 压片法、石蜡油糊法、漫反射法以及衰减全反射法等。考虑到研磨可能会导致药物晶型的改变,所以在用红外光谱法进行药物晶型测定时多采用石蜡油糊法或漫反射法。

由于不同晶型样品的分子结构完全相同,分子间作用力较弱,故造成红外吸收光谱的指纹特征性变化较小,有时不同晶型物质的红外吸收光谱无法区分。因而只有在不同晶型的分子间作用力发生变化或溶剂分子介入时,才能表现出图谱的差异。红外光谱一般作为晶型定性鉴别和半定量分析方法。

（六）拉曼光谱法

拉曼光谱和红外光谱互为补充,在红外光谱中吸收不明显的非极性基团在拉曼光谱中吸收很明显,再者,拉曼光谱不需要制备可直接使用,它对分子水平的环境很灵敏,所以固体药物中不同晶型或晶态与无定型态之间的差异很容易在拉曼光谱中看出。

另外,近傅里叶变换红外光谱和拉曼光谱联用技术在药物多晶型的定性、定量研究中发展很快,它融合了傅里叶变换红外光谱速度快、不破坏样品、不需要试剂、可透过玻璃或石英在线测定的优势和拉曼光谱不需专门制备样品以及对固体药物晶型变化灵敏的特点,是利用传统红外光谱法研究药物多晶型的一种新技术探索。如苯乙阿托品的晶型Ⅰ

和晶型Ⅱ的红外光谱一致；而且有时图谱的差异也可能是由于样品纯度不够、晶体的大小、研磨过程的转晶等导致的分析结果偏差。这时就需要同时采取其他方法共同确定样品的晶型。

三、药物晶型的常用制备方法

目前，固体化学药物晶型制备的方法主要有重结晶法、喷雾法、升华法、熔融法、压力转晶法等。其中重结晶法是目前通用的制备化学药物晶型物质的主要方法之一；喷雾法主要用于制备无定型态药物；升华法、熔融法、压力转晶法则属于实验条件较为极端的晶型制备方法，常用于转晶物质的方法学研究。

(一) 重结晶法

选用不同溶剂，如非极性溶剂乙醚、石油醚、氯仿、苯等，极性溶剂水、乙酸、吡啶等，中等极性溶剂甲醇、乙醇、丙酮及有机溶剂与水的混合溶剂等在一定条件下进行重结晶，可以制备相对应的晶型。结晶时，改变、控制结晶条件（浓度、温度）、结晶速率，可以得到不同晶型。常用的结晶方法有溶剂蒸发法、降温法、种晶法和溶剂扩散法，采用不同溶剂对药物进行结晶可得到不同的晶型或由不同比例晶型组成的混晶。

例如，西他沙星是日本第一制药三共株式会社开发的一类广谱喹诺酮类抗菌药，临床用其一水合物，用于治疗严重难治性感染性疾病。研究发现使用不同的溶剂重结晶，可得到不同的药物晶型。以西他沙星的一个半水合物为原料，分别是用乙醇、甲苯为溶剂重结晶得到的西他沙星的 α、β 两种无水合物晶型。以异丙醇-水的(99：1, V/V)的混合溶剂进行重结晶得到西他沙星的半水合物，用甲醇为溶剂重结晶得到西他沙星一水合物。

匹伐他汀钙具有 A、B、C、D、E、F 6 种晶型及无定型态。其中 B、C、D、E、F 晶型是通过 A 晶型在不同的温度和溶剂条件下得到。例如在匹伐他汀钠的水溶液中加入 $CaCl_2$ 的溶液，室温搅拌一定时间，可以得到晶型 A。以匹伐他汀钙的晶型 A 为原料，如果分别用 50% 乙醇水溶液、95% 的异丙醇水溶液、无水乙醇、50% 的 1,4-二氧六环水溶液、80% 的甲醇水溶液为溶剂，则可以分别制得 B、C、D、E 及 F 晶型。而当以 1,4-二氧六环为溶剂，慢慢滴加 8 倍量的正庚烷，则可以得到匹伐他汀钙的无定型态。

又如采用 80% 甲醇-水、15% 甲醇-水、50% 甲醇-水混合溶剂，在一定温度下对西咪替丁进行重结晶可分别得到西咪替丁的 A、B、C 晶型；在 25 ℃配制 pH 值为 6（以乙酸调pH 值）的西咪替丁甲醇-水(1：1, V/V)的饱和溶液置于冰浴加入浓氨水调至 pH 值为8.5，放置 1 h 后过滤分离结晶，用冷水冲洗，可得结晶 D 型；西咪替丁 15% 甲醇水溶液，加热使全溶，倒入 3 倍量的冰中，结晶析出，得到西咪替丁一水合物。

总之，采用合适的溶剂才能得到所需晶型。除溶剂种类、溶液的浓度、结晶条件与结晶速度等影响晶型的形成外，在同一溶剂中加入不同高分子或表面活性剂进行重结晶时也可得到不同的多晶型。另外，对于弱酸、弱碱性药物还可以使用酸碱中和方法，并加晶种可制得多晶型。

(二) 熔融法

熔融法是指将固体药品样品加热至熔点，待样品完全熔融成液体状态后使其冷却结晶的过程。一般情况下,低熔点的晶型能在一定温度条件下转化为高熔点的晶型。将低熔点的晶体加热熔化后即可转型。

例如青蒿素有Ⅰ、Ⅱ两种晶型,其熔点分别为151.4℃和153.9℃。应用粉末X射线衍射法发现将晶型Ⅰ加热,在135℃左右发生转晶现象,晶型Ⅰ转变为稳定态的晶型Ⅱ。

又如在应用差示扫描量热法研究甲氧氯普胺时发现原料药存在两个吸热峰,分别在125~129℃和147~150℃,其中第一个峰为固-固转变峰,即甲氧氯普胺Ⅰ型转变为Ⅱ型的吸热峰,第二个峰为固-液吸热峰,是Ⅱ型熔点峰。将此药物原料在135℃加热15 min,再测得DSC图谱只出现第二个吸热峰。说明在高于Ⅰ型熔点的温度下,Ⅰ型可迅速地转化为Ⅱ型。

需要注意的是利用熔融法制备晶型药物不适合加热后易发生分解的药物样品。

(三)升华法

采用升华法将药物置于蒸发皿中,上面盖上玻璃漏斗,逐渐加热,可在上部与皿的边缘得到大量升华的晶体。如药物乙胺嘧啶原为A型,经升华法可制得B型。青蒿素原为Ⅰ型,经升华可制得Ⅱ型。

(四)粉碎研磨法

粉碎研磨时,由于机械力作用,可使晶体粒子变小,表面积增大,局部能量增高,引起晶型的错位和晶型边界变形,从而产生新的晶型或晶型转变。一般由亚稳定型向稳定型转变,也有按相反方向转化。例如无水咖啡因研磨时很容易由稳定型转变为亚稳定型。

在制备同一药物不同晶型时应采用不同方法,如磺胺甲氧嘧啶存在5种晶型。Ⅰ型是在沸水中重结晶制得;在乙醇中加热饱和急速冷却析出结晶为Ⅱ型;Ⅲ型是在乙酸中重结晶制得;Ⅳ型是在二氧六环中重结晶制得;Ⅴ型是在氯仿中重结晶制得。其中无论哪一种晶型加热熔融,慢慢冷却,均能成为无定型;若加热150℃均可转变为Ⅰ型;在水中悬浮放置可转变为Ⅲ型;在乳钵中研磨也可转变为Ⅲ型。可见在多晶型制备时应该从溶剂、结晶条件、工艺条件等多方面研究。

四、药物晶型的筛选和质量控制

(一)优势药物晶型的选择

优势药物晶型是指在固体化学药物存在多种晶型状态的情况下,其中稳定性符合药用要求、临床疗效最佳、安全性最高、最适合用于制备药品的晶型状态。作为优势药物晶型需具有如下几个重要条件。

1. 具有良好的生物学活性和临床治疗效果

由于不同药物晶型的物理性质、化学性质和生物学活性等存在显著差异,从而影响到药品的临床作用以及药品安全性,因此,优势药物晶型应该是一种可以产生最佳临床疗效的药物晶型存在形式。

2. 具有一定的晶型稳定性

由于固体化学物质不同晶型的物理性质存在差异,尤其是其能量状态有明显的不同,根据物质的稳定性可将晶型物质分为稳定状态、亚稳定状态和不稳定状态。考察各种晶型固体物质的稳定性不仅需要观察原料药存放期间的稳定性,而且还要观察在温度、湿度、光线、压力等条件下的晶型稳定性。优势药物晶型应选择晶型稳定性好的固体物质状态作为新药开发原料,以保证药品在制备、运输、储藏及保存过程中不会发生转晶现象而影响到药品质量。

3. 具有药物制备工艺的可实施性和质量可控制性

工艺可实施涉及晶型制备的技术和条件,需要进行全面的研究,而质量可控制性则是指可以有效控制药物制剂中的晶型状态。

在药物多晶型评估中,如果药物有稳定的无水晶型,无水晶型因其在干燥、保存以及化学计量上都有其他晶型无法比拟的优势,通常成为优先的选择。但若无水晶型在常温常压常湿下不如水合物稳定或者没有办法得到无水晶型,水合物则会作为候选晶型。溶剂合物一般是成药的最后选择,只有在无法找到合适开发的水合物和无水合物的情况下,才会谨慎地选择溶剂合物进行开发。

(二)优势药物晶型的质量控制

一种药物的优势药物晶型就是某种晶型较其他晶型具有更好的吸收与分布、更理想的血药浓度与稳态血药浓度、最小的毒副作用,而符合这些基本条件的晶型,我们就认为它具备了优势药物晶型的生物学特点。对于多晶型固体化学药物,不同的晶型状态可具有完全不同、完全相同、部分相同的物理学、化学或生物学特征。作为药物使用的优势药物晶型,不仅需要符合生物学要求,而且必须具备基本晶型特点,即药物晶型的稳定性、晶型的制备工艺及产业化可行性和质量控制的先进性。

新药报批指导原则中对化学药物有明确的质量标准要求,即一种化学药物应有确定的化学纯度与杂质成分和含量。由于晶型会影响药物的临床疗效,所以对于晶型固体药物除了要求有一般的化学药物纯度质量标准外,尚须增加对晶型固体物质的种类和纯度质量控制要求。

对于优势药物晶型的质量控制主要应包括药物晶型特征(种类、比例)和晶型纯度等内容,质量标准应包括原料药晶型和固体制剂中原料药晶型的两个质量控制标准,才能真正实现对晶型药物全面质量控制的目的。

这里需要说明,优势药物晶型可以是由一种晶型物质组成,也可以是由两种或两种以上晶型物质组成。尽管组成晶型成分的数量不同,但都应满足优势药物晶型的基本条件。若研制的药物是由两种以上的晶型作为其优势药物晶型物质,则在其产品质量标准中应增加晶型种类、晶型比例、晶型含量等质量标准要求内容。

总之,在晶型研发中还应注意以下几点。

(1)一种药物可能存在许多种晶型,但某些晶型可能不易形成或得到。

(2)只有一部分晶型在原料药及其制剂的生产制备过程中能够形成。

(3)研发工作中重点应考虑那些在原料药制备、制剂制备以及原料药和制剂储藏过程中可能形成的晶型。

(4)对于存在多晶型现象的药物,研发过程中需要考虑多晶型对制剂溶出及生物利用度的影响,对原料药及制剂稳定性及制备工艺的影响。

(5)在综合考虑多晶型对制备工艺、生物利用度、稳定性等的影响的基础上,确定是否有必要对药物的晶型进行控制。

（6）如果晶型影响药品的生物利用度或稳定性等,就应限定晶型或控制晶型比例。例如那格列奈临床使用的晶型为 H 晶型,阿折地平 α 晶型的生物利用度高于 β 晶型,供临床使用的为 α 晶型。

五、药物盐型的筛选与开发

在新药临床前开发阶段,使用成盐来改善药物的溶解度、生物利用度以及一些其他理化性质已经成为新药研发公司常用的策略。与药物的游离形式相比,适宜的盐型能够提高药物溶解度、生物利用度从而改变难溶性药物的成药性,同时当游离形式的药物在理化性质上有缺陷时,展开系统的盐型筛选并找到合适的晶型的盐,也是提高药物物理化学稳定性、降低引湿性、提高结晶度、改善研磨性能、实现缓控释或靶向给药、改善味觉和配伍性等属性的有效手段。

对于药物盐型筛选的基本要求主要包括:①高结晶性;②低吸湿性;③不同 pH 值条件下的水溶液稳定性(由药物用途确定);④在加速试验中呈现优良的化学和固态稳定性(即在 40 ℃,相对湿度 75% 条件下具有最小的化学降解和固态改变);⑤无多晶型现象或多晶型的数量有限。

盐型的选择首先从游离酸或游离碱的表征开始,然后是反离子的确定、筛选盐的结晶条件、制备盐并确认,最后进行制剂预研究。对于碱性化合物,常常制备成丙二酸盐、柠檬酸盐、乙酸盐、氯化物、马来酸盐(顺丁烯二酸)、琥珀酸盐、乳酸盐、延胡索酸盐(反丁烯二酸)、酒石酸盐、双羟萘盐酸盐、磷酸氢盐等;对于酸性化合物,则通常制备成钠盐、钾盐、钙盐、镁盐、葡甲胺盐、1-赖氨酸盐、1-精氨酸盐等。

在新药研发过程中,一个性质优良的药物盐型可获得专利保护,延长原型药物的专利保护期。例如,在双氯芬酸钠的专利到期前,发现双氯芬酸二乙胺盐非常适于制备外用制剂,并获得了专利保护。另外,选择药物的适宜盐型还能阻止药品被仿制。例如,印度某制药企业欲在美国上市氨氯地平马来酸盐,但美国联邦上诉法院裁决,氨氯地平的基本专利已涵盖了该药物的所有盐型,这样该公司就无法仿制已上市的苯磺酸氨氯地平。

第八节　制药工艺的优化方法

合成药物工艺研究是建立在实验基础上的应用研究。在实验室工艺研究、中试放大研究及生产中都涉及化学反应各种条件之间的相互影响,欲在诸多因素中分清主次,就需要通过合理的试验设计及优选方法,研究影响生产工艺的内在规律以及各因素间相互关系,尽快地找出生产工艺设计所要求的参数为生产工艺条件提供参考。

试验设计(experimental design)及优选方法是以概率论和数理统计为理论基础,安排试验的应用技术。其目的是通过合理地安排试验和正确地分析试验数据,以最少的试验次数,最少的人力、物力,最短的时间达到优化生产工艺方案。试验设计及优选方法过程可分为:试验设计、试验实施和对试验结果的分析 3 个阶段。除试验实施时的数据必须准确,重复性好外,试验设计和对试验结果的分析尤为重要。如果试验设计得好,对试验结果分析得法,就能将试验次数减少到最低限度,缩短试验周期,使生产工艺达到优质、高产、低消耗、高效益的目的。

在合成药物工艺研究中,通常采用单因素平行试验优选法和正交试验设计优选法、均匀设计优选法。单因素平行试验优选法是在其他条件不变的情况下,考察某一因素对收率、纯度的影响。通过设立不同的考察因素平行进行多个反应来优化反应条件,例如在温度、压力和配料比等反应条件固定不变时,研究反应时间对收率的影响,或者在反应时间、温度和压力等反应条件固定不变时,研究配料比对收率的影响等。目前该方法在药物合成工艺研究中较为常用。正交试验设计优选法、均匀设计优选法是选定影响反应收率的因子数和欲研究水平进行正交设计或均匀设计,按正交试验设计法或均匀设计法安排试验即可以达到简化的目的,也具有代表性,不会漏掉最佳反应条件,有助于问题的迅速解决。

一、单因素平行试验优选法

如果试验结果仅与某个因素有关(尽管因素很多,但只有一个起主要作用,其他可忽略不计),或固定其他因素,只研究一个因素,这些试验可用单因素平行试验优选法。

若用 x 表示影响因素, $f(x)$ 即目标函数,它是试验结果与因素之间的数学表达式。如果目标函数只有一个变量,则目标函数是一元函数,单因素平行试验的目标函数就是一元函数。如果目标函数在某一区间 (a,b) 只有一个极点,叫单峰函数(图 3-6)。单峰函数的一种特殊函数是单调函数(图 3-7),它没有极点,随 x 增大而递增或递减。

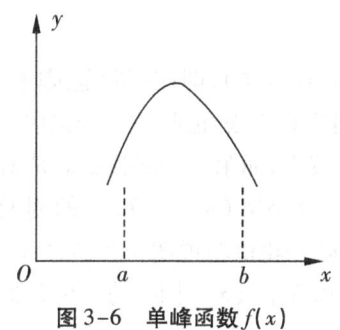

图 3-6　单峰函数 $f(x)$

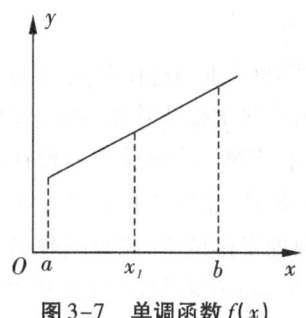

图 3-7　单调函数 $f(x)$

1.平分法

使用平分法的基本要求是在试验范围内,不仅目标函数 $f(x)$ 应是单调的,如图 3-7 所示,而且每做一次试验,就能决定下一次试验的方向。平分法对试验的安排原则是,在试验范围的中点处安排试验,如图 3-8 所示。

试验时先考察范围,然后在考察范围的中间安排试验,若试验的结果满意,则停止试验。若结果不好,可去掉中点以下的一半试验范围,或去掉中点以上的部分。在余下的范围内继续取中点试验,直到结果满意为止。本法的特点是每次可划掉一半的试验范围,很快找到最适点。在药物合成工艺考察中,许多问题可划为这种单因素试验。

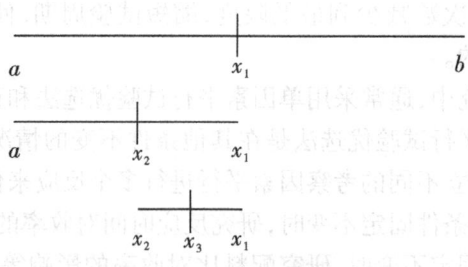

图 3-8　平分法试验点的安排

例 1　已知加碱会加速某反应,且碱越多反应时间越短,但碱过多又会使产品分解。某厂以前加碱 1%,反应 4 h。现根据经验确定碱量变化范围在 1% ~ 4.4%,得出下面试验结果(表 3-5),最后加碱量为 2.28%,反应时间缩短为 1 h。

表 3-5　平分法试验结果

试验号	试验点$(a+b)/2$	试验结果	下次试验范围(a, b)
1	2.7%	水解,碱多了	1% ~ 2.7%
2	1.85%	结果良好,可加大碱量	1.85% ~ 2.7%
3	2.28%	结果仍良好	停止

2. 0.618 法

大多数化学反应的目标函数 $f(x)$ 为单峰函数(图 3-6),即在试验范围内只有一个最佳点,再大些或再小些试验结果都不好,这时可采用 0.618 法,也叫黄金分割法。本法是在试验范围(a, b)内,将第一个试验点 x_1 设在 0.618 位置上,而第二个试验点 x_2 是 x_1 的对称点。

使用 0.618 法的具体做法是:在 $x_1 = a + 0.618(b-a)$ 和它的对称点 $x_2 = a + 0.382(b-a)$ 两处安排试验,比较试验结果,如果第一轮试验说明 x_1 处优于 x_2 处,就将 a 到 x_2 试验范围舍去,将新的试验点安排在新的试验范围(x_2 到 b)的 0.618 处,即 $x_3 = x_2 + 0.618(b-x_2)$,而 x_1 处就相当于在新的试验范围的 0.382 位置,已有试验结果,可直接进行比较,如图 3-9 所示。如果第一轮试验结果是 x_2 处优于 x_1 处,就将 x_1 到 b 试验范围舍去,将新的试验点安排在(a 到 x_1)的 0.382 处,其结果再与 x_2 处直接进行比较;依此类推,直至得到满意的结果。

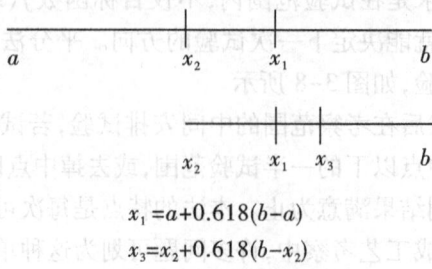

$$x_1 = a + 0.618(b-a)$$
$$x_3 = x_2 + 0.618(b-x_2)$$

图 3-9　0.618 法试验点的安排

例2 游离松香可由原料松香加碱制得,某厂由于原料松香的成分变化,加碱量掌握不好,游离松香一度仅含 6.2%,用黄金分割法选择加碱量:固定原料松香 100 kg,温度 102 ~ 106 ℃,加水 100 kg,考察范围 9 ~ 13 kg,试验结果如下(表3-6)。

表3-6 黄金分割法试验结果

试验号	加碱量(kg)	熬制时间(h)	游离松香(%)	下次试验范围(kg)
1	9+0.618(13-9)=11.5	5.5	20.1	
2	9+0.382(13-9)=10.3	6.5	18.8	10.5 ~ 13 去掉(a, x_2)
3	10.5+0.618(13-10.5)=12	6	皂化	10.5 ~ 12 去掉(x_3, b)
4	10.5+0.382(12-10.5)=11	6	19	停止

3.分数法

分数法亦称菲波那西法,也是适用于目标函数 $f(x)$ 为单峰函数的大多数化学反应。在预先确定了试验总次数(包括试验范围及其划分的精确度)或变量呈现非连续性变化时,分数法比 0.618 法更为方便。

分数法基于菲波那西数列预先安排试验点:

$$F_n = F_{n-1} + F_{n-2} \quad (n \geqslant 2, F_0 = F_1 = 1)$$

菲波那西数列的头 16 项值为:

$$n = 0,1,2,3,4,5,6,7,8,9,10,11,12,13,14,15$$
$$F_n = 1,1,2,3,5,8,13,21,34,55,89,144,233,377,610,987$$

不难看出,当 n 大于一定数值后,$F_{n-1}/F_n \approx 0.618$,$F_{n-2}/F_n \approx 0.382$。因此,分数法的基本原理与 0.618 法相同。下面通过实例看看分数法是如何安排试验的,以及如何能在 F_{n-1} 个试验点的情况下,最多只做 $n-1$ 次试验即可找到最佳条件。

例3 某抗生素生产传统工艺要求在 37 ℃发酵 16 h。为了提高生产能力,欲提高发酵温度来缩短发酵时间,准备在 29 ~ 50 ℃范围内进行优选试验,温度间隔为 1 ℃,故中间总试验点为 20 个。按 $F_{n-1} = 20$,n 值为 7,故最多只需要做 6 次试验就可找到最佳条件。

所安排的试验点温度与菲波那西数列的关系见图 3-10(a)。因 $F_7 = F_6 + F_5 = 21$,故第 1 个试验点在 $F_6 = 13$ 即 42 ℃进行,第 2 个试验点在 $F_5 = 8$ 即 37 ℃进行。试验结果表明 42 ℃下发酵优于 37 ℃下发酵(发酵时间缩短,且未影响其他指标)。舍去低于 37 ℃的试验范围,所安排的试验点温度与菲波那西数列的关系见图 3-10(b)。因 $F_6 = F_5 + F_4 = 13$,故第 3 个试验点在 $F_5 = 8$ 即 45 ℃进行,而 $F_4 = 5$ 即 42 ℃的试验已有结果。比较说明 45 ℃发酵已影响其他指标,情况劣于 42 ℃。舍去高于 45 ℃的试验范围,按图 3-10(c)所示,第 4 个试验点在 40 ℃进行,结果是发酵时间比 42 ℃时长,但未影响其他指标。最后,舍去低于 40 ℃的试验范围,所安排的试验点温度与菲波那西数列的关系见 3-10(d),在 43 ℃进行第 5 次试验,结果与 42 ℃时相当,温度间隔也为 1 ℃。这样,仅做了 4 次试验,就可确定了在42～43 ℃发酵的新工艺,提高了生产力。使用分数法时,对于试验点总数大于F_{n-1},又小于$F_{n+1}-1$的情况,应凑成$F_{n+1}-1$个点,以便按下述原则安排。虚设的试验点不必做试验。

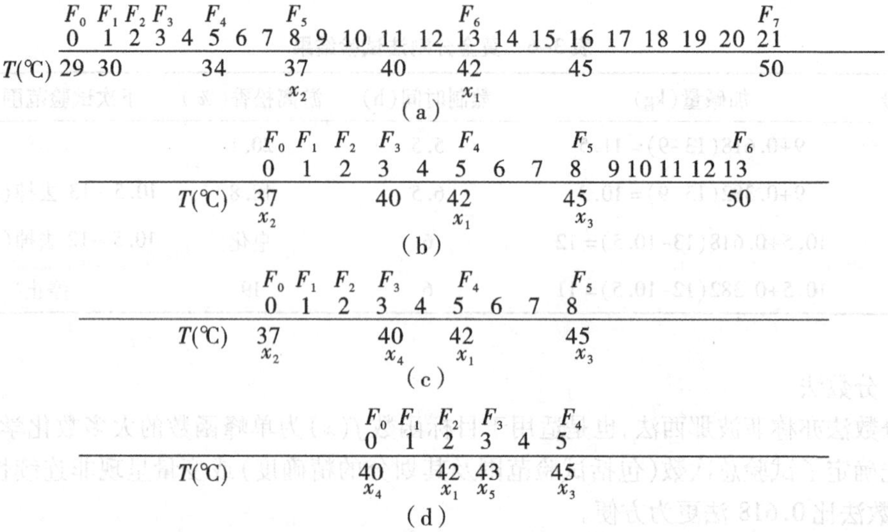

```
        F_0 F_1 F_2 F_3    F_4           F_5                 F_6                          F_7
        0   1   2   3  4  5  6  7  8  9  10 11 12  13 14 15 16 17 18 19 20 21
   T(℃) 29  30         34       37           40        42           45                   50
                                  x_2                    x_1
                                        (a)
```

```
              F_0 F_1 F_2   F_3      F_4          F_5            F_6
              0   1   2   3  4  5  6  7  8  9 10 11 12 13
         T(℃) 37          40    42        45        50
              x_2              x_1       x_3
                              (b)
```

```
              F_0 F_1 F_2  F_3    F_4       F_5
              0   1   2   3  4  5  6  7  8
         T(℃) 37         40    42       45
              x_2          x_4    x_1     x_3
                          (c)
```

```
                 F_0 F_1 F_2 F_3    F_4
                 0   1   2   3  4  5
            T(℃) 40      42 43    45
                 x_4     x_1 x_5   x_3
                        (d)
```

图 3-10　所安排的试验点温度与菲波那西数列的关系

目前,在医药化工原料、中间体的实验室工艺研究中对影响工艺水平的因素大多采用单因素平行试验优选法,最后将各个优选因素集合,重复试验予以确认。然而,药物合成反应或制药工程的影响因素多且复杂,只考虑对目标影响最大的因素,往往远不能满足要求。在处理多因素试验问题的方法之中,正交试验设计优选法、均匀设计优选法理论较为成熟和常用,下面重点予以介绍。

二、正交试验设计优选法

正交设计(orthogonal design)的理论研究始于欧美,20 世纪 50 年代已进行推广应用。它是在全面试验点中挑选出最有代表性的点做试验,挑选的点在其范围内具有“均匀分散”和“整齐可比”的特点。“均匀分散”是指试验点均衡地分布在试验范围内,每个试验点有充分的代表性,“整齐可比”是指试验结果分析方便,易于分析各个因素对目标函数的影响。正交试验设计优选法为了照顾到“整齐可比”,往往未能做到“均匀分散”,而且试验点的数目必须较多,例如安排一个水平数为 n 的试验,至少要试验 n^2 次。所以正交设计不适用于因素考察范围宽、水平数多的情况,但对于影响因素较多、水平数较少的情况,不失为很好的设计方法。正交设计就是利用已经造好了的表格——正交表——安排试验并进行数据分析的一种方法。

正交表是正交试验工作者在长期的工作实践中总结出的一种数据表格。正交表用$L_n(t^q)$表示。其中 L 表示正交设计,t 表示水平数,q 表示因子数,n 表示试验次数。因子数一般用 A、B、C 等表示,水平数一般用 1、2、3 等表示。在此仅介绍常用的两张正交表

$L_9(3^4)$ 和 $L_8(2^7)$,见表 3-7 和表 3-8。

表 3-7 $L_9(3^4)$ 正交表

试验号	因子 A	因子 B	因子 C	因子 D
1	1	1	1	1
2	1	2	2	2
3	1	3	3	3
4	2	1	2	3
5	2	2	3	1
6	2	3	1	2
7	3	1	3	2
8	3	2	1	3
9	3	3	2	1

表 3-8 $L_8(2^7)$ 正交表

试验号	因子 A	因子 B	因子 C	因子 D	因子 E	因子 F	因子 G
1	1	1	1	1	1	1	1
2	1	1	1	2	2	2	2
3	1	2	2	1	1	2	2
4	1	2	2	2	2	1	1
5	2	1	2	1	2	1	2
6	2	1	2	2	1	2	1
7	2	2	1	1	2	2	1
8	2	2	1	2	1	1	2

正交试验设计法一般有以下 5 个步骤:①找出制表因子,确定水平数;②选取合适的正交表;③制订试验方案;④进行试验并记录结果;⑤试验结果的计算分析。下面举例说明正交试验设计的应用。

例 4 为了提高药物中间体的转化率,选择了 3 个有关因素进行试验,即反应温度(A)、反应时间(B)和用碱量(C),并确定了它们的试验范围(A,80~90 ℃;B,90~150 min;C,5%~7%)。试验目的是为了搞清楚因子 A、B、C 对转化率有什么影响,哪些是主要的,哪些是次要的,从而确定最佳工艺条件。

1. 找出制表因子,确定水平数

影响因素 A、B、C 在本例中已知,故不需要再找。应根据专业知识,在所要考察的范围内确定要研究比较的条件,即确定各因子的水平。对 A、B、C 三个因子分别确定以下 3 个水平(表 3-9)。

表 3-9　三因子三水平的因子水平表

水平	A(℃)	B(min)	C(%)
1	80	90	5
2	85	120	6
3	90	150	7

2.选取合适的正交表

选用正交表时,应使确定的水平数与正交表中因子的水平数一致,正交表列的数目应大于要考察的因子数。本例中选用 $L_9(3^4)$ 正交表。

3.制订试验方案

按表 3-7 进行因子安排,即把所考察的每个因子任意地对应于正交表中的各列,然后把每列的数字转换成所对应因子的水平,这样,每一行的各水平组合就构成了一个试验条件,从上到下就是这个正交试验的方案,如表 3-10 所示。

表 3-10　正交试验方案

试验号	水平组合	A(℃)	B(min)	C(%)
1	$A_1B_1C_1$	80	90	5
2	$A_1B_2C_2$	80	120	6
3	$A_1B_3C_3$	80	150	7
4	$A_2B_1C_2$	85	90	6
5	$A_2B_2C_3$	85	120	7
6	$A_2B_3C_1$	85	150	5
7	$A_3B_1C_3$	90	90	7
8	$A_3B_2C_1$	90	120	5
9	$A_3B_3C_2$	90	150	6

4.进行试验并记录结果

按设计好的试验方案中所列的试验条件严格操作,试验顺序不限,并将试验结果记录在表 3-11 中。

5.试验结果的计算分析

由表 3-11 中的转化率,可以进行以下工作。

表 3-11　正交试验方案及结果

试验号	A(℃)	B(min)	C(%)	转化率(%)
1	80	90	5	31
2	80	120	6	54
3	80	150	7	38
4	85	90	6	53
5	85	120	7	49
6	85	150	5	42
7	90	90	7	57
8	90	120	5	62
9	90	150	6	64
K_1	41	47	45	–
K_2	48	55	57	–
K_3	61	48	48	–
R	20	8	12	–

（1）直接获得试验结果：从表中 9 个试验中直接用转化率最高的试验号 9 号，以此反应条件（反应温度 90 ℃，反应时间 150 min，用碱量 6%）作为最佳反应条件，代表性较好。

（2）计算分析试验结果：9 次试验在全面逐项试验法中可能的水平组合（$3^3 = 27$ 次）中只是一小部分，所以还可以扩大，精益求精，寻找更好的工艺条件。利用正交表计算分析，可以分辨出主次因素，预测更好的水平组合，为进一步试验提供可靠依据。

K_1 表示一水平试验结果（转化率）总和的平均值；K_2 表示二水平试验结果总和的平均值；K_3 表示三水平试验结果总和的平均值；R 为极差，为平均转化率 K 值中的最大值与最小值之差。

$$80\ ℃:K_1 = \bar{x}_1 = \frac{31+54+38}{3} = 41 \qquad 85\ ℃:K_2 = \bar{x}_2 = \frac{53+49+42}{3} = 48$$

$$90\ ℃:K_3 = \bar{x}_3 = \frac{57+62+64}{3} = 61 \qquad R = K_3 - K_1 = 61 - 41 = 20$$

（3）分析试验结果：极差 R 的大小可用来衡量试验中相应因子（因素）作用的大小。因子水平数完全一样时，R 大的因素为主要因素，R 小的因素为次要因素。本例中主要因素为 A（温度）。K_1、K_2、K_3 中数据最大者对应的水平为最佳水平，即转化率最高。本例中的最佳水平组合是 $A_3B_2C_2$，即最佳工艺条件为反应温度 90 ℃，反应时间 120 min，用碱量 6%。

例 5　在维生素 B_6 的制备中，进行重氮化及水解反应。为了寻找最佳工艺条件，选取酸的类型、滴加温度、水解温度、配料比、氢化物浓度、催化剂 6 个影响因素进行试验，在预试验基础上确定了上述 6 个影响因素的试验范围。试验目的是为了研究影响因素对收率有什么影响，哪些是主要的，哪些是次要的，从而确定最佳工艺。

$$\text{反应物} \xrightarrow{\text{NaNO}_2,\ \text{HCl}} \text{产物}$$

（1）找出制表因子，确定水平数。本例的影响因素（因子）及各因子的水平见表 3-12。

表3-12　六因子两水平的因子水平表

水平	酸	滴加温度（℃）	水解温度（℃）	配料比（氢化物∶亚硝酸∶酸）	氢化物浓度	催化剂
1	HCl	68~72	88~92	1∶2.32∶1.58	原浓度	不加
2	H_2SO_4	88~92	96~98	1∶1.80∶1.58	浓缩0.15倍	加4%

（2）选取合适的正交表。本例选用 $L_8(2^6)$ 正交表。

（3）制订试验方案。

（4）进行试验并记录结果。

（5）试验结果的分析，见表3-13。

表3-13　$L_8(2^6)$ 试验方案及试验结果

试验号	酸	滴加温度	配比	催化剂	氢化物浓度	水解温度	重量	收率（%）
1	1	1	1	1	1	1	11.97	67.85
2	1	1	2	2	2	2	13.00	60.63
3	2	2	1	1	2	2	15.96	74.46
4	2	2	2	2	1	1	12.76	72.35
5	1	2	1	2	1	2	12.53	71.03
6	1	2	2	1	2	1	13.70	63.90
7	2	1	1	2	2	1	13.62	63.52
8	2	1	2	1	1	2	13.85	78.52
K_1	65.85	67.63	69.22	71.18	72.47	66.91	—	
K_2	72.21	70.44	68.85	66.88	65.63	71.16	—	
R	6.36	2.81	0.37	4.30	6.84	4.25	—	

表3-13表明，酸和氢化物浓度的极差 R 较大，分别为6.36和6.84。用硫酸代替盐酸，氢化物用原浓度均使收率提高。水解温度（$R=4.25$）对收率的影响也较重要，较高的温度有利于提高收率。为了进一步确定硫酸替代盐酸、滴加时间、催化剂对收率的影响，

用 $L_4(2^3)$ 正交表进一步研究,试验方案、试验记录及计算结果见表3-14。

表3-14　$L_4(2^3)$ 试验方案及试验结果

试验号	酸	滴加时间(min)	催化剂	重量	收率(%)
1	HCl	60	不加	9.46	70.60
2	HCl	30	加7%	9.26	68.96
3	H_2SO_4	60	加7%	9.89	73.81
4	H_2SO_4	30	不加	9.76	72.83
K_1	69.78	72.21	71.72	-	-
K_2	73.32	70.89	71.38	-	-
R	3.54	1.32	0.34	-	-

表3-14表明,用硫酸替代盐酸,收率肯定提高,催化剂的影响不明显。通过正交试验,维生素 B_6 重氮化及水解最佳工艺条件配料比为:氢化物:亚硝酸钠:硫酸=1.0:2.0:1.5,氢化物浓度为原浓度,滴加亚硝酸钠的温度控制在 $88 \sim 92$ ℃,水解温度控制在 $96 \sim 98$ ℃。

三、均匀设计优选法

正交试验设计是利用"均匀分散性"和"整齐可比性"从全部试验中挑选部分点进行试验,简单地比较各因素水平试验指标(收率、纯度)的平均值,估计各因素对指标的影响,减少试验和计算工作量,基本上全面反映试验结果,是一种较优秀的试验设计方法。但是当试验中水平数较大时,正交试验次数相当多。例如有5个因素,每个因素有5个水平,用正交表安排试验至少要做 $5^2 = 25$ 次试验。如果用均匀设计,则仅需要进行5次试验就可以得到较好的试验结果。

均匀设计(uniform design)是由我国数学家方开泰将数学理论应用于试验设计,创造出的一种适用于多因素、多水平试验的设计方法。均匀设计与正交设计不同之处在于不考虑数据整齐可比性,而是考虑试验点在试验范围内充分均衡分散,就可以从全面试验中挑选出更少的试验点为代表进行试验,得到的结果仍能反映该分析体系的主要特征。这种从均匀性出发的设计方法,称为均匀设计试验法。用均匀设计安排试验可大大减少试验次数,试验次数与各因素所取的水平数相等。用均匀设计可适当增加试验水平而不必担心导致像正交试验设计那样试验次数呈平方次增长的现象。

均匀设计与正交试验设计一样,也需要按照规格化的表格(均匀设计表)设计试验。不同的是,均匀设计还有使用表,设计试验时必须将设计表与使用表联合应用。均匀设计表用 $U_n(t^q)$ 表示。U 表示均匀设计,t 表示因素的水平数,q 表示最多可安排的因素数(列数),n 表示试验次数(行数),这里 $n=t$,$q=t-1$,即试验次数与所取水平数相等,最多可安排的因素数比水平数少1。

以 $U_5(5^4)$ 为例,讨论 $U_5(5^4)$ 表与使用表联合应用(表3-15,表3-16)。

表3-15　$U_5(5^4)$ 表

试验号 ＼ 列号	1	2	3	4
1	1	2	3	4
2	2	4	1	3
3	3	1	4	2
4	4	3	2	1
5	5	5	5	5

表3-16　$U_5(5^4)$ 的使用表

因素	列号			
2	1	2		
3	1	2	4	
4	1	2	3	4

　　表3-15为五行四列表(不含表头)。表中列号表示第几个因素,某列中的数字是该因素在不同的试验中所取的第几个水平。这样,各因素所取的不同水平组成一个试验。例如,第三个试验是由第一因素的第3个水平、第二因素的第1个水平……组成。因此,试验前先确定要考的因素,并将它们分成一定的水平,填入相应的均匀设计表中,即得试验设计表,照此安排试验即可。

　　在均匀设计表中,水平数比因素数大1。有时为了减少试验误差和数据处理方便,水平数一般取因素数的2倍,然后按这个水平选取均匀表,从中选取某些列组成均匀试验设计表。例如,欲安排一个三因素试验,取7个水平。在 $U_7(7^6)$ 表中可安排6个因素,而我们只有3个因素。这时可选择第1、2、3列安排试验。不过这些列的选择是有规则的,不能任意选。以二因素五水平试验为例,在 $U_5(5^4)$ 表中取1、2两列和1、4两列各自组合[如图3-11(a)、(b)所示]考察所设计的试验点分布情况。

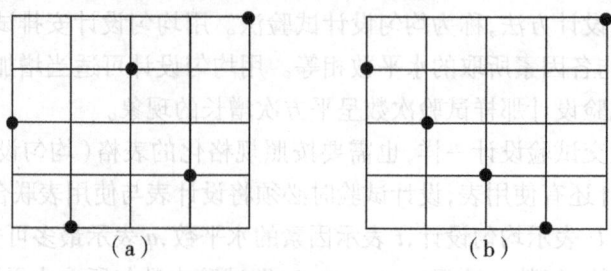

图3-11　均匀设计表中不同列的组合

均匀设计表中不同列的组合试验点分布情况不同。(a)分布得较(b)均匀,也就是说,在 $U_5(5^4)$ 表中1、2两列组合成的试验点的代表性比1、4两列组合的试验要好些。这样,对于二因素五水平试验一般要采用 $U_5(5^4)$ 表中的第1、2两列安排试验。

为了保证不同因素和水平设计的试验点均匀分布,每个均匀设计表都带有一个使用表,指出不同因素数应选择哪几列。按 $U_5(5^4)$ 表安排试验,考察二因素时,依据 $U_5(5^4)$ 使用表,选取1、2列安排试验,考察三因素时选取1、2、4列安排试验等。常用的均匀设计表通常是试验次数(水平数)为奇数的 $U_5(5^4)$、$U_7(7^6)$、$U_9(9^8)$、$U_{11}(11^{10})$、$U_{13}(13^{12})$ 等,对于偶数水平的均匀表,如四水平、六水平等,只要取比偶数水平大1的水平的均匀设计表然后划去最后一行即可。如六水平均匀表即为 $U_7(7^6)$ 划去最后一行(第七次试验)而得。奇数水平试验的最后一行由各因素最大大水平组成,该试验点处在所考察的试验范围的最上角,代表性较差,去掉这个试验点,对试验点的均匀性并无太大影响。下面用实例说明均匀设计在实际中的应用。

例6　在阿魏酸的合成工艺考察中,选取原料配比、吡啶量、反应时间3个因素进行考察,各因素取7个水平。先根据各因素变化范围划分因素水平表3-17。

表3-17　制备阿魏酸的因素水平表

因素	1	2	3	4	5	6	7
原料配比	1.0	1.4	1.8	2.2	2.6	3.0	3.4
吡啶量(mL)	10	13	16	19	22	25	28
反应时间(h)	0.5	1.0	1.5	2.0	2.5	3.0	3.5

采用 $U_7(7^6)$ 均匀表安排试验,由 $U_7(7^6)$ 表的使用表可知,对三因素七水平,应选第1、2、3列。因而得到试验设计表3-18。

表3-18　三因素七水平的均匀设计试验方案

试验号 \ 列号	1	2	3
1	1	2	3
2	2	4	6
3	3	6	2
4	4	1	5
5	5	3	1
6	6	5	4
7	7	7	7

将表3-17中各因素对应的水平值填入表3-18,得到试验表3-19,按试验表中每个

试验条件安排试验,并将结果填入表3-19。

表3-19　制备阿魏酸的均匀设计试验方案及结果

试验号	配料 x_1	吡啶量 x_2(mL)	反应时间 x_3(h)	收率(%)
1	1.0	13	1.5	33.0
2	1.4	19	3.0	36.6
3	1.8	25	1.0	29.4
4	2.2	10	2.5	47.6
5	2.6	16	0.5	20.9
6	3.0	22	2.0	45.1
7	3.4	28	3.5	48.2

直观上看试验7收率最高为48.2%。如果对试验数据不进行统计处理,可以认为最优化条件是配料比为3.4,吡啶量28 mL,反应时间为3.5 h。由于均匀设计保证所设计的试验点均匀分布,水平数取得又多,间隔不大,因此,真正的最优化条件肯定与此相差不大。

如果用计算机对试验结果进行处理得到线性回归方程式:

$$y = 0.201 + 0.037x_1 - 3.43 \times 10^{-3}x_2 + 0.077x_3$$

$$R = 0.875 \quad S = 0.070 \quad F = 3.29$$

查 F 表,对于3个变量7个样本来说, $F_{(3,3)}^{0.1} = 5.39$,而 $F = 3.29 < 5.39$,说明方程式是不可信的。在方程式中,由于 x_2 的系数很小,说明该变量变化时对试验结果(收率)的影响可能不大,因而可不予考虑,只用其余两个变量重新回归,得方程式为:

$$y = 0.168\ 5 + 0.025\ 1x_1 + 0.074\ 3x_3$$

$$R = 0.857 \quad S = 0.092 \quad F = 5.51$$

这时 $F = 5.51 > F_{(2,4)}^{0.1}$,因而该方程可信。该方程式在所考察范围内使 y 最大的试验条件为 $x_1 = 3.4$, $x_3 = 3.5$,代入方程式中得 $y = 0.514$ 即最高收率为51.4%,反应条件为配料比 $x_1 = 3.4$,反应时间 $x_3 = 3.5$ h(吡啶量可定为10 mL)。按这一反应条件重新安排试验,结果 $y = 0.486$,即收率为48.6%,比已做过的试验收率都高。

如果方程中某因素的回归系数很小,它对最终试验结果的贡献可能小些。由于各因素量纲不同,方差各异,因而应消除这些影响才能客观地比较。一般采用标准回归系数,即将已知的回归系数进行下面的交换:

$$b_i' = b_i \sqrt{\frac{L_{ij}}{L_{yy}}} \quad (i = 1, 2, \cdots, m)$$

$$L_{ij} = \sum_{k=1}^{n} \left[x_{ki} - \bar{x}_i (x_{kj} - \bar{x}_j) \right] \quad (i, j = 1, 2, \cdots, m)$$

$$Lyy = \sum_{k=1}^{n} (y_k - \bar{y})^2 = \sum_{k=1}^{n} y_k^2 - \frac{1}{n} \left(\sum_{k=1}^{n} y_k \right)^2$$

这时 b_i' 与 y 和 x_i 所取单位无关,绝对值越大,相对因素对 y 的影响越大。方程式中标准回归系数为 $b_1' = 0.913$, $b_2' = -0.720$, $b_3' = 1.850$。说明反应时间 x_3 对收率影响最大,其次是原料配比 x_1 和吡啶量 x_3。

将表中的数据进行逐步回归分析,计算过程在计算机上完成。

(1)未剔除变量:

$$y = 0.208\ 1 + 0.030\ 2\ 5x_1 - 0.030\ 4\ x_2 + 0.074\ 1x_3$$

$$R = 0.869\ 8 \quad F = 3.106\ 3 \quad S = 0.869\ 8 \quad N = 7$$

(2)引入或剔除自变量 $F_1 = F_2 = 0.5$ 时:

$$y = 0.168\ 5 + 0.025x_1 + 0.074\ 3x_3$$

$$R = 0.856\ 6 \quad F = 5.510\ 2 \quad S = 0.065\ 1 \quad N = 7$$

(3)引入或剔除自变量 $F_1 = F_2 = 1, 2$ 或 3 时:

$$y = 0.213\ 8 + 0.079\ 3x_3$$

$$R = 0.832 \quad F = 11.23 > F_{(1.5)}^{0.05} = 6.61 \quad S = 0.063 \quad N = 7$$

逐步回归分析结果表明,反应时间 x_3 与收率密切相关,且系数为正。因此,反应时间在试验范围内应取最大值(3.5 h)。原料配比和溶剂量几乎与收率无关。逐步回归分析结果与标准回归系数优选,结论完全一致。

例7 环戊酮 2-羟甲基化的均匀设计方法。

根据文献报道及初步预试验,确定要考察的因素及范围为:

(1)配料比(A):环戊酮:甲醛(mol/mol)为 1.0 ~ 5.4。

(2)反应温度(B)(℃)为 5 ~ 60。

(3)反应时间(C)(h)为 1.0 ~ 6.5。

(4)碱量(D)(1 mol/L K_2CO_3, mL)为 15 ~ 70。

将各因素平均分成 12 个水平,构成四因素十二水平表 3-20。

表 3-20　因素水平表

因素	1	2	3	4	5	6	7	8	9	10	11	12
A	1.0	1.4	1.8	2.2	2.6	3.0	3.4	3.8	4.2	4.6	5.0	5.4
B	5	10	15	20	25	30	35	40	45	50	55	60
C	1.0	1.5	2.0	2.5	3.0	3.5	4.0	4.5	5.0	5.5	6.0	6.5
D	15	20	25	30	35	40	45	50	55	60	65	70

选择 $U_{13}(13^{12})$ 均匀设计表,去掉最后一行得 $U_{12}(12^{12})$ 表。根据使用表考察四因素,选取第 1、6、8、10 列,构成 $U_{12}(12^4)$ 试验方案(表 3-21),再按照表 3-21 中每个试验条件安排试验,并将试验结果填入表中。

表 3-21　$U_{12}(12^4)$ 均匀设计试验方案及结果

试验号	A	B	C	D	收率(%)
1	1(1.0)	6(30)	8(4.5)	10(60)	2.20
2	2(1.4)	12(60)	3(2.0)	7(45)	2.83
3	3(1.8)	5(25)	11(6.0)	4(30)	6.20
4	4(2.2)	11(55)	6(3.5)	1(15)	10.49
5	5(2.6)	4(20)	1(1.0)	11(65)	4.25
6	6(3.0)	10(50)	9(5.0)	8(50)	9.87
7	7(3.4)	3(15)	4(2.5)	5(35)	10.22
8	8(3.8)	9(45)	12(6.5)	2(20)	24.24
9	9(4.2)	2(10)	7(4.0)	12(70)	9.88
10	10(4.6)	8(40)	2(1.5)	9(55)	13.27
11	11(5.0)	1(5)	10(5.5)	6(40)	12.43
12	12(5.4)	7(35)	5(3.0)	3(25)	27.77

利用相应的程序,将表 3-21 中的数据在计算机上进行多元回归,得回归方程式如下:

$$y = -0.032 + 0.045A + 1.18\times10^{-3}B + 6.00\times10^{-3}C - 1.46\times10^{-3}D$$
$$R = 0.928\ 1 \quad F = 10.88 \quad S = 0.043\ 54 \quad N = 12$$

方程式说明,A、B、C 越大,D 越小时,y(收率)越大。按方程式选择最佳工艺条件为 A = 5.4,B = 60,C = 6.5,D = 15,代入方程式计算得 $\hat{y} = 0.298\ 9$,即计算优化后收率为 29.89%。按此最佳工艺条件进行试验收率为 34.54%,比文献收率高 16% 以上。

y 的区间估计,$y = \hat{y} \pm Ua \cdot S$。当 $a = 0.01$ 时,$U_a = 2.575\ 8$,代入上式计算得 y 的范围为 0.186 7～0.411 1。最佳试验条件的收率在区间估计之内。

例 8 益肤酰胺合成路线的研究。

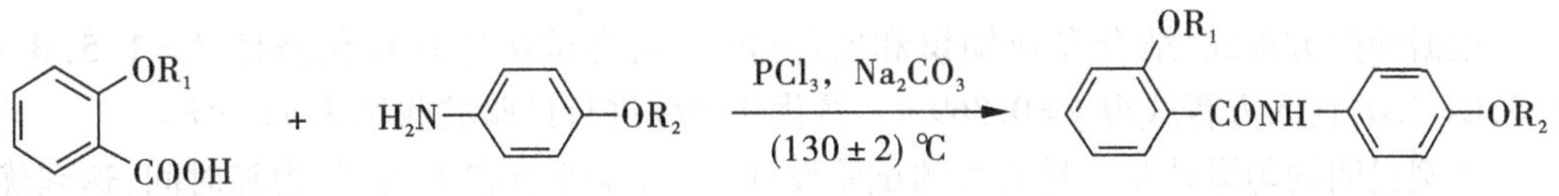

试验因素及其考察范围：

(1)配料比(A)：水杨酸衍生物：氨醚(mol/mol)为 0.5～1.5。

(2)反应时间(B)(h)为 1.5～7.0。

(3)PCl_3用量(C)(mL)为 1.0～3.5。

将因素 B 分成 12 水平，因素 A 和 C 分成 6 水平。将 A 和 C 各循环一次(1,2,…,6,1,2,…,6)或拟水平(1,1,2,2,…,6,6)，相当于 12 水平。因素水平见表 3-22。

表 3-22 因素水平表

因素	1	2	3	4	5	6	7	8	9	10	11	12
A	1.3	1.5	0.5	0.7	0.9	1.1	1.3	1.5	0.5	0.7	0.9	1.1
B	1.5	2.0	2.5	3.0	3.5	4.0	4.5	5.0	5.5	6.0	6.5	7.0
C	1.0	1.5	2.0	2.5	3.0	3.5	1.0	1.5	2.0	2.5	3.0	3.5

无论是循环法还是拟水平法，均可使试验点的均匀分散性降低，不是万不得已的情况，一般不宜采用。

均匀设计表中，最大试验号都是高水平相遇，从专业知识和实际经验考虑，可能会引起氧化或聚合等副反应。实践中已摸索到可以通过水平调整加以解决。将水平头尾相连，形成一个闭合环，在环上任意取原编号(水平)为起点，按一定方向(顺时针或逆时针)重新编号即可，如图 3-12 所示。

(1) —	(2) —	(3) —	(4) —	(5) —	(6)
5	6	1	2	3	4
(12) —	(11) —	(10) —	(9) —	(8) —	(7)
4	3	2	1	6	5

图 3-12 水平调整

图 3-12 将原编号 5(括号外)调整为新编号 1(括号内)，按顺时针方向依次编号构成。本例表 3-23 中 A 为按图 3-12 水平调整后重新编号构成。

选择 $U_{13}(13^{12})$ 表去掉最后一行得 $U_{12}(12^{12})$ 表，根据使用表，选取表中的第 1、3、4 列，将各因素的各水平填入表 3-23 中，安排试验，将各试验号收率填入收率栏目内。

回归方程式如下：

$$y=7.79\times10^3+8.66\times10^2B-3.99\times10^3B^2+9.35\times10^3AC-2.62\times10^2BC$$

$$R = 0.842 \qquad F = 4.28 \qquad S = 0.090\ 5 \qquad N = 12$$

根据回归方程式,结合专业知识和实际经验,用尝试法选择优化条件 A = 1.5,B = 4.0,C = 2.0,代入方程式得 $\hat{y}$ = 0.369 9。按优化条件进行试验的收率为42.6%。

实例说明均匀设计是一种有效的试验设计方法,能够节省人力、物力和时间,达到优质、低能耗、高产量和高效益的目的。其优点主要是:实验次数少;均匀设计比较灵活,通过水平调整可避免高水平相遇,防止试验中发生意外;利用计算机处理试验数据,能方便快速地求出回归方程,便于定量地分析试验结果,比较准确地定量预测优化条件。

表3-23　$U_{12}(12^3)$ 试验方案及试验结果

试验号	因素 A	B	C	收率*(%)
1	1(1.3)	3(2.5)	4(2.5)	39.50
2	2(1.5)	6(4.0)	8(1.5)	31.50
3	3(0.5)	9(5.5)	12(3.5)	7.50
4	4(0.7)	12(7.0)	3(2.0)	16.20
5	5(0.9)	2(2.0)	7(1.0)	19.70
6	6(1.1)	5(3.5)	11(3.0)	35.20
7	7(1.3)	8(5.0)	2(1.5)	28.30
8	8(1.5)	11(6.5)	6(3.5)	30.90
9	9(0.5)	1(1.5)	10(2.5)	11.80
10	10(0.7)	4(3.0)	1(1.0)	27.60
11	11(0.9)	7(4.5)	5(3.0)	11.90
12	12(1.1)	10(6.0)	9(2.0)	40.90

* 每个试验号重复三次(偏差<3%),取平均值

四、单纯形优化法

单纯形优化法简称单纯形(simplex)法,是 Spendley 于 1962 年提出的适用于多因素的优化方法。计算方便,不受因素的限制,在因素增多、试验次数并不增加很多的情况下就能找到最佳条件。本法根据情况将试验点逐步调整到最优化条件,称为动态调优法。

单纯形系指多维空间的一种凸图形,它的顶点数比空间维数多 1。二维空间的单纯形是三角形,三维空间的单纯形为四面体,n 维空间的单纯形为 $n+1$ 面体。如果多面体各棱长等长,则称为正规单纯形。

单纯形法的基本原理是在一个单纯形的各顶点的条件下安排试验,比较其试验结果,找到最坏的试验点,弃掉最坏点,并取其反射点构成新的单纯形,再按新试验点(反射点)

条件进行试验,再经比较试验结果,找出最坏结果的试验点,弃掉最坏点,如此往复,最后达到最优化条件。

第四章　催化反应

在药物合成中80% ~ 85%的化学反应需要用催化剂,如氢化、脱氢、氧化、还原、脱水、脱卤、缩合、环合等反应几乎都使用催化剂。催化剂能改变反应速度,同时也能提高反应的选择性,降低副反应的速度,减少生成副产物,但它不能改变化学平衡。

第一节　催化反应的概念

某一种物质在化学反应系统中能改变化学反应速率,而其本身在反应前后化学性质并无变化,这种物质称为催化剂(catalyst)。有催化剂参与的反应称为催化反应。当催化剂的作用是加快反应速率时,称为正催化作用;减慢反应速率时称为负催化作用。负催化作用的应用比较少,如有一些易分解或易氧化的中间体或药物,在后处理或储藏过程中,为防止变质失效,可加入负催化剂,以增加药物的稳定性。

在某些反应中,反应产物本身即具有加速反应的作用,称为自动催化作用。如游离基反应或反应中产生过氧化物中间体的反应都属于这一类,又如酮和溴进行的 α-溴代反应中产生的溴化氢可使反应加速。

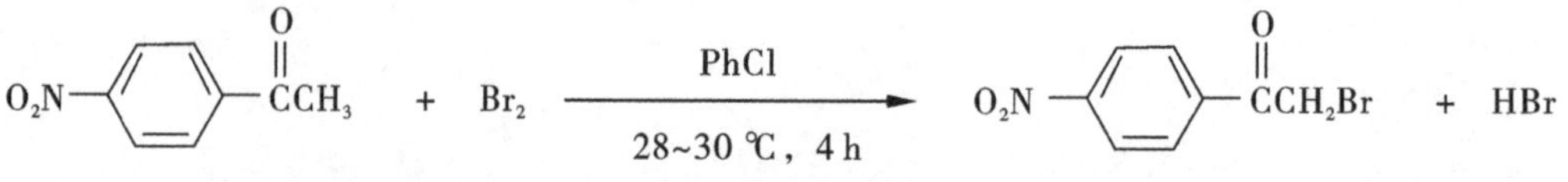

$$O_2N-\langle\bigcirc\rangle-\overset{\overset{O}{\|}}{C}CH_3 \quad + \quad Br_2 \xrightarrow[28\sim30\ ℃,\ 4\ h]{PhCl} O_2N-\langle\bigcirc\rangle-\overset{\overset{O}{\|}}{C}CH_2Br \quad + \quad HBr$$

若反应物和催化剂处于同一相中,我们称它为均相催化反应,如 NO_2 使 SO_2 氧化成 SO_3 的气相催化反应,许多在溶液中进行的催化反应为均相催化反应。若反应物和催化剂不是同一相,而是两相或多于两相,这时反应在相界面上进行,我们称它为多相催化反应。相应地催化剂也可以分为均相催化剂和非均相催化剂。

催化剂能使反应活化能降低,反应速率增大。大多数非催化反应的活化能平均值为 $167 \sim 188\ kJ \cdot mol^{-1}$,而催化反应的活化能平均值为 $65 \sim 125\ kJ \cdot mol^{-1}$。如图 4-1 所示,新反应历程(催化反应)和原有的反应历程(无催化反应)相比,所需的活化能降低了。图中 E_a 是原反应的活化能,E_{ac} 是加入催化剂后反应的活化能,$E_a > E_{ac}$。加入催化剂活化能降低,活化分子百分数增加,反应速度增加。例如乙醛用碘蒸气作催化剂分解为甲烷和一氧化碳的均相催化反应,现认为是分两步进行,即:

$$CH_3CHO + I_2 \longrightarrow CH_3I \cdot HI + CO$$

$$CH_3I \cdot HI \longrightarrow CH_4 + I_2$$

测得在 518 ℃时,不加催化剂,反应的活化能为 190 kJ·mol^{-1};加入碘后,活化能降为 136 kJ·mol^{-1},这是由于碘的存在改变了反应途径(生成不稳定的中间化合物 $CH_3I·HI$),使反应速率增加上千倍。

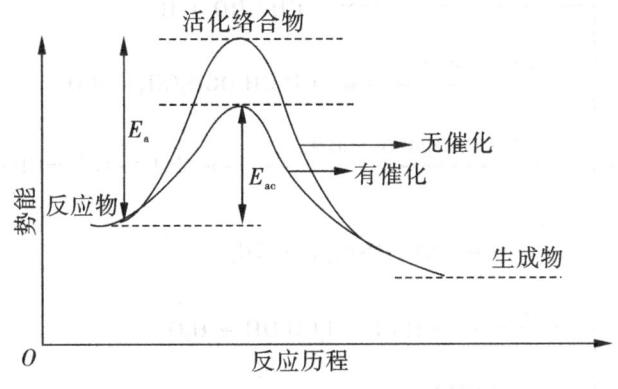

图 4-1　催化剂对反应活化能的影响

应当指出,催化剂只能加速热力学上允许的化学反应,提高达到平衡状态的速率,但不能改变化学平衡。通常加入催化剂可使反应活化能降低 40 kJ·mol^{-1},反应速率增加万倍以上。

反应的速度常数与平衡常数的关系为 $K=k_{正}/k_{逆}$,因此,催化剂对正反应的速度常数 $k_{正}$ 与逆反应的速度常数 $k_{逆}$ 发生同样的影响,所以对正反应的优良催化剂,也应是逆反应的催化剂。例如金属催化剂钯(Pd)、铂(Pt)、镍(Ni)等既可以用于催化加氢反应,也可用于催化脱氢反应。

催化剂的选择性主要表现在两个方面:一是指不同类型的化学反应需要选择不同性质的催化剂。如催化氢化反应的催化剂有铂、钯、镍等,催化氧化反应的催化剂有五氧化二钒(V_2O_5)、二氧化锰(MnO_2)、三氧化钼(MoO_3)等,催化脱水反应的催化剂有氧化铝、硅胶等。二是指对于同样的反应物选择不同的催化剂可以获得不同的产物。例如用乙醇为原料,使用不同的催化剂,在不同的温度条件下,可以得到下面几种完全不同的产物。

必须指出,这些反应在热力学上都是可能的,各种催化剂在其特定的条件下只是加速了反应,使之成为主反应。

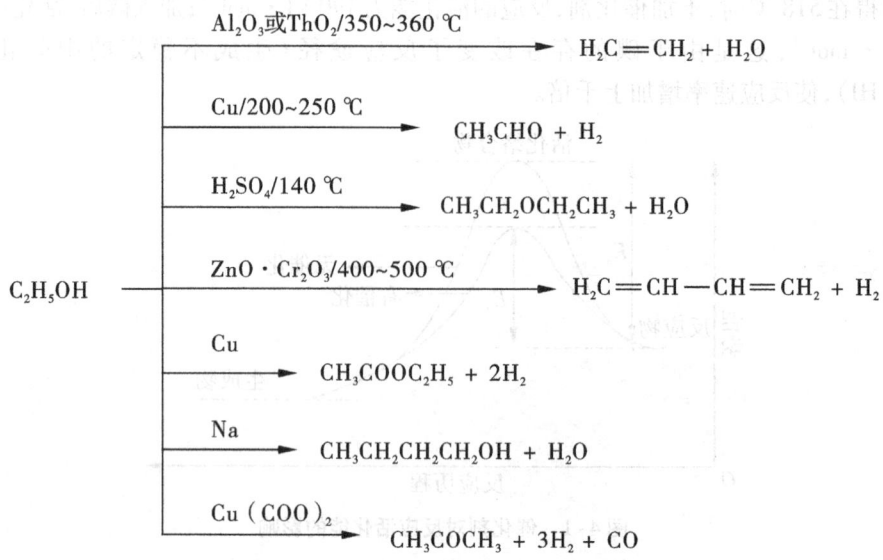

一、催化剂的性能

催化剂的性能,主要是指它的活性、选择性和稳定性。这是衡量催化剂质量的主要参量,称之为三大指标。一种良好的催化剂必须具备高活性、高选择性和高稳定性。

1. 催化剂的活性

催化剂的活性是指催化能力,是评价催化剂优劣的重要指标,在工业上,常用单位时间内单位重量(或单位比表面积)的催化剂在指定条件下催化生成的产品量来表示。例如,在接触法生产硫酸时,24 h 生产 1 000 kg 硫酸需要催化剂 100 kg,则活性 A 为:

$$A = \frac{1 \times 1\,000}{100 \times 24} = 0.42 \text{ kg(硫酸)} / [\text{kg(催化剂)} \cdot \text{h}]$$

2. 催化剂的选择性

催化剂并不是对热力学所允许的所有化学反应都能起催化作用,而是特别有效地加速平行反应或串联反应中的一个反应。催化剂对这类复杂反应有选择地发生催化作用的性能,称为催化剂的选择性。对于指定的反应和催化剂,在不同的反应条件下,催化剂的选择性是指在已转化的某一反应物的量中产品所占的比值。

催化剂的选择性可通过产品的产率和某一反应物的转化率来计算。

例如,今有主反应 $a\text{A} + b\text{B} = c\text{C} + d\text{D}$(副反应未列出),如果 A、C 分别为主要反应物和目的产物,则产率(Y)可定义为:

$$Y_c = \frac{a}{c} \cdot \frac{N_C}{N_{A_0} - N_A} = \frac{a}{c} \cdot \frac{\text{目的产物 C 的摩尔数}}{\text{已转化的反应物 A 的摩尔数}}$$

式中,N_{A_0} 为反应前反应物 A 的摩尔数;N_A 为反应后 A 组分的摩尔数;N_C 为反应目的产物 C 的摩尔数。

假设主、副反应的速度常数分别为 k_1 和 k_2，则选择因子(S)的定义为：

$$S=\frac{k_1}{k_2}$$

例如，在乙醇脱氢和脱水平行反应中，在 250 ℃ 以下，活性铜能有效地加速乙醇脱氢生成乙醛的反应，副产物乙醚极少；而活性氧化铝能有效地加速乙醇脱水生成乙醚的反应，副产物乙醛极少。

$$CH_3CH_2OCH_2CH_3+H_2O \xleftarrow[N_2]{Al_2O_3,250\ ℃} CH_3CH_2OH \xrightarrow[N_1]{Cu,250\ ℃} CH_3CHO+H_2$$

对活性铜催化剂而言，乙醛的产率为：

$$Y_1=\frac{N_1}{N_1+N_2}\times100\%$$

式中，N_1 为乙醇转化为乙醛的摩尔数；N_2 为乙醇转化为乙醚的摩尔数。

对活性氧化铝催化剂而言，乙醚的产率为：

$$Y_2=\frac{N_2}{N_1+N_2}\times100\%$$

3. 催化剂的稳定性

催化剂的稳定性通常以寿命表示，指催化剂在使用条件下维持一定活性水平的时间（单程寿命），或者每次下降后再生而又恢复到许可活性水平的累计时间（总寿命）。如钯催化剂在套用失活后，可先用溶剂洗涤，再以王水处理生成氯化钯，然后重新制成催化剂。

$$Pd(失活)+HCl \xrightarrow{HNO_3} PdCl_2$$

$$PdCl_2+H_2 \longrightarrow Pd\downarrow(活性)+HCl$$

催化剂的稳定性包括对高温热效应的耐热稳定性，对摩擦、冲击、重力作用的机械稳定性和对毒质毒化作用的抗毒稳定性。此外，还有对结焦积炭的抗衰变稳定性和对反应的化学稳定性。

二、影响催化剂活性的因素

1. 温度

温度对催化剂的活性影响很大，温度太低时，催化剂的活性很小，反应速度很慢，随着温度升高，反应速度逐渐增大，但达到最大速度后，又开始降低。绝大多数催化剂都有其活性温度范围，温度过高，易使催化剂烧结而破坏其活性，最适宜的温度要通过实验来确定。

2. 助催化剂（或促进剂）

在催化剂的制备过程中或催化反应中往往加入少量物质（一般少于催化剂用量的

10%），虽然这种物质本身对反应的催化活性很小或无催化作用，却能显著提高催化剂的活性、选择性或稳定性。这种物质称为助催化剂，助催化剂所起到的加速反应等作用称为助催化作用。如苯甲醛用铂催化氢化成苯甲醇时，加入 1×10^{-5} mol 的三氯化铁可加速反应，三氯化铁为助催化剂。

3. 载体（担体）

把催化剂负载于某种惰性物质之上，这种惰性物质称为载体。常用的载体有石棉、活性炭、硅藻土、氧化铝、硅酸等。例如，对硝基乙苯用空气氧化制备对硝基苯乙酮时，催化剂为硬脂酸钴，载体为碳酸钙。使用载体可以使催化剂分散，增大有效面积，不仅可以提高催化剂活性、节约用量，同时还可以增加催化剂的机械强度，防止活性组分在高温下发生熔结而影响其使用寿命。

4. 毒化剂和抑制剂

在催化剂的制备或反应过程中，由于引入少量杂质，使催化剂的活性大大降低或完全丧失，并难以恢复到原有活性，这种现象称催化剂中毒。如仅使其活性在某一方面受到抑制，但经过活化处理可以再生，这种现象称为阻化。使催化剂中毒的物质称毒化剂，有些催化剂对于毒物非常敏感，微量的毒化剂即可使催化剂活性减小甚至消失。有些毒化是由反应物中含有的杂质［如吡啶、硫、磷、砷、硫化氢、砷化氢（AsH_3）、磷化氢及一些含氧化合物（如一氧化碳、二氧化碳、水等）］造成的。有些毒化是由反应中生成物或分解物造成的。使催化剂阻化的物质称为抑制剂，它使催化剂部分中毒，从而降低了催化活性。毒化剂和抑制剂之间并无严格的界限。毒化现象有时表现为催化剂的部分活性消失，因而呈现选择性催化作用，如噻吩对镍催化剂的影响造成对芳环的氢化能力消失，对侧链及烯烃的氢化作用保留。这种选择性毒化作用，在生产上可以加以利用。例如，被硫毒化后活性降低的钯，可以还原酰卤基使之停留在醛基形式的阶段，即 Rosenmund 反应。

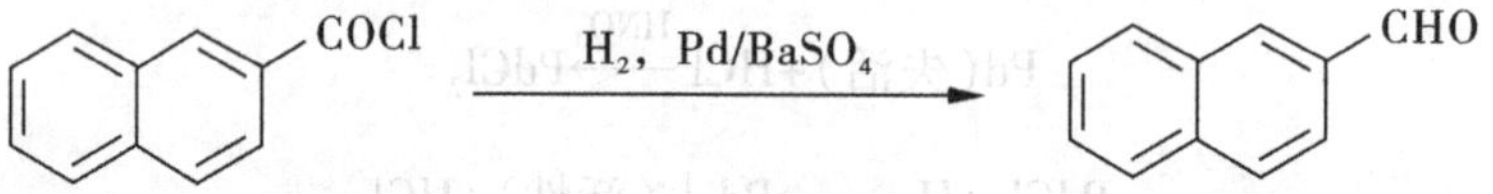

又如在维生素 A 的合成中，用喹啉以及醋酸铅和硝酸铋处理的钯-碳酸钙（Pd-$CaCO_3$）催化剂仅能使分子中的炔键部分还原成烯键，原有的烯键保留不变。例如：

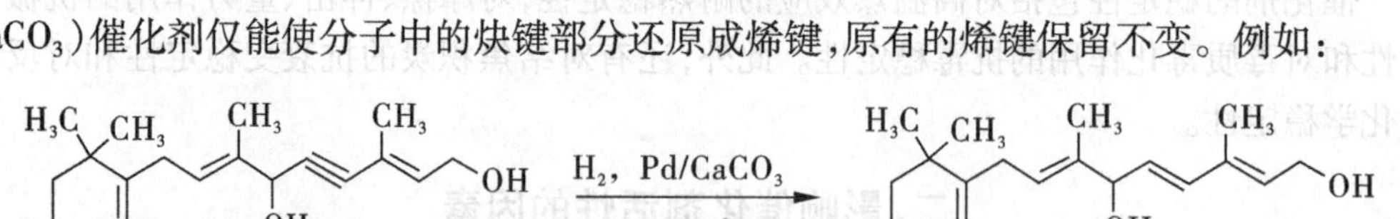

羟基去氢维生素A醇　　　　　　　　　　　　　　　　　　　羟基维生素A醇

第二节　氢化催化剂

氢化催化剂一般是用于非均相反应中的固体催化剂，反应后易与反应混合物分离，进行回收再循环使用。用于氢化还原的催化剂种类繁多，大约有百余种，最常用的为金属镍、钯、铂。

一、氢化催化剂的种类

1. 镍催化剂

镍催化剂按制备方法和活性可分为多种类型,主要有骨架镍,即 Raney 镍、载体镍、还原镍和硼化镍等。将铝镍合金粉末加入一定浓度的氢氧化钠溶液中,使合金中的铝形成铝酸钠除去,得到表面积很大的多孔状骨架镍,是最常用的氢化催化剂。

$$Ni\text{-}Al+6NaOH \longrightarrow Ni+2Na_3AlO_3+3H_2 \uparrow$$

在制备过程中,由于反应温度、碱浓度和用量、反应时间、洗涤条件等的不同,所得催化剂在分散程度、铝的残留量和氢的吸附量等方面也有所不同,其催化活性各异,因而将不同条件下制得的 Raney 镍分为 $W_1 \sim W_8$ 等不同的型号。通常制得的 Raney 镍尚残留有 $10\% \sim 15\%$ 的铝,每克催化剂可吸附 $25 \sim 150$ mL 的氢。铝的残留量愈少,分散度愈大,吸附的氢愈多,其活性愈高。由于吸附的氢较多,因而干燥的 Raney 镍在空气中可剧烈氧化而自行燃烧。在试验中,可利用此性质检验其有无活性。

骨架镍在中性和弱碱性条件下,可用于炔键、烯键、硝基、氰基、羰基、芳杂环和芳稠环的氢化,以及碳-卤键、碳-硫键的氢解。在酸性条件下活性降低,如 pH 值<3 时则活性消失。对苯环及羧酸基的催化活性甚弱,对酰胺几乎没有催化作用。

制备好的灰黑色骨架镍在干燥状态下会在空气中自燃并失去活性,宜浸于乙醇或蒸馏水中。镍系催化剂对硫化物敏感,可造成永久中毒而无法再生。

2. 钯和铂催化剂

贵金属钯和铂催化剂的共同特点是催化活性强,反应条件较温和,一般可在较低的温度和压力下使用,适用于中性或酸性的反应条件。除骨架镍应用的范围外,还可用于酯基和酰胺基的还原和苄位结构的氢解。铂催化剂较易中毒,故不宜用于有机硫化物和有机胺类的还原,但对苯环及共轭双键的还原能力较钯强。钯不易中毒,如选用适当的催化活性抑制剂,可得到良好的选择性催化剂,多用于复杂分子的选择性还原。

钯和铂的水溶性盐类经还原而得的极细金属粉末呈黑色,故称为钯黑和铂黑。其制备方法系将氯化钯或氯铂酸钠用氢气、甲醛或硼氢化钾还原而得:

$$PdCl_2+H_2 \longrightarrow Pd \downarrow +2HCl$$

$$PdCl_2+HCHO+3NaOH \longrightarrow Pd \downarrow +HCOONa+2NaCl+2H_2O$$

$$Na_2PtCl_6+2HCHO+6NaOH \longrightarrow Pt \downarrow +2HCOONa+6NaCl+4H_2O$$

$$16PdCl_2+4KBH_4+30NaOH \longrightarrow 16Pd \downarrow +K_2B_4O_7+2KCl+30NaCl+23H_2O$$

将钯黑和铂黑吸附在载体上称载体钯和载体铂。用活性炭为载体的常称为钯炭(Pd-C)和铂炭(Pt-C),其中钯和铂的含量通常为 $5\% \sim 10\%$。例如常用的 Lindlar 催化剂是将钯附着于碳酸钙(或硫酸钡)上,加少量醋酸铅和喹啉使之部分毒化,可以使炔烃的氢化停留在烯烃阶段,具有较好的选择性还原能力。

将氯铂酸铵与硝酸钠混合均匀后灼热熔融、氧化,经洗涤等处理后得二氧化铂催化剂。

$$(NH_4)_2PtCl_6+4NaNO_3 \longrightarrow PtO_2+4NaCl+2NH_4Cl+4NO_2\uparrow+O_2\uparrow$$

PtO_2最适于$-\overset{O}{\overset{\|}{C}}-$、苯环、$\diagup C=C\diagdown$、$-C\equiv C-$、$-CN$、$ArNO_2$的氢化,也可使杂环氢化。使用时,应先通入氢气使$PtO_2$还原为铂黑,然后再投入反应物加氢还原。

3. 其他催化剂

铑催化剂一般用RhO_4或Rh/C、$Rh/$铝土为氢化催化剂。钌催化剂常用Ru/C,它能使羧酸还原成醇,芳烃加氢可还原成环己烷的衍生物。

$CuO \cdot Cr_2O_3$、$CuO \cdot BaO \cdot Cr_2O_3$等统称为铜铬催化剂,$CuO \cdot Cr_2O_3$也写为$CuCr_2O_4$,是活性优良的催化剂,能使醛、酮、酯、内酯、酰胺等催化加氢与氢解为醇。

二、催化剂对氢化反应的影响

催化氢化的反应速率和选择性主要由催化剂种类和反应条件所决定。属于催化剂因素的,包括催化剂种类、类型、用量、载体、助催化剂,以及毒化剂或抑制剂的选用;反应条件一般包括反应温度、氢压、溶剂极性和酸碱度以及搅拌效果等。

通常,催化氢化的温度与压力随使用的催化剂与被氢化的反应物而异,参见表4-1。

表4-1 催化氢化的温度和压力与催化剂及反应物的关系

催化剂	反应温度与压力	被氢化基团(反应物)
Pt-C	0~40 ℃,常压,反应时间短	烯键,羰基
PtO_2	25~90 ℃,常压(实验室方法)	烯键,羰基,氰基
骨架镍	约200 ℃,加压(工业方法)	烯键,羰基,氰基
$CuCr_2O_4$	高温,高压(工业方法)	酯(氢解),羰基
$Co_2(CO)_3$	高温,高压(工业方法)	烯类化合物的羰基合成

升高温度,可相应地加快反应速率,但应注意副反应增多和反应选择性下降。氢气的压力增大即氢浓度增大,有利于平衡向加氢反应的方向移动,但氢压增大,往往会导致还原选择性下降,过高的压力也使工业化增加困难,一般尽可能选用常压或适宜的压力。溶剂的极性、酸碱度、沸点、对反应物和产物的溶解度等因素都影响氢化反应,选用的溶剂沸点应高于反应温度,并对产物有较大的溶解度,以利于产物从催化剂表面解吸,使活性中心再发挥催化作用。有机胺或含氮芳杂环的氢化,一般选用醋酸为溶剂;通常极性键的氢解以选用极性较高的溶剂为佳。氢化反应属多相反应,必须有很好的搅拌,才能使密度大的催化剂均匀分散在反应体系中。同时,搅拌可避免局部过热引起的副反应增多或选择性下降。常压和低压氢化时,可用自吸式搅拌;高压反应可用永磁旋转搅拌、机械搅拌、电磁旋转搅拌和电磁往复式搅拌。

三、加氢催化剂用量

催化剂性能的发挥与用量有很大关系。表4-2列举一些常用加氢催化剂的用量范围。

表4-2　加氢催化剂及其用量

催化剂	用量(%)	催化剂	用量(%)
载在载体上的5%钯、铂、铑	10	吸附在载体上的钌	10~25
氧化铝	1~2	骨架钴	1~2
骨架镍	10~20	铜铬氧化物	10~20
二氧化钌	1~2		

表4-2中的用量是以被加氢化合物的质量为基准计算的百分用量。若在低压下进行实验室规模的加氢,催化剂的用量一般较大;在工业上采用间歇操作,催化剂的用量要尽可能低一些,以免由于放热等问题发生反应失控;在连续操作中,则与物料在催化器床层中的停留时间有关。此外,有时通过控制催化剂的用量,也可抑制副反应。例如,在下列反应中,用量为5%的钯/炭(吸附量5%)可防止苯环上溴的脱落。

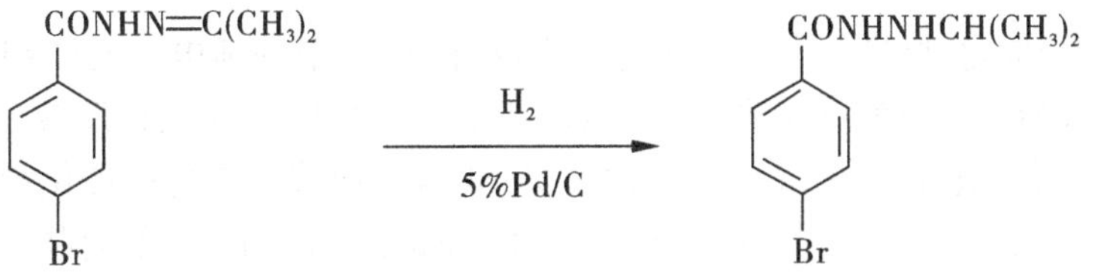

增加催化剂用量会提高反应速率,增加的程度与用量之间不是线性关系。例如,增加催化剂用量1倍,加氢速率可增加5~10倍。

骨架镍在使用时应特别注意它的自燃性。活泼骨架镍需保存在乙醇中,少量的催化剂若在加料过程中溅在设备周围,一旦溶剂挥发,它吸附的活性氢会产生自燃,引起火灾。

从加料操作来说,一些密度大的催化剂如骨架镍、氧化铂等,它们很快沉入反应溶剂中,不会与空气直接接触,因此产生氧化的可能性小。但载体型催化剂,特别是用活性炭作载体,由于密度小,不易沉入溶剂内部,往往会浮在溶剂的表面,若反应中采用易燃性低沸点溶剂,浮在表面的催化剂就易被空气氧化而引起燃烧。

在低压加氢时,催化剂可先加在乙醇或乙酸中,调匀后再加到反应器中便可避免着火危险。若须用大量催化剂,必须预先采用溶剂浸润后再分批加料。如果采用的是高沸点溶剂,如乙二醇单甲醚、二乙二醇单甲醚,则几乎没有着火的危险。

第三节　酸碱催化剂

酸碱催化通常是指在溶液中的均相酸碱催化反应,它在有机合成中的应用广泛,如淀粉的水解、缩醛的形成及消解、Beckmann重排等都是以酸为催化剂。又如醇醛缩合、

Cannizzaro 反应等则是以碱为催化剂。另外,如酯的水解、酰胺和腈的水解以及葡萄糖的变旋反应等,既可用酸也可用碱作为催化剂。

一、酸碱催化反应机制

(一)酸催化反应机制

以酸作催化剂,则反应物中必须有一个带有剩余负电荷、容易接受质子的原子(如氧、氮等)或基团,先是结合成一个中间络合物,并进一步起反应,或诱发产生碳正离子或其他元素的正离子或活化分子,最后得到产物。所以大多数醇、醚、酮、酯、糖以及一些含氮化合物参与的反应,常可以被酸所催化。

例如,酯化反应的历程是先发生羧酸与催化剂(H^+)的加成,然后再与醇加成,最后从生成的复合物中分离出一分子水和质子,同时形成酯。

$$R-\overset{\overset{O^-}{\|}}{C}-OH + H^+ \rightleftharpoons R-\overset{\overset{OH}{|}}{\underset{}{C^+}}-OH \xrightarrow{R'OH} R-\overset{\overset{OH}{|}}{\underset{\overset{+}{O}-R'}{\underset{H}{|}}}C-OH \rightleftharpoons R\overset{\overset{O}{\|}}{C}-OR' + H_2O + H^+$$

若没有质子催化,则碳原子上的正电荷不够,醇分子中的孤电子对作用能力较弱,无法形成加成物,酯化反应就难于进行。又如,可作为芳烃核上的烃化反应(Friedel-Crafts 反应)的 Lewis 酸催化剂有 $AlCl_3$、$FeCl_3$、BF_3、$ZnCl_2$ 等。卤代烃在这些催化剂的作用下,先形成亲电性的碳正离子,然后与苯结合形成杂化的带正电荷的离子复合物,正电荷分散在苯核的 3 个碳原子上,然后失去质子,最后得烃基苯。

$$R-\overset{|}{\underset{|}{C}}-X + AlCl_3 \longrightarrow R-\overset{|}{\underset{|}{C^+}} \cdot AlCl_3X^- \longrightarrow$$

$$\left\{ \cdots \right\} AlCl_3X^- \longrightarrow \text{(芳环产物)} + H^+AlCl_3X^-$$

$$H^+AlCl_3X^- \longrightarrow AlCl_3 + HX$$

若没有 Lewis 酸的催化,卤代烃的碳原子正电荷不够,无法形成反应的中间复合物,烃化反应就无法进行。

(二)碱催化反应机制

在碱催化的反应中,碱是质子的接受者,那些能被碱催化的反应物必须是容易把质子

转移给碱而形成中间络合物的分子,所以它们常是一些有氢原子的化合物。在

$\diagdown \!\!\! C\!\!=\!\!O$、—COOR、—CN、—NO$_2$等基团旁边的 α-碳原子上的氢原子(习称 α-氢原子)常呈现这种活泼性。所以这些类型的化合物,常可以用碱来诱发生成碳负离子,以此来推动反应的进行。

例如,酯类碱性水解时,由于 OH⁻ 对碳原子的进攻,形成一个中间络合物,使水解反应顺利进行。

$$R\!-\!\overset{\overset{\displaystyle O}{\|}}{C}\!-\!OR' + OH^- \rightleftharpoons R\!-\!\underset{\underset{\displaystyle OH}{|}}{\overset{\overset{\displaystyle O^-}{|}}{C}}\!-\!R' \longrightarrow R\!-\!\overset{\overset{\displaystyle O}{\|}}{C}\!-\!O^- + R'OH$$

又如,在醇醛缩合反应中含有 α-氢原子的醛或酮类,在碱的催化作用下,生成醇醛或醇酮。如乙醛在稀碱溶液中,由于碱的催化作用,使一个 α-氢原子从醛分子中以质子的形式分离出来,形成碳负离子,然后与另一醛分子结合生成醇醛。若没有碱的催化,便难于形成碳负离子,反应也无法进行。

$$OH^- + H\!-\!CH_2\!-\!\overset{\overset{\displaystyle O}{\|}}{C}\!-\!H \xrightarrow{慢} {}^-CH_2\!-\!\overset{\overset{\displaystyle O}{\|}}{C}\!-\!H + H_2O$$

$$CH_3\!-\!\overset{\overset{\displaystyle O}{\|}}{C}\!-\!H + {}^-CH_2\!-\!\overset{\overset{\displaystyle O}{\|}}{C}\!-\!H \xrightarrow{快} CH_3\!-\!\underset{\underset{\displaystyle H}{|}}{\overset{\overset{\displaystyle O}{\|}}{C}}\!-\!CH_2\!-\!\overset{\overset{\displaystyle O}{\|}}{C}\!-\!H \xrightarrow[H_2O]{快} CH_3\!-\!\underset{\underset{\displaystyle H}{|}}{\overset{\overset{\displaystyle OH}{|}}{C}}\!-\!CH_2\!-\!\overset{\overset{\displaystyle O}{\|}}{C}\!-\!H + OH^-$$

二、酸碱催化反应速度常数与 pH 值的关系

酸碱催化反应速度常数与酸(碱)浓度有关。

$$k = k_H[H^+] \text{ 或 } k = k_{HA}[HA]$$

$$k = k_{OH}[OH^-] \text{ 或 } k = k_B[B]$$

式中 k_H 或 k_{HA} 为酸催化剂的催化常数;k_{OH} 或 k_B 为碱催化剂的催化常数。将上式取对数,即可得到 k 与 pH 值关系式:

$$\lg k = \lg k_H - pH \text{ 值}$$

酸催化、碱催化和酸碱催化反应的 $\lg k$ 与 pH 值的关系如图 4-2。酸催化反应中 $\lg k$ 随 pH 值的增大而减小;而酸碱催化反应中则出现转折最小点。

酸碱催化常数是表示催化剂的催化能力,它取决于酸(碱)的电离常数。因为电离常数是表示酸或碱放出或接受质子的能力。说明酸(碱)越强,催化常数越大,催化作用也越强。催化常数主要是根据实验求得的。

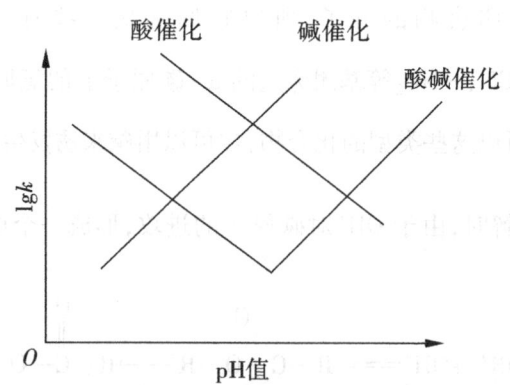

图 4-2 酸催化、碱催化和酸碱催化反应的 lg$k$ 与 pH 值的关系

注意：酸碱催化反应不应局限于 H$^+$ 与 OH$^-$。凡是具有未共用电子对的能够接收质子的物质（广义的碱），或能与未共用电子相结合的物质——即能够供给质子的物质（广义的酸），在一定条件下，都可以作为酸碱催化反应中的催化剂。

1. 常用的酸性催化剂

常用的酸性催化剂有以下几种。①无机酸：如盐酸、氢溴酸、氢碘酸、硫酸、磷酸等。氢卤酸中盐酸的酸性最弱，所以醚键的断裂，时常需用氢溴酸或氢碘酸，硫酸也是常用的，但浓硫酸常伴有脱水和氧化等副作用，故选用时应注意；②弱碱强酸盐：如氯化铵、吡啶盐酸盐等；③有机酸：如对甲苯磺酸、草酸、磺基水杨酸等，对甲苯磺酸因性能较温和，副反应较少，常为工业上所采用；④卤化物：作为 Lewis 酸类催化剂，应用较多的有三氯化铝（AlCl$_3$）、二氯化锌（ZnCl$_2$）、三氯化铁（FeCl$_3$）、四氯化锡（SnCl$_4$）、三氟化硼（BF$_3$）、四氯化钛（TiCl$_4$）等，这一类催化剂的催化作用常在无水条件下进行。

2. 常用的碱性催化剂

常用的碱性催化剂有金属氢氧化物、金属氧化物、弱酸强碱盐、有机碱、醇钠、氨基钠和金属有机化合物。①金属氢氧化物：一般有氢氧化钠、氢氧化钾、氢氧化钙；②弱酸强碱盐：常用的有碳酸钠、碳酸钾、碳酸氢钠及醋酸钠等；③有机碱：常用的有吡啶、甲基吡啶、三甲基吡啶、三乙胺和二甲基苯胺等；④醇钠：常用的有甲醇钠、乙醇钠、叔丁醇钠等，醇钠中以叔丁醇钠的催化能力最强，伯醇最弱，某些不能被乙醇钠所催化的反应，有时可以被叔丁醇钠所催化，氨基钠的碱性比醇钠强，催化能力也较醇钠强；⑤有机金属化合物：用得最多的有三苯甲基钠、2,4,6-三甲基苯钠、苯基钠、苯基锂、丁基锂，它们的碱性更强，而且与活泼氢化合物作用时，往往是不可逆的，这类化合物常可加入少量的铜盐来提高催化能力。

三、固体酸碱催化剂

在催化合成反应中，催化剂的筛选和优化是非常重要的，选择高效绿色的催化剂对于有机合成相当重要。如烷基化反应中，常用到氢氟酸、硫酸、三氯化铝等，这些催化剂均为液体催化剂，对设备腐蚀相当严重，同时又带来"三废"问题。目前，发展了一些固体酸碱催化剂代替这些液体催化剂,常见的固体酸碱催化剂见表4-3和表4-4。

表4-3 常见的固体酸催化剂

固体酸催化剂的分类	固体酸催化剂
天然黏土类矿物	高岭土,膨润土,活性白土、蒙脱土、漂白土,沸石
润载的酸	润载在二氧化硅、石英砂、氧化铝或硅藻土上的 H_2SO_4、H_3PO_4、H_3BO_3、$CH_2(COOH)_2$
阳离子交换树脂	二乙烯基苯共聚物
氧化物的混合物	$SiO_2 \cdot Al_2O_3$,$B_2O_3 \cdot Al_2O_3$,$Cr_2O_3 \cdot Al_2O_3$,$MoO_3 \cdot Al_2O_3$,$ZrO_2 \cdot SiO_2$,$Ga_2O_3 \cdot SiO_2$,$BeO_2 \cdot SiO_2$,$MgO \cdot SiO_2$,$CaO \cdot SiO_2$,$SrO \cdot SiO_2$,$Y_2O_3 \cdot SiO_2$,$La_2O_3 \cdot SiO_2$,$SnO \cdot SiO_2$,$PbO \cdot SiO_2$,$MoO_2 \cdot Fe_2(MoO_4)_3$,$MgO \cdot B_2O_3$,$TiO_2 \cdot ZnO$
无机化学品	ZnO,Al_2O_3,TiO_2,CeO_2,As_2O_3,V_2O_5,SiO_2,Cr_2O_3,MoO_3,ZnS,CaS,$CaSO_4$,$MnSO_4$,$NiSO_4$,$CuSO_4$,$CoSO_4$,$CdSO_4$,$SrSO_4$,$ZnSO_4$,$MgSO_4$,$FeSO_4$,$BaSO_4$,$KHSO_4$,K_2SO_4,$Al_2(SO_4)_3$,$Fe_2(SO_4)_3$,$Cr_2(SO_4)_3$,$Ca(NO_3)_2$,$Bi(NO_3)_3$,$Zn(NO_3)_2$,$Fe(NO_3)_3$,$CaCO_3$,BPO_4,$FePO_4$,$CrPO_4$,$Ti_3(PO_4)_4$,$Zr_3(PO_4)_4$,$Cu_3(PO_4)_2$,$Ni_3(PO_4)_2$,$AlPO_4$,$Zn_3(PO_4)_2$,$Mg_3(PO_4)_2$,$AlCl_3$,$TiCl_3$,$CaCl_2$,$AgCl$,$CuCl_2$,$SnCl_2$,CaF_2,$AgClO_4$,$Mg(ClO_4)_2$
活性炭	300 ℃以下焙烧的炭

表4-4 常见的固体碱催化剂

固体碱催化剂的分类	固体碱催化剂
润载的碱	润载在二氧化硅或氧化铝上的 $NaOH$、KOH,分散在二氧化硅、氧化铝、活性炭、碳酸钾上或油中的碱金属和碱土金属,润载在氧化铝上的 NR_3、NH_3、KNH_2,润载在二氧化硅上的 Li_2CO_3
阴离子交换树脂	季铵、季鳞盐强碱树脂,大孔苯乙烯型强碱性树脂
氧化物的混合物	$SiO_2 \cdot Al_2O_3$,$SiO_2 \cdot MgO$,$SiO_2 \cdot CaO$,$SiO_2 \cdot SrO$,$SiO_2 \cdot BaO$
无机化学品	BeO,MgO,CaO,BaO,SiO_2,Al_2O_3,ZnO,Na_2CO_3,K_2CO_3,$KHCO_3$,$(NH_4)_2CO_3$,$CaCO_3$,$SrCO_3$,$BaCO_3$,$KNaCO_3$,$Na_2WO_4 \cdot 2H_2O$,KCN
活性炭	900 ℃以下焙烧的或用 N_2O、NH_3 或 $ZnCl_2-NH_4Cl-CO_2$活化的炭

固体碱催化剂可应用于聚合、异构化和烷基化以及缩合、加成、脱卤化氢等反应。固体碱催化剂的活性与固体碱的碱度也有直接关系。例如,对于异丙醇脱氢,已经发现各种固体碱强度(用苯酚蒸气吸附法测定)与它们的催化活性相平行。

在固体酸催化剂中,杂多酸催化剂是当今催化领域研究的热点。杂多酸(heteropoly acid,HPA)及其盐称为杂多化合物(heteropoly compound,HPC),是一类含有氧桥的多核配合物,由杂多阴离子、反荷离子、结晶水构成。杂多酸催化剂组成简单、结构确定,既有配合物和金属氧化物的结构特征,又有酸性和氧化还原性;既可作为酸性催化剂,又可作为氧化还原催化剂,甚至同时兼有两种催化效能;既可用于多相催化,又可用于均相催化,是一种多功能催化剂。

例如,氯乙酸正丁酯是合成新型非甾体类消炎解热镇痛药萘普生和布洛芬的原料药,其传统的合成方法一般采用浓硫酸为催化剂,反应时间长、副反应多、产品纯度不高、对设备腐蚀严重。当用固载杂多酸盐 $TiSiW_{12}O_{40}/TiO_2$ 作催化剂后,不仅缩短了酯化反应时间,产率和酯的纯度也有很大提高,并且可较好的回收利用。该方法无废水排放,工艺流程简单,可降低生产成本。

第四节　相转移催化反应

20 世纪 70 年代后,相转移催化技术得到了迅速发展和推广,相转移催化或称相转移催化反应是目前药物合成和工艺改进的最引人注目的新技术之一,其应用范围几乎涉及有机合成的各种类型反应,并且能缩短反应时间,提高反应收率和选择性。相转移催化应用于非极性溶剂中,具有反应条件温和、反应速度快、收率高、产品质量好等优点。

例如,1-氯辛烷与氰化钠水溶液沸腾加热 2 周,仍无亲核取代反应产物(1-氰基辛烷)生成,如若加入1% ~3% 三丁基十六烷基溴化膦(CTBPB)回流加热 1.8 h,1-氰基辛烷的产率可达99%。采用这种方法不需无水溶剂。这里应用的 CTBPB 即为相转移催化剂,它的作用是由一相转移到另一相中进行反应。它实质上是促使一个可溶于有机溶剂的底物和一个不溶于此溶剂的离子型试剂两者之间发生反应。

相转移催化剂需具备的条件是:①相转移催化剂必须具有正离子部分,以便同负离子结合形成活性的有机离子对或能与反应物形成络离子;②必须具有足够多的碳原子数,才能保证形成的活性有机离子对转入有机相,但碳原子数目不能太多,否则,不能转入无机相,碳原子数目一般在 12 ~20 之间;③相转移催化剂中的亲油基的结构位阻应尽量小,一般为直链;④在反应条件下,化学性质应稳定且易回收。

一、相转移催化剂

常用的相转移催化剂可分为鎓盐类、冠醚类及非环多醚类三大类。广泛采用的催化剂仅为数种铵、膦和醚类化合物,性质如表4-5 所示,其中应用最早并且最常用的为鎓盐类。对鎓盐类和冠醚类催化剂进行比较后,认为鎓盐类能适用于液-液体系,并克服了冠醚类的一些缺点,例如鎓盐(Q^+)能适用于所有正离子,而冠醚类则具有明显的选择性。

镓盐价廉而冠醚昂贵,更重要的一点是镓盐无毒,而冠醚有毒性。此外,当反应缓慢时,可应用大量镓盐。因为镓盐在所有有机溶剂中可以各种比例溶解,故人们通常喜欢选用镓盐作为相转移催化剂。

1. 镓盐类

在液-液相转移催化反应中,应用最多的是镓盐类催化剂,该类催化剂中常用的有季铵盐(以 $R_3NR^1 \cdot X^-$ 表示),其次为季磷盐(以 $R_3PR^1 \cdot X^-$ 表示),季锑盐和季铋盐因毒性较大一般不使用。

镓盐类相转移催化剂由中心原子、中心原子上的取代基和负离子三部分构成,中心原子一般为 P、N、As、S 等原子,催化活性顺序为:

$$RP^+ \gg RN^+ > RAs^+ > RS^+$$

负离子的影响可用催化剂在有机相中的萃取能力表示,Makosza 发现在苯、氯苯、邻二氯苯与水的混合体系中,用相同季铵盐正离子时,不同负离子对萃取常数的影响顺序如下:

$$I^- > Br^- > CN^- > Cl^- > OH^- > F^- > SO_4^{2-}$$

最常用的镓盐类催化剂有以下几种:

Mokosza 催化剂为三乙基苄基氯化铵(TEBAC),值得注意的是此催化剂在水和苯两相体系中无催化作用,这可能是由于此催化剂在苯中溶解度小的缘故。TEBAC 容易制备。

Starks 催化剂(aliquat 336)为三辛基甲基氯化铵(TOMAC 或 TCMAC)。根据Herriott-Picker 研究结果表明:Starks 催化剂比 Makosza 催化剂或 Brändström 催化剂更有效。

表4-5 三类相转移催化剂的性质比较

性质	镓盐类	冠醚类	开链聚醚类
催化活性	中等,与结构有关	中等,与结构有关	中等,与结构及反应条件有关
稳定性	在 120 ℃ 以下较稳定,在碱性条件下不稳定	基本稳定,在强酸条件下不稳定	基本稳定,在强酸条件下不稳定
制备难易	容易	容易	容易
价格	中等	较贵	较低
回收	不困难,与反应条件有关	蒸馏	蒸馏
反应体系	液-液	固-液	液-液,固-液
无机离子	不重要	重要	不重要
毒性	小	大	小

Brändström 催化剂为四丁基硫酸氢铵,这个化合物为晶体,它的硫酸氢负离子亲水性

强,容易转移到水相,因而不参与任何反应,然而硫酸氢负离子也容易被其他负离子所置换,形成其他负离子的铵盐,因此在离子对提取烷基化作用中,多选用此催化剂,但价格较高。

2. 胺类——不带电荷的催化剂

叔胺类也可用作相转移催化剂,多用在烷基化反应、卡宾的形成以及氰化和硫氢化反应等。叔胺类之所以具有催化效果是由于在反应过程中,它首先转变成季铵盐的缘故。

苯甲酸钾与氯苄反应生成苯甲酸苄酯的反应能被三乙胺催化就是个实例,曾利用在反应过程中形成的季铵羧酸盐催化相类似的酯化反应。在这类反应中加入碘化钠作为助催化剂,它与氯代烷作用得碘代烷;后者,再将叔胺烷基化形成季铵盐。季铵盐一旦形成便成为相转移催化剂。

$$R-Cl+NaI \longrightarrow RI+NaCl$$

$$R_3{'}N+RI \longrightarrow R_3{'}N^+RI^-$$

$$R''COO^-K^+ + ClCH_2C_6H_5 \xrightarrow{R_3{'}N^+RI^-} R''COOCH_2C_6H_5$$

3. 冠醚类

冠醚类也称非离子型相转移催化剂。它们具有特殊的络合性能,它的化学结构特点是分子中具有$(Y-CH_2CH_2-)_n$重复单位,式中的 Y 为氧、氮或其他杂原子,由于它们的形状似皇冠,故称冠醚。冠醚能与碱金属形成络合物,这是由于冠醚的氧原子上的未共享电子对向着环的内侧,当适合于环的大小的正离子进入环内,则由于偶极形成电负性的碳氧键和金属正离子借助静电吸引而形成络合物。同时,又有疏水性的亚甲基均匀地排列在环的外侧,使形成的金属络合物仍能溶于非极性有机介质中,这样就使原来与金属正离子结合的负离子形成非溶剂化的负离子,即"裸负离子"(naked anion),这种负离子能存在于非极性溶剂中,因而具有较高的化学活性,特别适用于固-液相转移催化。它们还可用于氧化、还原、取代反应等相转移催化反应。

又如冠醚与格氏试剂形成的配位化合物,能与格氏试剂一样同羰基化合物进行反应。反应条件更温和,反应选择性很高,反应的唯一产物是相应的醇,而没有一般 Grignard 反应的副产物,收率比一般 Grignard 反应可提高 15% ~20%,冠醚还可回收套用。

18-冠-6   二苯基-18-冠-6   二环己基-18-冠-6

常用的冠醚有 18-冠-6、二苯基-18-冠-6、二环己基-18-冠-6 等,其中以 18-冠-6 应用最广。二苯基-18-冠-6 在有机溶剂中溶解度小,因而在应用上受到限制。由于冠醚价格昂贵并且有毒,除在实验室应用外,迄今还没有应用到工业生产中。

　　冠醚为中性配位体,反应速率较高,能使很多固体试剂转入有机相,而实现固–液相转移催化反应。这与锍盐的相转移催化不同,后者一般只能在液–液相中进行,此外,锍盐还要引入负离子。

　　4.非环多醚类

　　非环聚氧乙烯衍生物类相转移催化剂,又称为非环多醚或开链聚醚类相转移催化剂,这是一类非离子型表面活性剂。非环多醚为中性配体,具有价格低、稳定性好、合成方便等优点。主要类型如下:

　　聚乙二醇:$HO(CH_2CH_2O)_nH$。

　　聚乙二醇脂肪醚:$C_{12}H_{25}O(CH_2CH_2O)_nH$。

　　聚乙二醇烷基苯醚:$C_8H_7-C_6H_4-O(CH_2CH_2O)_nH$。

　　非环多醚类可以折叠成螺旋形结构,与冠醚的固定结构不同,可折叠为不同大小,能与不同直径的金属离子络合。催化效果与聚合度有关,聚合度增加催化效果提高,但总的来说催化效果比冠醚差。

　　例如,章鱼分子(octopus molecules)具有可折叠的多醚支链六取代苯衍生物。这类化合物能定量地提取碱金属苦味酸盐,已用作相转移催化剂。

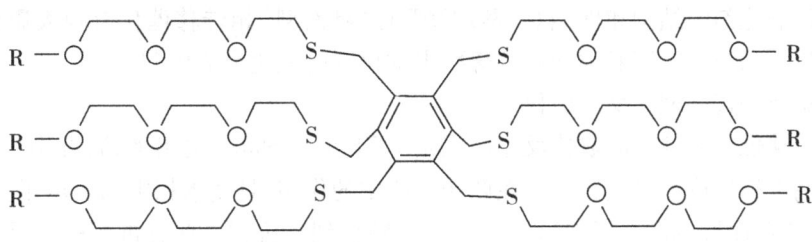

$$R=-C_4H_9$$

　　聚乙二醇是一类大众型化工产品,其结构呈螺旋构象,自由活动的链形成冠醚一样的环,且不受孔穴大小的限制,是理想的冠醚取代物,自 1979 年发现以来,目前已大量应用于工业生产。例如,在开链聚乙二醇衍生物的催化下,溴苄与 KX 发生取代反应。

$$\text{C}_6\text{H}_5-CH_2Br + KX \xrightarrow{\text{苯或乙腈,聚乙二醇醚 5 mol\%}} \text{C}_6\text{H}_5-CH_2X + KBr$$

X=SH、SCN、N_3、OAc、CN、F

　　在无水碳酸钾及甲苯存在下,用聚乙二醇作为相转移催化剂,可在固–液两相体系中进行 Darzens 缩水甘油酸酯的缩合反应。

$$RCHO + \underset{\underset{Cl}{|}}{CH_2COOC_2H_5} \xrightarrow{\text{PEG-600, } K_2CO_3/C_6H_5CH_3} RCH\overset{O}{\underset{\diagup\diagdown}{-}}CHCOOC_2H_5$$

　　为了解决相转移催化剂回收难、价格高的问题,近年来发展了一种新的相转移催化法:三相催化反应,即将相转移催化剂连接在聚合物载体上,它是一种既不溶于水,又不溶于有机相的固体高分子物,因此称为三相催化剂(three phase catalysis),也称为聚合物催化剂。该法的显著特点是催化剂可定量回收,干燥后活性不受影响,可重复使用,因此该领域研究开发的时间虽然不长,但发展很快,并积累了大量的理论和实践经验。作为相转移催化剂载体的高分子树脂种类很多,目前研究较多的是有机硅聚合物、聚苯乙烯这两大类,其催化效果与高分子载体的官能团、分布、数量、孔径等关系密切。在选择和应用固载的相转移催化剂时应考虑以下几方面的问题:①三相催化剂粒子的大小,粒子小活性大,但粒子太小,不易过滤,后处理困难,一般选择100～150目较为适宜;②载体树脂的交联度,树脂交联度小的活性比较好,大于2%时效果较差,交联度以0.6%为好;③反应的搅拌速度,适宜的搅拌速度能控制物质传递速率,发挥催化剂的活性。

二、相转移催化反应历程

从相转移催化原理来看,整个反应可视为络合物动力学反应。可分为两个阶段:一是有机相中的反应,二是继续转移负离子到有机相。从相转移速度看,如果第二阶段比第一阶段快,则称为"萃取型"相转移催化;如果第一阶段快,过程被负离子转移所控制,则称之为"界面型"或"相界型"相转移催化。

相转移催化剂的结构和性能对"萃取型"或"界面型"相转移催化有很大影响。这里仅探讨鎓盐类、叔胺类、冠醚类和开链聚醚类催化剂的催化反应机制。

1. 鎓盐类相转移催化反应历程

在相转移催化条件下的取代反应历程是1971年由Starks提出来的,可用SN_2亲核取代反应为例进行讨论。可认为鎓盐在两相反应中的作用,是使水相中的负离子Y^-与鎓盐正离子Q^+结合而形成离子对Q^+Y^-,并由水相转移到有机相。在有机相中极迅速地与反应物RX作用生成产物RY和另一离子对Q^+X^-,新形成的Q^+X^-很快运动到界面,回到水相,在水相中解离出Q^+,与负离子Y^-结合成离子对后转到有机相(图4-3)。

$$Na^+Y^- \quad + \quad Q^+X^- \qquad\qquad\qquad\qquad\qquad\qquad 水相$$
$$----------------------------- 界面$$
$$[Q^+Y^-] \quad + \quad RX \quad \longrightarrow \quad [Q^+X^-] \quad + \quad RY \quad 有机面$$

图4-3　鎓盐类相转移催化反应历程

Starks的相转移催化理论主要是由水相中离子交换过程和水相到有机相的萃取过程组成(图4-4)。

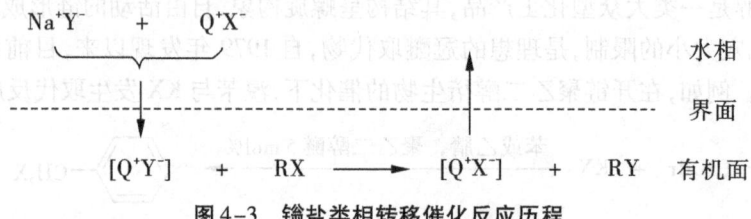

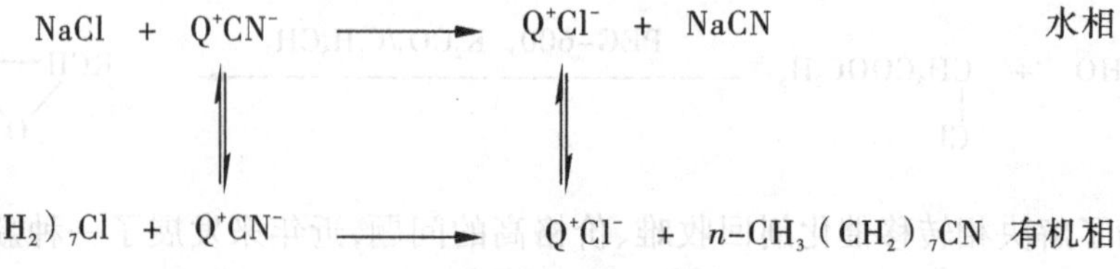

$$NaCl \quad + \quad Q^+CN^- \qquad\longrightarrow\qquad Q^+Cl^- \quad + \quad NaCN \qquad 水相$$

$$n\text{-}CH_3(CH_2)_7Cl \quad + \quad Q^+CN^- \quad\longrightarrow\quad Q^+Cl^- \quad + \quad n\text{-}CH_3(CH_2)_7CN \quad 有机相$$

图4-4　Starks相转移催化反应历程

由于通常应用亲脂性的催化剂,这样 Q$^+$ 在水相不以明显的浓度存在。Brändström 和 Landini 等认为,Q$^+$ 保留在有机相,而只是负离子通过界面进行交换,如下列的更为简单的历程(图 4-5)。

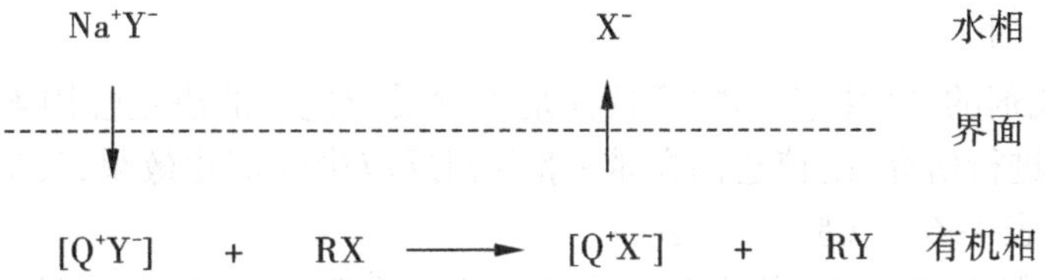

图 4-5　Brändström 相转移催化反应历程

实验结果也证明,亲核取代反应的反应速度与催化剂的浓度(在有机相中的浓度)呈直线关系,并且和搅拌速度无关(于中等程度的搅拌速度 500 r/min 时),所以可认为决定反应速度的步骤是在有机相中。

2. 用冠醚催化的固-液两相取代反应历程

关于用冠醚催化的固-液两相取代反应,通常认为在这类反应中,反应物溶于有机溶剂,然后此溶液与固体盐类试剂接触,当溶液中有冠醚时,盐与冠醚形成络合物而溶解于有机相中,随即进行反应。例如有机物被高锰酸钾氧化的反应,反应物溶于有机溶剂,高锰酸钾固体在有机溶剂中被冠醚逐渐络合并溶于有机溶剂中,然后在有机相中进行反应,属于配位络合-萃取反应机制。

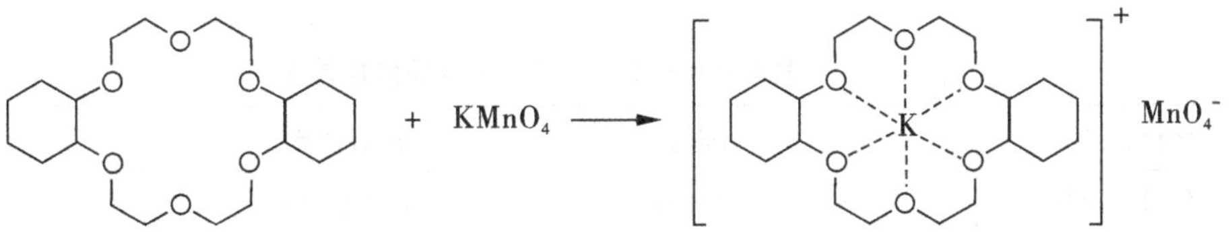

已证明两相催化亲核取代反应是在溶液中进行。结构不同的冠醚,能选择性络合碱金属正离子、碱土金属正离子以及铵离子等。

聚醚类相转移催化剂的催化机制与冠醚相似,也是配位络合-萃取反应机制。

3. 叔胺类的催化机制

羧酸盐和氯化苄在叔胺及碘化钠存在下,酯化速度大大加快,其原因是反应中形成的季铵离子起着相转移催化剂的作用。碘化钠与氯代烷作用得碘代烷,碘代烷与叔胺烷基化形成季铵盐,季铵盐一旦形成便发挥相转移催化剂的作用。季铵离子的催化作用遵循离子交换-萃取机制。

$$RCl+NaI \longrightarrow RI+NaCl$$

$$R'N_3+RI \longrightarrow R'N_3R^+I^-$$

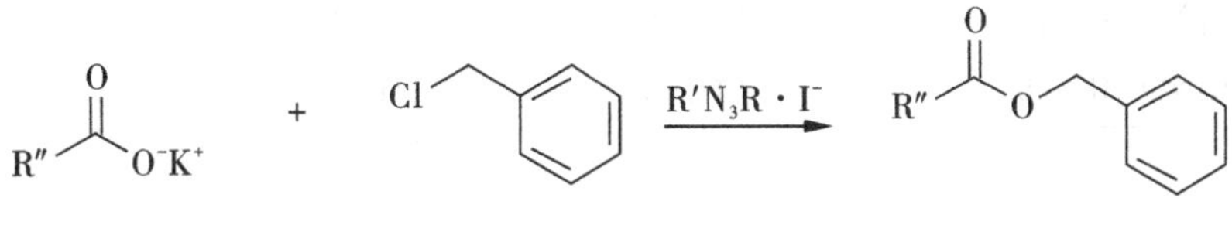

三、影响因素

影响相转移催化反应的主要因素有催化剂、搅拌速度、溶剂和水含量等。

(一) 催化剂

相转移催化剂的结构特点和物理特性是影响反应速率的决定性因素。Herriott 对常用的 23 种鎓盐进行研究,比较它们在苯-水两相反应中的催化效果,反应速率常数相差达 2 万倍之多(表 4-6),实验结果表明:

(1)相转移催化剂的催化能力与本身的亲脂性有很大关系,分子量大的鎓盐比分子量小的鎓盐催化作用较好,例如低于 12 个碳原子的铵盐没有催化作用。

(2)具有一个长碳链的季铵盐,其碳链越长,催化效率越好。

(3)与具有一个长碳链的季铵离子相比,对称的季铵离子的催化效果较好,例如四丁基铵离子的催化能力优于三甲基十六烷基铵离子,尽管后者比前者多 3 个碳原子。

(4)与季铵盐相比,季鏻盐的热稳定性好,催化性能高。

(5)在同一结构位置,含有芳基的铵盐催化作用低于烷基铵盐。

以上比较只适用于苯-水体系,其他体系有所不同,在邻二氯苯中的反应速率通常比在苯中的大,在庚烷中的反应速率最小。

$$\text{⟨C}_6\text{H}_5\text{⟩—SM} + \text{BrC}_8\text{H}_{17} \longrightarrow \text{⟨C}_6\text{H}_5\text{⟩—SC}_8\text{H}_{17} + \text{MBr}$$

表 4-6   一些相转移催化剂在苯-水中的催化效率

编号	催化剂	缩写	相对速率*
1	$(CH_3)_4NBr$	TMAB	$< 2.2 \times 10^{-4}$
2	$(C_3H_7)_4NBr$	TPAB	7.6×10^{-4}
3	$(C_4H_9)_4NBr$	TBAB	0.70
4	$(C_4H_9)_4NI$	TBAI	1.00
5	$(C_8H_{17})_3NCH_3Cl$	TOMAC	4.2
6	$C_6H_5CH_2N(C_2H_5)_3Br$	TEBAB	$<2.2 \times 10^{-4}$
7	$C_6H_5N(C_4H_9)_3Br$	BPB	$<2.2 \times 10^{-4}$
8	$C_6H_5N(C_7H_{15})_3Br$	HPB	3.1×10^{-3}
9	$C_6H_5N(C_{12}H_{25})_3Br$	LPB	0.012
10	$C_6H_{13}N(C_2H_5)_3Br$	HTEAB	2.0×10^3
11	$C_8H_{17}N(C_2H_5)_3Br$	OTEAB	0.022
12	$C_{10}H_{21}N(C_2H_5)_3Br$	DTEAB	0.032
13	$C_{12}H_{25}N(C_2H_5)_3Br$	LTEAB	0.039

续表 4-6

编号	催化剂	缩写	相对速率*
14	$C_{16}H_{33}N(C_2H_5)_3Br$	CTEAB	0.065
15	$C_{16}H_{33}N(CH_3)_3Br$	CTMAB	0.020
16	$(C_6H_5)_4PBr$	TPPB	0.34
17	$(C_6H_5)_4PCl$	TPPC	0.36
18	$(C_6H_5)_3PCH_3Br$	MTPAB	0.23
19	$(C_4H_9)_4PCl$	TBPC	5.0
20	$(C_8H_{17})_3PC_2H_5Br$	TOEPB	5.0
21	$C_{16}H_{33}P(C_2H_5)_3Br$	CTEPB	0.25
22	$(C_6H_5)_4AsCl$	TPAsCl	0.19
23	二环己基-18-冠-6	DCH-8-C-6	5.5

* 相对速率定为 1

相转移催化剂具有一定的选择性,针对不同的体系,应选择不同的催化剂。锇盐类,特别是季铵盐类,应用较多;冠醚和非环多醚等化合物制备较麻烦,且只在少数情况下才显示出优于季铵盐。例如,中枢降压药盐酸可乐定,亦具有镇静、镇痛、增强记忆等作用。合成路线之一是由 2,6-二氯苯胺、1-乙酰-2-咪唑烷酮(4-2)和 POCl₃ 于 47~50 ℃搅拌反应 68 h 得乙酰可乐定(4-3),收率 92.5%;再经水解、成盐制得盐酸可乐定(4-1)。以氯化三乙基苄基铵(TEBA)为相转移催化剂,反应 8 h 得(4-3),收率 65%。而以溴化四丁基铵(TBA)、聚乙二醇 600(PEG600)为催化剂,收率仅为 19%~21%。

（4-2）　　　　　　　　　　　（4-3）　　　　　　　（4-1）

相转移催化剂用量对反应结果影响较大,对不同反应体系其影响不同。催化剂的最佳用量在 0.5%~10%之间;当反应强烈放热或催化剂较昂贵时,催化剂的用量较少,在 1%~3%之间;在某些情况下则要求等摩尔量的催化剂,如在反应中释放出碘离子,并与锇盐在有机相中紧密结合;烷基化试剂非常不活泼;烷基化试剂容易引起副反应,如由于水和碱金属氢氧化物的存在而引起的水解反应和希望多官能团的反应物发生选择性的反应。

相转移催化剂的稳定性也是应该注意的问题。常用的催化剂在室温下可稳定数天,但在高温条件下,可能发生分解反应,如苄基三甲基氯化铵可生成二苄基醚和二甲基苄基胺。在反应条件下,氢氧化季铵可能进行霍夫曼降解反应,苄基取代的季铵盐可能发生脱烃基反应。

(二)搅拌速度

相转移催化反应整个反应体系是非均相的,存在传质过程,搅拌速度是影响传质的重要因素。搅拌速度一般可按下列条件选择:对于在水和有机介质中的中性相转移催化,搅拌速度应大于 200 r/min,而对固-液反应以及有氢氧化钠存在的反应,则应大于800 r/min,对某些固-液反应应选择剪切式搅拌。

(三)溶剂

在固-液相转移催化过程中,最常用的溶剂是苯(和其他的烃类)、二氯甲烷、氯仿(和其他的氯代烃)以及乙腈。乙腈可以成功地用于固-液系统,却不能用于液-液相系统,因为它是与水互溶的。氯仿和二氯甲烷尽管有时不免参与反应,但仍是常用而有效的溶剂。氯仿易于发生脱质子化作用,从而产生三氯甲基化物负离子或产生卡宾,而二氯甲烷则可能发生亲核性的置换反应,但它们都是常用且有效的溶剂。

在液-液相转移催化系统中,即反应底物为液体时,一般可用该液体作为有机相。原则上许多有机溶剂都可应用,但必须保证溶剂不能与水互溶,否则离子对将发生水合作用,即溶剂化。另外,烃类和氯代烃类已成为最常用的溶剂,而乙腈则完全不适合。若用非极性溶剂,如庚烷或苯,除非离子对有非常强的亲脂性,否则离子对由水相进入有机相的量是很少的。例如,TEBA 在苯-水体系中催化效果极差,即使在二氯乙烷-水体系也如此。所以使用这些溶剂时,应采用四正丁基铵盐(TBAB)或更大的离子,如四正戊基铵、四正己基铵等。一般说来,在二氯甲烷、1,2-二氯乙烷和三氯甲烷这样一类溶剂中,更有利于离子对进入有机相,同时,反应速度也较快。

溶剂还影响反应的立体选择性,如在利尿药茚达立酮的 S-异构体(4-4)的合成中,关键的甲基化反应通过相转移催化反应完成,N-(对-三氟甲基苯基)溴化金鸡纳碱(PTC),为相转移催化剂,甲苯为溶剂,20 ℃反应 18 h,收率95%,对映体过量(e.e. = 92%)得到甲基化产物;甲苯和苯等非极性溶剂中,产物对映体过量(e.e.%)较高;二氯甲烷和甲基叔丁基醚为溶剂,产物对映体过量(e.e.%)较低。

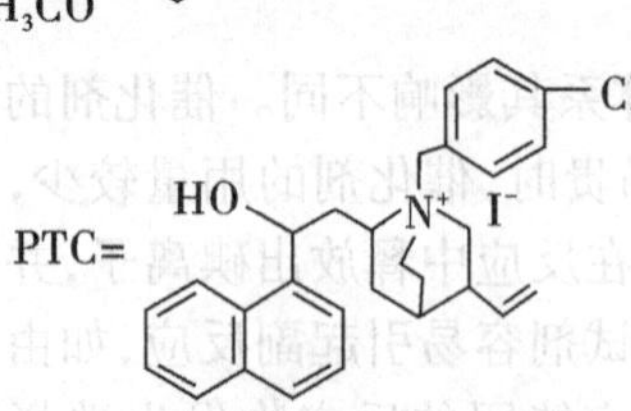

第五节　酶催化反应

在 20 世纪初,瑞典化学家 Berzelius 最早把酶(enzyme)称为"催化剂",观察到很多酶催化反应,对一些酶进行分离提纯,并认识到了有些酶的作用需要低分子物质(辅基或辅酶)的参加。研究酶及其催化反应的科学称为酶学(enzymology),它是生物化学的一个重要分支。酶工程(enzyme engineering)是酶学和工程学相互渗透、结合、发展而形成的一门新的科学技术,以应用为目的,研究和应用酶的特异性催化功能,并通过工程化,将相应原料转化成有用物质。与医药工业密切相关的有:药用酶制剂、酶诊断试剂以及作为催化剂的工程酶。酶及固定化酶已大量应用于外消旋体的光学拆分和废水处理,酶催化技术在半合成抗生素工业、氨基酸工业、甾体药物合成上也已得到广泛的应用。

一、酶催化反应的特点

酶是生物体活细胞产生的具有特殊催化功能的一类蛋白质,也被称为生物催化剂(biological catalyst)。根据酶催化作用的性质,可将酶催化反应分为 6 类,如表 4-7 所示。酶具有一般催化剂的特性,即在一定条件下仅能影响化学反应速率,而不改变化学反应的平衡点,并在反应前后数量和性质不发生变化。与一般催化剂的催化作用相比,酶催化又具有以下几个特点。

表 4-7　酶催化反应的类型

催化反应	酶的类型	实例
氧化-还原	氧化-还原酶	酮基的还原、醇的氧化
官能团转移	转移酶	将酰基、糖基等基团从一个分子转移到另一个分子上
水解	水解酶	酯、酰胺、酸酐、苷的水解
官能团转换	连接酶	$C=C$、$C=O$、$C=N$ 键的形成
异构化	异构酶	外消旋的异构化
分子结合	连接酶	$C—O$、$C—S$、$C—N$ 键的形成

(一) 催化效率高

酶的催化效率是一般催化剂的 $10^6 \sim 10^{13}$ 倍。以 $2H_2O_2 \longrightarrow 2H_2O+O_2$ 分解为例,在一定条件下,1 mol 过氧化氢酶(马肝)可催化 5×10^6 mol 过氧化氢分解为水和氧;而在同样条件下,1 mol Fe 只能水解 6×10^{-4} mol 过氧化氢,因此,过氧化氢酶的催化效率是 Fe 的 10^{10} 倍。

（二）专一性强

专一性是指酶往往只能催化一种或一类反应,作用于一种或一类极为相似的物质。如谷氨酸脱氢酶只专一催化 L-谷氨酸转化为 α-酮二酸,糜蛋白酶选择性地催化苯丙氨酸和酪氨酸羧基所形成的肽键的水解,淀粉酶只催化淀粉的水解反应等,这种性质称为酶的反应专一性。在底物专一性方面,有的酶表现绝对专一性,如尿酶专一性地催化尿素分解为氨和二氧化碳的反应,若尿素分子中氨基上的氢原子被甲基取代为甲基尿素,则不能为尿酶所分解。不过更多的酶具有相对专一性,它们允许底物分子上有小的变动。

在试验中,要在甾体化合物某一特定部位上引入双键和氧原子要费很多周折,而用某一特殊酶催化可以很方便地做到。

酶具有高度专一性的另一个重要表现就是立体专一性,即当酶作用的底物或形成的产物具有立体异构体时,酶能够加以识别,并有选择地只催化其中的某一个进行反应。例如 L-谷氨酸脱氢酶只能作用于 L-谷氨酸,而不能作用于 D-谷氨酸。此外,酶对顺反异构体也表现出专一性,如丁烯二酸酶仅对反式异构体起作用,对顺式异构体不发生作用。

$$HOOC—\overset{\|}{\underset{H—C—COOH}{C}}—H \quad +H_2O \quad \xrightarrow{\text{丁烯二酸酶}} \quad HO—\overset{COOH}{\underset{\underset{COOH}{CH_2}}{C}}—H$$

L-苹果酸

（三）反应条件温和

酶催化反应不像一般催化剂需要高温、高压、强酸、强碱等剧烈条件,而常在常温、常压、近中性 pH 值条件下进行催化反应。

（四）酶的催化活性受到调节和控制

在生物体内,调节和控制酶活性的方式是多种途径、不同水平的,有的在激素水平上调节修饰某些酶的共价结构,从而影响酶活性;有的通过激活酶原,调节酶的活性;还有的通过同工酶、多酶复合体等进行调节和控制酶活性。

目前工业上应用的酶大多数采用微生物发酵法来生产。在实际生产中不必将酶分离提纯,而是直接将反应物加入微生物的发酵液中,一边发酵产生酶,一边进行酶催化反应。工业生产中应用的酶催化反应具有如下特点:①酶催化反应一般是在常温、常压、中性 pH 值范围等条件下进行的,因此效率较高且节省能量。②由于酶催化反应的专一性,因此无(或很少)副产物生成,有利于分离和提纯;另外,利用酶的立体异构专一性,即只与某一种异构体或某一种构象底物发生作用,这是一般化学催化剂无法比拟的。③利用酶的专一性,可高效率分析天然物质和生物体成分,且不必对检体进行分离处理。

除上述优点外,酶催化反应也有一些不足之处:①由于在较温和的条件下进行反应,所以易发生杂菌污染;②酶的价格较高,精制过程工作量大,有必要开发低成本的精制技术;③仅限于一步或两步简单的反应,与微生物发酵相比,在经济上尚不理想;④从目前看,只能作用于限定的化合物,当然随着酶工程的不断发展,其适用的底物范围将不断扩大;⑤由于酶是蛋白质,所以其催化作用条件有一定限制,特别是当催化体系中含有抑制剂(或失活剂)时,将大大减弱酶的催化活力。另外,采用固定化技术,虽然有助于增加酶的稳定性,但酶终究还会失活。当底物为高分子化合物时,固定化酶并不一定是优良的生物催化剂。应用于制药工艺上的酶主要都是从微生物发酵得到的。在实际生产中不必将酶分离提纯,而是直接将反应物加入微生物的发酵液中,一边发酵产生酶,一边进行酶催化反应。

(五)酶的化学本质是蛋白质

酶是天然产生的蛋白质,是高分子胶体物质。酶催化时,起决定作用的仅是酶分子的一小部分,即酶的活化中心,实际上包括与底物结合的部分和参与催化反应的部分,前者称为结合中心,后者称为催化中心。结合中心决定酶的专一性,但是整个分子的其余部分对维持酶活性也是不可缺少的,尤其是酶蛋白体严格的空间构型更为重要,任何破坏空间构型的因素,都会导致酶活性的丧失。

二、酶催化反应的影响因素

能导致蛋白质变性的因素,如紫外线、热、表面活性剂、重金属盐以及酸碱变性剂等,往往也会使酶失活。

(一)抑制剂、活化剂及辅酶对酶催化反应的影响

许多酶在进行催化时需要辅助因子参加,辅助因子一般是一些小分子物质,包括辅酶和活化剂两大类。辅酶以特定的方式参与相应的酶反应,其本身也有弱催化能力,但远不能和酶相比,它们只有在与酶蛋白结合以后,才表现出高度专一的催化活性。

活化剂的主要作用是提高酶活力。活化剂一般是简单的离子。相似的离子往往都有活化酶的能力,如 Mn^{2+} 可以代替 Mg^{2+},Mn^{2+} 和 Ni^{2+} 也可以代替 Zn^{2+} 等。常见的活化剂有 K^+、Na^+、Mg^{2+}、Ca^{2+}、Zn^{2+}、Fe^{2+}、Cl^-、NO_3^-、SO_4^{2-} 等离子。

与此相反,酶的催化能力,也可被许多物质减弱、抑制甚至破坏,这些物质称为酶抑制剂,常见的有重金属离子(如 Ag^+、Hg^{2+}、Cu^{2+})和硫化物及生物碱等。有时反应产物本身也可以起抑制作用。

(二)温度对酶催化反应的影响

酶催化反应的速度常常随温度的高低而变化,不同温度下测定酶催化反应速度(初速度),可得图4-6所示的曲线。反应速度达到最高值时的温度称为最适温度,超过这一温度,反应速度就急剧下降,这就是一般所谓的酶蛋白变性。由图4-6可知,即使在最适温度,酶也会失活,酶催化反应时间一长就更成问题。一般说,不论酶催化反应的温度如何,均不可避免会有不同程度的热失活。就多数酶而言,最适宜的反应温度在 30 ~ 40 ℃之间,但有些微生物在 80 ℃以上的热水中还能生长,从这些微生物体中所提取的酶,其最适温度就高。来自高温菌的酶在工业上已引起重视。

(三)pH 值对酶活力的影响

酶是极性物质,对反应系统的 pH 值很敏感,适当改变 pH 值,常会影响酶和各种底物的离子状态。在不同的 pH 值条件下测定酶的活性(反应速度),可绘制得如图4-7 的曲线形状,它表明:①pH 值极高或极低时蛋白质会变性;②pH 对酶及底物带电状态的影响。

各种酶的最适 pH 值接近于它在活体内所处的 pH 值。大多数酶的最适 pH 值为 5.0～9.0,但胃蛋白酶的最适 pH 值为 1.8。

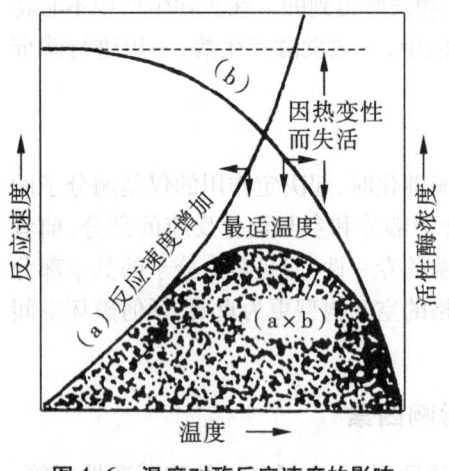

图 4-6　温度对酶反应速度的影响

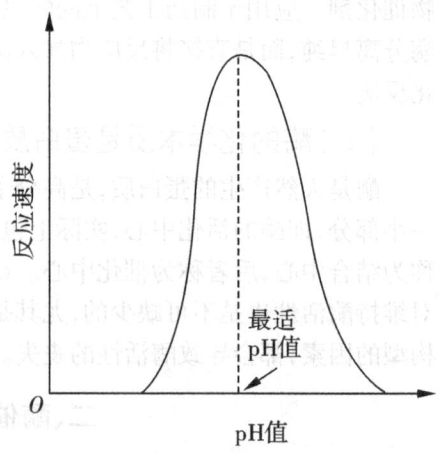

图 4-7　pH 值对酶反应速度的影响

（四）其他因素的影响

酶的本质是蛋白质,所以一些物理因素如紫外线、热、超声波等均能抑制和破坏酶的活性。

三、固定化酶和固定化细胞技术

酶反应多在水溶液中进行,属于均相反应系统。就其反应系统而言是简单的,但也有难以避免的缺点。例如,无论连续式还是间歇式反应,酶不能再利用,因此生产成本较高。产品分离提纯的难度较大;溶液中酶的稳定性差,容易变性和失活。如将酶制剂制成既能保持其原有的催化活性、性能稳定,又不溶于水的固形物,即固定化酶（immobilized enzyme）则可以克服上述的缺点,同时有助于提高酶的稳定性与使用效率,易于实现连续化和自动化操作。

（一）固定化酶的概念和特点

固定化酶又称水不溶性酶,它是将水溶性的酶或含酶细胞固定在某种载体上,成为不溶于水但仍具有酶活性的酶衍生物。将酶固定在某种载体上以后,一般都有较高的稳定性和较长的有效寿命,其原因是固化增加了酶构型的牢固程度,阻挡了不利因素对酶的侵袭,限制了酶分子之间的相互作用,酶固定化增加其耐热性,以氨基酰化酶为例,天然的溶液游离酶在 70 ℃加热 15 min 其活力全部丧失,但是当它固定于 DEAE-葡聚糖以后,同样条件下则可保存 80% 的活力。固定化还可增加酶对变性剂、抑制剂的抵抗力,减轻不利因素对蛋白酶的破坏作用,延长酶的操作和保存有效期。大部分酶在固定化后,其使用和保存的时间显著延长,这一特点最具实际应用价值,这种稳定性通常以半衰期表示,它是固定化酶的一个重要特性参数。

(二)固定化酶的制备

最早的固定化酶是 1953 年制备的。1969 年固定化氨基酸酰化酶正式用于工业生产。由于酶的催化反应依赖于它的结构及活性中心,因此在制备固定化酶时,必须避免过浓的酸、碱,高浓度盐、高温、有机溶剂和剧烈的化学反应,不使酶结构及其活性中心发生变化。通常采用的固定化方法可分为 4 种。

1. 吸附法

吸附法包括物理吸附和离子交换吸附。

(1)物理吸附法:这是通过氢键、疏水键和电子亲和力等物理作用力将酶固定于不溶性载体的方法。常用载体有高岭土、多孔砖、活性炭、皂土、硅胶、氧化铝、微孔玻璃及纤维片等。

(2)离子交换吸附法:又称离子结合法,是在适宜的 pH 值和离子强度条件下,利用酶的侧链解离基团和离子交换剂的相互作用而达到酶的固定化的方法。最常用的交换剂有 CM-纤维素、DEAE-纤维素、DEAE-葡聚糖凝胶等。吸附法操作简便,条件温和,载体可再生反复使用。但是它有一个突出的弱点,就是酶和载体的吸附力比较弱,容易在不适宜的 pH 值、高浓度盐或高温条件下解吸脱落。

近年来,通过开发新载体、研究提高吸附容量和酶与载体间的吸附力等,使离子交换法的应用有了进一步的进展,有些研究已用于工业生产。

2. 载体偶联法

它是借助共价键将酶的非必需的侧链基团与载体功能基团进行偶联以制备固相酶的方法。由于这样得到的固定化酶结合牢固、稳定性好,有利于连续使用,因此它是目前应用和报道最多的一类方法。但该法操作比较复杂,反应一般比较激烈,条件不易控制。常用的载体为天然高分子衍生物,如纤维素、葡聚糖凝胶、琼脂糖等,也有合成的高聚物,如聚丙烯酰胺、乙烯与丁烯二酸酐的共聚物——聚苯乙烯、尼龙等。根据不同的反应又可分为重氮法、异硫氰酸法、芳香烃化法、叠氮法、酸酐法、酰氯法、金属偶联法、交联法、包埋法等制法。

(1)叠氮法:一般适用于含羟基、羧基、羧甲基等的载体。以羧甲基纤维素为例,可先在酸性条件下用甲醇使之酯化,再用水合肼处理成酰肼,最后在亚硝酸作用下转变为叠氮衍生物,这种产物能在低温、pH 值在 7.5 ~ 8.5 的情况下与酶的氨基直接偶联。反应式如下:

$$R-OH \xrightarrow{ClCH_2CO_2H, CH_3OH, HCl} R-OCH_2CO_2CH_3 \xrightarrow{NH_2NH_2} R-OCH_2CONHNH_2$$

$$\xrightarrow{HNO_2} R-OCH_2CONH_2 \xrightarrow{H_2N/E} R-OCH_2CONHE$$
$$(E=酶)$$

(2)酰氯法:可用含羧基的载体,如羧酸树脂,通过氯化亚砜处理成活泼的酰氯衍生物,然后与酶偶联:

$$R'—COOH+SOCl_2 \longrightarrow R'—COCl \xrightarrow{H_2N/E} R'—CONH—E$$

选择什么样的偶联反应取决于载体上的功能基团与酶分子上的非活性侧链基团。一般情况下,载体上的功能基团与酶分子上的侧链基团间不具有直接反应的能力,因此在进行偶联反应前往往需要先进行活化。活化反应常常比较激烈,易导致酶失活,故通常总是先使载体上的功能基活化,然后再在比较温和的条件下将酶与活化了的载体偶联。

3. 交联法

这是通过双功能或多功能试剂使酶分子间发生交联反应以制备固相酶的方法。常用的功能试剂如戊二醛、苯基二异硫氰、双重氮联苯–2,2–二磺酸,其中戊二醛应用最多。

交联法操作简便,但交联反应往往比较激烈,许多酶易在固定化过程中失效,酶回收率不高。对此,可采用如下保护措施:在交联反应前先用抑制剂对底物进行专一性掩护;在交联反应系统中添加惰性蛋白质,如血清白蛋白、明胶等。

4. 包埋法

这是将聚合物的单体与酶溶液混合后,再借助聚合促进剂的作用进行聚合,使酶包埋于聚合物中以达到固定化的方法。包埋法有两种类型:格型包埋(将酶分子分散包埋在聚合的胶格内)和微型包埋(将一定量的酶溶液包在半透膜内)。常用的包埋剂有聚丙烯酰胺凝胶、淀粉胶、硅橡胶、聚乙烯醇、聚氨甲酸酯衍生物等。工业生产上实际是用固定化大肠杆菌产生 L–天冬氨酸,用固定化氨短杆菌产生 L–苹果酸。

(三)固定化酶的性质

游离的酶经固定化后所引起的酶性质的改变,一般认为可有下列几种原因:①酶分子构象的改变;②微环境的影响;③底物在载体和溶液间存在着分配效应;④扩散效应。这里,仅就固定化酶(包括多酶复合体系)的性质做一概述。

酶(或多酶复合体系)固定化后,酶的性质常发生改变。一般认为其原因来自两个方面:一方面是酶自身的变化——主要是活性中心的氨基酸残基、空间结构和电荷状态发生了变化;另一方面是载体的理化性质的影响——主要是由于在固定化酶的周围形成了能对底物产生立体影响的扩散层及静电的相互作用等而引起的。人们观察到的固定化酶的各种性质,是这些因素相互影响的结果。酶固定化以后,性质发生的变化表现在以下几个方面。

1. 底物专一性的改变

酶固定化后,由于形成立体障碍,当底物为高分子时,高分子底物难以接近酶分子。

2. pH–活性曲线和最适 pH 值的变化

将酶固定于多聚阳离子(polycationic)型载体上时,最适 pH 值向酸性一侧移动;若将酶固定化在多聚阴离子(polyanionic)型载体上时,则最适 pH 值向碱性一侧移动。

3. 动力学常数

在固定化酶的催化反应中,若有扩散阻力,则表现为米氏常数(K_m)变大;若分配系数大于 K_m 值,则表现为 K_m 下降,即 K_m 减少。这对固定化酶的实际应用是有利的,可保证反应进行得更完全。

K_m 反映酶分子与底物的亲和力。固定化酶的 K_m 与游离酶的 K_m 有的无变化,有的变化很大。载体结合法所制成的固定化酶的 K_m 有时变动的原因,主要是由于载体与底物间静电相互作用的缘故。

四、固定化酶和固定化细胞在医药工业上的应用

由于固定化酶性能稳定,可以反复利用,固定化酶蛋白不会进入产品中,有利于分离、提纯,使生产成本大大降低,同时也能为实现生产的管道化、连续化与自动化提供可能。固定化酶对有机溶剂的抵抗能力也比溶液酶有很大提高,因此它可用于进行某些非水系统的反应。

(一)酶在氨基酸生产上的应用

一是用于 DL-氨基酸的拆分,二是用于合成氨基酸。酶法拆分是利用酶对光学异构体有选择性的分解作用。在氨基酸工业生产中是利用酰化酶(主要来自曲霉、青霉、假单胞杆菌、酵母以及动物肾脏等)只作用于酰化 DL-氨基酸的 L-体而对 D-体无作用的原理。先将 DL-氨基酸进行酰化,然后用酶水解,经结晶而将 L-氨基酸与酰化 D-氨基酸分开,余下的酰化 D-氨基酸可用化学或酶法消旋化后,继续拆分,直到几乎全部 DL-氨基酸转变成 L-氨基酸。这种方法在丙氨酸、甲硫氨酸(蛋氨酸)、色氨酸、缬氨酸的生产上已广泛应用,现在更为理想的生产方法是将有拆分作用的酶与有消旋作用的酶联合应用,使 DL-氨基酸一步全部转化为所需的 D-氨基酸或 L-氨基酸。

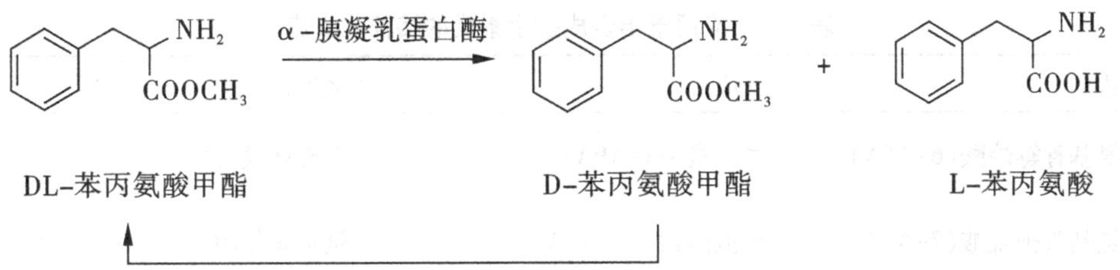

DL-苯丙氨酸甲酯　　　　　　D-苯丙氨酸甲酯　　　　　L-苯丙氨酸

酶法合成氨基酸是先利用化学方法合成分子结构简单的化合物作为前体,通过酶反应合成目标氨基酸,将化学合成与酶反应的优点相结合建立的一种有效的生产工艺,以高收率低成本等特点用于生产一般发酵法或合成法尚难于制备的一些氨基酸。不少氨基酸已可用酶催化法合成,见表4-8。

表4-8　酶在氨基酸生产中的应用

产品	反应	微生物(酶)
DL-氨基酸	DL-氨基酸→D 或 L-氨基酸	氨基酰化酶
L-天冬氨酸	延胡索酸+NH_3→L-天冬氨酸	大肠杆菌(天冬氨酸酶)
L-赖氨酸	(1)DL-α-氨基己内酰胺+H_2O→L-赖氨酸+D-α-氨基己内酰胺 (2)D-α-氨基己内酰胺→L-α-氨基己内酰胺	(1)卢氏隐球酵母(内酰胺酶) (2)无色杆菌(A. obal)(消旋酶)
L-酪氨酸	苯酚+丙酮酸+NH_3→L-酪氨酸	β-酪氨酸酶

续表 4-8

产品	反应	微生物(酶)
L-多巴	儿茶酚+丙酮酸+NH_3→L-多巴+H_2O	β-酪氨酸酶
L-色氨酸	吲哚+丙酮酸+醋酸铵→L-色氨酸	色氨酸酶
L-苯丙氨酸	苯丙酮酸→L-苯丙氨酸	大肠杆菌(苯丙转氨酶)
D-苯甘氨酸	DL-苯乙内酰脲→D-苯甘氨酸	乙内酰脲酶
D-对羟苯甘氨酸	DL-对羟基苯乙内酰脲→D-对羟基苯甘氨酸	乙内酰脲酶

(二)酶在半合成抗生素工业上的应用

半合成 β-内酰胺抗生素主要包括半合成青霉素和半合成头孢菌素两大类。目前半合成 β-内酰胺抗生素的生产仍以化学合成法为主。由于化学合成法对反应条件要求苛刻、收率低、副反应多,以及"三废"污染等问题,促使人们开展酶法制备半合成 β-内酰胺抗生素的研究(表4-9)。

表4-9   应用于半合成抗生素类的酶催化反应

产品	反应	微生物(酶)
6-氨基青霉烷酸(6-APA)	青霉素→6-APA	青霉素酰化酶
7-氨基头孢烷酸(7-ACA)	头孢菌素→7-ACA	氨基氧化酶
7-ACA(两步法)	头孢菌素→中间体→7-ACA	氨基氧化酶,7-ACA 酰化酶
头孢氨苄	苯甘氨酸甲酯+7-ADCA→头孢氨苄	巨大芽孢杆菌 B-402
羟甲基头孢菌素	头孢菌素 C→羟甲基头孢菌素	头孢菌素乙酰酯酶
青霉素 G	葡萄糖→青霉素 G	青霉菌

7-ADCA:7-氨基-3-去乙酰氧基头孢烷酸

酶法裂解制备6-氨基青霉烷酸(6-APA)现已实现工业化生产。6-APA 是生产青霉素类药的重要中间体。过去都是将青霉素 G 进行化学裂解得6-APA,然后以6-APA 为母体来制备一系列半合成青霉素。但6-APA 很不稳定,易分解,用化学裂解法时,须在低温下(-40 ℃左右)进行反应,且收率低、成本高。采用固定化酶裂解后,成本大大降低。工业上,一般采用大肠杆菌的青霉素 G 酰化酶及巨大芽孢杆菌的青霉素 G 酰化酶或镰刀霉菌的青霉素 G 酰化酶生产6-APA。

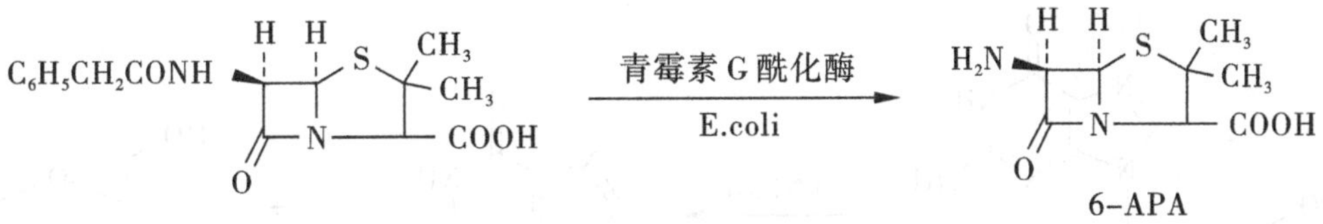

另据报道,用三醋酸纤维包埋的大肠杆菌青霉酰胺酶进行催化,可以使6-APA与D-苯甘氨酸乙酸缩合,制备氨苄青霉素,即所谓半合成青霉素的"酶促合成法"。该方法也可用于头孢菌素类抗生素的合成。

(三)酶在合成核苷类抗病毒药物中的应用

核苷类药物包括治疗艾滋病的HIV逆转录酶抑制剂齐多夫定、司他夫定等,治疗乙型肝炎的拉米夫定,治疗疱疹病毒感染的阿昔洛韦和更昔洛韦,治疗单纯疱疹及脑炎的阿糖腺苷,治疗疱疹病毒和丙型肝炎的利巴韦林等。

化学法合成核苷类药物存在步骤多、难度大、周期长且有异构体产生等缺点。应用核苷磷酸化酶和N-脱氧核糖转移酶半合成核苷类药物已取得一定成果,核苷磷酸化酶可以可逆地催化核苷或脱氧核苷磷酸化,生成核糖-1-磷酸或脱氧核糖-1-磷酸和碱基,如果加入另一种碱基,则可形成新的核苷。一些核苷磷酸化酶已应用于生产或表现出实用价值,其产生菌种和应用见表4-10。

表4-10　应用核苷磷酸化酶生产核苷类药物实例

菌种	底物	产物
乙酰短杆菌AJ1442(ATCC954)	鸟苷+三氮唑甲酰胺	利巴韦林
乙酰短杆菌TQ952	鸟苷+三氮唑甲酰胺	利巴韦林
胡萝卜欧文杆菌AJ2992	乳清酸核苷+三氮唑甲酰胺	利巴韦林
胡萝卜欧文杆菌AJ2992	鸟苷+胸腺嘧啶	5-甲基尿苷
产气肠杆菌AJ11125	阿糖尿苷+腺嘌呤	阿糖腺苷
大肠杆菌	脱氧尿苷+胸腺嘧啶	胸苷
干燥棒杆菌ATCC373	脱氧肌苷+胸腺嘧啶	胸苷
佐氏库特氏菌	脱氧尿苷+三氟甲基尿嘧啶	曲氟尿苷

例如,利巴韦林(4-6)的合成以鸟苷(4-7)为原料,利用乙酰短杆菌产生的嘌呤核苷磷酸化酶(PNPase),先将鸟苷水解成鸟嘌呤(4-8)和D-核糖-1-磷酸(4-9),再与三唑甲酰胺(4-10)结合生成利巴韦林。

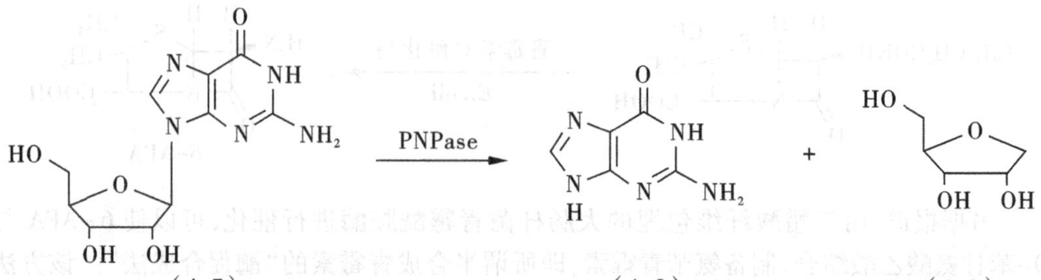

N-脱氧核糖转移酶催化嘌呤与嘌呤之间、嘌呤与嘧啶之间的转移反应,因不形成核糖(脱氧核糖)-1-磷酸,所以反应不依赖于磷酸盐。N-脱氧核糖转移酶可催化受体碱基结构变化较大的反应,对碱基和核糖无严格专一性;仅催化合成 β 型核苷,具有高度的立体选择性;最佳底物为胸苷、脱氧胸苷、胞苷和脱氧胞苷。N-脱氧核糖转移酶的应用实例见表4-11。

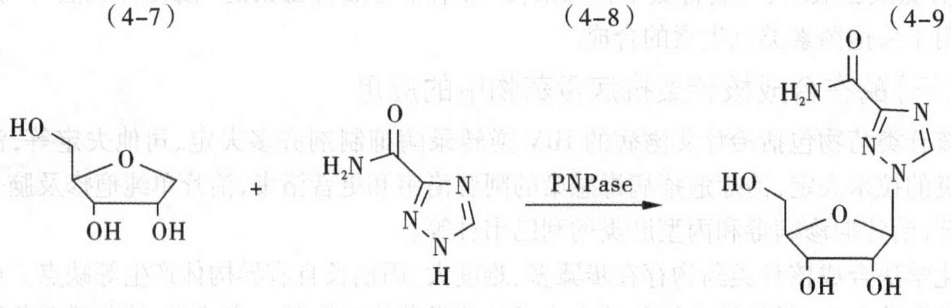

表4-11　应用 N-脱氧核糖转移酶合成核苷类药物的实例

菌种	底物	产物	用途
莱氏乳细菌	脱氧胞苷 +N⁶-二甲基腺嘌呤	双脱氧-N⁶-二甲基腺苷	抗 HIV
瑞士乳杆菌	双脱氧核苷 + 2-卤代腺嘌呤	双脱氧-2-卤代腺苷	抗 HIV
瑞士乳杆菌	脱氧胸苷 + 胞嘧啶	脱氧胞苷	抗 HIV
大肠杆菌	α-2′-脱氧-4′硫尿苷和 β-2′-脱氧-4′硫尿苷的混合物 + 嘌呤	2′-脱氧-4′硫嘌呤类核苷	抗病毒

第五章 手性药物的制备技术

第一节 概 述

一、手性药物与生物活性

（一）手性药物

手性（chirality）是三维物体的基本属性。手性药物（chiral drug）是指分子结构中含有手性中心或不对称中心的药物，它包括单一的立体异构体、两个或两个以上立体异构体的混合物。据统计，目前临床上常用的 1 850 种药物中有 1 045 种是手性药物，高达 62%。其中多数是从手性天然产物或者是以手性天然产物为先导开发的，如紫杉醇、青蒿素、沙丁胺醇和萘普生等都是手性药物。全世界在研的 1 200 种新药中，有 820 种是手性药物，约占研发药物总数的 70%。

从药效学角度看，药物与靶分子之间的作用与药物分子手性识别及手性匹配能力相关，即手性药物的立体选择性。手性药物的不同对映体通常表现出不同的药理活性、代谢过程、代谢速率和毒性。通常药物只有一种对映体具有较强的药理活性，另一种对映体的药效较差或没有药效，甚至具有毒副作用。一个典型的例子是 20 世纪 60 年代欧洲和日本一些孕妇因服用外消旋的沙利度胺而造成数以千计的胎儿畸形。沙利度胺（反应停，5-1）曾是有效的镇静药和止吐药，尤其适合减轻孕妇妊娠早期反应，后来发现其（S）-沙利度胺可引起致畸性，而其（R）-沙利度胺具有镇静作用，即使在高剂量时也无致畸作用。然而，沙利度胺的手性中心在质子化的介质中会通过互变异构发生快速的消旋化（图 5-1），两个光学异构体均易转化为消旋体混合物，并且发生开环降解。这一过程在体内进行得比体外快。因此，即使使用光学异构体，也不能避免"反应停事件"的发生。

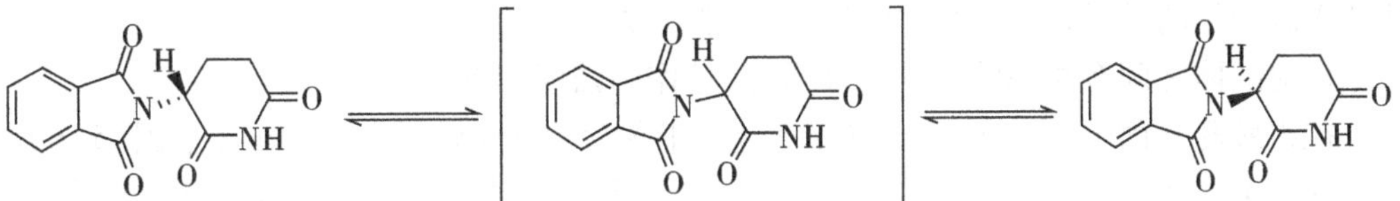

图 5-1 沙利度胺光学异构体在质子性溶剂中的消旋化

另一个有趣的例子是用于治疗帕金森病的 L-多巴（5-2），L-多巴在多巴脱羧酶催化下经脱羧反应可形成无手性化合物多巴胺(5-3),多巴胺不能透过血脑屏障进入作用部位,因此 L-多巴作为多巴胺的生物前体发挥作用。多巴脱羧酶具有立体专一性,只对 L-多巴有脱羧催化作用,而对 D-多巴无效。另外,D-多巴不能被人体酶代谢,在体内蓄集,可引起粒细胞减少等严重不良反应。因此,必须服用单一对映体 L-多巴。

(5-2)　　　　　　　　　　　　　　　　(5-3)

美国食品和药品管理局(FDA)在 1992 年颁布了《新立体异构药物开发的手性药物管理指南》中要求所有在美国申请上市的外消旋体新药,生产商均需提供报告说明药物中所含对映体各自的药理作用、毒性和临床效果。这就是说,如果申请上市药物的化学结构中含有一个手性中心,开发者就得做三组(左旋体、右旋体和外消旋体)药效学、毒理学和临床等试验。这无疑大大增加了新化学实体以混旋体形式上市的难度,而对于已经上市的混旋体药物,可以以单一立体异构体形式作为新药提出申请,并能得到专利保护。随后欧共体和日本也采取了相应的措施,我国在 1999 年由国家经贸委颁布的《医药行业技术发展重点指导意见》中将研究不对称合成和拆分技术列为化学原料药的关键生产技术。这些政策和法规极大地推动了手性药物的研究和发展。2006 年,我国国家食品药品监督管理局(CFDA)也颁布了《手性药物质量控制研究技术指导原则》,此项措施大大促进了手性药物制备技术的发展,手性药物的研究与开发已经成为当今世界新药发展的重要方向和热点领域。

由于手性药物具有副作用少、使用剂量低和疗效高等特点,颇受市场欢迎。据统计,2001 年全球手性药物销售额达 1 472 亿美元,2005 年接近 1 800 亿美元,2010 年销售额约为 3 200 亿美元,2014 年手性药物总销售额达 8 000 亿美元,据专家预测,2017 年世界销售额可望超过 20 000 亿美元。随着合理药物设计思想的日益深入,化合物结构趋于复杂,手性药物出现的可能性越来越大;此外,用单一异构体代替临床应用的混旋体药物,实现手性转换,也是开发新药的途径之一。

(二)手性药物的分类

随着对映体制备和拆分技术的进步,特别是手性色谱分离技术的飞跃发展,对于手性药物对映体之间药效学和毒理学性质的差异有了更深入的认识。根据对映体之间药理活性和毒副作用的差异,可将含手性结构的药物分为三大类。

1. 对映体之间有相同的某一药理活性,且作用强度相近

抗组胺药异丙嗪(5-4)、抗心律失常药氟卡尼(5-5)和局部麻醉药布比卡因(5-6)均属于这一类。布比卡因的两个对映体具有相近的局麻作用,然而(S)-体还兼有收缩血管的作用,可增强局麻作用,因此作为单一对映体药物上市。

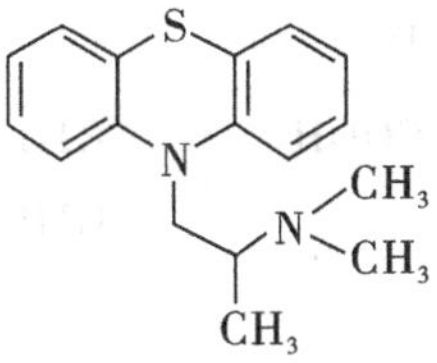

(5-4)

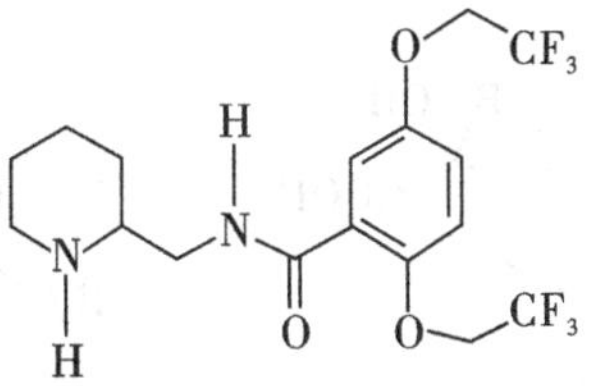

(5-5)

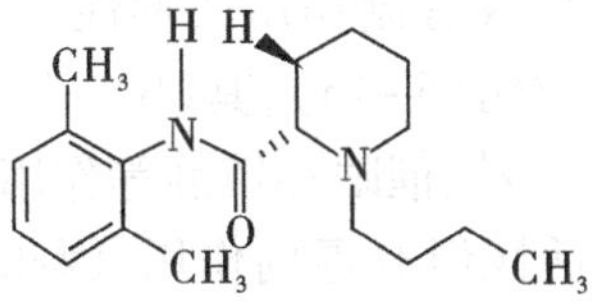

(S)

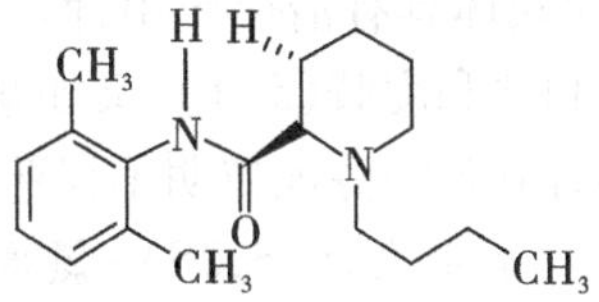

(5-6)

(R)

2. 对映体具有相同的活性,但强度有显著差异

与靶标具有较高亲和力的对映体,被称为活性体;而与靶标亲和力较低的对映体是非活性体。异构体活性比(ER)越大,作用于某一受体或酶的专一性越高,作为一个药物的有效剂量就越低。β-受体阻断剂通过拮抗肾上腺素受体的作用发挥抗高血压作用,去甲肾上腺素(5-7)的活性体为(R)-去甲肾上腺素,与之立体结构相似的β-受体阻断剂的(S)-去甲肾上腺素为活性体,代表药物为阿替洛尔(5-8)、普萘洛尔(5-9)和美托洛尔(5-10)ER的分别为12、130和270,三种药物均以外消旋体上市,其原因一是(R)-对映体无明显毒副作用,二是难以获得单一对映体。抗抑郁药物帕罗西汀(5-11)和舍曲林(5-12)也属于这一类,并以单一异构体上市。非甾体抗炎药萘普生(5-13)和布洛芬(5-14)的ER分别为35和28,其中布洛芬以消旋体上市。环磷酰胺(5-15)的手性中心是磷原子,(R)-环磷酰胺的活性为(S)-环磷酰胺的1/3,然而,二者毒性几乎相同,可以以消旋体上市。

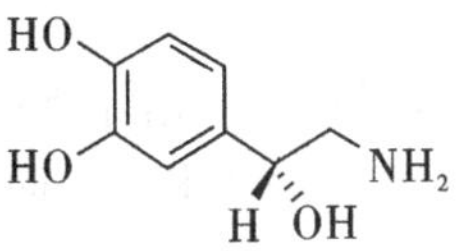

(5-7)

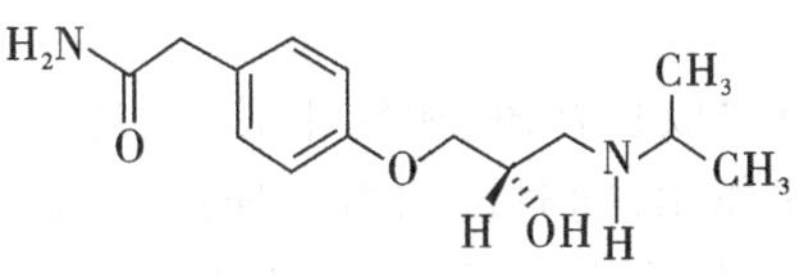

(5-8)

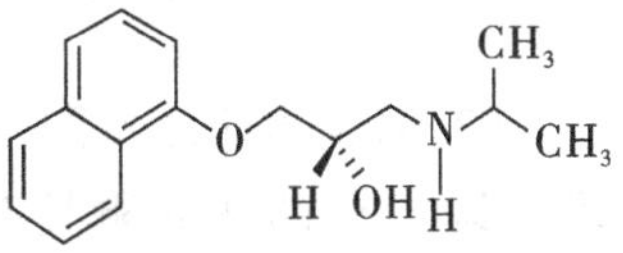

(5-9)

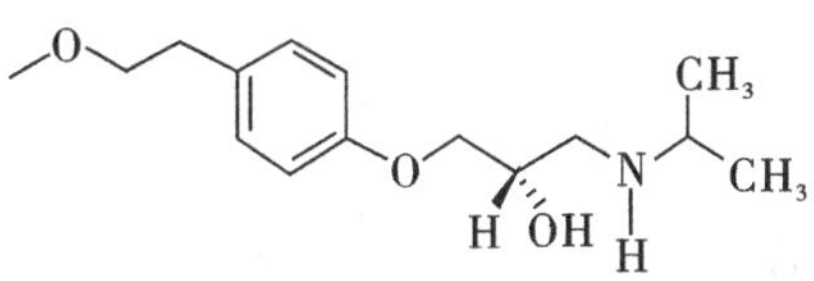

(5-10)

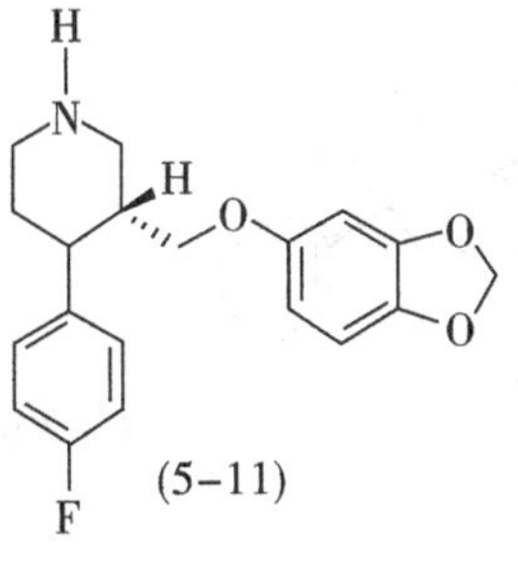

(5-11)

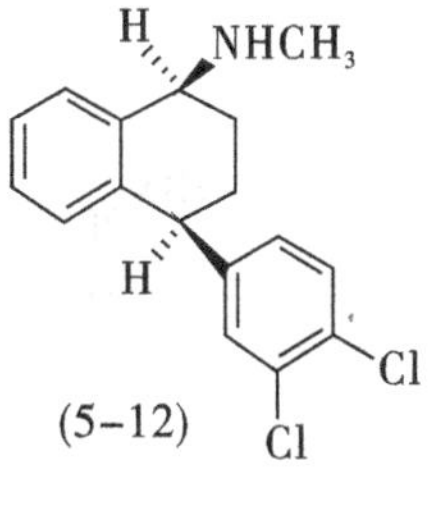

(5-12)

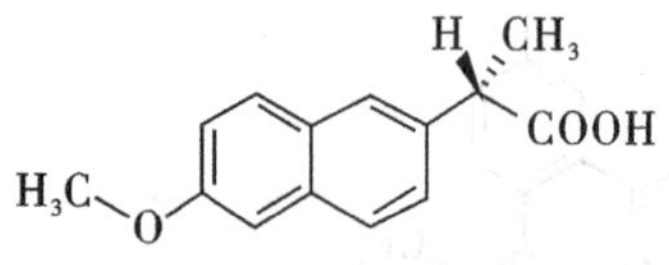

124 制 药 工 艺 学

(5-13) 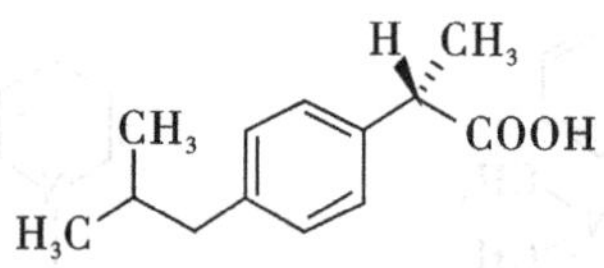 (5-14) 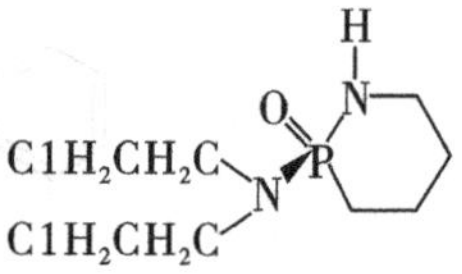 (5-15)

3. 对映体具有不同的药理活性

(1)一个对映体具有治疗作用,而另一个对映体仅有副作用或毒性。典型的例子有 L-多巴(5-2)和沙利度胺(5-1),又如减肥药芬氟拉明(5-16),其(S)-芬氟拉明具有抑制食欲的作用,而(R)-芬氟拉明不仅药效低,且有头晕、催眠和镇静等作用。氯霉素(5-17)是(1R,2R)-氯霉素,(1S,2S)-氯霉素无抗菌活性但有毒副作用,因此由(1R,2R)-氯霉素和(1S,2S)-氯霉素组成的合霉素被氯霉素替代。氯胺酮(5-18)是以消旋体上市的麻醉镇痛剂,但有致幻作用,研究结果表明致幻作用是(R)-氯胺酮产生的,(S)-氯胺酮已作为单一异构体药物上市。抗结核药乙胺丁醇(5-19)的活性体是(S,S)-乙胺丁醇,ER 为 200,(R,R)-乙胺丁醇可导致失明。

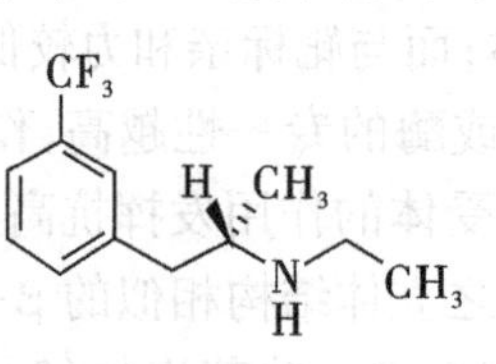

(5-16) 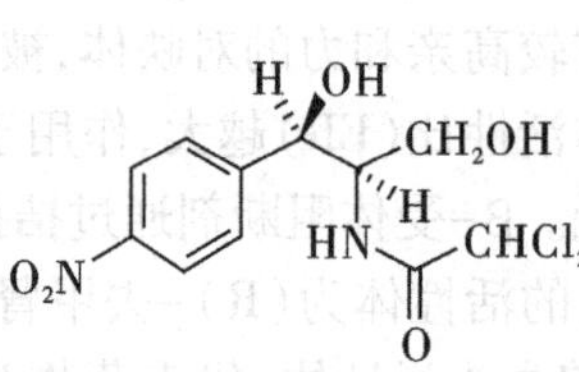 (5-17)

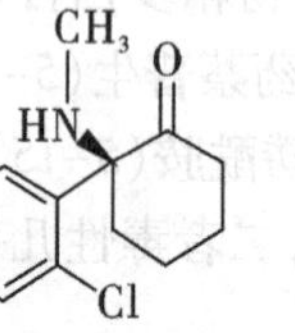

(5-18) 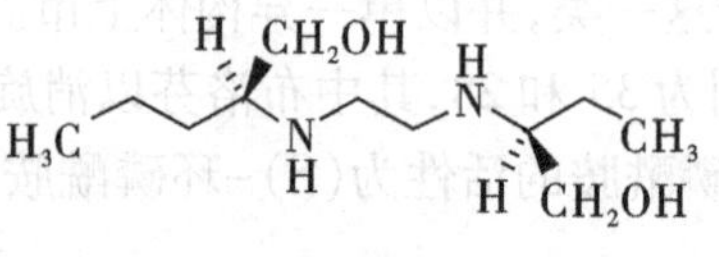 (5-19)

(2)对映体活性不同,但具有"取长补短、相辅相成"的作用。利尿药茚达立酮(5-20),其(R)-茚达立酮具有利尿作用,同时增加血中尿酸浓度,导致尿酸结晶析出;而(S)-茚达立酮有促进尿酸排泄的作用,可消除(R)-茚达立酮的副作用。研究表明对映体达到一定配比才能取得最佳疗效,而不是简单的 1∶1 的外消旋体即可满足要求。

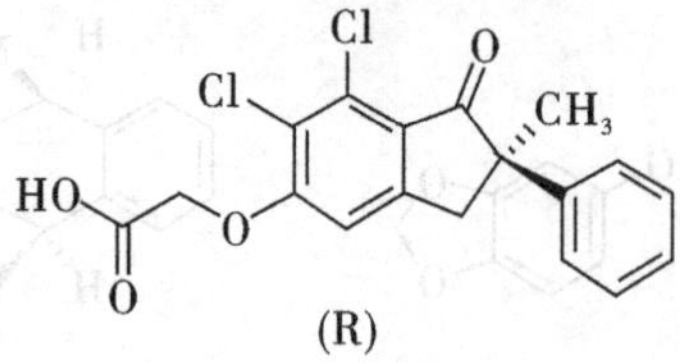

(R) 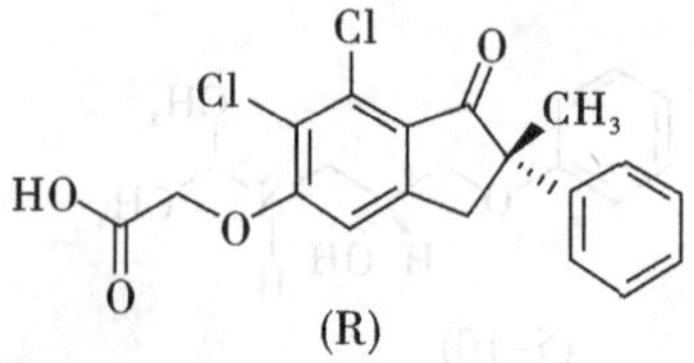 (R)

(5-20)

（3）对映体存在不同性质的活性，可开发成两个药物。如丙氧芬（5-21），其（2S，3R）-丙氧芬是镇痛药右丙氧芬，而（2R，3S）-丙氧芬是镇咳药左丙氧芬。

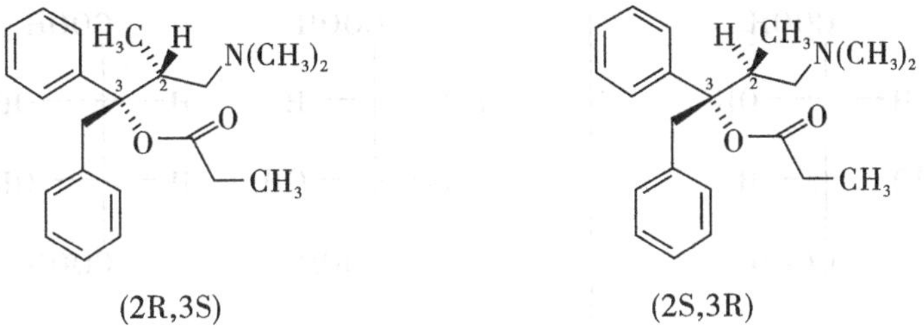

（2R,3S）　　　　　　　　　　（2S,3R）

(5-21)

（4）对映体具有相反的作用。利尿药依托唑啉（5-22）的（R）-依托唑啉有利尿作用，而（S）-依托唑啉具有抗利尿作用。

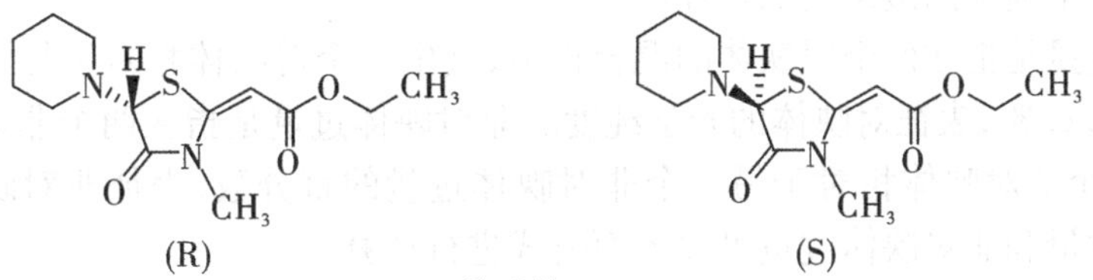

（R）　　　　　　　　　　（S）

(5-22)

（三）手性药物的活性研究

1. 手性化合物的几个重要概念

（1）对映体和非对映体：对映体是指分子具有互相不可重合的镜像的立体异构体。互为对映体的两个立体异构体，在通常的条件下具有相同的化学性质和物理性质，仅旋光方向不同（比旋光度相同）。但在手性条件下有不同的理化性质。例如酶反应，（S）-氨基酸在（S）-氨基酸氧化酶存在下可发生降解，而（R）-氨基酸不反应。（R）-天冬酰胺是甜的，（S）-天冬酰胺则是苦的。氯霉素有很强的抗菌作用，而其对映体是无效的。

非对映体是指具有两个或多个非对称中心，并且其分子互相不为镜像的立体异构体。非对映体间的物理性质（熔点、沸点、溶解度等）是不同的。旋光方向可以相同或不同，但比旋光度是不同的。在化学性质方面，它们虽能发生类似的反应，但反应速率不同，有时甚至产物也不同，借此可以将两个非对映体分开。例如利用溶解度的不同，可以重结晶分离异构体；利用化学性质的不同，亦可在动力学拆分中用来分离异构体。

（2）内消旋、外消旋、外消旋化：内消旋（meso）化合物是指分子内含有 2 个或多个非对称中心但又有对称面，因而不能以对映体存在的化合物，例如内消旋的酒石酸。内消旋化合物用前缀 meso 表示。

外消旋（racemic）是指以外消旋体或两种对映体的 50：50 混合物存在，可用（±）表示。外消旋化（racemization）是指一种对映体转化为两个对映体的等量混合物。外消旋物也称外消旋混合物或外消旋体。部分消旋化（scalemic）是指两个对映体的混合物，其中有一个是过量的；用来表示大部分合成或拆分不能产生 100% 的一个对映体的事实。

对于外消旋体的特性我们在下节外消旋体的拆分中再进行详细讲解。

$$
\begin{array}{ccc}
\text{COOH} & \text{COOH} & \text{COOH} \\
\text{H}\!\!-\!\!\text{OH} & \text{HO}\!\!-\!\!\text{H} & \text{H}\!\!-\!\!\text{OH} \\
\text{HO}\!\!-\!\!\text{H} & \text{H}\!\!-\!\!\text{OH} & \text{H}\!\!-\!\!\text{OH} \\
\text{COOH} & \text{COOH} & \text{COOH} \\
(2R,3R) & (2S,3S) & meso\text{-}酒石酸
\end{array}
$$

2. 手性药物的纯度表征　制备手性药物不仅是要得到具有光学活性的产物,更重要的是制备出光学纯度高的产物。对映体过量(e.e.%)和非对映体过量(d.e.%)是表征手性化合物光学纯度的最重要的指标。

对映体过量是指在两个对映体的混合物中,其中一个对映体相对于另一个对映体过量的百分数 e.e.%,表征对映体的光学纯度。非对映体过量是指在两个非对映体的混合物中,其中一个非对映体相对于另一个非对映体过量的百分数,表征非对映体的光学纯度。对映体过量和非对映体过量可按下面公式进行计算。

对映体过量:$e.e. = \dfrac{[S]-[R]}{[S]+[R]} \times 100\%$

非对映体过量:$d.e. = \dfrac{[S*S]-[S*R]}{[S*S]+[S*R]} \times 100\%$

二、手性药物的制备技术

手性药物的制备技术由化学控制技术和生物控制技术两部分组成,如图5-2所示。在手性药物的制备和生产中,化学制备工艺和生物制备工艺常常交替进行。如甾体类药物的生产工艺以天然产物为起始原料,既应用化学方法,又采用生物方法,详见第十二章氢化可的松的生产工艺原理。

按照使用原料性质的不同,手性药物的化学控制技术可分为普通化学合成、不对称合成和手性源合成三类。以前手性化合物为原料,经普通化学合成可得到外消旋体,再将外消旋体拆分制备手性药物,这是工业采用的主要方法。拆分法分为直接结晶拆分法、非对映异构体盐结晶拆分法、包络拆分法、动力学拆分法和色谱分离法。一个前手性化合物(前手性底物)经选择性地与一手性实体反应转化为手性产物即为不对称合成。从经济的角度来看,手性催化剂优于手性试剂,手性催化剂包括简单的化学催化剂(手性酸、碱和手性配体金属配合物)和生物催化剂。手性源合成指的是以价格低廉、易得的天然产物及其衍生物,例如,糖类、氨基酸、乳酸等手性化合物为原料,通过化学修饰的方法转化为手性产物。产物构型既可能保持,也可能发生翻转或手性转移。

手性药物的生物控制技术:一是天然物的提取分离技术,在动植物体中存在着大量的糖类、萜类、生物碱类等手性化合物,用分离提取技术可直接获得手性化合物。二是控制酶代谢技术,可以使用纯化的酶,也可以应用活细胞,它们分别属于酶工程和发酵工程领

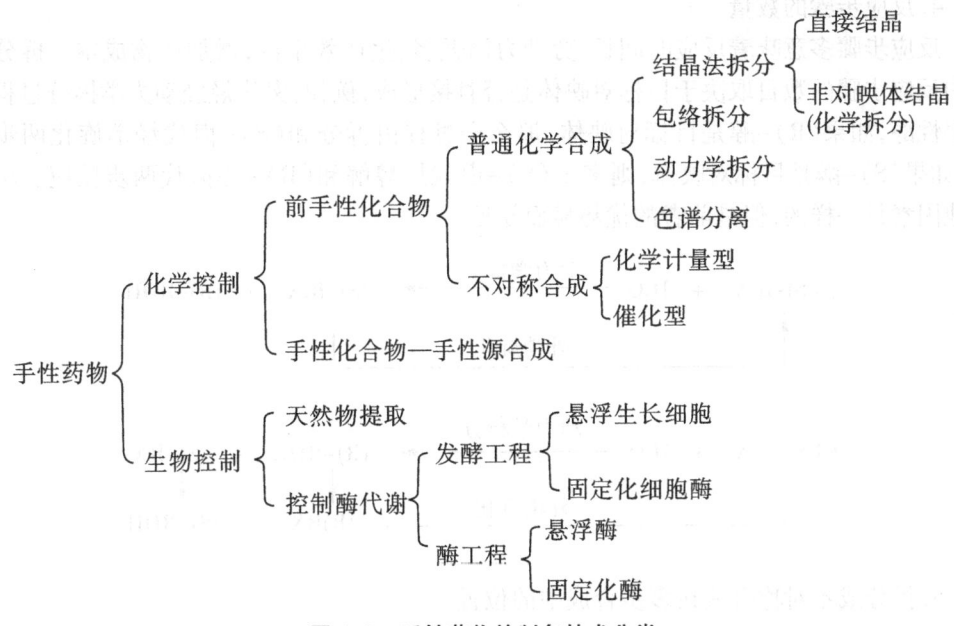

图 5-2 手性药物的制备技术分类

域。酶工程可用于催化动力学拆分和不对称合成,与悬浮酶相比,固定化酶具有稳定性好、可连续操作、易于控制、易于提纯和收率高等特点,是酶工程的主要发展方向。发酵工程,即微生物合成,在微生物或动植物细胞的作用下,把价廉易得的碳水化合物等转化为手性化合物,既用于制备简单的手性化合物如乳酸、酒石酸、L-氨基酸,又用于制备相对复杂的大分子,如抗生素、激素和维生素等。

拆分、不对称合成和手性源合成三方面内容是本章将要讨论的主要内容。

三、影响手性药物生产成本的主要因素

影响手性药物制备成本的因素主要有以下几点。

1.起始原料的成本

不同的合成路线,不同的制备技术,采用的起始原料不同。这是合成路线设计与选择时首先遇到的问题。

2.拆分试剂、化学或生物催化剂的成本

拆分试剂、化学或生物催化剂的回收利用是否方便可行,直接影响手性药物生产的成本。

3.化学收率和产物的光学纯度

实验室工艺中常常忽视的一个因素是生产效率,即单位时间、单位体积反应器所得的产物量。总的来说,反应物以较高的浓度参加反应,并以较高的化学收率和光学纯度得到产物,那么,这就是一个经济的反应过程。在实际生产中,以牺牲一定的化学收率为代价来提高产物的光学纯度的措施有时是可取的。

4. 反应步骤的数量

反应步骤多意味着反应时间长、劳动力消耗多、生产效率低,增加产物成本。拆分过程中反应步骤的数目取决于目标对映体是否直接形成,例如,卤代烃经动力学拆分过程得到手性醇,如果(R)–醇是目标对映体,那么全过程由拆分和(S)–卤代烃消旋化两步组成;如果(S)–醇是目标对映体,则多了(S)–卤代烃醇解和(R)–醇卤代两步反应。尽管其他因素是一样的,但是前者的优势显而易见。

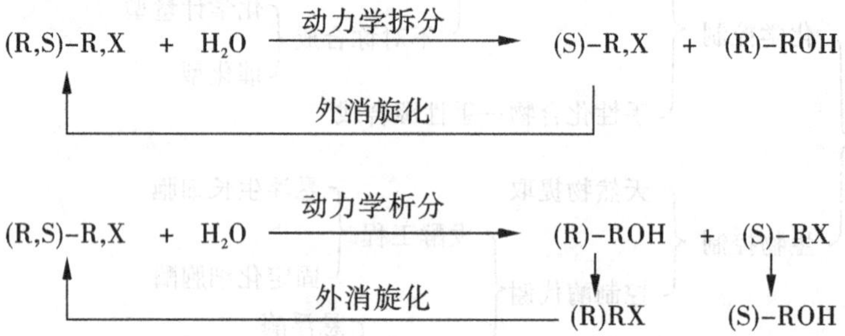

$$(R,S)\text{–}R,X \ + \ H_2O \xrightarrow[\text{外消旋化}]{\text{动力学拆分}} (S)\text{–}R,X \ + \ (R)\text{–}ROH$$

$$(R,S)\text{–}R,X \ + \ H_2O \xrightarrow[\text{外消旋化}]{\text{动力学析分}} (R)\text{–}ROH \ + \ (S)\text{–}RX$$
$$(R)RX \qquad\qquad (S)\text{–}ROH$$

5. 拆分或不对称合成在多步合成中的位置

在多步合成中,拆分或不对称合成要尽可能早地进行。道理很简单,如果某一步反应产物是单一立体异构体而不是外消旋体,意味着在随后的步骤中将省去一半的原料、溶剂、反应体积等。另外随着合成反应的进行,中间体结构越来越复杂,非目标对映体的消旋化愈加困难。通过比较右美沙芬(5-23)的不同路线可说明以上问题。以中间体(5-24)路线 A 在最后一步反应后进行拆分,而路线 B 第一步反应即拆分得到手性中间体,尽管两条路线反应步骤和反应收率均相同,但是路线 B 更经济,因而被工业上采用。另外拆分早,非目标立体异构体容易转化利用,而最后一步产物消旋化很困难。

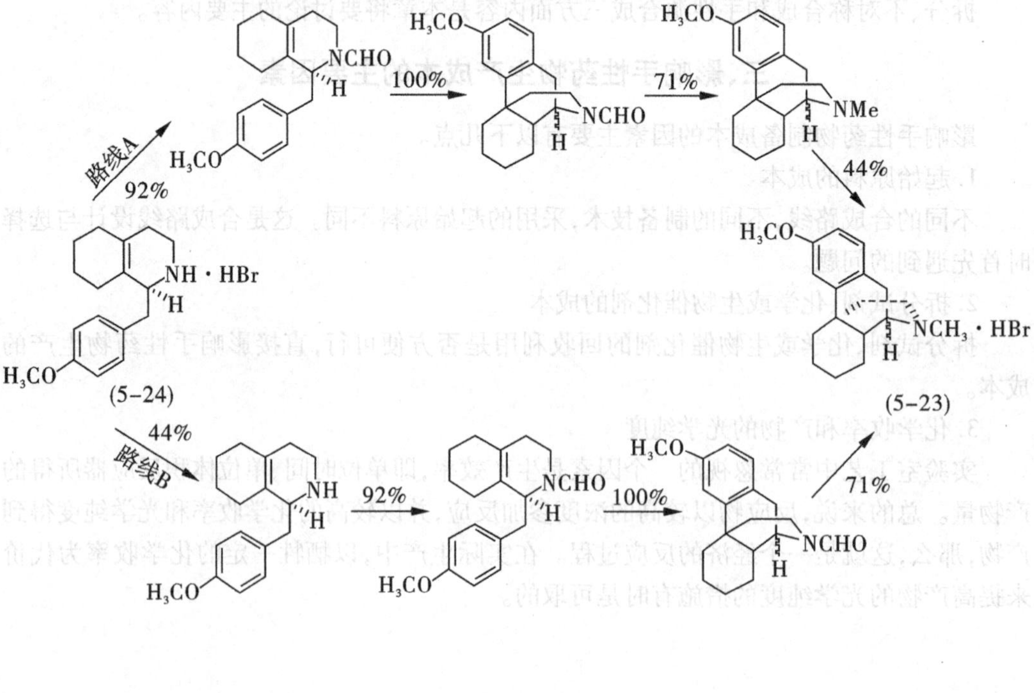

6. 非目标立体异构体的转化利用

非目标对映体能否简便地转化利用,直接影响拆分过程的经济价值。非目标立体异构体的转化利用包括外消旋化和构型翻转两种途径,非目标立体异构体的外消旋化或构型翻转在整个过程中往往是最困难的。

外消旋化通常在强酸或强碱条件下加热完成。例如,α-位含氢原子的手性羰基化合物一般用强碱处理可使之外消旋化;伯胺外消旋化的一个好方法是与催化量的碳基化合物形成 Schiff 碱,经可逆性异构化得到消旋化产物;应用均相或非均相过渡金属催化剂,可制备手性胺和醇的外消旋化产物。

例如,Merck 公司利用这种方法进行缩胆囊素拮抗剂大规模的消旋和拆分,在不需要的(R)-异构体(5-25)中加入催化量的芳香醛生产亚胺(5-26),后者在(+)-樟脑磺酸(CSA)的作用下发生消旋生成(5-27),接着(5-27)脱去芳香醛转化为胺(5-28)并与 CSA 形成盐而结晶出来。这种"一锅煮"的方法达到 6 kg 的生产规模。

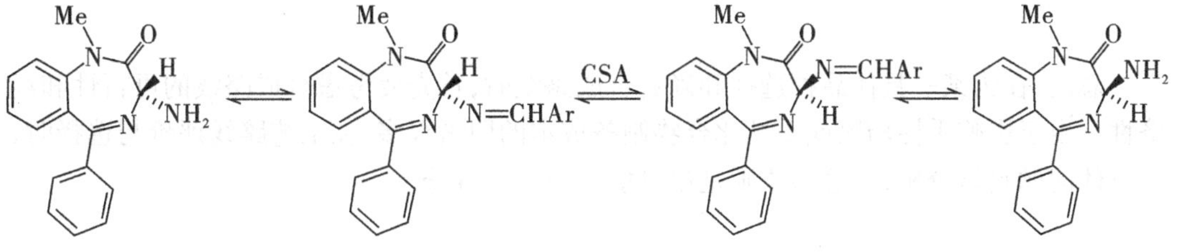

(5-25)　　　　　　(5-26)　　　　　　(5-27)　　　　　　(5-28)

另一种方法就是要找到一种使非目标对映体构型翻转的方法。Giordano 等报道了关于抗感染药甲砜霉素(5-29)合成中间体的构型翻转的巧妙方法。关键中间体苏-2-氨基-(4-甲硫基苯基)-1,3-丙二醇经直接结晶法拆分,得到所要的(1R,2R)-异物体(5-30)。非目标对映体(1S,2S)-异物体(5-31)在构型翻转中,C_1 和 C_2 两个手性中心相互制约,因此保持了立体化学的完整性。以甲苯为溶剂在 1,4-二氮杂双环[2,2,2]辛烷(1,4-diazabicyclo[2,2,2]octane,DABCO)的催化作用下,不稳定的醛发生构型变化,首先实现 C_2 的差向异构化。可能经过一个开环的碳正离子中间体,形成噁唑啉的甲基磺酸盐,这是一对比例为 95:5 的非对映异构体,完成 C_1 的构型翻转。随后水解、重结晶,得到光学纯的(1R,2R)-二醇(5-30)。

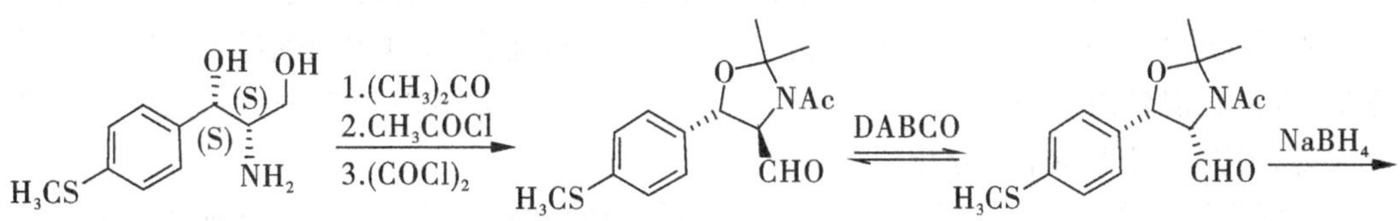

(5-31)

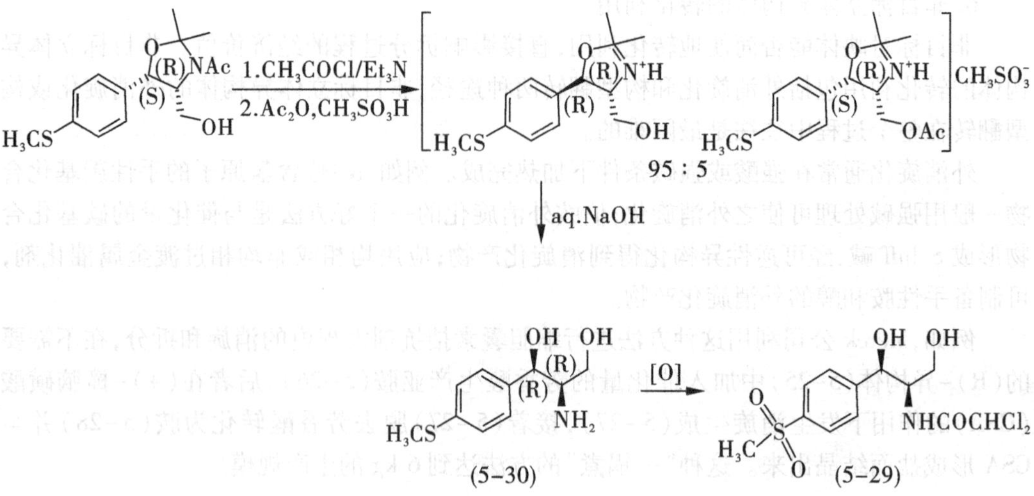

(5-30)   (5-29)

总之,在为某一具体品种选择和确定合成路线时,首先要考虑合成路线的可行性和经济性。由于影响手性药物或手性化合物制备成本的因素很多,在工艺路线评价与选择时,要具体问题具体分析,但总的原则是尽可能早地进行拆分。

第二节　外消旋体拆分

一、外消旋体的特性

气态、液态或溶液的外消旋体在普通条件下的物理性质和相应的光活性化合物是相同的,如有相同的熔点、沸点、折射率以及红外、核磁等由对称的物理能产生的吸收光谱。因此在这些条件下无法将对映体直接分开。但在固体条件下,外消旋体的情况要复杂的多,一般存在下列三种情况。

1. 外消旋混合物

当同种对映体之间的作用力大于相反对映体之间的作用力时,(+)的对映体和(-)的对映体将分别结晶,宏观上就是两种晶体的混合物,称为外消旋混合物。Pasteur 首次分离酒石酸的两种对映体,就是利用外消旋酒石酸钠铵盐在 27 ℃以下结晶时,形成的晶体是"外消旋混合物",两个对映体的半面晶外观不一样(成实物-镜像关系),故可以借助放大镜,用镊子将两种晶体分开。

外消旋混合物的熔点跟其他混合物一样,低于任一纯对映体,而溶解度则高于纯对映体,如图5-3中的(a)和(a′)所示。

2. 外消旋化合物

当同种对映体之间的晶间力小于相反对映体的晶间力时,两种相反的对映体倾向于配对地结晶,就像真正的化合物一样在晶胞中出现,外消旋化合物的熔点和溶解度都与纯对映体不同,其熔点处于熔点曲线的一个极高点,既可高于[如图5-3(b)中实线所示]也

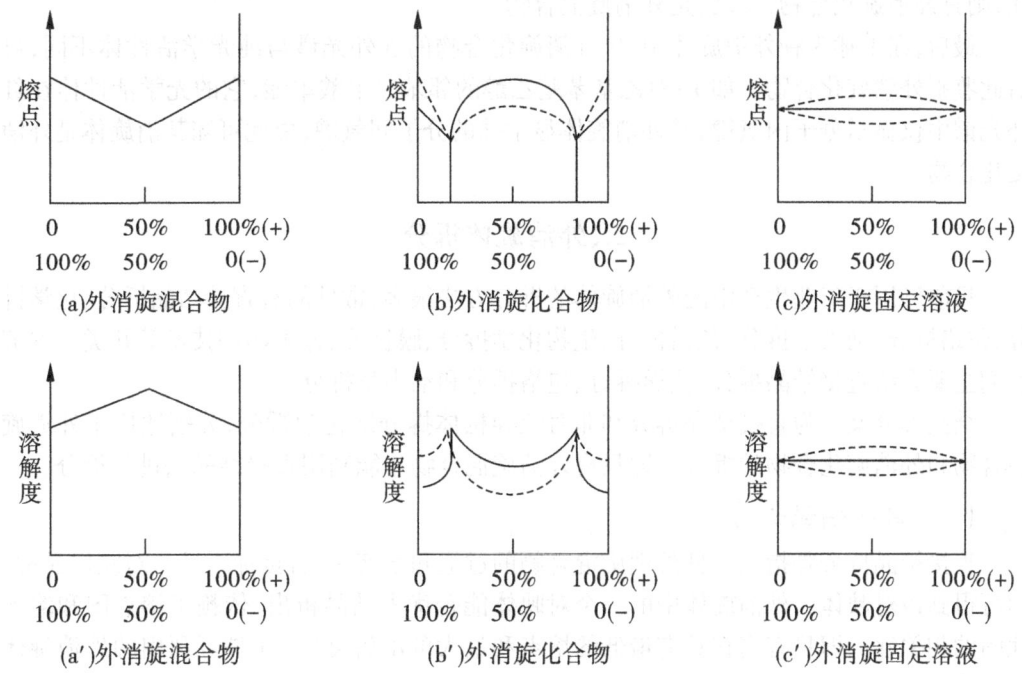

图5-3　固态外消旋体三种不同情况的熔点和溶解度曲线

可低于[如图5-3(b)中虚线所示]纯对映体的熔点。其溶解度则处于溶解度曲线的一个极低点,既可高于[如图5-3(b')中实线所示]也可低于[如图5-3(b')中虚线所示]纯对映体的溶解度。

在一些外消旋体中,随着结晶温度不同,有时形成外消旋混合物,有时形成外消旋化合物。例如外消旋酒石酸钠在27 ℃以下结晶形成外消旋混合物,在27 ℃以上结晶则形成外消旋化合物。

3. 外消旋固体溶液

有时同种对映体分子间的亲和力与相反对映体分子间的亲和力差别很小,这时,外消旋体形成的固体中,两种对映体分子的排列是混乱的,称为"外消旋固体溶液",其熔点和溶解度都与纯对映体近于相等,其熔点和溶解度曲线都接近于水平线[如图5-3中的(c)和(c')所示]。如(±)-樟脑肟在130 ℃以上结晶形成外消旋固体溶液,在130 ℃以下结晶形成外消旋化合物。

首先,利用熔点和溶解度的不同也可以鉴别各类外消旋体。若分别加少量纯对映体到上述三种固态外消旋体中,对于外消旋混合物,将导致熔点上升;对于外消旋化合物,则将导致混合物熔点下降;而外消旋固体溶液,熔点不会有明显变化。用上述简单方法可以区别三种固态外消旋体。

其次,外消旋混合物或外消旋固体溶液的饱和溶液,对于其对映体也是饱和的;但是外消旋化合物的饱和溶液,对于其对映体却不是饱和的。如果向一个外消旋体的饱和溶液中加进少许其纯的对映体之一的晶体,而这些晶体能够被溶解,同时溶液变为具有旋光性,则是外消旋化合物,反之,是外消旋混合物。

最后,在上述 3 种外消旋体中,仅外消旋化合物的红外光谱与纯光学活性体不同,可借此鉴别外消旋化合物。如 1-对乙基苯基乙醇的邻苯二甲酸单酯,它的光学活性体在红外光谱中仅显示分子内氢键,其外消旋体显示强的分子间氢键,由此可知其消旋体是外消旋化合物。

二、外消旋体拆分

目前已用于工业生产中的外消旋体的拆分方法很多,常见的有直接结晶拆分、化学拆分、包络拆分、动力学拆分、色谱拆分、生物化学拆分、膜拆分、分子印迹技术等几类。本节我们主要介绍直接结晶拆分、化学拆分、包络拆分和动力学拆分。

结晶拆分又分为直接结晶拆分和非对映异构体拆分即化学拆分,分别适用于外消旋混合物和外消旋化合物的拆分。即只有外消旋混合物才能利用直接结晶法进行拆分。

(一)直接结晶拆分

直接结晶拆分是指在一种外消旋混合物的过饱和溶液中,直接加入某一对映体晶种,即可得到该对映体。外消旋体中的一个对映体能否优先结晶析出,依赖于熔点图和溶解性图的相关性。即只有当它具有最低的熔点和最大的溶解度时,才是可利用的外消旋体混合物。

直接结晶拆分广泛用于工业规模的拆分,工业上常采用以下几种方式。

1. 同步结晶法

同步结晶法指将外消旋混合物的过饱和溶液,同时通过含有不同对映体晶种的两个结晶室或两个流动床,同时得到两种对映体结晶。剩余溶液与新进入系统的外消旋混合物混合,加热形成过饱和溶液,达到结晶室所要求的过饱和度,循环通过结晶室或移动床,实现连续化生产。如抗高血压药物 L-甲基多巴(5-32)的生产即采用此法。

$$(5-32)$$

2. 优先结晶法

优先结晶法又称诱导结晶法,是指在单一容器中交替加入两种对映体的晶种,交替收集两种对映体结晶的拆分方法。在实际应用过程中,尤其在工业生产过程中,利用优先结晶法的特点进行循环往复的结晶分离。这一方法从 20 世纪 50 年代起用于抗生素氯霉素(5-17)的中间体 D-苏型-1-对硝基苯基-2-氨基-1,3-丙二醇的拆分,至今工业生产中仍然在使用。循环优先结晶方法又称为"交叉诱导结晶拆分法"。拆分时,先将外消旋的 DL-苏型-1-对硝基苯基-2-氨基-1,3-丙二醇(俗称氨基醇)制成过饱和溶液,向过饱和溶液中加入其中任何一种较纯的旋光体结晶(如右旋氨基醇)作为晶种,通过冷却使右旋体析出,析出的右旋体远远大于所加入的右旋体的量,迅速进行分离得到光学纯的右旋氨基醇。由于右旋体的大量析出,使溶液中左旋体的量多于右旋体,再往溶液中加入外消旋的氨基醇使其成为过饱和溶液,重复如前的操作,则可得到大量的左旋体的氨基醇。

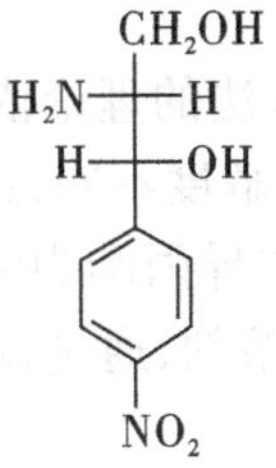

$$D(-)-$$
熔点(m.p.)162~163 ℃
$[a]^{27}_D-23.1°$ (1.58%,MeOH)

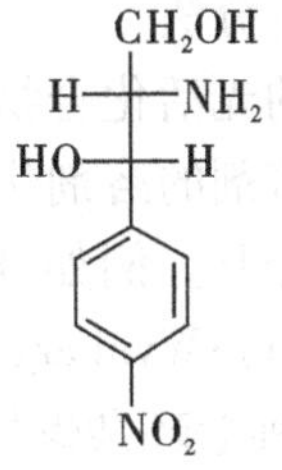

$$L(+)-$$
m.p.162~163 ℃
$[a]^{27}_D+21.9°$ (1.58%,MeOH)

DL-苏型-1-对硝基苯基-2-氨基-1,3-丙二醇
m.p. 143~145 ℃

应该注意的是从过饱和溶液中结晶,这样的分离过程必定是亚稳态的,对外来杂质的影响很敏感,循环次数随着溶液中杂质的增加而受到限制。利用优先结晶法分离外消旋体的例子还有甲砜霉素和肝性脑病治疗药物 L-谷氨酸。

优先结晶法拆分外消旋混合物的过程中,有时会伴随着溶液中过量对映异构体的自发性外消旋化,这种现象被称为结晶诱导的不对称转化。这意味着拆分的理论收率不再是50%,而是100%,这对于工业化生产意义尤其重大。但是自发地发生外消旋化往往是偶然的结果。而在大多数情况下,依靠另外加入催化剂才能发生外消旋化。例如 α-氨基酸与催化量的醛形成可逆的 Schiff 碱,实现外消旋化。

3. 逆向结晶法

逆向结晶法则是在外消旋体的饱和溶液中加入可溶性的某一种构型的异构体[如(R)-异构体],添加的(R)-异构体就会吸附到外消旋体溶液中的同种构型异构体结晶体的表面,从而抑制了这种异构体结晶的继续生长,而外消旋体溶液中相反构型的(S)-异构体结晶速度就会加快,从而形成结晶析出。例如在外消旋的酒石酸钠铵盐的水溶液中溶入少量的(S)-(-)-苹果酸钠铵或(S)-(-)-天冬酰胺时,可从溶液中结晶得到(R,R)-(+)-酒石酸钠铵。这种由于所投入的某种构型"相同"而组成不同的添加物干扰了母液中具有"相同"构型对映体的结晶过程,从而导致相反构型对映体的析出,也称为"干扰结晶法"。

逆向结晶中的添加物也称为"结晶抑制剂",其必须和溶液中的化合物在结构和构型上有相关之处。这样所添加的物质才能嵌入生长晶体的晶格中,取代其正常的晶格组分并能阻止该晶体的生长。逆向结晶是一种晶体生长的动力学现象,添加物的加入造成了结晶速度上的差别。但当结晶时间无限制的延长,最终得到的仍是外消旋的晶体。从化合物的性质上来看,逆向结晶只能用于能形成聚集体的化合物。在结晶法的拆分过程中,若能将优先结晶法中"加入某种单一对映异构体晶体可诱导相同构型结晶生长"的原理和逆向结晶中"加入另一个对映异构体溶液可抑制相同构型的对映异构体生长"的原理相结合,可使结晶拆分的效率大大提高。

4.手性溶剂结晶拆分法

是指用化学惰性的光活化合物作溶剂进行结晶。这种方法的理论依据是:外消旋体的两个对映体与手性溶剂的溶剂化作用可能不同,可造成溶解度不同,经多次重结晶,则有可能将两种对映体分开。例如,Berrer 等则用(+)-酒石酸异丙酯为溶剂,成功拆分了化合物(5-34)和(5-35);Wynberg 等则用(-)-(a)-蒎烯作溶剂,通过直接结晶法成功拆分了化合物(5-36)这种七环杂螺烯的外消旋体。

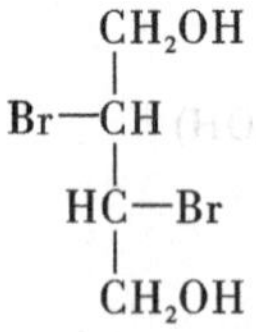

(5-34) 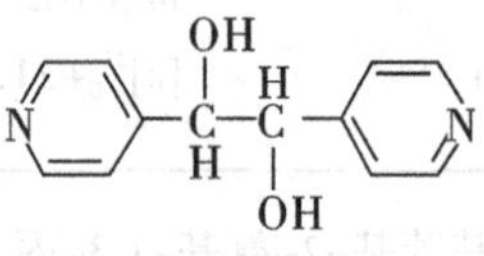   (5-35) 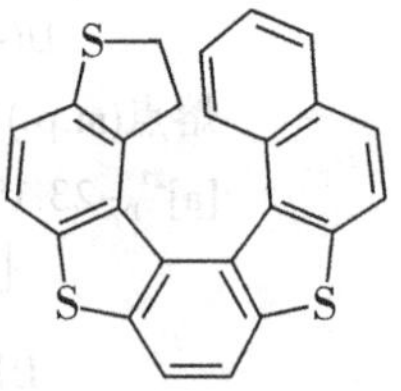   (5-36)

(二)化学拆分

1.化学拆分

用手性试剂将外消旋体中的两种对映体转变成一对非对映异构体,然后利用非对映异构体之间的物理性质,主要是溶解度不同,通过重结晶将其分开,再分别生成光活纯的两种对映体,这就是化学拆分的一般过程,我们以 α-联苯二酸(5-37)的拆分为例说明(图5-4)。

化学拆分的关键因素是选择合适的拆分剂和溶剂。理想的拆分剂应具备以下条件。

(1)必须容易与外消旋体中的两个对映体结合生成非对映异构体,经拆分后又容易再生出原来的对映体化合物。被拆物如果是酸性化合物,则手性碱是最常用的拆分剂。反之,被拆物是碱性化合物,则手性酸常被用作拆分剂。因为酸碱反应非常简便,生成的非对映异构体盐比较容易分离提纯,又可方便地用无机酸或碱进行再生。

(2)所形成的非对映异构体,至少两者之一能形成好的结晶,且溶解度有较大差别。盐是最易结晶的一类化合物,这也是常用手性酸或碱作为拆分剂的原因。

(3)拆分剂应当尽可能达到旋光纯。因为原则上讲,被拆分的化合物所能达到的旋光纯度不超过所用拆分剂的旋光纯度。

(4)拆分剂必须廉价易得或可方便地回收。

应当指出,对于一个指定的被拆分物,迄今还无法预言何种拆分剂将取得最佳拆分效果,即对拆分剂和溶剂的选择很大程度上仍是经验性的。

酸碱以外的其他类外消旋体,也可以转变成非对映异构体衍生物,然后分离。例如,醇可以用手性异腈酸酯转变成非对映异构的氨基甲酸酯,或用手性酰氯(酸酐)转变成酯。醛、酮则常用氨的衍生物转变成腙、缩氨脲、肼、亚胺等非对映异构体。由于盐以外的各类有机物并不是经常能结晶的,故常将这些化合物先转化成酸,或在这些化合物中引入酸、碱基团,再通过生成非对映异构体盐的途径拆分。

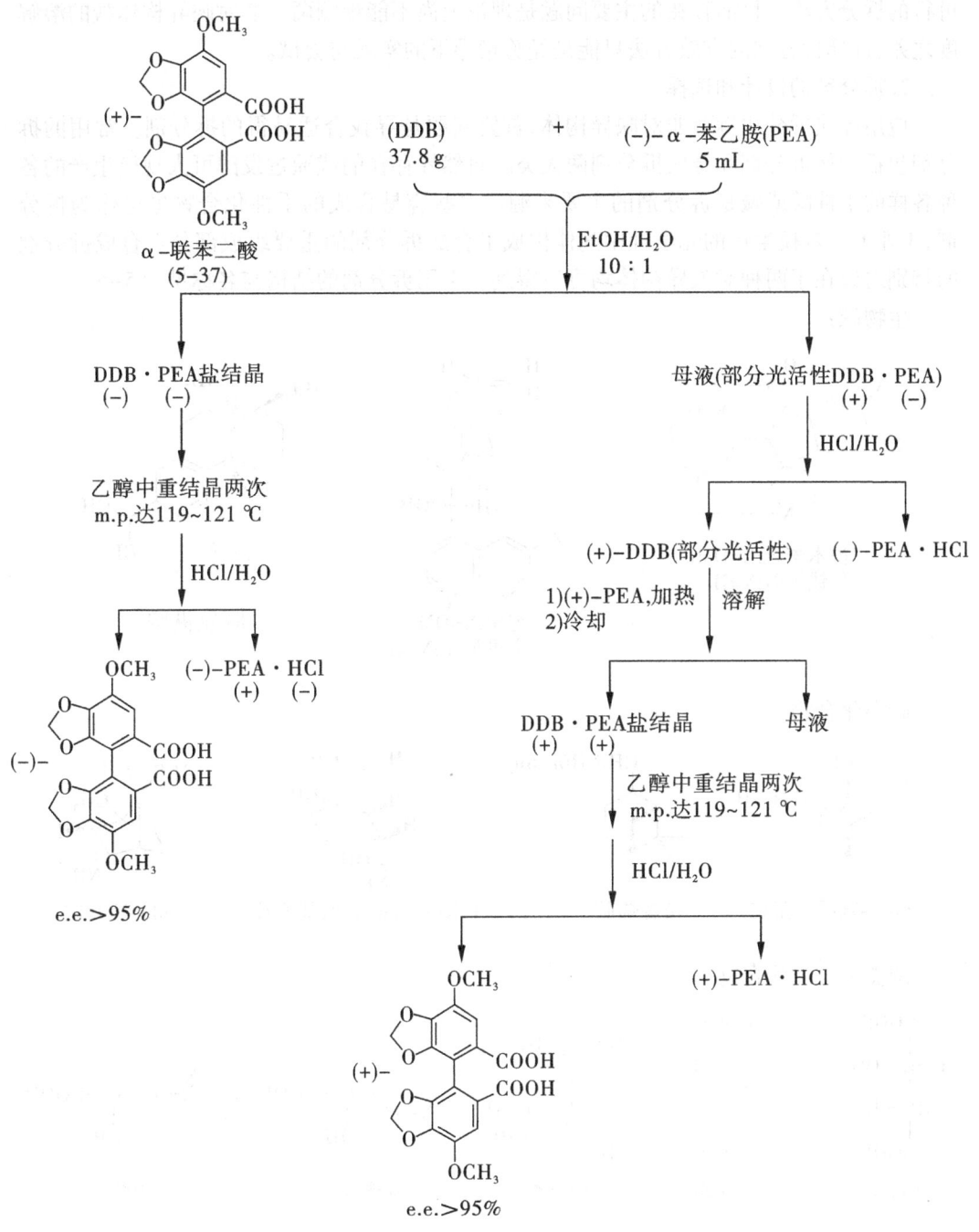

图 5-4　外消旋 α-联苯二酸的拆分

非对映异构体形成低共熔混合物或固体溶液(solid solution),而不是与外消旋化合物类似的双盐(double salt),这一点与外消旋体有所不同。就工业化的实际情况而言,通过一次结晶处理得到光学纯度大于95%的产物,若化学收率大于40%,通常被认为是经济可行的拆分方法。目前存在的主要问题是理论上尚不能预测两个非对映异构体盐的溶解度之差,选择拆分剂的有效方法只能是经验指导下的实践与尝试。

2.拆分剂的设计和选择

应用经典拆分法拆分非对映异构体,首要问题是寻找合适易得的拆分剂。常用的拆分剂包括天然拆分剂和合成拆分剂两大类。自然界存在的或通过发酵可大规模生产的各种各样的手性酸或碱是拆分剂的主要来源。一些容易合成的手性化合物也可作为拆分剂,工业上大规模生产的光学纯中间体构成了合成拆分剂的重要组成部分。合成拆分剂的特别之处在于两种对映异构体均可以得到。常用拆分剂的结构与名称见图5-5。

生物碱:

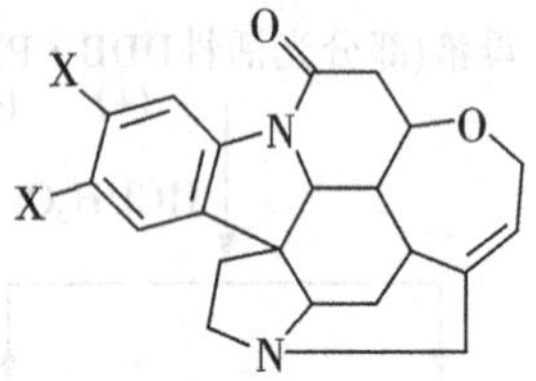

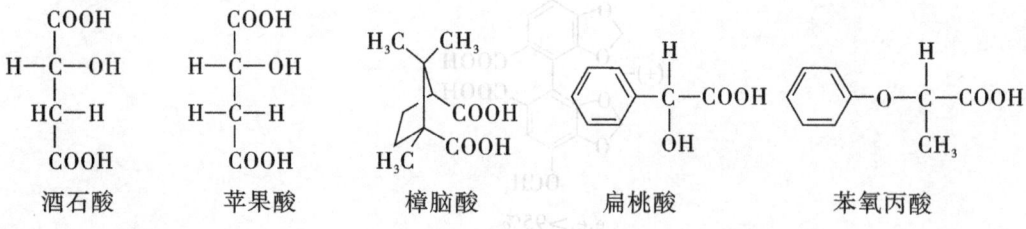

番木鳖碱:X=OMe
马钱子碱:X=H

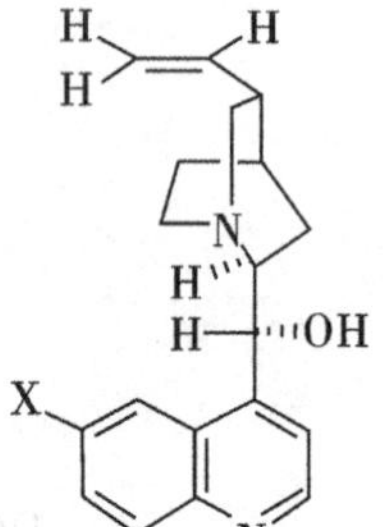

奎宁:X=OMe
辛可尼宁:X=H

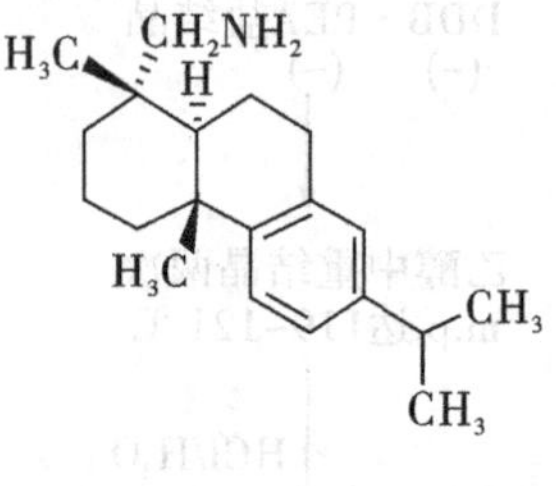

脱氢枞胺

萜类化合物:

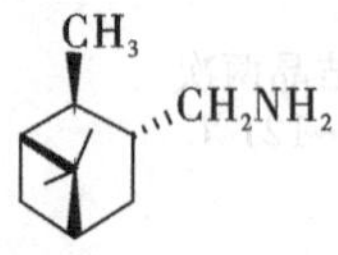

(+)-3-氨甲基蒎烷 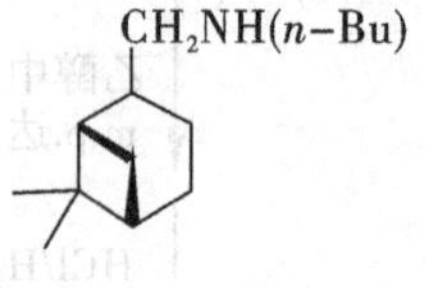　　松香烯胺 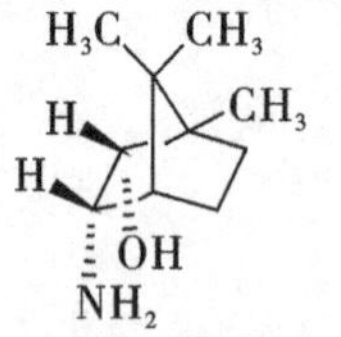　　(1R)-3-endo-氨基冰片 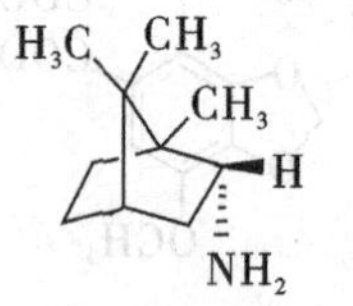　　endo-冰片胺

醇类和酸类化合物:

酒石酸　　苹果酸　　樟脑酸　　扁桃酸　　苯氧丙酸

胺类化合物:

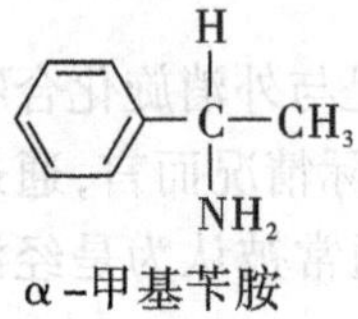

α-甲基苄胺 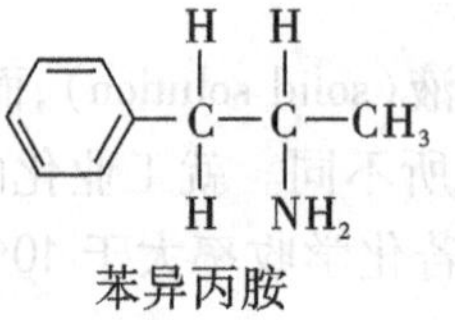　　苯异丙胺 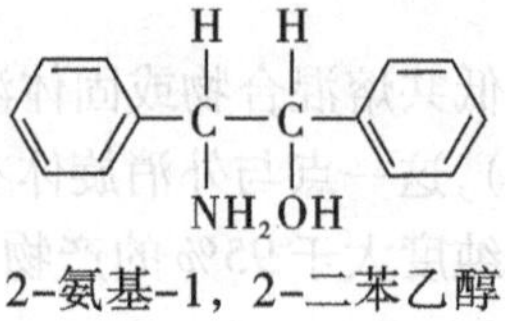　　2-氨基-1,2-二苯乙醇 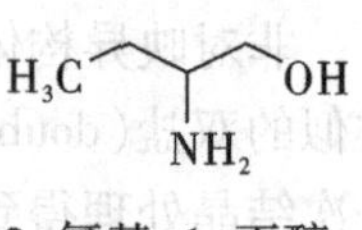　　2-氨基-1-丁醇

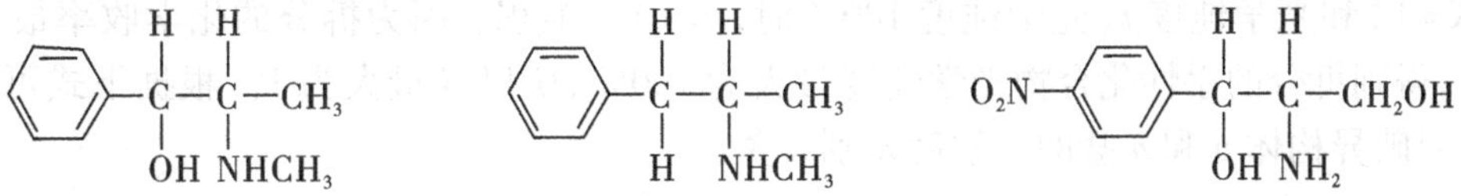

麻黄碱　　　　　　　　去氧麻黄碱　　　　　　　氯霉素中间体

氨基酸及其衍生物：

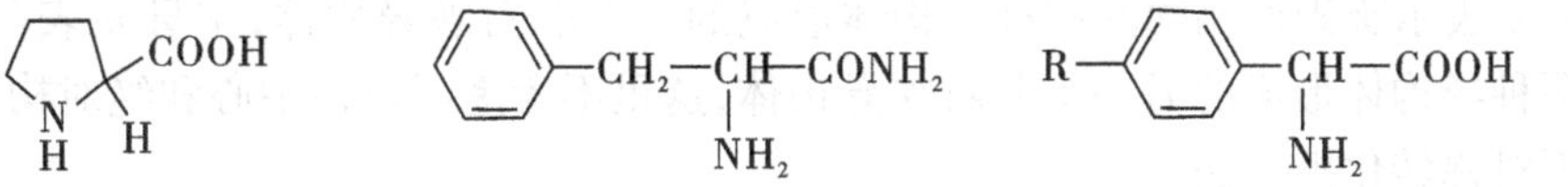

脯氨酸　　　　　　　苯丙胺酰胺　　　　　苯甘氨酸:R=H
　　　　　　　　　　　　　　　　　　　　　对羟基苯甘氨酸:R=OH

图5-5　常用天然和合成拆分剂

刘宏民等利用手性氨基醇(1-芳氧基-3-胺基-2-丙醇,5-38)成功拆分了扁桃酸(5-39),以外消旋扁桃酸为原料,通过加入手性1-芳氧基-3-胺基-2-丙醇,经过(S)-氨基醇与(R)-氨基醇作用后,分别得到(S)-扁桃酸、(R)-扁桃酸。收率77%,d.e.>98%,拆分效率75%。

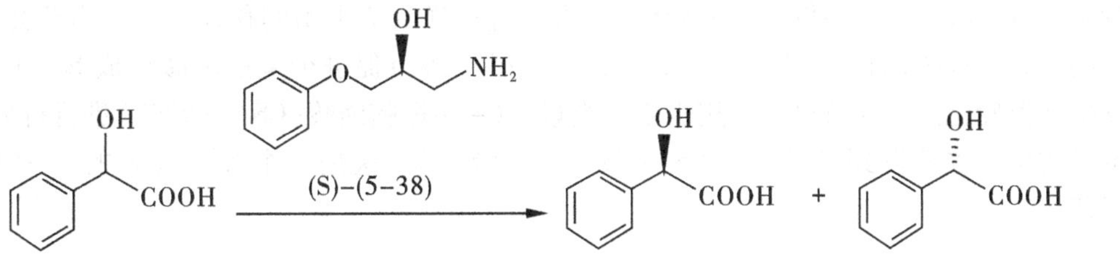

在总结大量实践经验的基础上,对拆分剂的选择或设计提出以下几点经验性指导原则。

(1)在加热、强酸或强碱条件下,拆分剂化学性质稳定,不发生消旋化。

(2)拆分剂结构中若含有可形成氢键的官能团,有利于相应的非对映异构体盐型成紧密的刚性结构。

(3)一般情况下,强酸或强碱型拆分剂的拆分效果优于弱酸或弱碱型拆分剂。

(4)拆分剂的手性碳原子离成盐的官能团越近越好。

(5)合成拆分剂的优点是两个对映体都能得到。

(6)拆分剂可回收,且回收方法简单易行。

(7)同等条件下应优先考虑低分子量拆分剂,这是因为低分子量拆分剂的生产效率高。

3.拆分参数

一个拆分剂的拆分能力可以用拆分参数 S 表示,S 等于产物的化学收率 K(收率50%

时,$K=1$)和光学纯度 t(光学纯度 100% 时,$t=1$)的乘积。因为拆分的化学收率最大为 50%,得到拆分的手性化合物光学纯度最大为 100%,所以 S 最大为 1。根据下式可得 S 与非对映异构体 p 和 n 盐的溶解度差别有关。

$$S = K \times t = \frac{K_p - K_n}{1/2 C_0}$$

式中,K_p 和 K_n 分别是 p 和 n 盐的溶解度,C_0 是起始浓度。

字母 p 表示旋光性相同的两种异构体形成的一个非对映异构体,字母 n 表示旋光性不同的两种异构体形成的另一个非对映异构体,这里不考虑不对称中心和绝对构型。

4. 不对称转化拆分法

理论上,通过非对映异构体结晶法进行拆分,所得目标对映体的量最多是消旋体量的一半,收率低于 50%,若在结晶过程中留在溶液中的非对映异构体自发地发生差向异构化,即发生非对映异构体的互变,整个过程构成了非对映异构体混合物结晶诱导的不对称转化过程,理论收率可能提高到 100%。这种不对称转化拆分法的拆分原理在工业化制备旋光纯药物中有着广泛的应用,例如萘普生、磺苯乙酸、地尔硫草中间体等的拆分都采用这种方法。

胺或氨基酸与催化量的羰基化合物反应,通过形成不稳定的可逆的 Schiff 碱发生外消旋化,如在第一节中我们提到了利用外消旋化来实现异构体之间的转化。实际上,只要少量的游离胺或氨基酸发生外消旋化,即可推进可逆反应平衡的移动。在二氮草类化合物的拆分过程中,加入催化量的 3,5-二氯苯甲醛(3%)促进少量游离胺形成 Schiff 碱而发生外消旋化。这样就可以使用少于 1 当量的($+$)-樟脑磺酸(CSA)(92%)进行拆分,以定量的化学收率得到光学纯的(S)-胺($+$)-CSA 盐,这是一个极其有效的"一勺烩"工艺。

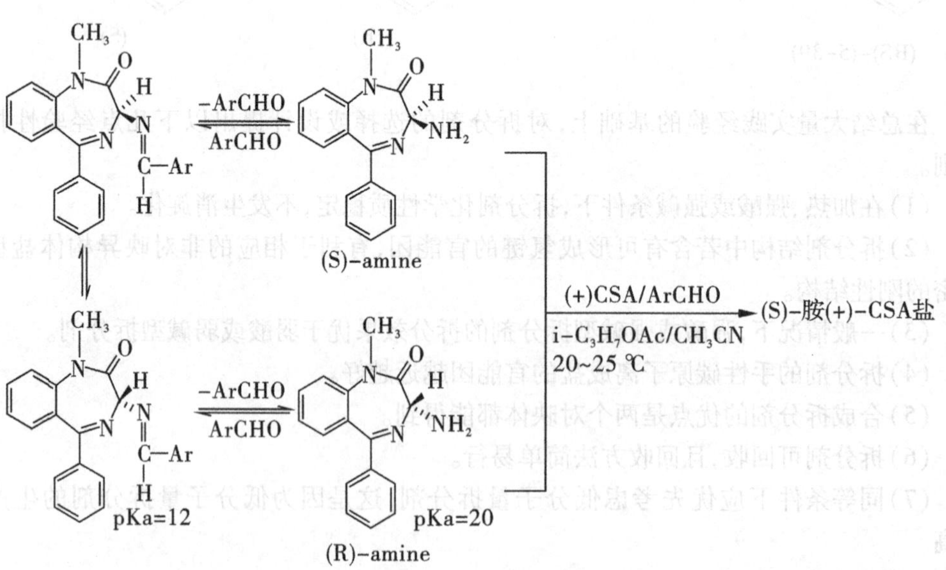

同样,催化量的醛可以促进外消旋氨基酸与拆分剂形成的非对映异构体盐发生不对

称转化。例如,在催化量的水杨醛和乙酸作用下,DL-对羟基苯甘氨酸与(+)-1-苯基乙磺酸(phenylethanesulfonic acid,PES)的非对映异构体盐发生不对称转化,以 DL-对羟基苯甘氨酸计算,D-对羟基苯甘氨酸(5-40)的(+)-PES 盐的收率可高达 85%。

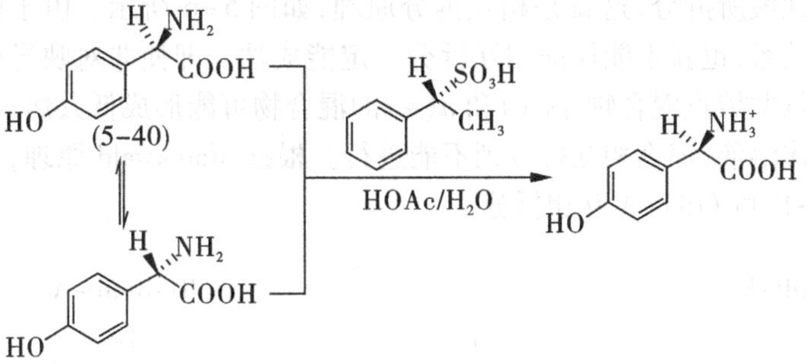

通过发酵方式大量生产的氨基酸,均为 L-氨基酸。这样,利用非对映异构体的相互转化可将价廉易得的 L-氨基酸转化成 D-氨基酸。例如以 L-脯氨酸(5-41)为原料生产 D-脯氨酸(5-42)。将等摩尔量的 L-脯氨酸和 L-酒石酸与含有 10%(mol/L)正丁醛的正丁酸混合,加热到 85 ℃,形成溶液,然后在冰浴中冷却,析出 D-脯氨酸-L-酒石酸盐,收率为 93% ~95%,光学纯度为 93% ~95%。用乙醇-水溶液进行重结晶,得到光学纯的 D-脯氨酸,总收率为 85%。

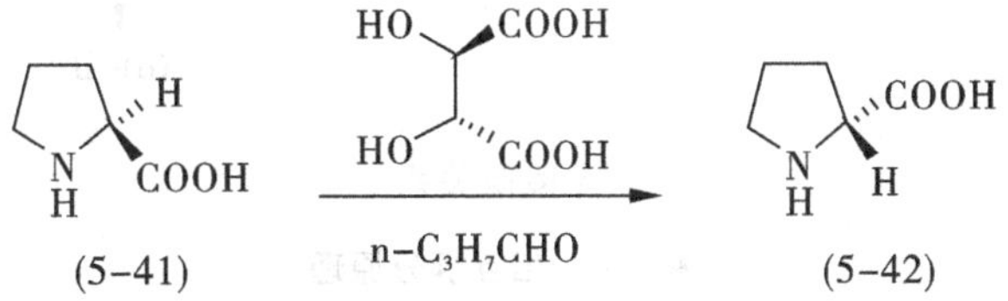

5. 化学拆分新技术

(1)特制的拆分剂:尽管拆分剂有较广泛的选择范围,但是以经验和创造性为基础设计的合成型拆分试剂是一个发展方向,这些特制的拆分试剂可根据需要组织生产,来源和价格比较稳定。例如手性膦酸类拆分剂(5-43),Ar 为取代苯环,合成原料价廉易得,合成方法简单可行。其 pKa 值在 2 ~3 之间,可用来拆分胺类化合物与未衍生化的氨基酸。(5-43)具有良好的结晶性;在强酸和强碱条件下热力学性质稳定;水溶性较低,有利于回收套用。

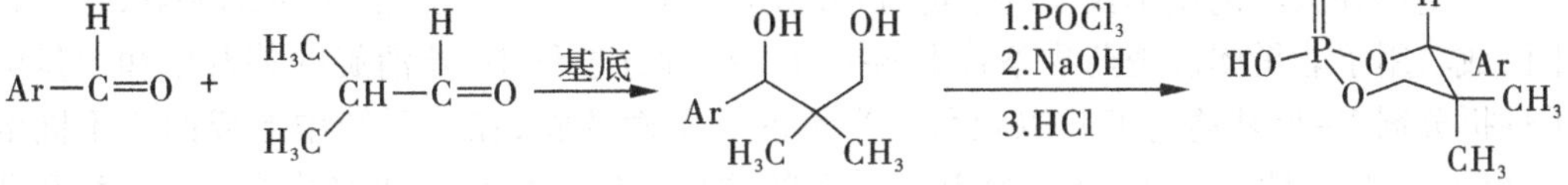

(2)相互拆分:早在 19 世纪末,Marckwald 首次提出一种拆分剂的两个对映异构体对同一外消旋体具有相同的作用。如果拆分剂的两个对映异构体均可以得到,那么可以运

用 Marckwald 原理,向第一次拆分后的母液中加入拆分剂的另一个对映异构体,即可得到另一个异构体产物。

当一种酸的外消旋体能够被一种手性胺类化合物拆分时,多数情况下,这种胺的外消旋体也可以被这种手性酸所拆分,这就是相互拆分原理,如图 5-6 所示。由于两个系统之间不存在镜面对称关系,也就不能保证相互拆分一定能成功。即使非对映异构体混合物 $p(+)$ 和 $n(-)$ 形成低共熔点混合物,$p(+)$ 和 $n(+)$ 的混合物可能形成低共熔点混合物,也可能形成双盐或固体溶液,那么相互拆分则不能进行。根据 Marckwald 原理,还可以在相同的溶液中使 (dl)-B 和 (dl)-A 互相拆分。

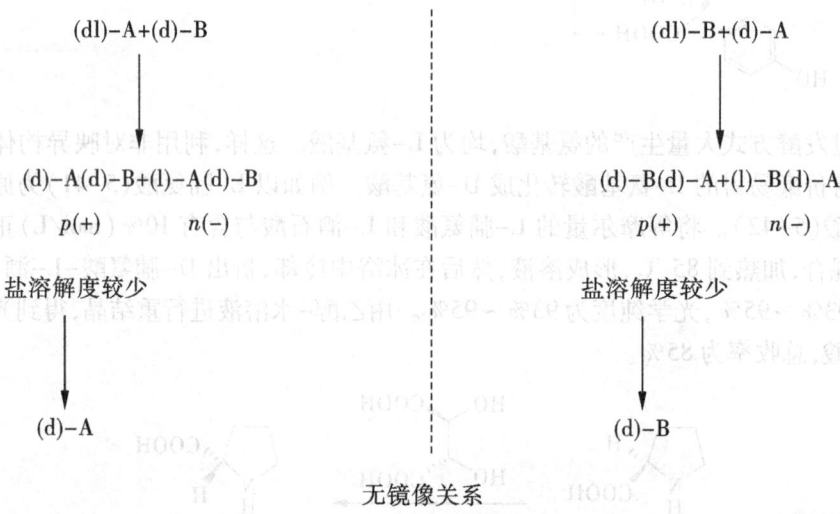

图 5-6　相互拆分原理

(3)用少于 1 当量的拆分剂进行拆分:从理论上讲,利用形成非对映异构体进行外消旋体拆分时,只有其中的一个立体异构体的结晶从溶液中析出,有可能利用 1/2 当量的拆分剂就可以完成化学拆分,因此,半量拆分法中拆分剂的用量是被拆分化合物量的一半,另一半采用无光学活性的酸或碱。由于此法的溶液中存在四种盐的平衡,所以又称之为"平衡法"。或用下式表示。

$$(dl)-A+(d)-B+KOH \longrightarrow (l)-A(d)-B+(d)-A(d)-B+K(l)-A+K(d)-A+H_2O$$

$$(dl)-B+(d)-A+HCl \longrightarrow (l)-B(d)-A+(d)-B(d)-A+(l)-B \cdot HCl+(d)-B \cdot HCl$$

半量拆分法的优点不仅节约了拆分剂的用量,而且有时可增大溶解度的差异,这一技术已成功用于非甾体抗炎药物萘普生的拆分。在拆分过程中,外消旋的萘普生和半量的手性拆分剂 N-烷基葡萄糖胺以及另一半量的非手性的胺,在该系统中形成四个不同的盐:(S)-酸和手性胺的盐、(S)-酸和非手性胺的盐、(R)-酸和手性胺的盐、(R)-酸和非手性胺的盐。其中只有(S)-酸和手性胺的盐型成固体结晶析出,经酸解析得到(S)-萘普生。

化学拆分法虽然简单易行,但也有其明显的局限性:①拆分剂和溶剂的选择是经验性的,拆分过程常嫌冗长;②产率不高,常要浪费一半的原料。实际操作时甚至超过一半的原料被废弃;③拆分得到的产物的 e. e. % 值常不够高;④适用的底物类型不够普遍,能形成良好结晶的有机物本来就不多,何况还有许多化合物不是固体,对这些不能形成良好结晶的有机物,化学拆分法便难以奏效。还有不少手性有机物缺乏用于衍生化的功能基,更难用化学方法转变成非对映异构体。

总之,用化学拆分法所能提供的光活性化合物,无论种类、数量或光学纯度,都越来越难满足立体化学各领域的研究需要,而新近发展起来的包络拆分法、动力学拆分、生物拆分法和色谱分离法,则以各自的优点弥补了化学拆分法的不足,展现了广阔的应用前景。

(三) 包络拆分

包络拆分始于 20 世纪 80 年代,是日本化学家 Toda 首先发明的。这种方法利用手性主体(host)化合物通过氢键、π-π 相互作用等分子间的识别作用,选择性地将被拆物——外消旋客体(guest)分子中的一个对映体包结络合,从而达到对映体的分离。由于拆分过程中,主客体之间并不发生化学反应,也不要求被拆分物具有特定的衍生功能团,理论上适用于任何类型的手性化合物。由于这种方法具有高效、简单、条件温和等优点,因而引起人们的关注。至今已有许多可用作手性主体的化合物被发现,其中,甾体类化合物胆酸(cholic acid)及其衍生物是使用最多的有效主体化合物。此外,联二萘酚、酒石酸衍生物等作主体化合物的报道也有不少。被拆分的客体化合物包括内酯、醇、亚砜、环氧化物、环酮等。下面列举几个代表性例子。

Bortolini 等用去氢胆酸(5-44)拆分了一系列苯基取代的亚砜(5-45 a~e)。

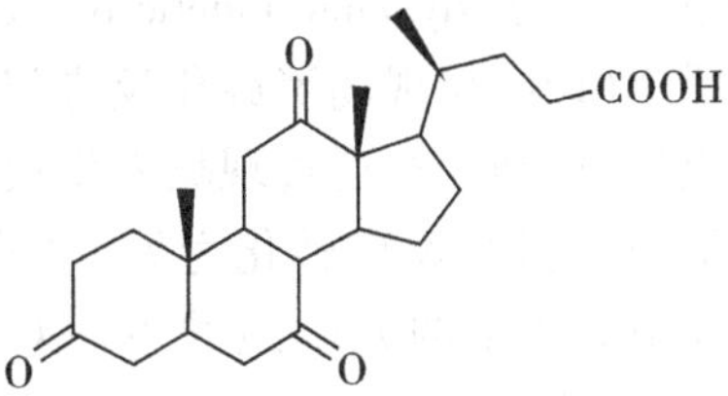

(5-44)

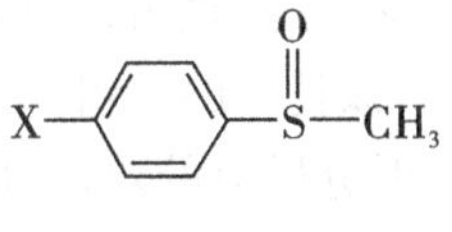

(5-45a~e)

a、X=H, b、X=Cl, C、X=Br, e、X=OCH₃

其中,(5-45d)溶于 Et₂O,然后加入 1/3 当量的(5-44),(R)-异构体的(5-45d)便优先与去氢胆酸络合析出,所得产物的对映选择性大于 99%。

用胆汁酸(5-46)拆分环氧化物(5-47),也获得很好的结果。将环氧化物(5-47)先溶于 2-丁醇,然后加入 1/2 当量的胆汁酸,环氧化物外消旋体中的(S,S)-(-)-异构体便优先与胆汁酸形成包合物析出,产物的对映选择性达 95%。

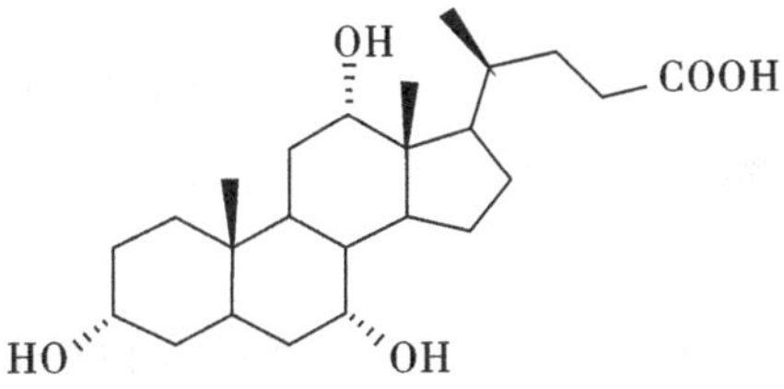

(5-46)

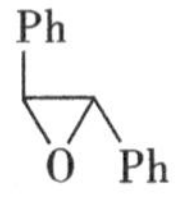

(5-47)

胆汁酸用于(5-47)～(5-49)几种外消旋取代环酮的包络拆分,也取得非常理想的结果,经两轮络合拆分,产物的对映选择性都大于95%。

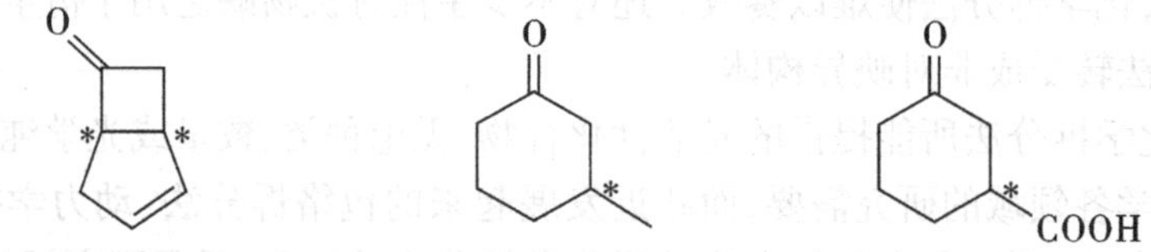

(5-47)
(-)-(1S,5R)
e.e.=95%

(5-48)
(+)-(R)
e.e.=99%

(5-49)
(+)-(S)
e.e.=95%

(四)动力学拆分

动力学拆分是指利用两个对映体在手性试剂或手性催化剂作用下反应速度不同的性质而使其分离的过程,称为动力学拆分(kinetic resolution,KR)。当两个对映体反应速度常数不等($k_R \neq k_S$)时,动力学拆分可以进行,反应的转化率在 0～100% 之间;两个对映体反应速度差别越大,拆分效果越好。例如(R)-体反应很快($k_R \gg k_S$),最初 R 和 S 各占 50% 的混合物,动力学拆分结果是50% 的 S 起始原料和 50% 的产物 P。

显然经典的动力学拆分的局限性在于:①对映纯化合物的最大收率只能达到50%;②回收底物和产物的对映体纯度受反应转化程度的影响,拆分反应的选择性与时间无关,底物转化为产物的量越多,对映体纯度越低;③在许多情况下,只有一个对映体是所需的,而另一个对映体几乎没用。要解决上述缺点,动态动力学拆分(dynamic kinetic resolution,DKR)应运而生,其拆分原理可以理解为动力学拆分反应(KR)与现场消旋化反应相结合的技术(图 5-7)。该技术的关键是在动力学拆分反应进行的同时,通过现场发生快速的消旋化反应,使慢拆分反应的对映体完全消旋化,并通过快拆分反应转化为另一(非)对映体的反应产物的过程。DKR 在理论上可以获得 100% 产率的光学纯的单一对映异构体。

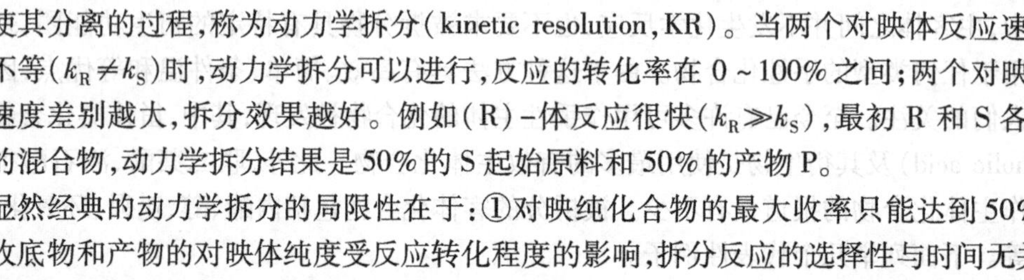

(a)传统的动力学拆分(最大转化率50%)   (b)动态动力学拆分(理论转化率100%)

图5-7 传统的动力学拆分与动态动力学拆分的区别

在图 5-7 所示的传统动力学和动态动力学拆分反应中,(R)-底物发生反应,且生成(R)-产物的速率高于(S)-底物($k_R > k_S$)。两者唯一的差别在于,在传统的动力学拆分反应中,(S)-底物不发生反应被积累,而在动态动力学拆分过程中,底物不断地发生异构化,保持(R)-和(S)-底物的平衡,这样就可能使(R)-底物全部反应生成(R)-产物。

根据手性催化剂的来源不同,催化的动力学拆分又分为生物催化和化学催化两类,生物催化的动力学拆分以酶或微生物为催化剂,而化学催化的动力学拆分以手性酸、碱或配体过渡金属配合物为催化剂。

1. 化学催化的动力学拆分

化学催化拆分的一个例子是手性二膦 BINAP 与铑(Ⅰ)配合物催化的烯丙醇的异构化,在此反应中,(S)-烯丙醇选择性地被异构化为非手性的 1,3-二酮,(R)-烯丙醇不参加反应。

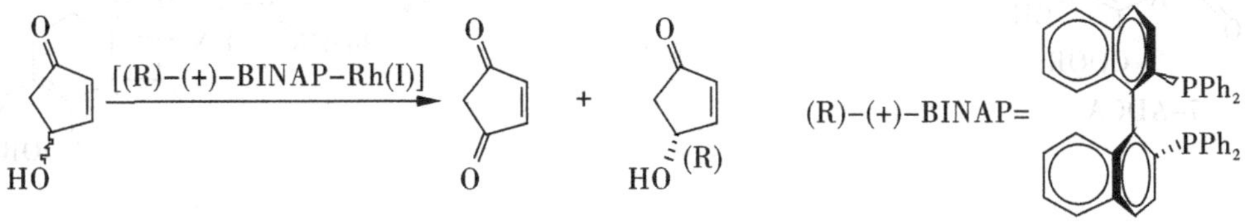

应用 Sharpless 不对称环氧化法,对氨基醇和烯丙醇的外消旋体进行动力学拆分。叔丁基过氧化物(tert-butyl hydroperoxide,TBHP)为氧化剂,四异丙氧基钛和酒石酸二异丙酯(diisopropyl tartrate,DIPT)为催化剂,产物对映体过量在 95% 以上。

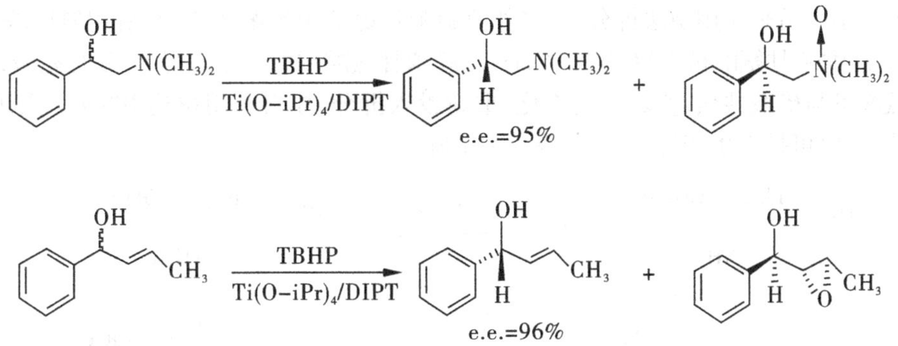

2. 生物催化的动力学拆分

用酶或含酶的生物组织,拆分外消旋体具有比化学拆分明显的优越性,因为:①选择性高;②产率高,产品分离纯化简单;③反应条件温和(0~50 ℃,pH 值接近中性);④酶无毒、易降解、对环境友好。

例如,氨苄西林和头孢氨苄是两种重要的青霉素类药物,可由 D-苯甘氨酸分别将 6-APA 和 7-ADCA 的氨基酰基化来制备,即:

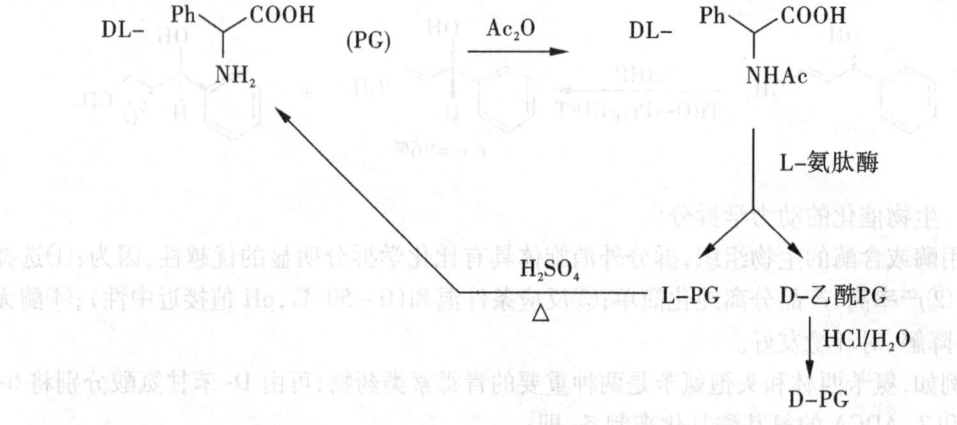

D-苯甘氨酸属非天然氨基酸,用化学方法合成,得到的是外消旋体。早先工业上用(+)-樟脑磺酸拆分,因为拆分剂的大量供应有困难,这两类青霉素药生产规模的扩大受到很大限制。后来改用酶法拆分,先将外消旋苯甘氨酸用醋酐酰化,然后用氨肽酶水解,只有 L-乙酰苯甘氨酸被水解,经分离,D-乙酰苯甘氨酸用酸性水解得 D-苯甘氨酸,而 L-苯甘氨酸可与硫酸共热,使之外消旋化,重新投入拆分,原料利用率达 100%。采用上述新工艺,不但可扩大生产规模,成本也大大下降。

用酶法拆分获得成功的另一类底物是酯的选择性水解。环氧羧酸酯(5-50)用固定化脂肪酶拆分,产率可达 40% ~43% ,获 e. e. =100% 的 trans-(2R,3S)-(5-50),它是合成抗高血压药地尔硫䓬(diltiazem)的关键中间体。

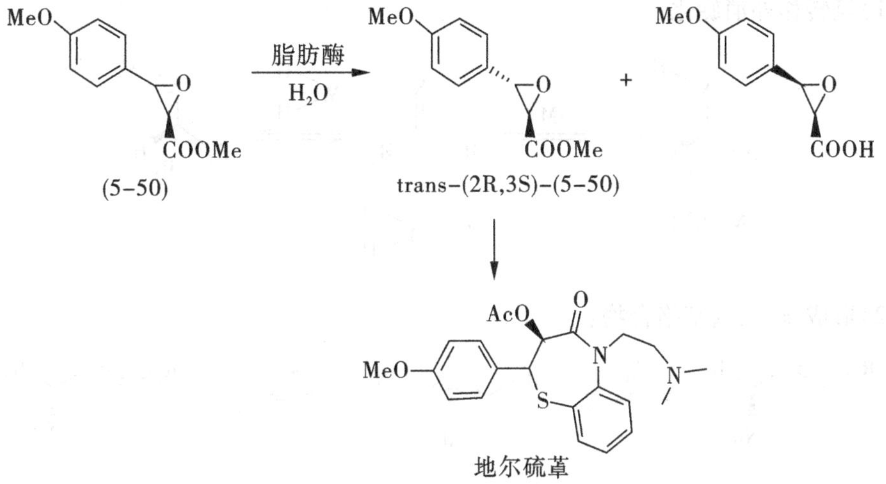

(5-50) → trans-(2R,3S)-(5-50)

脂肪酶 H₂O

地尔硫䓬

非甾体抗炎药酮洛酸的拆分是一个成功的动态动力学拆分的例子。(S)-(-)-酮洛酸(5-52)的活性比 R-(+)-酮洛酸强,以外消旋的酮洛酸乙酯(5-51)为底物,在碳酸盐缓冲液中(pH=9.7),用从灰色链霉菌中提取的蛋白酶进行动力学拆分,可以得到(S)-(-)-酮洛酸,产率92%,对映体过量值为85%。

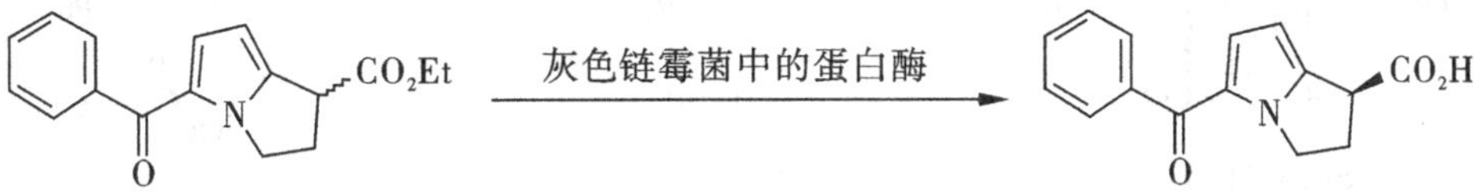

(5-51) →(灰色链霉菌中的蛋白酶)→ (5-52)

3. 酶与过渡金属联合催化的动态动力学拆分

酶与过渡金属联合催化(EMCRS)的动态动力学拆分方法是近几年发展起来的重要成果。该方法利用过渡金属络合物催化底物的外消旋化,同时用酶将其中对映体之一转化成所需光活化合物,使外消旋化在酶的动力学拆分过程中同步连续进行,实现了动态的动力学拆分。这一方法的显著优点是:①外消旋化与动力学拆分在同一反应中完成,产物无须先分离;②可以使反应物都转化成一种对映体产物,原料的利用率接近100%;③无须另加碱性催化剂。

迄今为止,两大类催化剂组合的 Ru-酶和 Pd-酶催化剂体系已经成功应用于醇和胺的动态动力学拆分中,在大多数情况下,金属-酶催化体系能提供较高的收率和对映选择性。

过渡金属催化的外消旋化机制主要通过以下两种途径进行:

（1）氢转移外消旋化：

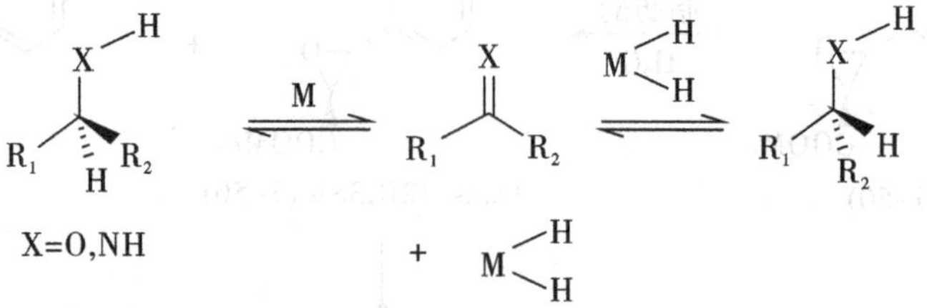

X=O,NH

（2）形成 π-烯丙基络合物：

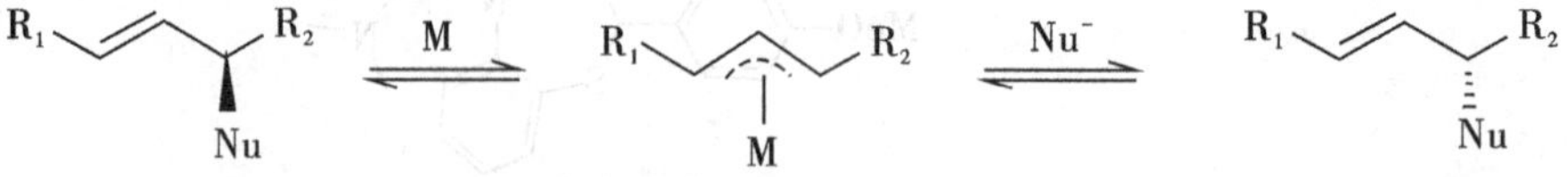

自从 Williams 课题组首次报道用脂肪酶-过渡金属串联拆分仲醇后,适用于 DKR 的各种 Ru-催化剂被设计出来,常见的用于消旋化的 Ru-催化剂如图 5-8 所示。

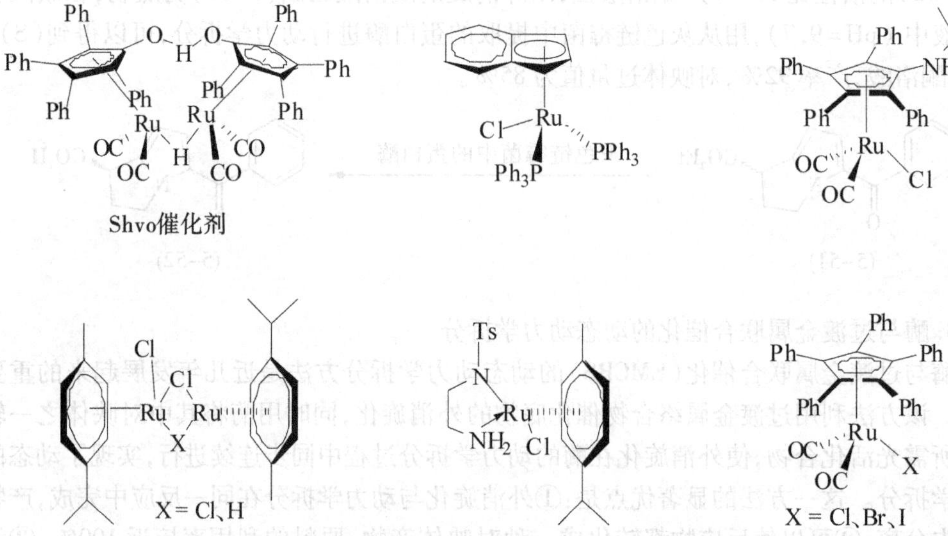

Shvo催化剂

图 5-8　脂肪酶-过渡金属串联拆分仲醇的 Ru-催化剂

在这些催化剂中最常见的是二聚钌催化剂,俗称 Shvo 催化剂。Bäckvall 等以对氯苯酚乙酸酯为酰基供体、刚性的 Shvo 催化剂作外消旋化催化剂、用热稳定好的南极假丝酵母脂肪酶 B(CALB)作为酶催化剂,动态动力学拆分了一系列仲醇。乙酰化 α-苯乙醇可得到 100% 收率,对映体过量值大于 99% 的(R)-2-乙酰苯乙酯。根据底物的不同,应用此方法得到的收率在 60% ~88% 之间,对映体过量值超过 99% 。

R—CH(OH)—CH₃ (R=芳基、烷基) → R—CH(OAc)—CH₃

Shvo催化剂(2%,摩尔分数)
CALB,甲苯
p-ClC₆H₄OAc,60~70 ℃

收率:78%~92%
e.e.>99%

过渡金属络合物催化的反应和酶催化的反应常有不同的环境要求,要使它们在同一反应器中协同进行,有许多问题需要协调,如反应溶剂、反应温度、酰基化供体的性质以及消旋化过程与动力学拆分过程反应速率的匹配等。

4.对映异构体比 E 与动力学拆分效率

对映异构体比 E,即两种对映异构体假一级反应速度常数的比值,常用于比较和衡量动力学拆分的效率。假设 k_F 代表反应快对映体拆分反应,k_S 代表反应慢的对映体拆分反应,则:

$$E = k_F / k_S$$

不同 E 值条件下,剩余底物的对映体过量与转化率的关系曲线如图 5-9 所示,产物的对映体过量与转化率的关系曲线如图 5-10 所示。可以看出,对于反应活性低的对映体来说,当反应进行至合适程度,就可获得较高光学纯度的剩余底物。对于产物则不同,只有 $E>100$ 的反应才能得到光学纯>95%的产物。因此,动力学拆分通常用于制备反应活性较低的对映体。

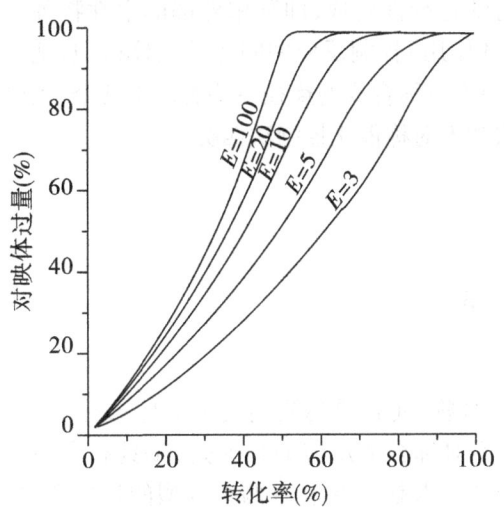

图5-9　剩余底物的对映体过量
与转化率的关系曲线

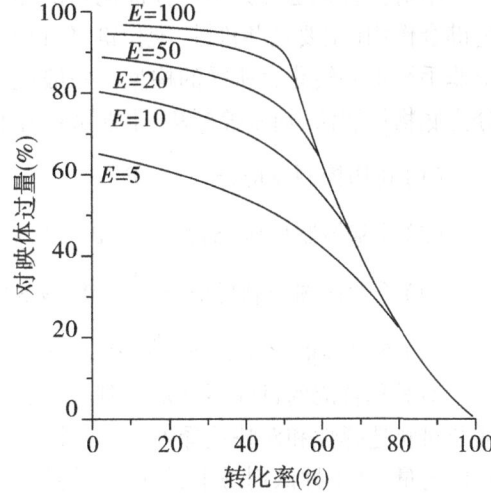

图5-10　产物的对映体过量
与转化率的关系曲线

如果某一反应 E 值高(>100),那么该反应转化率达 50% 时,就可以得到光学纯度较高的剩余底物异构体;E 值低,则需要较高的转化率。转化率高,意味着损失剩余底物的收率(最大收率=100%-转化率)。一般情况下,E 值应在 20 以上;若 E 值大于 100,可以较高收率获得光学纯的单一对映体。

动力学拆分的特点:一是过程简单,生产效率高;二是可以通过调整转化程度提高剩余底物的对映体过量。实际工作中,损失一点产率以获得高光学纯产物是经常采用的策略。动力学拆分的不利之处是需要一步额外的反应,完成非目标立体异构体的消旋化。动力学拆分过程中实现非目标异构体自动消旋化,动力学拆分的最高产率为100%,而不是50%。

因此,要达到高效的动态动力学拆分,必须满足以下条件:①为了取得有效的拆分效果,一个对映体的拆分反应速率必须远远大于另一个对映体的反应速率,即$E>30$,最好$E>50$时取得,E值越高,拆分效率越好;② 为了取得好的动态动力学拆分效果,消旋化反应必须足够快,最好能等于或大于快拆分反应的速率,即$k_{rac} \geqslant k_F$。如果E值足够高,k_{rac}可略小于k_F,但在所有条件下,消旋化反应速率必须大于慢拆分反应速率10倍以上,即$k_{rac} \geqslant 10k_S$,否则,DKR将蜕变为KR。通常说来,实现高效动态动力学拆分的关键是找到合适的并且能与拆分反应条件兼容的消旋化条件。

第三节　利用前手性原料制备手性药物

一、不对称合成

(一)不对称合成

不对称合成也称为不对称催化和诱导或对映选择性合成,即利用外部的手性物种通过键合作用(主要是共价键、配位键、氢键和极性作用)控制反应中间体的立体构型,把一个非手性中心转化为所需的构型。一般说,实现不对称合成的途径主要有以下几个,主要分为底物控制法、辅基控制法、手性试剂控制法和不对称催化控制法四类。

(1)底物控制反应:$S^* \xrightarrow{R} P^*$

(2)辅基控制反应:$S+A^* \xrightarrow{R} P-A^* \xrightarrow{-A^*} P^*$

(3)手性试剂控制反应:$S \xrightarrow{R^*} P^*$ 或 $S^* \xrightarrow{R^*} P^*$

(4)不对称催化反应:$S \xrightarrow{Cat^*} P^*$ 或 $S \xrightarrow{Cat/L^*} P^*$

不对称合成的目标不仅是得到光学活性化合物,而且要达到高度的立体选择性(包括非对映选择性和对映选择性)。一个成功的不对称合成反应的标准是:①具有高的对映体过量;②手性试剂易于制备并能循环使用;③可以制备R和S两种构型的目标产物;④最好是催化型的合成反应。

在不对称催化反应中,手性催化剂Cat^*与底物或试剂形成高反应活性的中间体,催化剂作为手性模板控制反应物的对映面,经不对称反应得到新的手性产物P^*,而Cat^*在反应中循环使用,达到手性增殖或手性放大效应,即用一个手性源分子可能产生数十万个手性产物分子,其功效就如同酶在生物体系中的作用一样;并且从理论上讲,对应体过量可达100%。

从化学当量的不对称反应到催化当量的不对称催化反应,是不对称合成中的一个重大的飞跃。至今不对称催化合成仍为国际有机化学界中的热点研究领域,特别是不少化学公司致力于将不对称催化反应发展成为手性技术和不对称合成工艺,如美国孟山都公司用手性铑催化不对称氢化合成 L-Dopa、日本住友公司用手性铜催化不对称环丙烷化合成 S-菊酸、日本高砂公司用铑催化不对称重排反应合成(-)-薄荷醇、美国 T. T. Buker 公司用手性钛催化烯丙醇体系的不对称环氧化反应合成昆虫性信息素环氧十九烷及 E. Merck 公司开发了手性锰络合物和次氯酸钠的不对称环氧化合成 Cromakatin 等都说明不对称催化反应逐步从基础研究向应用研究转化,并发展成具有工业化前景的手性技术。

不对称催化反应和外消旋拆分、化学计量不对称合成方法相比其独特的优势是手征特性的增殖即通过使用催化剂量级的手性原始物质来立体选择性地生产大量手征性的产物。它不需要像化学计量不对称合成那样使用大量的手性试剂,也和发酵法不同,工艺不限于生物类型的底物,也避免了发酵过程中大量失败媒介物的处理问题。和光学拆分相比,光学拆分的劳动强度很高,且必然产生 50% 的不适当的异构体,必须用分离步骤来除去;不对称催化反应的普遍特点是手性底物来源广泛,价廉易得,反应条件温和,立体选择性好,(R)-体和(S)-体同样易于生成,可适用于生产不同需要的目的产物。因此不对称催化反应已引起有机化学家的高度关注,是手性技术中最重要的方法之一。

（二）手性配体与不对称催化反应

不对称催化反应最早报道的是手性非均相催化反应,由于催化剂表面结构的非均一性,其光学选择性很难提高。1966 年,Wilkinson 发现了三苯基膦氯化铑 $[Rh(Ph_3P)_3Cl]$ 均相催化剂。1968 年,美国科学家威廉·诺尔斯(William S. Knowles)发现可以利用过渡金属制造手性催化剂,用手性膦配体取代 Wilkinson 催化剂 $Rh(Ph_3P)_3Cl$ 中的 Ph_3P,成功地实现了均相不对称催化氢化。随后,日本科学家野依良治(Ryoji Noyori)开发出了性能更为优异的手性催化剂 Ru-BINAP。这些催化剂用于氢化反应,能使反应过程更经济,同时大大减少产生的有害废弃物,有利于环境保护。1971 年,Kagan 和 Dang 发明了含有手性二膦 DIOP 的不对称催化氢化催化剂,DIOP-Rh (I) 配合物催化 α-(酰氨)丙烯酸及其酯的不对称催化氢化反应,生成相应的氨基酸衍生物,对映体过量高达 80%,由此带来了均相不对称催化领域的突破性进展。1980 年巴里·夏普雷斯(K. Barry Sharpless)以烷氧基钛为催化剂,手性酒石酸酯为不对称诱导剂,过氧化叔丁醇为氧化剂,成功地实现了烯丙醇不对称环氧化反应。该催化体系用于环氧化开环、构型反转和动力学拆分等方面都显示出较好的对映体选择性。其中,诺尔斯、野依良治及夏普雷斯三位科学家因在催化不对称化合物合成领域的卓越贡献共同荣获 2001 年诺贝尔化学奖。

手性二膦 DIOP 是一种由 L-酒石酸得到的 C_2 手性衍生化手性二膦,DIOP 的手性不是磷原子本身二十碳骨架上的手性中心产生的。由此掀起了对各种二齿型手性二膦的研究热潮,发现了众多具有 C_2 对称性的手性配体。30 多年来,许多研究结果表明含手性取代基的二膦类化学物在有机过渡金属催化的反应中是最有效的多功能配体,已在氢化、环氧化、环丙烷化、烯烃异构化、氢氰化和双烯加成等几十种反应中取得成功,其实 DIOP、BINAP 等手性二膦配体催化某些反应,立体选择性达到或接近 100%。在手性配体过渡金属配合物催化的不对称合成反应中,仅用少量手性催化剂即可将大量前手性底物选择性地转化为手性产物,明显优于化学计量型不对称合成。图 5-11 是常用的手性膦配体。

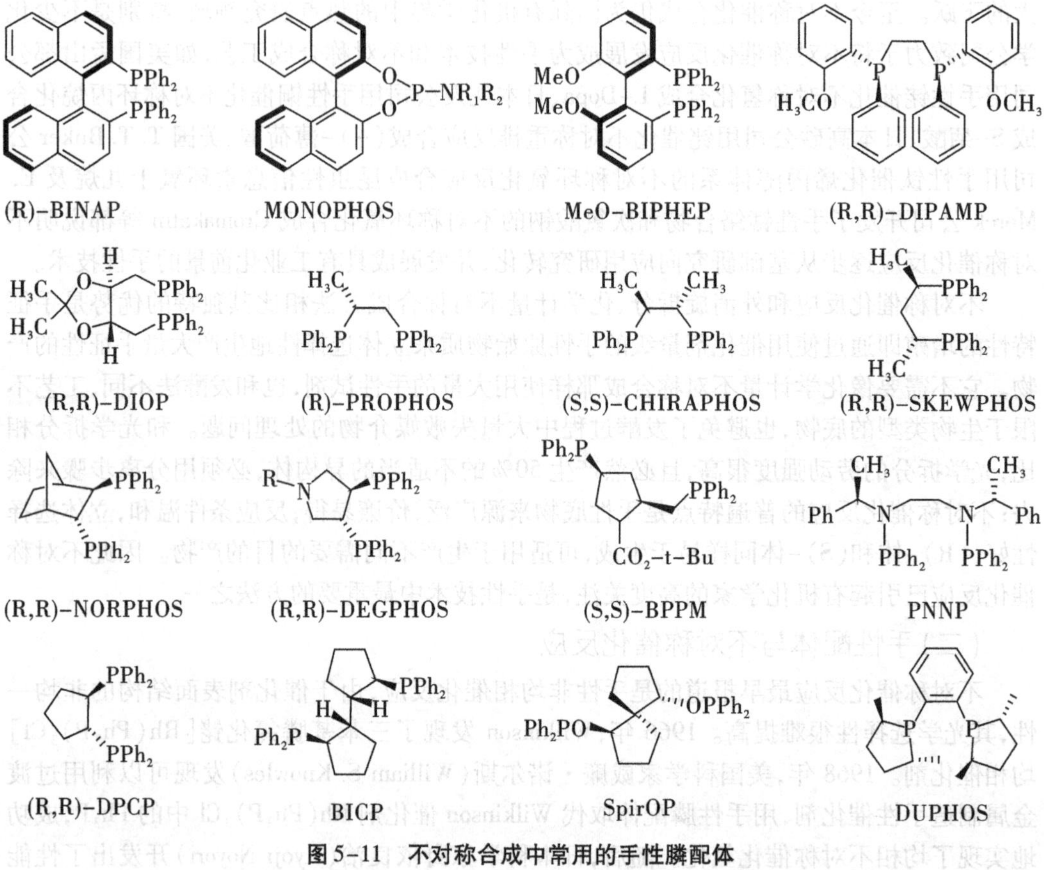

(R)-BINAP　　　MONOPHOS　　　MeO-BIPHEP　　　(R,R)-DIPAMP

(R,R)-DIOP　　　(R)-PROPHOS　　　(S,S)-CHIRAPHOS　　　(R,R)-SKEWPHOS

(R,R)-NORPHOS　　　(R,R)-DEGPHOS　　　(S,S)-BPPM　　　PNNP

(R,R)-DPCP　　　BICP　　　SpirOP　　　DUPHOS

图 5-11　不对称合成中常用的手性膦配体

　　水溶性手性膦配体的过渡金属配合物的出现,解决了均相催化剂不易复原与回收的问题。向手性膦配体结构中引入磺酸盐、羧酸盐或四烷基铵盐等强极性官能团,形成水溶性膦配体。例如,三(3-磺酸盐苯基)膦(TPPTS)与铑形成的配合物溶于水,在水-有机相的二相体系中进行催化还原氢化、羰基化和甲酰化等反应,反应完成后,水相中的催化剂很容易与有机相中的产物分离,可回收套用。图 5-12 列出了一些水溶性手性膦配体。

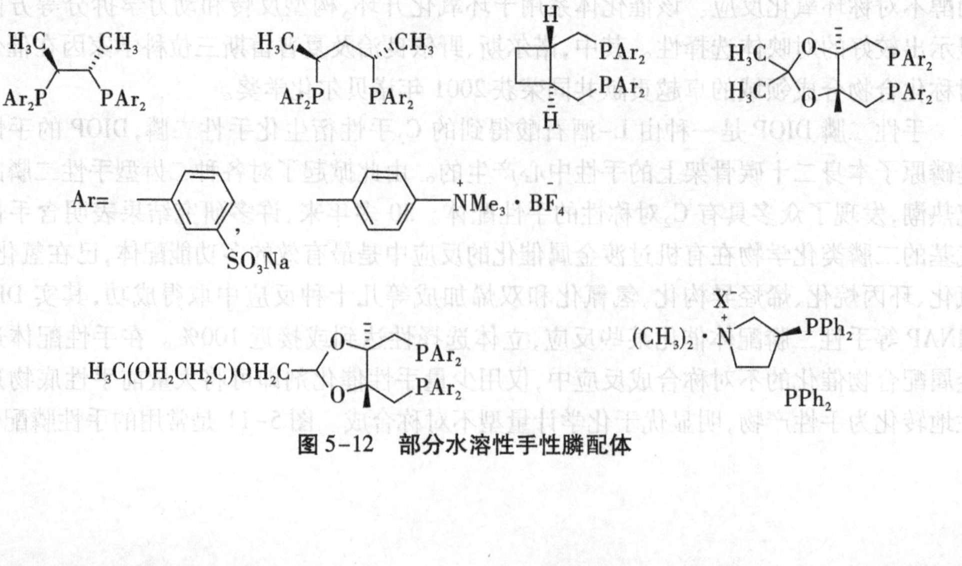

Ar=

SO_3Na

$NMe_3 \cdot BF_4$

$H_3C(OH_2CH_2C)OH_2C$　　　$(CH_3) \cdot$　　　X^-

图 5-12　部分水溶性手性膦配体

（三）手性配体在不对称催化合成中的作用

在不对称催化合成中，手性配体有两方面的作用：一是加速反应；二是手性识别和对映体控制。

在不对称催化合成反应中，手性配体与过渡金属的络合加快了反应速度，并提高了反应的立体选择性，这种现象被称为配体促进的催化。换句话说，当过渡金属配合物催化活性远远高于过渡金属本身时，才能看到反应的高度立体选择性。

在催化不对称合成反应中，手性配体能区别潜手性底物的立体特征，也就是说，对于潜手性底物的对映位面或非对映位面，手性催化剂具有区别能力，并以不同的速率反应形成不同的非对映异构体过渡态，产物的对映体选择性由两个非对映异构过渡态自由能的差别程度所决定。对映体过量超过80%的不对称合成反应具有应用价值，对映体过量超过80%，两个过渡态的自由能需相差至少 8.37 kJ/mol（2 kcal/mol），对映体过量达到99%，自由能需相差 12.56 kJ/mol（3 kcal/mol）。

不对称合成中使用的大量手性配体主要来自手性库中的天然原料，典型的例子是酒石酸及其酯类和金鸡纳生物碱，酒石酸在非均相镍催化的不对称氢化和均相钛催化的不对称环氧化等反应中充当手性配体，金鸡纳生物碱作为手性配体用于非均相钯催化的不对称氢化和均相锇催化的烯烃的不对称二羟基化。金鸡纳生物碱本身作为不对称催化剂，用于一系列碱催化反应中。大部分手性二膦配体（图 5-11，图 5-12）是以相对便宜的天然化合物（如酒石酸和 L-脯氨酸）为原料合成的。

手性二齿膦与 Ru、Rh、Pd 等过渡金属络合，形成大小不等的环状结构，1,2-二膦（如 DIPAMP、CHIRAPHOS）形成五元环，1,4-二膦（如 DIOP、BINAP）形成七元环，这些配合物的共同特征是四个苯环分别处于两个垂直的平面，如图 5-13 所示的 Rh（Ⅰ）-CHIRAPHOS(5-53)的立体结构。

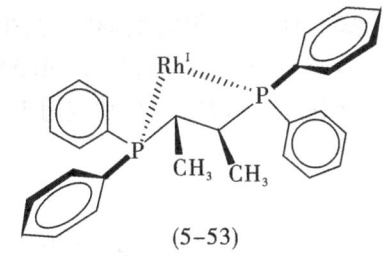

(5-53)

图 5-13　手性二膦催化剂 Rh-(Ⅰ)CHIRAPHOS 的立体结构

手性二膦 BINAP 是一个非常有效的配体，它的独特之处在于络合环构象的变化不会引起膦原子上的四个基团手性的改变，而其他的 1,4-二膦（如 DIOP），七元络合环的柔性结构变化幅度较大，可导致手性的消失。因此，BINAP 与许多过渡金属形成既有柔性又保持构象的七元络合环，这样的催化剂活性可与酶相媲美。

随着对不对称催化研究的深入，一些新理论和新方法的发展为新型手性催化剂的设计和应用提供了理论指导。比如 Noyori 等提出的不对称放大、Yamamoto 与 Faller 提出的"不对称毒化"、Mikami 提出的"不对称活化"，以及"不对称双活化"等概念为新型手性催化剂的设计提供了全新的思路。

二、不对称合成技术在手性药物合成中的应用

(一) 不对称催化氢化反应

1. 不对称催化氢化在萘普生合成中的应用

萘普生是芳基烷酸类的非甾体抗炎药之一,其(S)-萘普生的活性比(R)-萘普生高35倍。美国孟山都公司开发了合成外消旋萘普生的工艺,即在相转移催化剂存在下,于 DMF 中以金属铝为阳极,通入压力为 0.253 MPa 的 CO_2,6-甲氧基-2-乙酰基萘经电解羧基化,催化氢化,可产生外消旋体萘普生。总收率为 83%。

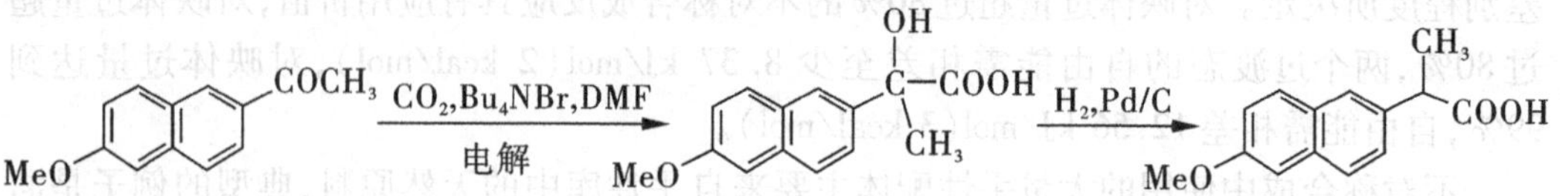

如以上式中的电解产物 2-羟基-2-(6'-甲氧基-2'-萘基)丙酸经脱水得到的 2-(6'-甲氧基-2'-萘基)丙烯酸为原料,以手性膦钌络合物催化氢化也可得到(S)-萘普生,产率为 92%,对映体过量达 97%,该工艺生产总成本可降低 50%。

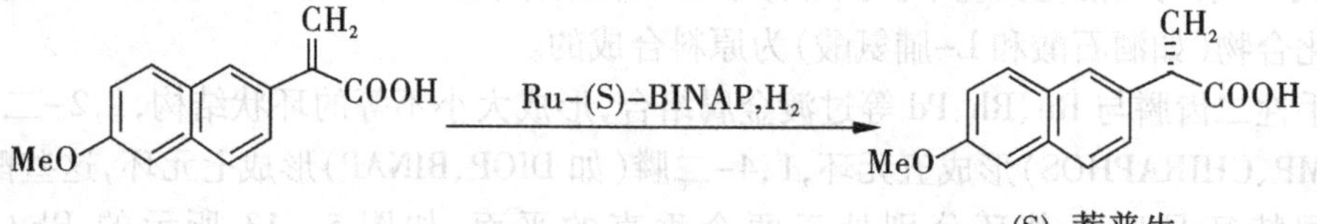

(S)-萘普生

2. 不对称催化氢化在 L-多巴合成中的应用

左旋多巴胺是治疗帕金森病的良药。若以酶催化工艺生产,操作复杂。20 世纪 60 年代末,美国孟山都公司 Knowles 将合成的手性膦配体 DIPAMP 与铑络合制备的手性金属催化剂用于均相催化氢化反应中,并于 1973 年成功应用于 L-多巴的工业化生产,对映体过量达 95%。

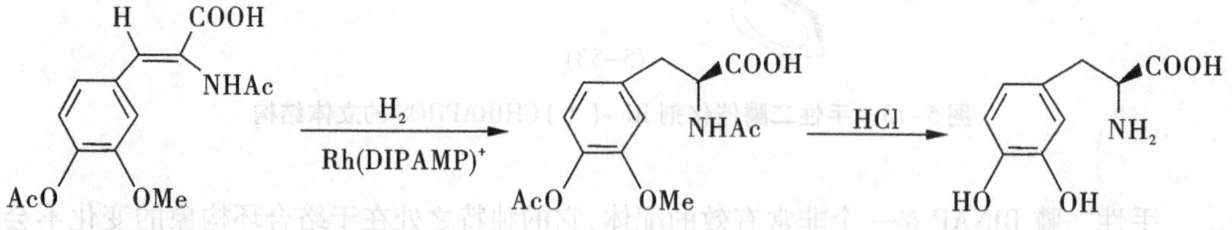

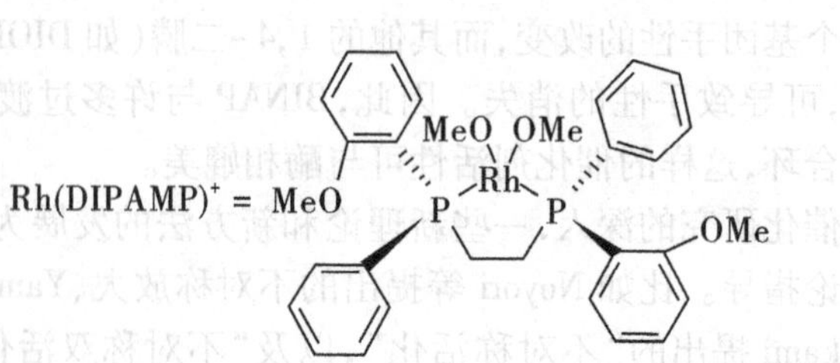

同样,日本京都大学 Noyori 研制的 BINAP-Rh 催化剂,也成功地应用于碳-碳双键的不对称催化氢化,可生产 L-多巴的中间体,对映体过量达96%。

（二）Sharpless 环氧化反应

20 世纪 80 年代初发现的烯丙基伯醇的 Sharpless 环氧化反应(又称为 AE 反应),已经成为催化不对称合成中的经典反应。Sharpless 环氧化利用可溶性的四异丙氧基钛[Ti(OPr^i)$_4$]和酒石酸二乙酯(diethyl tartrate, DET)或酒石酸二异丙酯(diisopropyl tartrate, DIPT)为催化剂,叔丁基过氧化物(t-butyl hydroperoxide, TBHP)为氧化剂,得到立体选择性大于 95% 和化学收率 70% ~90% 的环氧化物。产物的立体构型由手性酒石酸二乙酯控制,如果用(S,S)-D-(-)-酒石酸酯,氧从双键所在的平面上方进攻;如果用(R,R)-L-(-)-酒石酸酯,氧从双键所在平面的下方进攻。这个方法的意义不限于合成环氧化物,而在于环氧化物进一步发生位置和立体选择性亲核取代反应,再经过官能团转化,可获得多种多样的手性化合物。

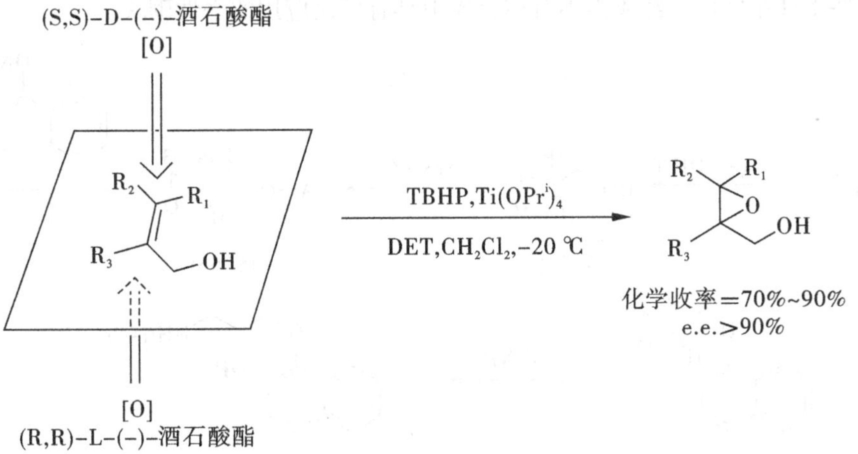

Sharpless 环氧化反应所用的试剂均是廉价并商品化的,对于大多数烯丙醇均能够反应成功,而且反式烯丙醇反应的速度远比顺式烯丙醇快。如果烯丙醇的羟基存在手性,有利于生成 1,2-反式的产物。

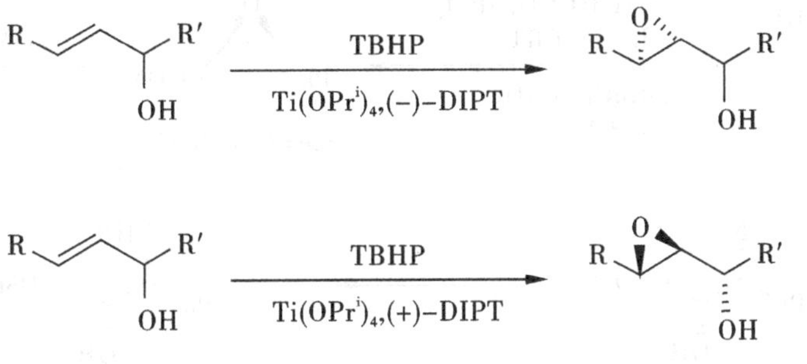

手性环氧化物的开环反应具有区域选择性,在 1.5 当量 Ti(OPr^i)$_4$ 的存在下,亲核试剂(例如仲醇、叠氮化物、硫醇和游离醇等)主要进攻 2,3-环氧-1-醇的 C$_3$ 位,而且 C$_3$ 位

发生构型翻转。

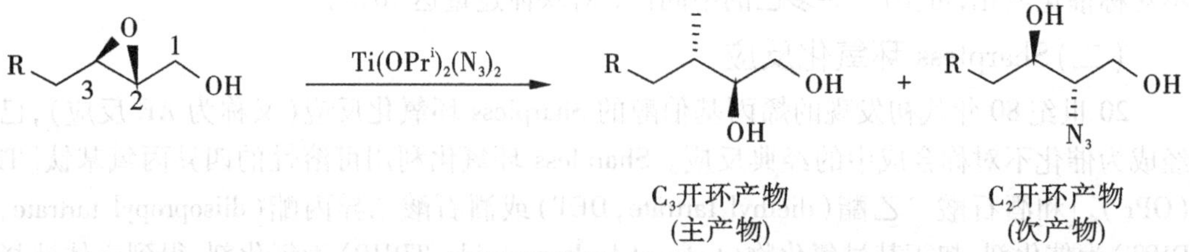

C_3开环产物
(主产物)

C_2开环产物
(次产物)

1. Sharpless 环氧化反应在普萘洛尔合成中的应用

普萘洛尔(propranolol)是 β-肾上腺素能受体的阻滞剂,可用于治疗心脏病和高血压。(S)-普萘洛尔比其(R)-普萘洛尔的活性高 98 倍。Acro 公司应用 Sharpless 催化剂催化丙烯醇环氧化生产手性缩水甘油。手性缩水甘油经催化环氧化合物开环等反应即可生产(S)-普萘洛尔。其中,缩水甘油(5-54)或与之相对应的手性芳基磺酸缩水甘油(5-55),这些手性中间体已经成为不对称合成中具有广泛应用的手性砌块。

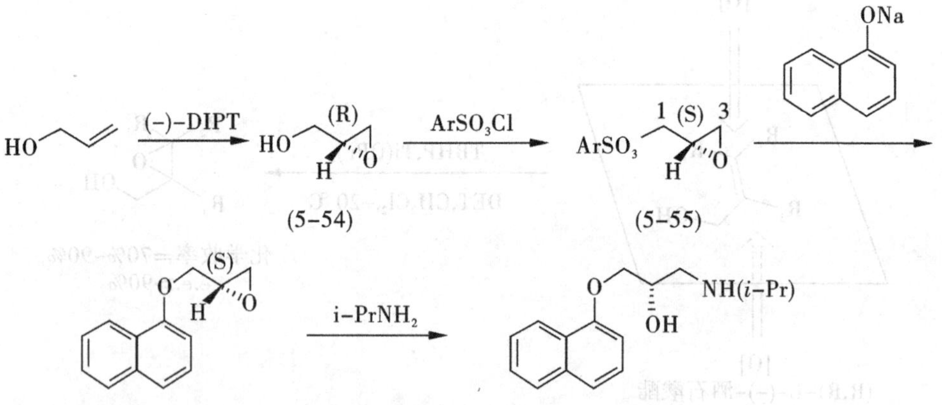

2. Sharpless 环氧化反应在紫杉醇侧链合成中的应用

紫杉醇(taxol)侧链的合成有三种方法:最早,Greene 采用 Sharpless 环氧化方法,从顺式肉桂醇出发合成环氧化物,接着以叠氮化合物开环等反应合成紫杉醇侧链。

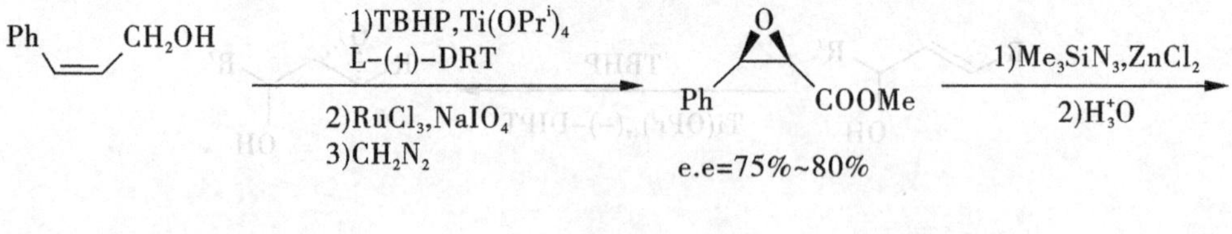

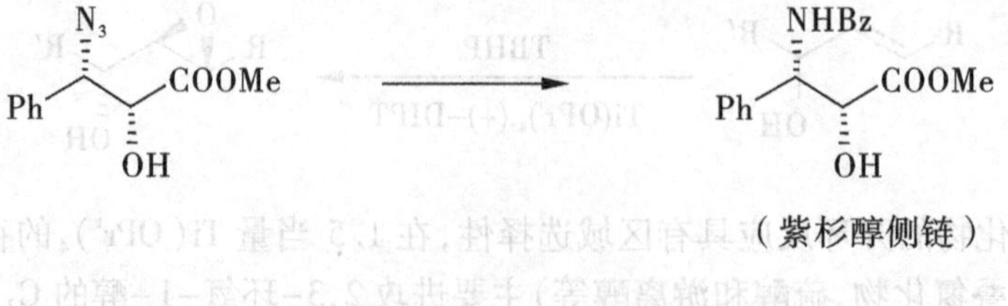

用 Jacobsen 发展的 Mn-Salen 络合物来合成紫杉醇侧链,可得到对映体过量大于

95%的环氧化合物。

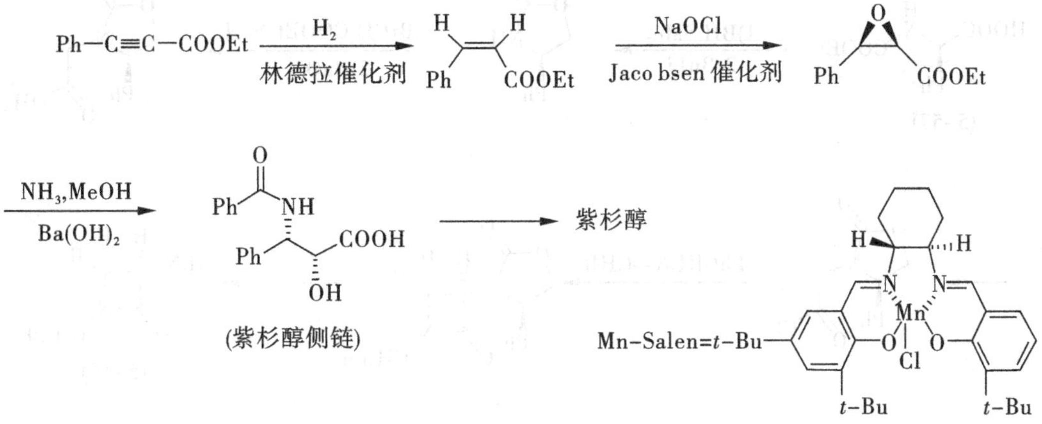

到目前为止,已经发展的不对称催化反应的类型很多,但是能应用于工业生产的反应还是为数不多,这主要受不对称催化反应的水平制约。一般说来,属于动力学控制的催化过程,只要选用合适的手性配体或适宜的反应条件,就可以实现不对称反应过程,反应的立体选择性可以从小于10%优化到90%以上。但是在大多数情况下,手性配体的选择主要依靠直觉和经验,尚不能做到合理设计与选择。

第四节　利用手性源制备手性药物

用于制备手性药物的手性原料或手性中间体主要有三个来源:一是自然界中大量存在的手性化合物,如糖类、萜类、生物碱等;二是以大量价廉易得的糖类为原料经微生物合成获得的手性化合物,如乳酸、酒石酸、L-氨基酸等简单手性化合物和抗生素、激素和维生素等复杂大分子;三是从手性的或前手性的原料化学合成得到的光学纯化合物。通过以上生物控制或化学控制等途径得到的手性化合物,统称为手性源(chirality pool)。

手性源合成指的是以价廉易得的天然或合成的手性源化合物,例如糖类、氨基酸、乳酸等手性化合物为原料,通过化学修饰方法转化为手性产物。产物构型既可能保持,也可能发生翻转或手性转移。

一、手性合成子与手性辅剂

手性源合成中,手性起始原料可能是手性合成子(chiral synthon)也可能是手性辅剂(chiral auxiliary)。如果手性起始原料的大部分结构在产物结构中出现,那么这个手性起始原料是手性合成子;手性辅剂在新的手性中心形成中发挥不对称诱导作用,最终产物结构中没有手性辅剂的结构。例如在S-萘普生的合成过程中,L-酒石酸用作手性辅剂,可以回收和循环使用。

在合成碳头孢烯中间体(5-56)时,L-苯甘氨酸乙酯(5-57)也是手性辅剂,在反应中被消耗,产物中只保留了(5-57)的氨基。

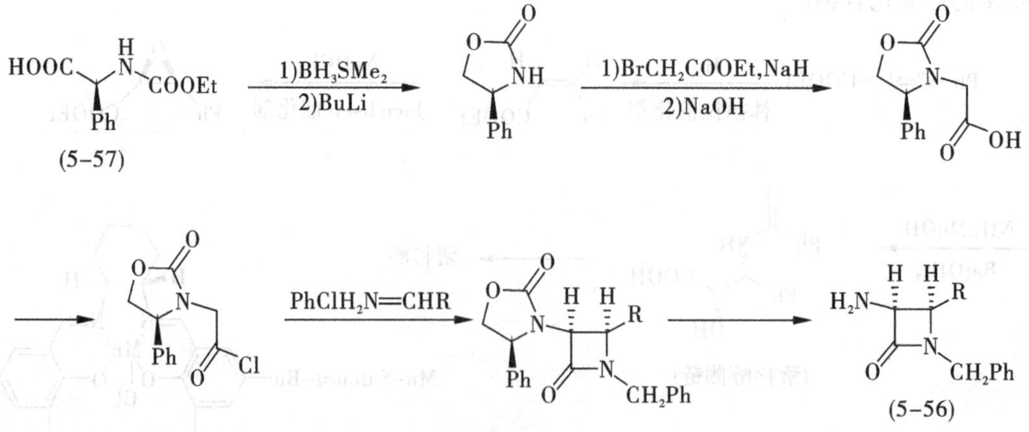

（5-57）

从经济的角度来看,手性辅剂的回收和循环使用是手性源合成的关键问题,与经典拆
分过程中拆分剂的回收利用相似,此外手性辅剂的分子量越小越经济。

二、常见的手性源化合物

当我们设计合成一个手性化合物时,最简捷的方法就是在手性源中挑选结构相近的
手性原料进行手性源合成。手性源中相对便宜的手性原料有糖类、羟基酸类、氨基酸类、
萜类和生物碱类。许多手性原料价格不高,与石油化工产品相近,但它们有很多用途,可
以用作手性合成子、手性辅剂、拆分剂及催化不对称合成的手性配体或催化剂。

（一）碳水化合物

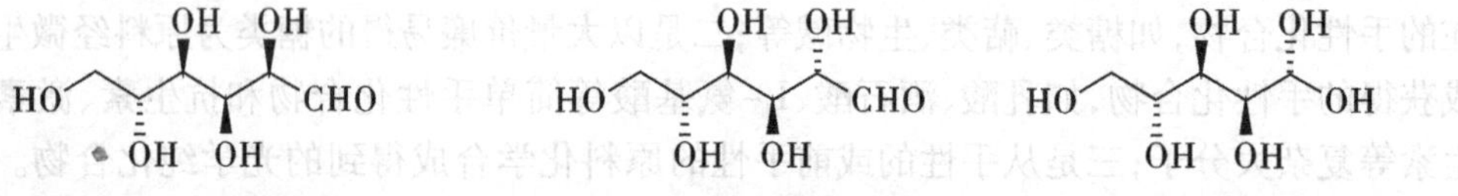

开链 α-D-葡萄糖　　　　　开链甘露糖　　　　　甘露醇

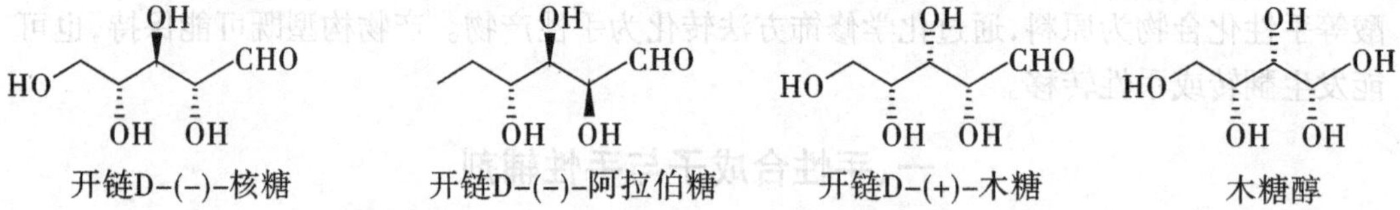

开链D-(-)-核糖　　开链D-(-)-阿拉伯糖　　开链D-(+)-木糖　　木糖醇

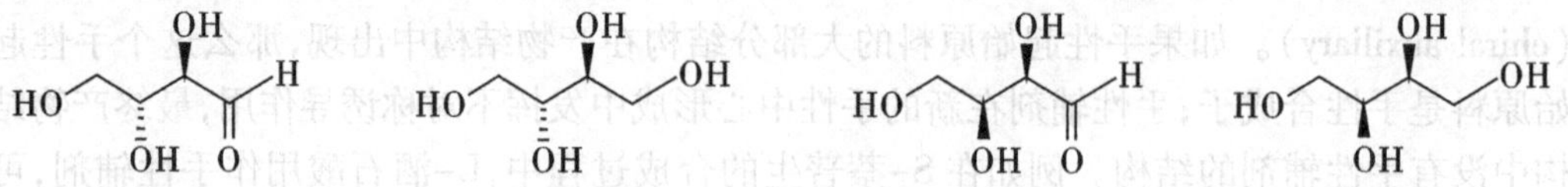

赤藓糖　　　　赤藓醇　　　　苏糖　　　　苏糖醇

（二）羟基酸

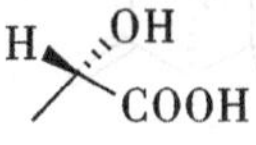

(+)-(S)-乳酸 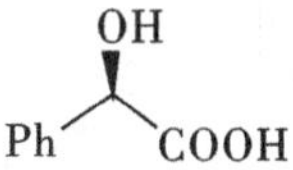　　(R)-(−)-扁桃酸 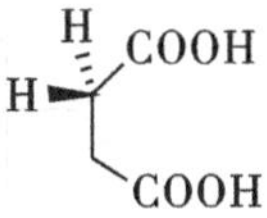　　(−)-(R)-苹果酸 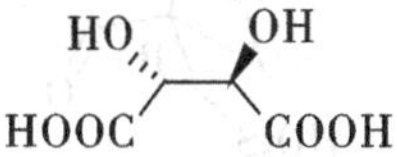　　(R,R)-(+)-酒石酸　　(S,S)-(−)-酒石酸
　　　　　　　　　　　　　　　　　　　　　　　　　　　　（天然）　　　　　（非天然）

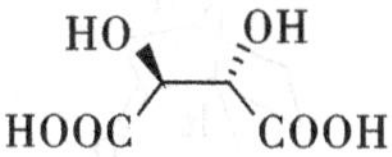

（三）氨基酸

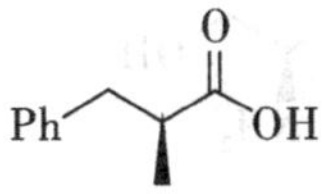

(S)-(−)-苯丙氨酸 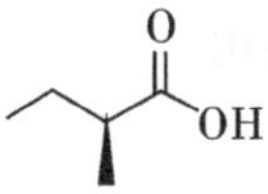　　(S)-(+)-缬氨酸 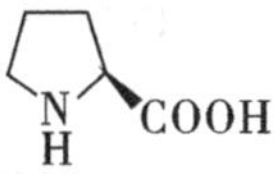　　(S)-(−)-脯氨酸 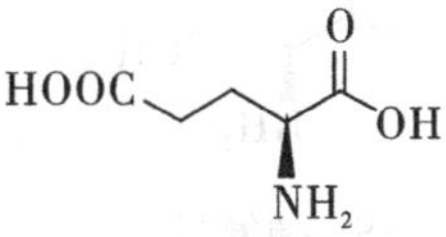　　(S)-(+)-谷氨酸 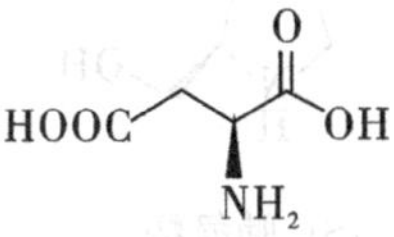　　(S)-(+)-天冬氨酸

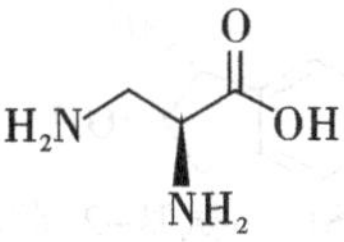

(R)-(+)-半胱氨酸 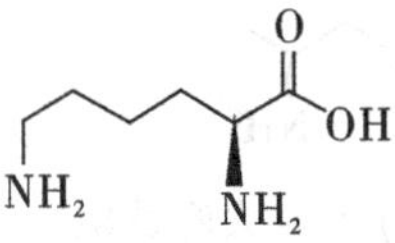　　(S)-(+)-赖氨酸 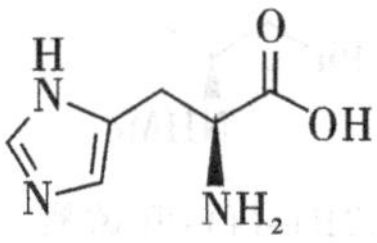　　(S)-(−)-组氨酸 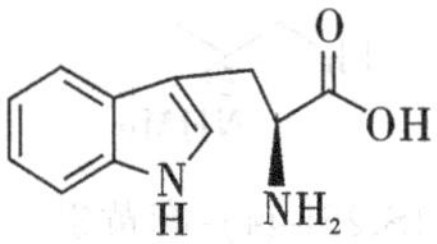　　(S)-(−)-组氨酸

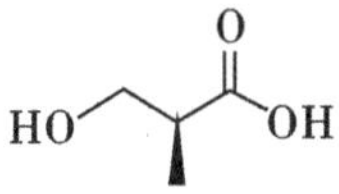

(S)-(+)-丝氨酸 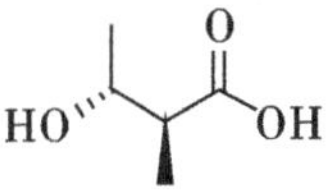　　(2S,3R)-(−)-苏氨酸 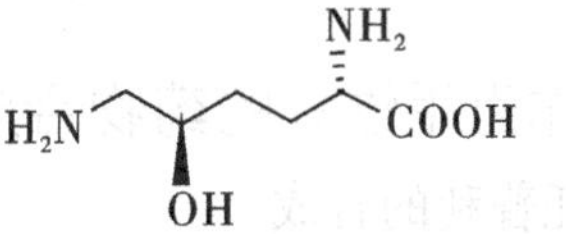　　(2S,3R)-5-羟基-赖氨酸 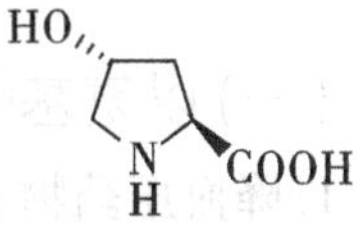　　(2S,4R)-羟基-脯氨酸

目前许多 D 型氨基酸及其衍生物也是价廉易得的。

（四）萜类化合物

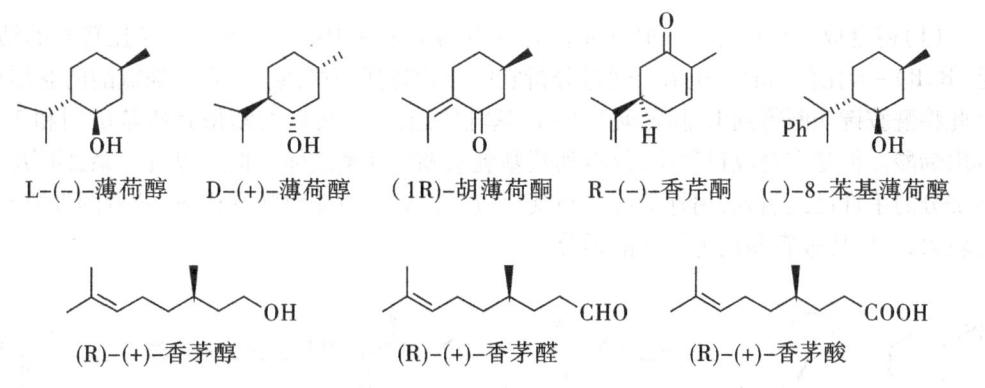

L-(−)-薄荷醇　　D-(+)-薄荷醇　　（1R)-胡薄荷酮　　R-(−)-香芹酮　　(−)-8-苯基薄荷醇

(R)-(+)-香茅醇　　　　　(R)-(+)-香茅醛　　　　　(R)-(+)-香茅酸

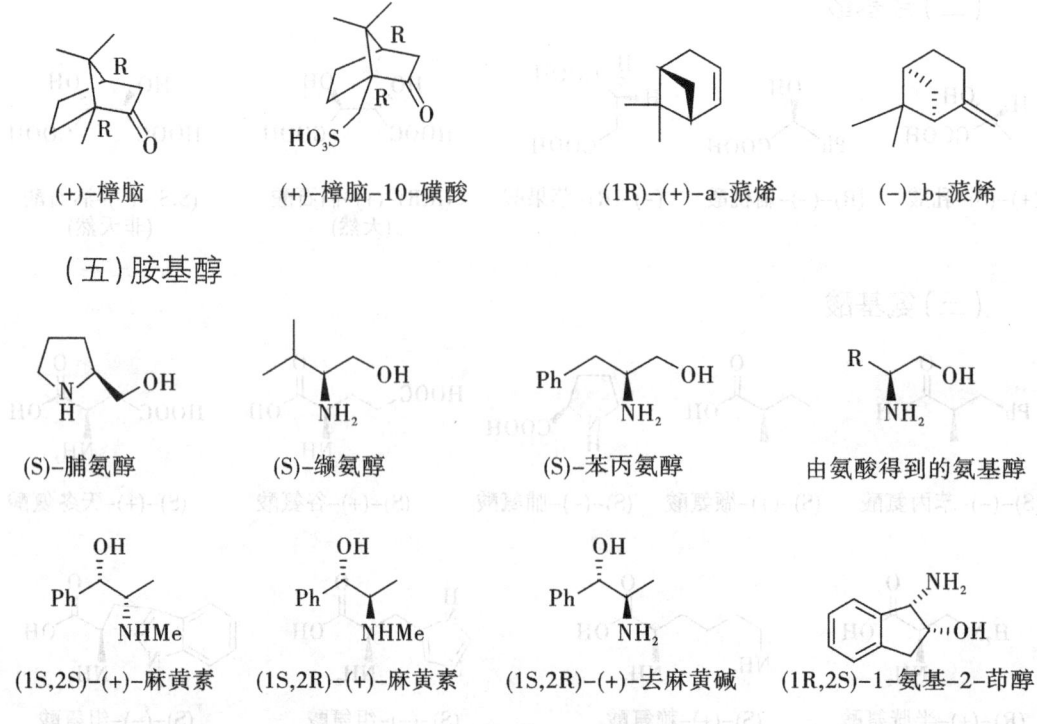

（五）胺基醇

（S)-脯氨醇　　　（S)-缬氨醇　　　（S)-苯丙氨醇　　　由氨酸得到的氨基醇

（1S,2S)-(+)-麻黄素　　（1S,2R)-(+)-麻黄素　　（1S,2R)-(+)-去麻黄碱　　（1R,2S)-1-氨基-2-茚醇

三、手性药物合成实例

（一）以氨基酸作为手性源的药物合成

1. 降血压药物卡托普利的合成

（1）逆合成分析：卡托普利（captopril）含有两个手性中心，其（S,S)-卡托普利的活性是（R,R)-卡托普利的 100 倍。通过分析它的结构特征，发现它具有 L-脯氨酸的亚结构，因此将酰胺键切断得到 L-脯氨酸和 S-巯基乳酸酯，后者可以切断得到巯基试剂和 2-甲基丙烯酸。但是在合成过程中，仅得到巯基乳酸酯的外消旋体。但这没有关系，因为脯氨酸部分的手性已经引入，用外消旋体与其反应会得到一对非对映异构体，两者的性质差异比较大，可以比较容易地进行结晶拆分。

（2）合成路线：以巯乙酸为巯基试剂与 2-甲基丙烯酸反应得到外消旋的 3-巯乙酰基

-2-甲基丙酸,在这里需要加入对苯酚,它的作用是通过氧化为对苯醌来抑制巯乙酸自身反应形成二硫键。然后,羧基保护的 L-脯氨酸在 DDC 的作用下与 3-巯乙酰基-2-甲基丙酸缩合成酰胺,再用三氟乙酸(TFA)脱去保护基,得到一对非对映异构体。最后通过结晶拆分,并脱去巯基上的乙酰基,得到光学纯的(S,S)-卡托普利。

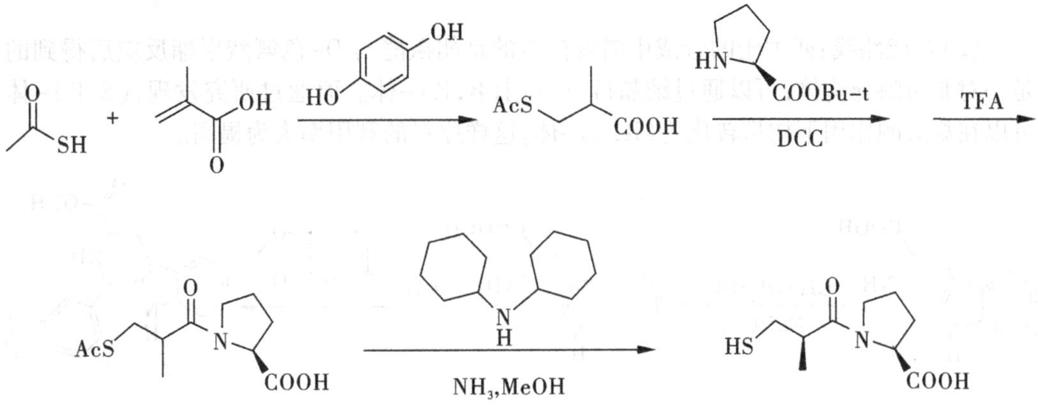

2.西力士的合成

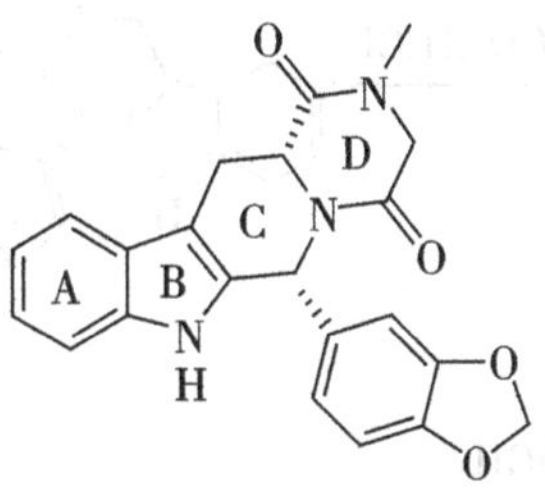

(1)逆合成分析:西力士(cialis)是治疗男性性功能障碍的药物,其化学结构初看比较复杂,似乎无从下手。经过仔细观察,发现其暗含了色氨酸的子结构,这样下一步的工作就是将环打开。比较 ABCD 四个环,D 环是个哌嗪二酮的结构,比较容易打开。将 N-甲基两边的 C—N 键切断得到甲胺和开环产物,进一步切断 C—N 键得到 ABC 环。然后,将色氨酸甲酯部分从 ABC 环中提取出,剩下的部分得到胡椒醛,是比较易得的原料。根据构型,我们所需的是 D-色氨酸甲酯,它可由市售的 D-色氨酸酯化得到。

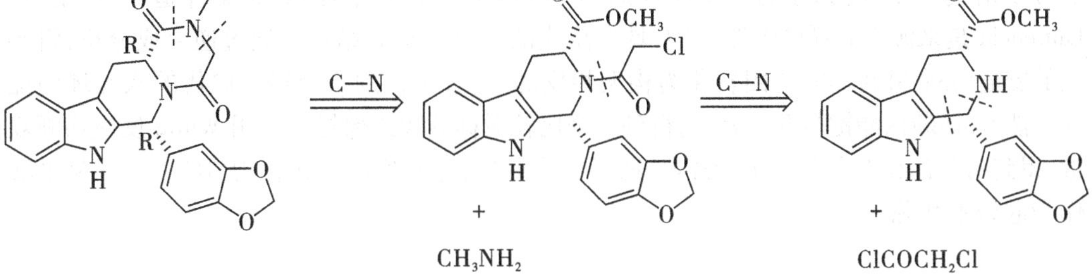

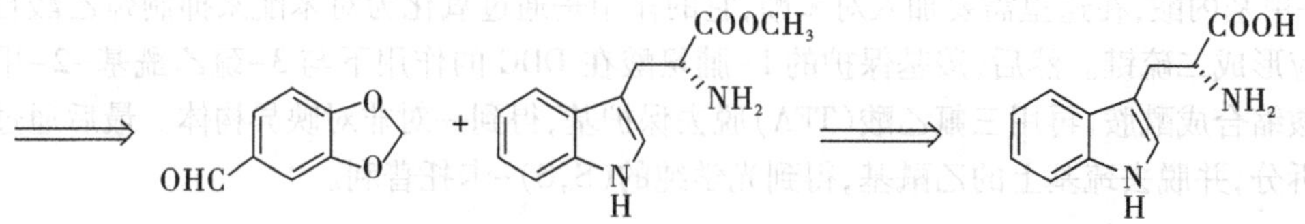

（2）合成路线:西力士的合成中需要注意的是胡椒醛与 D-色氨酸甲酯反应后得到的是一对非对映异构体,可以通过结晶拆分得到(R,R)-体。而通过研究发现,(S,R)-体可以在盐酸的作用下构型转化为(R,R)-体,这样原料的利用率大为提高。

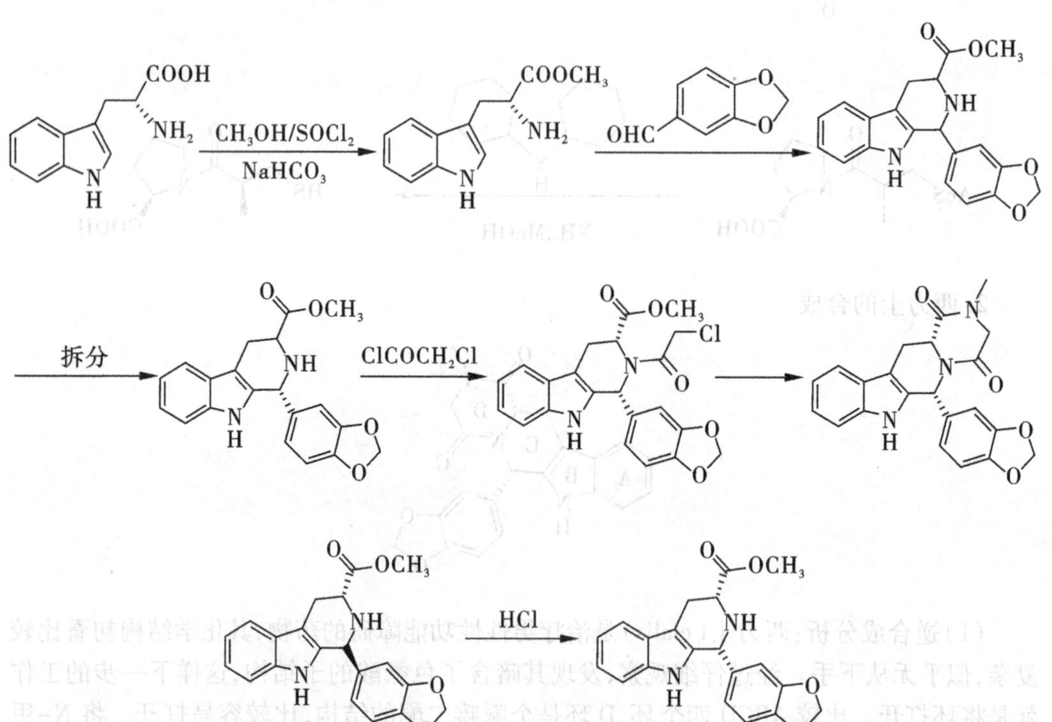

（二）以有机酸作为手性源的 Laurencin 合成

苹果酸和酒石酸等有机酸也是常用的手性源。有些分子,尤其是天然产物,很难从它的分子结构直接找到手性源,只有通过切断和转化后才能够发现合适的手性源。Laurencin 是来源于海洋的天然产物,具有溴代的八元环核心结构。通过逆合成分析,将环上的支链切断,并将溴官能团转化为构型相反的羟基,可得到一个羟基取代的八元环内酯环。然后,切断内酯键打开八元环,得到一个比较对称的顺式烯烃。利用 Wittig 反应切断双键,得到两个含有 4 个 C 原子的片段,通过结构分析,它们均能够转化为(R)-(+)-苹果酸作为起始手性源。

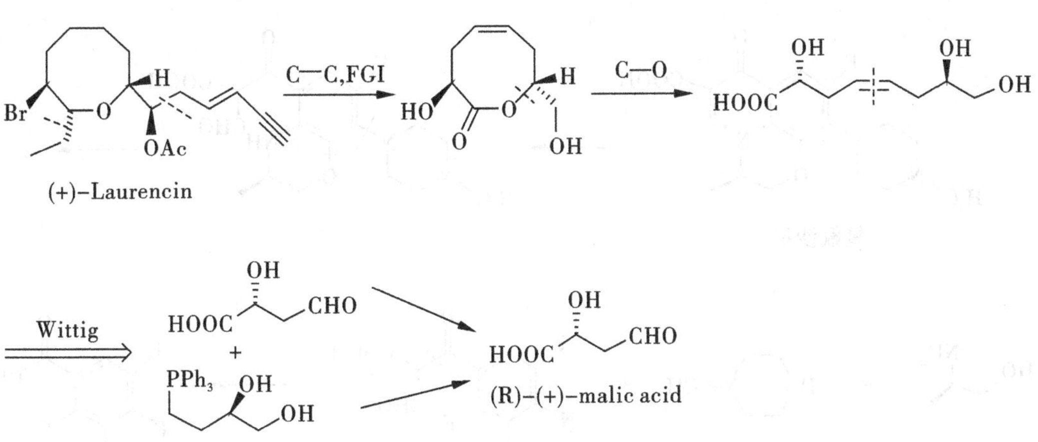

(+)-Laurencin

(R)-(+)-malic acid

Laurencin 的全合成涉及到多步的保护、脱保护和官能团转化过程,这里仅给出其关键中间体的合成路线。

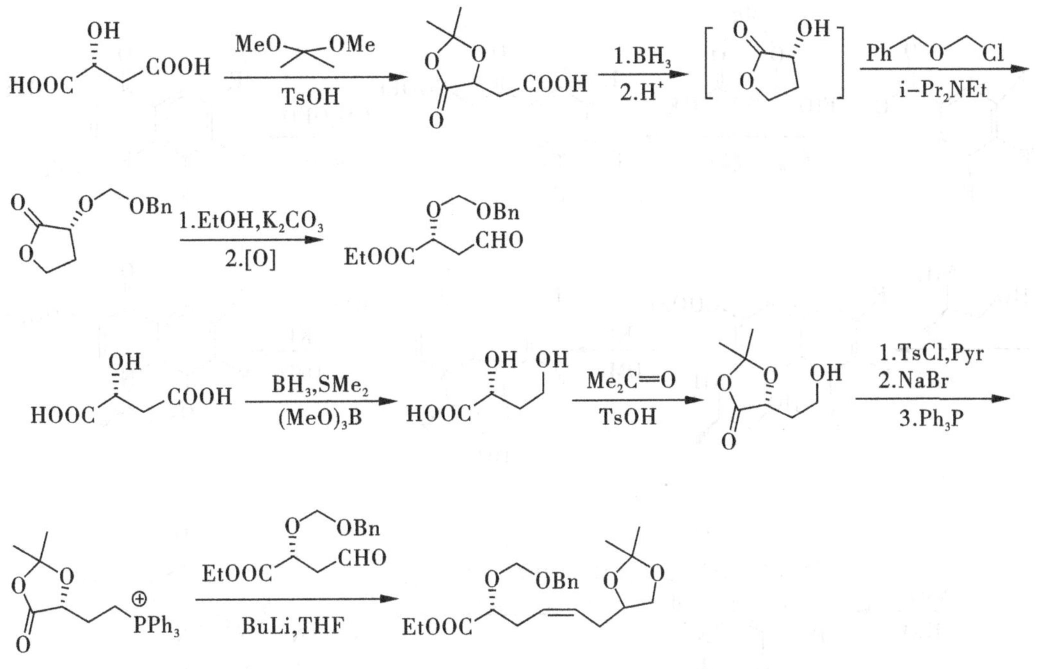

(三) 以胺基醇作为手性源的左旋氧氟沙星的合成

左旋氧氟沙星具有喹诺酮母核,通过逆合成分析,得到(S)-(+)-2-氨基丙醇、甲基哌嗪和氟代芳香酮三个片段,其中(S)-(+)-2-氨基丙醇是易得的手性源。氟代芳香酮可以进一步切断得到2,3,4,5-四氟苯甲酰氯。

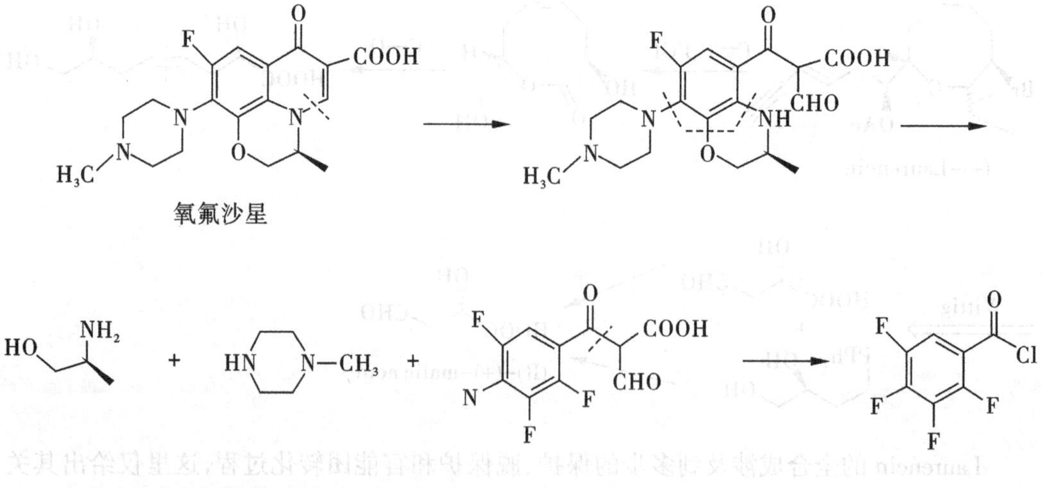

氧氟沙星

左旋氧氟沙星的合成路线可以设计如下：

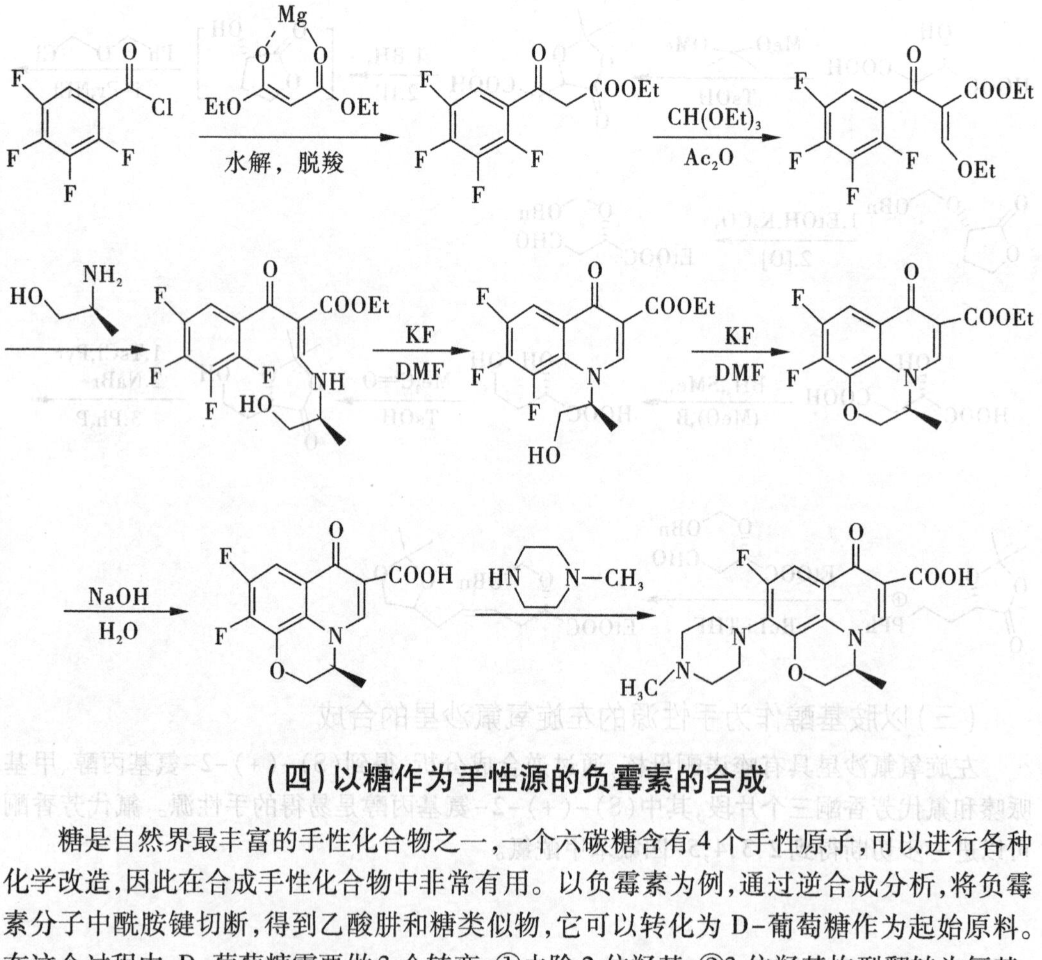

（四）以糖作为手性源的负霉素的合成

糖是自然界最丰富的手性化合物之一，一个六碳糖含有 4 个手性原子，可以进行各种化学改造，因此在合成手性化合物中非常有用。以负霉素为例，通过逆合成分析，将负霉素分子中酰胺键切断，得到乙酸肼和糖类似物，它可以转化为 D-葡萄糖作为起始原料。在这个过程中，D-葡萄糖需要做 3 个转变：①去除 2 位羟基；②3 位羟基构型翻转为氨基，叠氮离子（N_3^-）是良好的构型翻转试剂；③去除 4 位羟基。

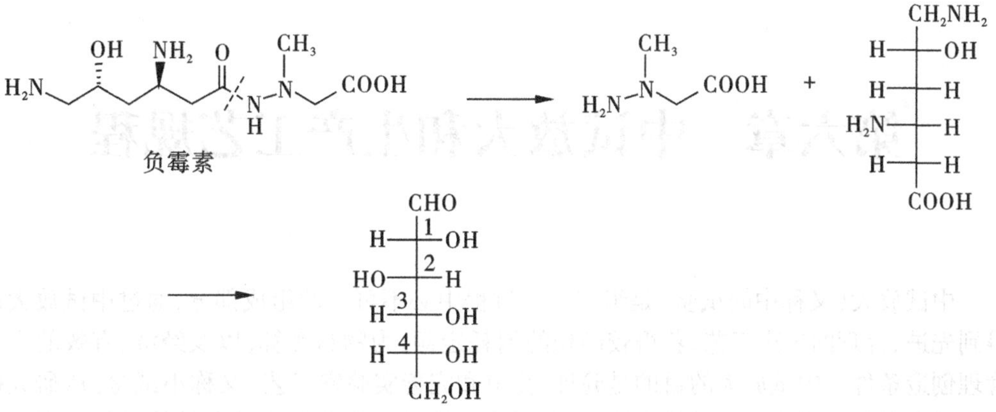

因此,以商品化的 1,2-氧异丙叉-D-葡萄糖作为起始原料,这样 D-葡萄糖的羟基有比较合适的保护,然后通过多步的保护、脱保护、氧化和还原等反应合成得到负霉素。

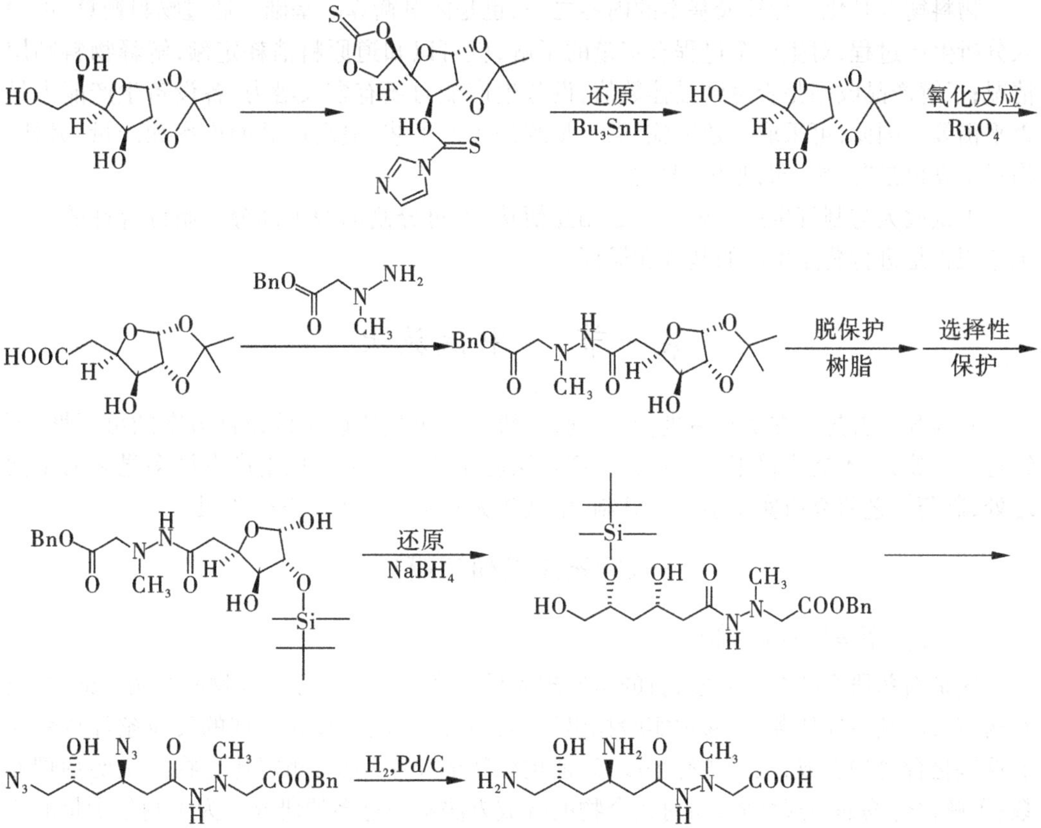

总之,利用天然手性源来合成一些结构复杂的手性化合物,其合成策略往往非常巧妙,经构型保持或构型转化等有机反应合成新的手性化合物,具有很大的艺术性。天然手性合成子来源广泛,光学纯度高,具有很高的附加值,是理想的手性源,也是开发手性催化剂、手性中间体的研究热点和重点。

第六章 中试放大和生产工艺规程

中试放大(又称中间试验)是组织生产过程中必不可少的组成部分,通过中试放大以得到先进、合理的生产工艺,获得较确切的消耗定额,为物料衡算,以及经济、有效的生产管理创造条件。中试放大的目的是验证、复审和完善实验室工艺(又称小试验)所研究确定的反应条件与反应后处理的方法,以及研究选定的工业化生产设备结构、材质、安装和车间的布置等,为正式生产提供设计数据及物质的用量和消耗等。同时,也为临床试验和其他深入的药理研究提供一定数量的药品。

物料衡算是化工计算最基本的内容之一,也是能量衡算的基础。通过物料衡算,可深入分析生产过程,对生产全过程有定量的了解,就可以知道原料消耗定额,解释物料利用情况;了解产品收率是否达到最佳数值,设备生产能力还有多大潜力;各设备生产能力是否平衡等。因此,可采取有效措施,进一步改进生产工艺,提高产品的产率和产量,另外,物料衡算也是"三废"处理的依据之一。

中试放大与制订生产工艺规程是相互衔接、不可分割的两个部分。制订合理的生产工艺规程是进行药品生产的基础和保证。

第一节 中试放大

新药开发首先是在实验室进行。实验室研究结果只能说明该设计方案的可行性,不经过中试放大,不能直接用于工业化生产。实验室研究与工业化生产有许多显著的不同之处,制药工艺研究有实验室小量试制、中试放大及工业化生产三个阶段。

一、制药工艺研究概述

(一)实验室小量试制

这是新药研究的探索阶段,目的是发现先导化合物和对先导化合物的结构修饰,找出新药苗头。其主要任务是:通过实验找出科学合理的合成路线和最佳的反应条件尽快完成这些化合物的合成;利用各种手段,确证化合物的化学结构;测定化合物的主要物理参数;了解化合物的一般性质,而对化合物的合成方法不做过多的研究。为了制备少量的样品供药理筛选,不惜采用一切分离纯化手段,如反复分馏、多次重结晶、各种层析技术等。显然,这样的合成方法与工业生产的距离很大。

新药苗头确定后,应立即进行小量试制(简称小试)研究,提供足够数量的药物供临床前评价。其主要任务是:对实验室原有的合成路线和方法进行全面的、系统的改革。在改革的基础上通过实验室批量合成,积累数据,提出一条基本适合于中试生产的合成工艺路线。小试阶段的研究重点应紧紧围绕影响工业生产的关键性问题,如缩短合成路线、提高产率、简化操作、降低成本和安全生产等。

研究确定一条最佳的合成工艺路线应考虑以下几个方面。

1. 选择较成熟的工艺路线

一个化合物往往可以用不同的路线和方法合成,实验室最初采用的路线和方法不一定是最佳的,当时对反应条件、仪器设备、原材料来源等考察不多,对产率也不做过高要求,但这些对工业生产却十分重要,应通过小试研究改掉那些不符合工业生产的合成步骤和方法。一条比较成熟的合成工艺路线应该是:合成步骤短,总产率高,设备技术条件和工艺流程简单,原材料来源充裕而且便宜。

2. 用工业级原料代替化学试剂

实验室小量合成时,常用试剂规格的原料和溶剂不仅价格昂贵,也不可能有大量供应。大规模生产应尽量采用化工原料和工业级溶剂。小试阶段应探明用工业级原料和溶剂对反应有无干扰,对产品的产率和质量有无影响。通过小试研究找出适合于用工业级原料生产的最佳反应条件和处理方法,达到价廉、优质和高产的目的。

3. 原料和溶剂的回收套用

合成反应一般要用大量溶剂,多数情况下反应前后溶剂没有明显变化,可直接回收套用。有时溶剂中可能含有反应副产物、反应不完全的剩余原料、挥发性杂质,或是溶剂的浓度改变,应通过小试研究找出回收处理的办法,并以数据说明,用回收的原料和溶剂不影响产品的质量。原料和溶剂的回收套用,不仅能降低成本,而且有利于"三废"处理和环境卫生。

4. 安全生产和环境卫生

安全对工业生产至关重要,通过小试研究尽量去掉有毒物质和有害气体参加的合成反应;避免采用易燃、易爆的危险操作,实属必要,若一时不能解决,应找出相应的防护措施。尽量不用毒性大的有机溶剂,而应寻找性质相似而毒性小的溶剂代替。药物生产的特点之一是原材料品种多,用量大,化学反应复杂,常产生大量的废气、废渣和废水,处理不好,将严重影响环境保护,造成公害。"三废"问题在选择工艺路线时就要考虑,并提出处理的建议。

(二)中试放大阶段

中试工厂是大型工厂的雏形。中试时采用金属或玻璃制造的小型工业器械,应用工业级原料按照实验室最佳工艺条件进行操作。通过一系列的实验研究之后,可以核对、校正和补充实验室获得的数据。

实验室中应用小型玻璃仪器和小量原料,操作简便,热量的取得和散失都比较容易,根本不存在物料输送、设备腐蚀、搅拌器形式等工艺技术问题。工业生产时应用大型设备,处理大量物料,物料输送、设备腐蚀、搅拌器效率等问题必须妥善解决。加热和冷却问题必须根据需要有效控制,否则,将直接影响到中间体或成品的收率和纯度。中试工厂试制的目的就是要设法解决"小样放大"时遇到的各种工艺问题,为工程设计提供必要的工程数据或技术经济资料,同时,也培养一批符合要求的技术人员。

中试生产的主要任务是:

（1）考核小试提供的合成工艺路线，在工艺条件、设备、原材料等方面是否有特殊要求，是否适合于工业生产。

（2）验证小试提供的合成工艺路线，是否成熟、合理，主要经济技术指标是否接近生产要求。

（3）在放大中试研究过程中，进一步考核和完善工艺路线，对每一个反应步骤和单元操作，均应取得基本稳定的数据。

（4）根据中试研究的结果制订或修订中间体和成品的质量标准，以及分析鉴定方法。

（5）制备中间体及成品的批次一般不少于 3～5 批，以便积累数据，完善中试生产资料。

（6）根据原材料、动力消耗和工时等，初步进行经济技术指标的核算，提出生产成本。

（7）对各步物料进行规划，提出回收套用和"三废"处理的措施。

（8）提出整个合成路线的工艺流程，各个单元操作的生产工艺规程、安全操作要求及制度等。

（三）工业化生产阶段

中试试制结果证实了工业化生产的可能性以后，根据市场的容量和经济指标的预测，进行工厂新建（或扩建）设计。在设计、建厂、设备安装完成以后，进入试车阶段，如果一切顺利的话，即可进行正式生产。正式生产以后，工业研究还需要继续进行，这是由于：①正式生产以后，生产工艺上会继续发现许多以前没有发现的问题；②随着原料供应和新工艺、新技术的发展，常常迫使车间采用新原料、新工艺或新设备，需要重新研究工艺过程和反应条件；③中间体和成品的收率和质量要求不断提高；④副反应产品和三废的回收、综合利用及处理问题在中试研究阶段是不可能完全解决的。

将实验室技术直接用于工厂生产，因原料来源不同，导致失败的例子屡见不鲜。实验室往往是采用 CP（化学纯）级，甚至 AR（分析纯）级试剂，杂质受到较严格的控制。而工业化生产不可能使用试剂级原料。工业级原料中混入的微量杂质，可能造成催化剂中毒，或者催化副反应，也可能会影响成品的质量。在新药合成工艺开发研究的深入阶段，应该采用易获得的工业原料来重复实验。研究人员要对采购的原料进行检测，结合工艺研究制订原材料质量控制标准。杂质影响显著时，要提出可靠的原材料精制方法。研究人员还必须考虑经济问题，开发研究伊始，就应注重在保证反应性能的前提下，选择廉价的原材料（例如，选用铁粉加稀酸作为还原剂，要比使用四氢铝锂等实验室还原剂要便宜得多），这样才能保证开发的产品有市场竞争力。

二、中试放大的重要性和现状

制药产业的兴衰主要取决于制药工艺与制药工程的进步和发展，制药工艺和制药工程是一个问题的两个方面，相辅相成。要使我国的制药工业继续保持高速协调的发展，建立起高度现代化的医药工业体系，必须十分重视制药工艺和制药工程的协同发展。尽管我国制药工艺水平高于制药工程水平，但基本上还维持在国际上 20 世纪七八十年代的水平。由于医药企业制药工程概念薄弱，新药开发速度缓慢，工艺比较陈旧，造成了产品的技术含量低、质量差。目前，还没有一个化学药品在实验室工作完成后，真正从全流程出发,全面地进行过程开发研究。小试结束后,大都利用现有条件进行试探性的逐级放大,或是套用类似产品的流程和设备按既有模式复制。进入工业化阶段需要的时间长,人力、物力、财力消耗大,且很难达到实验室水平。要解决这种现象,必须对制药工艺和制药工程进行详细的研究,尤其是放大阶段的研究。

中试放大阶段是进一步研究在一定规模的装置中各步化学反应条件的变化规律,并解决实验室中所不能解决或发现的问题。虽然化学反应的本质不会因实验生产的不同而改变,但各步化学反应的最佳反应工艺条件,则可能随实验规模和设备等外部条件的不同而改变。

当化学制药工艺研究的实验室工艺任务完成后,即药品工艺路线经论证确定后,一般都需要经过一个比小型试验规模放大50~100倍的中试放大,以便进一步研究在一定规模装置中各步反应条件的变化规律,并解决实验室阶段所未能解决或尚未发现的问题。新药开发中也需要一定数量的样品,以供应临床试验和作为药品检验留样观察之用。根据该药品剂量的大小,疗程长短,一般需要2~10 kg,这是实验室条件所难以完成的。确定工艺路线后,每步化学合成反应或生物合成反应一般不会因小试验、中试放大和大型生产的条件不同而有明显的变化,但各步的最佳工艺条件,则随试验规模和设备等外部条件的不同而有可能需要调整。如果把实验室里使用玻璃仪器条件下所获得的最佳工艺条件原封不动地搬到工业生产中去,有时会影响产品收率和质量,发生溢料或爆炸等安全事故以及其他不良后果,甚至会使产品一无所得。如在维生素 C 的生产中,制备山梨醇的高压加氢工艺;在氯霉素的生产中,制备对硝基苯乙酮的氧化反应工艺等都有一定的控制要求和设备条件。因此,必须先从中试放大中获得必要的化工参数和经验才能放大生产。

三、中试放大的任务

中试放大的任务主要有以下十点,实践中可以根据不同情况,分清主次,有计划有组织地进行。

(1)工艺路线和单元反应操作方法的最终确定。特别当原来选定的路线和单元反应方法在中试放大阶段暴露出难以解决的重大问题时,应重新选择其他路线,再按新路线进行中试放大。

(2)设备材质和型号的选择。对于接触腐蚀性物料的设备材质的选择问题尤应注意。

(3)搅拌器形式和搅拌速度的考察。反应很多是非均相的,且反应热效应较大。在小试时由于物料体积小,搅拌效果好,传热传质问题不明显,但在中试放大时必须根据物料性质和反应特点,注意搅拌器形式和搅拌速度对反应的影响规律,以便选择合乎要求的搅拌器和确定适用的搅拌速度。

(4)反应条件的进一步研究。实验室阶段获得的最佳反应条件不一定完全符合中试放大的要求,为此,应就其中主要的影响因素,如加料速度、搅拌效果、反应器的传热面积与传热系数以及制冷剂等因素,进行深入研究,以便掌握其在中间装置中的变化规律,得到更适用的反应条件。

(5)工艺流程和操作方法的确定。要考虑使反应和后处理操作方法适用工业生产的要求,特别注意缩短工序,简化操作,提高劳动生产率。从而最终确定生产工艺流程和操作方法。

(6)进行物料衡算。当各步反应条件和操作方法确定后,应该对一些收率低,副产物多和"三废"较多的反应进行物料衡算。反应产物的重量总和等于反应前各个物料投量的总和是物料衡算的必要条件,为解决薄弱环节,挖潜节能,提高效率,回收副产物并综合利用以及为防治"三废"提供数据。对无分析方法的化学成分要进行分析方法的研究。

(7)原材料、中间体的物理性质和化工常数的测定。为了解决生产工艺和安全措施中某些问题,必须测定某些物料的性质和化工常数,如比热、黏度、爆炸极限等。

(8)原材料中间体质量标准的制订。小试中质量标准有欠完善的要根据中试实验进行修订和完善。

(9)消耗定额、原材料成本、操作工时与生产周期等的确定。在中试研究总结报告的基础上,可以进行基础建设设计,制订设备型号的选购计划,进行非定型设备的设计制造,按照施工图进行生产车间的厂房建筑和设备安装。在全部生产设备和辅助设备安装完毕后,如试产合格和短期试产稳定即可制定工艺规程,交付生产。

(10)从实验室研究至中试生产。

四、中试放大的研究方法

中试放大的研究方法有逐级经验放大、相似模拟放大、数学模拟放大和化学反应工程理论指导放大等。

(一)逐级经验放大

1.放大系数

世界上第一部《化学工程手册》的作者 G. E. Davis 指出:"在实验室中几克物料的小实验,对于指导大型工厂的建设工作并没有什么作用。但用数千克物料进行的试验,则无疑可提供大型工厂需要的全部数据。"因此,工业化设计工作要在一定规模的完整试验基础上才能进行。这就要求在实验室小型试验成功后,需要适当扩大试验规模,即进行放大研究。

在放大过程中,称放大后的试验(或生产)规模与放大前的规模之比为放大系数。比较的基准可以是每小时投料量、每批投料量或年产量等。例如:实验室每小时投料量20 g,中试试验每小时投料1 kg,放大系数为1 000/20=50。中试试验装置年生产能力100 kg,欲建立工业装置年产能力20 t,放大系数为20 000/100=200。近年也出现以反应器特征尺寸比为放大系数的说法。

2.放大效应

由于制药工程过程往往是复杂的化学过程和物理过程的交织,存在许多未知的问题,因此,在放大过程中,不仅体现出数量的变化,还会发生质的变化。在认识化工过程的实质之前,放大中如果没有采取措施调整,只简单地用原实验的操作条件,往往指标不能重复。这种在未充分认识放大规律之前,由于过程规模变大造成指标不能重复的现象称为"放大现象"。

一般来说,放大效应多指放大后反应状况恶化、转化率下降、选择性下降,造成收率下降或产品质量劣化的现象。

如果化工过程本质把握较好,放大中较好地解决了小型实验中不易解决的诸如计量、传热、搅拌、混合、流化等问题,少数场合也可使反应得到改善,获得正放大效应。

3.逐级经验放大

放大过程缺乏依据时,只能依靠小规模试验成功的方法和实测数据,加上开发者的经验,不断适当加大实验的规模,修正前一次试验的参数,摸索化学反应过程和化学反应器的规律,这种放大方法称为逐级经验放大。

欲达到一定生产规模,按保险的低放大系数逐级经验放大,开发周期长,人力、物力消耗大。提高放大系数,虽然理论上可省去若干中间环节,缩短开发周期,但相应的风险也增大了,难以达到预期目的。

确定放大系数,要依据化学反应的类型,放大理论的成熟程度,对所研究过程规律的掌握程度以及研究人员的工作经验等而定。放大系数较高的过程,主要是气相反应。气相反应能够高倍数放大的基础是对气体性质研究较多,对其流动、传递规律也掌握较好。对液体和固体的性质、运动规律认识依次减少,涉及它们的放大依据更模糊。对复杂的多相体系认识更浅,缺乏足够数据,放大工作困难,甚至只能按 10～50 倍进行放大。

如果放大系数能做到 10^3 数量级,就可以将按克计量的实验室工作一步放大到按公斤计量的中试放大规模,并将中试研究结果放大成按吨计量的工业生产实际过程。这种只经过一次中间试验的情况,正是人们所希望的。

逐级经验放大是经典的放大方法,至今仍常采用。优点是每次放大均建立在试验基础之上,至少经历了一次中试试验,可靠程度高。缺点是缺乏理论指导,对放大过程中存在的问题很难提出解决方法。因放大系数不可能太高,开发周期较长。对同一过程,每次放大都要建立装置,开发成本高。

(二)相似模拟放大

1.相似理论

很早人们就试图建立一种理论指导化工过程放大,最早尝试的是相似理论。在化工过程中存在多种现象。

(1)几何相似:几何相似要求两个大小不同体系的对应尺寸具有比例性。一个体系中存在的每一个点,另一个体系中都有对应点,从而使得几何尺寸不同的体系形状相同。

(2)运动相似:运动相似要求力的比例性,即在几何相似的两体系中,各对应点的运动速率相同。

(3)动力相似:动力相似要求力的比例性,即在两体系中,各对应点承受的作用力相同。例如,当大小不同的两个体系,反应流动形态的雷诺准数的数值相等时,这两个体系即存在某种动力相似,因雷诺准数反映流体运动惯性力和黏性力之比。

(4)热相似:热相似要求在几何相似的两体系间,各对应点的温度相同。

(5)化学相似:化学相似要求在几何相似的两体系间,各对应点的各种化学物质浓度相同。

2.相似模拟放大

相似模拟放大运用了相似理论和相似准数(无因次准数)概念,依据放大后体系与原体系之间的相似性进行放大,在化工单元操作方面取得了一些成绩。

应当指出,两体系之间实际上连最基本的几何相似也不能完全实现。例如,圆柱形设备将其直径和高度都放大10倍,两体系高和直径比相等,而表面积和体积比为1/10,严格来说并没有做到完全相似。又例如,在希望使用相似准数作为放大依据的情况下,欲实现对内径50 mm管道、实际液体流速2 m/s(管道中液体流速一般在1～3 m/s范围)的流动情况模拟,在小型实验装置内径5 mm管道中,要求实验液体流速达到20 m/s才能满足雷诺准数相等。这无疑增大了实验难度和消耗,有时甚至是无法做到的。

对更复杂的实际化工过程,往往涉及若干个相似准数,放大中无法做到使它们都对应相等,而只能满足最主要的相似准数相等。因此,相似模拟放大仍带有强烈的经验色彩。而且,在具体应用时存在许多困难。不难想象,涉及传热和化学反应的情况十分复杂,不可能在既满足某种物理相似的同时还能满足化学相似。一般说来,相似模拟放大仅适于简单的物理过程,不适用于化学反应。

3. 数量放大法

数量放大法是仅增添过程设备单元的放大方法,可视为相似模拟的特例。新增体系与原体系完全相同,各项操作参数不变,形成双系列或多系列,扩大生产能力。

列管式固定床多相催化反应器的放大设计,往往依据一支单管反应器的工业性试验结果进行。这种利用单支装填一定高度催化剂的固定床反应器所做的研究试验,称为单管试验。试验内容包括催化剂的粒度、床层高度、反应温度、进料比例、操作速度等。结果满意后,依据实验确定的参数,设计制成多根完全相同的单管组成的反应器,只要在结构上保证物料分布均匀,使每根单管状况和操作条件与单管试验时相同,一般均能得到相同结果,实现放大。

(三) 数学模拟放大

1. 模型

若对象M与对象D之间存在类似性,且M可以反映D的一定本质,对象M就是D的一个模型,对象D则称为原型。在此,D和M可以是真实的物体、物质,也可以是抽象的系统和过程,包括化工过程。

模型绝不可能与它代表的原型完全一致,如果完全一致,它就是原型本身或原型的复制品。模型包含的信息量不及它所代表的原型。而具体的一个信息、一个特征是否包括在模型之中,应由模型目标来决定。

模型的优越性就在于它所包含的信息量少于原型,模型只是原型的近似表达。这样,通过建立模型可将原型问题简化。通过对模型的研究,方便获得对原型的认识,使实际问题容易解决。

由于模型既不同于实际过程,一定程度上又能反映原型的本质,因此建立的模型要包含原型的一些最本质的内容和影响因素。

此外,建模后对模型能否反映原型的真实性及其精确性要进行检验。只有偏差在允许的范围内,才可认为模型合适,方能根据模型研究获得有关原型的部分或全部技术数据。

2. 实物模型和数学模型

在化工过程开发中,按形态功能不同,模型主要分成两大类,即实物模型(物质模型)和非实物模型(主要指数学模型)。

(1)实物模型:实物模型是用缩小尺寸的实际装置反映研究对象。例如,中试工厂是工业化装置的模型;小型工业模拟装置就是更小的模型。

建立实物模型的优点是可以降低实验费用、减轻开发风险。由于模型要能够反映真实过程的本质才具有价值,所以在整个开发研究过程中,应不断对所建实物模型(包括小试装置、中试装置)进行修改和调整。通过在实物模型上的观察、研究、测定,获得大型装置的设计数据,用于放大。

可以说,逐级经验放大过程与实物模型的建立和运用关系密切,单管试验装置也可以看成是列管式固定床反应器的实物模型。

(2)冷模试验:使用水、空气、砂等惰性物料代替实际化学品在各种实物模型或工业装置上进行的实验称为冷模试验(cold flow model experiment)。

冷模试验主要用于研究流动状态和传递过程等物理过程。例如,使用空气和砂,可进行流态化研究,为流化床反应器的设计提供参数。

冷模试验的优点是直观、经济、条件易满足、易控制。此外,还可以进行真实条件下不便进行的类比试验,减少直接试验的危险性。冷模试验所得结果还要结合化学反应特点以及热效应等进行校正后方可用于实际。

(3)数学模型:由于实际化工过程的复杂性,即使通过实验,也很难将结果关联成合适的准数方程,企图按数学关系式直接描述化工过程进行放大就更困难。因而,总是努力将实际研究对象合理简化,形成能够反映过程本质的模型。例如,实际连续反应器中的物料流动,如果看成是物料沿反应器轴向的均匀流动和径向的扩散运动的叠加,就可以使问题简化,建立一组相应的数学表达式,即数学模型。

3. 数学模拟放大

通过建立数学模型来实现放大的方法为数学模拟放大,简称模拟放大。随着化学反应工程学和计算机技术的发展,自 1958 年首次成功实现对化工工程的模拟放大以来,数学模拟放大法取得了很大发展,模拟或仿真(simulation)成为热门话题。它通过研究模型的本质和规律,再推理出原型的本质和规律。模拟代表化工工程开发的发展方向。图6-1 描述了数学模拟放大研究工作的程序。

(1)建模:建模工作主要包括两方面,即通过小型化学试验,结合化学、化学工程理论,建立反应动力学模型和通过大型冷模试验,进行化学反应工程学研究,建立流动模型。

通常把建立在坚实的理论基础上,意义明确,能够反映过程的物理、化学本质的模型,称为原理模型,其结论可以用于外推;建立在试验数据基础上的模型,称为经验模型,其结论不能盲目外推。多数情况下是建立混合模型。

(2)模型检验:模型检验是通过一定规模的试验进行。此时试验的目的不是测取数据,而是注重验证模型是否达到特定目的,并修正、完善模型,使之具备等效性。

(3)模型运用:模拟放大的最后工作是借助经过验证的数学模型进行各种模拟试验,即通过改变参数,用计算机解数学方程,达到放大和优化的目的。模拟试验工作仅需在计算机上完成,不再依赖实物装置。这样做除可以节省时间、人力、物力和资金外,还可以进行高温、高压参数的计算,提高了放大工作效率。

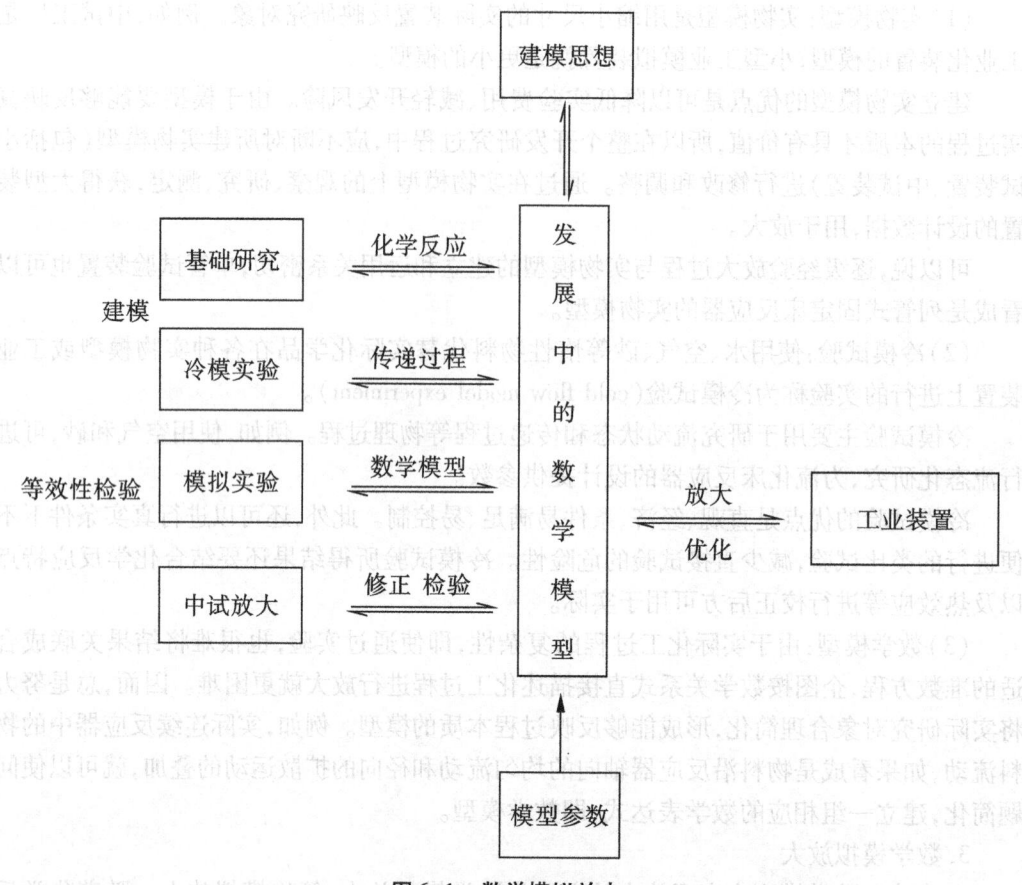

图 6-1　数学模拟放大

必须清醒地认识到,数学模型本身并不能揭示放大规律,数学模型只是一种工作方法。模型的建立、检验、完善,都只有在大量严密的试验工作基础上才能完成。那种认为数学模拟放大法是一种不需要艰巨试验工作的纯数学方法的说法是非常错误的,也只能是一种梦想。

数学模拟放大虽具有先进性,但建模十分艰难,故至今成功的例子并不多。可以认为,数学模拟放大法更适于大型化工项目的开发,而大量精细化工的开发放大工作,仍依靠逐级经验放大来完成。

（四）化学反应工程理论指导放大

化学反应器的放大,曾困惑许多化工过程的开发,直到化学反应工程理论形成后,才揭示放大效应的主要原因是设备放大后物料的流动状态改变,而影响了传热和传质状态。

1. 返混

为了提高设备生产能力以及满足许多反应的自身要求,工业化过程往往采取连续式操作。返混是涉及连续式反应器的重要概念。

间歇式操作时,反应物一次性加入反应器,经过一定的时间间隔后放料。因此,反应时间就是物料在反应器中停留的时间。

物料按连续式操作情况变化很大,应使用停留时间描述反应。当管式反应器的长和直径比足够大时,可以认为物料是以平推流的形式通过反应器。理想化情况下各物料团在反应器中的停留时间相同。

连续反应器中由于固有的流速分布不均匀,如层流、沟流、死角等,以及因搅拌、对流、扩散等原因,造成若干物料团反向流动,物料团在反应器中停留时间不同,形成不同时刻进入反应器物料的混合。这种不同时刻进入反应器物料的混合,形成物料团在实际连续反应器中停留时间不一致的特征。

化学反应工程学把这种具有不同停留时间(不同时刻进入反应器)物料的混合称为返混。物料连续化带来的返混现象,不同于间歇搅拌釜造成的物料在空间上的混合,而是一种时间上的混合。"空间混合"可以加速传热和传质过程,减少物料团之间温度差、浓度差,从而有利于化学反应。"时间混合"则不利于化学反应。因返混现象,若干反应物料可能尚未来得及变化,就已经离开了反应器,导致转化率降低。又因若干产物不能从反应器及时移出,一方面可能进入串联副反应,降低了选择性;另一方面还对主反应起到稀释作用,减缓反应。因此,返混一般将导致反应收率下降。

是否存在返混以及返混程度大小,是工业反应器件存在差异的原因,也是反应器放大要解决的关键问题。

2.化学反应工程理论指导放大

综合不同化学反应和不同类型反应装置的特点,逐步形成了化学反应工程学。化学反应工程学是将化学(包括热力学、动力学、催化等)、化学工艺(包括生产流程、设备和工艺条件等)、传递工程(包括流动、混合、传热、传质等)以及工程控制等方面的内容统一起来,研究化学反应过程客观规律的边缘学科。化学反应动力学因素、传递过程因素及其两者的结合既是影响化学过程的三要素,也是化学反应工程学研究的核心问题。

化学反应工程学认为,在化学反应器的放大工程中,化学反应动力学规律并没有改变,只是反应器的尺寸(有时还包括类型和结构)变化,从而导致了物料的流动状况发生改变,反过来制约化学反应。

化学反应工程学使用停留时间分布以及停留时间分布函数(实际使用较多的是停留时间分布密度函数)描述化学反应器的特征。使用停留时间分布可以描述连续式反应器的传递特征,可以说明化学反应器放大的实质是如何保证停留时间分布状况不恶化或放大前后平均停留时间相同。这样,利用化学反应工程理论,可以从本质上解决反应器放大的难题。

五、中试放大的研究内容

(一) 小试工艺的确定

实验室小试工艺的确定应符合下面几点:①小试工艺收率稳定,质量可靠;②操作条件的确定;③产品、中间体、原料分析方法的确定;④工业原料代替小试使用试剂不影响收率、质量;⑤进行物料衡算及计算所需原料成本;⑥"三废"量的计算;⑦工艺中的注意事项、安全问题的提出,并有防范措施。

（二）中试放大

中试放大（中间试验）是对已确定的工艺路线的实践审查。不仅要考查产品质量、经济效益，而且要考察工人劳动强度。中试放大阶段对车间布置、车间面积、安全生产、设备投资、生产成本等也必须进行审慎的分析比较，最后审定工艺操作方法、工序的划分和安排等。

1. 生产工艺路线的复审

一般情况下，单元反应的方法和生产工艺路线应在实验室阶段就基本选定。在中试放大阶段，只是确定具体的工艺操作和条件以适应工业生产。但当选定的工艺路线和工艺过程，在中试放大时暴露出难以克服的重大问题时，就需要复审实验室工艺路线，修正其工艺过程。如盐酸氮芥的生产工艺曾用乙醇精制，所得产品的熔程很宽，杂物较多，难以保证质量。推测它的杂质可能是未被氯化的羟基化合物。中试放大时，改变氯化反应条件和采用无水乙醇溶解，然后加入非极性溶剂二氯乙烷，使其结晶析出，解决了产品质量问题。又如据文献报道由硝基苯电解还原经苯胲一步制备对乙酰氨基酚的中间体对氨基酚，是最适宜的工业生产方法，也已经通过实验室工艺研究证实。但在中试放大、工艺路线复审中，发现此工艺尚需解决一系列问题，如铅阳极的腐蚀问题，电解过程中产生的大量硝基苯蒸气的排除问题，以及电解过程中产生的黑色黏稠状物附着在铜网上，致使电解电压升高，必须定期拆洗电解槽等。因而在工业生产上，目前不得不改用催化氢化工艺路线。

2. 设备材质与形式的选择

开始中试放大时应考虑所需各种设备的材质和形式，并考查是否合适，尤应注意接触腐蚀性物料的设备材质的选择。例如，含水 1% 以下的二甲基亚砜（DMSO）对钢板的腐蚀作用极微，当含水达 5% 时，则对钢板有强的腐蚀作用。后经中试发现含水 5% 的 DMSO 对铝的作用极微弱，故可用铝板制作其容器。一般来讲，如果反应是在酸性介质中进行，则应采用防酸材料的反应釜，如搪瓷玻璃反应釜。如果反应是在碱性介质中进行，则应采用不锈钢反应釜。储存浓盐酸应采用玻璃钢储槽，储存浓硫酸应采用铁质储槽，储存浓硝酸应采用铝质储槽。

3. 搅拌器形式与搅拌速度的考查

药物合成中的反应大多是非均相反应，其反应热效应较大。在实验室中由于物料体积较小，搅拌效率好，传热、传质的问题表现不明显，但在中试放大时，由于搅拌效率的影响，传热、传质的问题就突出地暴露出来。因此，中试放大时必须根据物料性质和反应特点注意研究搅拌器的形式，考查搅拌速度对反应影响的规律，特别是在固-液非均相反应时，要选择合乎反应要求的搅拌器形式和适宜的搅拌速度。有时搅拌速度过快也不一定合适，例如由儿茶酚与二氯甲烷和固体烧碱在含有少量水分的二甲基亚砜存在下，反应合成黄连素中间体胡椒环。中试放大时，起初因采用 180 r/min 的搅拌速度，反应过于激烈而发生溢料。经考查，将搅拌速度降至 56 r/min，并控制反应温度在 90～100 ℃（实验室时为 105 ℃），结果产品的收率超过小试水平，达到 90% 以上。

$$\text{（邻苯二酚）OH,OH} + CH_2Cl_2 + 2NaOH \xrightarrow{DMSO} \text{（亚甲二氧苯）O,O} CH_2 + 2NaCl + 2H_2O$$

4. 反应条件的进一步研究

前已述及,实验室阶段的最佳反应条件不一定能完全符合中试放大要求。为此,应该就其中主要的影响因素,如放热反应中的加料速度、反应罐的传热面积与传热系数,以及制冷剂等因素进行深入的试验研究,掌握它们在中试装置中的变化规律,以得到更合适的反应条件。

例如,磺胺-5-甲氧嘧啶生产的中间体甲氧基乙醛缩二甲酯是由氯乙醛缩二甲酯与甲醇钠反应制得的。

$$ClCH_2CH(OCH_3)_2 \xrightarrow{CH_3ONa} CH_3OCH_2CH(OCH_3)_2$$

甲醇钠浓度为20%左右,反应温度为140 ℃,反应罐内显示10×10^5 Pa（10 kg/cm^2）的压力。这样的反应条件,对设备要求过高,必须改革。中试时在反应罐上安装了分馏塔,随着甲醇馏分馏出,罐内甲醇钠浓度逐渐升高,同时反应生成物沸点较高,反应物可在常压下顺利加热到140 ℃进行反应,从而把原来要求在加压条件下进行的反应改变为常压反应。

5. 工艺流程与操作方法的确定

在中试放大阶段由于处理的物料增加,因而有必要考虑使反应与后处理的操作方法如何适应工业生产的要求,特别要注意缩短工序,简化操作。要从加料方法、物料分离和输送等方面考虑。为减轻劳动强度,尽可能采取自动加料和管线输送。例如,由邻位香兰醛用硫酸二甲酯甲基化制备邻甲基香兰醛的反应,曾用小试操作法放大,即将邻位香兰醛及水置于反应罐中,升温至回流,然后交替加入18%氢氧化钠溶液及硫酸二甲酯。反应完毕,降温冷却后冷冻,使反应产物充分结晶析出,过滤,水洗,将滤饼自然干燥,然后置蒸馏罐内,减压蒸出邻甲基香兰醛。这种操作方法非常繁杂,且在蒸馏时,还需要防止蒸出物凝固有可能堵塞管道而引起爆炸。也曾改用提取的后处理方法,但易发生乳化,物料损失很大。小试收率83%,中试收率仅有78%左右。

$$\text{（邻位香兰醛）CHO,OH,OCH}_3 + (CH_3)_2SO_4 \xrightarrow{NaOH} \text{（邻甲基香兰醛）CHO,OCH}_3\text{,OCH}_3$$

后来采用了相转移催化（PTC）反应,简化了工艺,提高了收率。在反应罐内一次全部加入邻位香兰醛、水、硫酸二甲酯,加入苯,使反应物分为两相,并加入相转移催化剂。搅拌下升温到60～75 ℃,滴加40%氢氧化钠溶液。碱与邻位香兰醛首先生成钠盐,然后与硫酸二甲酯反应,产物即转移到苯层,而甲基硫酸钠则留在水层。反应完毕后分出苯层,蒸去苯后便得到产物,收率稳定在90%以上。

再如,对氨基苯甲醛可由对硝基甲苯用多硫化钠在乙醇中氧化还原制得。

$$NO_2-\!\!\!\!\bigcirc\!\!\!\!-CH_3 \xrightarrow[\text{C}_2\text{H}_5\text{OH}]{\text{Na}_2\text{S+S}} NH_2-\!\!\!\!\bigcirc\!\!\!\!-CHO$$

小试时,分离对氨基苯甲醛的方法是将反应液中乙醇蒸出后,用有机溶媒提取或冷却结晶;中试放大时,由于冷却较慢,反应物本身易产生希夫碱而呈胶状,使结晶困难。在小试时,由于采用冰水冷却,较长时间放置,使生成的希夫碱重新分解为对氨基苯甲醛,结晶析出,得与母液分离;在中试放大时,成功地改用回收乙醇后,使碱浮在反应液上层,趁热将下面母液放出,反应罐内希夫碱可直接用于下一批反应。

6. 原辅材料和中间体的质量监控

(1)原辅材料、中间体的物理性质和化工参数的测定:为解决生产工艺和安全措施中的问题,须测定某些物料的性质和化工参数,如比热、黏度、爆炸极限等。如二甲基甲酰胺(DMF)与强氧化剂以一定比例混合时易引起爆炸,必须在中试放大前和中试放大时做详细考查。

(2)原辅材料、中间体质量标准的制定:小试中这些质量标准未制订或虽制订但欠完善时,应根据中试放大阶段的实践进行制订或修改。

例如,制备磺胺异噁啶中间体4-氨基-2,6-二甲基嘧啶可由乙腈在钠氨存在下缩合而得。这里应用的钠氨量很少。

$$3CH_3CN \xrightarrow{\text{NaNH}_2} \begin{array}{c} CH_3 \\ \bigcirc \\ H_2N \quad N \quad CH_3 \end{array}$$

若原料乙腈含有0.5%的水分,缩合收率便很低。起初认为是所含的水分使钠氨分解。后来,即使多次精馏乙腈,仍收效甚微。最后探明,是由于乙腈系由乙酸铵热解制得,中间产物为乙酰胺。

$$CH_3COONH_4 \xrightarrow{-H_2O} CH_3CONH_2 \xrightarrow{-H_2O} CH_3CN$$

工业原料中乙酰胺的存在,会使少量钠氨分解。但乙腈中少量的乙酰胺用精馏方法不易除去。后来采用氯化钙溶液洗涤方法除去乙酰胺,顺利地解决了这个问题。

7. 安全生产与"三废"防治措施的研究

小试时由于物料量少,对安全及"三废"问题只能提出一些设想,但到中试阶段,由于处理物料量增大,安全生产和"三废"问题就明显地暴露出来,因此,在该阶段应就使用易燃、易爆和有毒物质的安全生产和劳动保护等问题进行研究,提出妥善的安全技术措施。

8. 消耗定额、原料成本、操作工时与生产周期的计算

消耗定额是指生产1 kg成品所消耗的各种原料的千克数;原料成本一般是指生产1 kg成品所消耗各种物料价值的总和;操作工时是指每一操作工序从开始至终了所需的实际作业时间(以小时计);生产周期是指从合成的第一步反应开始到最后一步获得成品为止,生产一个批号成品所需时间的总和(以工作天数计)。

第二节　中试研究中的过渡试验

《中华人民共和国药典》是药品生产、检验、经营使用和管理部门共同遵循的法定依据。化学原料药质量优劣与生产过程中的各个环节都有密切关系,因此,在化学合成药物工艺条件研究时,必须切实注意原料、中间体的质量标准的制订和监控。在工艺研究中反应终点控制的研究和生产过程中药品质量的管理是药品生产中密切相关的两个方面。

在工艺研究中还必须进行必要的控制试验,以确定原辅材料、设备条件和材质的最低质量标准,按照《药品生产质量管理规范》(GMP)要求,为保证产品质量和生产正常进行而建立起一个质量监控(保证)体系和安全生产体系。

在工艺条件的考察阶段,必须注意和解决以下问题:原辅材料规格、极限反应条件、设备材质和耐腐蚀性及原辅材料、中间体、新产品质量分析和反应后处理的方法研究。

一、药品质量管理

(一)原辅材料和中间体的质量监控

原料、中间体的质量,与下一步反应及产品质量密切相关,若对杂质含量不加以控制,不仅影响反应的正常进行和收率,而且影响药品质量和疗效,甚至危害患者的健康和生命。因此,必须制订生产中采用的原料、中间体的质量标准,特别是其最低含量。药物生产中经常遇到下列几种情况,必须予以解决。

(1)原料或中间体含量发生变化,如果继续按原配料比投料,就会造成反应物的配比不符合操作规程要求,从而影响产物的质量或收率。因此必须按照含量,计算投料量。若原辅材料来源发生变更,必须严格检验后,才能投料。

(2)由于原辅材料或中间体所含杂质或水分超过限量,致使反应异常或影响收率。如在催化氢化反应中,若原料中带进少量的催化毒物,会使催化剂中毒而失去催化活性。

(3)由于副反应的存在,许多有机反应往往有两个或两个以上的反应同时进行,生成的副产物混杂在主产物中,致使产品质量不合格,有时需要反复精制,才能达到质量标准。例如在氯丙嗪(6-3)生产中,2-氯二苯胺在碘的催化下与升华硫作用,可以生成主产物2-氯吩噻嗪和少量副产物4-氯吩噻嗪。2-氯吩噻嗪和4-氯吩噻嗪都能与N,N-二甲基-3-氯丙胺缩合,分别生成氯丙嗪和4-氯吩噻嗪的衍生物,所得的产品必须反复精制才能合格,使缩合反应收率降低。

为了终产物分离提纯,以高收率得到合格的产品氯丙嗪,可在环合反应中抑制4-氯吩噻嗪生成,或者在缩合反应前先将副产物4-氯吩噻嗪除去。可使用过量的2-氯二苯胺,但是起始物的用量过多,必然会增加成本,生产中曾采用母液套用的办法来解决这个问题。

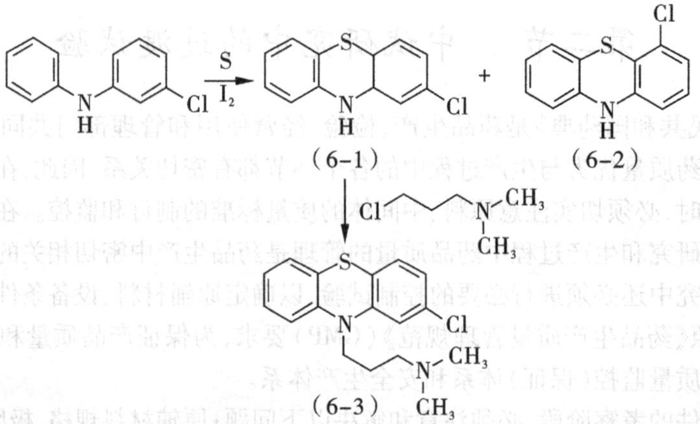

又如在非那西丁生产中,由于对硝基氯苯在乙氧基化反应中,不可能全部转为对硝基苯乙醚。这样,对硝基氯苯便作为杂质与对硝基苯乙醚一起进入还原反应,生成对氯苯胺,它与反应主产物对氨基苯乙醚的理化性质极为相似,难以彻底分离,于是一同带进酰化反应,生成对氯乙酰苯胺。而它的理化性质又与产品非那西丁相似,同样难以彻底分离,从而使成品中"有机氯"超过限量,使非那西丁的毒性增加。为了控制"有机氯",必须在第一步乙氧基反应后,重复真空分馏,得到合格的对硝基苯乙醚后,才能进行下一步还原反应。

在药品生产中按 GMP 的有关要求,需要对原辅材料、中间体制订相应的质量标准,测定含量,用于反应时往往要按实际含量进行折纯后投料。

（二）反应终点的监控

对于许多化学反应,反应完成后必须及时停止反应,并将产物立即从反应系统中分离出来。否则,反应继续进行可能使反应产物分解破坏、副产物增多或发生其他复杂变化,使收率降低,产品质量下降。若反应未达到终点,过早地停止反应,也会导致类似的不良效果。同时还必须注意,反应时间与生产周期和劳动生产率有关。因此,对于每一个反应都必须掌握好它的进程,控制好反应终点,保证产品质量。

反应终点的控制,主要是控制主反应的完成。测定反应系统中是否尚有未反应的原料（或试剂）存在;或其残存量是否达到规定的限度。在工艺研究中常用薄层层析、气相色谱和高效液相色谱等方法来监测反应,也可用简易快速的化学或物理方法,如测定显色、沉淀、酸碱度、相对密度、折光率等手段进行反应终点监测。

例如,由水杨酸制备阿司匹林的乙酰化反应和由氯乙酸钠制造氰乙酸钠的氰化反应,两个反应都是利用快速的化学测定法来确定反应终点的。前者测定反应系统中原料水杨酸的含量达到0.02%以下方可停止反应,后者是测定反应液中氰离子(CN⁻)的含量在0.04%以下方为反应终点。又如重氮化反应,可利用淀粉-碘化钾试液(或试纸)来检查反应液中是否有过剩的亚硝酸存在以控制反应终点。也可根据化学反应现象、反应变化情况以及反应产物的物理性质(如相对密度、溶解度、结晶形态和色泽等)来判定反应终点。在氯霉素合成中,成盐反应终点是根据对硝基-α-溴代苯乙酮与产物在不同溶剂中的溶解度来判定的。在其缩合反应中,由于反应原料乙酰化物和缩合产物的结晶形态不同,可通过观察反应液中结晶的形态来确定反应终点。

催化氢化反应,一般以吸氢量控制反应终点。当氢气吸收到理论量时,氢气压力不再下降或下降速度很慢时,即表示反应已到达终点或临近终点。通入氯气的氯化反应,常常以反应液的相对密度变化来控制其反应终点。

(三)化学原料药的质量管理

药品质量必须符合国家药品标准。化学原料药生产企业必须设立独立的、与生产部门平行的质量检查机构,严格执行药品标准。原料药的生产车间与供应部门之间必须密切配合,共同制订原辅材料、中间体、半成品和成品等的质量标准并规定杂质的最高限量等;并经常进行化学原料药质量的考察工作,不断改进生产工艺,完善车间操作规程,不断提高产品质量。在研究过程中必须认真考察下列各项内容。

1. 药品纯度

药品纯度及其化验方法,杂质限量及其检测方法是药品生产工艺研究的一项重要内容。通过这些研究可以发现杂质的出处,为提高药品质量创造条件。

2. 药品的稳定性

化学原料药容易受到外界物理的和化学的因素影响,引起药物分子结构的变化。如某些药品在一定的湿度、温度和光照下,可发生水解、氧化、脱水等现象,造成药品失效或增加毒副作用。我国地域广大,各地温度和湿度相差很大,药品在储存、运输时也必须考虑药品稳定性问题。

3. 药品的生物有效性

有的药品因晶形不同而产生体内吸收、分布的差异及其药代动力学过程的变化,即药物的生物有效性不同。例如无味氯霉素有A、B、C三种晶型及无定型。其中A、C为无效型,而B及无定型为有效型。世界各国都规定无味氯霉素中的无效晶型不得超过10%。又如磺胺甲噁唑的多晶现象和溶解度有关。应用不同晶型原料药生产的制剂,生物利用度有差别。

二、原辅材料规格的过渡试验

对设计或选择的工艺路线以及各步反应条件进行试验时,开始要使用试剂规格的原辅材料(原料、试剂、溶剂等),这是为了排除原辅材料中杂质的不良影响,保证试验结果的准确性。工艺路线确定之后进一步考察工艺条件时,应尽量改用以后生产能得到供应的原辅材料。为此,应考察某些工业规格的原辅材料所含杂质对反应收率和产品质量的影响,制订原辅材料的规格标准,规定各种杂质的允许限度。

三、反应条件的极限试验

通过小试工艺研究,找到的最适宜工艺条件(如温度、压强、pH 值等)往往不是单一点,而是一个许可范围。有些反应对工艺要求很严格,不满足要求会造成重大损失甚至发生安全事故。在这种情况下,应进行工艺条件的限度试验,有意识地安排一些破坏性实验,以便更全面地掌握反应的规律,为确保安全和正常生产提供数据。

四、设备材质和腐蚀试验

在实验室研究阶段,大部分反应在玻璃仪器中进行。在工业生产中,反应物料要接触到各种设备材质,有时某种材质对某一化学反应有极大的影响,甚至使整个反应失败。例如,将对二甲苯、对硝基甲苯等苯环上的甲基经空气氧化成羧基(以冰醋酸为溶剂,以溴化钴为催化剂)时,必须在玻璃或钛质的容器中进行,如有不锈钢存在,可使反应遭到破坏。因此,必要时可先在玻璃容器中加入某种材料,观察对反应的影响。

研究某些腐蚀性物料对设备材质的腐蚀时需要进行腐蚀性试验,以便为选择生产设备提供数据。

五、原辅材料、中间体及新产品质量的分析方法研究

在制药工艺研究中,有许多原辅材料特别是中间体和新产品,均无现成的分析方法,必须开展分析方法研究,以便制订出准确可靠而又简便易行的检验方法。

六、反应后处理方法的研究

反应后处理是指从化学反应结束直到取得最终反应产物的整个过程。这里不仅包括从反应混合物中分离得到目的物,也包括母液处理等。后处理的化学反应较少(如中和等),多数为化工单元操作,应认真对待。

药物合成中,有的步骤化学反应不多,而后处理的步骤与工序却很多,而且较为复杂。搞好反应后处理对于提高反应收率、保证药品质量、减轻劳动强度和提高劳动生产率都有重要意义。为此,必须重视后处理方法的研究。

后处理方法随反应的性质不同而异。研究后处理时,首先摸清反应产物系统中可能存在的物质种类、组成和数量等,在此基础上,找出它们性质之间的差异,尤其是主产物或反应目的物区别于其他物质的特征。然后,通过实验拟订反应产物的后处理方法。在研究与制订后处理方法时,还必须考虑简化工艺操作的可能性,尽量采用新工艺、新技术和新设备,提高劳动生产率,降低成本。

在整个工艺条件的试验中,应注意培养工人熟练的操作技术和严谨细致的工作作风,操作误差不能超过一定范围(一般在±1.5%),以保证实验数据和结果的准确性。

第三节   物料平衡

化学制药生产除了严格监控药物质量外,它的物料平衡计算(简称物料衡算)和其他

精细化工生产的基本指标是一致的,即产品的产量,原辅材料消耗量,副产物量,"三废"排放量,水、电、蒸汽消耗量等。这些指标与化工操作参数有密切关系(如温度、压力、流量和流速等,都需要控制在一定范围内)。化工操作参数的最佳选择、制药工人的操作技术以及科学管理水平决定了这些基本指标的优劣,或者说这些基本指标的优劣是制药工艺的优化程度、操作技艺和管理水平的反映。

物料衡算是化工计算中最基本的内容之一,也是能量衡算的基础。通过物料衡算,可深入分析生产过程,对生产全过程有定量了解,就可以知道原料消耗定额,揭示物料利用情况;了解产品收率是否达到最佳数值,设备生产能力还有多大潜力;各设备生产能力是否平衡等。据此,可采取有效措施,进一步改进生产工艺,提高产品的产率和产量。

一、物料衡算的作用和任务

(一)物料衡算的作用

物料衡算是医药工艺设计的基础。根据所需要设计项目的年产量,通过对全过程或者单元操作的物料衡算,可以得到单耗(生产 1 kg 产品所需要消耗原料的量,单位符号为kg)、副产品量、输出过程中物料损耗量以及"三废"生成量等,使设计由定性转向定量。物料衡算是车间工艺设计中最先完成的一个计算项目,其结果是后续热量衡算、设备工艺设计与选型、确定原材料消耗量定额、进行管路设计等各种设计内容的依据。正因为物料衡算是生产设备选型或设计的基础,因此也就便于控制过程所需投资并进行项目的可行性评估。显然,物料衡算结果的正确与否将直接关系到工艺设计的可靠程度。为使物料衡算能客观反映生产实际状况,除对生产过程要做全面深入了解外,还必须有一套系统而严密的分析、求解方法。

(二)物料衡算的任务

物料衡算的目的有以下几点:

(1)确定物系,并找出该物系物料衡算的界限。

(2)解释开放与封闭物系之间的差异。

(3)写出一般物料衡算所用的反应式、进出物料量等相关内容。

(4)引入的单元操作不发生累积,不生成或消耗,不发生质量的进入或流出。

(5)列出输入=输出等式,利用物料衡算确定各物质的量。

(6)解释某一化合物进入物系的质量和该化合物离开物系的质量情况。

实际上进行设计生产和科研的物料衡算并不简单,它要考虑到许多实际因素的影响,诸如原始物料和最终产品、副产品的实际组成、反应物的过剩量、转化率以及原料和产物在整个过程中的损失等。在制药过程中经常遇到有关物料的各种数量和质量指标:如"量"(产量、流量、消耗量、排出量、投料量、损失量、循环量等);"度"(纯度、浓度、分离度等);"比"(配料比、循环比、固液比、气液比、回流比等);"率"(转化率、单程收率、产率、回收率、利用率等)。这些量都与物料衡算有关,都影响到实际的物料平衡。在生产中,针对已有的制药装置,对一个车间、一个工段、一个或几个设备,利用实测得来的数据(还有查阅文献手册和理论计算得来的数据)计算出一些不能直接测定的数据,由此可对它们的生产状况进行分析。此外,通过物料衡算可以算出原料消耗定额、产品和副产品的产量以及"三废"的生成量,并在此基础上做出能量平衡,计算动力消耗定额,最后算出产品成本以及总的经济效果。同时,为设备选型、决定设备尺寸、套数、台数以及辅助工程和公共设施的规模提供依据。因此,物料衡算是制药生产(及设计)的基本依据,是衡量制药生产(以及任何生产)经济效果的基础,对改进生产和指导设计具有重要意义。

二、物料衡算的理论基础

通常,物料衡算有两种情况:一种是对已有的生产设备和装置,利用实际测定的数据,计算出另一些不能直接测定的物料量,利用计算结果,可对生产情况进行分析,做出判断,提出改进措施;另一种是为了设计一种新的设备或装置,根据设计任务,先做物料衡算,求出每个主要设备进出的物料量,然后再做能量衡算,求出设备或过程的热负荷,从而确定设备尺寸及整个工艺流程。

物料衡算是研究某一个体系内进、出物料及组成的变化,即物料平衡。所谓体系就是物料衡算的范围,它可以根据实际需要人为地选定。体系可以是一个设备或几个设备,也可以是一个单元操作或整个化工过程。

进行物料衡算时,必须首先确定衡算的体系。

物料衡算的理论基础是质量守恒定律,运用该定律可以得出各种过程的物料平衡方程式为:

进入反应器的物料量-流出反应器的物料量-反应器中的转化量
=反应器中的积累量

在化学反应系统中,物质的转化服从化学反应规律,可以根据化学反应方程式求出物质转化的定量关系。

(一)物理过程

根据质量守恒定律,物理过程的总物料平衡方程式为:

$$\sum G_I = \sum G_O + \sum G_A \qquad 式(6\text{-}1)$$

式中,$\sum G_I$ 为输入体系的总物料量;$\sum G_O$ 为输出体系的总物料量;$\sum G_A$ 为物料在体系中的总累积量。

式(6-1)也适用于物理过程中任一组分或元素的物料衡算。

对于稳态过程,物料在体系内没有累积,式(6-1)可简化为:

$$\sum G_I = \sum G_O \qquad 式(6\text{-}2)$$

式(6-2)表明,对于物理过程,若物料在体系内没有累积,则输入体系的物料量等于离开体系的物料量,不仅总质量平衡,而且其中的任一组分或元素也平衡。

(二)化学过程

对于有化学反应的体系,式(6-1)和式(6-2)仍可用于体系的总物料衡算或任一元素的物料衡算,但不能用于组分的物料衡算。

对于化学过程,某组分的物料平衡方程式可表示为:

$$\sum G_{Ii} + \sum G_{pi} = \sum G_{Oi} + \sum G_{Ri} + \sum G_{Ai} \qquad 式(6-3)$$

式中, $\sum G_{Ii}$ 为输入体系的 i 组分的量; $\sum G_{pi}$ 为体系中因化学反应而产生的 i 组分的量; $\sum G_{Oi}$ 为输出体系的 i 组分的量; $\sum G_{Ri}$ 为体系中因化学反应而消耗的 i 组分的量; $\sum G_{Ai}$ 为体系中 i 组分的累积量。

同样,对于稳态过程,组分在体系内没有累积,则式(6-3)可简化为:

$$\sum G_{Ii} + \sum G_{pi} = \sum G_{Oi} + \sum G_{Ri} \qquad 式(6-4)$$

三、计算标准及每年设备操作时间

(一) 物料衡算的基准

在进行物料衡算或热量衡算时,都必须选择相应的衡算基准作为计算的基础。根据过程特点合理地选择衡算基准,不仅可以简化计算过程,而且可以缩小计算误差。物料衡算常用的衡算基准主要有以下几种。

1. 单位时间

对于间歇生产过程和连续生产过程,均可以单位时间间隔内的投料量或产品量为基准进行物料衡算。为了计算的方便,对于间歇生产过程,单位时间间隔通常取一批操作的生产周期;对于连续生产过程,单位时间间隔可以是 1 s、1 h、1 d 或 1 年。

以单位时间为基准进行物料衡算可直接联系到生产规模和设备的设计计算。例如,对于给定的生产规模,以时间天为基准就是根据产品的年产量和年生产日计算出产品的日产量,再根据产品的总收率折算出 1 d 操作所需的投料量,并以此为基础进行物料衡算。产品的年产量、日产量和年生产日之间的关系为:

$$日产量 = \frac{年产量}{年生产日}$$

式中的年产量由设计任务所规定;年生产日要视具体的生产情况而定。制药厂尤其是化学制药厂在生产过程中大多具有腐蚀性,设备需要定期检修或更换。因此,每年一般要安排一次大修和次数不定的小修,年生产日常按 10 个月即 300 d 来计算,腐蚀较轻或较重的,年生产日可根据具体情况适当增加或缩短。

2. 单位质量

对于间歇生产过程和连续生产过程,也可以一定质量,如 1 kg、1 000 kg 或 1 mol、1 kmol 的原料或产品为基准进行物料衡算。

3. 单位体积

若所处理的物料为气相,则可以单位体积的原料或产品为基准进行物料衡算。由于气体的体积随温度和压力而变化,因此,应将操作状态下的气体体积全部换算成标准状态下的体积,即以 1 m^3(标准状况下)的原料或产品为基准进行物料衡算。这样既能消除温度和压力变化所带来的影响,又能方便地将气体体积换算成摩尔数。

为了进行物料衡算,必须选择一定的基准作为计算的基础。通常是以单位时间内处理多少物料,或者是在单位时间内生成多少成品或半成品作为依据。

基准的选择是按具体情况而定的,在大型的设计计算中,往往是对设计提出设计任务,并且以此折算成每昼夜生产多少成品作为基准;如某一反应的生产量是由参与反应的某一种原料的供应情况来控制的,那么就以每昼夜处理这种原料的量为基准较合适。在小批生产时,通常以每批操作的投料量作为计算基准。

(二)每年设备操作时间

车间每年设备正常开工生产的天数称年工作日,一般为 330 d,其中余下的 35 d 作为车间检修时间。对于工艺技术尚未成熟或腐蚀性大的车间一般采用 300 d 或更少一些时间(如 270 d)计算。连续操作设备也有按每年 7 000 ~ 8 000 h 为设计计算的基础。如果设备腐蚀严重或在催化反应中催化剂活化时间较长,寿命较短,所需停工时间较多的,则应根据具体情况决定每年设备工作时间。

四、收集有关计算数据

为了进行物料衡算,应根据药厂操作记录和中间试验数据收集下列各项数据:反应物的配料比,原辅材料、半成品、成品及副产品等的浓度、纯度或组成,车间总产率、阶段产率、转化率等。

(一)转化率

对某一组分来说,反应产物所消耗掉的物料量与投入反应物料量之比简称该组分的转化率,一般以百分数表示。若用符号 X_A 表示组分的转化率,则得:

$$X_A = \frac{\text{反应消耗 A 组分的量}}{\text{投入反应 A 组分的量}} \times 100\%$$

由于各反应物的原始投料量不一定符合化学计量关系,因此以不同反应物为基准进行计算所得的转化率不一定相同,所以,在计算时必须指明是何种反应物的转化率。若没有指明,一般是指主要反应物或限制反应物的转化率。

(二)收率

某主要产物实际收得的量与投入原料计算的理论产量之比值,也以百分率表示。若用符号表示,则得:

$$Y = \frac{\text{产物实际产量}}{\text{按某一主要原料计算的理论产量}} \times 100\%$$

或

$$Y = \frac{\text{产物收得量折算成原料量}}{\text{原料投入量}} \times 100\%$$

收率一般要说明是按哪一种主要原料计算的。

(三) 选择性

选择性为各种主、副产物中,主产物所占分率或百分率,可用符号 Z 表示,则得:

$$Z = \frac{主反应生成量折算成原料量}{反应掉原料量} \times 100\%$$

$$Y = X_A \cdot Z$$

(四) 单程转化率和总转化率

某些化学反应过程,主要反应物经一次反应的转化率不高,甚至很低,但未反应的主要反应物经分离回收后可循环使用,此时的转化率有单程转化率和总转化率之分。对于某些反应,主要反应物的单程转化率可以很低,但总转化率却可以提高(见物料衡算举例中的例8)。

例1　甲氧苄氨嘧啶生产中由没食子酸经甲基化反应制备三甲氧苯甲酸工序,测得投料没食子酸(Ⅰ)25.0 kg,未反应的没食子酸 2.0 kg,生成三甲氧苯甲酸(Ⅱ)24.0 kg。试求选择性和收率。

解　化学反应式和分子量为:

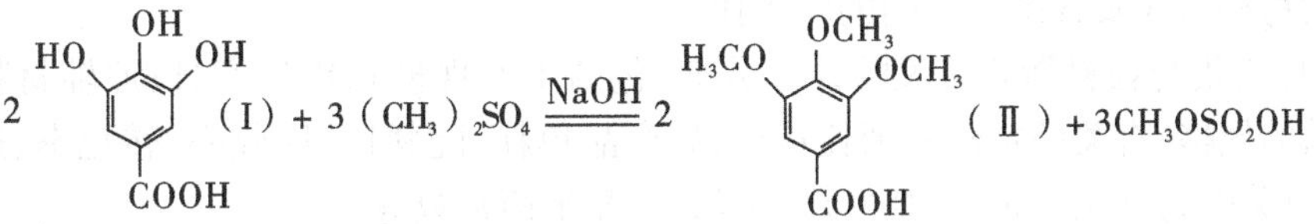

$$X_A = \frac{25.0 - 2.0}{25.0} \times 100\% = 92\%$$

$$Y = \frac{24.0}{25.0 \times 212/188} \times 100\% = 85.1\%$$

$$Z = \frac{Y}{X_A} \times 100\% = 92.5\%$$

实际测得的转化率、收率和选择性等数据就作为设计工业反应器的依据。这些数据是作为评价这套生产装置效果优劣的重要指标。

五、车间总收率

一个化学合成药物产品的生产工艺过程通常由若干个物理工序和化学反应工序所组成。各工序都有一定的收率,各工序的收率之积即为总收率。车间总收率与各工序收率的关系为:

$$Y = Y_1 Y_2 Y_3 Y_4$$

在计算收率时,必须注意生产过程的质量监控,即对各工序中间体和药品纯度要有质量分析数据。

例2　在甲氧苄氨嘧啶生产中,有甲基化反应工序(甲基化反应制备三甲氧苯甲酸)$Y_1 = 83.1\%$;SGC酯化反应工序(酯化反应制备三甲氧苯甲酸甲酯)$Y_2 = 91.0\%$;肼化反应工序(肼化反应制备三甲氧苯甲酰肼)$Y_3 = 86.0\%$;氧化反应工序(应用高铁氰化钾制备三甲氧苯甲醛)$Y_4 = 76.5\%$;缩合反应工序(与甲氧丙腈缩合制备三甲氧苯甲醚丙烯腈)$Y_5 = 78.0\%$;环合反应工序(环合反应合成三甲氧苄氨嘧啶)$Y_6 = 78.0\%$;精制 $Y_7 = 91.0\%$,求车间总收率。

$$Y_T = Y_1 Y_2 Y_3 Y_4 Y_5 Y_6 Y_7$$
$$= 83.1\% \times 91.0\% \times 86.0\% \times 76.5\% \times 78.0\% \times 78.0\% \times 91.0\% = 27.54\%$$

六、物料平衡计算的步骤

(1)明确衡算目的,如通过物料衡算确定生产能力、纯度、收率等数据。

(2)明确衡算对象,划定衡算范围,绘出物料衡算示意图,并在图上标注与物料衡算有关的已知和未知的数据。

(3)对于有化学反应的体系,应写出化学反应方程式(包括主、副反应),以确定反应前后的物料组成及各组分之间的摩尔比。

(4)收集与物料衡算有关的计算数据,包括生产规模和年生产日;原辅材料、中间体及产品的规格;有关的定额和消耗指标,如产品单耗、配料比、回收率、转化率、选择性、收率等;有关的物理化学常数,如密度、蒸汽压、相平衡常数等。

(5)选定衡算基准。

(6)列出物料平衡方程式,进行物料衡算。

(7)根据物料衡算结果,编制物料平衡表:①输入与输出的物料平衡表;②"三废"排量表;③计算原辅材料消耗定额(kg)。

在化学制药工艺研究中,特别需要注意成品的质量标准、原辅材料的质量和规格、各工序中间体的化验方法和监控、回收品处理等,这些都是影响物料衡算的因素。

例3　以每年产300 t的安替比林为例,试做出重氮化过程(苯胺重氮化系整个生产工序的第一工序)的物料衡算。

设已知自苯胺开始的总收率为58.42%,重氮化过程在管道内进行,苯胺、亚硝酸钠、盐酸的浓度分别为98%、95.9%、30%。

解　根据已定的生产能力,每年以300个工作日计,则每昼夜的生产任务为1 t安替比林。然后根据总收率推算出苯胺每天的投料量。

$$C_6H_5NH_2 + 2HCl + NaNO_2 \longrightarrow C_6H_5N_2Cl + NaCl + 2H_2O$$

分子量及生成物量	93	2×36.5	69	140.5	58.5	2×18
实际投料比	1 :	2.32 :	1.026			
投料量及生成量(kg)	847	x_1	x_2	x_3	x_4	x_5

$$纯苯胺每天的耗量 = \frac{1\,000 \times 93}{188 \times 0.584\,2} = 847\ \text{kg} \qquad （188\ 为安替比林的相对分子量）$$

$$粗苯胺的耗量 = \frac{847}{0.98} = 864.3\ \text{kg}$$

粗苯胺中杂质 $= 864.3 - 847 = 17.3\ \text{kg}$

根据反应式：

$$x_1 = \frac{847 \times 2 \times 36.5}{93} = 665\ \text{kg}$$

$$x_2 = \frac{847 \times 69}{93} = 628.4\ \text{kg}$$

$$x_3 = \frac{847 \times 140.5}{93} = 1\,280\ \text{kg}$$

$$x_4 = \frac{847 \times 58.5}{93} = 533\ \text{kg}$$

$$x_5 = \frac{847 \times 2 \times 18}{93} = 328\ \text{kg}$$

实际投料量：

$$HCl\ 的用量 = \frac{847 \times 2.32 \times 36.5}{93} = 771.2\ \text{kg}$$

$$30\%\ HCl\ 的用量 = \frac{771.2}{0.3} = 2\,571\ \text{kg}$$

其中：

$$水量 = 257\ 1 - 771.2 = 1\,800\ \text{kg}$$
$$过量\ HCl = 771.2 - 665 = 106.2\ \text{kg}$$
$$NaNO_2\ 的用量 = \frac{847 \times 1.026 \times 69}{93} = 645\ \text{kg}$$

$$粗\ NaNO_2\ 的用量 = \frac{645}{0.959} = 672.6\ \text{kg}$$

粗 $NaNO_2$ 中杂质 $= 672.6 - 645 = 27.6\ \text{kg}$

$$配成\ 27\%\ NaNO_2\ 溶液的量 = \frac{645}{0.27} \approx 2\,389\ \text{kg}$$

其中：

$$水量 = 2\,389 - 672.6 \approx 1\,716\ \text{kg}$$
$$过量\ NaNO_2 = 645 - 628.4 = 16.6\ \text{kg}$$

假设 $C_6H_5N_2Cl$ 因分解及机械损失占生成量的 4%，则：

$$C_6H_5N_2Cl\ 的损失量 = 1\,280 \times 0.04 = 51.2\ \text{kg}$$

$$C_6H_5N_2Cl\ 实际生成量 = 1\,280 - 51.2 = 1\,228.8\ \text{kg}$$

副反应　　$HCl + NaNO_2 \longrightarrow NaCl + HNO_2$

分子量　　36.5　　69　　　　58.5　　47

投料量　　y_1　　16.6　　　　y_2　　y_3

根据反应式:

$$y_1 = \frac{16.6 \times 36.5}{69} = 8.78 \text{ kg}$$

$$y_2 = \frac{16.6 \times 58.5}{69} = 14.1 \text{ kg}$$

$$y_3 = \frac{16.6 \times 47}{69} = 11.3 \text{ kg}$$

反应后剩下的 100% HCl = 106.2 - 8.78 = 97.42 kg

上述两反应都是放热的,且剩余的 HCl 在稀释后亦放出热量,为了控制反应温度在 333 K(60 ℃)左右,用直接加水来调节温度。

为了求出加水量,必须先求出总的放热量 Q,现分别计算如下:

$$C_6H_5NH_2 + NaNO_2 + 2HCl \longrightarrow C_6H_5N_2Cl + NaCl + 2H_2O + 140.89 \text{ kJ/mol}$$

$$Q_{r1} = \frac{847}{93} \times 1\,000 \times 140.89 = 1\,283\,160 \text{ kJ}$$

$$HCl + NaNO_2 \longrightarrow NaCl + HNO_3 + 14.45 \text{ kJ/mol}$$

$$Q_{r2} = \frac{16.6}{69} \times 1\,000 \times 14.45 = 3\,476 \text{ kJ}$$

30% HCl 稀释的无限稀释热为 21 kJ/mol:

$$Q_p = \frac{97.42}{36.5} \times 1\,000 \times 21 = 56\,050 \text{ kJ}$$

所以 $Q = Q_{r1} + Q_{r2} + Q_p = 1\,283\,160 + 3\,476 + 56\,050 = 1\,342\,690$ kJ

冷却水自 293 K 加热到 333 K,水的比热为 4.186 kJ/(kg·K),则需水量:

$$M = \frac{Q}{C \Delta T} = \frac{1\,342\,690}{4\,186 \times (333 - 293)} = 8\,019 \text{ kg}$$

原有水量 = 1 716(配 NaNO₂ 液用) + 1 800(盐酸内水) + 328(反应生成水)

$$= 3\,844 \text{ kg}$$

加水量 = 8 019 - 3 844 = 4 175 kg

为简化计算,未考虑其他物料从 293 K 加热到 333 K 时所吸收的热量(表 6-1)。

表6-1　物料衡算表

投料

物料名称	含量(%)	折纯量(kg)	质量(kg)	实投入量(kg/mol)	体积(m³)	分子比 理论	分子比 实际	备注
苯胺	98	$C_6H_5NH_2$ 847,杂质17.3	864.3	9.11	0.842	1	1	
亚硝酸钠		$NaNO_2$ 645,杂质27.6	672.3	9.35	0.311	1	1.026	
水			1 716		1.716			配$NaNO_2$液用
盐酸		HCl 771.2,H_2O 1 800	2 571	21.43	2.240	2	2.32	
水			4 175		4.175			
合计			9 998.6		9.284			

出料

物料名称	含量(%)	折纯量(kg)	质量(kg)	实投入量(kg/mol)	体积(m³)	分子比 理论	分子比 实际	备注
重氮盐		1 228.8	1 228.8	8.75			1	
氯化钠		547.1	547.1	9.35			1.07	533+14.1
水			8019					328+1 716+1 800+4 175
亚硝酸			11.3	0.24				
盐酸			97.42	2.67				
杂质			96.1					51.2+17.3+27.6
合计			999.4	9.342				$\rho=1\,070\ kg/m^3$

七、物料衡算举例

(一)物理过程的物料衡算

例4　硝化混酸配制过程的物料衡算。已知混酸组成为H_2SO_4 46%(质量百分比,下同),HNO_3 46%,H_2O 8%,配制混酸用的原料为92.5%的工业硫酸、98%的硝酸以及含有

H_2SO_4 69% 的硝化废酸。试通过物料衡算确定配制 1 000 kg 混酸时各原料的用量。为简化计算,假设原料中除水外的其他杂质可忽略不计。

混酸配制过程可在搅拌釜中进行。以搅拌釜为衡算范围,绘制混酸配制过程的物料衡算示意图(图 6-2)。图中 $G_{H_2SO_4}$ 为92.5% 的硫酸用量,G_{HNO_3} 为 98% 的硝酸用量,$G_废$ 为含69%硫酸的废酸用量。

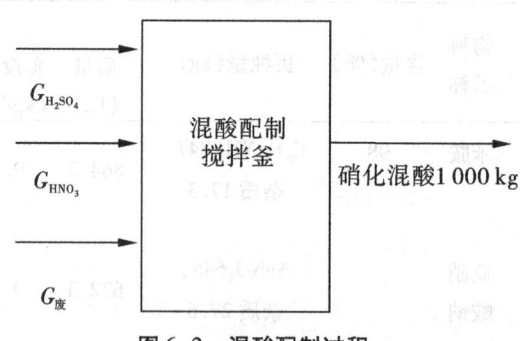

图 6-2   混酸配制过程
物料衡算示意图

图中共有 4 股物料,3 个未知数,需列出 3 个独立方程。对 HNO_3 进行物料衡算得:

$$0.98 G_{HNO_3} = 0.46 \times 1\,000 \qquad (a)$$

对 H_2SO_4 进行物料衡算得:

$$0.925 G_{H_2SO_4} + 0.69 G_废 = 0.46 \times 1\,000 \quad (b)$$

对 H_2O 进行物料衡算得:

$$0.02 G_{HNO_3} + 0.075 G_{H_2SO_4} + 0.31 G_废 = 0.08 \times 1\,000 \qquad (c)$$

联解(a)、(b)和(c)得:

$$G_{HNO_3} = 469.4 \text{ kg}, \quad G_{H_2SO_4} = 399.5 \text{ kg}, \quad G_废 = 131.1 \text{ kg}$$

根据物料衡算结果,可编制混酸配制过程的物料平衡表,如表 6-2 所示。

表 6-2   混酸配制过程的物料平衡表

物料名称		工业品量 (kg)	质量组成 (%)	物料名称		工业品量 (kg)	质量组成 (%)
输入	硝酸	469.4	HNO_3 98 H_2O 2	输出			
	硫酸	399.5	H_2SO_4 92.5 H_2O 7.5		硝化混酸	1 000	H_2SO_4 46 HNO_3 46 H_2O 8
	废酸	131.1	H_2SO_4 69 H_2O 31				
	总计	1 000			总计	1 000	

例 5   拟用连续精馏塔分离苯和甲苯的混合液。已知混合液的进料流量为 200 kmol·h^{-1},其中含苯 0.4(摩尔分数,下同),其余为甲苯。若规定塔底釜液中苯的含量不高于 0.01,塔顶馏出液中苯的回收率不低于 98.5%,试通过物料衡算确定塔顶馏出液、塔底釜液的流量及组成,以摩尔流量和摩尔分数表示。

以连续精馏塔为衡算范围,绘出物料衡算示意图(图 6-3)。图中 F 为混合液的进料流量,D 为塔顶馏出液的流量,W 为塔底釜液的流量,x 为苯的摩尔分数。

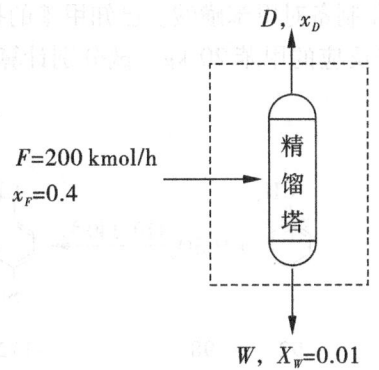

图6-3　苯和甲苯混合液精馏过程物料衡算示意

图6-3中共有3股物料，3个未知数，需列出3个独立的方程。对全塔进行总物料衡算得：

$$200 = D + W \tag{a}$$

对苯进行物料衡算得：

$$200 \times 0.4 = Dx_D + 0.01W \tag{b}$$

由塔顶馏出液中苯的回收率得：

$$\frac{Dx_D}{200 \times 0.4} = 0.985 \tag{c}$$

联解方程式（a）、（b）和（c）得：

$$D = 80 \text{ kmol} \cdot \text{h}^{-1}, W = 120 \text{ kmol} \cdot \text{h}^{-1}, x_D = 0.985$$

根据物料衡算结果，可编制苯和甲苯精馏过程的物料平衡表，如表6-3所示。

表6-3　苯和甲苯精馏过程的物料平衡表

	物料名称	工业品量（kg）	质量组成（%）		物料名称	工业品量（kg）	质量组成（%）
输入	苯和甲苯混合液	200	苯40 甲苯60	输出	馏出液	80	苯98.5 甲苯1.5
					釜液	120	苯1 甲苯99
	总计	200			总计	200	

（二）化学过程的物料衡算

与物理过程的物料衡算相比，化学过程的物料衡算要复杂很多。在有化学反应的体系中，对每一参与反应的物质而言，输入或输出体系的量是不平衡的。下面给出了几个实例。

例6 甲苯用浓硫酸磺化制备对甲苯磺酸。已知甲苯的投料量为1 000 kg,反应产物中含对甲苯磺酸1 460 kg,未反应的甲苯20 kg。试分别计算甲苯的转化率、对甲苯磺酸的收率和选择性。

化学反应方程式为:

相对分子量   92   98   172   18

甲苯的转化率为:

$$X_A = \frac{1\ 000 - 20}{1\ 000} \times 100\% = 98\%$$

对甲苯磺酸的收率为:

$$Y = \frac{1\ 460 \times 92}{1\ 000 \times 172} \times 100\% = 78.1\%$$

对甲苯磺酸的选择性为:

$$Z = \frac{1\ 460 \times 92}{(1\ 000 - 20) \times 172} \times 100\% = 79.7\%$$

例7 邻氯甲苯经 α-氯化、氰化、水解工序可制得邻氯苯乙酸,邻氯苯乙酸再与2,6-二氯苯胺缩合即可制得消炎镇痛药双氯芬酸钠。已知各工序的收率分别为:氯代工序 $Y_1 = 83.6\%$、氰化工序 $Y_2 = 90\%$、水解工序 $Y_3 = 88.5\%$、缩合工序 $Y_4 = 48.4\%$。试计算以邻氯甲苯为起始原料制备双氯芬酸钠的总收率。

设以邻氯甲苯为起始原料制备双氯芬酸钠的总收率为 Y_T,则:

$$Y_T = Y_1 \times Y_2 \times Y_3 \times Y_4$$
$$= 83.6\% \times 90\% \times 88.5\% \times 48.4 = 32.2\%$$

例8 用苯氯化制备氯苯时,为减少副产物二氯苯的生成量,应控制氯的消耗量。已知每100 mol 苯与40 mol 氯反应,反应产物中含38 mol 氯苯、1 mol 二氯苯以及61 mol 未反应的苯。反应产物经分离后可回收60 mol 的苯,损失1 mol 苯。试计算苯的单程转化率和总转化率。

苯的单程转化率为:

$$X_A = \frac{100 - 61}{100} \times 100\% = 39.0\%$$

设苯的总转化率为 X_T,则:

$$X_T = \frac{100 - 61}{100 - 60} \times 100\% = 97.5\%$$

在列举了上述几个基本概念的实例后,再接着探讨一下关于间歇过程的物料衡算、连续操作过程的物料衡算和含有化学平衡的物料衡算。

例9 在间歇釜式反应器中用浓硫酸磺化甲苯生产对甲苯磺酸。其工艺流程如图6-4所示,试对该过程进行物料衡算,已知每批操作的投料量为:甲苯1 000 kg,纯度99.9%(质量百分比,下同);浓硫酸1 100 kg,纯度98%;甲苯的转化率为98%,生成对甲苯磺酸的选择性为82%,生成邻甲苯磺酸的选择性为9.2%,生成间甲苯磺酸的选择性为8.8%;物料中的水约90%经连续脱水器排出。此外,为简化计算,假设原料中除纯品外都是水,且在磺化过程中无物料损失。

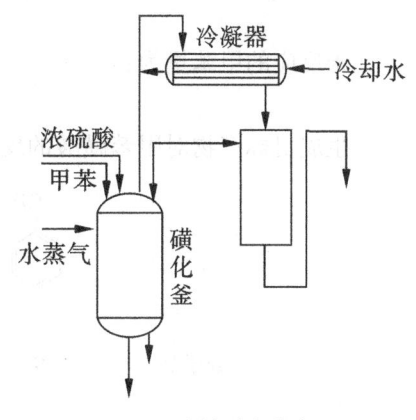

图6-4 连续脱水方案

以间歇釜式反应器(含脱水器和回流冷凝器)为衡算范围,绘出物料衡算示意图(图6-5)。

图中共有4股物料。物料衡算的目的就是确定各股物料的数量和组成,并据此编制物料平衡表。

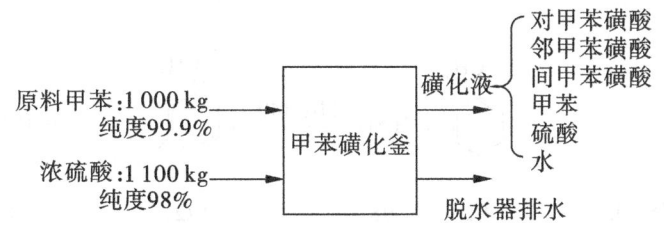

图6-5 甲苯磺化过程物料衡算示意

对于间歇操作过程,常以单位时间间隔(一个操作周期)内的投料量为基准进行物料衡算。

进料:

原料甲苯中的甲苯量为:

$$1000 \times 99.9\% = 999 \text{ kg}$$

原料甲苯中的水量为:

$$1000 - 999 = 1 \text{ kg}$$

浓硫酸中的硫酸量为:

$$1100 \times 98\% = 1078 \text{ kg}$$

浓硫酸中的水量为:

$$1100 - 1078 = 22 \text{ kg}$$

进料总量为:

$$1000 + 1100 = 2100 \text{ kg}$$

其中含甲苯999 kg,硫酸1 078 kg,水23 kg。

出料:

反应消耗的甲苯量为:

$$999 \times 98\% = 979 \text{ kg}$$

未反应的甲苯量为：

$$999 - 979 = 20 \text{ kg}$$

生成目标产物对甲苯磺酸的反应方程式为：

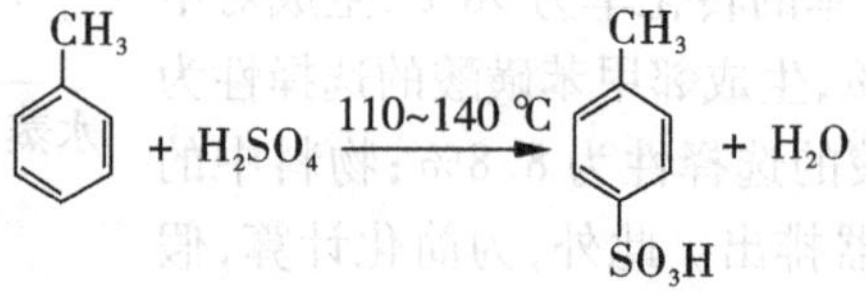

甲苯 + $H_2SO_4 \xrightarrow{110\sim140\ ℃}$ 对甲苯磺酸(SO_3H) + H_2O

分子量　　　　92　　　　98　　　　　　　172　　　18

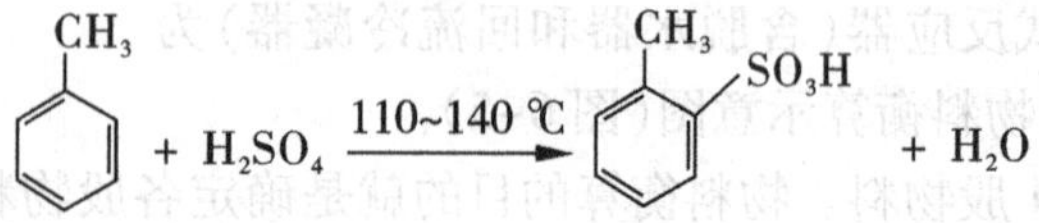

甲苯 + $H_2SO_4 \xrightarrow{110\sim140\ ℃}$ 邻甲苯磺酸(SO_3H) + H_2O

分子量　　　　92　　　　98　　　　　　　172　　　　　18

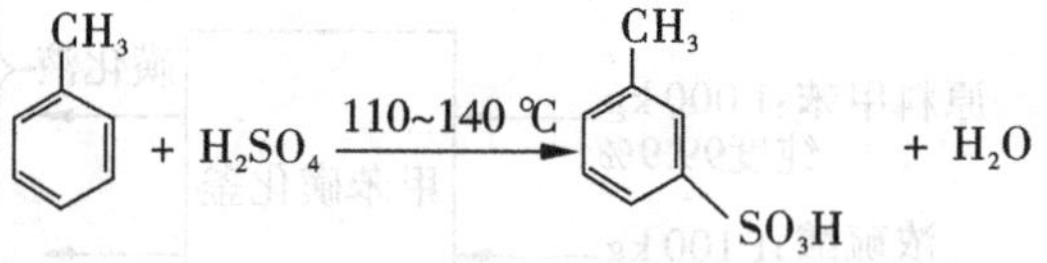

甲苯 + $H_2SO_4 \xrightarrow{110\sim140\ ℃}$ 间甲苯磺酸(SO_3H) + H_2O

分子量　　　　92　　　　98　　　　　　　172　　　　18

生成副产物邻甲苯磺酸的反应方程式为：

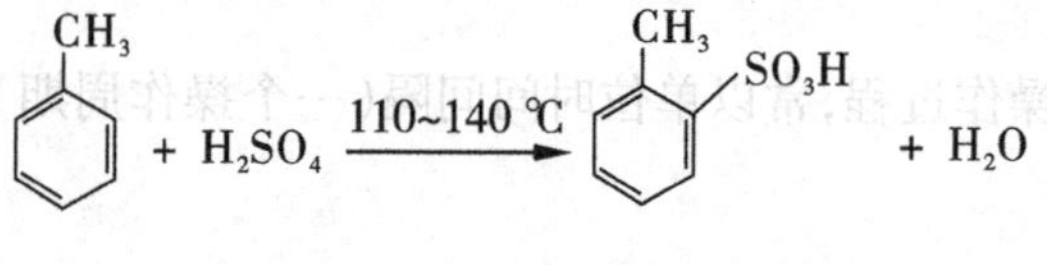

甲苯 + $H_2SO_4 \xrightarrow{110\sim140\ ℃}$ 邻甲苯磺酸(SO_3H) + H_2O

相对分子量　　92　　　　98　　　　　　　172　　　　18

生成副产物间甲苯磺酸的反应方程式为：

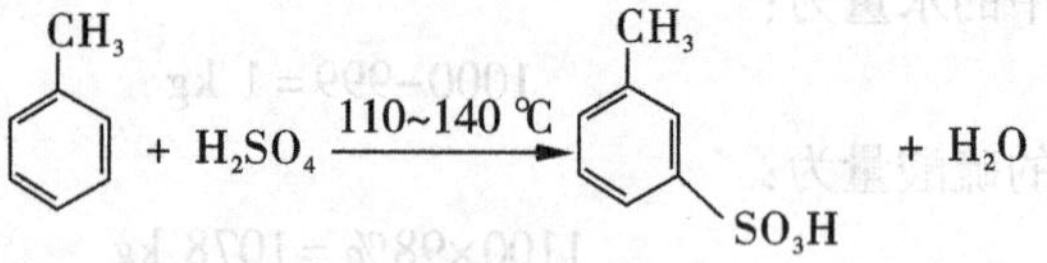

甲苯 + $H_2SO_4 \xrightarrow{110\sim140\ ℃}$ 间甲苯磺酸(SO_3H) + H_2O

相对分子量　　92　　　　98　　　　　　　172　　　　18

反应生成的对甲苯磺酸量为：

$$979 \times \frac{172}{92} \times 82\% = 1\ 500.8 \text{ kg}$$

反应生成的邻甲苯磺酸量为：

$$979\times\frac{172}{92}\times9.2\% = 168.4 \text{ kg}$$

反应生成的间甲苯磺酸量为：

$$979\times\frac{172}{92}\times8.8\% = 161.1 \text{ kg}$$

反应生成的水量为：

$$979\times\frac{18}{92} = 191.5 \text{ kg}$$

经脱水器排出的水量为：

$$(23+191.5)\times90\% = 193.1 \text{ kg}$$

磺化液中剩余的水量为：

$$(23+191.5)-193 = 21.5 \text{ kg}$$

反应消耗掉的硫酸量为：

$$979\times\frac{98}{92} = 1\ 042.8 \text{ kg}$$

未反应的硫酸量为：

$$1\ 078-1\ 042.8 = 35.2 \text{ kg}$$

磺化液总量为：

$$1\ 500.8+168.4+161.1+20+35.2+21.5 = 1\ 907 \text{ kg}$$

根据物料衡算结果,可编制甲苯磺化过程的物料平衡表,如表6-4所示。

表6-4 甲苯磺化过程的物料平衡表

	物料名称	质量(kg)	质量组成(%)	纯品量(kg)
输入	原料甲苯	1 000	甲苯99.9	999
			水0.1	1
	浓硫酸	1 100	硫酸98.0	1 078
			水2.0	22
	合计	2 100	2 100	
输出	磺化液	1 906.9	对甲苯磺酸78.70	1 500.8
			邻甲苯磺酸8.83	168.4
			间甲苯磺酸8.45	161.1
			甲苯1.05	20.0
			硫酸1.85	35.2
			水1.12	21.4
	脱水器排水	193.1	水100	193.1
	合计	2 100		2 100

第四节　生产工艺规程

生产工艺规程内容包括药物的名称和规格工艺的操作要求和技术参数,物料、中间产品、成品的质量标准及储存注意事项,物料平衡的计算方法,包装规格等要求。生产工艺规程是编写标准操作规程和批生产记录的准则。

一个药物可以采用几种不同的生产工艺过程,但其中必有一种是在特定条件下最为合理、最为经济又最能保证产品质量的。人们把这种生产工艺过程的各项内容归纳写成文件形式即称为生产工艺规程。

中试放大阶段的研究任务完成后,便可依据生产任务进行基建设计,遴选和确定定型设备以及非定型设备的设计和制作,然后,按照施工图进行生产车间或工厂的厂房建设、设备安装和辅助设备安装等。如经试车合格和短期试生产达到稳定后,即可着手制订生产工艺规程。

当然,生产工艺规程并不是一成不变的。随着科学技术进步,生产工艺规程也将不断地改进和完善,以便更好地指导生产,但这决不意味着可以随意更改生产工艺规程。要更改生产工艺规程必须履行严格的审批手续,有组织有领导地进行,必须遵循"一切经过试验"的原则。

一、生产工艺规程的重要性

生产工艺是指规定为生产一定数量成品所需起始原料和包装材料的质量、数量,以及工艺、加工说明、注意事项,包括生产过程控制的一个或一套文件。《药品生产质量管理规范》中只规定了"按照工艺规程进行生产",没有规定药品生产工艺规程的审批部门。在药品生产的全过程中,生产工艺规程的合理性和可行性直接影响所生产药品的质量以及生产效率。因此,生产工艺规程是药品生产诸多方面中的重要问题之一,药品监督管理部门为了保障人民用药安全,必须严格掌握每个药品生产企业、每个药品品种的生产工艺规程,以便全面进行管理。由于《药品生产质量管理规范》对此规定的不足,使药品生产企业难以依法办事、监督管理部门难以依法行政。因此,新修订的《药品生产质量管理规范》在老法的基础上做进一步明确:药品必须按照国务院药品监督管理部门批准的工艺规程进行生产。这使得本条的规定更加符合依法监督的实际,符合保证药品质量的要求。

由于生产的医药品种类不同,医药品生产规程的繁简程度也有很大差别。通常都认为:拟订工艺路线是制订生产工艺规程的关键,也是生产工艺过程和进行生产的重要依据。因此,生产工艺规程是指导生产的重要文件,也是组织管理生产的基本依据,更是工厂企业的核心机密。先进的生产工艺规程是工程技术人员、岗位工人和企业管理人员的集体创造,属于知识产权的范畴,要积极组织申请专利,以保护发明者和企业的合法权益;同时,还要严守机密。

二、生产工艺规程的主要作用

生产工艺规程是依据科学理论和必要的生产工艺试验,是在生产工人及技术人员生产实践经验基础上的总结。由此总结所制订的生产工艺规程,在生产企业中须经一定部门审核。经审定、批准的生产工艺规程,工厂有关人员必须严格执行。在生产车间,还应编写与生产工艺规程相应的岗位技术安全操作法。后者是生产岗位操作工人的直接依据和对培训工人的基本要求。生产工艺规程的作用如下。

（一）生产工艺规程是组织工业生产的指导性文件

生产的计划、调度只有根据生产工艺规程安排,才能保持各个生产环节之间的相互协调,才能按计划完成任务。如抗坏血酸生产工艺过程中,既有化学合成过程（高压加氢、酮化、氧化等）,又有生物合成（发酵、氧化和转化）,还有精制后处理及镍催化剂制备、活化处理、菌种培育等,不同过程的操作工时和生产周期各不相同,原辅材料、中间体质量标准及各中间体和产品质量监控也各不相同,还需要注意安排设备及时检修等。只有严格按照工艺规程组织生产,才能保证药品质量,保证生产安全,提高生产效率,降低生产成本。

（二）生产工艺规程也是生产准备工作的依据

化学合成药物在正式投产前要做大量的生产准备工作。工厂应根据工艺过程供应原辅材料,须有原辅材料、中间体和产品的质量标准,还有反应器和设备的调试、专用工艺设备的设计和制作等。如抗坏血酸生产工艺过程要求有无菌室、三级发酵种子罐、发酵罐、高压釜等特殊设备。又如,制备次氯酸钠需用液碱和氯气;加压氢化需要氢气和 Raney 镍制备等;还有不少有毒、易爆的原辅材料。这些设备、原辅材料的准备工作都要以生产工艺规程为依据进行。

（三）生产工艺规程又是新建和扩建生产车间或工厂的基本技术条件

在新建和扩建生产车间或工厂时,必须以生产工艺规程为根据。首先确定生产品种的年产量;其次是反应器、辅助设备的大小和布置;进而确定车间或工厂的面积;还有原辅材料的储运、成品的精制、包装等具体要求;最后确定生产工人的工种、等级、数量、岗位技术人员的配备,各个辅助部门如能源、动力供给等也都须以生产工艺规程为依据逐项进行安排。

三、制订生产工艺规程的基本内容

制订生产工艺规程要保证药品质量,要有高的生产率,要有"三废"治理措施,要有安全生产的措施,要减少人力和物力的消耗,降低生产成本,使它成为最经济合理的生产工艺方案。此外,还必须尽量降低工人的劳动强度,使操作人员有良好的安全的工作条件和工作环境。药品质量、劳动生产率、收率、经济效益和社会效益,这五者相互关联,但又相互制约。提高药品质量会增加社会效益,增强药品竞争力,但有时会影响劳动生产率和经济效益;采用了先进生产设备虽然可以提高生产率、减轻劳动强度,但因设备投资较大,若产品产量不够大时,其经济效益就可能较差;有时收率虽有提高,但药品质量会受影响。有时可能因原辅材料涨价或"三废"问题严重,而影响生产成本或不能正常生产。制订生产工艺规程,须具备下列原始资料和基本内容。

1.产品介绍

叙述产品规格、药理作用等,包括:①名称(商品名、化学名、英文名);②化学结构式、分子式、分子量;③性状(物化性质);④质量标准及检验方法(鉴别方法、准确的定量分析方法、杂质检查方法和杂质最高限度检验方法等);⑤药理作用、毒副作用(不良反应)、用途(适应证、用法);⑥包装与储存。

2.化学反应过程

按化学合成或生物合成,分工序写出主反应、副反应、辅助反应(如催化剂的制备、副产物处理、回收套用等)及其反应原理。还要包括反应终点的控制方法和快速检验方法。

3.生产工艺流程

以生产工艺过程中的化学反应为中心,用图解形式把冷却、加热、过滤、蒸馏、提取分离、中和、精制等物理化学处理过程加以描述。

4.设备一览表

岗位名称、设备名称、规格、数量(容积、性能)、材质、电机容量等。

5.设备流程和设备检修

设备流程图是用设备示意图的形式来表示生产过程中各设备的衔接关系。

6.操作工时与生产周期

记录各岗位中工序名称、操作时间(包括生产周期与辅助操作时间并由此计算出产品生产总周期)。

7.原辅材料和中间体的质量标准

按岗位名称、原料名称、分子式、分子量、规格项目等列表。也可以逐项逐个地把原辅材料、中间体的性状、规格以及注意事项列出(除含量外,要规定可能产生和存在的杂质含量限度)。必要时应和中间体生产岗位或车间共同议定或修改规格标准。

8.生产工艺过程

在制订生产工艺规程时应深入生产现场进行调查研究,特别要重视中试放大时的各个数据和现象,对异常现象的发现和处理及其产生原因都要进行分析。生产工艺过程应包括:①配料比(摩尔比和重量比,投料量);②工艺操作;③主要工艺条件及其说明和有关注意事项;④生产过程中的中间体及其理化性质和反应终点的控制;⑤后处理的方法以及收率等。

若为生物合成工艺过程,则应对菌种的培育移种、保存、传代驯养、无菌室操作方法、培养基的配制、异常现象的处理及产生原因等主要工艺条件加以说明。

9.生产技术经济指标

(1)生产能力:包括成品(年产量、月产量)和副产品(年产量、月产量)。

(2)中间体与成品的收率、分步收率、成品总收率以及收率计算方法。

(3)劳动生产率及成本,即全体员工每月每人生产数量和原料成本、车间成本及工厂成本等。

(4)原辅材料及中间体的消耗定额。

10.技术安全与防火、防爆

制药工业生产过程除一般化学合成反应外,尚包括高压、高温反应及生物合成反应,必须注意原辅材料和中间体的理化性质,逐个列出预防原则和技术措施、注意事项等。如抗坏血酸的生产工艺过程应用的 Raney 镍催化剂应随用随制备,储存期不能超过 1 个月,暴露于空气中便会急剧氧化而燃烧。氢气更是高度易燃易爆的气体,氯气则是有窒息性的毒气,并能助燃。

11. 主要设备的使用与安全注意事项

例如,离心机使用时一般必须采用起动加料的方式;离心泵严禁先关闭出料门后停车;吊车起重量不准超过规定负荷,不用时必须落到地面;搪瓷玻璃罐夹层压力不得超过 5.884×10^5 Pa(6 kg/cm^3);受压容器的承受压力不得超过其允许限度等。

12. 成品、中间体、原辅料检验方法

如抗坏血酸工艺规程中有发酵液中山梨酸的测定、山梨糖水分含量测定、古龙酸含量测定、转化母液中抗坏血酸含量测定等中间体检验方法,以及硫酸、氢氧化钠、冰醋酸、丙酮、活性炭、工业葡萄糖等原辅材料的检验方法等。

13. 资源综合利用和"三废"处理

如抗坏血酸工艺规程应有硫酸钠、氧化镍、丙酮、苯、乙醇等的回收利用,以及如何进行"三废"处理的规定。

14. 附录

有关常数及计算公式等。

四、生产工艺规程的制订和修订

医药品必须按照生产工艺规程进行生产。对于新产品的生产,在试车阶段,一般是制订临时生产工艺规程。有时不免要做些设备上的调整,待经过一段时间生产稳定后,再制订生产工艺规程。

生产技术不断地发展,人们的认识也在不断地发展,需要加强工程技术人员对化学工程的研究。药品生产通常是更新快,生产工艺改进提高潜力大;对产品质量的要求也在不断提高,数量变化也大;随着新工艺、新技术和新材料的出现和采用,已制订的生产工艺规程在实践中也常常会出现问题和遇到困难。因此,就必须对现行生产工艺规程进行及时修订,以反映出经过实践考验的技术革新成果和国内外的先进经验。如我国抗坏血酸于 1957 年投产以来,先后进行了"液体糖氧化""高浓度发酵""单酮糖再酮化""发酵一勺烩""低温水解转化"以及"二步发酵"工艺等一系列工艺革新,使抗坏血酸的收率由以前小试和中试的 40% 左右,提高到 1989 年的 70% 以上。不仅简化了工艺,而且使生产成本降低很多。

制订和修改生产工艺规程的要点和顺序简述如下:

(1)生产工艺路线是拟订生产工艺规程的关键。在具体实施中,应该在充分调查研究的基础上多提出几个方案进行分析比较、验证。

(2)熟悉产品的性能、用途和工艺过程,反应原理,明确各步反应或各工序、中间体的技术要求,技术条件的依据,安全生产技术等,找出关键技术问题。

(3)审查各项技术要求是否合理,原辅材料、设备材质等选用是否符合生产工艺要求。如发现问题,应会同有关设计人员共同研究,按规定手续进行修改与补充或进行专家论证。

（4）规定各工序和岗位采用的设备流程和工艺流程，同时考虑本厂现有车间平面布置和设备情况。

（5）确定或完善各工序或岗位技术要求及检验方法。

（6）审定"三废"治理和安全技术措施。

（7）编写生产工艺规程。

第七章　微生物发酵制药工艺学

第一节　概　述

一、微生物发酵制药的概念及发展

微生物发酵制药是指在特定的发酵反应容器内(如发酵罐),通过人工方法控制微生物的生长繁殖与新陈代谢,使之合成具有生物学活性的次级代谢产物(药物),然后将药物从微生物发酵液或菌体中分离提取、纯化精制的工艺过程。抗生素生产和微生物转化是微生物发酵制药工业的两大主体。利用微生物发酵工艺制备的药物主要包括抗生素、维生素、氨基酸、核苷酸和甾体激素等。

与化学药物相比,微生物药物具有以下特点:一是微生物的生长周期短、繁殖速度快,能够通过大规模发酵实现工业化生产;二是微生物的来源极为丰富,筛选时不用特别考虑先导化合物,利用特定筛选模型进行筛选成功的概率比较大;三是通过对发酵菌种的改造,能够大幅提高微生物药物生产能力或促使其产生新的次级代谢产物。因此,基于微生物的多样性使微生物药物在临床医药中的应用前景变得更为广阔。目前,微生物药物已占全球药品市场20%以上,占中国内地药品市场的35%以上。而抗生素作为中国临床治疗应用量最大的药物已占到了临床用药总额的1/4。

微生物药物的发展历程相对人类认识微生物的历史来讲并不长,尤其是对微生物次级代谢产物方面的药物研究历史更短,至今不过80余年。1928年,英国细菌学家Alexander Fleming发现了抗菌物质青霉素。随后,Howard Walter Florey和Ernst Boris Chain从培养液中分离制备得到青霉素结晶,并将其应用于临床抗感染治疗,抗生素从此诞生。随着青霉素的发现及应用,20世纪30~60年代成为以抗生素为代表的微生物药物发展的黄金期,在此期间发现了大量的在临床中广泛使用的抗感染药物,比如链霉素(1944年)、氯霉素(1947年)、四环素(1948年)、红霉素(1953年)、万古霉素(1956年)等。在有机溶剂和有机酸等化学品发酵技术的基础上,菌株选育、深层发酵、提取技术和设备的研究取得了突破性进展,建立了以抗生素为代表的微生物次级代谢产物的工业发酵,单罐发酵规模达到百吨级以上,20世纪60年代抗生素成为医药行业的独立门类。而近年来,由于基础生命科学的发展和各种新生物技术的应用,微生物产生的除了抗感染、抗肿瘤以外的其他生物活性物质日益增多,如特异性的酶抑制剂、免疫调节剂、受体拮抗剂和抗氧化剂等,其活性已超出了抑制某些微生物生命活动的范围,使微生物药物的内涵更加丰富。此外,由于地球上的微生物资源极其丰富,能够大量产生活性次级代谢产物的海洋微生物、稀有放线菌以及极端环境下的微生物还未开发,但是土壤中也存在着大量不可培养的微生物资源。2015 年,Kim Lewis 等利用 iChip 装置(用于培养实验室不可培养的细菌)从一种名为 Eleftheria terrae 的革兰氏阴性菌种分离到了一种全新的抗生素 Teixobactin(图 7-1)。该物质作用机制独特,对革兰氏阳性耐药菌效果显著。由此可见,微生物药物发展前景无限,大量新药等待着人们的进一步研究和开发。

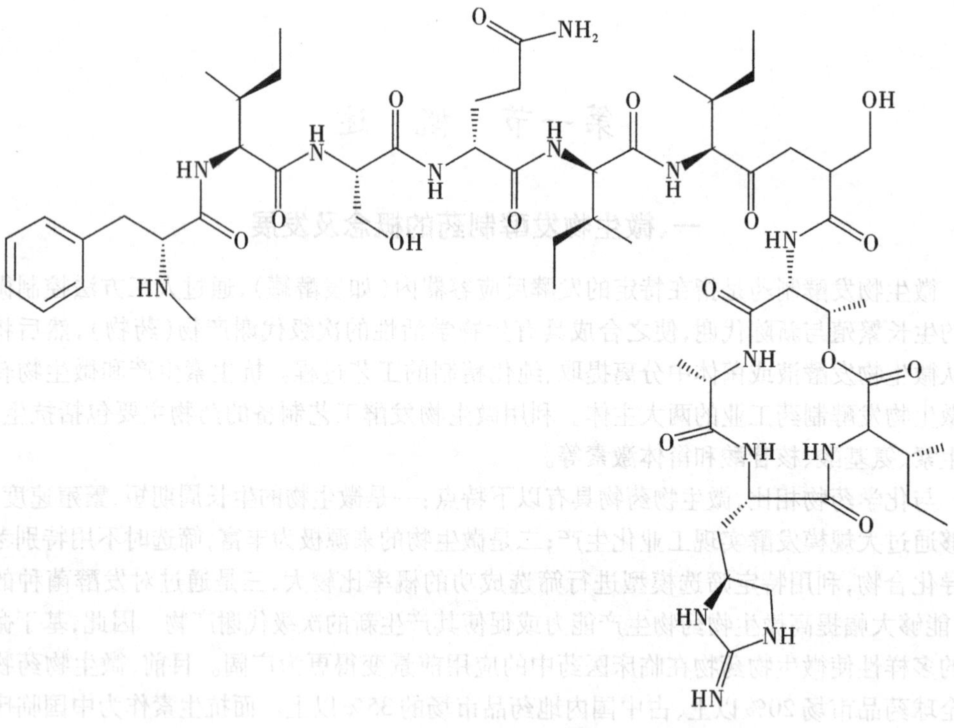

图 7-1　Teixobactin 结构

二、微生物发酵制药的特点及类型

种类繁多的微生物包括原核生物如细菌、古细菌和放线菌,真核生物如真菌和藻类,非细胞生物如噬菌体和病毒。其中能够产生具有活性次级代谢产物并且能够进行发酵生产的微生物主要是细菌、放线菌和丝状真菌三大类。

细菌主要用于生产氨基酸、维生素、核苷酸、抗生素,如枯草芽孢杆菌用于生产维生素 B_2(核黄素),谢氏丙酸杆菌、费氏丙酸杆菌、脱氮假单孢杆菌用于生产维生素 B_{12}。

放线菌主要产生各类抗生素,以链霉菌属最多,生产的抗生素主要有氨基苷类、四环类、大环内酯类和多烯大环内酯类,用于抗感染、抗癌、器官移植的免疫抑制剂等(表 7-1)。此外,红色糖多孢菌产生大环内酯类红霉素,东方拟无枝酸菌产生糖肽类万古霉素,小单孢菌属产生氨基糖苷类庆大霉素和小诺米星。

表 7-1　链霉菌合成的抗生素药物

药物类型	药物举例
抗细菌感染药物	链霉素、新霉素、氯霉素、卡那霉素、四环素、达托霉素、磷霉素、林可霉素、利福平、利福霉素、土霉素、乙酰螺旋霉素、麦白霉素、麦迪霉素、螺旋霉素、交沙霉素、链阳性菌素
抗真菌药物	两性霉素 B、制霉素、匹马菌素
抗寄生虫药物	阿维菌素、伊维菌素
抗癌药物	柔红霉素、阿霉比星、放线菌素 D、博来霉素、嗜癌菌素、肉瘤霉素、多柔比星、新制癌霉素、道诺霉素、链脲菌素、丝裂霉素 C
免疫抑制剂	环孢素、雷帕霉素、他克莫司、吡美莫司
减肥药物	利普斯他汀

与原核微生物相比,制药真菌的种类和数量较少,但其产生的药物却占有非常重要的地位。比如,作为 β-内酰胺类抗生素主要成员的青霉素和头孢菌素 C 就是由青霉菌和顶头孢霉菌产生的。用于治疗心血管疾病的他汀类药物洛伐他汀是由土曲霉菌产生的;而真菌球形阜孢菌产生的棘白霉素具有很强的抗真菌活性;近年来,新上市的由侧耳菌产生的截短侧耳类抗生素沃尼妙林和雷帕姆林已分别应用于兽医和人医临床,用于抗感染治疗。

目前常见的微生物药物类型主要包括抗生素类、酶抑制剂类和免疫调节剂三大类。

（一）抗生素

抗生素是指由生物(包括微生物、植物和动物)在其生命过程中所产生的一类在微量浓度下就能选择性地抑制他种生物或细胞生长的生理活性物质及其衍生物。根据化学结构抗生素可划分为以下几种。

（1）β-内酰胺类抗生素,包括青霉素类、头孢菌素类。

（2）氨基糖苷类抗生素,如链霉素、庆大霉素。

（3）大环内酯类抗生素,如红霉素、麦迪霉素。

（4）四环类抗生素,如四环素、土霉素。

（5）多肽类抗生素,如多黏菌素、杆菌肽。

（6）多烯类抗生素,如制菌霉素、万古霉素等。

（7）苯羟基胺类抗生素,包括氯霉素等。

（8）蒽环类抗生素,包括氯红霉素、阿霉素等。

（9）环桥类抗生素,包括利福平等。

（10）其他抗生素,如磷霉素、创新霉素等。

（二）酶抑制剂

酶抑制剂由微生物来源的酶抑制剂主要有 β-内酰胺酶抑制剂,如克拉维酸(又称棒酸),它与青霉素类抗生素具有很好的协同作用;β-羟基-β-甲基-戊二酰辅酶 A（HMG-

CoA)还原酶抑制剂,如洛伐他丁、普伐他丁等,它们是重要的降血脂、降胆固醇、降血压药物;亮氨酸氨肽酶抑制剂,如苯丁亮氨酸,可用于抗肿瘤。

（三）免疫调节剂

免疫调节剂包括免疫增强剂和免疫抑制剂。具有免疫增强作用的免疫调节剂如picibanil(OK-432);具有免疫抑制作用的免疫调节剂如环孢菌素 A。环孢菌素 A 的发现大大增加了器官移植的成功率。

三、微生物发酵制药的基本过程

微生物发酵制药的基本过程是在人工控制的优化条件下,利用制药微生物的生长繁殖,在代谢过程中产生药物。从工业企业的设岗情况来看主要包括生产菌种选育、发酵培养和分离纯化或提炼 3 个基本工段(图 7-2)。

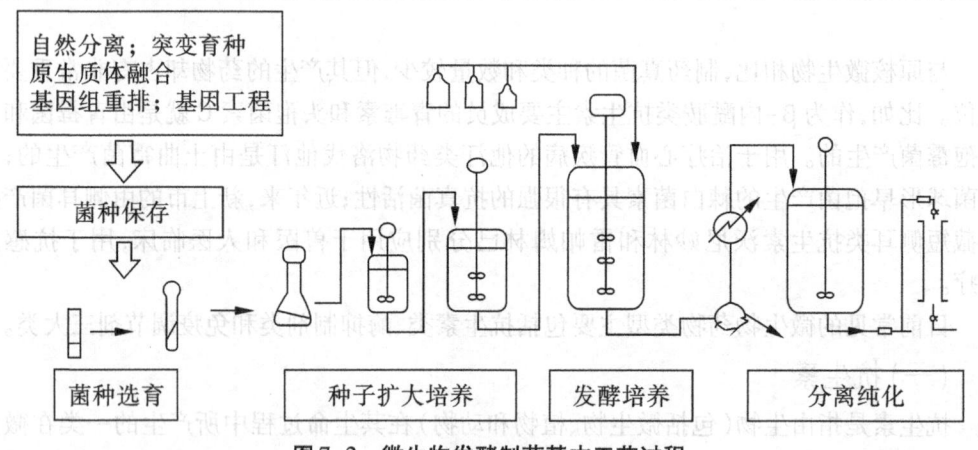

图 7-2 微生物发酵制药基本工艺过程

（一）生产菌种选育与保存阶段

药物生产菌种选育是降低生产成本、提高发酵经济性的首要工作。由于原始的新药生产菌种往往效价很低,微克级的产量难以进行发酵生产。而对于现有的生产菌种也需要不断地选育,以提高效价和减少杂质。因此就需要采用各种选育技术,获得高产、性能稳定、容易培养的优良菌种,并进行有效的妥善保藏,为生产提供源泉。

（二）微生物发酵培养

发酵阶段包括生产菌活化、种子扩大培养、发酵培养,是生物加工工程过程。由于保存的菌种处于生理不活动状态,同时菌种数量很少,不能直接用于发酵培养,因此需要活化菌种。活化菌种就是把保存菌种划线接种在固体培养基上,在适宜的温度下培养,使菌种复苏生长和繁殖,形成菌落或产生孢子;种子的扩大培养包括摇瓶、小种子罐、大种子罐级联液体培养,目的是通过加速生长和扩大繁殖,制备足够的用于发酵培养的种子。对于大型发酵的发酵罐体积达百吨以上,往往需要 2 级种子罐扩大培养;发酵培养就是按一定比例将种子接到发酵罐,加入消沫剂,控制通气和搅拌,维持适宜的温度、pH 值和罐压。

微生物发酵周期较长,除了车间人工巡查和自控室监测外,还要定期取发酵样品,做无菌检查、生产菌种形态观察和产量测定,严防杂菌污染和发酵异常,确保发酵培养按预定工艺进行。

(三) 药物分离纯化

药物分离纯化就是把药物从发酵体系中提取出来,并达到相应的原料药物质量标准。分离纯化阶段包括发酵液预处理与过滤、分离提取、精制、成品检验、包装、出厂检验,是生物分离工程过程。微生物发酵产生的药物是其代谢产物,要么分泌到胞外的培养液中,要么存在于菌体细胞内。如果药物存在于菌体中,如制霉菌素、灰黄霉素、曲古霉素、球红霉素等,需要破碎菌体处理。如果存在于滤液中,需要澄清滤液,进一步提取。吸附、沉淀、溶剂萃取、离子交换等是常用的提取技术,把药物从滤液中提取出来。往往是重复或交叉使用几种方法,以提高提取效率。粗制品进一步提纯并制成产品就是精制。成品检验包括性状及鉴别试验、热原试验、无菌试验、酸碱度试验、效价测定、水分测定等。合格成品进行包装,为原料药。

第二节　制药微生物菌种的选育与保藏

制药工业微生物主要包括原核的放线菌和真核的丝状真菌。其中以链霉菌为代表的放线菌是目前新型抗生素和药用活性物质的主要来源。该类菌广泛存在于不同的自然环境中,如海洋和土壤,种类繁多,代谢功能各异。同样,俗称霉菌的丝状真菌也具有形态建成复杂和生物合成途径多样的特点。由于发酵微生物携带生物合成基因簇的复杂性导致的合成途径的多样性,使其能够产生多种多样的具有生物活性的次级代谢产物,这为发酵制药工业提供了丰富的先导化合物来源。本节主要介绍放线菌和丝状真菌的形态特征、次级代谢产物合成方式、菌种选育原理与方法以及微生物的保藏。

一、制药微生物特征与次生代谢产物的合成

(一) 放线菌

放线菌是一类具有分支状菌丝体的高 GC 含量的革兰氏阳性细菌。细胞结构与细菌相似,细胞壁主要由肽聚糖组成,没有成型的细胞核,属于原核微生物。但是从形态分化上来看,放线菌是革兰氏阳性细菌中形态分化最复杂的一类微生物。经典的放线菌具有发育良好的放射状菌丝体。根据菌丝体的形态和功能可分为气生菌丝体和基内菌丝体,有些形成孢子、孢子链和孢囊及孢囊孢子等复杂的形态结构。基内菌丝的生长及断裂方式、孢子的着生部位、孢子数的多寡、孢子表面结构、孢囊形状、孢囊孢子有无鞭毛等形态特征均是放线菌分类的重要形态学指征。

放线菌多数腐生好气,广泛习居于自然环境中,土壤、海洋是放线菌的主要聚居场所。它能使动植物残体、粪便等有机物质分解,对自然界的碳、氮、磷、钾等物质的循环起着相当重要的作用。众所周知,放线菌是盛产抗生素的一类菌。据不完全统计,目前为止由微生物产生的抗生素有万余种,其中约一半是由放线菌产生的,包括当前在临床上广泛应用

的抗生素,如链霉素、卡那霉素、红霉素、氯霉素、四环素、新生霉素、庆大霉素、丝裂霉素、柔红霉素、马杜拉霉素等。种类繁多,在自然界分布广泛的放线菌是宝贵的抗菌药物开发资源。

(二)丝状真菌

丝状真菌或霉菌是菌丝体能分枝的真核细胞微生物,孢子萌发后伸长形成菌丝。菌丝生长分枝形成初级菌丝体,为单核或多核的单倍体细胞。在初级菌丝体基础上,不同性别的菌丝体接合形成次级菌丝体,为二倍体细胞。在固体培养基上形成基内菌丝和气生菌丝,菌落呈圆形,较大而松疏,不透明,呈现绒毛状、棉絮状、网索状等。产生色素或形成孢子后,出现相应的颜色,是进行分类的依据。真菌的细胞壁厚而坚韧,主要成分为几丁质。细胞质的亚细胞器分化完善,有线粒体、高尔基复合体和内质网等。根据有性生殖特点,用于制药的真菌分布在子囊菌、担子菌和半知菌中。青霉菌、顶头孢霉和土曲霉菌的菌丝体有分隔,产生无性分生孢子,不产生有性孢子,属于半知菌。侧耳菌的菌丝有分割,产生有性担孢子,而酵母产生子囊孢子。

(三)微生物次级代谢产物的合成

次级代谢产物是指微生物产生的一类对自身生长和繁殖无明显生理功能的化合物或并非是该生物生长和繁殖所必需的小分子物质,如链霉菌和青霉菌生成的抗生素。次级代谢产物的结构是由菌体携带的相关合成基因簇所决定的。合成基因簇包括结构基因、修饰基因、抗性基因和调节基因等。由于次级代谢途径中酶的底物特异性不强,酶催化反应步骤多,特别是后修饰的多样性,使代谢产物成为一组活性或毒性差异较大的结构类似物的混合体。如绛红小单孢菌或棘孢小单孢菌发酵所产生的庆大霉素 C 即为多组分广谱抗生素,其主要组分包括 C_1、C_2、C_{1a}、C_{2a} 四种。其中各组分的含量比例直接关系到该药的疗效。由于组分 C_1 的毒性小于组分 C_2 和 C_{1a},但抗菌活力却大于组分 C_2 和 C_{1a},因此在发酵生产过程中,不但要考虑如何提高发酵单位,更重要的是考虑怎样增加优良组分 C_1 的比值(《中国药典》2000 年版高效液相色谱法测定:C_1 25% ~ 50% ;C_{1a} 15% ~ 40% ;C_2+C_{2a} 25% ~50%)(图 7-3,表 7-2)。

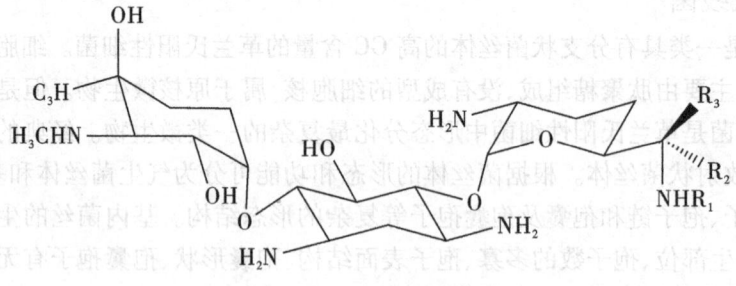

图 7-3 庆大霉素 C 结构

表 7-2　庆大霉素 C 结构分类

名称	R_1	R_2	R_3
庆大霉素 C_1	CH_3	H	CH_3
庆大霉素 C_{1a}	H	H	H
庆大霉素 C_2	H	H	CH_3
庆大霉素 C_{2a}	H	CH_3	H
庆大霉素 C_{2b}	CH_3	H	H

　　庆大霉素是一种氨基糖苷类抗生素,抗菌谱广、杀菌活性强,在临床上被广泛应用于治疗革兰氏阴性菌引起的感染。能够通过与靶细胞内核糖体 30S 亚基 16S rRNA 上的氨酰基位点结合,引起 mRNA 发生错译,从而干扰蛋白质的合成来杀死病原菌。庆大霉素最初由美国 Schering 公司 Weinstein 等于 1963 年从绛红小单孢菌以及棘孢小单孢菌中分离获得,并于 1969 年在美国投入使用。1966 年,我国著名的微生物学家王岳分离出庆大霉素小单孢产生菌,并且在 1969 年成功用于工业化生产。

　　一直以来人们期待能够全面清晰地阐明庆大霉素的生物合成机制,然而到目前为止,庆大霉素的生物合成途径仍然存在许多未解之谜。步入 21 世纪之后,随着现代分子生物学与 DNA 测序技术的发展,从分子水平上对庆大霉素等氨基糖苷类抗生素生物合成途径的揭示逐步进入了一个新的阶段。2004 年英国华威大学(University of Warwick)的 Wellington EM 研究组利用2-脱氧链霉胺生物合成基因中的保守序列作为探针,克隆到庆大霉素生物合成基因簇并完成了基因簇测序(GenBank Accession No. AY524043)(图 7-4),同时,根据合成基因簇中相关基因编码蛋白的功能确证和预测分析,从合成起始的D-葡萄糖-6-磷酸推测了庆大霉素的生物学合成途径(图 7-5)。

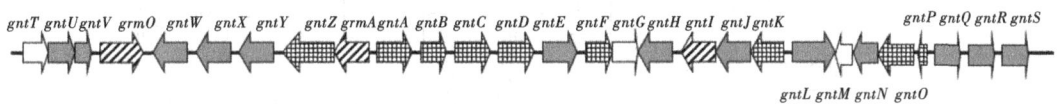

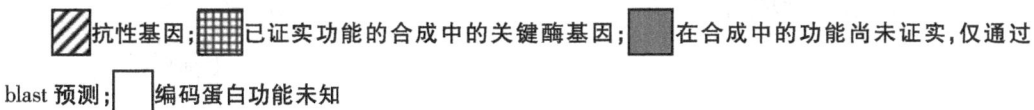

图 7-4　庆大霉素生物合成基因簇

抗性基因;　已证实功能的合成中的关键酶基因;　在合成中的功能尚未证实,仅通过 blast 预测;　编码蛋白功能未知

二、菌种选育原理与方法

　　菌种选育即菌种改良,是基于遗传学原理和诱变技术对菌株进行的改造,目的是为了去除菌株的不良性质,增加有益新性状,以获得生产所需要的高产、优质和低耗的菌种,从而达到提高生产菌株的产量和质量的目的。总之,菌种选育的本质是改良菌种的特性,使

其符合工业生产的要求。

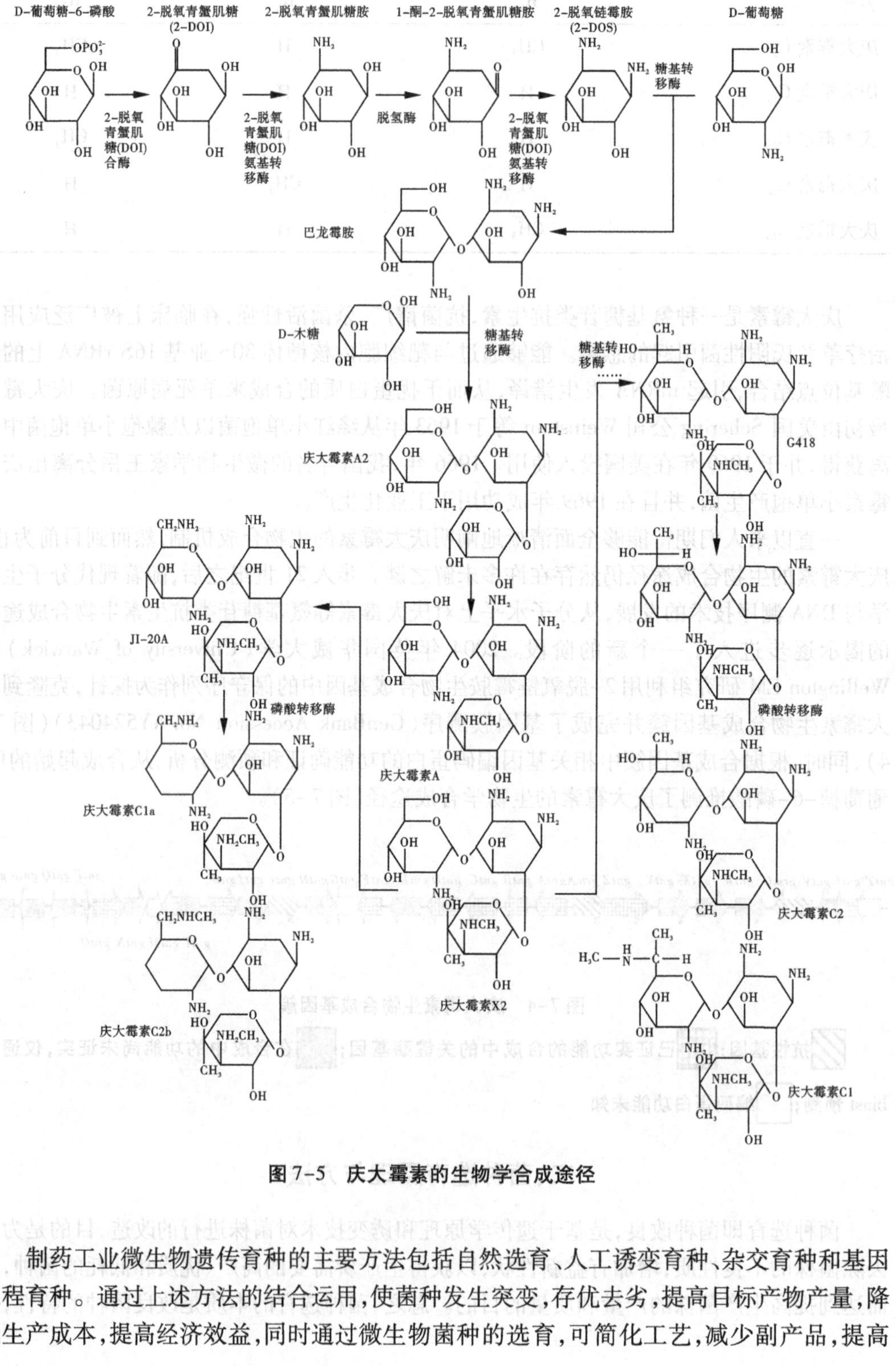

图 7-5 庆大霉素的生物学合成途径

制药工业微生物遗传育种的主要方法包括自然选育、人工诱变育种、杂交育种和基因工程育种。通过上述方法的结合运用,使菌种发生突变,存优去劣,提高目标产物产量,降低生产成本,提高经济效益,同时通过微生物菌种的选育,可简化工艺,减少副产品,提高产品质量,改变有效成分组成,甚至获得活性更高的新成分。下面针对以上几种常见的育种方法做以介绍。

(一)自然分离与自然选育

1. 自然分离

真菌和放线菌作为药用活性物质的主要来源,广泛存在于自然界的土壤和海洋环境中,因此活性菌株的自然分离是实现菌种进一步诱变选育的前提和基础。

(1)样品的采集与处理:从大陆表层土壤(0～10 cm)、海洋水体(0～100 m)等环境中采集样品。根据筛选目的的不同,可对样品进行相应预处理。比如放线菌分离时,可以将样品置于较高温度(40～120 ℃)下处理几小时或几天,可分离到不同种类的放线菌。另外也可添加化学试剂如 SDS(十二烷基硫酸钠)、NaOH 等处理样品,减少细菌;或者添加乙酸乙酯、氯仿、苯处理样品,去除真菌。以减少后续分离过程中细菌和真菌的干扰,利于放线菌分离。

(2)菌株分离(初筛):通常采用富集培养的方式进行初筛分离。所谓富集培养就是根据目的菌株的特性,将含有多种微生物类群的样品接入到选择性培养基中(可添加抑制剂抑制无关微生物生长),然后将其置于最适于目的微生物生长的温度条件下培养,将少量疑似目的菌株培养物转移到二级培养基中,按之前方法继续培养,重复该过程直到预期菌群占优势得到纯培养为止。理想的初筛方法应具有快速、灵敏、经济的特点。为了提高效率,初筛应该能够在一步或几步之内将毫无价值的微生物排除掉,同时要使在菌群中比例较小的目的微生物易于筛出。

(3)活性测定(复筛):复筛的过程是在初筛获取一批目的菌株的基础上通过测定菌株培养物生物活性来进行的进一步筛选,通过该过程保留活性菌株,排除不具开发潜力的菌株。一般评价的生物活性包括抗菌、抗病毒、抗肿瘤以及抗炎活性等。而筛选的过程则是活性跟踪的逐级分离过程,由培养物到组分分离,再到纯化单体化合物。比如利用纸片琼脂扩散法先对液体培养物(发酵产物)的抗菌活性进行初筛,再对有抑菌活性的培养物进行组分分离、纯化和结构确证,通过组分活性再评价最终确证活性单体(抗生素)。对于活性菌株须妥善保存,并记录培养条件、测定生长曲线,同时确定活性组分的分离方法。为后期发酵工艺的优化提供参考和指导。

2. 自然选育

所谓自然选育就是在发酵生产过程中,不经过人工诱变处理,仅根据菌种的自发突变而进行菌种筛选的过程。工业生产中所用菌种几乎都是在自然分离之后,再经人工诱变而获得的突变株,与野生株相比,突变株打破了原有的代谢系统,需要付出适应性代价,表现为生长活力减弱,且遗传特性不稳定,因此需要及时进行自然选育,淘汰产量低的衰退菌种,保留优良菌种。

自然选育的常用方法是单菌落分离,需要反复筛选,确定生产能力比原菌株高的菌种。自然选育简单易行,可达到纯化菌种、防止退化、稳定生产水平和提高产量的目的。但效率低,增产幅度不会很大。其基本过程为:菌种→单孢子或单细胞悬液→适当稀释→琼脂平板分离→挑单个菌落进行生产能力测定→选出优良菌株。

(二)诱变育种

诱变育种是使用物理、化学或生物诱变等方法使菌种遗传物质 DNA 的一级结构发生变异,即制造突变,并从突变群体中筛选性状优良个体的育种方法。诱变育种速度快、收效大、方法相对简单,但缺乏定向性,需要大规模的筛选。诱变育种技术的核心有两点:第一是选择高效产生有益突变的方法,第二是建立筛选有益突变或淘汰有害突变的方法。单轮诱变育种很难奏效,需要反复多轮诱变和筛选(至少 10~20 轮),才能获得具有优良性状的工业微生物菌种。因此,诱变剂的选择与诱变筛选至关重要。

诱发突变的因素有物理、化学和生物三类。物理诱变包括各种射线(紫外线、快中子、X 射线、γ 射线、激光、太空射线等),其原理在于通过热效应损伤 DNA,或造成碱基交联形成二聚体,从而使遗传密码发生突变。化学诱变剂包括碱基类似物(如 5-溴尿嘧啶、2-氨基嘌呤、8-氮鸟嘌呤)、烷化剂(如氮芥、硫酸二乙酯、丙酸内酯)、脱氨剂(如亚硝酸、硝酸胍、羟胺)、嵌合剂(如丫啶染料、溴化乙锭)等,其原理在于化学诱变剂的错误掺入和碱基错配使 DNA 在复制过程中发生突变。生物诱变的因素包括噬菌体、质粒和转座子等,该类可移动遗传元件能够介导外源 DNA 序列的插入从而导致菌种染色体突变。

诱变剂的剂量和作用时间对诱变效应影响很大,一般选择 80%~90% 的致死率,同时要尽可能增加正突变率。由于不同微生物对各种诱变剂的敏感度不同,需要对诱变剂剂量和时间进行优化,以提高诱变效应。在实际工作中,常常交叉使用化学和物理诱变剂,进行合理组合诱变。

(三)杂交育种

杂交育种是指两个不同基因型的菌株通过接合或原生质体融合使遗传物质重新组合,再从中分离和筛选具有新性状的菌株的过程,带有定向育种的性质。

1. 接合

接合是直接混合培养两个菌种,形成异核体(菌丝中含有遗传特性不同的细胞核),进而产生分生孢子。个别细胞核发生融合,得到杂合二倍体,极少数发生染色体交换,得到重组型二倍体,进而筛选得到高产菌株。

2. 原生质体融合

原生质体融合是用去壁酶处理,将微生物细胞壁除去,制成原生质体,随后在高渗条件下或电击转化之后,用聚乙二醇促进原生质体发生融合,再生细胞壁,从而获得具有双亲性状的融合细胞。

原生质体融合育种首先要建立细胞再生体系,这样保证了融合原生质的有效再生。概括来讲原生质体融合包括 3 个基本步骤:①用去壁酶消化胞壁,制备由细胞膜包裹的两类不同性状的原生质体;②用电转化仪或高渗透压处理,促进原生质体发生融合,获得融合子;③在培养基上使融合子再生出细胞壁,获得具有双亲性状的融合细胞。

根据微生物细胞壁的结构成分,选择适宜的去壁酶。如细菌细胞壁的主要成分是肽聚糖,常选用溶菌酶;真菌细胞壁的主要成分是几丁质,常选用蜗牛酶、纤维素酶等。经常采用多种酶按一定比例搭配,提高细胞壁去除效率。为了有效制备原生质体,需要在培养基中添加菌体生长抑制剂,使细胞壁松弛,并在对数期取样。另一个影响原生质体融合育种的因素是建立高效的细胞壁再生体系,一般要求两个亲本菌种具有明显的性状遗传标记,便于融合子的有效筛选。

3. 基因组重排技术

基因组重排技术是将不同性状的细胞融合后,促使其染色体发生交换、重组等遗传事件,使之出现新表型。

基因组重排的基本过程为:①对亲本菌种进行诱变处理,高通量筛选,建立单个性状优良突变株库;②多个优良菌株的原生质体融合,基因组重排,再生细胞壁,形成融合库;③发酵筛选,获得优良的融合菌种。

表型性状是由基因组中的多个基因决定的,所以经过多轮基因组重排,可把不同菌种优良性状集成在一个菌种中。相比诱变育种,基因组重排能加速筛选,缩短育种时限,在较短时间内能获得表型改进的预期效果。和其他育种方法一样,筛选方法的灵敏性和适用性是基因组重排技术的关键。此外,不同菌种的遗传背景有差异,较高的遗传重组效率有利于重排事件的发生。链霉菌的原生质体融合使基因组重排的效率提高。在原生质融合技术的基础上,采用基因组重排技术,采用硝基胍诱变,筛选到性状不同的菌株。然后用两轮基因组重排,获得了高产泰乐菌素生产菌。一年内,经过 24 000 次分析,其效果与过去 20 年的诱变育种相当。

(四) 基因工程技术育种

基因工程技术育种在传统抗生素、氨基酸、维生素发酵菌种的选育中具有重要作用。采用基因工程技术,过量表达或抑制表达某一个或一组基因,或者通过对次级代谢产物合成过程进行调控,来实现目标产物的高效表达。目前,基于基因工程技术的代谢工程已经培育了多种高产初级和次级代谢产物药物的菌种,并在生产中得到应用。而随着当今分子生物学的飞速发展,基因工程育种另一条途径是目的性的基因工程育种,通过对目的产物合成基因簇中各个功能性基因的研究,精确掌握目的产物的合成途径。在此基础上通过关键基因的过表达、负调控基因的合成或副产物合成基因的沉默(敲除)等手段来实现目标化合物的高产化,达到菌种定向改造的目的。

三、菌种保藏

(一) 菌种的退化

菌种在培养或保藏过程中,由于自发突变的存在,出现某些原有优良生产性状的劣化、遗传标记的丢失等现象,称为菌种的退化或衰退。菌种退化的原因是多方面的,但是必须将其与培养条件的变化而导致的菌种形态和生理上的变异区别开来,因为优良菌种的生产性能是和发酵工艺条件密切相关的。倘若培养条件发生变化,如培养基中某些微量元素缺乏,会导致孢子数量减少,也会引起孢子的颜色改变;温度、pH 值的变化也会使产量发生波动。由这些原因所引起的变化,只要条件恢复正常,菌种的原有性能就能恢复正常。因此这些原因引起的菌种变化不能称为退化。此外,杂菌污染也会造成菌种退化的假象,产量也会下降,当然,这也不能认为是菌种退化,因为生产菌种一经分离纯化,原有性能即行恢复。综上所述,只有正确判断菌种是否退化,才能找出正确的解决办法。

菌种出现退化的原因是多方面的,相关基因发生负突变是引起菌种退化的主要原因。比如控制产量的基因发生负突变,则表现为产量下降;而控制孢子生成的基因发生负突变,则菌株产生孢子的能力下降。然而基因出现自发突变的频率很低(为 $10^{-6} \sim 10^{-9}$),但是菌体细胞数目庞大且具有极高的代谢繁殖能力,随着传代次数增加,退化细胞的数目也会不断增加,从而在数量上逐渐占据优势,最终成为一株退化了的菌株。

连续传代也是加速菌种退化的一个重要原因。在菌种筛选工作中,经常遇到这样的情况,初筛时摇瓶产量很高,但随着复筛的进行,摇瓶产量逐渐下降,由此被淘汰。此现象在霉菌中较为常见,这是一种广义的退化现象。因此菌落如果是一个以上的孢子或细胞繁殖形成,而其中只有一个是高产突变孢子或细胞,移接的结果将使高产菌株数量减少,导致产量降低。

另外,不适宜的培养和保藏条件也是加速菌种退化的另一个重要原因。由于连续传代和基因突变是菌种退化的主要原因,因此减少传代次数、采用合适的培养基和有效的保藏方法降低基因自发突变的频率是防治菌种退化的根本。

(二) 菌种的保藏

菌种的保藏原理是根据菌种的生理、生化特点,创造条件使其代谢处于不活跃状态,即生长繁殖受抑制的休眠状态,可保持原有特性,延长生命时限。因此,根据不同菌种的特点和对生长的要求,人工创造低温、干燥、缺氧、避光和营养缺乏等环境,便可实现菌种的长期保存。菌种制备时,为了保持菌种优良特性,接种不宜太密,接种量适当,生长要充分。菌种在新培养基斜面或培养皿上生长时以丰满、健壮为益,但时间不宜过长。对于液体培养物,一般在对数期进行保存。保存过程中,为了防止杂菌污染,一定要做无菌检查。

常用的菌种保藏法有以下几种(图7-6)。

1.低温斜面保藏法

将菌种接种在不同成分的斜面培养基上,待菌种生长完全后,置于温度为 4 ℃左右,湿度小于70%的条件下保藏,每隔一段时间进行移植培养后,再将新斜面继续保藏,如此连续不断。由于低温状态下可大大减缓微生物的代谢繁殖速度,降低突变率,也可使培养基的水分蒸发减少,不至干裂,且斜面保藏培养基一般有机氮含量多,糖分含量少(总量不超过2%),这样既满足了菌种生长繁殖的需要,又防止产酸过多而影响菌株保藏。此法的缺点是菌株仍有一定强度的代谢活动条件,保存时间不长,且传代次数多,易发生突变。一般情况下,细菌每月移植一次,放线菌每3个月移植一次,酵母菌每4~6个月移植一次,丝状真菌每4个月移植一次。鉴于操作方法简单,菌种存活率高,具有一定的保藏效果,许多生产和研究单位经常使用该方法进行菌种保藏。

2.液体石蜡保藏法

在长好菌苔的斜面试管中,加入灭过菌的液体石蜡,可防止或减少培养基内水分蒸发,隔绝培养物与氧的接触,从而降低微生物的代谢活动,推迟细胞老化,延长了保存时间。适用于不能利用石蜡油作碳源的微生物的保藏。方法为选用优质纯净无色中性的液体石蜡,经121 ℃加压蒸汽灭菌30 min,然后在150~170 ℃烘箱中干燥1~2 h,使水汽蒸发,石蜡油变清。在无菌条件下将灭菌的石蜡油注入长好菌苔的斜面试管中,液面高出斜面1 cm,垂直放在室温或冰箱内保藏。该法不适用于保藏细菌。

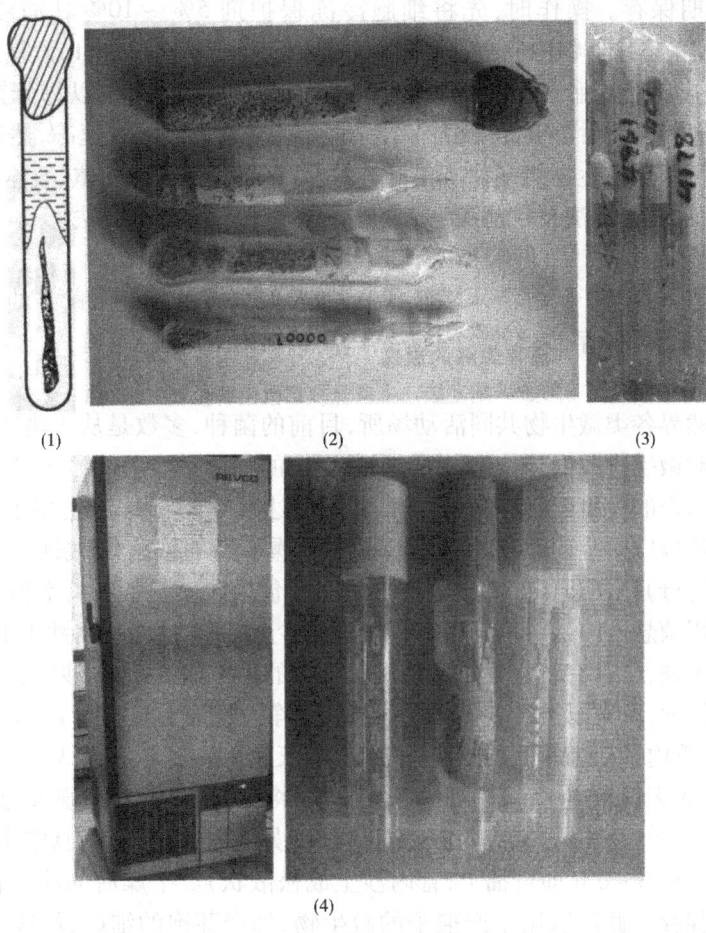

图 7-6　常见的菌种保藏方法

(1)液体石蜡保藏　(2)沙土管保藏　(3)真空冷冻干燥保藏　(4)甘油冷冻保藏

3. 真空冷冻干燥保藏法

该法是在较低的温度下(-15 ℃以下),快速地将细胞冻结,并且保持细胞完整,然后在真空状态下减压抽干,使水分升华。为防止冻结和水分不断升华对细胞的损害,在冻干前常使用保护剂(如脱脂牛奶或血清)将待存菌株制备成细胞悬液,然后快速冷冻,真空干燥。此法优点是具备低温、真空、干燥三种保藏的条件,经过冷冻干燥的微生物的生长和代谢活动处于极低水平,不易发生变异或死亡,因此菌种可以保存很长时间,此法广泛适用于细菌(有芽孢和无芽孢的)、酵母、霉菌孢子、放线菌孢子和病毒的保藏,其保存期可达一年至数十年之久,并且存活率高,变异率低,是目前广泛采用的好方法,但也有报道对不长孢子或长孢子很少的真菌保藏效果不佳。此法缺点是程序较麻烦,需要一定的设备。

4. 液氮超低温保藏法

微生物在液氮环境(-196 ℃)的低温下,所有的代谢活动暂时停止而生命延续,微生物菌种得以长期保存。操作时,先将细胞冷冻保护剂 5% ~10% 甘油或二甲基亚砜(DMSO)加入到菌体培养物中制成孢子或菌悬液,浓度以大于 10^8/mL 为宜。然后将孢子或菌悬液分装于小的安瓿瓶或聚丙烯小管,密封。先降至 0 ℃,再以每分钟降 1 ℃的速度,一直降至-35 ℃,然后放液氮罐中保存。也可直接置于液氮中速冻,然后在液氮中保存。这种方法可用于微生物的多种培养材料的保藏,不论孢子或菌体、液体培养或固体培养、菌落或斜面均可。此法是目前最可靠的一种长期保存菌种的方法。

5. 甘油冷冻保藏法

将对数期菌体悬浮于新鲜液体培养基中,加入 15% ~20% 的灭菌甘油、混匀速冻,冻存于-70 ~-80 ℃,可保存 2~3 年。本方法适用于细菌的保藏。

6. 沙土管保藏法

土壤是自然界各类微生物共同活动场所,目前的菌种,多数是从土壤中分离出来的,这与土壤颗粒对微生物起保护作用,提高了微生物的存活率有关。沙土管保藏法就是在此基础上发展起来的。由于制作简单,保藏时间可达数年至数十年,适用于产孢子的微生物,移接方便,所以应用范围很广。对于一些对干燥敏感的细菌(如奈氏球菌、弧菌和假单胞杆菌以及酵母)则不适用。沙土管保藏法主要包括沙土制备和真空抽干两步。目前有的单位不采用菌悬液而是用斜面孢子直接进入沙土管中,使之附在沙土上,不进行真空抽干让其自然干燥,也具有较好效果。沙土保藏法的操作如下:取细沙除去有机杂质及铁屑,过 40~60 目筛;取庭园土过 110~120 目筛,洗净。将细土与沙按 1:2(质量百分比)混合,分装入小管内约 2 cm 高,加棉塞,于 121 ℃灭菌 1 h,间歇灭菌 3~5 次。将菌苔已长好的斜面,注入无菌水 3~5 mL,用接种针轻轻将菌苔刮下,制成菌悬液,接种 0.2~0.3 mL菌悬液于沙土管中。然后放在装有干燥剂(如无水氯化钙)的真空干燥器中,接通真空泵,抽干(一般 4~6 h 即可抽干,管内沙土成松散状)。干燥后的沙土管放在干燥器内置 4 ℃冰箱保存。此法适用于产孢子的微生物,如产芽孢的细菌、放线菌和丝状真菌等,也是保存抗生素产生菌常用的方法。其缺点是存活率低、变异率高。

第三节 微生物发酵的培养基、灭菌工艺及菌种培养

一、微生物发酵培养基

(一) 微生物培养基的成分与作用

培养基是为了满足微生物生长繁殖和合成目标产物的需要,按照一定比例人工配制的营养物质和非营养物质的混合物。其成分主要包括有机碳源、氮源、无机盐、生长因子等营养要素,还包括消沫剂、前体等非营养成分。因此,培养基在提供微生物营养物质的同时也提供了渗透压、pH 值等营养作用以外的其他微生物生长所必需的环境条件。培养基的组成和配比是否恰当,直接影响微生物的生长、产物的生成、提取工艺的选择、产品的质量和产量等。

1. 有机碳源

有机碳源是异养微生物生长的第一营养要素,其作用在于为细胞生长和繁殖提供能量

来源,也为细胞生理和代谢过程提供碳骨架。种类包括糖类、醇类、脂肪、有机酸等。其中糖类有单糖(如葡萄糖、果糖)、双糖(如蔗糖、乳糖)和多糖(如淀粉、糊精)。在发酵工业中,常用碳源为糖类,主要包括葡萄糖、淀粉、糊精和来源于农副产品的糖蜜。糖蜜是制糖的副产物,主要成分为蔗糖,是廉价的碳源。木糖是仅次于葡萄糖的自然界最丰富的碳源,但由于中心碳代谢的阻遏效应,制药微生物对葡萄糖和木糖难以同步共利用。近年来,随着淀粉质碳源替代的开发,对木糖的利用越来越受到关注。已经研发了能同步利用葡萄糖和木糖的菌种,有望将来利用纤维素水解产物(主要成分为葡萄糖和木糖的混合物)为碳源进行发酵制药。当以脂肪作为碳源时,必须提供足够的氧气,否则会引起有机酸积累。

2. 氮源

氮源为制药微生物生长和药物合成提供氮素来源,在细胞内经过转氨作用合成氨基酸,进一步代谢为蛋白质、核苷和核酸及其他含氮物质。氮源可分为有机氮源和无机氮源两类。常用有机氮源有黄豆饼粉、花生饼粉、棉籽饼粉、玉米浆、玉米蛋白粉、蛋白胨、酵母粉和鱼粉、尿素等,被微生物分泌的蛋白酶降解后吸收利用。有机氮源中含有少量无机盐、维生素、生长因子和前体等时,制药微生物生长更好,更有利于药物发酵。常用无机氮源有铵盐、氨水和硝酸盐。铵盐中的氮可被菌体直接利用。硝酸盐中的氮必须还原为氨才可被利用。无机氮源可以作为主要氮源或辅助氮源,与有机氮源相比,无机氮源是速效氮源,容易被优先利用。在无机氮源中铵盐比硝酸盐更快被利用。铵离子被细胞吸收后可直接利用,而硝酸根必须被硝酸还原酶体系催化还原为铵离子后才能利用。根据氮被利用后,残留物质的性质,把无机氮源分为生理酸性物质和生理碱性物质。生理酸性物质代谢后能产生酸性物质,如$(NH_4)_2SO_4$利用后,产生硫酸。生理碱性物质代谢后能产生碱性物质,如硝酸钠利用后,产生氢氧化钠。在发酵工艺控制中,添加无机氮源既补充了氮源,又调节了 pH 值,一举两得。

3. 无机盐

无机盐包括磷、硫、钾、钙、镁、钠等大量元素和铁、铜、锌、锰、钼等微量元素的盐离子形态,是生理活性物质的组成成分或具有生理调节作用,为菌种生长代谢提供必需的矿物质。硫是氨基酸和蛋白质的组成元素,钙参与细胞的信号传导过程。磷酸是核苷酸和核酸、细胞膜的组成部分,磷酸化和去磷酸化是细胞内代谢、信号转导的重要生化反应。此外,矿物质还参与细胞结构的组成、酶的构成和活性、调节细胞渗透压、胞内氧化还原电势等,因此具有重要的生理功能。微生物对磷酸盐的需要量较大,但在不同阶段是不同的。微生物生长的磷酸盐对次级代谢产物合成有重要影响。因此,控制磷酸盐浓度对制药(次级代谢产物)发酵非常重要。对于特殊的菌株和产物,不同的元素具有独特作用,如锰能促进芽孢杆菌合成杆菌肽,氯离子能促进链霉菌合成四环素。加入微量钴,促进维生素 B_{12} 产量,也能增加链霉素、庆大霉素的产量。

4. 生长因子

生长因子是指维持菌体细胞生长所必需的微量有机物,包括维生素、氨基酸、嘌呤或嘧啶及其衍生物等,在胞内起辅酶和辅基等作用,参与电子、基团等的转移过程。一般蛋白胨等天然培养基成分中含有微生物生长因子,无须添加。但对于营养缺陷型(氨基酸、核苷酸)菌株,必须添加。

5. 前体和促进剂

前体是直接参与产物的生物合成、构成产物分子的一部分,而自身的结构没有大变化的化合物。前体可以是合成产物的中间体,也可以是其中的一部分(表7-3)。比如钴可以看成维生素 B_{12} 的前体,丙酸、丁酸等是聚酮类抗生素的前体。前体能明显提高产品产量和质量,一定条件下还能控制菌体合成代谢产物的方向。

表7-3　发酵制药中的前体及其相应产物

前体	产物	前体	产物
苯氧乙酸、苯乙酸及其衍生物	青霉素 V、青霉素 G	β-紫罗酮	类胡萝卜素
氯化钠	金霉素、氯霉素、灰黄霉素	氯化钴	维生素 B_{12}
肌醇、精氨酸	链霉素	α-氨基丁酸	L-异亮氨酸
丙酸、丙醇	红霉素	甘氨酸	L-丝氨酸
丁酸盐	柱晶白霉素	邻氨基苯甲酸	L-色氨酸
丙酸盐	核黄素		

促进产物生成的物质被称为促进剂。产物促进剂是加入后能提高产量,但不是营养物,也不是前体的一类化合物。其作用机制可能有4种情况:

(1)促进剂诱导产物生成,如氯化物有利于灰黄霉素、金霉素的合成。

(2)促进剂抑制中间副产物的形成,如金霉素链霉菌发酵生产四环素时,添加溴可抑制金霉素的形成;添加二乙巴比妥盐有利于利福霉素 B 的合成,抑制其他利福霉素的生成。

(3)促进剂加速产物向胞外释放。

(4)促进剂改善了发酵工艺,添加表面活性剂吐温、清洗剂、脂溶性小分子化合物等将改变发酵液的物理状态,有利于溶解氧和搅拌等参数控制。

6. 消沫剂

发酵过程中,由于向培养基通入无菌空气,加上剧烈的搅拌,很容易产生大量泡沫。如果不加以控制,就会造成不良后果。控制泡沫的方法有很多种,比如机械消沫、超声消沫,以及化学消沫剂等。其中化学消沫剂是最常用的一种措施。消沫剂的作用原理是降低泡沫的液膜强度和表面黏度,使泡沫破裂,包括天然油脂和合成的高分子化合物。

(二)微生物培养基的种类

在微生物培养中,使用的培养基种类繁多,可根据其组成成分、物理状态和具体用途等进行分类。按组成可分为由成分全部明确的化学物质组成的合成培养基,由成分不完全明确的天然物质组成的天然培养基,在天然培养基的基础上加入成分明确的物质组成的半合成培养基。按用途分为选择性培养基、鉴别性培养基、富营养培养基等。按物理性质分为固体培养基、半固体培养基、液体培养基。而在工业发酵中,常按培养基在发酵过程中所处位置和作用进行分类,包括固体培养基、种子培养基、发酵培养基和补料培养基等。

1. 固体培养基

固体培养基包括细菌和酵母的固体斜面或平板培养基、链霉菌和丝状真菌的孢子培养基。作用是提供菌体的生长繁殖或形成孢子。特点是营养丰富,菌体生长迅速,但不能引起变异。单细胞培养基要含有生长繁殖的各类营养物质,包括添加微量元素、生长因子等。对于链霉菌和丝状真菌的孢子培养基,培养基的营养成分要适量,基质浓度要求较低,营养不宜太丰富,无机盐浓度要适量,以利于产生优质大量的孢子。如灰色链霉菌在葡萄糖–盐类–硝酸盐的培养基上生长良好,形成丰富孢子,如加入 0.5% 以上的酵母膏或酪蛋白氨基酸,则完全不形成孢子。

2. 种子培养基

种子培养基是供孢子发芽和菌体生长繁殖的液体培养基,包括摇瓶和一级、二级种子罐培养基。作用是扩增细胞数目,在较短时间内获得足够数量的健壮和高活性的种子。种子培养基的成分必须完全,营养要丰富,须含有容易利用的碳、氮源和无机盐等。由于种子培养时间较短,培养基中营养物质的浓度不宜过高。为了缩短发酵的停滞期,种子培养基要与发酵培养基相适应,成分应与发酵培养基的主要成分接近,差异不能太大。

3. 发酵培养基

发酵培养基是微生物发酵生产药物的液体培养基,不仅要满足菌体的生长和繁殖,还要满足目标产物的大量合成与积累,是发酵制药中最关键和最重要的培养基。发酵培养基的组成应丰富完整,不仅要有满足菌体生长所需的物质,还要有特定的元素、前体、诱导物和促进剂等对产物合成有利的物质。不同菌种和不同目标产物对培养基的要求差异很大。

4. 补料培养基

补料培养基是发酵过程中添加的液体培养基,其作用是稳定工艺条件,有利于微生物的生长和代谢,延长发酵周期,提高目标产物产量。从一定发酵时间开始,间歇或连续补加各种必要的营养物质,如碳源、氮源、前体等。补料培养基通常是通过单成分高浓度配制成补料罐,基于发酵过程的控制方式加入。

(三) 发酵培养基配制原则及优化

发酵培养基的组成和配比直接影响菌体的生长、药物的生成、提取工艺的选择、药物的质量和产量等,也是影响制药工艺经济性的重要因素。根据不同菌种的遗传特性,选择合适的碳源、氮源等营养成分,维持适宜的渗透压和 pH 值,对培养基的组成和比例进行优化,建立工业化培养基是发酵的基础和前提。

1. 发酵培养基配置的一般原则

(1)生物学原则:根据不同微生物的营养和反应需求,设计培养基。营养物质组成较丰富,浓度适当,满足菌体生长和合成产物的需求,酸碱性物质搭配,具有适宜的 pH 值和渗透压。各种成分之间比例恰当,特别是有机氮源和无机氮源,碳氮比适宜。一定条件下,各种原料之间不能产生化学反应。

(2)工艺原则:既不影响通气和搅拌,又不影响产物的分离精制和废物处理,过程容易控制。

(3)低成本原则:原料要因地制宜,来源方便、丰富,质量稳定,质优价廉,成本低。

(4)高效经济原则:生产安全,环境保护,高质量,最高得率,最小副产物。·

2. 培养基的设计及优化方法

(1)确立起始培养基:根据他人的经验和沿用的成分,通过文献资料的查阅,初步确定培养基的成分,作为研究的起始培养基。

(2)单因素实验:确定最适宜的培养基成分。固定其他组分,一次实验只改变一个组分的不同浓度,找到该组分的适宜浓度,依次进行其他组分的浓度实验。集中所有组分的适宜浓度,为培养基的基本组成。

(3)多因素实验:进行各组分之间浓度优化和最佳配比。由于培养基是多种组分的混合物,碳源、氮源及碳氮比对菌种的生长和生产能力影响很大,各组分之间存在交互作用。需要采用均匀设计、正交设计、响应面分析和遗传算法等方法,进行主要影响因素的多水平实验。并根据发酵结果,明确因素及水平的相对贡献大小及相互作用,从中筛选出最优的因素–水平组合。

(4)放大试验:从摇瓶、小型发酵罐到中试,最后放大到生产罐。

(5)确定最终培养基:综合考虑各种因素,产量、纯度、成本等后,确定一个适宜的生产配方。

二、灭菌工艺及除菌方法

(一)灭菌概念及方法

制药工业发酵是纯种发酵,生产菌之外的杂菌的引入会造成发酵体系的污染,给发酵带来严重的后果,因为杂菌不仅消耗营养物质,干扰发酵过程,改变培养条件,引起氧溶解和培养基黏度降低,而且还会分泌一些有毒物质,抑制生产菌生长。比如杂菌分泌酶,分解目标产物或使之失活,造成目标产物产量大幅度下降。因此,在发酵过程中灭菌工艺尤为重要,该工序包括培养基、发酵设备及局部空间的彻底灭菌、通入空气的净化除菌。

在微生物培养中,常用的灭菌方法主要有化学灭菌和物理灭菌两类,其作用原理是使构成生物的蛋白质、酶、核酸和细胞膜变性、交联、降解,失去活性,细胞死亡。几种常见的灭菌方法的使用特点见表7-4。培养基常用高压蒸汽灭菌和过滤灭菌两种方法,可采用间歇操作和连续操作进行物料和设备的灭菌。

1. 高压蒸汽灭菌

高压蒸汽灭菌过程中既是高压环境,也是高温环境,微生物的死符合一级动力学。但是微生物芽孢的耐热性很强,不易杀灭。因此在设计灭菌操作时,经常以杀死芽孢的温度和时间为指标。为了确保彻底灭菌,实际操作中往往增加50%的保险系数。总体来看,高压蒸汽灭菌的效果优于干热灭菌,高压使热蒸汽的穿透力增强,灭菌时间缩短。同时由于蒸汽制备方便、价格低廉、灭菌效果可靠、操作控制简便,因此高压蒸汽灭菌常用于培养基和设备容器的灭菌。实验室常用的小型灭菌锅就是采用高压蒸汽灭菌原理,与数显和电子信息相结合,实现全自动灭菌过程控制,基本条件为115 ~ 121 ℃,0.1 MPa,维持15 ~

30 min。

表7-4 微生物培养过程中使用的几种灭菌方法

灭菌方法	举例	使用方法	应用范围
化学灭菌	75%乙醇、甲醛、过氧化氢、含氯石灰	涂擦、喷洒、熏蒸	皮肤表面、器具、无菌区域的台面、地面、墙壁及局部空间
辐射灭菌	紫外线、超声波	照射	器皿表面、无菌室、超净工作台等局部空间
高温灭菌	110 ℃以上高温	维持115~170 ℃一定时间	培养皿、三角瓶、接种针、固定化载体、填料等
高压灭菌	0.1 MPa	维持一定时间	培养基、发酵容器、器皿
过滤灭菌	棉花、纤维、滤膜	过滤	不耐热的培养基成分、空气

2. 过滤灭菌

有些培养基成分受热容易分解破坏,如维生素、抗生素等,不能使用高压蒸汽灭菌,可采用过滤灭菌。常见的有蔡氏细菌过滤器、烧结玻璃细菌过滤器和纤维素微孔过滤器等,具有热稳定性和化学稳定性,孔径规格为0.1~5 μm不等,一般选用0.22 μm。对不耐热的培养基成分制备成浓缩溶液,进行过滤灭菌,加入已经灭菌的培养基中。

（二）培养基与发酵设备的灭菌方法

1. 分批灭菌

将培养基由配料罐输入发酵罐内,通入蒸汽加热,达到灭菌要求的温度和压力后维持一段时间,再冷却至发酵温度,这一灭菌工艺过程称为分批灭菌或间歇灭菌。由于培养基与发酵罐一起灭菌,也称为实罐灭菌或实罐实消。分批灭菌的特点是不需其他的附属设备,操作简便,国内外常用。缺点是加热和冷却时间较长,营养成分有一定损失,发酵罐利用低,用于种子制备、中试等小型发酵。

培养基的分批灭菌过程包括加热升温、保温和降温冷却3个阶段(图7-7),灭菌效果主要在保温阶段实现,但在加热升温和冷却降温阶段也有一定贡献。灭菌过程中每个阶段的贡献取决于其时间长短,时间越长,贡献越大。一般认为100 ℃上升温阶段对灭菌的贡献占20%,保温阶段的贡献占75%,降温阶段的贡献占5%。习惯上以保温阶段的时间为灭菌时间。用温度、传热系数、培养基质量、比热和换热面积进行蒸汽用量衡算。

升温是采用夹套、蛇管中通入蒸汽直接加热,或在培养基中直接通入蒸汽加热,或两种方法并用。总体完成灭菌的周期为3~5 h,空罐灭菌消耗的蒸汽体积为罐体积的4~6倍。

2. 连续灭菌

培养基在发酵罐外经过加热器、温度维持器、降温设备,冷却后送入已灭菌的发酵罐内的工艺过程,为连续灭菌操作(连消)。与分批灭菌操作相比,连消就是由不同设备执行灭菌过程的加热升温、灭菌温度维持和冷却降温三个功能阶段(图7-8)。其优点是采

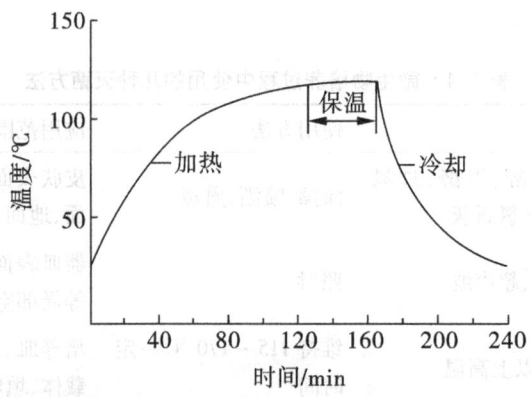

图 7-7 分批灭菌过程中的温度变化

用高温快速灭菌工艺,营养成分破坏得少;热能利用合理,易于自动化控制。缺点是发酵罐利用率低,增加了连续灭菌设备及操作环节,增加染菌概率;对压力要求高,不小于 0.45 MPa,一般为 0.45～0.8 MPa;不适合黏度大或固形物含量高的培养基灭菌。

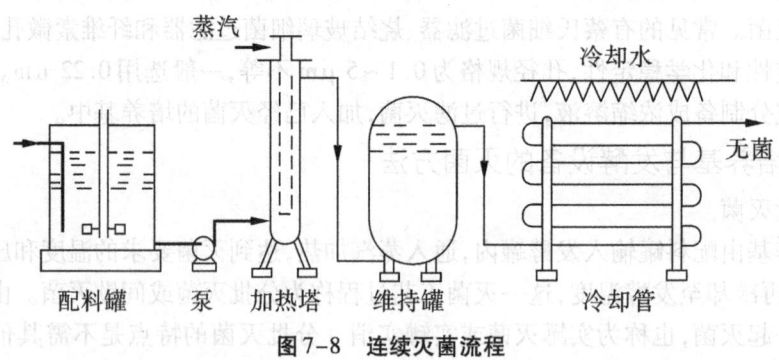

图 7-8 连续灭菌流程

连消设备中的加热器包括塔式加热器和喷射式加热器,以喷射式加热器使用较多,使培养基与蒸汽快速混合,达到灭菌温度(130～140 ℃)。保温设备包括维持罐和管式维持器,不直接通入蒸汽,维持一定的灭菌时间,一般为数分钟。降温设备以喷淋式冷却器为主,还有板式换热器等。连续灭菌过程中的温度和时间的变化如图 7-9 所示。

(三) 空气的过滤灭菌

绝大多数的微生物制药属于好氧发酵,因此发酵过程必须有空气供应。然而空气是氧气、二氧化碳和氮气等的混合物,其中还有水汽及悬浮的尘埃,包括各种微粒、灰尘及微生物,这就需要对空气灭菌、除尘、除水才能使用。在发酵工业中,大多采用过滤介质灭菌方法制备无菌空气。

1. 发酵用空气的标准

发酵需要连续的、一定流量的压缩无菌空气。空气流量(每分钟通气量与罐体实际料液体积的比值)一般在 0.1～2.0 VVM(air volume/culture volume/minute),压强为 0.2～

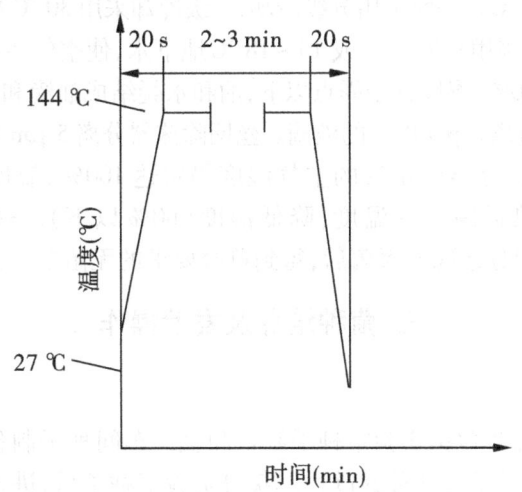

图 7-9　连续灭菌过程中的温度变化

0.4 MPa,克服下游阻力。空气质量要求相对湿度<70%,温度比培养温度高 10~30 ℃,洁净度为 100 级。

2.过滤灭菌的原理

空气中附着在尘埃上的微生物大小为 0.5~5 μm,过滤介质可以除去游离的微生物和附着在其他物质上的微生物。当空气通过过滤介质时,颗粒在离心场产生沉降,同时惯性碰撞产生摩擦黏附,颗粒的布朗运动使微粒之间相互集聚成大颗粒,颗粒接触介质表面,直接被截留。气流速度越大,惯性越大,截留效果越好。惯性碰撞截留起主要作用,另外,静电引力也有一定作用。

3.空气灭菌的工艺过程

为了获得无菌空气,一般采用三个主要工段,基本工艺流程如图 7-10 所示。

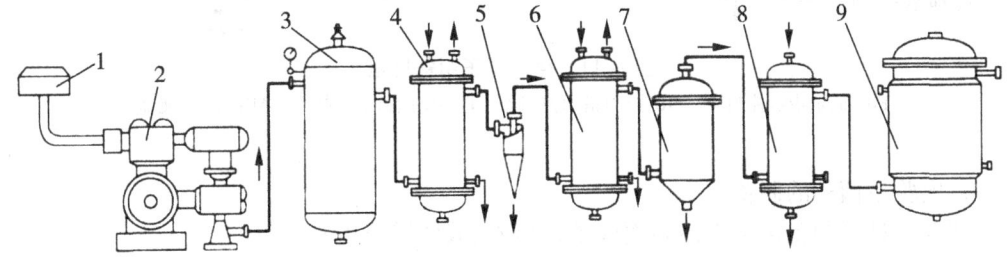

图 7-10　空气灭菌流程
1.粗过滤器　2.压缩机　3.储罐　4、6.冷却器　5.旋风分离器　7.丝网分离器　8.加热器　9.过滤器

(1)提高空气的洁净度:通过提高空气吸入口的位置和加强过滤,一般吸入口离地面 5~10 m。前过滤器可减少压缩机活塞和汽缸的磨损,减少介质负荷。

(2)除去空气中油和水:空气经过压缩机,温度升高,达 120~150 ℃,不能直接进入过滤器,必须冷却到20~25℃。一般采用分级冷却,一级冷却采用30℃左右的水使空气冷却到40~50℃,二级冷却器采用9℃冷水或15~18℃地下水,使空气冷却到20~25℃。冷却后,空气湿度提高了100%,湿度处于露点以下,油和水凝结成油滴和水滴,在冷却罐内沉降大液滴。旋风分离器分离5 pm以上的液滴。丝网除沫器分离5 μm以下液滴。

（3）获得无菌空气:分离油水后的空气湿度仍然达100%,温度稍下降,就会产生水滴,使介质吸潮。加热提高空气温度,降低湿度（60%以下）。这样空气温度达30~35℃,经过总过滤器和分过滤器灭菌后,得到符合要求的无菌空气,通入发酵罐。

三、菌种培养及发酵操作

（一）种子制备

种子制备的工艺流程包括实验室种子制备和生产车间种子制备,是种子的逐级扩大培养、获得一定数量和质量的纯种的过程。获得实验室种子后,进入车间各级种子罐,最后接种到发酵罐,如图7-11所示。

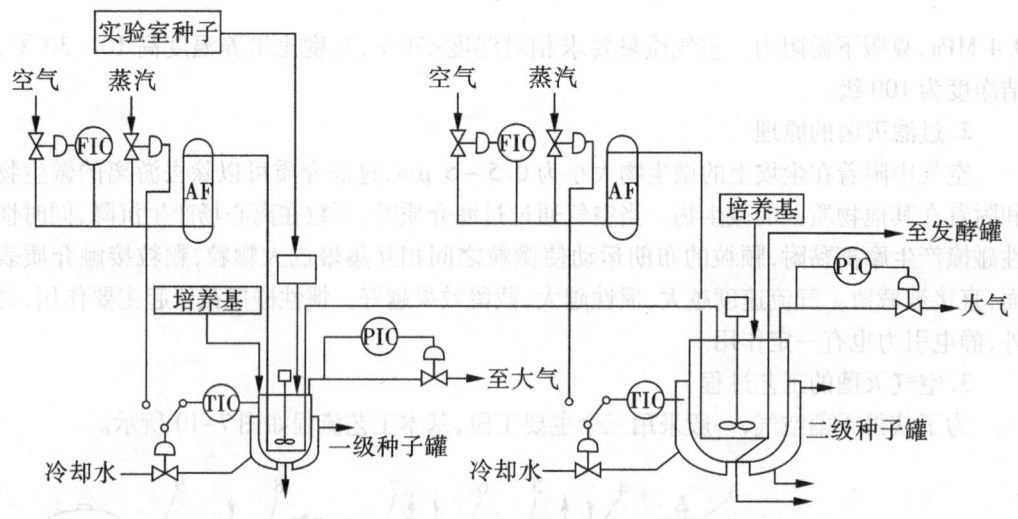

图7-11　生产种子制备过程
FIC:流量指示控制器　PIC:压力指示控制器　TIC:温度指示控制器　AF:空气过滤器

1. 实验室菌种的制备
实验室种子制备包括固体斜面或平板培养、液体摇瓶培养。

（1）菌种活化:菌种活化是将休眠状态的保存菌种接到试管斜面或平板固体培养基上,在适宜条件下培养,使其恢复生长能力的过程。对于单细胞微生物,生长形成菌落。对于丝状菌,菌落的气生菌丝进一步分化生产孢子。

（2）摇瓶种子制备:将活化后的菌种接入液体培养基中,用扁瓶或摇瓶扩大培养。孢子发芽和菌丝生长速度慢的菌种要经历母瓶、子瓶二级培养。

2. 生产种子制备
（1）种子罐种子制备:种子罐的作用在于使孢子瓶中有限数量的孢子发芽、生长并繁殖形成一定数量和质量的菌体。对于工业生产,种子培养主要是确定种子罐级数。种子罐级数是指制备种子需逐级扩大培养的次数,种子罐级数取决于菌种生长特性和菌体繁殖速度及发酵罐的体积。车间制备种子一般可分为一级种子、二级种子、三级种子。对于生长快的细菌,种子用量比例少,故种子罐相应也少。

（2）发酵的级数:直接将孢子或菌体接入发酵罐,为一级发酵,适合于生长快速的菌种。通过一级种子罐扩大培养,再接入发酵罐,为二级发酵。适合于生长较快的菌种,如某些氨基酸的发酵。通过二级种子罐扩大培养,再接入发酵罐,为三级发酵。适合于生长较慢菌种,如青霉素的发酵。通过三级种子罐扩大培养,再接入发酵罐,为四级发酵。适合于生长更慢的菌种,如链霉素的发酵。种子罐的级数越少,越有利于简化工艺和控制,并可减少由于多次接种而带来的污染。虽然种子罐级数随产物的品种及生产规模而定,但也与所选用工艺条件有关,如改变种子罐的培养条体加速菌体的繁殖,也可相应地减少种子罐的级数。

（二）发酵培养的操作方式

按操作方式和工艺流程可把发酵培养分为分批式操作、流加式操作、半连续式操作和连续式操作等,各种操作方式有其独特性,在实践中加以选择使用。

1. 分批式操作

分批式操作又称间歇式操作或不连续操作,是指把菌体和培养液一次性装入发酵罐,在最佳条件下进行发酵培养。经过一段时间,完成菌体的生长和产物的合成与积累后,将全部培养物取出,结束发酵培养。然后清洗发酵罐,装料、灭菌后再进行下一轮分批操作。

在分批式操作过程中,无培养基的加入和产物的输出,发酵体系的组成如基质浓度、产物浓度及细胞浓度都随发酵时间而变化,经历不同的生长阶段。物料一次性装入、一次性卸出,发酵过程是一个非衡态过程。分批式操作时间由两部分组成,一部分是进行发酵所需要的时间,即从接种后开始发酵到发酵结束为止所需时间,另一部分为辅助操作时间,包括装抖、灭菌、卸料、清洗等所需时间的总和。分批式操作的缺点是发酵体系中开始时基质浓度很高,到中后期产物浓度很高,这对很多发酵反应的顺利进行是不利的。基质浓度和代谢产物浓变过高都会对细胞生长和产物生成有抑制作用。优点是操作简单,周期短,污染机会少,产品质量容易控制。分批式操作,流量等于零,由物料平衡可计算出菌体浓度变化、基质浓度变化和产物浓度变化等动力学过程。

2. 流加式操作

流加式操作又称补料-分批式操作（fed-batch operation）,是指在分批式操作的基础上,连续不断补充新培养基,但不取出培养液。由于不断补充新培养基,整个发酵体积与分批式操作相比是在不断增加。最常见的流加物质是葡萄糖等能源和碳源物质及氨水（控制发酵液的 pH 值）等（图7-12）。

流加式操作只有输入,没有输出,发酵体积不断增加。随着菌体的生长,营养物质会不断消耗,加入新培养基,满足了菌体适宜生长的营养要求。既避免了高浓度底物的抑制作用,也防止了后期养分不足而限制菌体的生长。解除了底物抑制、产物的反馈抑制和葡萄糖效应,避免了前期用于微生物大量生长导致的设备供氧不足,可用于理论研究。产物浓度较高,有利于分离,使用范围广。

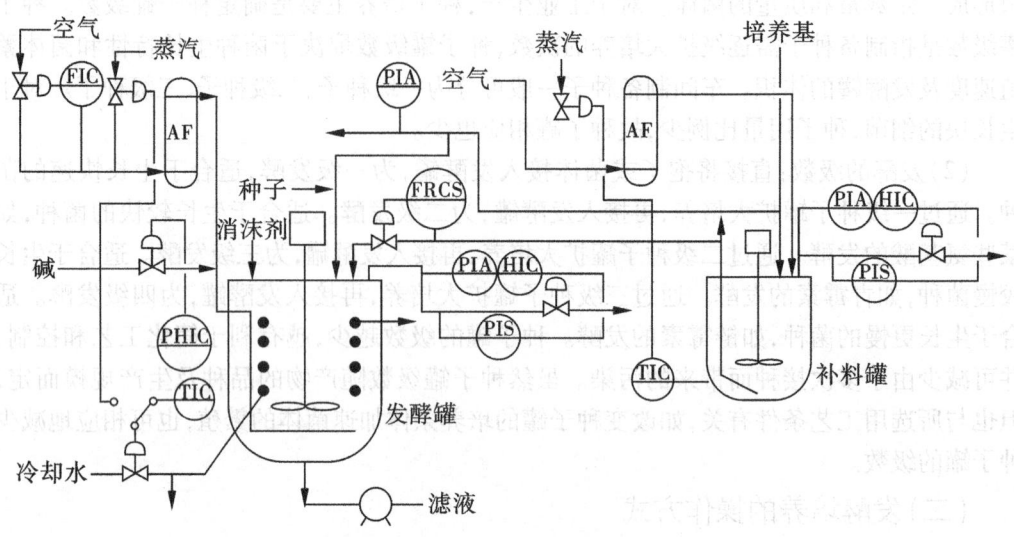

图 7-12　流加式操作方式

HIC:液位高度指示控制器　PIA:压力指示报警器　PIS:压力指示总阀　PHIC:pH 值指示控制器
FRCS:流量记录控制总阀　TIC:温度指示控制器　AF:空气过滤器

3. 半连续式操作

半连续式操作又称反复分批式操作或换液培养,是指菌体和培养液一起装入发酵罐,在菌体生长过程中,每隔一定时间,取出部分发酵培养物(带放),同时在一定时间内补充同等数量的新培养基;如此反复进行,放料 4~5 次,如青霉素发酵过程中,48 h 第一次带放 8 m³,逐渐流加培养基,然后第 2 次带放。此反复进行 6 次,直至发酵结束,取出全部发酵液。与流加式操作相比,半连续式操作的发酵罐内的培养液总体积一段时间内保持不变,同样可起到解除高浓度基质和产物对发酵的抑制作用。延长了产物合成期,最大限度地利用了设备。半连续式操作是抗生素生产的主要方式。缺点是失去了部分生长旺盛的菌体和一些前体,发生非生产菌突变。

4. 连续式操作

连续式操作是指菌体与培养液一起装入发酵罐,在菌体培养过程中,不断补充新培养基,同时取出包括培养液和菌体在内的发酵液,发酵体积和菌体浓度等不变,使菌体处于恒定状态,促进了菌体的生长和产物的积累。连续操作的主要特征是:培养基连续稳定地加入到发酵罐内,同时,产物也连续稳定地离开发酵罐,并保持反应体积不变。发酵罐内物系的组成将不随时间而变。由于高速的搅拌混合装置,使得物料在空间上达到充分混合,物系组成亦不随空间位置而改变,因此称为恒态操作。

连续式操作的优点为所需设备和投资较少,利于自动化控制;减少了分批式培养的每次清洗、装料、灭菌、接种、放罐等操作时间,提高了产率和效率;不断收获产物,能提高菌体密度,产量稳定性优越。连续式操作的缺点是,由于连续操作过程时间长,管线、罐级数等设备增加,杂菌污染机会增多,菌体易发生变异和退化、有毒代谢产物积累等。

第四节　微生物发酵过程的工艺控制及产物的分离纯化工艺

一、发酵工艺过程主要工艺参数与检测

（一）发酵罐

发酵罐即生物反应器，其作用是为微生物生长繁殖和产物合成提供适宜的物理和化学环境，维持一定的温度、pH 值、溶解氧和底物浓度等。发酵罐应该是无渗漏的严密结构体，传质、传热及混合性能良好，配备检测与控制仪表。发酵罐应该与产品、工艺相适应，以获得最大生产率为标准。

在微生物制药中，应用最广的为搅拌式发酵罐，最大体积已近 500 m^3。通用式发酵罐的结构如图 7-13 所示。基本结构包括圆柱形罐体、搅拌系统、传热系统和通气系统。

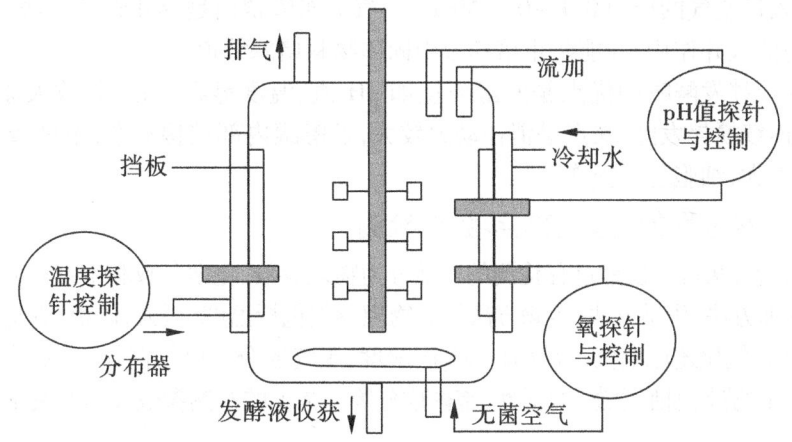

图 7-13　机械搅拌式发酵罐模型

1. 罐体

为立式圆筒形密闭压力容器，一般由不锈钢材料制成，使用压力在 0.3 MPa 以上。菌体在罐体内生长繁殖，进行新陈代谢，合成产物。要求罐体密封和耐压力，防止环境中微生物对罐内发酵体系的污染，满足高压蒸汽灭菌。通用式发酵罐体的高径比为 3∶5。在罐体的适当部位设置排气、取样、放料、接种、酸碱等管道接口以及入孔、视镜等。

发酵罐还接有过程检测与控制的传感器，如 pH 值电极、溶解氧电极、液位电极、温度计和压力计等，用来监测发酵过程中的参数变化，显示和控制发酵条件等。

2. 搅拌系统

包括机械搅拌和压缩空气分布装置。机械搅拌由驱动电机、搅拌轴、搅拌桨、挡板和轴封组成，为发酵罐内提供传质、传热和物料混合的动力。搅拌桨有涡轮式、螺旋桨式和平桨式，其中涡轮式使用较多。一根搅拌轴上安装搅拌桨的数量、规格、安装高度等应根据发酵罐的容积、发酵液特性等因素而定。底部的搅拌桨位于罐体直径 1/3 处，其他桨的间距约为桨直径的 1.2 倍。挡板安装在发酵罐内壁上，防止搅拌器转动引起流体漩涡。挡板的宽度是罐体直径的 1/10 或 1/12。

由于发酵培养基中存在蛋白质类、糖类等发泡性物质,强烈地通气搅拌会产生大量泡沫。一般情况下,发酵罐的装料系数(料液体积占发酵罐总体积)为 0.7 左右,泡沫所占体积约为培养基的 10%、发酵罐体积的 7%。在发酵罐顶部空间设计安装机械消沫桨,当液位电极检测到泡沫到达预警高度时,机械消沫桨启动,利用机械强烈振动或压力变化打破泡沫。机械消沫的效果一般不理想,只是一种辅助方法。通常将机械消沫与化学消沫剂联合使用,才能达到消沫目的。

3. 温度控制系统

在发酵过程中,微生物代谢的生化反应和机械搅拌会产生热量,必须由换热装置及时除去,才能保证发酵在恒温下进行。换热装置有夹套层和蛇形管两种,一般容积为 5 m³ 以下的发酵罐用外夹套层换热,5 m³ 以上的发酵罐则采用换热量大的蛇形管。

4. 通气系统

罐底部的空气分布器用来通入菌体生长所需要的无菌空气或氧气,罐体顶部有尾气出口,一般入口空气的压力 0.1 ~ 0.2 MPa。空气分布管常用是单孔管,管口朝下,有利于提高对气泡的破碎作用,并能防止培养液中固体物料堵塞管道。

通用式搅拌发酵罐的优点是发酵环境如 pH 值、温度等容易控制,放大原理基本明确,适宜于连续搅拌发酵;缺点是消耗动力较大,发酵罐内部结构复杂,不易清洗,易引起污染,剪切力大,细胞易受损伤。

(二)发酵过程的主要控制参数与检测

根据测量方法可将发酵过程检测的参数分为物理参数、化学参数和生物参数三类,涉及的方法有物理方法、化学方法、生物方法等。物理参数包括温度、压力、体积、流量等;化学参数包括 pH 值、氧化还原电位、溶解氧、CO_2 溶解度、尾气成分、基质、前体、产物等浓度;生物学参数包括生物量、细胞形态、酶活性、胞内成分等。常见的检测参数及其方法见表 7-5。

表 7-5   发酵过程中检测的有关参数及其方法

参数名称	单位	检测方法	用途
菌体形态		离线检测,显微镜观察	菌种的真实性和污染
菌体浓度	g/L	离线检测,称量;吸光度	菌体生长
细胞数目	个/mL	离线检测,显微镜计数	菌体生长
杂菌		离线检测,肉眼和显微镜观察,划线培养	杂菌污染
病毒		离线检测,电子显微镜,噬菌斑	病毒污染
温度	℃	在线原位检测,传感器,铂或热敏电阻	生长与代谢控制
酸碱度		在线原位检测,传感器,复合玻璃电极	代谢过程,培养液
搅拌转速	r/min	在线检测,传感器,转速计	混合物料
搅拌功率	kW	在线检测,传感器,功率计	控制搅拌
通气量	m³/h	在线检测,传感器,转子流量计	供氧,排废气,增加

续表 7-5

参数名称	单位	检测方法	用途
体积传氧系数 $K_L\alpha$	h^{-1}	间接计算,在线监测	供氧
罐压	MPa	在线检测,压力表,隔膜或压敏电阻	维持正压,增加溶解氧
流加速率	kg/h	在线检测,传感器	添加物质的利用及能量
溶解氧浓度	$\mu L/L$;%	在线检测,传感器,复膜氧电极	供氧
摄氧速率	$G/(L\cdot h)$	间接计算	耗氧速率
尾气 CO_2 浓度	%	在线检测,传感器,红外吸收分析	菌体的呼吸
尾气 O_2 浓度	%	在线检测,传感器,顺磁 O_2 分析	耗氧
泡沫		在线检测,传感器,电导或电容探头	代谢过程
呼吸强度	$g/(g\cdot h)$	间接计算	比耗氧速率
呼吸商		间接计算	代谢途径
基质、中间体、前体浓度	g/ml	离线检测,取样分析	吸收、转化和利用
产物浓度或效价	g/ml;IU	离线检测,取样分析	产物合成与积累

1. 物理参数与计量

(1)温度(℃):指发酵中的所维持温度,由温度计直接读出。温度的高低直接关系到细胞的酶活性和反应速率、培养基中的溶解氧和传递速度、菌体的生长速率和产物合成速率等。

(2)罐压(kPa):罐体内维持正常的压力,由压力计上直接读出。发酵罐维持正压防止杂菌侵入,罐压影响 CO_2 和 O_2 的溶解度,压力大小对细胞本身有影响。

(3)搅拌:搅拌影响氧等气体在发酵液中的传递速度和发酵液的均匀程度。反映搅拌的指标有搅拌转速和搅拌功率,搅拌转速是指每分钟搅拌器的转动次数(r/min),搅拌功率是指单位发酵液所消耗的动力功率。适宜的搅拌保持了发酵体系中的各种要素(如菌体、固体培养基、气体、产物等)处于均一温度和良好的悬浮状态。搅拌转速的控制可根据发酵过程中不同阶段对氧的需求进行调节。

(4)通气量:影响供氧及其他传递。用每分钟单位体积发酵液内通入的空气体积 $[m^3/(m^3\cdot min)]$ 或每小时通入的空气体积的线速度(m^3/h)表示。

(5)黏度(Pa·s)用表观黏度表示,黏度高时,对氧传递阻力大。

(6)流加速度控制流体进料的参数,用每分钟进入的体积(L/min)或每小时进入的质量(kg/h)表示。

2. 化学参数与计量

(1)酸碱度(pH 值):产酸和产碱的生化反应的综合结果,pH 值变化与菌体生长和产物合成有关。

（2）基质浓度：发酵液中糖、氮、磷等营养物质的浓度。它们影响细胞生长和代谢过程，是提高产量的重要调控手段。

（3）溶解氧（dissolved oxygen，DO）浓度：指溶解于培养液中的氧，常用绝对含量表示（mg O_2/L），也可用饱和氧浓度的百分数表示（%）。发酵设备常用两种溶解氧测定电极。①极谱型覆膜电极，如白金和银-氯化银电极；②原电池型电极，如银-铅电极，其电流输出与溶解氧浓度成正比。溶解氧电极可灭菌，每天的漂移小于1%，精度和准确度高。

（4）氧化还原电位：培养基的氧化还原电位是各种因素的综合影响的表现，它要与细胞本身的电位相一致。影响微生物生长及其生化活性。

（5）尾气：尾气中的氧含量和细胞的摄氧率有关，二氧化碳就是由细胞呼吸释放出，测定尾气中的氧和二氧化碳含量可以计算出细胞的摄氧率、呼吸率和发酵罐的供氧能力。

（6）产物浓度：在发酵液中所含目标产物的量，可以用质量表示，也可用标准单位表示，如 μg/mL、U/mL 等。产物量的高低反映了发酵是否正常，可判断发酵周期。

3. 生物参数与计量

（1）菌丝形态：菌体形态可用于衡量种子质量、区分发酵阶段、控制发酵过程的代谢变化，需要离线在显微镜下观察。

（2）菌丝浓度：指单位体积培养液内菌体细胞的含量，可用质量或细胞数目表示。对于微生物而言，经常简称菌浓。它影响溶解氧浓度，与代谢密切有关。生产上根据菌体浓度决定适宜的补料量、供氧量等，以得到最佳生产水平。菌体浓度需要离线测定。

根据发酵液的菌体量、溶解氧浓度、底物浓度、产物浓度等，计算菌体比生长速率、氧比消耗速率、底物比消耗速率和产物比生产速率，这些参数是控制菌体代谢、决定补料和供氧等工艺条件的主要依据。

（三）自动化控制

微生物发酵的生产水平不仅取决于生产菌种的遗传特性，而且要赋以合适的环境才能使它的生产潜力充分表达出来。发酵过程是各种参数不断变化的过程，发酵过程的控制是基于过程参数及菌种生长生产的动力学。通过发酵罐上的检测器，实时测定发酵罐中的温度、pH 值、溶氧、底物浓度等参数的情况，通过传感器偶联过程动力学模型，对过程控制的信息进行集成，通过计算机有效控制发酵过程（图7-14），使生产菌种处于产物合成的优化环境之中。

二、菌体浓度与污染控制

（一）菌体浓度检测与控制

菌体浓度是单位体积培养液内菌体细胞的含量，可用质量或细胞数目表示，经常简称为菌浓。虽然可以实时在线测定菌体细胞数目，但在工业过程中则是取样后离线测定菌体浓度。菌体浓度可以用湿重或干重表示，对单细胞微生物如酵母、杆菌等，也可以用显微镜计数或通过测定光密度表示。只要在细胞数目与干重之间建立数学方程，就可方便地实现互换计算。

菌体浓度与生长速率有密切关系。菌体生长速率主要取决于菌种的遗传特性和培养

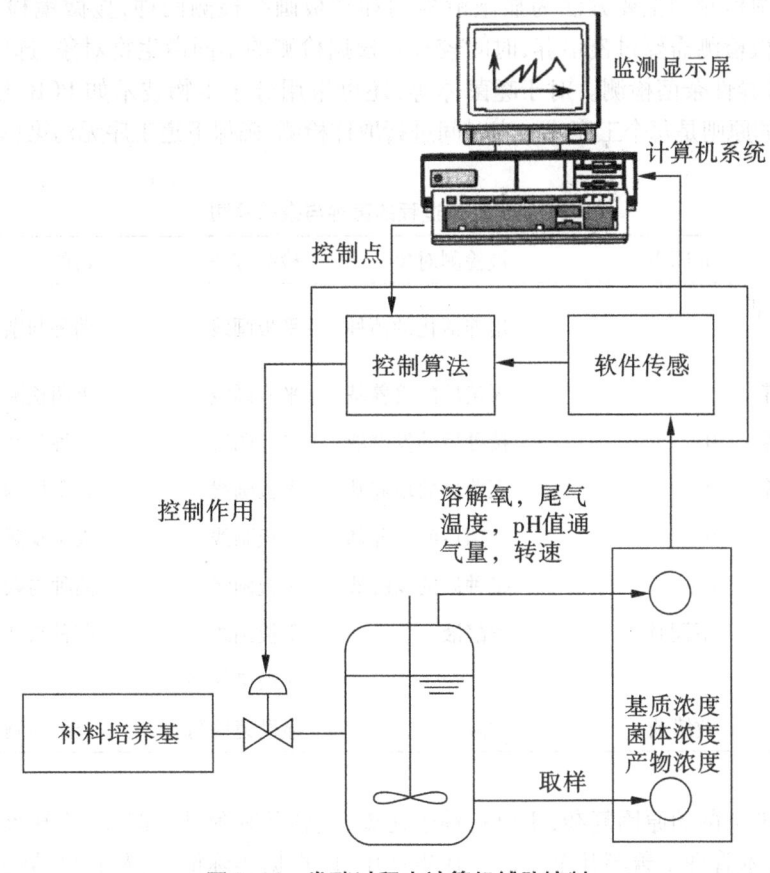

监测显示屏

计算机系统

控制点

控制算法　软件传感

控制作用

溶解氧，尾气温度，pH值通气量，转速

补料培养基

取样

基质浓度菌体浓度产物浓度

图7-14　发酵过程中计算机辅助控制

基成分与条件。比生长速率大的菌种,菌体浓度增长迅速,反之就缓慢。细胞体积微小、结构和繁殖方式简单的生物,生长快;反之,体积大、结构复杂的生物,生长缓慢。典型的细菌、酵母、真菌、原生动物倍增时间分别为 45 min、90 min、180 min、360 min 左右。在一定浓度范围内,比生长速率随着浓度增加而增加,但超过上限后,浓度增加会引起比生长速率下降,发生基质前馈抑制作用。

菌体浓度影响产物形成速率。在适宜的比生长速率下,发酵产物的产率与菌体浓度成正比关系,即产率为最大比生长速率与菌体浓度的乘积。氨基酸、维生素等初级代谢产物的发酵,菌体浓度越高,产量越高。对次级代谢产物而言,在比生长速率等于或大于临界生长速率时,也是如此。

发酵过程中要把菌体浓度控制在适宜的范围之内,主要靠调节基质浓度,确定基础培养基配方中的适当比例,避免浓度过高或过低。然后在发酵中采用中间补料、控制 CO_2 和 O_2 量来实现。

（二）杂菌检测与污染控制

杂菌的检测与污染控制是十分重要的,杂菌的污染将严重影响发酵的产量和质量,甚至倒罐。杂菌检测的主要方法为显微镜检测和平板画线检测两种,显微镜检测方便、快速、及时,平板检测需要过夜培养,时间较长。根据检测的不同微生物对象,选用不同的培养基,进行特异性杂菌检测。对于噬菌体等,还可采用分子生物技术如 PCR、核酸杂交等方法。检测的原则是每个工序或一定时间进行取样检测,确保下道工序无污染(表7-6)。

表7-6　发酵过程的菌种与杂菌检测

工序	时间点	被检测对象	检测方法	目的
斜面或平板培养		培养活化的菌种	平板画线	菌种与杂菌检测
一级种子培养		灭菌后的培养基	平板画线	灭菌检测
一级种子培养	0	接种后的发酵液	平板画线	菌种与杂菌检测
二级种子培养	0	灭菌后的培养基	平板画线	灭菌检测
发酵培养	0	灭菌后的培养基	平板画线	灭菌检测
发酵培养	0	接种后的发酵液	平板画线	菌种与杂菌检测
发酵培养	不同时间	发酵液	平板画线	菌种与杂菌检测
			显微镜检测	
发酵培养	放罐前	发酵液	显微镜检测	杂菌检测

发酵污染杂菌的原因复杂,主要有种子污染、设备及其附件渗漏、培养基灭菌不彻底、空气带菌、技术管理不善等几个方面。在生产中,应根据实际情况,及时总结经验教训,并采取相应的措施,建立标准操作规范和完善的制度。

三、发酵温度的控制

(一)温度对发酵的影响

温度影响菌体生长,主要是对细胞酶催化活性、细胞膜的流动等的影响。高温导致酶变性,引起微生物死亡;而低温抑制酶的活性,微生物停止生长,只有在最适温度范围内和最佳温度点下微生物生长才最佳。谷氨酸棒杆菌、链霉菌生长的温度为 28 ~ 30 ℃,青霉菌生长的温度为 25 ~ 30 ℃。

温度对产物的生成和稳定性也有重要影响。温度影响药物合成代谢的方向,如金霉素链霉菌发酵生产四环素时,30 ℃以下合成的金霉素增多,35 ℃以上只产四环素。温度还影响产物的稳定性,在发酵后期,蛋白质水解酶积累较多,有些水解情况很严重,降低温度是经常采用的可行措施。温度对发酵液的物理性质也有很大影响,直接影响下游的分离纯化。因此,精确控制生产阶段温度十分重要。

(二)影响发酵温度的因素

发酵过程是一个放热过程,发酵温度将高于环境温度,需要通过冷却水循环实现发酵温度的控制。发酵过程中的最终能量变化决定了发酵温度,包括产能因素和失能因素的

共同作用。发酵热等于产生热与散失热之差,产生热包括生物热和搅拌热,散失热包括蒸发热、显热和辐射热,即:

$$Q_{发酵} = Q_{生物} + Q_{搅拌} - Q_{蒸发} - Q_{显} - Q_{辐射}$$

生物热是菌体生长过程中直接释放到发酵罐内的热能,使发酵液温度升高。生物热与菌种、培养基和发酵阶段有密切关系。生物热与菌体的呼吸强度有对应关系,呼吸强度越大,生物热越多。培养基成分越丰富,营养利用越快,分解代谢越强,产生的生物热越多。在生长的不同阶段,生物热也不同。在延滞期,生物热较少;在对数生长期,生物热最多,并与胞的生长量成正比;对数期之后又减少。对数期的生物热可作为发酵热平衡的主要依据。

搅拌热是搅拌器引起的液体之间和液体与设备之间的摩擦所产生的热量,它近似地等于单位体积发酵液的消耗功率与热功当量的乘积。蒸发热是空气进入发酵罐后,引起水分蒸发所需的热能。发酵罐尾气排出时带走的热能为显热。辐射热是通过罐体辐射到大气中的部分热能,罐内外温差越大,辐射热越多。

综合测定以上几个部分的热量,使发酵热与冷却热相等,可计算通入的冷却水用量和流速,从而把发酵控制在适宜的温度范围内。

（三）发酵温度的控制

1. 最适发酵温度的选择

最适生长温度与最适生产温度往往不一致,所需温度不完全相同。理论上,在发酵过程中不应只选一个温度,而应该根据发酵不同阶段对温度的不同要求,选择最适温度并严格控制,以期高产。在生长阶段选择适宜的菌体生长温度,在生产阶段选择最适宜的产物生产温度,进行变温控制下的发酵。很多试验证明变温发酵的效果最好。

最适发酵温度还与菌种、培养基成分、发酵条件有关。通气较差时,降低温度有利于发酵,因为它能降低菌体生长和代谢并提高溶解氧,对通气不足是一种弥补。然而在工业生产中,由于发酵液体积很大,升温和降温控制起来比较困难,往往采用一个比较适宜的温度,使产量最高。因此要选择一个最适发酵温度很重要,最适温度要考虑各种相关因素的综合平衡。

2. 发酵温度的控制

发酵温度采取反馈开关控制策略,当发酵温度低于设定值时,冷水阀关闭,蒸汽或热水阀打开。当发酵温度高于设定值时,蒸汽或热水阀关闭,冷水阀打开。

大型发酵罐一般不需要加热,因为发酵中产生大量的发酵热,往往需要降温冷却,控制发酵温度。给发酵罐夹层或蛇形管通入冷却水,通过热交换降温,维持发酵温度。在夏季时,外界气温较高,冷却水效果可能很差,需要用冷冻盐水进行循环式降温,以迅速降到发酵温度。

四、溶解氧的控制

（一）微生物对溶解氧的需求

溶解氧浓度(DO)是指溶解于发酵体系中的氧浓度,可以用绝对氧含量或相对饱和氧浓度表示。临界氧浓度是不影响呼吸或产物合成的最低溶解氧浓度。由于微生物制药绝大多数是好氧发酵,因此发酵体系的溶解氧浓度应该大于临界氧浓度。呼吸临界氧浓度和产物合成临界氧浓度可能不一致。

发酵过程中溶解氧浓度是不断变化的。在发酵前期,由于菌体的快速生长,溶解氧浓度出现迅速下降,随后随着过程控制,溶解氧浓度恢复并稳定在较高水平(图7-15)。

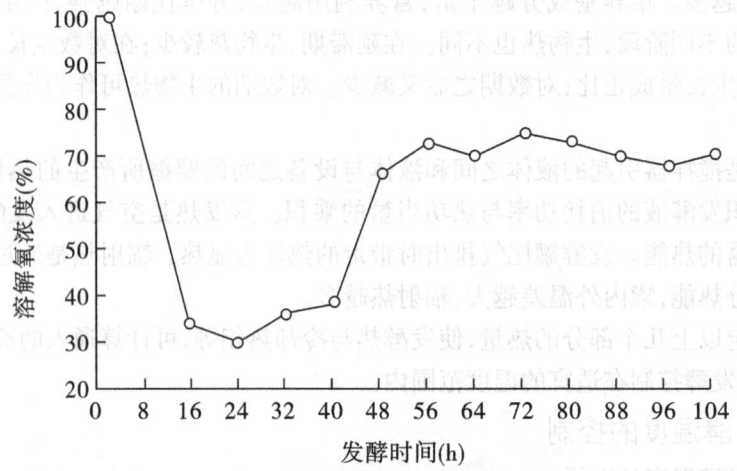

图7-15   抗生素发酵过程中溶解氧浓度的变化

不同的微生物的耗氧速率是不同的,在发酵过程的不同阶段,耗氧速率也不同。在发酵前期,菌体生长繁殖旺盛,呼吸强度大,耗氧多,往往由于供氧不足出现一个溶解氧低峰,耗氧速率同时出现一个低峰;在发酵中期,耗氧速率达到最大;发酵后期,菌体衰老自溶,耗氧减少,溶解氧浓度上升。

(二)发酵罐的供氧

供氧是指氧溶解于培养液的过程。氧是难溶于水的气体,在1个大气压,25 ℃的纯水中,氧的溶解度为0.265 mmol/L。氧从空气气泡扩散到培养液(物理传递)主要由溶解氧速率决定。溶解氧速率 r_{DO} 与体积传氧系数 $K_L\alpha(\mathrm{h^{-1}})$、氧饱和浓度 $C_1(\mathrm{mmol/L})$、实测氧浓度 $C_2(\mathrm{mmol/L})$ 的关系可用下式表示:

$$r_{DO} = \frac{dc}{dt} = K_L\alpha(C_1 - C_2)$$

r_{DO} 为单位时间内培养液溶解氧浓度的变化,单位符号为 mmol/L·h;K_L 为分散气泡中氧传递到液相液膜的溶解氧系数或氧吸收系数,单位符号为 m/h;α 为单位体积发酵液的传氧界面面积,即气液比表面积,单位符号为 $\mathrm{m^2/m^3}$;$K_L\alpha$ 与发酵罐大小、型式、鼓泡器、挡板和搅拌等有关,$K_L\alpha$ 越大,设备的通气效果越好;(C_1-C_2) 为氧分压或浓度差,是溶解氧的推动力。

(三)溶解氧控制

发酵过程中,菌体生长不断消耗发酵液中的氧,有使溶解氧浓度降低的趋势,同时通气和搅拌有增加溶解氧浓度的趋势,实际的溶解氧浓度是这两个相反过程相互作用的结果。如果溶解氧速率等于菌体摄氧速率,则溶解氧浓度保持恒定。如果溶解氧速率小于菌体的摄氧率。则造成供氧不足。发酵过程中溶解氧速率必须大于或等于菌体摄氧速率,才能使发酵正常进行。溶解氧的控制就是使供氧与耗氧相等,即达到平衡:

$$K_L\alpha(C_1 - C_2) = Q_{O_2}X$$

直接提高溶解氧的措施有增加氧传递推动力,如搅拌转速和通气速率等,间接控制溶解氧的策略是控制菌体浓度,主要有以下几种措施。

1. 增加氧推动力

改变通气速率,加大通气流量。

2. 控制搅拌

从工程角度可以设计搅拌器,包括类型、叶片、直径、挡板、位置等,通过增加搅拌转速,提高供氧能力。如果发酵液黏度较大,流动性差,限制了氧传递,可通过中间补加无菌水来降低黏度。

3. 增加传氧中间介质

传氧中间介质能促进气-液相之间氧的传递,如烃类石蜡、甲苯及含氟碳化物。近年,将细菌的血红蛋白基因转入微生物中,就是增加了菌体内对低浓度氧的利用。

4. 控制菌体浓度

摄氧率随菌体浓度增加而按比例增加,但氧传递速率随菌体浓度对数关系而减少。控制菌体的比生长速率比临界值稍高的水平,就能达到最适菌体浓度,维持溶解氧与消耗平衡。如果菌体浓度过高,超出设备的供氧能力,此时可降低发酵温度,抑制微生物的呼吸和生长,减少对氧的需求。

5. 综合控制

各种控制溶解氧措施的选择见表7-7。溶解氧的综合控制可采用反馈级联策略,把搅拌、通气、补料流加、菌体生长、pH值等多个变量联合起来,溶解氧为一级控制器,根据比例、积分、微分控制(PID控制)算法,计算出控制输出比,控制二级控制器的搅拌转速、空气流量等,以满足溶氧水平,实现多维一体控制。

表7-7 溶解氧控制措施的优劣比较

措施	作用机制	控制效果	对生产	投资	成本	注意
搅拌转速	$K_L\alpha$	高	好	高	低	避免剪切
挡板	$K_L\alpha$	高	好	中	低	设备改装
中间介质	$K_L\alpha$	中	好	中	中	基于实验
罐压	C_1	中	好	中	低	罐强度和密封要求高
气体成分	C_1	高	好	中或低	高	高氧可引起爆炸,适合于小型
空气流量	C_1,α	低		低	低	可能引起泡沫

续表 7-7

措施	作用机制	控制效果	对生产	投资	成本	注意
培养基	需求	高	不一定	中	低	响应慢
表面活性剂	K_L	变化	不一定	低	低	基于实验
温度	需求,C_1	变化	不一定	低	低	不常用
血红蛋白基因	C_1	中	好	低	低	

五、发酵 pH 值的控制

(一) pH 值的影响

发酵液的 pH 值为微生物生长和产物合成积累提供了一个适宜的环境,因此,pH 值不当将严重影响菌体生长和产物合成。pH 值对微生物的影响是广泛的,转录组研究表明,不同 pH 值将引起大量基因的转录水平变化,是一个全局性调控。从生理角度看,不同微生物的最适生长 pH 值和生产 pH 值是不同的。细菌生长适宜的 pH 值偏碱性,而真菌生长适宜的 pH 值偏酸性。链霉素发酵生产为中性偏碱(pH 值为 6.8 ~ 7.3),pH 值 > 7.5 则合成受到抑制,产量下降。在青霉素的发酵生产中,菌体生长 pH 值为 6.0 ~ 6.3,产物合成阶段控制在 pH 值为 6.4 ~ 6.8。可见,pH 值对菌体和产物合成影响很大,维持最适 pH 值已成为生产成败的关键因素之一。

发酵液的 pH 值变化是菌体产酸和产碱代谢反应的综合结果,它与菌种、培养基和发酵条件有关。在发酵过程中,培养基成分利用后往往产生有机酸如乳酸、醋酸等积累,使 pH 值下降。在林可霉素的发酵过程中,前期由于菌体快速生长和碳源的利用,出现 pH 值下降低峰,随后稳定在适宜的水平(图 7-16)。

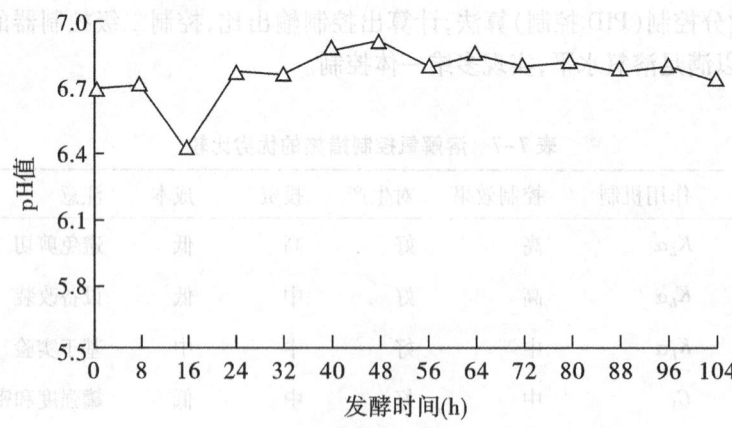

图 7-16　林可霉素发酵过程中 pH 值的变化

（二）发酵 pH 值的控制策略

1. 培养基配方

在培养基配方研究和优化阶段,从碳氮比平衡的角度,就要考虑不同碳源和氮源利用的速度及其对发酵 pH 值的影响。含有产酸物质(如葡萄糖和硫酸铵)、产碱物质(如尿素和硝酸铵均衡使用)及缓冲剂(如碳酸钙和磷酸盐缓冲液)等可保持碳氮比平衡。碳酸钙与细胞代谢的有机酸反应能起到缓冲和中和作用,一般工业发酵培养基中都含有碳酸钙,其用量要根据菌体产酸能力和种类通过实验来确定。

2. 酸碱调节

由于培养基中添加碳酸钙对 pH 值的调节能力非常有限,直接补加酸或碱是非常有效和常用的方法。直接流加硫酸和氢氧化钠控制 pH 值虽然效果好,但对菌体的伤较大。可用生理酸性物质如硫酸铵和生理碱性物质如氨水来控制,不仅调节了 pH 值,还补充了氮源。当 pH 值和氮含量低时,流加氨水;当 pH 值较高和氮含量低时,流加硫酸铵。可根据发酵 pH 值确定流加的速度和浓度。

3. 补料流加

目前采用补料方法调节 pH 值是成功的,通过控制代谢途径的策略实现 pH 值控制。例如,在青霉素的发酵中,通过控制流加糖的速率来控制 pH 值。另外,也可直接补料流加氮源,如在氨基酸和抗生素发酵中,补加尿素。另外,提高通气量加速脂肪酸代谢也可以补偿 pH 值变化。

六、CO_2 的影响及其控制

1. CO_2 的影响

CO_2 是发酵过程中菌体生长的重要代谢终产物之一,但也是某些合成代谢的底物,对菌体的生长、发酵和 pH 值都有不同的影响。CO_2 能刺激和抑制菌体生长,是大肠杆菌某些突变株的生长因子。高浓度的 CO_2 会使菌体细胞变形,CO_2 浓度从 8% 提高到 15% ~ 22%,产黄青霉菌丝由丝状变为膨大的短粗状,CO_2 浓度进一步提高时,菌丝变成球状,青霉素合成受阻。高浓度 CO_2 抑制菌体的糖代谢和呼吸速率,对菌体生长表现为抑制作用。CO_2 也影响发酵产物,在精氨酸发酵中,最适 CO_2 分压为 $0.12 \times 10^5 Pa$,否则会使产量降低。CO_2 对次级代谢产物的合成可能具有调控作用。在青霉素发酵中,尾气中 CO_2 含量大于 4% 时,青霉素合成受阻。CO_2 在培养液中是以 HCO_3^- 形式存在,过量的 CO_2 势必使培养液的 pH 值下降,还能与金属离子如钙、镁等反应生成盐沉淀,影响发酵过程。

2. CO_2 浓度的控制

在发酵液中 CO_2 浓度的控制应针对它对发酵的影响而定。CO_2 对发酵有利就提高其浓度,反之就降低其浓度。通气和搅拌也能调节 CO_2 溶解度,低通气量和搅拌速率能增加 CO_2 溶解度。发酵罐规模和罐压的调节对 CO_2 浓度也有影响,CO_2 溶解度随着罐压增加而加大,大发酵罐的静压达 0.1 MPa,罐底压强达 0.15 MPa,CO_2 浓度增加,导致在罐底容易形成碳酸。以增加罐压的方式消泡时,会增加 CO_2 溶解度。CO_2 控制还要与供氧、补料等工艺结合起来,使之在适宜范围内。

七、补料与发酵终点控制

(一) 补料的作用

补料是补加含一种或多种成分的新鲜培养基的操作过程。放料是发酵到一定时间放出一部分培养物,又称带放。放料与补料往往同时进行,已广泛应用于抗生素、氨基酸、维生素、激素、蛋白质类等药物的发酵工业生产中。补料与放料是对基质和产物浓度进行控制的有效手段。补料碳源一般用速效碳源,如萄萄糖、淀粉糖化液等。补料氮源一般用有机氮源,如玉米浆、尿素等。用无机氮源补料,加氨水或(NH_4)$_2SO_4$,既可作为氮源,又能调节 pH 值。补料磷酸盐能提高四环素、青霉素、林可霉素的产量。

补料的作用在于补充营养物质,避免高浓度基质对微生物生长的抑制作用。放料的作用在于解除产物反馈抑制和分解产物的阻遏抑制。另外,如前所述,补料还可调节培养液的 pH 值,改善发酵液的流变学性质,使微生物发酵处于适宜的环境中。

(二) 发酵终点控制

发酵终点是结束发酵的时间,应是最低成本获得最大生产能力的时间。对于分批式发酵,根据总生产周期求得效益最大化的时间,终止发酵。

$$t = \frac{1}{\mu} In\left(\frac{X_1}{X_2}\right) + t_T + t_D + t_L$$

上式中,μ 为最大比生长速率;X_1 为起始浓度;X_2 终点浓度;t_T 为放罐检修时间;t_D 为洗罐、配料、灭菌时间;t_L 为延滞期。

控制发酵终点应该与发酵工艺研究相结合,计算相关的参数,如发酵产率、单位发酵液体积、单位发酵时间内的产量[kg/(h·m^3)];发酵转化率或得率、单位发酵基质底物生产的产物量(kg/kg);发酵系数、单位发酵罐体积、单位发酵周期内的产量[kg/(m^3·h)]。

生产速率较小的情况下,产量增长有限,延长时间使平均生产能力下降,动力消耗,管理费用支出,设备消耗等增加了成本。发酵终点还应该考虑下游分离纯化工艺及末端处理的要求。残留过多营养物质不仅对分离纯化极其不利,而且会增加废水处理的难度。发酵时间太长,菌体自溶,释放出胞内蛋白酶,改变发酵液理化性质,增加分离的难度,也会引起不稳定产物的降解破坏。临近放罐时,补料或消沫剂要慎用,其残留影响产物的分离,以允许的残量为标准。对于抗生素,放罐前 16 h 停止补料和消沫,如遇到染菌、代谢异常等情况,采取相应措施,终止发酵,及时处理。

八、发酵药物分离纯化的基本过程

(一) 分离纯化的基本工艺过程

微生物制药的分离纯化属于下游过程,是一个多级单元操作,可分为两个阶段,即初级分离阶段和纯化精制阶段(图7-17)。初级分离阶段是在发酵结束之后,使目标产物与培养体系的其他成分得以分离,浓缩产物并去除大部分杂质。如果产物存在于胞内,则需要破碎细胞,以释放目标产物。纯化精制阶段是在初级分离的基础上,采用各种选择性技术和方法将目标产物和干扰杂质分离,使产物达到纯度要求,形成产品。

（二）分离纯化工艺的选择

微生物发酵产物的分离纯化工艺应该考虑以下4个要素。①操作时间短:分离纯化过程涉及操作单元多,各单元有效组合,减少操作步骤,尽量缩短时间。②操作条件温和:有些产物对热等不稳定,要求操作温度低;有些产物对酸或碱不稳定,应选择适宜的 pH 值范围。③产物的选择性和专一性强:由于发酵体积大,但产物浓度低(一般为 0.1% ~ 5%)、杂质多,分离纯化技术要针对产物进行设计和选择,达到高效分离倍数。④安全和清洁生产:分离纯化过程多采用易燃、易爆、有腐蚀性的有机溶剂,产生的"三废"(菌体废渣、发酵废液和溶媒、废气)量大,需要做好末端处理,溶媒回收和再利用,进行防爆、防火、防腐等安全生产和清洁生产。

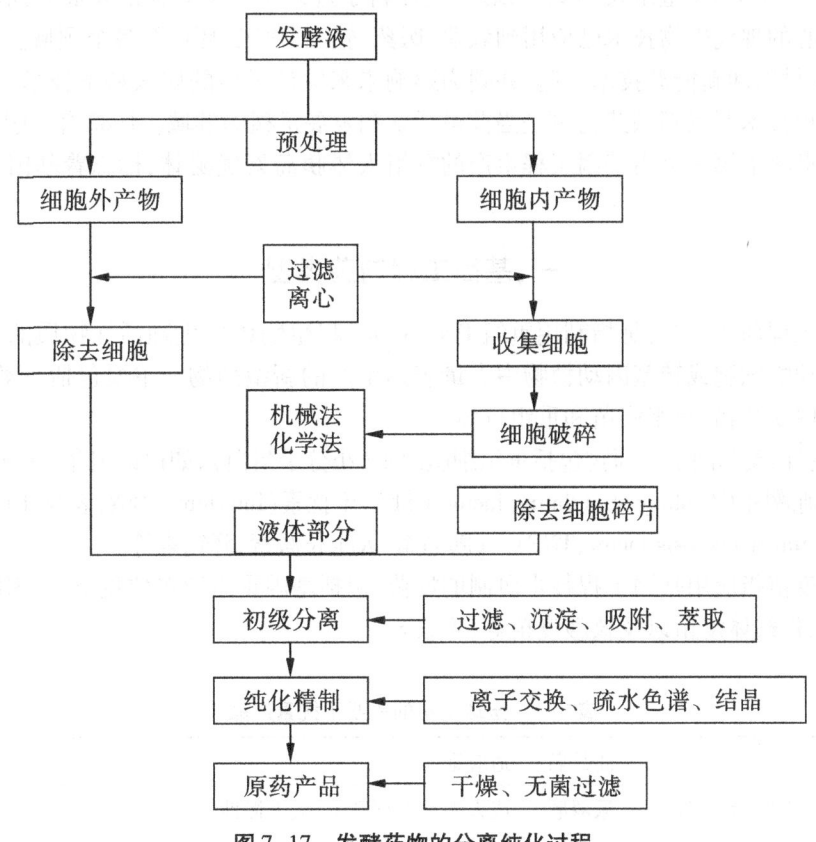

图 7-17　发酵药物的分离纯化过程

第八章 基因工程制药工艺

第一节 概　述

自1972年DNA重组技术诞生以来,生命科学进入了一个崭新的发展时期。以基因工程为核心的现代生物技术已应用到农业、医药、轻工、化工、环境等各个领域。它与微电子技术、新材料和新能源技术一起,并列为影响未来国计民生的四大科学技术支柱,而利用基因工程技术开发新型药物更是当前最活跃和发展迅猛的领域。1982年,美国Lilly公司推出了世界上第一个由基因工程生产的重组人体胰岛素优泌林,标志着基因工程药物的诞生。

一、基因工程制药类型

基因工程药物,主要是指利用重组DNA技术,将生物体内生理活性物质的基因在细菌、酵母、动物细胞或转基因动植物中大量表达生产的新型药物。主要包括三类:重组的治疗性蛋白质药物、重组疫苗和重组抗体。

重组蛋白类基因工程药物包括重组细胞因子(小分子蛋白),如白细胞介素(interleukin,IL)、集落刺激因子(colony stimulating factor,CSF)、干扰素(interferon,IFN,表8-1)以及肿瘤坏死因子(tumor necrosis factor,TNF)、人胰岛素、人生长激素、降钙素等。

重组疫苗指应用基因工程技术研制的疫苗,包括基因重组亚单位疫苗、基因缺失活疫苗、基因工程载体疫苗以及核酸疫苗等,见表8-2。

表8-1　全球上市的主要干扰素产品

通用名	商品名	适应证
聚乙二醇化干扰素 α-2a	派罗欣	成人慢性乙型肝炎、成人慢性丙型肝炎
聚乙二醇化干扰素 α-2b	佩乐能	≥18岁、肝功能代偿期的HBeAg阳性的慢性乙型肝炎和慢性丙型肝炎
重组人干扰素 α-2b	甘乐能	急慢性病毒性肝炎、带状疱疹、尖锐湿疣、恶性黑色素瘤、淋巴结转移的辅助治疗
重组人干扰素 β-1a	利比	急性、慢性及复发性病毒感染性疾病、神经系统炎性免疫性疾病、复发型多发性硬化症
重组人干扰素 β-1b	倍泰龙	复发缓解型多发性硬化症、继发进展型多发性硬化症

表 8-2　重组疫苗的种类及代表产品

类型	代表产品
基因重组亚单位疫苗	甲肝、丙肝、戊肝、出血热、血吸虫和艾滋病等疫苗
基因工程载体疫苗	使用痘苗病毒天坛株制备的甲肝、乙肝和 HIV 等重组疫苗
核酸疫苗	用编码流感病毒共同的核蛋白抗原的 DNA 作为疫苗
基因缺失活疫苗	霍乱活菌苗、兽用伪狂犬疫苗

　　随着分子生物学的飞速发展,抗体的精细结构和功能逐步得到阐明,结合重组技术,近年基因工程重组抗体产品应运而生。1984 年,Morrison 等将鼠单抗可变区与人 IgG 恒定区在基因水平上连接在一起,成功构建了第一个基因工程重组抗体产品,即人鼠嵌合抗体。随后发展起来的还有单链抗体、改型抗体和小分子抗体等(表 8-3)。

表 8-3　全球上市的基因工程重组抗体产品

通用名	商品名	适应证	上市时间
利妥昔单抗	Rituxan	类风湿性关节炎和非霍奇金淋巴瘤	1997 年
曲妥珠单抗	Herceptin	转移性乳腺癌	1998 年
帕利珠单抗	Synagis	呼吸道合胞病毒(RSV)感染及高危婴幼儿因 RSV 而引起的严重下呼吸道疾病	1998 年
吉妥珠单抗	Mylotrarg	急性髓性白血病	2000 年
阿来组单抗	Campath	慢性 B 淋巴细胞性白血病	2001 年
阿达木单抗	Humira	中度和严重风湿性关节炎、银屑病关节炎、强直性脊柱炎和克罗恩病	2002 年
托西莫单抗	Bexxar	非霍奇金淋巴瘤	2003 年
西妥昔单抗	Erbitux	结肠癌	2004 年
帕尼单抗	Vectibix	转移性直结肠癌	2004 年
贝伐珠单抗	Avastin	头颈癌	2006 年
奥法木单抗	Arzerra	慢性淋巴细胞瘤	2009 年
地诺赛麦单抗	Xgeva	预防实体瘤骨转移	2010 年
易普利姆玛	Yervoy	转移性黑瘤素	2011 年
贝伦妥单抗-维多汀	Adcetris	自体干细胞移植后霍奇金淋巴瘤、极其罕见的系统性间变性大细胞淋巴瘤	2011 年

二、合成生物学制药

(一)合成生物学

基于测序技术飞速发展的基因组学使合成生物学由概念变为现实。合成生物学(synthetic biology)是综合了科学与工程的一个崭新的生物学研究领域。它既是由分子生物学、基因组学、信息技术和工程学交叉融合而产生的一系列新的工具和方法,又通过按照人为需求(科研和应用目标),人工合成有生命功能的生物分子(元件、模块或器件)、系统乃至细胞,并自系统生物学采用的"自上而下"全面整合分析的研究策略之后,为生物学研究提供了一种采用"自下而上"合成策略的正向工程学方法。它不同于对天然基因克隆改造的基因工程和对代谢途径模拟加工的代谢工程,而是在以基因组解析和生物分子化学合成为核心的现代生物技术基础上,以系统生物学思想和知识为指导,综合生物化学、生物物理和生物信息技术与知识,建立基于基因和基因组、蛋白质和蛋白质组的基本要素(模块)及其组合的工程化的资源库和技术平台,旨在设计、改造、重建或制造生物分子、生物部件、生物系统、代谢途径与发育分化过程,以及具有生命活动能力的生物部件、体系以及人造细胞和生物个体,见图8-1。

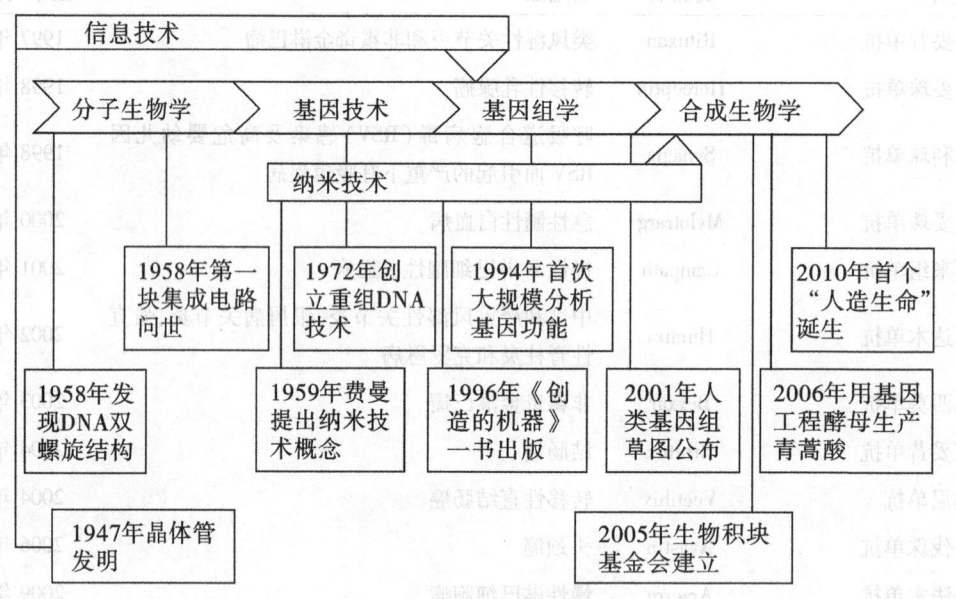

图 8-1　合成生物学的发展

(二)微生物基因组的简化

微生物基因组的简化是合成生物学研究热点之一。基因组的适度精简可使细胞代谢途径得以优化,改善细胞对底物、能量的利用效率,大大提高细胞生理性能的预测性和可控性。基因组简化细胞将为生物技术的应用提供理想的底盘细胞,为合成生物学研究及应用奠定理想的工作平台。

通过全基因组测序研究发现,微生物在长期进化过程中,不断将外源 DNA 序列通过水平转移的方式整合到自身基因组上,从而使基因组的容量不断增大,结构组成复杂化;而应用特定技术去除基因组上非必需的 DNA 序列,优化细胞代谢途径,改善细胞生产性能,可获得具有生产应用潜力的工程菌菌株。最小基因组概念正是基于此提出的,该理论认为细胞在含有一套最少的基因集合的情况下足以维持正常生命功能。最小基因组研究对生命起源、基因组进化、细胞代谢等理论研究有重要意义,有助于加深对细胞功能及生命进化规律的研究认识。然而,由于对必需基因的鉴别以及技术手段方面的局限,构建最小基因组细胞难以一步实现,一般要通过分步操作以剔除染色体上非必需基因序列,在所获得一系列基因组简化细胞的基础上,循序渐进地改造,最终获得最小基因组或最小化基因组细胞。然而,从实际角度看,只含有必需基因的最小基因组细胞,仅能维持细胞基本代谢,并不一定具有生长快、抗逆性强等有利性状及实际应用潜力。对基因组简化细胞而言,由于降低了基因组的复杂度,去除或减小了非必需代谢途径的干扰,优化了细胞生化代谢网络,提高细胞对底物和能量的利用效率,细胞遗传稳定性以及生理表型的可控制性、可预测性、可操作性将大大增加,可作为高效表达外源基因的理想宿主细胞,而且对简化基因组及最小基因组的研究也将为系统生物学、基因组尺度代谢网络建立、验证、修正算法以及计算模拟提供生物模型基础。

（三）通过微生物表观遗传修饰合成结构新颖的天然产物

表观遗传学是在基因组 DNA 序列不发生变化的条件下基因表达发生的改变,这种改变是可以遗传的,导致了可遗传的表现型变化。全基因组测序研究表明,真菌中存在大量与次级代谢产物合成相关的功能基因或基因簇,然而许多合成相关基因在微生物的常规培养条件下处于沉默状态,从而导致菌体代谢产物中发现的化合物的数量远远低于这些微生物实际能够合成的化合物的数量。沉默基因簇一般呈异染色质状态,位于基因组的端粒附近,其结构基因受表观遗传修饰（DNA 甲基化和组蛋白乙酰化）的调控。因此,利用小分子化学物质抑制真菌中表观遗传修饰酶如 DNA 甲基转移酶或组蛋白去乙酰化酶的活性,能激活大量沉默的生物合成基因簇,提高已知次生代谢产物的产量,诱导产生新的次生代谢产物。2007 年,Shwab 等首次报道了利用表观遗传学机制调控微生物次级代谢产物的合成,组蛋白去乙酰化酶基因缺失的构巢曲霉,使其产生杂色曲霉素和青霉素的生物合成基因簇的转录水平大大提高,从而使代谢产物发生明显改变。

三、基因工程制药的基本过程

基因工程制备蛋白质药物的基本过程包括工程菌种的构建、工程菌的发酵、蛋白质产物的分离纯化和质量控制。

（一）基因工程菌种的构建

基因工程菌是含有目标基因表达载体、能合成重组蛋白药物的微生物。需要表达的目的基因通过 PCR 方法制备;随后经过限制性内切酶酶切和连接酶催化将其连接到合适的表达载体上,构建重组质粒;最后将重组质粒导入宿主微生物,通过抗性筛选得到基因工程菌种。在表达载体携带的启动子的驱动下,目的基因经过转录、翻译,实现目标蛋白的表达。

（二）基因工程菌的发酵

基因工程菌的发酵过程与普通微生物的发酵相似,在发酵罐中进行,需要控制温度、pH值和溶解氧等,只是由于菌种不同,培养基、发酵条件及其控制工艺不同。重点是防止表达载体的丢失和变异,控制重组蛋白药物的适时表达合成。

（三）重组蛋白药物的分离纯化

重组蛋白药物的分离纯化包括对发酵液进行初级分离和精制纯化,获得原液。原液经过稀释、配制和除菌过滤成为半成品。半成品分装、密封在最终容器后,经过目检、贴签和包装,并经过全面检定合格的产品为成品。

在发酵体系中,重组蛋白药物的含量比小分子发酵药物的更低。要根据重组蛋白药物的结构、活性等特点,选择特异性的方法,建立适宜的分离和纯化工艺,并对原液进行质量控制。对于胞内形成的包涵体,则要采用变性和复性工艺,重折叠为具有生物活性的产品。重组蛋白药物原料药与成品药物制剂生产往往不分离,由同一家企业完成。目前重组蛋白药物仍然以专利药物为主,仿制生物制品很有限。对重组蛋白药物的检定与化学药品完全不同,以生物分析方法为主,对原液、半成品和成品进行检验和质量控制。

第二节　基因工程菌的构建

一、基因工程制药的微生物表达系统

（一）表达系统的选择

根据重组蛋白的特性选择合适的的异源宿主,对于实现重组蛋白稳定表达至关重要。虽然已经研究和开发了多种用于基因表达的异源宿主细胞,但目前为止还没有一种适合所有蛋白质表达的通用宿主细胞。药物生产的宿主细胞应该符合法规的安全标准要求,如美国FDA颁布的安全标准(generally regarded as safe,GRAS)。因此要根据不同的目标蛋白质,以效率和质量为判别标准,选择适宜的宿主系统(表8-4)。

能否成功表达异源蛋白质是选择表达系统的第一步。考虑蛋白质的天然宿主、存在场所和结构特征等,与相似的成功实例进行比较,推测适宜的氧化还原环境。原核生物可用于表达无翻译后修饰的功能蛋白质,而真核生物表达系统可用于表达糖基化、酰基化等修饰的蛋白质。对于重组蛋白药物而言,表达产品的质量是第一位的,即表达的蛋白质药物必须均一,尽可能降低表达系统或生产过程引起的微观不均一性。对于制备功能酶而言,在高效表达、正确折叠、活性稳定的前提下降低内源酶的背景,提高生产效率。

表 8-4 常用蛋白药物表达系统的特点

宿主系统	细胞生长（倍增时间）	表达水平	蛋白质药物	应用	工艺优点	工艺缺点
大肠杆菌	快（30 min）	胞内表达为主,高	折叠受限,无糖基化	多肽或非糖基化药物	容易放大,容易操作,培养基简单,低成本	蛋白质包涵体,有热原,分离纯化较复杂
酵母	较快（90 min）	分泌表达低-高	能折叠,高甘露糖糖基化	多肽或蛋白,疫苗	容易放大,容易操作,培养基简单,低成本	蛋白质的糖基化受限
植物细胞	慢	低	能折叠,糖基化	蛋白质,抗体,疫苗	培养基简单,低成本	放大较难
哺乳动物细胞	慢（11~24 h）	分泌表达低-中等	能折叠,糖基化完全,接近天然产物结构	蛋白质,抗体,疫苗	活性高,分离纯化操作简单	放大较难,培养要求严格,工艺控制复杂,高成本

（二）原核生物表达系统

1973 年,Boyer 和 Cohen 首次完成外源基因在大肠杆菌中的表达,随后的近 40 年,这个领域得到了突飞猛进的发展。目前,原核表达系统有大肠杆菌、芽孢杆菌、链霉菌等。其中大肠杆菌是开发最早、研究最成熟的表达系统,广泛用于蛋白质药物和酶的生产。随着代谢工程技术和合成生物学的发展,氨基酸、有机酸、萜类、聚酮等药物也越来越多地用大肠杆菌合成。

大肠杆菌是单细胞原核生物,属于革兰氏阴性菌。外形呈杆状,细胞壁外周生有鞭毛和纤毛,较长的鞭毛使细胞游动,而较细短的纤毛帮助细胞附着。大肠杆菌的细胞核无核膜包裹,染色体是一条双链环状 DNA,浓缩在拟核区。细胞质呈溶胶状态,是代谢的主要场所。含有各种生物大分子,如酶、mRNA、tRNA、核糖体。细胞膜由磷脂双分子层组成,具有选择通透性,膜上的蛋白质具有信号转导、物质的跨膜运输与交换、胞内产物的分泌等功能。大肠杆菌细胞膜向内折叠形成间体,扩大了内表面积,能够进行相关的生物化学反应。大肠杆菌的细胞壁较薄,由肽聚糖和脂多糖构成,具有保护和防御功能。肽聚糖 1~2 层,基本骨架为 N-乙酰葡萄糖胺通过 β-1,4 糖苷键与 N-乙酰胞壁酸连接,骨架之间通过短肽[（L-Ala-D-Glu-m-DAP（内消旋二氨基庚二酸）-D-Ala]连接,没有肽桥。脂多糖位于细胞壁最外层,结构复杂,主要由类脂、核心多糖区和 D 特异侧链 3 部分组成,含有 D-葡萄糖、D-半乳糖、N-乙酰葡萄糖胺、3,6-二脱氧岩藻糖、L-甘油甘露庚糖等,对细胞具有保护作用。细胞死亡后,脂多糖游离出来,形成内毒素,具有抗原性,这是大肠杆菌产生热源的原因。在细胞壁外还有一层外膜,为双层磷脂,细胞壁与外膜之间的空间为周质,为细胞分泌的蛋白质所占据（图 8-2）。

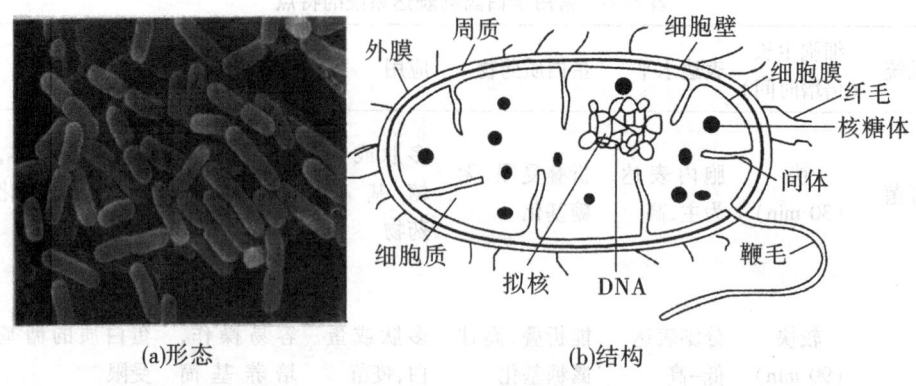

(a)形态　　　　　　　　(b)结构

图 8-2　大肠杆菌形态与结构

大肠杆菌以裂殖方式进行分裂,生长速度快,在 37 ℃下 17 min 繁殖一代。在 LB 固体培养基上,单细胞经过 16～24 h 生长,形成白色至黄白色的光滑菌落。大肠杆菌能利用碳水化含物和无机氮,兼性厌氧生长。在基因工程研究中使用最广泛的菌株是无致病性的大肠杆菌 K-12 株、B 菌株及其衍生菌株。已有 60 余株大肠杆菌基因组完成测序,其中工业应用和研究的大肠杆菌基因组及其基因数和编码蛋白质数见表 8-5。

表 8-5　基因工程常用大肠杆菌菌株基因组

菌株	基因组大小(Mb)	GC 含量(%)	基因数目	蛋白质数目
K-12 MG1655	4.64	50.8	4 497	4 145
K-12 DH1OB	4.69	50.8	4 356	4 128
K-12W3110	4.65	50.8	4 440	4 217
DH1	4.63	50.8	4 375	4 160
W	5.01	50.8	4 880	4 606
BREL606	4.63	50.8	4 365	4 204
BL21(DE3)	4.56	50.8	4 422	4 204

由于大肠杆菌被内膜和外膜隔为胞内、周质、胞外三个区域。外源基因在大肠杆菌中的表达可定位于胞内、周质和胞外。

1.胞内表达

胞内表达有非融合蛋白表达和融合蛋白表达两种方式。

(1)非融合蛋白的胞内表达:非融合蛋白是指表达的外源蛋白的 N-端不含任何大肠杆菌的多肽序列,即将外源基因 5′-端直接置于翻译起始位点 ATG 之后。非融合蛋白表达载体中构建模式为原核启动子→SD 序列→起始密码子 ATG→外源基因→终止密码子。通过非融合蛋白的表达可以获得保持原有生物活性的蛋白质,外源蛋白在结构、功能以及免疫原性等方面保持天然状态,但易被蛋白酶所降解而影响蛋白质表达量。非融合蛋白表达时可能形成包涵体,包涵体的出现并非由蛋白质的不溶性造成,而是蛋白质表达中发生错配、聚集而产生,由于蛋白质表达、修饰的规律至今尚不明确,因而只能根据经验来尽量避免或减弱包涵体的出现。

(2)融合蛋白的胞内表达:所谓融合蛋白,是指将外源基因融合至某种特定原核结构基因下游,表达的外源蛋白 N-端含原核多肽。融合蛋白表达载体中构建模式为原核启动子→SD 序列→起始密码子 ATG→原核结构基因→外源基因→终止密码子。融合表达蛋白在大肠杆菌内较稳定,表达效率提高;原核多肽设计为可用于亲和纯化的标签从而大大简化融合蛋白的纯化。目前,常用的融合蛋白表达体系有谷胱甘肽 S-转移酶(GST)表达体系、金黄色葡萄球菌蛋白 A 表达体系、麦芽糖结合蛋白 MBP 表达体系等;融合蛋白可以通过化学方法或蛋白酶法切除融合蛋白中的原核多肽,形成具有天然生物活性的外源蛋白。

2. 分泌表达

外源基因在大肠杆菌中最常用的方法是胞内表达,外源基因表达效率可高达大肠杆菌总蛋白的 10% ~ 70% ,但易形成包涵体,因此可采用分泌表达途径表达重组蛋白来改善表达效果。分泌性表达通过将外源基因融合至编码原核蛋白信号肽序列的下游实现。信号肽和外源蛋白的融合蛋白在跨过内膜或外膜后,信号肽酶切去信号肽,外源蛋白被分泌至细胞周质空间或胞外。

(1)分泌至周质:细胞周质分泌途径可获得具有一级结构的产物,周质空间中蛋白水解酶较胞内少,有利于外源蛋白的稳定。但周质分泌表达量低于胞内表达,表达量提高同样容易形成包涵体,影响外源蛋白的生物活性。

(2)分泌至胞外:可通过构建胞外分泌表达载体将外源蛋白分泌至胞外,因此可直接分析培养液中外源蛋白,外源蛋白的纯化操作大大简化。

影响外源基因在大肠杆菌表达系统中表达的因素主要有外源基因密码子、mRNA 结构、表达载体、培养条件等。①外源基因密码子:大肠杆菌等原核生物的 mRNA 使用的密码子具有选择性,分为偏好密码子和稀有密码子。经统计发现,密码子 AGA、AGC、ATA、CCG、CCT、CTC、CGA、GTC 是大肠杆菌的稀有密码子。因此在外源蛋白翻译过程中,如果外源基因中使用大肠杆菌的偏好密码子,蛋白质合成迅速,错配率较低;如果外源基因中使用较多大肠杆菌的稀有密码子,蛋白质合成就会受到抑制,发生密码子错配。在表达含高比例稀有密码子的外源基因时,表达效率不高,可通过非连续性多核苷酸定点突变方法对 cDNA 中稀有密码子进行同义突变。②mRNA 结构:mRNA 一级结构影响外源蛋白翻译效率,采用大肠杆菌偏好密码子,通过定点突变减少 G、C 含量,增加 A、T 含量,调整 SD 序列与起始密码子 AUG 之间的距离提高外源蛋白的表达效率。翻译起始区的二级结构也影响外源蛋白的表达效率,翻译起始区包括核糖体结合位点及其他影响翻译效率的序列。降低翻译起始区的二级结构稳定性可以提高翻译起始效率,提高 mRNA 稳定性,优化外源蛋白的表达。mRNA3′非翻译区调控 mRNA 的稳定以及降解速率,通过调控mRNA3′非翻译区结构可改善外源基因的表达效率。③表达载体:表达载体是原核表达系统的核心。大肠杆菌表达载体一般需要满足以下条件,包括重组质粒有较高拷贝数、适用范围广、稳定性高、表达产物容易纯化等。按外源蛋白表达形式将表达质粒分为非融合表达载体、融合表达载体和分泌型表达载体。④外源蛋白稳定性：大肠杆菌表达的外源蛋白易被蛋白水解酶降解而降低外源蛋白表达量，提高外源蛋白的稳定性将改善外源蛋白的表达效果。采用融合蛋白表达载体，将外源基因与原核多肽融合表达，融合表达蛋白能抵抗大肠杆菌蛋白水解酶的破坏。采用蛋白酶缺陷突变菌株，可减少蛋白酶的降解作用。例如采用次黄嘌呤核苷缺陷菌株作为宿主菌，大肠杆菌蛋白水解酶合成受阻，外源蛋白稳定性提高。外源蛋白采用分泌型表达形式，将外源基因融合至编码原核蛋白信号肽序列的下游，可防止宿主菌对外源蛋白的降解。

（三）真核生物表达系统

原核表达系统缺乏蛋白翻译后加工修饰系统，从而影响外源蛋白的生物活性。原核系统表达的外源蛋白会以包涵体形式存在，蛋白质须经变性、复性处理，难以维持蛋白质原有的的天然活性。外源蛋白在原核生物中不稳定，容易被蛋白水解酶降解。由于大肠杆菌的上述缺点，利用真核表达系统表达外源蛋白越来越受到重视。目前基因工程中常用的真核表达系统是酵母表达系统，除此之外，还包括丝状真菌、植物细胞、昆虫细胞、哺乳动物细胞和动物，它们都能对蛋白质进行翻译后修饰和折叠，能分泌到胞外。

1. 酵母表达系统

酵母是人类最熟悉的微生物，几千年前已为人类所利用。作为最简单的真核单细胞生物，形态为球形、椭圆形、卵形或香肠形，大小为$(3 \sim 6)\ \mu m \times (5 \sim 10)\ \mu m$。酵母的细胞形态及其结构见图 8-3。细胞壁由甘露聚糖和磷酸甘露聚糖（占 40% ~45%）、蛋白质（占 5% ~10%）、葡聚糖（占 35% ~45%）及少量脂类和几丁质组成。无性繁殖方式以芽殖（如酿酒酵母）、裂殖（如裂殖酵母）为主，有性繁殖方式产生子囊孢子（ascospore）。孢子萌发产生单倍体细胞，可以出芽繁殖（budding）。两个性别不同的单倍体细胞接合，形成二倍体接合子（zygote）或营养细胞，进行芽殖，在特定条件下才产生子囊孢子。酵母生长繁殖迅速，倍增期约 2 h。能发酵葡萄糖、蔗糖、麦芽糖、半乳糖等，在固体培养基上，菌落乳白色，有光泽，边沿整齐。

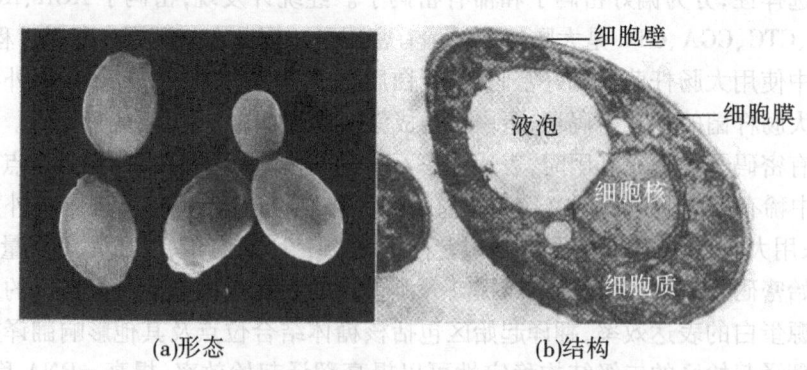

(a)形态　　　　　　　(b)结构

图 8-3　酵母的细胞形态及其结构

基因工程常用的酵母有酿酒酵母、毕赤酵母、孔汉逊氏酵母、裂殖酵母等。目前已经有多种酵母菌的基因组被测序(表8-6),不同种之间基因组差异很大。应根据表达蛋白质和药物生产的需求选择使用。乳酸克鲁维斯酵母主要从乳品中分离得到,与酿酒酵母相比,能更广泛的利用碳源,主要用于遗传研究和工业生产,如β-半乳糖苷酶。裂殖酵母从细胞两端生长,中间裂殖,是细胞周期、分裂、DNA修补和重组遗传学研究的良好材料。

表8-6 几种已测序的酵母基因组特征

拉丁名	染色体数目(个)	基因组大小(Mb)	GC含量(%)	基因数目	蛋白质数目
酿酒酵母 S288c	16	12.16	38.2	6 349	5 909
毕赤酵母 GC115	4	9.22	41.1	5 041	5 040
裂殖酵母 ASM294v2	3	12.59	36	6 991	5 133
乳酸克鲁维斯酵母 ASM251vl	6	10.3	38.7	5 412	5 085
解脂耶罗维亚酵母 CLIBI22	6	20.55	49	7 357	6 472

酵母表达系统相对于大肠杆菌表达系统的主要优点有:①高表达量,外源蛋白在毕赤酵母中可获得表达量水平以上;②高稳定性,外源基因被整合至毕赤酵母染色体上,随之复制和遗传,避免了丢失现象;③翻译后修饰功能,包括信号肽的加工、蛋白质的折叠、二硫键的形成、O-糖基化、N-糖基化及脂类添加等;④分泌表达,培养基中含毕赤酵母自身蛋白较少,主要为分泌表达的外源蛋白,因此,有利于后续的分离纯化。

外源蛋白在酵母表达系统中表达的影响因素包括外源基因结构、表达形式及信号肽的选择、启动子的选择、转化子的拷贝数、甲醇诱导浓度、时间、温度和外源蛋白的降解等。

(1)外源基因结构:外源基因mRNA 5′-端非翻译区(5′-UTR)的核苷酸序列和长度影响mRNA的翻译水平。如果起始密码子旁侧序列容易形成RNA二级结构,将会阻止翻译的进行。富含A-T序列导致转录提前终止而产生缩短的mRNA。使用酵母偏好密码子有利于提高外源蛋白表达量。

(2)表达形式及信号肽的选择:外源蛋白表达形式包括胞内表达和分泌表达。分泌表达型酵母可利用自身信号肽和酵母信号肽获得较好的表达效果。信号肽包括:α因子信号肽、酸性磷酸酶信号肽等。分泌表达的蛋白质常被O-糖基化或N-糖基化,其中主要是在蛋白质氨基酸残基序列的Asn-X-Ser/Thr位点处进行N-糖基化,以高甘露糖型的糖基化形式存在,寡糖链的长度一般为8~14个甘露糖残基,与高等哺乳动物的糖基化蛋白结构类似。

(3)启动子:启动子有乙醇氧化酶AOX1、AOX2启动子,PGAP(三磷酸甘油醛脱氢酶启动子),PFLD1(依赖谷胱甘肽的甲醛脱氢酶启动子1)等。多数毕赤酵母选择AOX1、AOX2启动子。宿主菌不同,整合方式不同可获得甲醇利用正表型(Mut⁺)、甲醇利用慢表型(Muts)和甲醇利用负表型(Muf)三种营养表型。

（4）转化子的拷贝数：一般而言，转化子所含的表达盒的拷贝数越高，外源蛋白的表达水平也越高，但拷贝数增加也会产生负效应。通过多次插入获得含多拷贝表达盒的载体，选择 G418、Zeocin 抗性基因进行高拷贝数转化子的筛选获得高拷贝数转化子。

（5）甲醇诱导浓度、时间、温度：甲醇诱导浓度、时间、温度的选择影响外源蛋白的表达效率，巴斯德毕赤酵母适宜的表达温度为 30 ℃。

（6）外源蛋白的降解：通过选择蛋白水解酶缺失的宿主菌进行表达、培养基中添加蛋白胨或酪蛋白水解物等作为蛋白酶的底物，调节溶液 pH 值抑制蛋白水解酶活性等措施，可防止外源蛋白的降解。

2. 昆虫细胞表达系统

昆虫细胞表达系统是利用昆虫细胞和杆状病毒载体表达外源蛋白。与其他表达系统比较，该表达系统的优点有：①可以表达较大的外源基因，可以同时表达多个外源基因；②可以实现不同生物来源的外源基因的表达，表达形式为胞内表达和分泌型表达；③蛋白质翻译后加工功能与高等生物类似，外源蛋白保持天然生物活性；④杆状病毒具有宿主专一性，对植物和脊椎动物无致病性，生物安全性高。

昆虫细胞的表达载体主要由核型多角体病毒构建而成，该表达载体由大肠杆菌的基础质粒插入多角体病毒的多角蛋白基因的部分 DNA 序列改造而成。昆虫细胞宿主对杆状病毒的感染非常敏感，常用细胞株为 sf9 和 sf21。正常昆虫细胞贴壁生长，18～24 h 扩增一代，被病毒感染后，昆虫细胞变大、变圆，且不能贴壁。

外源基因与昆虫表达载体连接构建成重组的昆虫表达载体，重组载体不能直接感染昆虫细胞，必须通过共转染的方式在昆虫细胞内发生同源重组，将外源基因的表达单元整合到杆状病毒基因组中成为重组病毒，才能感染细胞进行复制。

3. 哺乳动物细胞表达系统

在哺乳动物细胞表达系统中表达外源蛋白，蛋白质正确折叠，并能实现精确的 N-糖基化和 O-糖基化等多种蛋白质翻译后加工，因此外源蛋白的结构、理化性质及生物功能最为接近天然的高等生物蛋白质。

哺乳动物细胞表达系统的表达载体可分为病毒载体和质粒载体。病毒载体通过病毒颗粒的外壳蛋白与宿主细胞膜相互作用介导外源基因进入细胞内，常用病毒载体包括腺病毒、腺相关病毒、逆转录病毒、semliki 森林病毒（SFV）等。质粒载体可用物理或化学的方法将外源基因导入细胞。根据质粒是否能够独立于染色体进行自我复制将质粒载体分为整合型和附加型载体两类。整合型载体整合于宿主细胞染色体，附加型载体独立于染色体进行自我复制。常用的哺乳动物细胞株包括 CHO 细胞、骨髓瘤细胞株、COS 细胞、293 细胞等，不同的细胞对外源蛋白的修饰存在差别。

哺乳动物细胞表达系统可分为瞬时、稳定和诱导表达系统。瞬时表达是指表达载体导入宿主细胞后，不经选择培养，即时表达，操作简单，周期短，但表达载体随细胞分裂逐渐丢失，外源蛋白的表达时限短暂。稳定表达系统是指表达载体进入宿主细胞后经选择培养，表达载体稳定存在于细胞内，外源蛋白的表达稳定，持久。诱导表达系统是指外源因在外源性物质诱导后开始转录表达。

二、目标基因的设计与克隆

(一)目标基因的设计

对于宿主细胞的基因组而言,编码重组蛋白药物的目标基因来自于其他生物,因此也常常称为外源基因。目标基因的正确克隆在整个构建中是至关重要的,因为只要有一个碱基发生变化,就可能导致编码氨基酸的变化,从而影响产物蛋白质的功能和生物学活性。目标基因设计的目的是为了在宿主细胞中有效表达,包括高效转录和翻译成蛋白质,但同时要减少包涵体的形成。对于原核生物而言,mRNA 的二级结构和密码子的使用频率是影响基因表达的核心因素。虽然遗传密码在生物界是通用的,但不同生物具有不同的密码子偏好性。以宿主细胞的密码子偏好性为基础,对目标基因的序列进行设计,消除特殊的二级结构障碍转录,可降低稀有密码子的翻译低效性。从目前大肠杆菌中表达外源基因的实践来看,采用偏好密码将形成大量的包涵体,这无疑对重组蛋白药物的生产是十分不利的。如何合理选择密码子供使用,特别是稀有密码子,成为目标基因功能化表达的关键。目标基因设计要基于分子生物学知识,采用生物信息学软件,如 Optimizer、GeneDesign、Gene Designer 和 Geno CAD 等对密码子进行优化、去除 mRNA 二级结构、检查序列。为了方便目标基因的组装和连接等,在设计阶段还要消除序列内部的限制性内切酶切位点的干扰。

(二)目标基因的合成

1985 年,Mullis 发明聚合酶链式反应(polymerase chain reaction,PCR)技术以后,使目标基因的克隆变得相对容易和简单,并衍生了很多相关技术。由于高等生物基因结构与原核生物不同,在染色体上通常被多个内含子间隔,因此,直接从基因组上是不能获得有用的目标基因的。然而,包括人类在内的多种高等生物基因组被测序,可采用反转录-PCR(reverse transcription-PCR,RT-PCR)技术进行基因克隆。当然,对于较短的基因(<100 bp),可以采用化学合成技术,由 DNA 自动合成仪完成。对于不完全已知序列的基因,仍然需要费时的传统方法,如文库杂交和筛选、染色体步移等克隆。三种目标基因克隆策略的特点见表 8-7。

表 8-7 三种目标基因克隆方法的比较

方法	优点	缺点
PCR 扩增	简单快速,高效,特异性强,长度可达数字节,适合于单基因克隆	受 DNA 聚合酶活性和保真性限制,有些酶会发生碱基错误
文库筛选	可获得很长片段,无碱基错误,适用于未知序列基因克隆	烦琐,过程复杂,耗时,昂贵
化学合成	完全已知序列,可合成一系列简并片段,更多适宜于引物的合成	受合成仪性能限制,基因长度很短

1. PCR 扩增法

(1)常规 PCR 法:根据生物体内 DNA 变性复性原理,在 DNA 聚合酶催化和 dNTP 参与下,引物依赖 DNA 模板特异性地扩增 DNA。在含有 DNA 模板、引物、DNA 聚合酶、dNTP 的缓冲溶液中通过以下三个循环步骤扩增 DNA。①变性:双链 DNA 模板加热变性,解离成单链模板;②退火:降低温度,引物与单链模板结合;③延伸:温度调整至 DNA 聚酶最适宜温度,DNA 聚合酶催化 dNTP 加至引物 3′-OH,引物以 5′→3′方向延伸,最终与单链模板形成双链 DNA,并开始下一个变性、退火、延伸循环。PCR 法可以在体外特异性地扩增目的基因片段,并可以在设计引物时引入合适的酶切位点和标签结构等,是目前实验室最常用的目的基因制备法。必须注意的是,PCR 体外扩增常容易引入突变,为了保证目的基因片段序列的正确性,一般建议使用高保真的 DNA 聚合酶和相对保守的 PCR 扩增条件。同时,凡经 PCR 扩增制备的目的基因片段,在实现克隆后必须进行测序分析。

(2)RT-PCR 法:RT-PCR 是指以由 mRNA 逆转录得到的 cDNA 第一链为模板的 PCR 反应。其原理是以 mRNA 为模板,以寡聚脱氧胸腺嘧啶为引物,在逆转录酶的催化下,在体外合成 cDNA 第一链后,在目的基因序列已知情况下,设计特定的引物。通过 PCR 应用扩增此链,便可以获得目的基因。此法简便易行,不需要构建文库,不需要对目的基因进行筛选、鉴定。由于引物是根据已知目的基因序列设计的,具有高度选择性,因此,细胞总 RNA 无须进行分离 mRNA 便可直接使用。但是此法必须以目的基因序列已知为前提。RT-PCR 一般可分为 cDNA 的合成与 PCR 反应两个步骤,cDNA 合成的具体方法同构建 cDNA 文库中 cDNA 第一链合成相同。RT-PCR 反应与上述 PCR 技术制备目的基因操作相同。

2. 文库筛选法

基因库,也称基因文库,是指通过基因克隆的方法,在特定的宿主体系中保存许多 DNA 分子的混合物。在这些分子中插入的 DNA 片段总和代表了某种生物的全部基因组序列或全部 mRNA 序列,因此基因文库又分为基因组文库(genomic DNA library)和 cDNA 文库(cDNA library)。

(1)基因组文库法:基因组文库是指某一特定生物体全部基因组的克隆集合,包括所有外显子和内含子序列。具体而言,基因文库的构建方法为鸟枪法,就是将生物体全部基因组通过酶切分成不同的 DNA 片段,与载体连接构建重组子,转化宿主细胞,从而形成含生物体全部基因组 DNA 片段的库。利用探针原位杂交法等方法筛选含有目的基因的重组克隆。

(2)cDNA 文库法:cDNA(complementary DNA)是指与 mRNA 互补的 DNA。cDNA 文库法是指提取生物体总 mRNA,并以 mRNA 作为模板,在逆转录酶催化下合成 cDNA 的一条链,再在 DNA 聚合酶的作用下合成双链 cDNA,将全部 cDNA 都克隆至宿主细胞构建成 cDNA 文库。cDNA 文库覆盖了细胞或组织所表达的全部蛋白质的基因,从中获取的基因序列也都是直接编码蛋白质的序列。目前已经有商品化的不同组织细胞来源的 cDNA 文库可供选购。有更多的实验室采取更为简便的 cDNA 片段获得法,即直接用逆转录酶从提取的 mRNA 中扩增特异的目的基因片段,前提条件是基因序列是清楚的,那样才能合成特异性引物。构建 cDNA 文库的基本步骤包括 mRNA 的分离纯化、双链 cDNA 的体外合成、双链 cDNA 的克隆和 cDNA 重组克隆的筛选。目前基因表达检测技术和 mRNA 高效分离方法已非常成熟,大多数真核生物 mRNA 3′-末端含有多聚腺苷酸(poly-A)尾巴,利用 poly-A 和亲和层析柱上寡聚脱氧胸腺嘧啶共价结合的性质将细胞总 RNA 制备物上柱进行分离。以 mRNA 为模板,在 4 种 dNTP 参与下,逆转录酶催化 cDNA 第一链的合成,形成 DNA-RNA 的杂合双链。以 cDNA 第一链为模板,DNA 聚合酶催化 cDNA 第二链的合成。根据引物的处理方法不同衍生出多种制备方法,包括自身合成法、置换合成法、引物合成法等。合成的双链 cDNA 与载体分子连接,形成重组子,转化大肠杆菌,通过重组克隆的筛选获得期望重组子。

3. 化学合成法

自从 1983 年,美国 ABI 公司研制的 DNA 自动合成仪投放市场以来,通过化学合成寡核苷酸链获得某些真核生物小分子蛋白或多肽的编码基因已成为一种重要的基因克隆手段。然而,由于 DNA 自动合成仪只能合成单链的寡核苷酸链,如何才能获得双链的目的基因 DNA 呢?最简单的办法就是首先利用化学合成法分别合成两条互补的寡核苷酸链,然后让这两条链在适当条件下退火,形成双链。但是这种方法仅限于合成组装较短的基因(60～80 bp),这是由于随着寡核苷酸链合成长度的增加,出错率也会增加,同时产物的得率也会下降。为了获得较长的双链 DNA,人们尝试采用了多种人工基因组装方法。

一种方法是先将设计好目的基因进行分段,每一片段间设计成 4～6 bp 互补的黏性末端,寡核苷酸链合成后以 T4 多聚糖核苷酸激酶对其 5′端进行磷酸化,彼此对应互补的核苷酸链退火后再以 T4DNA 连接酶连接;另一种方法是合成一套包括一系列具有重叠区域的短的(40～100 bp)寡核苷酸链,在适当条件下退火,这样就得到了包括全长基因,但每条单链上都有缺失的双链 DNA,然后再用 *E. coli* DNA 聚合酶 I 补足缺失的片断,并以 T4DNA 连接酶将它们之间的切口连接起来就得到了完整的目的基因。

三、表达载体的构建

(一)表达载体的结构与特征

外源基因须借助载体进入宿主细胞。通过体外重组技术,将目的基因与载体连接,转移至宿主系统进行复制,从而实现目的蛋白的大量表达。载体是携带外源目的基因或 DNA 进入宿主细胞,实现外源基因或 DNA 的无性繁殖或表达有意义的蛋白所采用的一些 DNA 分子,主要有质粒载体和 λ-噬菌体载体。

质粒是存在于微生物细胞质中能独立于染色体 DNA 而自主复制的共价、闭环或线性双链 DNA 分子,一般几十字节至几百字节不等。基因工程使用的载体是由野生质粒改造而来的,表达载体是外源基因能在宿主细胞中高效表达、合成产物的质粒(图 8-4),具有以下基本特征。

1. 自主复制性

表达载体含有复制起始点以及控制复制频率的调控元件,即复制子,能够不受宿主染色体复制系统的调控而进行自主复制。复制子分为松弛型复制子和严紧型复制子两类。松弛型复制子的复制与宿主蛋白的合成功能无关,宿主染色体 DNA 复制受阻时,质粒仍可复制,因此含有此类复制子的质粒在每个宿主细胞中的拷贝数可达到几百甚至几千。

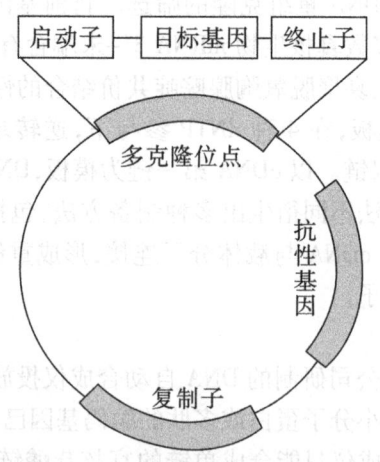

图 8-4 基因工程表达载体的结构

严紧型复制子的复制与宿主蛋白质合成相关,因此在每个宿主细胞中为低拷贝数,仅 1～3 个。目前用于基因克隆的大多数表达载体为松弛型载体,以提高载体拷贝数。

2. 不相容性

质粒不相容性是指在没有选择压力下,两种亲缘关系密切的不同质粒不能在同一宿主细胞中稳定共存,也称为质粒的不亲和性。存在于同一宿主细胞中的两种亲缘关系密切的不同质粒,其中的一种会在质粒的增殖过程中被排斥出去。属于不同的不亲和群的质粒则可以在同一宿主细胞中共存。具有相同或相似复制子结构及特征的两种不同载体不能稳定地存在于同一宿主细胞内。

3. 多克隆位点

质粒载体中由多个限制性内切酶识别序列密集排列形成的序列称之为多克隆位点(multiple cloning site, MCS)。多克隆位点是限制性内切酶识别和切割的位点序列,用于外源基因插入载体。如果在外源基因上游有启动子,下游有终止子,就构成了基因表达盒。

4. 选择标记

选择标记是由质粒携带的赋予宿主细胞新的表型的基因,用于鉴定和筛选转化有质粒的宿主细胞。细菌中最常用抗生素抗性基因,包括氨苄西林、四环素、氯霉素、卡那霉素和新霉素等。酵母中常用氨基酸缺陷型作为选择标记。

5. 可遗传转化性

表达载体可以在同种宿主细胞之间转化,也可在不同宿主之间转化。能在两种不同种属的宿主细胞中复制并存在的载体为穿梭载体,如大肠杆菌-酵母穿梭载体。不同生物的表达载体基本结构相同,但其序列具有种属特异性。大肠杆菌的表达载体在酵母细胞中不能生成产物,反之亦然。

(二)外源基因表达盒的结构与功能

表达载体的构建过程与基因克隆过程相似,都包括目标基因的扩增、酶切、连接等步骤,这些技术是共性的,可参考基因克隆方法。有很多具有多克隆位点的商业化表达载体,构建的重点是把外源目标基因正确克隆到多克隆位点,形成完整的开放阅读框架。外源基因表达盒由启动子、功能目标基因和终止子组成(图8-5)。表达载体在多克隆位点的上游和下游有转录效率较高的启动子、合适的核糖体结合位点以及强有力的终止子结构,使得克隆在合适位点上的任何外源基因均能在宿主细胞中高效表达。

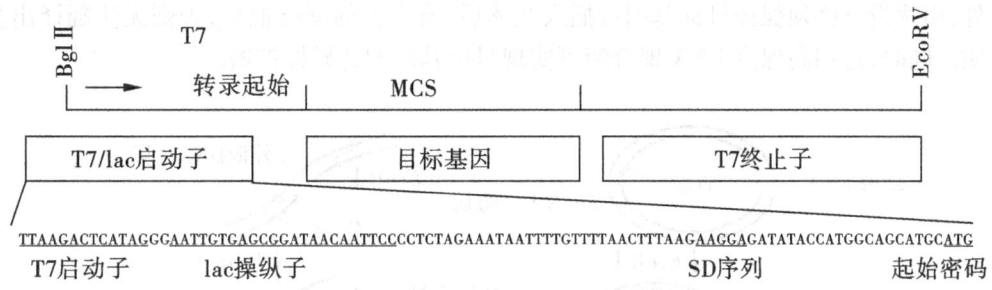

TTAAGACTCATAGGCAATTGTGAGCGGATAACAATTCCCCTCTAGAAATAATTTTGTTTTAACTTTAAGAAGGAGATATACCATGGCAGCATGCATG

T7启动子　　　lac操纵子　　　　　　　　　　　　　　　　　SD序列　　　　起始密码

图 8-5　外源基因表达盒基本结构及其转录起始、翻译起始位点序列

1. 启动子

启动子是最关键的元件,RNA 聚合酶结合到启动子的特异位点上,起始基因的转录,因此启动子决定着表达的类型和产量。由于原核生物的转录和翻译是同步进行的,所以启动子序列之后是核糖体结合位点,它含有 Shine-Dalgarno(SD)序列,与 16S rRNA 互补。大肠杆菌中表达外源基因使用两类启动子,一类来源于大肠杆菌的基因,另一类来源于噬菌体。最常见的大肠杆菌来源的启动子是由 lac、tac 等。lac 启动子是由 lac 操纵子调控机理发展而来的,该启动子受环腺苷酸(cAMP)激活蛋白(cAMP activating protein, CAP)的正调控和 lac I 负调控,CAP-cAMP 复合物与操纵子结合后,促进了 RNA 聚合酶与启动子结合,开启基因转录。lac I 形成四聚体,与操纵基因结合,阻止转录起始。IPTG(isopropylthio-β-D-galactoside,异丙基-β-D-硫代半乳糖苷)等乳糖类似物是 lac 操纵子的诱导物,它与 lac I 结合,解除 lac I 的阻遏作用,激活基因转录。宿主菌有 JM109、DH5α、TG1。

在大肠杆菌中表达外源基因,还可使用噬菌体的启动子。T7 噬菌体启动子是受T7RNA 聚合酶高度调控的,比大肠杆菌 RNA 聚合酶高数倍。如 pET 系列载体,功能基因在 T7RNA 聚合酶启动子控制或 T7/lac 启动子控制,同样受 lac I 阻遏,能被 IPTG 诱导表达。宿主菌有 BL21(DE3)、HMSl74(DE30)等。T7 启动子的优点是 T7RNA 聚合酶只识别染色体外的 T7 启动子,而且可持续合成,因此能转录大肠杆菌 RNA 聚合酶不能有效转录的基因。

2. 终止子与密码子

终止子在基因的下游,由一个反向重复序列和 T 串组成。反向重复序列使转录物形成发卡,转录物与非模板链 T 串形成弱 rU-dA 碱基对,使 RNA 聚合酶停止移动,释放转录物。

TAA 是真核和原核中广泛使用的高效终止密码子。为了防止通读,在终止密码子之后的加强序列,成为四联终止密码子,如 TAAT、TAAG、TAAA 和 TAAC。

（三）外源基因的重组

外源基因的重组包括酶切、连接、转化和筛选鉴定（图 8-6）。为了保证目标基因克隆的方向性和有效酶切,在设计上、下游引物"钓"取目标基因的时候,应在引物序列的 5′末端添加与载体多克隆位点相同的酶切位点序列,以及酶切位点外 2~3 bp 的保护碱基。此外,引物设计必须保证目标基因被插入载体后,有完整的阅读框架,否则无法翻译出蛋白质。同时,选用高保真 DNA 聚合酶可实现目标基因的特异性扩增。

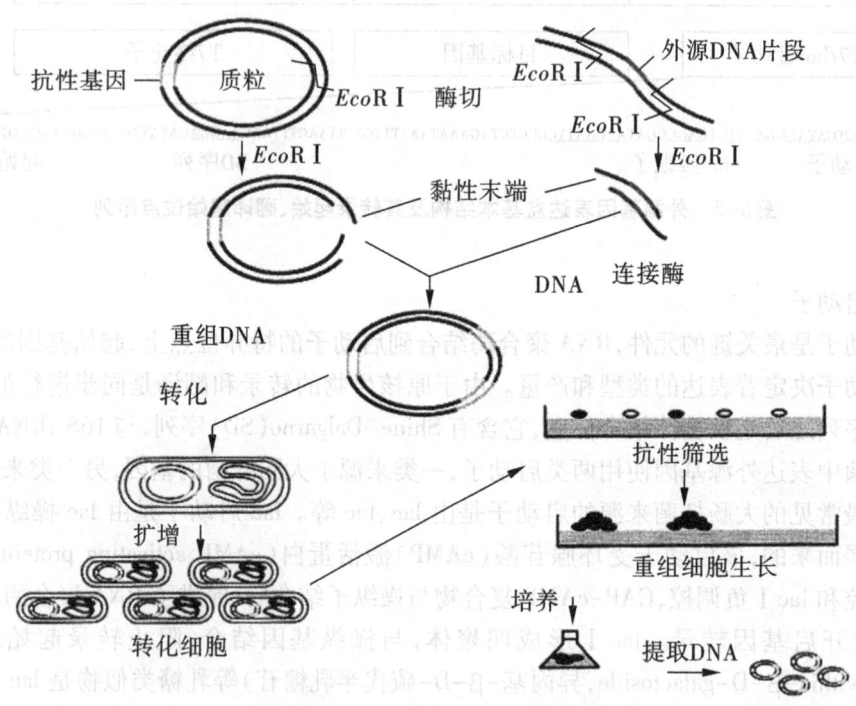

图 8-6 外源基因的体外重组过程

通过 PCR 扩增获取目标基因后,须采用琼脂糖凝胶电泳对 PCR 扩增产物的大小进行检测,同时测序确证序列的准确性。随后,对目标基因切胶回收;用限制性内切酶同时酶切载体和添加了酶切位点的目的基因片段,酶切后进行纯化,在 T4DNA 连接酶的作用下完成目标基因与载体的连接;将构建好的重组质粒通过电转化或化学转化的方式导入受体细胞（感受态细胞）,并用相应的抗性培养基对转化子进行筛选鉴定,最后得到符合要求的基因工程菌株。

四、重组蛋白质的表达

对于构建好的基因工程菌株,需要对其携带表达载体的稳定性、目标蛋白的表达量及形式进行考察,在此基础上对转化细胞进行筛选,以获得遗传性状稳定、高效表达的工程菌。产物检测对工程菌的取舍具有决定性作用,只有正确、高效表达目标基因的细胞才能用于工业化生产。

（一）外源基因的诱导表达

挑取单菌落于 3 mL 含相应抗生素的液体 LB 培养基中培养,将过夜培养物以 1∶100 的比例接种于新鲜且预热的培养基中扩大培养,剧烈振荡培养至 OD600 = 0.5 ~ 1.0 时,向培养物中加入 IPTG 以诱导重组蛋白的表达。继续培养 3 ~ 5 h 后,取 1 mL 菌液至 1.5 mL 离心管中,10 000 r/m 离心 3 min,弃去上清液,收集的菌体于-20 ℃保存备用。

（二）外源蛋白质的电泳分析

首先制备 SDS - 聚丙烯酰胺凝胶电泳（SDS - polyacrylamide electrophoresis, SDS - PAGE）的浓缩胶和分离胶（浓度依赖于待分离蛋白质分子量）,按电泳板的大小制备足够的体积。下层为分离胶,待分离胶凝固后,加入浓缩胶。将菌体样品用变性裂解液处理,沸水浴中煮 5 min,裂解细胞,离心,上清液含有总蛋白质,在 SDS-聚丙烯酰胺凝胶上恒压电泳,当溴酚蓝接近底部时,结束电泳。用考马斯亮蓝 R-250 染色,用凝胶成像系统照相并扫描,得到菌体总蛋白质的电泳图谱。用灰度软件分析,计算重组蛋白质的分子量及相对含量。

（三）菌株及最佳表达条件的筛选

不同菌株的表达能力不同,同一菌株的不同转化细胞之间也可能存在差异。对不同转化菌株,进行摇瓶培养,诱导表达。制备表达产物,进行 SDS-PAGE 电泳,筛选高表达菌株。

由于细胞生长速率影响目标蛋白的表达,因此工程菌构建中,必须对接种量、诱导条件、诱导前细胞生长时间、诱导后细胞密度等进行试验,甚至包括培养基组成及其添加物等的优化。一般在对数期中期进行诱导,取不同诱导剂浓度、不同表达时间、不同温度的样品,SDS-PAGE 电泳检查目标蛋白质的表达量,确定表达的最佳条件。

五、工程菌构建的质量控制与建库保存

（一）工程菌构建的质量控制

为了确保工程菌构建的有效性,必须遵循 GMP 及其有关生物制品研究技术指导原则,做好菌种的记录和管理。以下几点对于用动物细胞构建的工程细胞系同样适用。

1. 表达载体

详细记录表达载体,包括基因的来源、克隆和鉴定,表达载体的构建、结构和遗传特性。载体各部分的来源和功能,如复制子、启动子和终止子的来源以及抗生素抗性标记等,载体中的酶切位点及其限制性内切酶图谱。在必要时,对 DNA 载体的安全性进行研究和分析,尤其对病毒性启动子、哺乳动物细胞或病毒终止子的安全性。

2. 宿主细胞

详细记录宿主细胞的资料,包括细胞株系名称、来源、传代历史、鉴定结果及基本生物学特性等。载体转化方法及载体在宿主细胞内的状态及其拷贝数,工程菌的遗传稳定性及目标基因的表达方法和表达水平。宿主细胞株由国家检定机构认可,并建立原始细胞

库。表达载体和宿主细胞的验收、储存、保管、使用、销毁等应执行生物制品生产检定用菌毒种管理规定。

3. 目标基因序列

目标基因序列包括插入基因和表达载体两端控制区的核苷酸序列，以及所有与表达有关的序列，做到序列清楚。基因序列与蛋白质的氨基酸序列一一对应，没有任何差错。详细记录目标基因的来源及其克隆过程，用酶切图谱和 DNA 序列分析确认基因结构正确。对于 PCR 技术，记录扩增的模板、引物、酶及反应条件等。对基因改造，记录修改的密码子、被切除的肽段及拼接方式。

（二）工程菌的建库与保存

1. 菌种库建立

在实验室选育获得优质高产菌种（包括基因工程菌和动物细胞系）后，按照 GMP 对药品生产的有关要求和规定，及时建立各级种子细胞库，实施种子批系统管理，并进行验证，确保菌种的稳定、无污染，保证生产正常有序进行。对于基因工程菌种和动物细胞系尤为重要和关键。

主菌种库（master stock bank，MSB）或主细胞库（master cell bank，MCB）：来源于原始菌种或细胞培养物（starter culture），一般在 10 ~ 200 份以上。原始菌种或细胞 3 ~ 5 份。

工作菌种库（working stock bank，WSB）或工作细胞库（working cell bank，WCB）：由主菌种库或主细胞库繁殖而来，一般在 40 ~ 1 000 份以上。

建立菌种库是相当费时间和昂贵的，要制订相应的操作规程，对实验室、人员及其环境提出要求，进行质量控制（quality control，QC），做好相关记录和文件处理，工作细胞库必须与主细胞库完全一致。建库的流程和不同培养物的 QC 要求见图 8-7 和表 8-8。

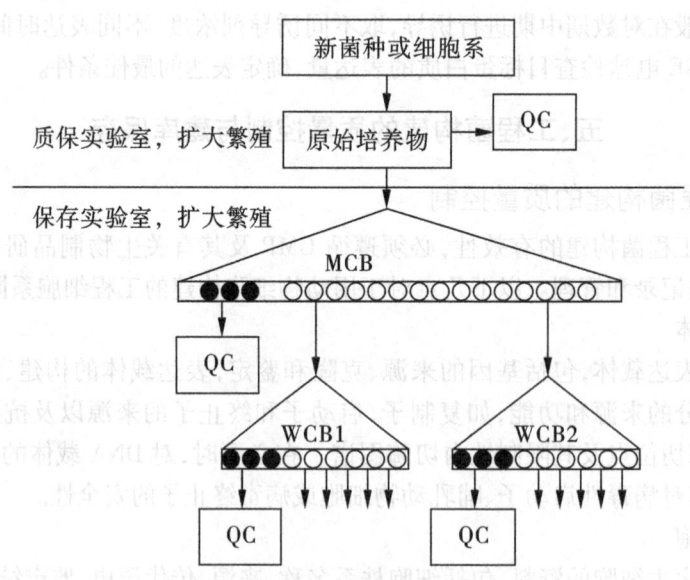

图 8-7　菌种库或细胞库构建流程

表 8-8　菌种库或细胞库建立的 QC 要求

细胞类型	QC
细菌	活性,纯度,真实性,革兰氏染色,形态特征,生化特征,遗传特征
真菌	活性,纯度,真实性,形态特征,生化特征,遗传特征
基因工程菌	宿主菌特征,表达质粒结构与功能,鉴别标志,基因序列,稳定性,表达方式与水平
动物细胞系	活性,纯度,真实性,无菌实验,核型,DNA 分析(如指纹图谱),同工酶分析,支原体试验,其他外源物试验,稳定性和基因型分析

2.菌种保存

菌种经过多次传代,会发生遗传变异,导致退化,从而丧失生产能力甚至菌株死亡。因此,必须妥善保存(storage),保持长期存活、不退化。菌种的保存原理是使其代谢处于不活跃状态,即生长繁殖受抑制的休眠状态,可保持原有特性,延长生命时限。具体保存方法详见第七章内容。

第三节　基因工程菌发酵工艺控制

基因工程菌的发酵培养与传统的微生物发酵比较有一定的不同特点,就选用的生物材料而言,基因工程菌是携带外源基因重组体的微生物,而传统的微生物不含外源基因;从发酵工艺方面考虑,基因工程菌发酵生产的目的是使外源基因高效表达,必须尽可能减少宿主细胞本身蛋白的污染,以获得大量的外源基因产物,而传统微生物发酵生产的目的是获得微生物自身基因表达所产生的初级或次级代谢产物。外源基因的高效表达,除了与所构建的质粒宿主菌有关之外,还受很多因素的影响。

一、基因工程菌发酵培养基

基因工程菌的培养基是以其宿主为基础,包括碳源、氮源、无机盐、生长因子等营养要素,以及满足生产工艺要求的消沫剂、选择剂和诱导剂。在实际生产中,基因工程菌发酵培养基的组成既要有利于提高工程菌的生长速率,又要有利于保持重组质粒的稳定性,使外源基因能够得到高效的表达。由于发酵培养基的组分在第七章中有详细介绍,本处重点介绍基因工程菌发酵培养基的一些重要组分的特点。

(一)碳源

基因工程菌可利用的碳源包括糖类、有机酸、脂类和蛋白质类。酪蛋白水解产生的脂肪酸,在培养基中充当碳源与能源时,是一种迟效碳源。大肠杆菌能利用蛋白胨、酵母粉等蛋白质的降解物作为碳源,酵母只能利用葡萄糖、半乳糖等单糖类物质。在大肠杆菌等以蛋白胨为碳源的基因工程菌发酵中,添加低浓度的单糖如葡萄糖、果糖、半乳糖和双糖(如蔗糖、乳糖、麦芽糖)及其他有机物如甘油等对菌体生长具有一定的促进作用。低浓度葡萄糖的添加可以有效提高菌体的生长速率,但浓度稍高后就表现出底物抑制作用。

另外葡萄糖优先利用会造成培养基的酸化,在发酵控制中是一个值得注意的问题。

（二）氮源

基因工程菌可直接很好地吸收利用铵盐等,一般不能利用硝态氮。几乎都能利用有机氮源如蛋白胨、酵母粉、牛肉膏、黄豆饼粉、尿素等。不同工程菌对氮源利用能力差异很大,具有很高的选择性。有机氮源的利用程度与细胞是否产生、分泌相应的降解酶有关,能分泌大量的蛋白酶、降解蛋白胨等,就能吸收利用。大肠杆菌、酵母等能利用大分子有机氮源,常用蛋白胨、酵母粉等作为培养基的成分。

（三）无机盐

无机盐包括磷、硫、钾、钙、镁、钠等大量元素和铁、铜、锌、锰、钼等微量元素的盐离子,为基因工程菌生长提供必需的矿物质。无机磷是许多初级代谢的酶促反应的效应因子,它参与生物大分子(如 DNA、RNA 和 ATP 等)的合成,影响糖代谢和细胞呼吸等。过量的无机磷会刺激葡萄糖的利用、菌体生长和氧的消耗。通常,起始的磷酸盐浓度应控制在 0.015 mol/L左右,浓度过低影响细菌生长,浓度过高则影响外源基因的表达。

（四）选择剂

基因工程菌往往是具有营养缺陷或携带选择性标记基因,这些特性保证了基因工程菌的纯正性和质粒的稳定性。选择标记有两类,即营养缺陷互补标记和抗生素抗性选择标记。基因工程大肠杆菌含有抗生素抗性基因,常用卡那霉素、氨苄青霉素、氯霉素、博来霉素等抗生素作为选择剂,基因工程酵母菌常用氨基酸营养缺陷型,如亮氨酸、组氨酸、赖氨酸、色氨酸等,因此在培养基必须添加相应的成分。

（五）诱导物

对于诱导表达型的基因工程菌,在细胞生长到一定阶段,必须添加诱导物(inducer),以解除目标基因的抑制状态,活化基因,进行转录和翻译,生成产物。使用 lac 启动子的表达系统,在基因表达阶段需要添加 IPTG 进行诱导,一般使用浓度为 0.1~2.0 mmol/L。对于甲醇营养型酵母,需要加入甲醇进行诱导。因此诱导物成为产物表达必不可少的。

二、发酵工艺控制

（一）发酵工艺控制的基本原则

基因工程菌的发酵的进程是营养要素和工艺条件的综合结果。工艺参数作为外部因素,能够控制工程菌的生长状态、代谢过程及强度。进行工程菌发酵工艺参数控制,至少要考虑以下 3 个方面的原则:①以菌体的生长为基础,以表达载体的产物合成为目标,协调生长和生产的关系;②防止表达载体的丢失,确保菌种的遗传稳定性和蛋白质药物结构的均一性;③既要提高重组蛋白质的合成产量,也要降低产物的降解,同时兼顾产物的积累形式。

由于表达载体对工程菌是一种额外负担,往往引起生长速率下降,而产物重组蛋白质可能对菌体有毒性。因此,在多数情况下,较常采用两段工艺进行工程菌的发酵控制,在工程菌对数生长期主要进行菌体生长,在对数中后期调整工艺参数,进行产物合成和积累。

(二)发酵温度控制

大肠杆菌生长的最适温度为37 ℃,最高温度为45 ℃。酿酒酵母生长的最适温度为30 ℃,最高温度为40 ℃。基因工程菌生长的最适温度往往与发酵温度不一致,这是因为发酵过程中,不仅要考虑生长速率,还要考虑发酵速率、产物生成速率等因素。特别是外源蛋白质表达时,在较高温度下形成包涵体的菌种,常常在较低温度下有利于表达可溶性蛋白质。对于温度诱导的大肠杆菌表达系统,在生长期维持37 ℃,在生产期要提高温度,一般为42 ℃,以实现产物的最大限度表达。对于热敏感的蛋白质,恒温、高温发酵往往引起大量降解。生产期可采用先高温诱导,然后降低温度,进行变温表达,避免蛋白质不稳定性降解。

对于大多数的基因工程菌,在一定的温度范围内,随着温度升高,质粒的稳定性在下降。对于大肠杆菌往往在30 ℃左右质粒稳定性最好。对于采用温敏启动子控制的质粒,大肠杆菌发酵温度由30 ℃升高到42 ℃诱导外源基因表达目标产物时,经常伴随质粒的丢失。为此,可以建立基于温度变化的分步连续培养,在第一个反应器中,30 ℃下进行生长培养,增加质粒稳定性,然后流入第二个反应器中,在42 ℃下进行诱导产物表达。可见温度的控制相当重要,必须选择适当的诱导时期和适宜的诱导温度。

(三)发酵液 pH 值控制

pH 值对基因工程菌发酵的影响与温度的影响类似,菌体生长、产物合成、质粒稳定性对 pH 值的要求不尽相同。细菌喜欢偏碱性环境,大肠杆菌的适宜 pH 值为 6.5 ~ 7.5,pH>9.0和 pH<4.5 则不能生长。真菌喜欢微酸性环境,酵母的适宜 pH 值为 5.0 ~ 6.0,pH>10.0 和<3.0 则不能生长。基因工程人干扰素是在酸性发酵条件下相对稳定,而在碱性条件下容易降解。在 pH=6.0 时,基因工程酵母表达乙肝表面抗原的质粒最稳定;在 pH=5.0 时,质粒最不稳定。

(四)溶解氧控制

基因工程菌是好氧微生物,生长过程需要大量分子氧。无氧呼吸会导致大量的能量消耗,同时产生有机酸,对细胞生长极为不利,甚至有毒害。因此,发酵过程中保证充分供氧显得十分重要。

溶氧既能影响菌体生长,又能影响产物合成。外源基因的高效转录和翻译需要大量的能量,促进了细胞的呼吸作用,提高了对溶氧的需求,因此只有维持较高水平的溶氧浓度,才能促进工程菌的生长,利于外源蛋白产物的形成。研究发现,分泌型重组人粒细胞–巨噬细胞集落刺激因子工程菌 *E. coli* W3100/pGM-CSF 在发酵过程中,若溶氧长期低于20%,则产生大量杂蛋白,影响下一步的纯化。因此,在发酵过程中,应始终控制溶氧在25% 以上。

三、产物的表达诱导与发酵终点控制

外源基因的产物往往是对宿主菌有害或产生毒性,因此,常用策略是条件诱导表达进行生产。启动子的类型和调控模式决定了发酵生产的目标基因产物的表达方式。当蛋白质药物产率达到最大时,即可结束发酵。几类常见用于药物生产的启动子类型与工程菌表达控制特点见表8-9。

表8-9　启动子类型与工程菌表达控制特点

工程菌	启动子	表达特点	诱导条件
大肠杆菌	Lac 启动子	高度严谨控制蛋白的转录与表达	IPTG
大肠杆菌	T7 启动子	高度严谨控制无毒蛋白的高水平表达	IPTG
大肠杆菌	P_L、P_R启动子	高度严谨控制有毒蛋白的表达	高温(42 ℃)
大肠杆菌	phoA 启动子	与信号肽序列融合,组成性分泌表达	无须诱导
酿酒酵母	GAL 启动子	高拷贝附加质粒,严谨控制,分泌表达	半乳糖
毕赤酵母	AOX1 启动子	整合到染色体中,严谨控制,分泌表达	甲醇
毕赤酵母	GAP 启动子	组成性分泌表达	无须诱导

对于 lac、tac、T7 等化学诱导型启动子,P_L、P_R等温度诱导型启动子,掌握适宜的时间进行诱导是非常重要的。最大程度诱导 lac 启动子需要 CAP 参与,在缺乏葡萄糖时,CAP活性很高,因此,培养基不能使用葡萄糖作碳源。通常采用两段培养发酵,在当菌体浓度达到对数生长期以后,进行添加诱导物或升高温度,诱导目标基因开始转录,翻译合成产物。诱导物的浓度及其发酵温度会影响产物的表达量,甚至是产物的存在形式,在生产中应严格控制。P_L、P_R启动子表达载体的优点是温度诱导,成本低。但也诱导了热激基因,其中有蛋白质水解酶,可能水解目标产物。同时,使目标蛋白热变性,聚集形成包涵体。采用 λ 噬菌体 cI$^+$溶原菌、用丝裂霉素和萘啶酮酸诱导或色氨酸诱导载体,可在一定程度克服。

四、基因工程菌发酵培养的质量控制

基因工程药物与传统意义上的一般药品的生产有着许多不同之处,首先它是利用活的细胞作为表达系统,所获蛋白质产品往往相对分子质量较大,并具有复杂的结构;许多基因工程药物还是参与人体一些生理功能精密调节所必需的蛋白质。极微量就可产生显著效应(白介素-12 活性剂量仅 0.1 μg,α 干扰素也只有 10～30 μg),任何药物性质或剂量上的偏差,都可能贻误病情甚至造成严重危害。宿主细胞中表达的外源基因,在转录或翻译、精制、工艺放大过程中,都有可能发生变化,故从原料到产品以及制备全过程的每一步都必须严格控制条件和鉴定质量,确保产品符合质量标准、安全有效。因此,对基因工程药物产品进行严格的质量控制是十分必要的。

(一)原料

原材料的质量控制是要确保编码药品的 DNA 序列的正确性,重组微生物来自单一克隆,所用质粒纯而稳定,以保证产品质量的安全性和一致性。根据质量控制要求,应该了解下列诸多特性:需要明确目的基因的来源、克隆经过,并以限制性内切酶酶切图谱和核苷酸序列等予以确证;应提供表达载体的名称、结构、遗传特性及其各组成部分(如复制子、启动子)的来源与功能,构建中所用位点的酶切图谱,抗生素抗性标志物;应提供宿主细胞的名称、来源、传代历史、检定结果及其生物学特性等;须阐明载体引入宿主细胞的方法及载体在宿主细胞内的状态,如是否整合到染色体内及在其中的拷贝数,并证明宿主细胞与载体结合后的遗传稳定性;提供插入基因与表达载体两侧端控制区内的核苷酸序列,详细叙述在生产过程中,启动与控制克隆基因在宿主细胞中表达的方法及水平等。

(二)工程菌的生产管理

生产基因工程产品的菌(毒)种应建立生产用菌(毒)种的种子批系统,包括原始种子批、主代种子批和工作种子批。并证明种子批不含致癌因子,无细菌、病毒、真菌和支原体等污染。对于原始种子批须确证克隆基因 DNA 序列,详细叙述种子批来源、方式、保存及预计使用期,保存与复苏时宿主载体表达系统的稳定性;对于工作种子批,应详细叙述细胞生长与产品生成的方法和材料,并控制微生物污染;提供培养生产浓度与产量恒定性数据。依据宿主细胞-载体系统稳定性,确定最高允许传种代数;培养过程中,应测定被表达基因分子的完整性及宿主细胞长期培养后的基因型特征;依宿主细胞-载体稳定性与产品恒定性,规定持续培养时间,并定期评价细胞系统和产品。培养周期结束时,应监测宿主细胞-载体系统的特性,如质粒拷贝数、宿主细胞中表达载体存留程度,含插入基因载体的酶切图谱等。

(三)表达载体稳定性与丢失率检查

通常采用平板稀释计数和平板点种法,以菌种的选择性是否存在来判断表达载体稳定性:平板计数法是把基因工程菌在有选择剂的培养液中生长到对数期,然后在非选择性培养液中连续培养,在不同时间(即繁殖一定代数)取菌液稀释后,涂布在固体选择性和非选择性培养基上,倒置培养,菌落计数,选择性菌落数除以非选择性菌落数,计算出表达的丢失率,评价载体的稳定性。

平板点种法是将菌液涂布在非选择性培养基上,长出菌落后再接种到选择性培养基上,验证表达载体的丢失。平板点种法是《中华人民共和国药典》规定的质粒丢失率检查方法,可用于生产过程中,定期对发酵液取样,考察表达载体的丢失情况。对于基因工程大肠杆菌,稀释发酵液,涂布在无抗生素的固体培养基上,37 ℃培养过夜。调取 100 个以上的单菌落,分别点种到有抗生素和无抗生素的固体培养基上,过夜培养。要求重复 2 次以上,菌落计数,计算表达载体的丢失率。在生产工艺验证中,表达载体的丢失率应在许可的范围内。

(四)蛋白纯化工艺过程的质量控制

产品要有足够的生理和生物学试验数据,确保不同批次的表达蛋白提纯物具有一致性;外源蛋白质、DNA 与热原物质都需要控制在规定限度以下。在精制过程中需要清除宿主细胞蛋白质、核酸、糖类、病毒、培养基成分以及精制工序本身引入的化学物质,并有检测方法。

(五)目标产品的质量控制

基因工程药物质量控制主要包括以下几项要求:产品的鉴别、纯度、活性、安全性、稳定性和一致性。该过程需要综合利用生物化学、免疫学、微生物学、细胞生物学和分子生物学等多门学科的理论与技术进行综合鉴定,才能切实保证基因工程药品的安全有效。

1. 产品的鉴别

(1)肽图分析:肽图分析是根据蛋白质、多肽的分子量大小以及氨基酸组成特点,使用专一性较强的蛋白水解酶(一般为肽链内切酶)作用于特殊的肽链位点将多肽裂解成小片断,通过一定的分离检测手段形成特征性指纹图谱。它是检测蛋白质一级结构中细微变化的最有效方法,该技术灵敏高效的特点使其成为对基因工程药物的分子结构和遗传稳定性进行评价和验证的首选方法。

(2)氨基酸成分分析:可利用氨基酸分析仪对表达产物多肽中的氨基酸组分进行准确分析。

(3)重组蛋白质的浓度测定和相对分子质量:蛋白质浓度测定方法主要有凯氏定氮法、双缩脲法、染料结合比色法、福林-酚法和紫外光谱法等。蛋白质相对分子质量测定最常用的方法有凝胶过滤法和 SDS-PAGE 法,凝胶过滤法是测定完整的蛋白质相对分子质量,而 SDS-PAGE 法测定的是蛋白质亚基的相对分子质量。同时用这两种方法测定同一蛋白质的相对分子质量,可以方便地判断样品蛋白质是寡蛋白质还是聚蛋白质。

(4)蛋白质二硫键分析:二硫键和巯基与蛋白质的生物活性有密切关系,基因工程药物产品的硫-硫键是否正确配对是一个重要问题。测定巯基的方法有对氯汞苯甲酸法和5,5′-二硫基双-2-硝基苯甲酸法等。

2. 纯度分析

纯度分析是基因工程药物质量控制的关键项目,它包括目的蛋白质含量测定和杂质限量分析两个方面的内容。

(1)目的蛋白质含量测定:测定蛋白质含量的方法可根据目的蛋白质的理化性质和生物学特性来设计。通常采用的方法有还原性及非还原性 SDS-PAGE、等电点聚焦、各种HPLC、毛细管电泳(CE)等。应有两种以上不同机制的分析方法相互佐证,以便对目的蛋白质的含量进行综合评价。

(2)杂质限量分析:包括蛋白类和非蛋白类两类。

1)蛋白类杂质:在蛋白类杂质中,最主要的是纯化过程中残余的宿主细胞蛋白。它的测定基本上采用免疫分析的方法,其灵敏度可达百万分之一。同时须辅以电泳等其他检测手段对其加以补充和验证。除宿主细胞蛋白外,目的蛋白本身也可能发生某些变化,形成在理化性质上与原蛋白质极为相似的蛋白杂质,如由污染的蛋白酶所造成的产物降解,冷冻过程中由于脱盐而导致的目的蛋白沉淀,冻干过程中过分处理所引发的蛋白质聚合等。这些由于降解、聚合或错误折叠而造成的目的蛋白变构体在体内往往会导致抗体的产生,因此这类杂质也都得严格控制。

2)非蛋白类杂质:具有生物学作用的非蛋白类杂质主要有病毒和细菌等微生物、热原质、内毒素、致敏原和 DNA。无菌性是对基因工程药物的最基本要求之一,可通过微生物学方法来检测,应证实最终制品中无外源病毒和细菌等污染。热原质可用传统的注射家兔法进行检测。目前鲎试验法测定内毒素也正越来越多地被引入到基因工程药物产品的质量控制中。来源于宿主细胞的残余 DNA 的含量必须用敏感的方法来测定,一般认为残余 DNA 含量小于 100 pg/剂量是安全的,但应视制品的用途、用法和使用对象来决定可接受的程度,残余 DNA 含量较多时,要采用核酸杂交法检测。

3. 生物活性测定

生物活性测定是保证基因工程药物产品有效性的重要手段,往往需要进行动物体内试验和通过细胞培养进行体外效价测定。重组蛋白质是一种抗原,均有相应的抗体或单克隆抗体,可用放射免疫分析法或酶标法测定其免疫学活性。体内生物活性的测定要根据目的产物的生物学特性建立适合的生物学模型。体外生物活性测定的方法有细胞培养计数法、^{3}H-胸腺嘧啶核苷掺入法和酶法细胞计数等。采用国际或国家标准品,或经国家检定机构认可的参考品进行校正标化。

4. 稳定性考察

药品的稳定性是评价药品有效性和安全性的重要指标之一,也是确定药品储藏条件和使用期限的主要依据。对于基因工程药物而言,作为活性成分的蛋白质或多肽的分子构型和生物活性的保持都依赖于各种共价和非共价的作用力,因此它们对温度、氧化、光照、离子浓度和机械剪切等环境因素都特别敏感。这就要求对其稳定性进行严格的控制。

5. 产品一致性保证

以重组 DNA 技术为主的生物制药是一个十分复杂的过程,生产周期可达一个月甚至更长,影响因素较多。只有对从原料、生产到产品的每一步骤都进行严格的控制和质量检定,才能确保各批次的最终产品都是安全有效、含量和杂质限度一致并符合标准。

第九章 制药与环境保护

环境是人类赖以生存和社会经济可持续发展的客观条件和空间。随着现代工业的高速发展,废气、废水和废渣(简称"三废")的大量排放和一些化学品的滥用,给整个人类生态环境造成了严重的危害,各国政府先后采取了许多强制措施,制定了一系列的法规,抓紧了对"三废"的防治工作。经过多年来的治理,许多城市江河的环境污染得到了有效的控制,环境质量也有了很大的改善,对一些全球化的化学污染如燃油泄漏、燃煤烟尘、酸雨、汽车尾气、有机氯农药、环境致癌物等的研究和控制以及治理都已取得值得肯定的进展。然而,这些方法的效果不仅是有限的,而且治理费用也是十分昂贵且日益增长,必须采取切实可行的措施,如发展绿色制药工业,走高科技、低污染的跨越式产业发展之路,治理和保护好环境,促进我国经济的持续发展。

第一节 防治"三废"的主要措施

药品的生产过程既是原料的消耗过程和产品的形成过程,也是"三废"的产生过程。生产药品所采取的生产工艺决定了污染物的种类、数量及毒性。药厂排出的"三废"往往具有毒性、刺激性和腐蚀性等特点,在防治"三废"时,必须把那些数量大、毒性高、腐蚀性强、刺激性大的"三废"治理放在首要地位。所以从合成路线着眼,选择那些污染少或没有污染的绿色生产工艺,改造那些污染严重的工艺路线,尽量消除或减少"三废"的排出。对于必须排出的"三废",要积极进行综合利用,化害为利。最后再考虑对"三废"进行无害化处理。

一、制药工业的"三废"特点

(一)数量少、成分复杂、综合利用率低

化学原料药物生产规模通常较小,排出的"三废"一般数量不大。由于化学合成的特殊性,反应多而复杂,副产物较多,有的副产物连结构也搞不清楚,故"三废"的综合治理很不容易。

(二)种类多、变动性大

制药工业对环境的污染主要来自于原料药的生产。化学原料药的生产具有反应多且复杂,工艺路线较长的特点,而且所用化工原料及辅料的种类之多是其他工业所少见的。同时由于新技术、新材料的出现,旧的生产路线的工艺改革,又使生产工艺变动较多,致使"三废"的种类、成分、数量也经常随之发生变化。所以,制药厂往往较难建成一个综合性的回收中心。

(三)间歇排放

制药厂大多采用分批间歇式的生产方式，"三废"的排放属于间歇式排放。间歇排放是一种短时内高浓度的集中排放，而且污染物的排放量、浓度、瞬时差异都缺乏规律性，它给环境带来的危害要比连续排放严重得多;且间歇排放也给"三废"处理带来不少困难，如生化处理法要求流入废水的水质、水量比较均匀，若变动过大，会抑制微生物的生长而显著降低处理的效果。

(四)化学耗氧量高、pH 值变化大

制药厂排出的"三废"以有机污染物为主，污染物结构复杂。其中有些有机质能被微生物降解，而有些有机质则难被微生物降解。所以，有些废水的化学需氧量(COD)很高，但生化需氧量(BOD)却不高。通常，在废水的生化处理前，应进行生物可降解性试验，以确定废水能否用生物法进行处理。对于那些浓度大而又不易被生物氧化的废水要另行处理(如萃取、焚烧等)，否则经生物处理后，出水中的化学耗氧量值仍然高于排放标准。此外，化学制药厂排出的废水酸碱性差异较大(呈酸性者居多)，对水生生物、建筑物和农作物都有极大的危害。因此，在生物处理或排放之前必须进行中和处理，以免影响处理效果或者造成环境污染。

二、防治"三废"的主要措施

(一)采用绿色生产工艺

在 20 世纪中叶以前，由于对污染物的毒性、危害性等缺乏认识，没有相应的法规来限制污染物的排放，制药工业对环境造成了很大污染，直接影响到人类的健康。随后，各国相继制定了一系列的环境保护法规，以限制污染物的排放，开发了一系列的污染治理技术，如中和废液、洗涤废气、焚烧废渣等。在对环境污染进行治理的同时，更需要采取措施从源头上消除环境污染。

绿色生产工艺是在绿色化学的基础上开发的从源头上消除污染的生产工艺。这类工艺最理想的方法是采用"原子经济反应"，即在获取新物质的过程中充分利用每个原料原子，使原料中的每一个原子都转化成产品，不产生任何废弃物和副产品，实现"零排放"，不仅充分利用资源，而且不产生污染。绿色化学的研究主要是围绕化学反应、原料、催化剂、溶剂和产品的绿色化而开展的。

绿色制药工业一方面要从技术上减少和消除对大气、土地和水域的污染，从合成路线、工艺改革、品种更替和环境控制上解决环境污染和资源短缺等问题;另一方面要全面贯彻药品法，保证化学制药从原料、生产、加工、储存、运输到销售、使用和废弃物处理各环节的安全，保持生态环境的可持续性发展。另外，绿色制药所考虑的药品生产线与传统的生产线不同，它把治理污染作为设计、筛选药品生产工艺的首要条件，研究和发展无害化清洁工艺，推行清洁生产。即以低消耗(物耗，水、电、汽的消耗，工耗)、无污染(至少低污染)、资源再生、废物综合利用、分离降解等方式实现制药工业的"生态"循环、"环境友善"及清洁生产的"绿色"结果。当前的主要任务是针对生产过程的主要环节和组分，重新设

计低污染或无污染的生产工艺,并通过优化工艺操作条件、改进操作方法等措施,实现制药过程的节能、降耗、消除或减少环境污染的目的。

1. 重新设计低污染或无污染的生产工艺

在重新设计药品的生产工艺时应尽可能选用无毒或低毒的原辅材料来代替有毒或剧毒的原辅材料,以降低或消除污染物的毒性。例如在氯霉素的合成中,原来采用氯化高汞作催化剂制备异丙醇铝,后改用三氯化铝代替氯化高汞作催化剂,从而彻底解决了令人棘手的汞污染问题。

$$2Al+6(CH_3)_2CHOH \xrightarrow{\text{催化剂}} 2Al[(CH_3)_2CHO]_3+3H_2\uparrow$$

在药物合成中,许多药品常常需要多步反应才能得到。尽管有时单步反应的收率很高,但反应的总收率一般不高。在重新设计生产工艺时,简化合成步骤,可以减少污染物的种类和数量,从而减轻处理系统的负担,有利于环境保护。布洛芬的生产就是一个很好的例子。

非甾体消炎镇痛药布洛芬的合成曾采用 Boots 公司的 Brown 合成路线,须通过六步反应才能从原料异丁苯得到产品。每一步反应中的原料只有一部分进入产物,而另一部分则变成了废物,采用这条路线原料中的原子只有 40.03% 进入最终产品。合成路线如下。

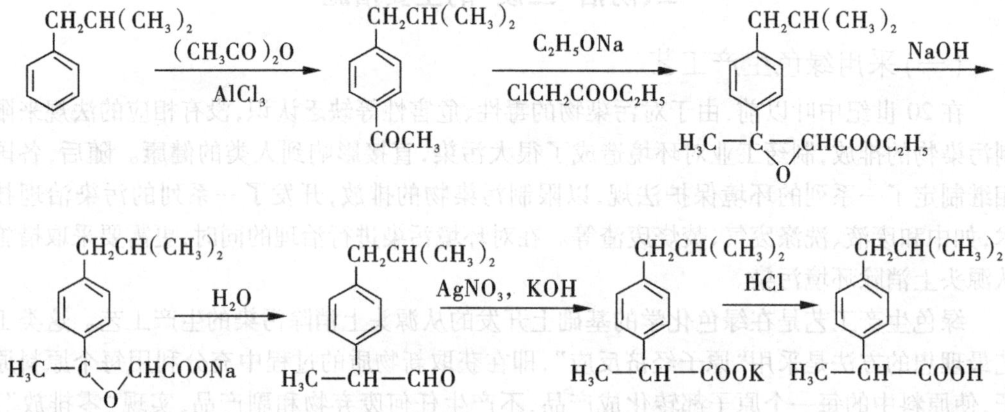

最近,BHC 公司发明了生产布洛芬的新方法,该方法只采用三步反应即可得到产品布洛芬。采用新发明的方法生产布洛芬,其中布洛芬的转化率为 83%,选择性为 82%。其原子的经济性达到 77.44%(如果考虑副产物乙酸的回收则达到 99%),也就是说新方法产生的废物量减少了 37%,BHC 公司因此获得了 1997 年度美国"总统绿色化学挑战奖"的变更合成路线奖。其成功之处在于尽量避免采用纯的有机合成,而是采用了过渡金属催化反应,如 Raney Ni 催化氢化反应和金属钯催化的羰基化反应。

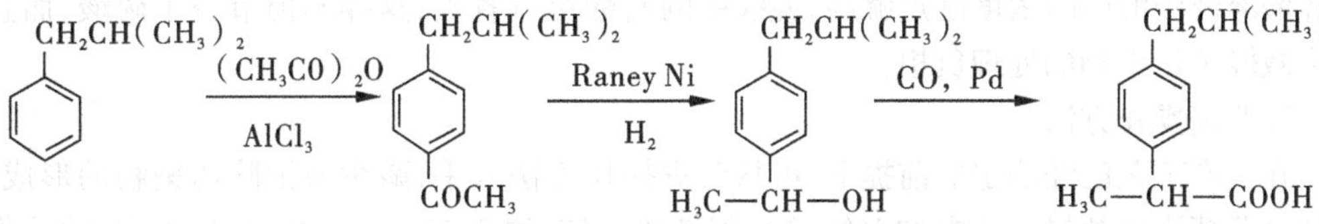

设计无污染的绿色生产工艺是消除环境污染的根本措施。如苯甲醛在化学合成中是一种重要的中间体,传统的合成路线是以甲苯为原料通过二氯代苄水解而得。

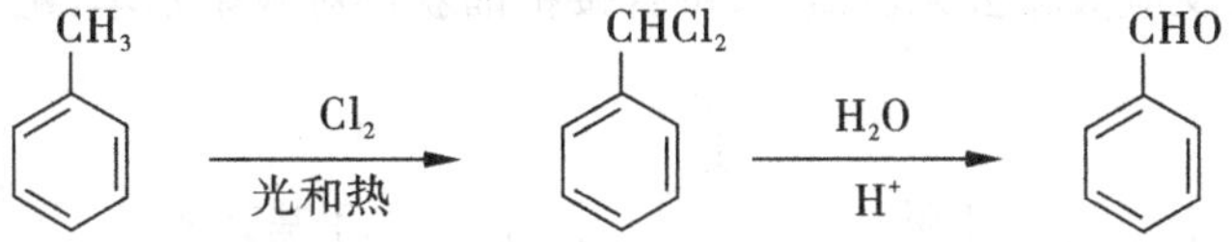

该生产工艺不仅要产生大量须治理的废水,而且由于有伴随光和热的大量氯气参与反应,因此,对周围的环境将造成严重的污染。后来,改进生产工艺,采用间接电氧化法,其基本原理是在电解槽中将 Mn^{2+} 电解氧化成 Mn^{3+},然后将 Mn^{3+} 与甲苯在槽外反应器中定向生成苯甲醛,同时 Mn^{3+} 被还原成 Mn^{2+}。经油水分离后,水相返回电解槽电解氧化,油相经精馏分出苯甲醛后返回反应器。反应方程式如下:

$$Mn^{2+} \xrightarrow{\text{电解氧化反应}} Mn^{3+} + e^-$$

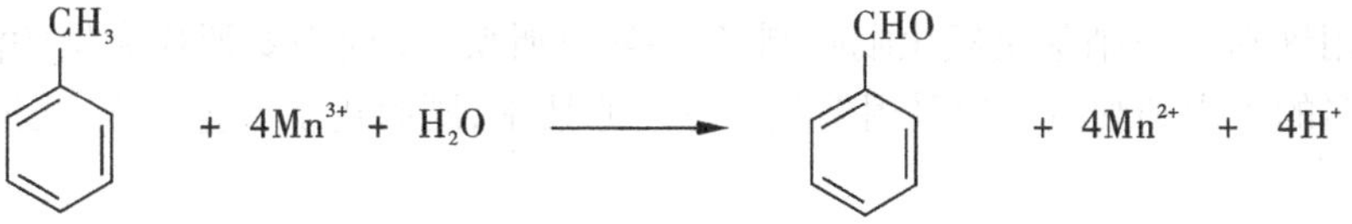

上述工艺中油相和水相分别构成闭路循环,整个工艺过程无污染物排放,是一条绿色生产工艺。

2. 优化工艺条件

化学反应的许多工艺条件,如原料纯度、投料比、反应时间、反应温度、反应压力、溶剂、pH 值等,不仅会影响产品的收率,而且也会影响污染物的种类和数量。对工艺条件进行优化获得最佳工艺条件,是减少或消除污染的一个重要手段。如在药物生产中,为促使反应完全,提高收率或兼作溶剂等原因,生产上常使某种原料过量,这样往往会增加污染物的数量。因此必须统筹兼顾,既要使反应完全,又要使原料不致过量太多。例如乙酰苯胺的硝化反应:

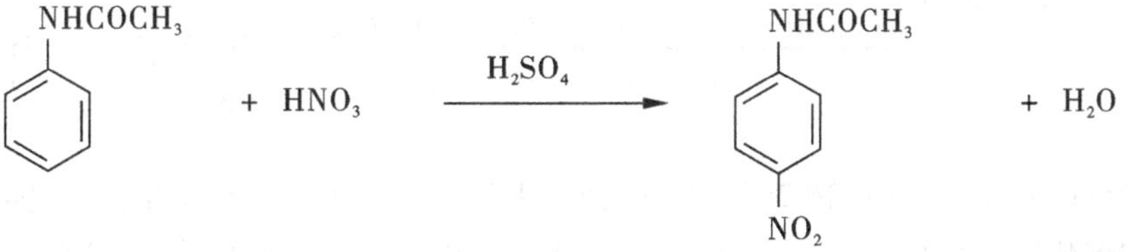

原工艺要求将乙酰苯胺溶于硫酸中,再加混酸进行硝化反应。后经研究发现,乙酰苯

胺硫酸溶液中的硫酸浓度已足够高,混酸中的硫酸可以省去,这样不但节省了硫酸,而且大大减轻了污染物的处理负担。

3. 改进操作方法

在生产工艺已经确定的前提下,可从改进操作方法入手,减少或消除污染物的形成。例如抗菌药诺氟沙星合成中的对氯硝基苯氟化反应,原工艺采用二甲基亚砜(DMSO)作溶剂。由于 DMSO 的沸点和产物对氟硝基苯的沸点接近,难以直接用精馏方法分离,须采用水蒸气蒸馏才能获得对氟硝基苯,因而不可避免地产生一部分废水。后改用高沸点的环丁砜作溶剂,反应液除去无机盐后,可直接精馏获得对氟硝基苯,避免了废水的生成。

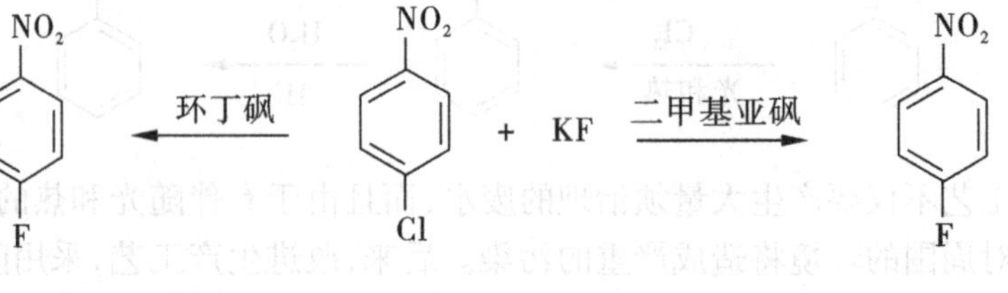

4. 采用新技术

实现化学制药的绿色化,根本手段就是要充分利用与创造新的技术来革新药物的生产工艺。现有的新技术包括催化技术、不对称合成技术、绿色拆分技术、微波技术、组合技术和在环境友好介质中合成药物等。使用新技术不仅能显著提高生产技术水平,而且有利于污染物的防治和环境保护。例如在抗生素类药物 4-乙酰氨基哌啶醋酸盐的合成中,原工艺采用铁粉还原硝基氮氧化吡啶制备 4-氨基吡啶,反应中要消耗大量的溶剂醋酸,并产生较多的废水和废渣。现采用催化加氢还原技术,既简化了工艺操作,又消除了环境污染。

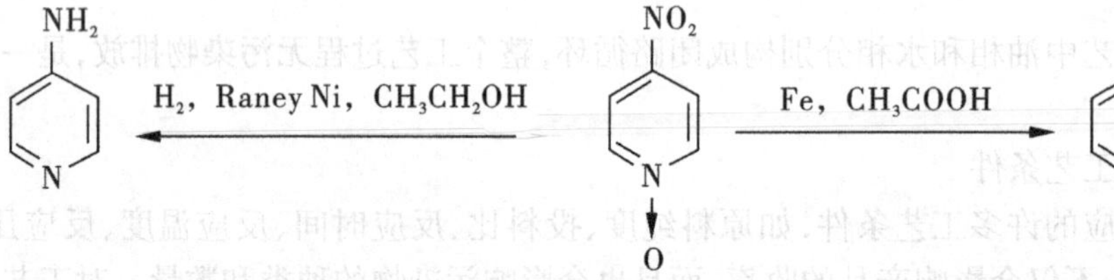

又如,孟山都公司开发的外消旋萘普生的生产工艺,即在相转移催化剂的存在下,于 N,N-二甲基甲酰胺(DMF)中以金属铝为阳极,电解 6-甲氧基-2-乙酰基萘,可得到外消旋的萘普生,产率为 83%。

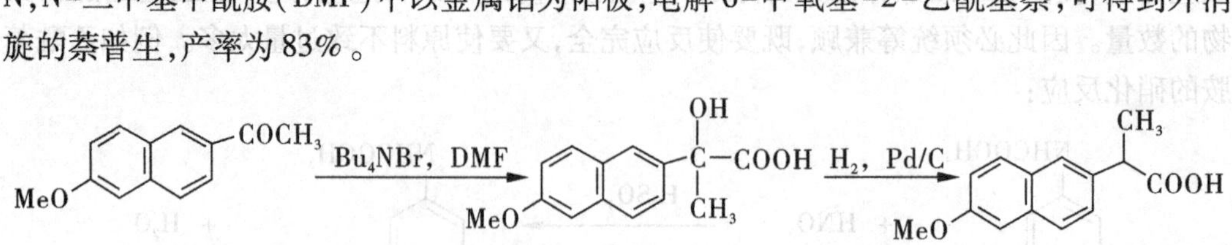

上述反应式中,电解产物 2-羟基-2-(6′-甲氧基-2′-萘基)丙酸经脱水,再用手性膦钌络合物催化氢化可生产(S)-萘普生,产率 92%,该工艺总成本可降低 50%。

$$\text{MeO} \underset{}{\overset{\text{CH}_2}{\bigcirc\bigcirc}}\text{COOH} \xrightarrow{\text{Ru-（S）-BINAP，135 atm H}_2} \text{MeO}\underset{}{\overset{\text{CH}_3}{\bigcirc\bigcirc}}\text{COOH}$$

（S）-萘普生

其他新技术,如手性药物制备中的化学控制技术、生物控制技术、相转移催化技术、超临界萃取技术和超临界色谱技术等的使用都能显著提高产品的质量和收率,降低原辅材料的消耗,提高资源和能源的利用率,同时也有利于减少污染物的种类和数量,减轻后处理过程的负担,有利于环境保护。

（二）循环使用和合理套用

药物合成反应往往不能进行得十分完全,因此母液中常含有一定数量的未反应原料和反应副产物。在某些药物合成中,反应的母液常可循环使用或经适当处理后使用。例如,氯霉素合成中的乙酰化反应。

$$\underset{\text{NO}_2}{\overset{\text{COCH}_2\text{NH}_2\cdot\text{HCl}}{\bigcirc}} + (\text{CH}_3\text{CO})_2\text{O} + \text{CH}_3\text{COONa} \xrightarrow{\text{H}_2\text{O}} \underset{\text{NO}_2}{\overset{\text{COCH}_2\text{NHCOCH}_3}{\bigcirc}} + 2\text{CH}_3\text{COOH} + \text{NaCl}$$

原工艺是在反应后将母液蒸发浓缩以回收醋酸钠,残液废弃。现将母液循环使用,将母液按含量代替醋酸钠直接应用于下一批反应,从而去除了蒸发、结晶、过滤等操作。此外,由于母液中含有一些反应产物——乙酰化物,循环使用母液后不仅降低了原料的消耗,提高了收率,而且减少了废水的处理量。

将反应母液循环使用于反应中,不仅大大地减少了"三废"污染,而且如果处理方法得当,相当于一个闭路循环,是一个理想的绿色生产工艺。除了母液可以进行循环使用外,药物生产中大量使用的各种有机溶剂、催化剂、活性炭等经过处理也可考虑反复套用。

化学制药厂中冷却水的用量通常很大,必须考虑回收利用,进行闭路循环,不能与其他污水混合。由生产系统排出的废水经处理后,也可采取闭路循环。水的重复利用是保护水源、控制环境污染的重要措施。

（三）回收利用和综合利用

循环使用和合理套用能大大地减少"三废",但不能彻底消除"三废"。一般来讲,"三废"通常是由未反应的原料、反应副产物及未回收完全的产物所致,所以从某种意义上说,"三废"也是一种"资源",能否充分地利用这种资源,也反映了一个企业的生产技术水平。从排放的废弃物中回收有价值的物料,开展综合利用,是控制污染的一个积极措施。回收利用所采用的方法包括蒸馏、结晶、萃取、吸收、吸附等。有些"三废"直接回收有困难,可先进行适当的化学处理(如氧化、还原、中和等),然后再回收利用。近年来,在制药行业的污染治理中,资源综合利用的成功例子很多。例如,氯霉素生产中的副产物邻硝基乙苯,是重要的污染物之一,将其制成杀草安,是一种优良的除草剂。

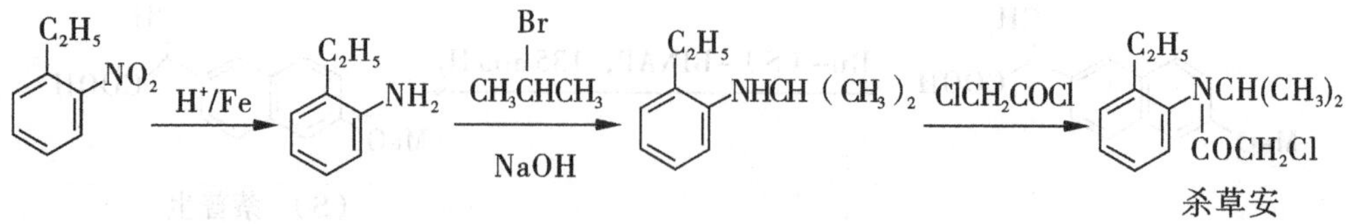

再如,对氯苯酚是制备降血脂药安妥明的主要原料,其生产过程中的副产物邻氯苯酚是重要的污染物之一,将其制备成2,6-二氯苯酚可用作解热镇痛药双氯芬酸钠的原料。

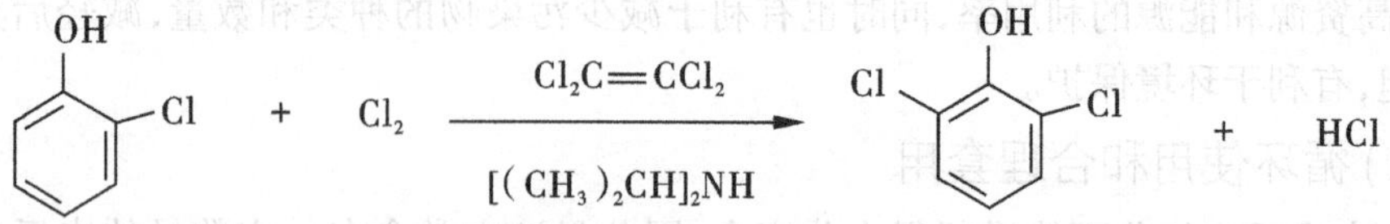

在资源利用方面应考虑利用其他药厂或行业的"废物"作为药物生产的原料,这不仅可以降低生产成本,而且也解决了药厂的"三废"问题,同时也对环境保护、资源利用做出了贡献。如某厂合成8-羟基喹啉所用的原料邻硝基苯酚,本来需要专门进行合成,但由于香料厂生产邻硝基苯甲醚排出的废水中就含有大量邻硝基苯酚,用200号溶剂萃取回收便可用来生产8-羟基喹啉。造纸废液中的香兰醛,也可作为某些药物生产的原料,这些情况在化学制药工业中不乏其例。

(四)加强设备的管理

改进生产设备,加强设备管理是药品生产中控制污染源、减少环境污染的又一个重要途径。设备的选型是否合理、设计是否恰当,与污染物的数量和浓度有很大的关系。例如,甲苯磺化反应中,用连续式自动脱水器代替人工操作的间歇式脱水器,可显著提高甲苯的转化率,减少污染物的数量。又如,在直接冷凝器中用水直接冷凝含有机物的废气,会产生大量的低浓度废水。若改用间壁式冷凝器用水进行间接冷却,可以显著减少废水的数量,废水中有机物的浓度也显著提高。数量少而有机物浓度高的废水有利于回收处理。

在药品生产中,从原料、中间体到产品,以及排出的污染物,往往具有易燃、易爆、有毒、有腐蚀性等特点。就整个工艺过程而言,提高设备及管道的严密性,使系统少排或不排污染物,是防止产生污染物的一个重要措施。因此,无论是设备或管道,从设计、选材、到安装、操作和检修,以及生产管理的各个环节,都必须重视,以杜绝"跑、冒、滴、漏"现象,减少环境污染。

第二节   废水处理技术

在药厂产生的污染物中,以废水的数量最大,种类最多,危害最严重,对生产可持续发展的影响也最大,它是制药企业污染物无害化处理的重点和难点。

一、基本概念

(一) 水质指标

水质指标是表征废水性质的参数,对废水进行无害化处理,控制和掌握废水处理设备的工作状况和效果,必须定期分析废水的水质。表征废水水质的指标很多,比较重要的有 pH 值、悬浮物(SS)、生化需氧量、化学需氧量等指标。

pH 值是反映废水酸碱性强弱的重要指标。它的测定和控制,对维护废水处理设施的正常运行、防止废水处理及输送设备的腐蚀、保护水生生物和水体自净化功能都有重要的意义。处理后的废水应呈中性或接近中性。

悬浮物是指废水中呈悬浮状态的固体,是反映水中固体物质含量的一个常用指标,可用过滤法测定,单位符号为 $mg \cdot L^{-1}$。

生化需氧量是指在一定条件下微生物分解水中有机物时所需的氧量,单位符号为 $mg \cdot L^{-1}$。微生物分解有机物的速度与程度和时间有直接的关系。在实际工作中,常在 20 ℃ 的条件下,将废水培养 5 d,然后测定单位体积废水中溶解氧的减少量,即 5 d 生化需氧量,常用 BOD_5 表示。BOD 反映了废水中可被微生物分解的有机物的总量,其值越大,表示水中有机物越多,水体被污染的程度越高。

化学需氧量是指在一定条件下用强氧化剂($K_2Cr_2O_7$ 或 $KMnO_4$)氧化废水中的污染物所消耗的氧量,单位符号为 $mg \cdot L^{-1}$。这些污染物包括能被强氧化剂氧化的有机物及无机物。测定结果分别标记 COD_{Cr} 或 COD_{Mn},我国的废水检验标准规定以重铬酸钾作氧化剂,一般为 COD_{Cr}。BOD 与 COD 都可表征水被污染的程度,但是 COD 更能精确地表示废水中污染物的含量,而且测定时间短,不受水质限制,因此常被用作废水的污染指标。COD 与 BOD 之差表示废水中不能被微生物分解的污染物含量。

(二) "清污" 分流

所谓的"清污"分流是指将清水(一般包括冷却水、雨水、生活用水等)、废水(包括药物生产过程排出的各种废水)分别经过各自的管路或渠道进行排泄和储留,以利于清水的套用和废水的处理。在药厂中清水的数量通常超过废水许多倍,采用"清污"分流,不但可以节约大量清水,而且可以大幅度降低废水量,提高废水的浓度,从而大大减轻废水的输送负荷和"三废"处理负担。

除"清污"分流外,还必须把某种特殊废水与一般废水分开,以利于特殊废水的单独处理与一般性废水的常规处理。例如,含剧毒物质(如某些重金属)的废水应与准备生化处理的废水分开;不能让含氰废水、含硫化合物废水和呈酸性的废水混合等。

(三) 废水处理级数

药厂废水的处理方法包括物理法、化学法和生化法。废水的处理程度可分为一级、二级和三级处理。

一级处理主要是预处理,用物理方法或简单化学方法使废水中悬浮物、泥沙、油类或胶态物质沉淀下来,以及调整废水的酸碱度等。通过一级处理可减轻废水的污染程度和后续处理的负荷。在大多数情况下,一级处理后的废水仍达不到国家的排放标准,需要进行二级处理,必要时还需要进行三级处理后才能符合排放要求。对于少数含有机污染物少的场合,经一级处理后能够达到国家排放标准的废水也可直接排放。一级处理具有投资少、减轻二级处理负荷、降低废水处理成本等特点。

二级处理主要指生化处理法,适用于处理各种含有机污染物的废水。生化法包括好氧法和厌氧法。经生化法处理后,废水中可被微生物分解的有机物一般可去除90%左右,固体悬浮物可去除90%~95%。BOD_5可降至$20\sim30$ mg·L^{-1},二级处理能大大改善水质,处理后的废水一般能达到排放标准。

三级处理又称深度处理,是一种净化要求较高的处理。目的是除去二级处理中未能除去的污染物,包括不能被微生物分解的有机物、可导致水体富营养化的可溶性无机物(如氮、磷等)以及各种病毒、病菌等。三级处理所使用的方法很多,如过滤、活性炭吸附、臭氧氧化、离子交换、电渗析、反渗析以及生物法脱氮除磷等。废水经过三级处理后,BOD_5可从$20\sim30$ mg·L^{-1}降至5 mg·L^{-1}以下,最后达到地面水、工业用水的水质要求。

二、废水的污染控制指标

制药工业的废水来源一般是废母液,反应罐废残液,设备清洗液,洗液;"跑、冒、滴、漏"的原辅材料,物料事故跑料液,废气吸收液,废渣稀释液,排入下水管道的废水等。这些废水污染物种类繁多,浓度很高,分子量一般很大,生化处理所需时间长,对环境污染也严重,处理后达到排放标准方可排放。在《国家污水综合排放标准》中,按污染物对人体健康的影响程度,一般可分为以下两类。

(一)第一类污染物

第一类污染物指能在环境或生物体内蓄积,对人体健康产生长远不良影响者。《国家污水综合排放标准》中规定此类污染物有9种,即总汞、烷基汞、总镉、总铬、六价铬、总砷、总铅、总镍、苯并(α)芘。含有这一类有害污染物质的废水,不分行业和排放方式,也不分受纳水体的功能差别,一律要在车间或车间的处理设施排出口取样,其最高允许排放浓度必须符合表9-1的规定。

表9-1　第一类污染物最高允许排放浓度 (mg·L^{-1})

序号	污染物	最高允许排放浓度	序号	污染物	最高允许排放浓度
1	总汞	0.05	6	总砷	0.5
2	烷基汞	不得检出	7	总铅	1.0
3	总镉	0.1	8	总镍	1.0
4	总铬	1.5	9	苯并(α)芘	0.000 05
5	六价铬	0.5			

(二)第二类污染物

第二类污染物指其长远影响小于第一类的污染物质。在《国家污水综合排放标准》

中规定的有 pH 值、化学需氧量(COD_{Cr})、生化需氧量(BOD_5)、色度、悬浮物、石油类、挥发性酚类、氰化物、硫化物、氟化物、硝基苯类、苯胺类等共 20 项。含有第二类污染物的废水在排污单位排出口取样,根据受纳水体的不同,执行不同的排放标准。部分第二类污染物的最高允许排放浓度列于表 9-2 中。

表 9-2　第二类污染物最高允许排放浓度

污染物	一级标准		二级标准		三级标准
	新扩建	现有	新扩建	现有	
pH 值	6 ~ 9	6 ~ 9	6 ~ 9	6 ~ 9	6 ~ 9
悬浮物($mg \cdot L^{-1}$)	70	100	200	250	400
生化需氧量(BOD_5)($mg \cdot L^{-1}$)	30	60	60	80	300
化学需氧量(COD_{Cr})($mg \cdot L^{-1}$)	100	150	150	200	500
石油类($mg \cdot L^{-1}$)	10	15	10	20	30
挥发酚类($mg \cdot L^{-1}$)	0.5	1.0	0.5	1.0	2.0
氰化物($mg \cdot L^{-1}$)	0.5	0.5	0.5	3.5	1.0
硫化物($mg \cdot L^{-1}$)	1.0	1.0	1.0	2.0	2.0
氟化物($mg \cdot L^{-1}$)	10	15	10	15	20
硝基苯类($mg \cdot L^{-1}$)	2.0	3.0	3.0	5.0	5.0

国家按照地面水域的使用功能要求和排放去向,对向地面水域和城市下水道排放的废水分别执行一级、二级、三级标准。对特殊保护水域及重点保护水域执行一级标准:如生活用水水源地,国家划定的重点风景名胜、重点风景游览区水体,珍贵鱼类及一般经济渔业水域,以及具特殊经济文化价值的水体保护区、海水浴场及水产养殖场。对一般保护水域执行二级标准:如一般工业用水区,景观用水区及农业用水区、港口和海洋开发作业区。对排入城镇下水道并进入二级污水处理厂进行生化处理的污水执行三级标准。对排入未设置二级污水处理厂的城镇污水,必须根据下水道出水受纳水体的功能要求,分别执行一级或二级标准。

三、废水治理的基本方法

废水处理就是将废水中的污染物分离出来,或将其转化为无害物质,从而使废水得到净化。废水处理技术很多,按作用原理一般可分为物理法、化学法、物理化学法和生物法。

物理法是利用物理作用将废水中呈悬浮状态的污染物分离出来,在分离过程中不改变其化学性质,如沉降、气浮、过滤、离心、蒸发、浓缩等。物理法常用于废水的一级处理,主要是分离或回收废水中的悬浮物等有害物质。

化学法是利用化学反应原理来分离、回收废水中各种形态的污染物,如凝聚、中和、氧化还原等。一般用于有毒、有害废水的处理,使废水达到不影响生化处理的条件。

物理化学法是综合利用物理和化学作用分离废水中的溶解物质,回收有用成分,使废水进一步得到处理。如吸附、离子交换、电渗析、反渗透等。近年来,物理化学法处理废水已形成了一些固定的工艺单元,得到了广泛的应用。

生物法是利用微生物的代谢作用,使废水中呈溶解和胶体状态的有机污染物转化为稳定、无害的物质,如 H_2O 和 CO_2 等。生物法能够去除废水中的大部分有机污染物,是常用的二级处理法。

上述各种废水处理方法都是一种单元操作。由于制药工业废水的特殊性,不可能仅用一种方法就将废水中的全部污染物清理干净。如物理法处理废水成本较低,但处理效果一般较差,处理后的废水一般还需用生物法进行处理。生物法治理废水具有成本低、处理效果好的特点,但废水中若含有毒物则影响处理效果,而且生物法对难降解的有机物,处理效果也不佳。所以,在废水处理时,常常将几种方法组合在一起,形成一个处理流程。流程的组织一般是遵循先易后难、先简后繁的规律。即首先使用物理方法进行预处理,以除去大部分的垃圾、漂浮物和悬浮固体等,然后再使用化学法和生物法等进行二级处理以去除有毒的有害物质。另外,在进行生物法处理前,要进行污染物可降解性试验,确定生物处理的可行性。有些污染物用臭氧气化、活性炭吸附、离子交换树脂等方法处理,效果较好,但这些处理方法成本高,不适于大规模的废水处理。总之,对于某种特定的废水,应根据废水的水质、水量、回收有用物质的可能性和经济性以及排放水体的具体要求等情况确定适宜的废水处理流程。

四、废水的生物处理法

利用微生物的生命代谢活动,使废水中的有机污染物得以氧化分解是一种十分有效的废水处理方法。根据微生物的种类及其对氧气要求条件的不同,可以把生物处理工艺分为好氧生物处理法和厌氧生物处理法两种类型。其中好氧生物处理法又可分为活性污泥法和生物膜法。另外,还有利用藻菌共生系统净化废水的氧化塘法以及利用土地的自净能力净化废水的土地处理法。由于药厂废水种类繁多、性质各异,因此选择处理方法时,要根据废水的水质、水量等情况,因地制宜地选用。下面仅就医药工业常用的活性污泥法、生物膜法及厌氧生物处理法做一介绍。

（一）基本原理

好氧生物处理是在有氧条件下,利用好氧微生物的作用将废水中有机物氧化分解为 CO_2 和 H_2O,并释放出能量的代谢过程。有机物（$C_xH_yO_z$）在氧化过程中释放出的氢是以氧作为受氢体的。如下式所示:

$$C_xH_yO_z+O_2 \xrightarrow{\text{酶}} CO_2+H_2O+能量$$

在好氧生物处理的过程中,有机物的分解比较彻底,最终产物是含能量最低的 CO_2 和 H_2O,故释放的能量较多,代谢速度较快,代谢产物也很稳定。从废水处理的角度考虑,这是一种非常好的代谢形式。

用好氧生物处理法有机废水,基本上没有臭气产生,所需的处理时间比较短,在适宜的条件下,有机物的生物去除率一般在80% ~90%,有时可达95%以上。因此,好氧生物处理法已在有机废水处理中得到了广泛应用,活性污泥法、生物滤池、生物转盘等都是常见的好氧生物处理法。好氧生物处理法的缺点是对于高浓度的有机废水,要供给好氧生物所需的氧气(空气)比较困难,须先用大量的水对废水进行稀释,且在处理过程中要不断地补充水中的溶解氧,从而使处理的成本增高。

厌氧生物处理是在无氧条件下,利用厌氧微生物,主要是厌氧的作用,来处理废水中的有机物。厌氧处理中的受氢体不是游离氧,而是有机物或含氧化合物,如 SO_4^{2-}、NO_3^-、NO_2^- 和 CO_2 等,因此,最终的代谢产物不是简单的 CO_2 和 H_2O,而是一些低分子有机物 CH_4、H_2S 和 NH_4^+ 等。

厌氧生物处理是一个复杂的生物化学过程,主要依靠三大类细菌,即水解产酸细菌,产氢、产乙酸细菌,以及产甲烷细菌的联合作用来完成。厌氧生物处理过程可粗略地分为三个连续的阶段,即水解产酸阶段,产氢、产乙酸阶段和产甲烷阶段,如图9-1所示。

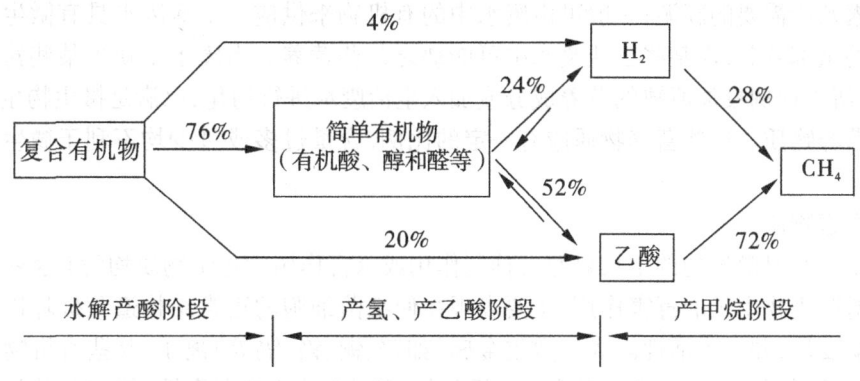

图9-1 厌氧生物处理的三个阶段和COD转化率

厌氧生物处理过程中不需要供给氧气(空气),故动力消耗少、设备简单,并能回收一定数量的甲烷气体作为燃料,因而运行费用较低。目前,厌氧生物法主要用于中、高浓度有机废水的处理,也可用于低浓度有机废水的处理。该法的缺点是处理时间长,处理过程中常有硫化氢或其他一些硫化物生成,硫化氢与铁质接触就会形成黑色的硫化铁,从而使处理后的废水既黑又臭,需要进一步处理。

(二)生物处理对水质的要求

废水的生物处理是以废水中的污染物作为营养源,利用微生物的代谢作用使废水得到净化。当废水中存在有毒物质,或环境条件发生变化,超过微生物的承受限度时,将会对微生物产生抑制或毒害作用。因此,进行生物处理时,为微生物提供一个适宜的生存环境是十分重要的。废水生物处理中影响微生物生长繁殖的环境因素主要有以下几个方面。

1. 温度

温度是影响微生物生长繁殖的一个重要外界因素。当温度过高时,微生物会发生死亡;而温度过低时,微生物的代谢作用将变得非常缓慢,活力受到限制。好氧生物处理的水温宜控制在 20 ~ 40 ℃,有些工业废水温度过高,在处理前应先行降温。而厌氧生物处理的水温与各种产甲烷菌的适宜温度条件有关,其适宜水温可分别控制在 10 ~ 30 ℃、35 ~ 38 ℃和 50 ~ 55 ℃。

2. pH 值

大多数微生物在中性或接近中性时生长最好,少数细菌能在很低或很高 pH 值环境内生长。一般霉菌和酵母菌的适宜 pH 值为 4 ~ 6,原生动物也以在中性环境条件下的生长最好。对于好氧生物处理,废水的 pH 值控制在 6 ~ 9 范围内;对于厌氧生物处理,废水的 pH 值控制在 6.5 ~ 7.5 的范围内。微生物在生活过程中常常由于某些代谢产物的积累而使周围环境的 pH 值发生改变,故在废水处理过程中常需加入一些廉价物质(如石灰等)以调节 pH 值。

3. 营养物质

微生物的生长繁殖需要多种营养物质,如碳源、氮源、无机盐及少量维生素等。微生物生长繁殖所需要的碳源,一般可由废水中的有机物来供应。生活废水具有微生物生长所需要的全部营养,而某些工业废水中可能缺乏某些营养。当废水中缺少某些营养成分时,可按所需比例投加所缺的营养成分或加入生活废水进行均化,以满足微生物生长所需的各种营养物质。这些营养物质应有一定的比例,含量过多或过少均不利于微生物的生长繁殖。

4. 有害物质

废水中凡对微生物的生长繁殖有抑制作用或杀害作用的化学物质均为有害物质。有害物质对微生物生长的毒害作用,主要表现在使细菌细胞的正常结构遭到破坏以及使菌体内的酶变质,并失去活性。大多数重金属(如锌、铜、铬、镉等)离子、某些有机物(酚、甲醛、甲醇、苯、氯苯等)和某些无机物(如氰化物、硫化物等)都有毒性,能抑制其他物质的生物氧化。有些毒物虽然能被某些微生物分解,但当浓度超过一定限度时,则会抑制微生物的生长、繁殖,甚至杀死微生物。不同种类的微生物对同一毒物的耐受能力不同,各种毒物的允许浓度范围较广,对一种废水来说,必须根据具体情况,做具体分析,必要时要通过试验,以确定毒物的种类及毒物的允许浓度。

此外,微生物的生长、繁殖还与氧化还原电位、光线、超声波、压力等因素有关,在废水处理时,也应注意将这些条件控制在一定的范围之内。

5. 溶解氧

好氧生物处理须在有氧的条件下进行,溶解氧不足将导致处理效果明显下降,因此,一般须从外界补充氧气(空气)。实践表明,对于好氧生物处理,水中的溶解氧宜保持在 $2 \sim 4 \ mg \cdot L^{-1}$,如出水中的溶解氧不低于 $1 \ mg \cdot L^{-1}$,则可以认为废水中的溶解氧已经足够。而厌氧微生物对氧气很敏感,当有氧气存在时,它们就无法生长。因此,在厌氧生物处理中,处理设备要严格密封,隔绝空气。

6. 有机物浓度

在好氧生物处理中,废水中的有机物浓度不能太高,否则会增加生物反应所需要的氧量,容易造成缺氧,影响生物处理效果。而厌氧生物处理是在无氧条件下进行的,因此,可处理较高浓度的有机废水。此外,废水中的有机物浓度不能太低,否则会造成营养不良,影响微生物的生长繁殖,降低生物处理效果。

(三)活性污泥法

活性污泥法又称曝气法,是利用含有大量需氧性微生物的活性污泥,在强力通气条件下使废水净化的生物化学法。它在国内外废水处理技术中占据首要地位,不仅用于处理化学制药工业废水,而且可以处理石油化工、农药、造纸等工业以及生活废水,并取得了较好的净化效果。

1. 活性污泥的性质和生物相

(1)活性污泥的性质:活性污泥是一种绒絮状小泥粒,它是由好氧微生物(包括细菌、微型动物和其他微生物)及其代谢的和吸附的有机物和无机物组成的生物絮凝体。活性污泥的制备可在一含粪便的废水池中不断通入空气,经过一段时间后就会产生褐色絮状胶团,这种带有大量微生物的胶团就是活性污泥。活性污泥的表面积大,具有很强的吸附与分解有机物质的能力,它外观呈黄褐色,因水质不同,也可呈深灰、灰褐、灰白等色。

(2)活性污泥的生物相:活性污泥的生物相十分复杂,除大量细菌以外,尚有原生动物、霉菌、酵母菌、单细胞藻类等微生物,还可见到后生动物如轮虫、线虫等,其中主要为细菌与原生动物。

1)细菌:细菌在活性污泥中起着主导作用,在多数情况下,它们是去除废水中有机物的主力军。活性污泥中有多种细菌,随废水性质、构筑物运转条件不同而出现不同的优势菌群,其中以革兰氏阴性细菌为主。活性污泥中的细菌大多数被包埋在胶质中,以菌胶团的形式存在。胶质系菌胶团生成菌分泌的蛋白质、多糖及核酸等胞外聚合物。在活性污泥形成初期,细菌多以游离态存在,随着活性污泥成熟,细菌增多而聚集成菌胶团,进而形成活性污泥絮状体。随水质条件及优势菌种的不同,菌胶团絮状体可有球形、分枝、蘑菇、片状、指形等各种形状。

2)原生动物:活性污泥中的原生动物曾发现有200种以上,其中以纤毛虫为主。原生动物是需氧型微生物,主要附聚在活性污泥的表面,以摄取细菌等固体有机物作为营养。原生动物在活性污泥中能吞食游离的细菌和微小的污泥,有利于改善水质,可用作净化废水程度的指示生物。在毒性不大、水质不太特殊的活性污泥中,微型动物出现的规律是:先出现直接以有机颗粒为食的小鞭毛虫和根足虫;随着细菌增殖,开始有了以细菌为食的纤毛虫;随着菌胶团增加,固着型纤毛虫逐渐代谢了游泳型纤毛虫;至废水处理正常运转时,以有柄纤毛虫为优势。这主要反映了随着食物因素变化,在废水处理生态系统中形成了一条特定的食物链过程。因此,一般认为当曝气池中出现大量固着型纤毛虫时,说明废水处理运转正常,效果良好;当出现大量鞭毛虫、根足虫时,说明运转不正常,必须及时采取调节措施。

3)其他微生物:活性污泥中还有真菌,主要是霉菌。霉菌的出现与水质有关,常出现于 pH 值偏低的废水中。

活性污泥中虽曾见到单胞藻类,但由于它们生存需要光,而曝气池中浑浊污泥比较多,影响光的透入,藻类在其中难以繁殖,故为数极少。病毒、立克次体等也混于污泥中存在,但与藻类一样,它们不是活性污泥的主要构成生物。

2. 活性污泥法的基本工艺流程及生物学过程

活性污泥法处理工业废水,就是让这些生物絮凝体悬浮在废水中形成混合物,使废水中的有机物与絮凝体中的微生物充分接触。废水中呈悬浮状态和胶态的有机物被活性污泥吸附后,在微生物的细胞外酶作用下,分解为溶解性的小分子有机物。溶解性的有机物进一步渗透到细胞体内,通过微生物的代谢作用而分解,从而使废水得到净化。活性污泥法处理工业废水的基本工艺流程如图9-2所示。

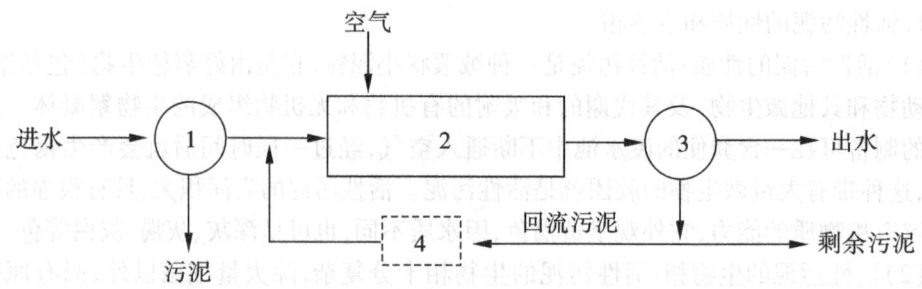

图9-2　活性污泥法处理工业废水的基本工艺流程
1.初次沉淀池　2.曝气池　3.二级沉淀池　4.再生池

废水首先进入初次沉淀池中进行预处理,以除去较大的悬浮物及胶体状颗粒等,然后进入曝气池。在曝气池内,通过充分曝气,一方面使活性污泥悬浮于废水中,以确保废水与活性污泥充分接触;另一方面可使活性污泥混合液始终保持富氧条件,保证微生物的正常生长和繁殖。废水中的有机物被活性污泥吸附后,其中的小分子有机物可直接渗入微生物的细胞体内,而大分子有机物则先被微生物的细胞外酶分解为小分子有机物,然后再渗入细胞体内。在微生物的细胞内酶作用下,进入细胞体内的有机物一部分被吸收形成微生物有机体,另一部分则被氧化分解,转化成 CO_2、H_2O、NH_3、SO_4^{2-}、PO_4^{3-} 等简单无机物,并释放出能量。

曝气池中的混合液进入沉淀池后,活性污泥在此聚集而沉降。其上清液就是已被净化了的水。经沉降的活性污泥,一部分使之再回流到曝气池中与未生化处理的废水混合,重复上述处理过程,另一部分作为剩余污泥另行排出,并应施以净化处理,以免造成新的污染。

3. 评价活性污泥的指标

活性污泥法处理废水的关键在于具有足够数量且性能优良的活性污泥。除通过镜检观察生物相外,衡量活性污泥中微生物数量和凝聚沉淀等性能好坏的指标主要有污泥浓度、污泥沉降比(SV)、污泥容积指数(SVI)和 BOD 负荷等。

(1)污泥浓度:指 1 L 混合液中所含的悬浮固体(MLSS)或挥发性悬浮固体(MLVSS)的量,单位符号为 $g \cdot L^{-1}$。污泥浓度的大小可直接反映混合液中所含微生物的数量。其中每升混合液所含悬浮固体(MLSS)的量也称污泥干重,工程上常用作指示活性污泥中的微生物量。而每升混合液所含挥发性悬浮固体(MLVSS)浓度也称挥发性污泥,系上述干污泥于 600 ℃灼烧后所失重量($g \cdot L^{-1}$)。此乃活性污泥中所含有机物的质量,能更准确地反映微生物量。在一般情况下,MLVSS/MLSS 值比较固定,如生活废水在 0.7 左右。

(2)污泥沉降比(SV):指一定量的曝气池混合液静置 30 min 后,沉淀污泥体积占混合液体积的百分数。由于正常的活性污泥在静置沉降 30 min 后,一般可接近它的最大密度,故污泥沉降比可以反映曝气池正常运行时的污泥量以及污泥的沉淀和凝聚性能,可用于控制剩余污泥的排放。它还能及时反映污泥膨胀等异常现象,便于及时查明原因,采取措施。通常情况下,曝气池混合液宜保持沉降比在 15% ~20% 的范围内。

(3)污泥容积指数(SVI):SVI 有时简称污泥指数,是指一定量的曝气混合液静置 30 min 后,1 g 干污泥所占有的沉淀污泥的体积,单位符号为 mL·g^{-1}。污泥指数的计算方法为:

$$SVI = \frac{SV \times 1\ 000}{MLSS}$$

例如,曝气混合液的污泥沉降比 SV 为 25%,污泥浓度 MLSS 为 2.5 g·L^{-1},则污泥指数为:

$$SVI = \frac{25\% \times 1\ 000}{2.5} = 100(mL/g)$$

污泥指数是反映活性污泥松散程度的指标。SVI 过低,说明污泥颗粒细小紧密,无机物较多,缺乏活性;反之,SVI 过高,说明污泥松散,难以沉淀分离,有膨胀的趋势或已处于膨胀状态。通常 SVI 值易控制在 50~100 mL·g^{-1} 为宜;当大于 200 mL·g^{-1} 时,在多数情况下表明已发生污泥膨胀。

(4)BOD 负荷:一定数量的微生物在一定的时间只能氧化分解一定数量的有机物。对单位数量的微生物(活性污泥)来说,供给的可生物分解的有机物(BOD)超过这一限度,则处理效率下降,出水有机物浓度升高。相反,供给的有机物量少,微生物得不到足够的食料,必将影响微生物的生长,且达不到充分利用微生物的目的。为了得到预期的效果,供给微生物的食料与生物数量之间应保持一个适当的比值,这个比值可用 BOD 负荷表示。BOD 负荷的表示方法有两种:一种叫容积负荷,单位用 kg BOD$_5$/(m^3·d) 表示,标准活性污泥的容积负荷是 0.6 ~1.2 kg BOD$_5$/(m^3·d),是指每日每单位曝气池体积可处理(降解)的有机物质量(以 BOD 表示);另一种叫活性污泥负荷,单位用 kg BOD$_5$/(kg 污泥·d) 表示。一般说来,效率高的处理装置可在高的 BOD 负荷的状态下运行。

4.活性污泥法处理系统

活性污泥法从 20 世纪初开始创建至今,已发展成多种类型。以其曝气方式之不同,可分为普通曝气法、逐步曝气法、加速曝气法、旋流式曝气法、纯氧曝气法、深井曝气法等多种方法。其中普通曝气法是最基本的曝气方法,其他方法都是在普通曝气法的基础上逐步发展起来的,国内以加速曝气法居多。下面仅就常用的逐步曝气法、加速曝气法、纯氧曝气法和深井曝气法逐一介绍。

(1)普通曝气法:该法的工艺流程如图 9-2 所示。废水和回流污泥从曝气池的一端流入,净化后的废水由另一端流出。曝气池进口处的有机物浓度较高,生物反应速度较快,需氧量较大。随着废水沿池长流动,有机物浓度逐渐降低,需氧量逐渐下降。而空气的供给常常沿池长平均分配,故供应的氧气不能被充分利用。普通曝气法可使废水中的有机物的生物去除率达到90%以上,出水水质较好,适用于处理要求较高而水质较为稳定的废水。

(2)逐步曝气法:为改进普通曝气法供氧不能被充分利用的缺点,将废水改为由几个进口入池,如图9-3所示。该法可使有机物沿池长分配比较均匀,池内需氧量也比较均匀,从而避免了普通曝气池前段供氧不足,池后段供氧过剩的缺点。逐步曝气法适用于大型曝气池及高浓度有机废水的处理。

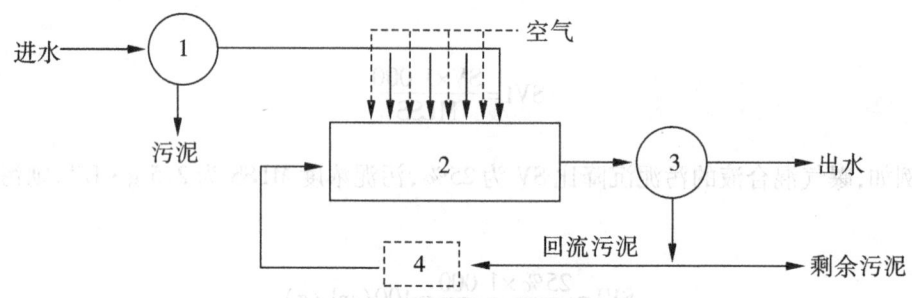

图9-3　逐步曝气池工艺流程
1.初次沉淀池　2.曝气池　3.二级沉淀池　4.再生池

(3)加速曝气法:加速曝气法属完全混合型的曝气法,曝气、二沉、污泥回流集中于一池,充氧设备使用表面曝气叶轮。这是目前应用较多的活性污泥处理法,它与普通曝气池的区别在于混合液在池内循环流动,废水和回流废水进入曝气池后立即与池内混合液混合,进行吸收和代谢活动。由于废水和回流污泥与池内大量低浓度、水质均匀的混合液混合,因而进水水质的变化对活性污泥的影响很小,适用于水质波动大、浓度较高的有机废水的处理。常用的加速曝气池如图9-4所示,称为圆形表面曝气沉淀池。

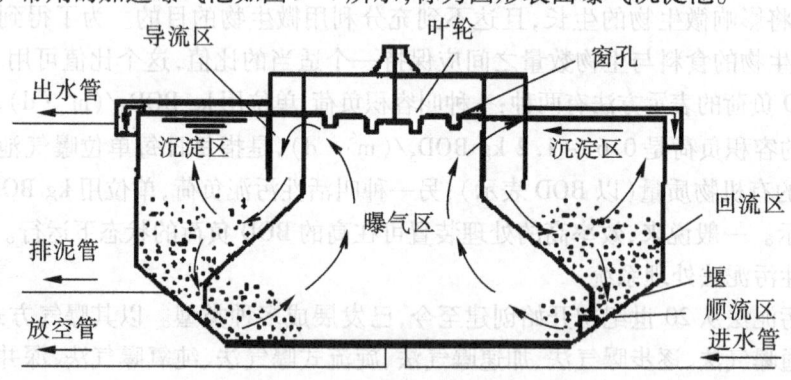

图9-4　圆形表面曝气沉淀池

(4)纯氧曝气法:与普通曝气法相比,纯氧曝气的特点是氧的分压高,氧的传递速度快,池中能维持6~10 g/L的污泥浓度,可以提高处理负荷;氧的利用率高,由空气曝气法的4%~10%可提高到85%~90%;高浓度的溶解氧可使污泥保持较高的活性,从而提高废水处理的效率,能适应水量、水质的变化;剩余污泥少。当曝气时间相同时,纯氧曝气法与空气曝气法相比,有机物的去除率和化学去除率可分别提高3%和5%,且降低了成本。

此法的缺点是土建要求高,而且必须有稳定价廉的氧气。另外,废水中不能含有酯类,否则有发生爆炸的危险。

(5)深井曝气法:深井曝气是以地下深井作为曝气池的一种废水处理技术。井内深水可达50~150 m,深井的纵向被分隔为下降管和上升管两部分,混合液在沿下降管和上升管反复循环的过程中,废水得到处理。深井深度大、静水压力高,可大大提高氧传递的推动力,井内有很高的溶解氧,氧的利用率可达50%~90%。此外,深井内水流紊动大,气泡停留时间长,更使深井具有其他方法不可比拟的高充氧性能,允许深井以极高的污泥浓度运行,可处理高浓度废水。深井曝气工艺具有充氧能力强、效率高;耐冲击负荷性能好,运行管理简单;占地少及污泥产量少等优点,适合于高浓度的有机废水的处理。此外,因曝气筒在地下,故在寒冷地区也可稳定运行。所以深井曝气法普遍受到全国各行业的注目,已广泛应用于工业废水、城市污水及制药行业废水的处理。

深井曝气的缺点是投资较大,施工亦较难。深井曝气的工艺流程及装置如图9-5。

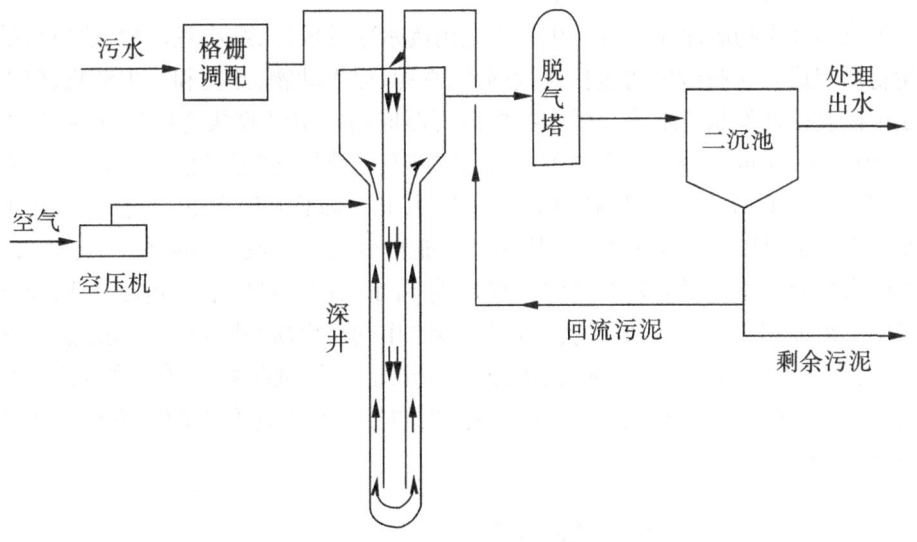

图9-5　深井曝气的工艺流程及装置

5.剩余污泥的处理

好氧法处理废水会产生大量的剩余污泥。这些污泥中含有大量的微生物、未分解的有机物甚至重金属等毒物。这类污泥堆积在场地上,如不妥善处理,由于其量大、味臭、成分复杂,亦会造成环境污染。剩余污泥一般先经浓缩脱水,然后再做无害化处置及综合利用。

污泥脱水的方法有下面几种。①沉淀浓缩法:此法是靠重力自然浓缩,脱水程度有限。②污泥晾晒法:此法是将污泥在空地上铺成薄层日晒风干。这样做占地大、卫生条件差,易污染地下水,同时受气候影响大,效率低。③机械脱水法:有真空过滤法和离心去水法。此法效率较高、占地少,但运转费用高。

剩余污泥处置有下面几种途径。①焚烧:一般采用沸腾炉焚烧,效果好,但投资大,而且耗能量亦多。②作建筑材料的掺和物:使用前应先进行无害化处理。③作肥料:污泥含丰富的氮、磷、钾等多种养分,经堆肥发酵或厌氧处理后是良好的有机肥料。④繁殖蚯蚓:蚯蚓可以改进污泥的通气状况以加速有机物的氧化分解,去掉臭味,并杀死大量有害微生物。

(四)生物膜法

生物膜法是依靠生物膜吸附和氧化废水中的有机物并同废水进行物质交换,从而使废水得到净化的另一类好氧生物处理法。生物膜不同于活性污泥悬浮于废水中,它是附着于固体介质(滤料)表面上的一层黏膜状物。由于生物膜法比活性污泥法具有生物密度大、适应能力强、不存在污泥回流与污泥膨胀、剩余污泥较少和运行管理方便等优点,用生物膜法代替活性污泥法的情况不断增加。目前,生物膜法已广泛应用于石油、印染、造纸、医药、农药等工业废水的处理。实践证明,生物膜法是一种富有生命力和广阔的发展前景的生物净化手段。根据处理方式与装置的不同,生物膜法可分为生物滤池法、生物转盘法、生物接触氧化法、生物流化床法等多种。

1. 生物膜及生物膜净化原理　生物膜是由废水中的胶体、细小悬浮物、溶质物质及大量微生物所组成。这些微生物包括大量细菌、真菌、原生动物、藻类和后生动物,但生物膜主要是由菌胶团及丝状菌组成。微生物群体所形成的一层黏膜状物即生物膜,附于载体表面,一般厚1~3 mm,经历一个初生、生长、成熟及老化剥落的过程。生物膜净化有机废水的原理如图9-6所示,由于生物膜的吸附作用,其表面总是吸附着一薄层水,此水层基本上是不流动的,称之为"附着水"。其外层为能自由流动的废水,称之为"运动水"。当附着水的有机质被生物膜吸附并氧化分解时,附着水层的有机质浓度随之降低,而此时运动水层中的浓度相对高,因而发生传质过程,废水中的有机质不断地从运动水层转移到附着水层,被生物膜吸附后由微生物氧化分解。与此同时,微生物所消耗的氧,是沿着空气→运动水层→附着水层而进入生物膜;而微生物分解有机物产生的二氧化碳及其他无机物、有机酸等则沿相反方向排出。

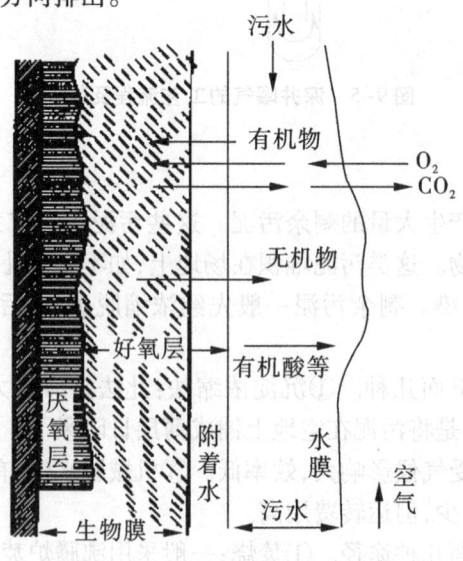

图9-6　生物膜净化处理示意

微生物除氧化分解有机物外,还利用有机物作为营养合成新的细胞质,形成新的细胞膜。开始形成的生物膜是需氧性的,但当生物膜的厚度增加,扩散到膜内部的氧很快被膜表层中的微生物所消耗,离开表层稍远(约 2 mm)的生物膜由于缺氧而形成厌氧层。这样,生物膜就分成了两层,外层为好氧层,内层为厌氧层。生物膜也是一个复杂的生态系统,存在着有机质→细菌、真菌→原生动物的食物链。

进入厌氧层的有机物在厌氧微生物的作用下分解为有机酸和硫化氢等产物,这些产物将通过膜表面的好氧层而排入废水中。当厌氧层厚度不大时,好氧层能够保持自净功能。随着厌氧层厚度的增大,代谢产物将逐渐增多,最后生物膜老化而整块剥落;此外,也可因水力冲刷或气泡振动不断脱下小块生物膜;然后又开始新的生物膜形成的过程。这是生物膜的正常更新。

2.生物滤池法

(1)工艺流程:生物滤池处理有机废水的工艺流程如图9-7所示。废水首先在初次沉淀池中除去悬浮物、油脂等杂质,这些杂质会堵塞滤料层。经预处理的废水进入生物滤池进行净化,净化后的废水在二次沉淀池中除去生物滤池中剥落下的生物膜,以保证出水的水质。

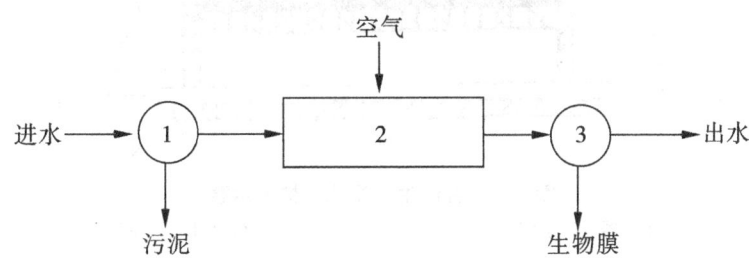

图9-7　生物滤池法工艺流程
1.初次沉淀池　2.曝气池　3.二级沉淀池

(2)生物滤池的负荷:负荷是衡量生物滤池工作效率高低的重要参数,生物滤池的负荷有水力负荷和有机物负荷两种。水力负荷是指单位体积滤料或单位滤池面积每天处理的废水量,单位符号为 $m^3 \cdot m^{-3} \cdot d^{-1}$ 或 $m^3 \cdot m^{-2} \cdot d^{-1}$,后者又称为滤率。有机物负荷是指单位体积滤料每天可除去废水中的有机物的量(BOD_5),单位符号为 $kg \cdot m^{-3} \cdot d^{-1}$。根据承受废水负荷的大小,生物滤池可分为普通生物滤池(低负荷生物滤池)和高负荷生物滤池,两种生物滤池的工作指标如表9-3所示。

表9-3　生物滤池的负荷量

生物滤池类型	水力负荷($m^3 \cdot m^{-2} \cdot d^{-1}$)	有机物负荷($kg \cdot m^{-3} \cdot d^{-1}$)	有机物的生物去除率(5d)(%)
普通生物滤池	1~3	100~250	80~95
高负荷生物滤池	10~30	800~1 200	75~90

①本表主要适用于生活污水的处理(滤料用碎石),生产废水的负荷应经试验确定。②高负荷生物滤池进水的 BOD_5 应小于 200 $mg \cdot L^{-1}$

（3）普通生物滤池：普通生物滤池是最早出现的一种生物膜法处理装置，主要由滤床、布水器和排水三部分组成，具有结构简单、管理方便的特点。滤床的截面积可以是圆形、方形或矩形，一般采用碎石、卵石和炉渣作滤料，铺成厚度1.5～2 m 的滤床；配水及布水装置可使废水均匀洒向滤床表面以充分发挥每一部分滤料的作用，提高滤池的工作效率；池底的排水系统不仅可排出经处理的废水，而且起支撑滤床和保证滤池通风的作用。普通生物滤池的构造见图9-8。

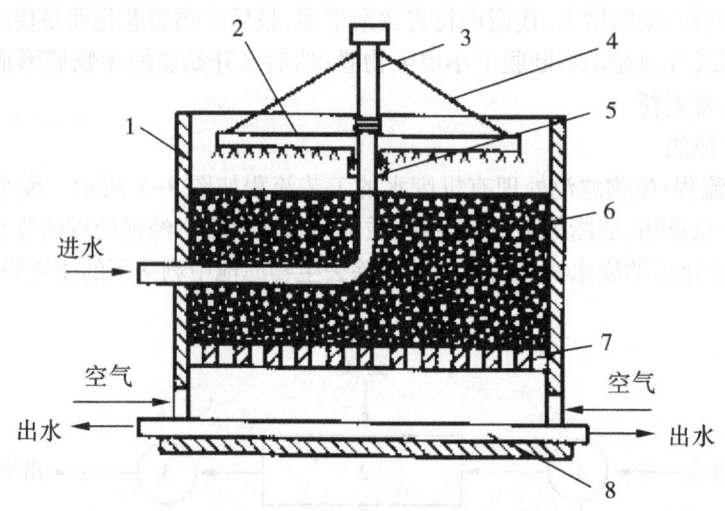

图9-8　普通生物滤池的构造示意
1.池体　2.旋转布水器　3.旋转柱　4.钢丝绳　5.水银液封　6.滤床　7.滤床支撑　8.集水管

普通生物滤池的水力负荷和有机物负荷均较低，废水与生物膜的接触时间较长，废水的净化较为彻底。普通生物滤池的出水水质较好，曾被广泛应用于生活污水和工业废水的处理。但普通生物滤池的卫生条件较差，容易滋生蚊蝇，且处理效率低。

（4）塔式生物滤池：塔式生物滤池是在普通滤池的基础上发展起来的一种新型高负荷生物滤池。塔式生物滤池的高度一般在20 m 以上，径高比为（1∶6）～（1∶8），形似高塔，通常为数层，设隔栅以承受滤料。滤料采用煤渣、高炉渣、塑料波纹板、酚醛树脂浸泡过的蜂窝纸及泡沫玻璃块等。塔式生物滤池的构造如图9-9所示。

多数塔式生物滤池通常采用自然通风，较之鼓风更易在冬天维持塔内水温。由于滤池较高，废水与空气和生物膜的接触非常充分，而且在不同的塔高处存在着不同的生物相，废水可以受到不同的微生物的作用，其水力负荷和有机负荷均大大高于普通生物滤池。同时塔式生物滤池的占地面积较小，基建费用较低，操作管理比较方便，因此，塔式生物滤池在废水处理中得到了广泛的应用。塔式滤池的主要缺点是废水需用泵提升，从而使运转费增加。

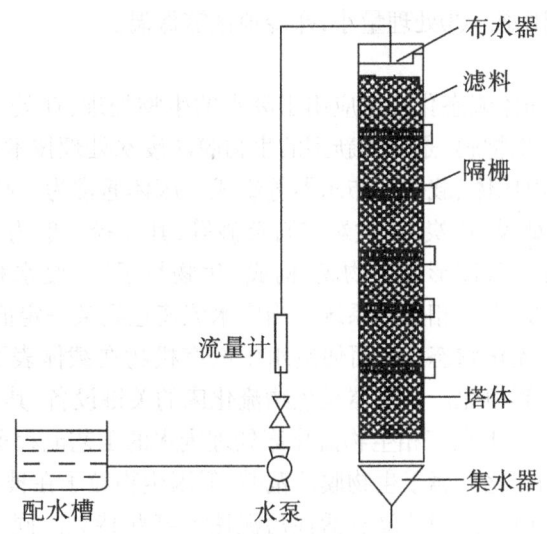

图9-9　塔式生物滤池构造示意

3.生物转盘法

生物转盘又称浸没式生物滤池,是一种由传统的生物滤池演变来的新型膜法废水处理装置,其工作原理和生物滤池法基本相同,但结构形式却完全不同。生物转盘是由装配在水平横轴上的、间隔很近的一系列大圆盘组成。结构如图9-10所示。工作时,圆盘近一半的面积浸没在废水中。当废水在池中缓慢流动时,圆盘也缓慢转动,盘上很快长了一层生物膜。浸入水中时的圆盘,其生物膜吸附水中的有机物,转出水面时,生物膜又从大气中吸收氧气,从而将有机物分解破坏。这样,圆盘每转动一圈,即进行一次吸附—吸氧—氧化分解过程,如此反复,废水得到净化处理。

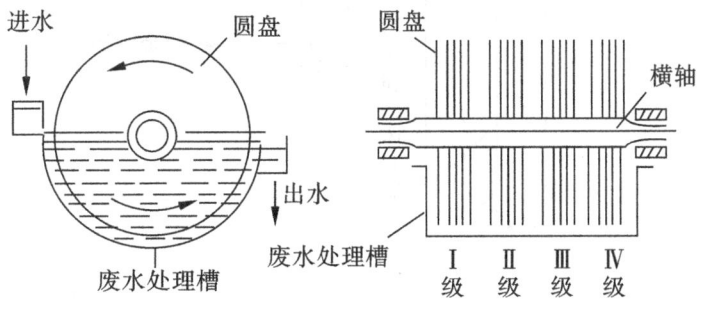

图9-10　单轴四级生物转盘构造示意

与一般的生物滤池相比,生物转盘的优点在于它对突变负荷忍受性强,事故少而恢复快,既可处理 BOD_5 大于 10 000 mg·L^{-1} 的高浓度废水(当停留时间 1 h 以内时,废水的 BOD_5 去除率可达90%以上),又可处理 BOD_5 小于 10 mg·L^{-1} 的低浓度废水。生物转盘的缺点是:①适应性差,生物转盘一旦建成后,很难通过调整其性能来适应进水水质的变化或改变出水的水质。②传氧速率有限,如处理高浓度的有机废水,单纯用转盘转动来提供全部的需氧量较为困难。③处理量小,寒冷地区需保温。

4. 生物流化床法

生物流化床是将固体流态化技术应用于废水的生物处理,使处于流化状态下的载体颗粒表面上生长、附着生物膜,是一种新型的生物膜法废水处理技术。

生物流化床主要由床体、载体和布水器等组成。床体通常为一圆筒形塔式反应器,其内装填一定高度的无烟煤、焦炭、活性炭或石英砂等,其粒径一般为 0.5 ~ 1.5 mm,比表面积较大,微生物以此为载体形成生物膜,构成"生物粒子"。废水和空气由反应器底部通入,从而形成了气、液、固三相反应系统。当废水流速达到某一定值时,生物粒子可在反应器内自由运动,形成流化状态,从而使废水中的有机物在载体表面上的生物膜作用下充分氧化分解,废水得到净化。布水器是生物流化床的关键设备,其作用是使废水在床层截面上均匀分布。图9-11是三相生物流化床处理废水的工艺流程示意图。

从本质上说,生物流化床属于生物膜法范畴,但因生物粒子在被处理水中做激烈的相对运动,传质、传热情况良好,因此又有活性污泥法的某些特点。同时由于在流化床操作条件下,载体不停地流动,传质速率比普通生物膜法可高几倍,甚至近十倍,可有效地防止生物膜的堵塞现象。

总之,生物流化床法兼有生物膜法和活性污泥法的优点,而又远远胜于它们。它具有高浓度生物量、高比表面积、高传质速率等特点,因此对水质、负荷、床温变化的适应性也较强。近年来,由于生物流化床具有处理效果好、有机物负荷高、占地少和投资少等优点,已越来越受到人们的重视。

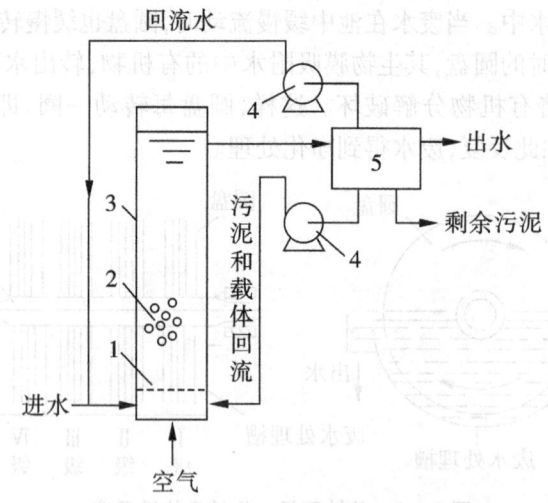

图9-11 三相生物流化床工艺流程
1.布水器 2.载体 3.床体 4.循环泵 5.二次沉淀池

(五)厌氧生物处理法

废水的厌氧生物处理是环境工程和能源工程中的一项重要技术。人们有目的地利用厌氧生物处理已有近百年的历史,农村广泛使用的沼气池,就是利用厌氧生物处理原理进行工作的。与好氧生物处理相比,厌氧生物处理具有能耗低(不需充氧)、有机物负荷高、氮和磷的需求量小、剩余污泥产量少且易于处理等优点,不仅运行费用较低,而且可以获得大量的生物能——沼气。多年来,结合高浓度有机废水的特点和处理经验,人们开发了多种厌氧生物处理工艺和设备。

1. 传统厌氧消化池

传统厌氧消化池适用于处理有机物及悬浮物浓度较高的废水,处理方法采用完全混合式。其工艺流程如图9-12所示。废水或污泥定期或连续加入消化池,经消化的污泥和废水分别从消化池的底部和上部排出,所产的沼气也从顶部排出。

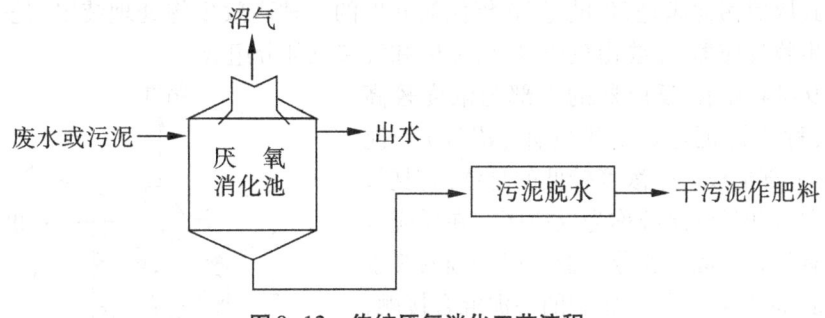

图9-12 传统厌氧消化工艺流程

传统厌氧消化池的特点是在一个池内实现厌氧发酵反应以及液体与污泥的分离过程。为了使进料与厌氧污泥充分接触,池内可设置搅拌装置,一般情况下每隔2~4 h搅拌一次。此法的缺点是缺乏保留或补充厌氧活性污泥的特殊装置,故池内难以保持大量的微生物,且容积负荷低、反应时间长、消化池的容积大、处理效果不佳。

2. 厌氧接触法

厌氧接触法是在传统消化池的基础上开发的一种厌氧处理工艺。与传统消化法的区别在于增加了污泥回流。其工艺流程如图9-13所示。

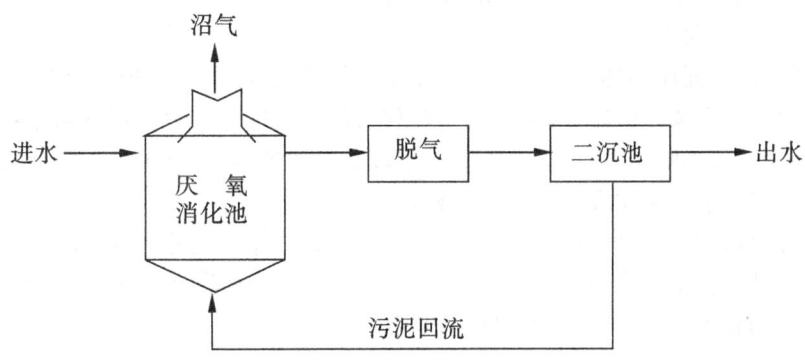

图9-13 厌氧接触法工艺流程

在厌氧接触工艺中,消化池内是完全混合的。由消化池排出的混合液通过真空脱气,使附着于污泥上的小气泡分离出来,有利于泥水分离。脱气后的混合液在沉淀池中进行固液分离,废水由沉淀池上部排出,沉降下来的厌氧污泥回流至消化池,这样既可保证污泥不会流失,又可提高消化池内的污泥浓度,增加厌氧生物量,从而提高了设备的有机物负荷和处理效率。厌氧消化效率比普通消化池提高了 1~2 倍。

厌氧接触法可直接处理含较多悬浮物的废水,而且运行比较稳定,并有一定的抗冲击负荷的能力。此工艺的缺点是污泥在池内呈分散、细小的絮状,沉淀性能较差,因而难以在沉淀池中进行固液分离,所以出水中常含有一定数量的污泥。另外,此工艺不能处理低浓度的有机废水。

3. 上流式厌氧污泥床

上流式厌氧污泥床是 20 世纪 70 年代初开发的一种高效生物处理装置,是一种悬浮生长型的生物反应器,主要由反应区、沉淀区和气室三部分组成。

如图 9-14 所示,反应器的下部为浓度较高的污泥层,称为污泥床。由于气体(沼气)的搅动,污泥床上部形成一个浓度较低的悬浮污泥层,通常将污泥区和悬浮层统称为反应区。在反应区的上部设有气、液、固三相分离器。待处理的废水从污泥床底部进入,与污泥床中的污泥混合接触,其中的有机物被厌氧微生物分解产生沼气,微小的沼气气泡在上升过程中不断合并形成较大的气泡。由于气泡上升时产生的剧烈扰动,在污泥床的上部形成了悬浮污泥层。气、液、固(污泥颗粒)的混悬液上升至三相分离器内,沼气气泡碰到分离器下部的反射板时,折向气室而被有效地分离排出。污泥和水则经孔道进入三相分离器的沉淀区,在重力作用下,水和污泥分离,上清液由沉淀区上部排出,沉淀区下部的污泥沿着挡气环的斜壁回流至悬浮层中。

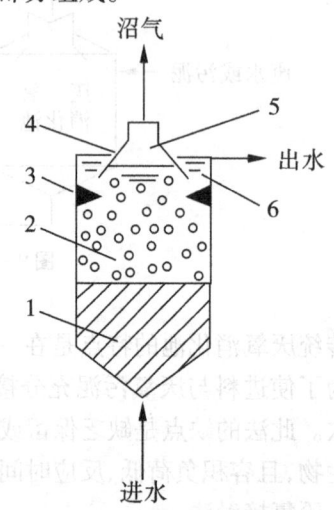

图 9-14　上流式厌氧污泥床

1.污泥床　2.悬浮层　3.挡气环　4.集气罩
5.气室　6.沉淀区

上流式厌氧污泥床的体积较小,且不需要污泥回流,可直接处理含悬浮物较多的废水,不会发生堵塞现象。但装置的结构比较复杂,特别是气、液、固三相分离器对系统的正常运行和处理效果影响很大,设计与安装要求较高。此外,装置对水质和负荷的突然变化比较敏感,要求废水的水质和负荷均比较稳定。

随着能源日趋紧张,采用厌氧生化处理工业废水,并作为能源回收手段已越来越引起人们的关注,处理技术也发展较快。除上述介绍的几种处理系统外,还有厌氧、好氧二级生物处理法,两相厌氧消化等多种处理法也相继问世。

五、各类废水的处理

(一)含悬浮物或胶体的废水

对于废水中所含的悬浮物一般可用沉淀、上浮或过滤等方法除去。气浮法的原理是利用高度分散的微小气泡作为载体去黏附废水中的悬浮物,使其密度小于水而上浮到水面,从而实现固液分离。例如,对于相对密度小于 1 或疏水性悬浮物的分离,采用沉淀法进行固液分离效果不好,可以采用气浮法向水中通入空气,使污染物黏附于气泡上而浮于水面进行分离。也可直接蒸汽加热,加入无机盐等,使悬浮物聚集沉淀或上浮分离。对于极小的悬浮物或胶体,则可用混凝法或吸附法处理。例如,安乃近中间体 FAA(4-甲酰胺基安替比林)的废母液中含有许多树脂状物,必须除去后才能进行回收利用和进一步处理。这种树脂状物不能用静置的方法分离。若将此废母液用蒸汽加热并加入浓硫酸铵废水,使其相对密度增大到 1.1,即有大量树脂状物沉淀和上浮,分出的树脂状物用热水洗出含有的 FAA 后,还可以用作燃料;除去树脂状物后的废水和洗液合并后浓缩回收 FAA,残液可用作农肥。

除去悬浮物和胶体的废水若仅含无毒的无机盐类,一般稀释后即可直接排入下水道。若达不到国家排放标准,则需采用其他方法做进一步的处理。

从废水中除去悬浮物和胶体可大大降低二级处理的负荷,且费用一般较低,现已成为一种常规的预处理方法。

(二)酸碱性废水

化学制药过程中常排出含有各种酸、碱的废水,其中酸性废水占多数。酸碱性废水直接排放不仅会造成排水管道的腐蚀和堵塞,而且会污染环境和水体。对于浓度较高的酸性或碱性废水应尽量考虑回收利用或综合利用。如利用废硫酸作混凝剂,用废磷酸制磷肥等。对于没有经济价值、含量在 1% 以下的酸(或碱)废水,则须经中和处理才能排放。经中和后的废水若不含有机污染物或各项水质指标均符合排放标准时,可直接排入下水道,否则需进一步处理方可排放。中和时应尽量使用现有的废酸或废碱,若酸、碱废水互相中和后仍达不到处理要求,可补加药剂进行中和。同时也可以考虑用氨水中和酸后,用于农田灌溉。

(三)含无机物废水

溶解于废水中的无机物通常为卤化物、氰化物、硫酸盐以及重金属离子。常用的处理方法有稀释法、浓缩结晶法以及各种化学处理法。对于不含毒物而一时又无法回收综合利用的无机盐废水可用稀释法处理。单纯的无机盐废水可用浓缩结晶法回收利用。如在制药工业中硫酸钠废水浓度较高时,可采用浓缩结晶法回收硫酸钠粗品,然后加工成无水硫酸钠作为干燥剂用;也可和碳在高温下还原成硫化钠作为还原剂使用。一般说来,浓缩结晶法仅对那些浓度较大、数量较多、组成单一的废水才是经济可行的。

对于毒性大的氰化物、氟化物废水必须经处理后方可排放。处理方法一般为化学法。例如,高浓度含氰废水可用高压水解法处理,去除率可达 99.99%。

$$NaCN+2H_2O \xrightarrow[170\sim180\ ℃,1.4\ MPa]{1\%\sim1.5\%\ NaOH} HCOONa+NH_3$$

含氟废水也可用化学法进行处理。如肤轻松生产中的含氟废水可用中和法处理,去除率达 99.99% 以上。

$$2NH_4F+Ca(OH)_2 \xrightarrow{pH 值=13} CaF_2+2H_2O+2NH_3\uparrow$$

重金属能在人体内蓄积,且毒性不易消除,所以含重金属废水的排放要求比较严格,在国家标准中属于第一类污染物。废水中常见的重金属离子包括汞、镉、铬、铅、镍等离子。此类废水的处理方法主要为化学沉淀法,即向废水中加入某些化学物质作为沉淀剂,使废水中的重金属离子转化为难溶于水的物质而发生沉淀,从而从废水中分离出来。在各类化学沉淀法中,尤以中和法和硫化法应用最为广泛。中和法是向废水中加入生石灰、消石灰、石灰石、电石渣、氢氧化钠或碳酸钠等中和剂,使重金属离子转化成相应的氢氧化物沉淀而除去,并将废水控制在一定的 pH 值范围内,使处理水含重金属离子达到最小的浓度。中和法可以处理除汞以外的所有常见的重金属废水,且工艺简单、处理成本低廉。此法最大的缺点是中和渣(氢氧化物等)脱水困难(颗粒细、料黏)。必要时须根据废水的特点配以辅助手段,如混凝沉淀、碱渣回流或分步沉淀等方法进行综合回收。硫化法是向废水中加入硫化钠或通入硫化氢等硫化剂,使废水中重金属离子与 S^{2-} 生成溶解度很小的硫化物而除去。其优点是排出的水中含重金属离子比中和法低,特别是对汞、镉等废水,用中和法难以达到排放标准,而硫化法很适用;沉渣量比中和法少,渣中金属含量相应提高,更有利于回收利用。该法的缺点是使用的硫化剂价格较贵,且处理水中残硫高。硫化法在国内多用于含汞废水的处理。

(四)含有机物废水

含有机物废水的处理是化学制药厂废水处理中最复杂,也是最重要的课题。废水中常含有许多有机原辅材料、产物、副产物等,在无害化处理前,应视为一种资源尽可能回收利用。常用的方法有蒸馏、萃取、化学处理等。成分复杂、无法进行回收或者经回收仍达不到排放标准的有机废水,要经过适当处理后方可排放。

有机废水的无害化处理有多种方法,应根据废水的水质情况予以选择。对于易被氧化分解的高浓度有机废水,可采用湿式氧化法或厌气生物处理法进行处理。而对于浓度高、热值高、用其他方法不能解决或处理效果不佳的有机废水,可采用焚烧的方法予以处理。由于许多化学废物腐蚀性强,焚烧过程剧烈,所以焚烧要在专用焚烧炉中进行。首先将废液过滤、调整黏度后,用泵输送,经喷嘴雾化进入炉内。在高温下废液中的水分立即蒸发,可燃组分呈液膜雾状细滴,借助于空气发生燃烧反应,部分固体微粒也着火燃烧。该法可将废物完全氧化成无害物质,COD 的去除率可达 99.5% 以上。焚烧法不但可处理高浓度的有机废水,也可以处理废气、废渣。因此,焚烧法处理"三废"已被国内外广泛采用,近年来也有较快地发展。

对于低浓度的有机废水,也应区别情况分别处理。对于大多数的有机废水,目前化学制药厂还是采用生化法进行处理。生化法是借助微生物的作用来完成的。几乎所有的有机物都能被相应的微生物氧化分解,即使是烃类化合物经某些微生物长时间适应后,也能用作这些微生物的食物。生化法具有处理效率高、运转费用低的特点,目前已被广泛用于各种有机废水的处理。对于低浓度、不易氧化分解的有机废水,生化法往往达不到排放标准。对这些废水可用沉淀、萃取、吸附等物理、化学方法进行处理。

第三节 废气和废渣的处理技术

化学制药厂排出的废气主要有含悬浮物废气(又称粉尘)、无机物废气、有机物废气三类。这些废气具有短时期内排放浓度高、数量大的特点,若不认真治理,则严重危害操作者的身体健康,并造成环境污染。含尘废气的处理实际上是一个气、固两相混合物的分离问题,可利用粉尘质量较大的特点,通过外力的作用将其分离出来;而处理含无机或有机污染物的废气则要根据所含污染物的物理性质和化学性质,通过冷凝、吸收、吸附、燃烧、催化等方法进行无害化处理。对于高浓度的废气,一般均应在本岗位设法回收或做无害化处理。对于低浓度废气,则可通过管道集中后进行洗涤、吸收等处理或高空排放。洗涤、吸收等处理产生的废水,应按废水处理方法进行无害化处理。

一、废气的处理

(一) 含尘废气处理

药厂排出的含尘废气主要来自原辅材料的粉碎、碾磨、筛分、粉状药品和中间体的干燥以及锅炉燃烧所产生的烟尘等。常用的除尘方法有三种,即机械、洗涤和过滤除尘。

1. 机械除尘

机械除尘是利用机械力(重力、惯性力、离心力)将悬浮物从气流中分离出来。这种设备结构简单,运转费用低,适用于处理含尘浓度高及悬浮物粒度较大[$(5 \sim 10) \times 10^{-6}$ m 以上]的气体。缺点是细小粒子不易除去。为取得好的效率,可采用多级联用的形式,或在其他除尘器使用之前,将机械除尘作为一级除尘使用。

2. 洗涤除尘(又称湿式除尘)

它是用水(或其他液体)洗涤含尘废气,使尘粒与液体接触而被捕获,尘粒随液体排出,气体得到净化。此类装置气流阻力大,因而运转费用也大;不过它的除尘率较高,一般为80% ~95% ,高效率的装置可达99% 。排出的洗涤液必须经过净化处理后方能排放。洗涤除尘的装置种类很多,常见的有喷雾塔、填充塔、旋风水膜除尘器等,适用于极细尘粒[$(0.1 \sim 100) \times 10^{-6}$ m]的去除。

3. 过滤除尘

过滤除尘是使含尘气体经过过滤材料,把尘粒截留下来。药厂中最常用的是袋式过滤器。在使用一定时间后,滤布的孔隙会被尘粒堵塞,气流阻力增加。因此,需要专门清扫滤布的机械(如敲打、振动)定期或连续清扫滤布。这类除尘器适用于处理含尘浓度低、尘粒较小[$(0.1 \sim 20) \times 10^{-6}$ m]的气体,除尘率较高,一般为90% ~99% 。但不适于温度高、湿度大或腐蚀性强的废气。

由于各种除尘装置各有其优缺点,对于那些粒径分布幅度较宽的尘埃,常将两种或多种不同性质的除尘器组合使用。例如,某化学制药厂用沸腾干燥器干燥氯霉素成品,氯霉素的干燥粉末随气流排出,经两只串联的旋风分离器除去大部分粉末后,再经一只袋滤器滤去粒径细小的粉末。经过上述处理,尚有一些粒径极细的粉末未能被袋滤器捕获,导致从鼓风机口排出的尾气形成一股白烟,这样既损失了产品,又污染了环境。后在鼓风机出口处再安装洗涤除尘器,可将尾气中的悬浮物基本除尽,还可以从洗涤水中回收一些氯霉素。

(二)含无机物废气处理

化学制药厂常见的含无机物的废气含有氯化氢、二氧化硫、氮氧化物、氯气、氨气、氰化氢等。对于这一类气体一般用水或适当的酸性、碱性液体进行吸收处理。如氨气可用水或稀硫酸或废酸水吸收,把它制成氨水或铵盐溶液,可作农肥;氯化氢、溴化氢等可用水吸收成为相应的酸,回收利用,其尾气中残余的酸性气体可用碱液吸收除尽;氰化氢可用水或碱液吸收,然后用氧化、还原及加压水解等方法进行处理;二氧化硫、氧化氮、硫化氢等酸性气体,一般可用氨水吸收,吸收液根据情况可作农肥或其他综合利用。有些气体不易直接为水或酸、碱性液体所吸收,则须先经化学处理,成为可溶性物质后,再进行吸收。例如,一氧化氮的可溶性能差,可先用空气氧化成较易被吸收的二氧化氮,再用氨水吸收得硝酸铵,回收利用。这些气体的吸收一般需要在特定的吸收塔内进行。吸收的方式可以是气体通入吸收液中直接吸收,也可以是气体与喷淋的水接触而被水捕获,即喷淋吸收等多种运行方式。

含无机物的废气也可用一些其他方法处理,如化学法、吸附、催化氧化、催化还原等。但往往由于制药工业产品吨位较小,排出的废气数量也不及其他化工行业所排出的数量多,应用这些方法成本较高,故很少应用。

(三)含有机物废气处理

一般可采用冷凝、吸收、吸附和燃烧4种方法。

1.冷凝法

用冷却器冷却废气,使其中的有机蒸汽凝结成液滴分离。本法适用于浓度高、沸点高的有机物废气。对低浓度的有机物废气,就需冷却至较低的温度,这样需要制冷设备。

2.吸收法

选用适当的吸收剂,除去废气中的有机物是有效的处理方法。它适用于浓度较低或沸点较低的废气。此法可回收利用被吸收了的有机物质。如一般胺类可用乙二醛水溶液或水吸收,吡啶类可用稀硫酸吸收,醇类和酚类可用水吸收,醛类可用亚硫酸氢钠溶液吸收,有些有机溶剂(如苯、甲醇、醋酸丁酯等)可用柴油或机油吸收等。但是浓度过低,吸收效率就明显降低,而大量吸收剂反复循环的动力消耗和吸收损失就显得较大,因此对极稀薄气体的处理,一般可采取吸附法处理。

3.吸附法

将废气通过吸附剂,其中的有机成分被吸附,再经过加热、解析、冷凝可回收有机物。采用的吸附剂有活性炭、氧化铝、褐煤等。各种吸附剂有不同的吸附效果,如活性炭对醇、羧酸、苯、硫醇等气体均有较强的吸附力,对丙酮等有机溶剂次之,对胺类、醛类吸附力最差。本法效果好、工艺成熟,但不适于处理浓度高、气体量大的气体。否则吸附剂用量太大,提高了生产成本。另外,废气中若含有粘胶物质,也容易使吸附剂失效。

4.燃烧法

若废气中易燃物质浓度较高,可将废气通入焚烧炉中燃烧,燃烧产生的热量可予以利用。燃烧的温度可控制在 800 ~ 900 ℃,废气在焚烧炉中的停留时间一般为 0.3 ~ 0.5 s。这是一种简便可行的方法。

二、废渣的处理

药厂废渣污染问题与废气、废水相比,一般要小得多,废渣的种类和数量也比较少。常见的废渣包括蒸馏残渣、失活催化剂、废活性炭、胶体废渣、反应残渣(如铁泥、锌泥等)、不合格的中间体和产品,以及用沉淀、混凝、生化处理等方法产生的污泥残渣等。如果对这些废渣不进行适当处理,任其堆积,必将造成环境污染。

(一) 一般处理方法

各种废渣的成分及性质很不相同,因此处理的方法和步骤也不相同。一般说来,首先应注意是否含有贵重金属和其他有回收价值的物质,是否有毒性。对于前者,要先回收后再做其他处理;对于后者,则先要除毒后才能进行综合利用。例如,钯催化剂套用失活后,可用王水处理生成氯化钯;废活性炭可以考虑再生后利用;铁泥可以制作氧化铁红、磁蕊;锰泥可以作氧化剂等。

废渣经回收、除毒后,一般可进行最终处理。

(二) 废渣的最终处理

各种废渣的成分不同,最终处置的方法也不同。可有综合利用法、焚烧法、填土法、抛海法等多种方法。

1. 综合利用法

综合利用实质上是资源的再利用,这样不仅解决了"三废"污染的问题,而且充分利用了资源。综合利用可从以下几个方面考虑。①用作本厂或他厂的原辅材料, 如氯霉素生产中排出的铝盐可制成氢氧化铝凝胶等。②用作饲料或肥料,有些废渣,特别是生物发酵后排出的废渣常含有许多营养物,可根据具体情况用作饲料或农肥。好氧法产生的活性污泥经厌氧消化后,若不含重金属等有害物质,一般可作农肥。③用作铺路或建筑材料,如硫酸钙可用作优质建筑材料,电石渣除可用于 pH 值调节外,也可用作建筑材料。

2. 焚烧法

焚烧能大大减少废物的体积,消除其中的许多有害物质,同时又能回收热量。因此,对于一些暂时无回收价值的可燃性废渣,特别是当用其他方法不能解决或处理不彻底时,焚烧则是一个有效的方法。该法可使废物完全氧化成无害物质,COD 的去除率可达99.5% 以上。焚烧法工艺系统占地不大,建造费用也不算高,因此焚烧法处理"三废"(尤其是处理废渣)在国内外被广泛采用,近年来有较快的发展。

关于废物的燃烧问题有 4 个问题需要注意。

(1)废物的发热量:废物的发热量越高,也就是可燃物含量越高,则焚烧处理的费用就越低。发热量达到一定程度,如对废液来说,一般为 10 460 kJ/kg(2 500 kcal/kg)以上,点燃后即能自行焚烧;发热量较低,如只有 4 000 kJ/kg(100 kcal/kg)以下的,不能自行维持燃烧,要靠燃料燃烧产生高温来保持炉温,故燃料的消耗量取决于废物发热量的大小。

(2)焚燃的温度:为了保证废物中的有机成分或其他可燃物全部烧毁,必须要有一定的燃烧温度。一般说来,含较多有机物的废物焚燃范围在 800 ~ 1 100 ℃,通常 800 ~ 900 ℃基本可符合要求。若温度过低,则燃烧不完全,排出的烟气和焚烧后废渣中的污染物不能除尽。

(3)烟气的处理:废物的焚烧过程也就是高温深度氧化过程。含碳、氢、氧、氮的化合物,经完全焚烧生成无害的二氧化碳、水、氮气等排入大气,一般可不经处理直接排放。含氯、硫、磷、氟等元素的物质燃烧后有氯化氢、二氧化硫、五氧化二磷等有害物质生成,必须进行吸收等处理至符合排放标准后才能排放。

(4)残渣的处理:许多废物焚烧时可完全生成气体,有的则仍有一些残渣。这种残渣大多是一些无机盐和氧化物,可进行综合利用或作工业垃圾处理。有些残渣含有重金属等有害物质,应设法回收利用或妥善处置,焚燃残渣中不应含有机物质,否则说明焚燃不完全。不完全燃烧产生的残渣具有一定的污染性,不能随意抛弃,亦须妥善处置。

3. 填土法

此法是将废渣埋入土中,通过长期的微生物分解作用而使其进行生物降解。填土的地方要经过仔细考察,特别要注意不能污染地下水。此法虽比焚燃法更经济些,但常有潜在的危险性,如有机物分解时放出甲烷、氨气及硫化氢等气体以及污染地下水的问题。因此,应先将废渣焚燃后再用填土法处理。国内外也有利用废矿井、山谷、洼地进行废渣填土处理的。

除了上述几种方法外,废渣的处理还有湿式氧化法、化学处理法、抛海法等多种方法。湿式氧化法是将有机物质在 150 ~ 300 ℃的温度下,在水溶液中加压氧化的方法,系统内不会生成粉尘、二氧化硫和氮氧化物。化学处理法处理废渣也是一个很有前途的方法,它可以使废渣中所含有的有机物加氢制成燃料,将含氮、碱的废渣制造肥料等。抛海法是某些沿海地区厂家使用的方法,是把污染物质转嫁到海洋中去,这显然不是妥善的处理方法。

第十章　对乙酰氨基酚的生产工艺原理

对乙酰氨基酚,化学名称为4-乙酰氨基苯酚或为 N-(4-羟基苯基)乙酰胺(10-1),又称扑热息痛。

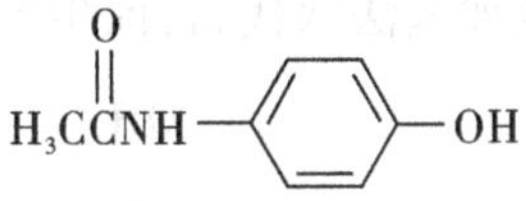

$$\text{H}_3\text{CCNH}-\bigcirc-\text{OH}$$

（10-1）

对乙酰氨基酚于20世纪40年代开始在临床上广泛使用,现已收入各国药典。本品为解热镇痛药,它能使升高的体温降至正常水平,并可解除躯体的某些痛疼,是临床常用的基本药物。

第一节　合成路线及其选择

一、合成路线

合成扑热息痛有多条路线,但无论用哪条最后一步对氨基苯酚的乙酰化是相同的。

（一）以苯酚为原料的合成路线

1.苯酚亚硝化法

在反应釜中加入苯酚(10-2),冷却至0~5 ℃,加入亚硝酸钠,滴加硫酸生成对亚硝基苯酚(10-3),再用硫化钠还原得对氨基苯酚(10-4)。此路线较成熟,有一定的实用价值,收率为80% ~85%,但其缺点为使用的还原剂硫化钠成本高、污染大。

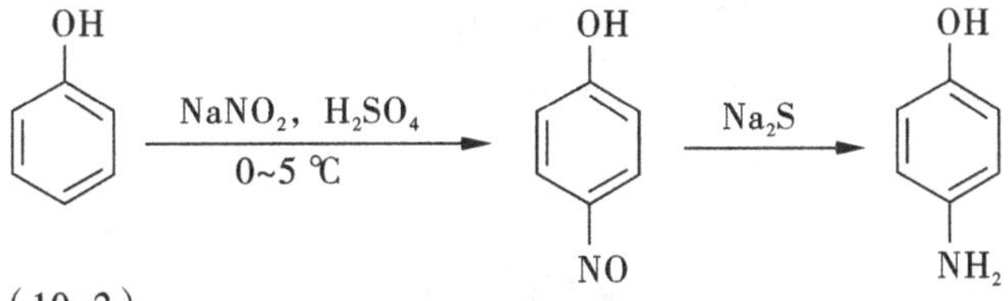

$$\underset{(10-2)}{\bigcirc\text{OH}} \xrightarrow[\text{0~5 ℃}]{\text{NaNO}_2,\ \text{H}_2\text{SO}_4} \underset{(10-3)}{\overset{\text{OH}}{\underset{\text{NO}}{\bigcirc}}} \xrightarrow{\text{Na}_2\text{S}} \underset{(10-4)}{\overset{\text{OH}}{\underset{\text{NH}_2}{\bigcirc}}}$$

在对硝基苯酚钠供应不足的情况下,经由苯酚用亚硝化法制得对亚硝基苯酚的合成路线还是有应用价值的。对亚硝基苯酚还原制备对氨基苯酚时,在选择还原剂和设备方面可以因地制宜。

2. 苯酚硝化法

苯酚硝化可得对硝基苯酚(10-5),反应时温度一般控制在 0~5 ℃。硝化过程中伴随着二氧化氮的放出(二氧化氮为有毒气体),要求设备耐酸及有废气吸收装置。用混酸(硝酸和硫酸)作硝化剂,目前在"三废"处理上还都存在一定的困难。该步的硝化反应收率高,邻位体产量仅为对位体的 1/10,可以补充对硝基苯酚钠供应的不足。

由对硝基苯酚还原成对氨基苯酚,有两种方法。

(1)铁粉还原法:此法较老,适用范围广,许多胺类都可以由其相应的硝基化合物用铁粉在电解质(NH_4Cl 等)存在下进行还原制得,此法可用于对氨基苯酚的制备。但由于所得成品质量差,在处理过程中,有大量的含胺类铁泥和废水,给环境带来严重影响,加上需要繁重的体力劳动,因此现已被加氢法取代,目前生产上基本不用。

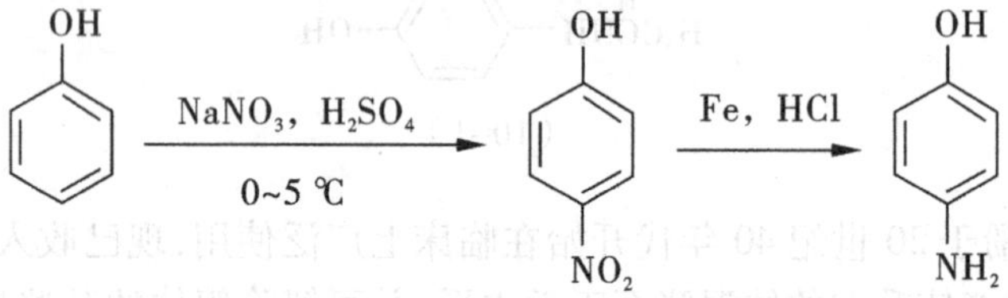

(2)加氢还原法:工业上实现加氢还原法有两种不同的工艺,即气相加氢法与液相加氢法。前者仅适用于沸点较低、容易气化的硝基化合物的还原;后者则不受硝基化合物沸点的限制,所以其适用范围更广。常用溶剂有水、甲醇、乙醇、乙酸、乙酸乙酯、环己烷、四氢呋喃等。选用的溶剂,沸点应高于反应温度并对产物有较大的溶解度,以利于产物从表面解吸,使活性中心再发挥催化作用。催化剂一般采用骨架镍,Rh、Ru、Pt/C、Pd/C、Lindlar 催化剂和 PtO_2 等。为了使反应时间缩短、催化剂易于回收,并使产品质量提高,可添加一种不溶于水的惰性溶剂如甲苯,反应后成品在水层中,催化剂则留在甲苯层中。

催化加氢反应可在常压或低压下进行,加氢压力一般在 0.5 MPa 以下,反应温度在 60~100 ℃ 之间,产率在 90% 以上。加氢还原法的优点是产品质量好、收率高、"三废"少。

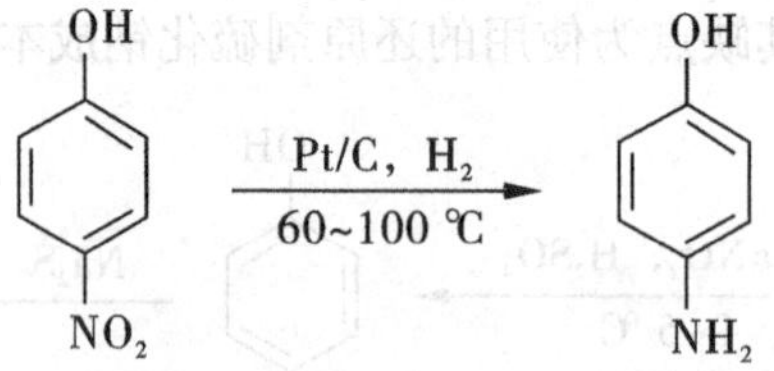

(3)苯酚偶合法:苯酚与苯胺重氮盐在碱性条件下偶合,然后将混合物酸化得 4,4'-二羟基偶氮苯(10-6),再以钯炭为催化剂在甲醇溶液中氢解得对氨基苯酚。

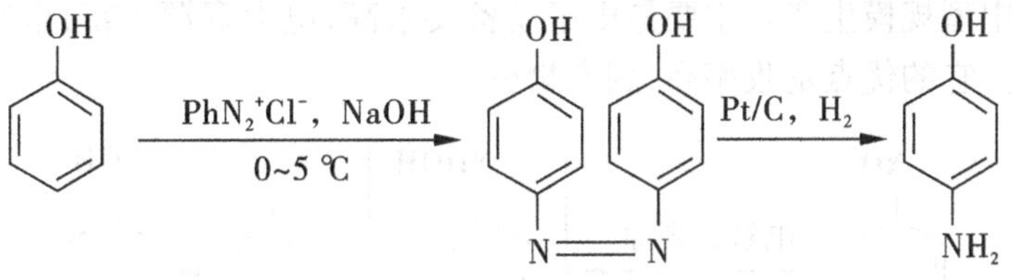

（10-6）

（二）以对硝基苯酚钠为原料的路线

对硝基苯酚钠广泛应用于工业生产，是染料、农药、制药的中间体。它产量大，成本低，工艺路线很成熟，是以氯苯为起始原料经硝化制得对硝基氯苯，再用碱水解，制得对硝基苯酚钠（10-7）。对硝基苯酚钠经酸化、铁粉还原、乙酰化反应制得扑热息痛。

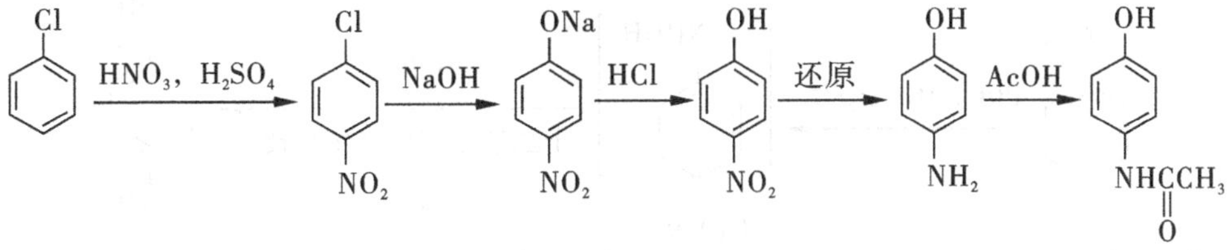

（10-7）   （10-1）

此路线虽然很简捷，也适合于规模生产，但原料供应常常受染料和农药生产的制约，而制备对硝基苯酚钠的中间体对硝基氯苯毒性大，且用铁粉还原后，产生的大量铁泥和废水，给三废防治和处理带来困难。因此，改变原料来源，改革生产工艺是当前对乙酰氨基酚生产中迫切需要解决的问题。

（三）以硝基苯为原料的路线

硝基苯为廉价易得的化工原料。它经铝粉还原或电化学还原或催化氢化等方法直接制得中间体对氨基苯酚，此路线短。

1. 铝粉还原法

此工艺路线短，硝基苯（10-8）在酸性介质中，经铝粉还原得中间产物苯基羟胺（10-9），不经分离，经 Bamberger 重排得对氨基苯酚，流程短，收率高。副产物氢氧化铝可通过加热过滤回收，但过滤较为困难，需大量铝粉，但可以回收氢氧化铝。现在已应用于生产。

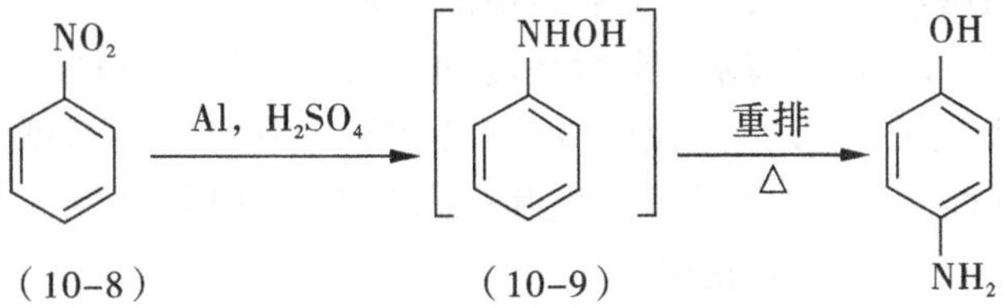

（10-8）   （10-9）

2. 电解还原法

本法由硝基苯经电化学还原得中间体苯基羟胺（10-9），再重排得对氨基苯酚。电化学还原一般采用硫酸为阳极电解液，铜为阴极，铝为阳极。本法工业生产应用不多，仅局限于实验室及中型规模生产。主要是由于设备要求高,电力资源丰富,电解槽须密封,且电极腐蚀严重。它的优点是收率高、副产物少。

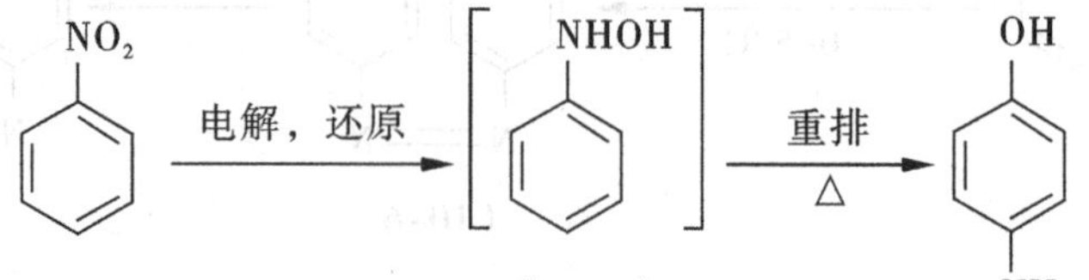

（10-9）

3. 催化氢化法

以对硝基苯为介质,在催化剂存在下于酸性介质中加氢生成苯基羟胺(10-9)中间体,再在十二烷基三甲基氯化铵催化剂及酸性介质中重排得对氨基苯酚。

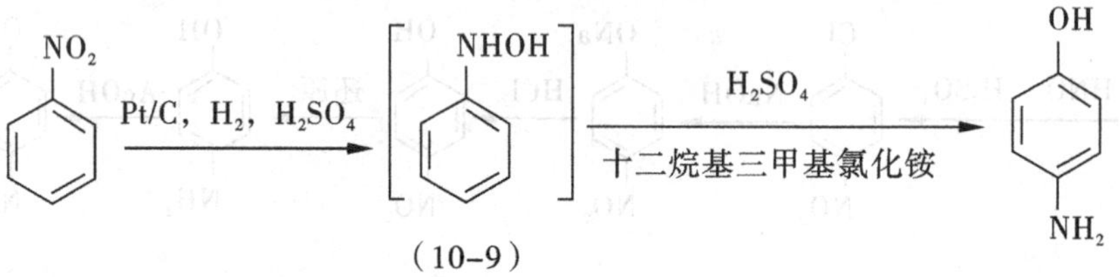

（10-9）

在酸性介质中,苯基羟胺继续发生氢化反应生成副产物苯胺。其副产物量约为10%。铁、镍、钴、锰、铬等金属有利于苯基羟胺转化成苯胺,而铝、硼、硅等元素及其卤化物可使硝基苯加速转化成对氨基苯酚,并使苯基羟胺生成苯胺的反应降至最小。生成的苯胺等副产物可加少量氯仿、氯乙烷处理除去。

如用活性低的催化剂,要求反应压力为 5~10 MPa,有时甚至更高,高压会引起操作不安全。目前生产上一般采用贵金属为催化剂,如铂、钯、铑等,以活性炭为载体,用它们作为催化剂,反应可在常压或低压下进行。此外,前苏联专利技术以硫化物(如 PtS₂/C)为催化剂。Kopper 公司则采用 MoS₃/C 作催化剂,优点是价格便宜,不易中毒,可多次循环使用而不丧失活性。近年来对铑的研究增多,主要原因是它的性能较缓和,可以采用双金属或多金属型催化剂(如 Pt/V、Pd/V 等)或"薄壳型"钯、铂催化剂。国内曾对硝基苯催化氢化制备对氨基苯酚的工艺路线进行过系统研究,分别选用钯、铂、镍等催化剂进行试验,发现在温和条件下,用镍催化剂也可获得较好效果,收率可达 70%。镍催化剂试验成功,为对氨基苯酚的生产提供了十分有价值的工艺。

在反应条件方面,原料硝基苯应分批缓慢加入,这样可以缩短反应时间,如将硝基苯一次加入,反应时间延长一倍以上。反应温度一般在 80~90 ℃,氢压较低,仅 0.1~0.2 MPa。

添加表面活性剂有利于加快反应速度和提高收率,一般采用溶于水而在硫酸中稳定的季铵盐,如三甲基十二烷基氯化铵等。

在反应物料中加入一部分不溶于水的有机溶剂如正丁醇、二甲基亚砜(DMSO)等,可提高对氨基苯酚的质量和收率。

二、路线选择

（1）以硝基苯（10-8）为原料,通过还原经中间体苯基羟胺（10-9）一步合成对氨基苯酚的方法。在还原过程中一般采用铝粉化学还原法或电化学还原法或催化加氢还原法。国外大多采用以活性炭为载体和贵金属催化的催化氢化还原法。国内企业现也采用此新工艺生产。

（2）以对硝基苯酚或对亚硝基苯酚为原料的路线,都可采用硫化钠（多硫化钠）、铁粉–盐酸或催化氢化还原制取对氨基苯酚。采用硫化钠还原的缺点为硫化钠成本高,而且有较大量的废水;采用铁粉–盐酸还原缺点为收率低,质量差,含大量芳胺的铁泥和废水,给环境带来严重影响,要进行"三废"处理较难,成本高,因此国外很少用。我国也已取缔了这样的生产厂家。采用催化氢化还原是首选方法,此方法收率高,产品纯度高,溶剂可回收,对环境污染少。

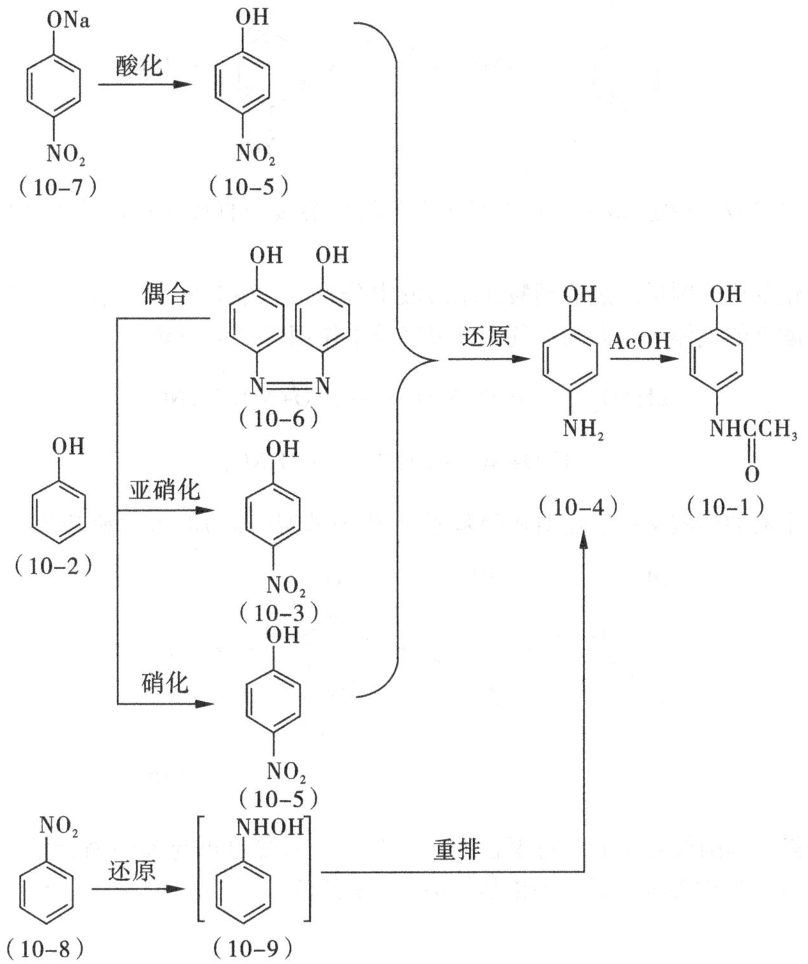

第二节　对氨基苯酚的生产工艺原理及过程

一、以对亚硝基苯酚为原料的合成路线

(一) 对亚硝基苯酚的制备

1. 工艺原理

苯酚的亚硝化反应过程是亚硝酸钠与硫酸在低温下作用生成亚硝酸和硫酸氢钠。

$$NaNO_2 + H_2SO_4 \longrightarrow HNO_2 + NaHSO_4$$

生成的亚硝酸立即在低温下与苯酚迅速的反应生成对亚硝基苯酚。

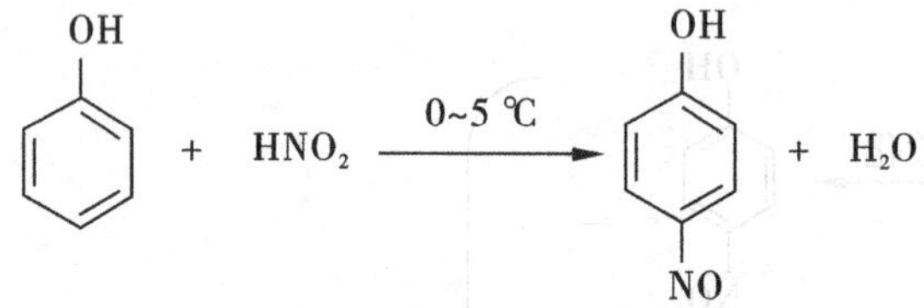

由于亚硝酸不稳定,故在生产上采用在苯酚水溶液中直接加亚硝酸钠然后滴加硫酸进行反应。

亚硝化反应的副反应是亚硝酸在水溶液中分解成一氧化氮和二氧化氮,后者为红色有强烈刺激性的气体。它们与空气中的氧气及水作用可产生硝酸。

$$2HNO_2 \longrightarrow H_2O + N_2O_3 \longrightarrow H_2O + NO_2\uparrow + NO\uparrow$$

$$H_2O + NO_2 + NO + O_2 \longrightarrow 2HNO_3$$

反应生成的硝酸又可氧化对亚硝基苯酚,生成苯醌(10-10)或对硝基苯酚。

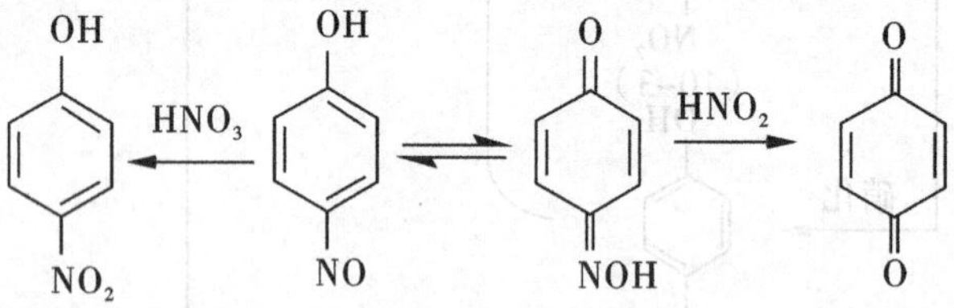

(10-10)

苯醌能与苯酚聚合生成有色聚合物。对亚硝基苯酚也可与苯酚缩合生成靛酚(10-11),在碱性溶液中靛酚生成靛酚钠盐(10-12)呈蓝色。

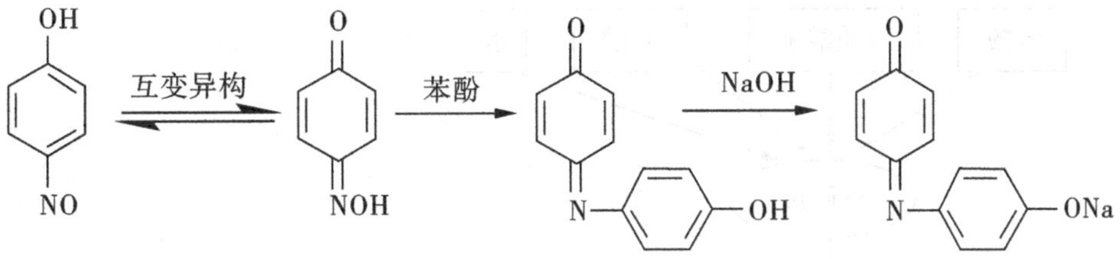

（10-11）　　　　（10-12）

为了尽可能避免上述副反应的产生,我们除了了解工艺原理外,还必须在实践中选择最优工艺条件。

(1)温度控制:生成亚硝酸的反应是放热反应,同时亚硝酸又不稳定,容易引起产物对亚硝基苯酚的氧化和聚合等副反应。苯酚的亚硝化反应也是个放热反应。因此,亚硝化时温度控制(0～5 ℃)是个重要的生产工艺条件。生产上用冰盐水冷却,溶液温度可达到-20 ℃;也利用亚硝酸钠与冰生成低熔物,使温度下降。在反应时通过向反应罐投入碎冰,控制投料速度和强烈搅拌,避免反应液的局部过热。滴加速度应均匀,尽量避免忽快忽慢,而使操作难以进行。在亚硝化时,搅拌最好采用桨叶式,且转速要快,以便物料搅拌均匀,同时也利于物料的传热,这样可避免反应液局部过热。

(2)原料苯酚的分散状态:亚硝化反应是在固态苯酚与液态亚硝酸水溶液间进行。工业用苯酚的熔点在40 ℃左右,若苯酚凝结成较大的晶粒,则亚硝化时仅在晶粒表面生成一层对亚硝基苯酚,阻碍亚硝化反应的继续进行,这会影响对亚硝基苯酚的质量和收率。所以必须采用强力搅拌使其分散成均匀的絮状微晶。

(3)配料比:亚硝酸钠应适当过量,因反应过程中,难免有部分亚硝酸分解为NO而逃出反应体系,这样做目的为使苯酚完全反应。配料比为苯酚∶亚硝酸钠(分子量比)=1∶1.2,收率在75%;1∶1.32时,收率在80%;若为1∶1.39时,收率则为80%～85%。

2.工艺过程

在反应釜中,投入规定量的冷水和亚硝酸钠(4∶1),开始搅拌和冷冻,冷却至0～5 ℃,并加入碎冰。然后倾入酚溶液(液态酚中加入占酚重10%～20%的水使其呈均匀絮状结晶)。维持温度在0～4 ℃,2～3 h滴完规定量的40%的硫酸。滴完继续于此温度下搅拌1 h。反应结束,静置、离心、水洗至pH值=5,甩干,得对亚硝基苯酚,收率为80%～85%。由于对亚硝基苯酚不太稳定,存放时,应放入冰库,避光,现做现用,防止变黑和自燃。

3.工艺流程图

工艺流程见图10-1。

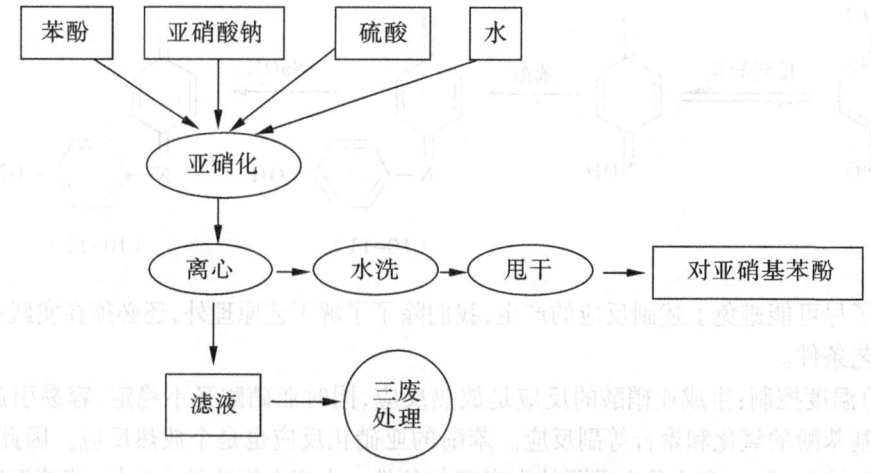

图 10-1　对亚硝基苯酚制备工艺流程

（二）对氨基苯酚的制备

1. 工艺原理

对亚硝基苯酚与硫化钠溶液共热,在碱性条件下还原成对氨基苯酚钠,用稀硫酸中和,析出对氨基苯酚。此反应为放热反应,温度必须控制在 38 ~ 50 ℃之间进行。生产工艺上必须注意温度的控制,否则碱性条件下很容易进行还原反应。

$$2\ \underset{NO}{\overset{OH}{\bigcirc}} + 2Na_2S + H_2O \xrightarrow{38\sim50℃} 2\ \underset{NH_2}{\overset{ONa}{\bigcirc}} + Na_2S_2O_3$$

$$2\ \underset{NH_2}{\overset{ONa}{\bigcirc}} + H_2SO_4 \longrightarrow 2\ \underset{NH_2}{\overset{OH}{\bigcirc}} + Na_2SO_4$$

若反应不完全,则有 4,4′-二羟基氧化偶氮苯(10-13)、4,4′-二羟基偶氮苯和 4,4′-二羟基氢化偶氮苯(10-14)等中间产物生成,即成为反应产物中的杂质。

$$2\ \underset{NO}{\overset{OH}{\bigcirc}} + 2Na_2S \longrightarrow \underset{O \leftarrow N=N}{\overset{OH\qquad OH}{\bigcirc\bigcirc}} \longrightarrow \underset{N=N}{\overset{OH\qquad OH}{\bigcirc\bigcirc}} \longrightarrow \underset{HN-NH}{\overset{OH\qquad OH}{\bigcirc\bigcirc}} \longrightarrow 2\ \underset{NH_2}{\overset{OH}{\bigcirc}}$$

$$(10\text{-}13)\qquad\qquad (10\text{-}6)\qquad\qquad (10\text{-}14)$$

（1）反应温度控制：在生产过程中，反应温度如超过 33 ℃ 易引起副反应，即对氨基苯酚易氧化，同时有对亚硝基苯酚自燃的危险。因还原反应为放热反应，加料时要缓慢，同时进冷却水，控制反应温度在 36～50 ℃。若低于 30 ℃，则反应进行得不彻底，将影响产品收率及纯度。

（2）硫化钠的配料比：生产中硫化钠的投料应比理论量高些，若硫化钠用量少反应不彻底，有部分反应仅停留在中间态。因此生产中，对亚硝基苯酚与硫化钠的配料比为 1∶1.10 左右（摩尔比）。

（3）中和时的 pH 值、温度和加料速率：对氨基苯酚钠生成后，须用硫酸中和析出。实践证明 pH 值为 10 时，对氨基苯酚已基本游离完全；pH 值为 8 时析出少量硫磺和对氨基苯酚；继续中和到 pH 值为 7.0～7.5 时，则有大量硫化氢有毒气体产生。因此，调节 pH=8 为佳。另外必须考虑加酸速度，防止硫酸加入反应液时放出热量而使局部温度过高。温度过高会引起生成的硫代硫酸钠遇酸分解析出硫黄的副反应产生，40 ℃ 时析出较快。工业上利用对氨基苯酚在沸水中溶解度较大的特点与析出的硫黄和活性炭分离。析出的对氨基苯酚以颗粒状结晶为好，它的质量直接影响对乙酰氨基酚的收率。

2. 工艺过程

（1）粗品对氨基苯酚的制备：配料比为对亚硝基苯酚∶硫化钠=1∶1.1（摩尔比）。在盛有 38%～45% 浓度的硫化钠溶液的还原釜中，开始搅拌，于 38～50 ℃ 下将对亚硝基苯酚以小块缓缓加入，约 1 h 加完。要防止一次加料过多，形成局部酸性过大，析出硫黄。继续搅拌 20 min，检查终点合格，升温至 70 ℃ 保温反应 10 min。反应完毕，将反应液抽入中和罐中，加 2～3 倍量的水稀释。冷至 40 ℃ 以下，用 20% 硫酸中和至 pH 值=8，逐渐有大量的硫化氢气体逸出，须切实注意劳动保护。析出的对氨基苯酚结晶，抽滤，得粗对氨基苯酚。中和析出的对氨基苯酚含有少量的硫黄，可过滤收集。母液可回收副产物硫代硫酸钠。

（2）精品对氨基苯酚的制备：配料比为粗对氨基苯酚∶硫酸∶氢氧化钠∶活性炭=1∶0.477∶0.418∶0.1（摩尔比）。将粗对氨基苯酚加入水中，用硫酸调节 pH 值=5～6；加热至 90 ℃，加入活性炭，加热至沸，保温 30 min，静置 30 min，加入少量抗氧化剂亚硫酸氢钠，压滤，冷却至 25 ℃ 以下，用氢氧化钠调节至 pH 值=8，离心，用少量水洗涤，甩干得对氨基苯酚精品，收率为 80%。

3. 工艺流程图

工艺流程见图 10-2。

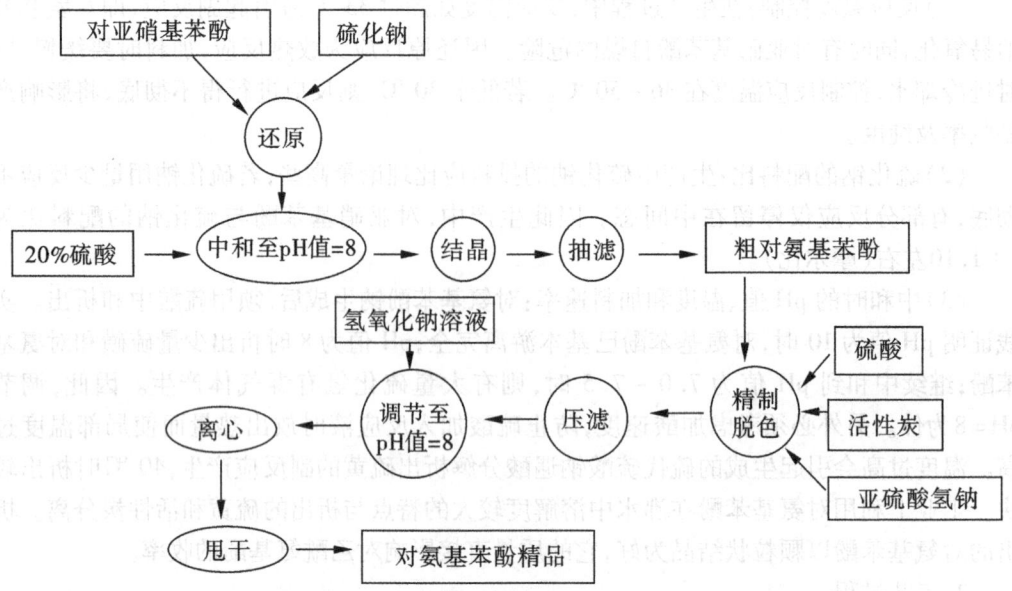

图 10-2　以对亚硝基苯酚为原料制备对氨基苯酚的工艺流程

二、以硝基苯为原料的合成路线

(一)工艺原理

（图略）

（10-8）　　　　　　（10-9）　　　　　　（10-4）

由硝基苯在催化剂条件下加氢还原生成苯基羟胺中间体,不经分离,在硫酸酸性介质中重排得对氨基苯酚。在酸性介质中苯基羟胺能继续加氢,生成副产物苯胺(10-15),苯胺生成量为10%~15%,同时也有少量4,4'-二氨基二苯醚(10-16)、4-羟基-4'-氨基二苯胺(10-17)等副产物生成。

（10-9）　　　　　　　　（10-15）

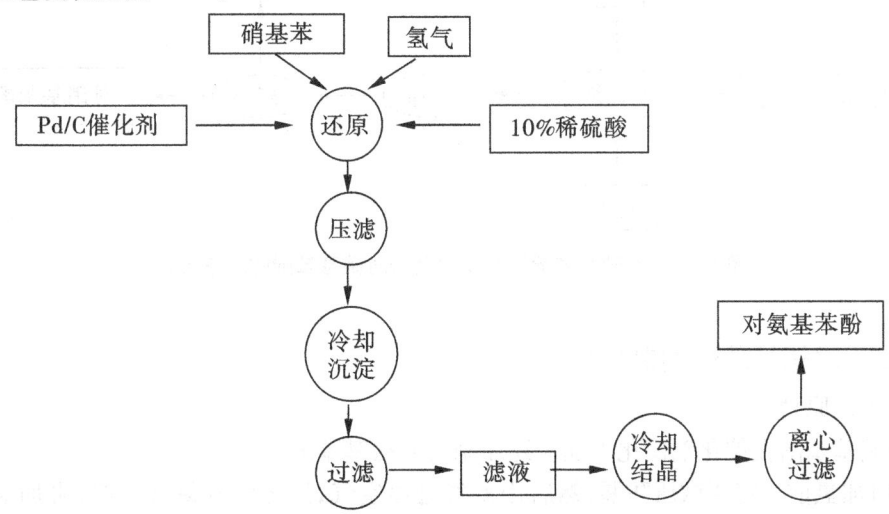

（10-4）　　　　　　　　　　　　　（10-16）

（10-9）　　（10-4）　　　　　　　　　　（10-17）

为避免上述副产物混入产品中,可加入某些有机溶剂,如异丙醇、各种酮类(脂肪族、脂环族和芳香族)、羟基乙酸、羟基丙酸或氯乙烷、氯仿等,以除去苯胺等杂质。同时还应避免与铁、镍、钴、锰、铬等金属接触,因为它们能促进苯基羟胺转化成苯胺。

（二）工艺过程

在加氢反应釜中先投入10%硫酸溶液,然后加入配量硝基苯及催化剂,然后盖上入孔,用氮气赶尽空气再用氢气赶氮气三遍通入氢气,釜压从0.1 MPa升至0.2 MPa,不能超过0.5 MPa,釜温加热至80～90 ℃反应至不吸氢,压力降至0.1 MPa,然后用氮气赶尽氢气,趁热压滤,滤液进入冷却釜冷却析出晶体,抽滤,水洗,甩干得对氨基苯酚粗品。

将粗品对氨基苯酚投入配量盐酸水溶液中,加热溶解,然后加活性炭脱色,同时加少量保险粉防氧化,压滤,滤液冷却得精品对氨基苯酚。

（三）工艺流程图

工艺流程见图10-3。

图10-3　以硝基苯为原料制备对氨基苯酚的工艺流程

三、以对硝基苯酚钠为原料的合成路线

（一）对硝基苯酚的制备

1. 工艺原理

将对硝基苯酚钠加入配量水中,加热溶解然后用强酸(盐酸或硫酸)调 pH 值小于 3,冷却析出晶体即得对硝基苯酚。这是个酸化反应,也是个中和反应;若用硫酸中和,则生成硫酸钠,因在冷却时它的溶解度较小,容易析出,混入对硝基苯酚的结晶中。故选用盐酸中和,产生的氯化钠虽达到饱和或过饱和状态,仍能留在母液中。

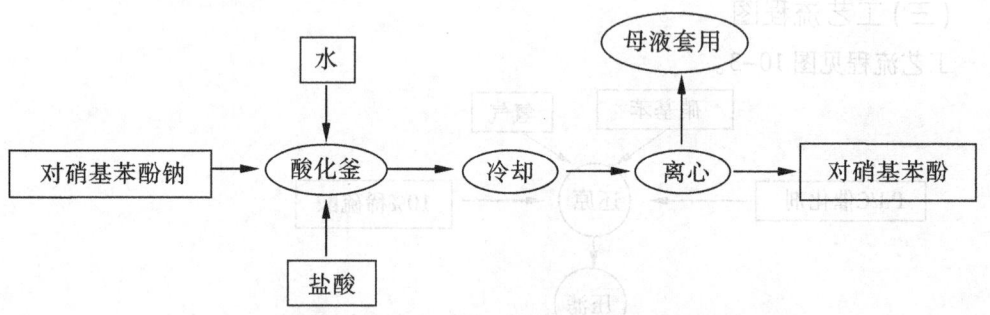

2. 工艺过程

配料比为对硝基苯酚钠(65%)∶盐酸(工业)∶水=1∶0.6∶1.9(质量比)。在酸化釜中,先加入水及开动搅拌投入配量对硝基苯酚钠,加热至溶解(约 50 ℃)然后滴入盐酸调 pH 值为 2~3,再升温至 75 ℃复调 pH 值至 2~3,调完维持反应 1.5~2.0 h。冷却,为防止结晶时出现结晶挂壁现象,应逐渐冷却。一般在 60 ℃时开始析出结晶,25 ℃以下放料离心,甩干,得对硝基苯酚。

3. 工艺流程图

工艺流程见图 10-4。

```
                                        ┌──────────┐
                                        │ 母液套用 │
                                        └──────────┘
                                            ↑
    ┌──────┐                                │
    │  水  │                                │
    └──────┘                                │
        │                                   │
        ↓                                   │
┌──────────────┐   ┌────────┐   ┌──────┐  ┌──────┐   ┌──────────────┐
│ 对硝基苯酚钠 │ → │ 酸化釜 │ → │ 冷却 │→ │ 离心 │ → │ 对硝基苯酚   │
└──────────────┘   └────────┘   └──────┘  └──────┘   └──────────────┘
        ↑
    ┌──────┐
    │ 盐酸 │
    └──────┘
```

图 10-4 对硝基苯酚钠为原料制备对硝基苯酚的工艺流程

（二）对氨基苯酚的制备

1. 工艺原理

对硝基苯酚在催化剂催化下加氢还原制得对氨基苯酚。

（1）加氢前一定要试压防漏,然后用氮气赶尽空气,用氢气赶氮气三遍,再加氢至压力反应。反应结束同样要用氮气赶氢气。这样做的目的是防止氢气氧气混合爆炸。

（2）反应结束的依据为用薄层层析法检测原料已反应完毕。

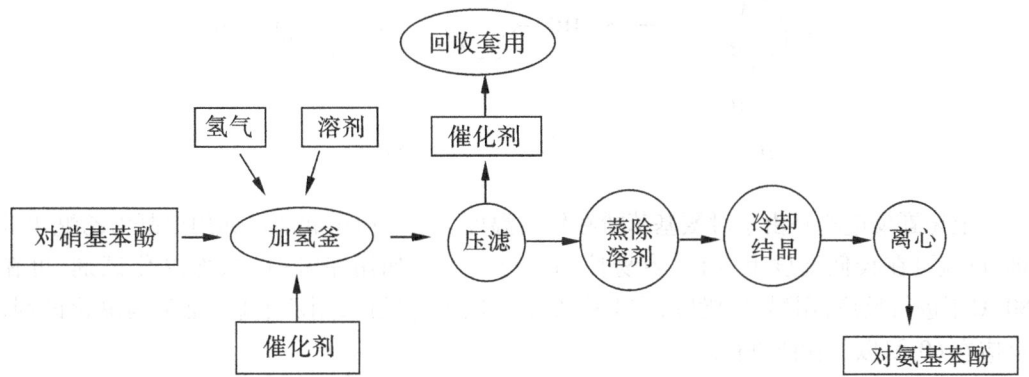

2.工艺过程

向加氢釜中投入对硝基苯酚、溶剂及催化剂,加氢还原至终点(薄层层析显示原料已基本转化成产品)。加氢结束,压滤,滤液浓缩,加热水溶解,加活性炭脱色压滤,滤液冷却,结晶,离心,甩干得产品。

3.工艺流程图

工艺流程见图10-5。

```
            回收套用
              ↑
氢气  溶剂   催化剂
   ↘  ↙       ↑
对硝基苯酚→加氢釜→压滤→蒸除溶剂→冷却结晶→离心
          ↑                              ↓
        催化剂                        对氨基苯酚
```

图10-5 以对硝基苯酚为原料制备对氨基苯酚的工艺过程

第三节 对乙酰氨基酚的生产工艺原理及过程

一、工艺原理

对氨基苯酚与醋酸或醋酐在加热下脱水,反应生成对乙酰氨基酚。

（10-4） + CH₃COOH 乙酰化/水解 → （10-1）

这是可逆反应,通常采用蒸去水的方法,使反应趋于完全,以提高收率。

由于该反应在较高温度下(达 148 ℃)进行,未乙酰化的对氨基苯酚有可能与空气中的氧气作用,生成亚胺醌(10-18)及其聚合物等,致使产品变成深褐色或黑色,故通常须加入少量抗氧剂(如亚硫酸氢钠等)。

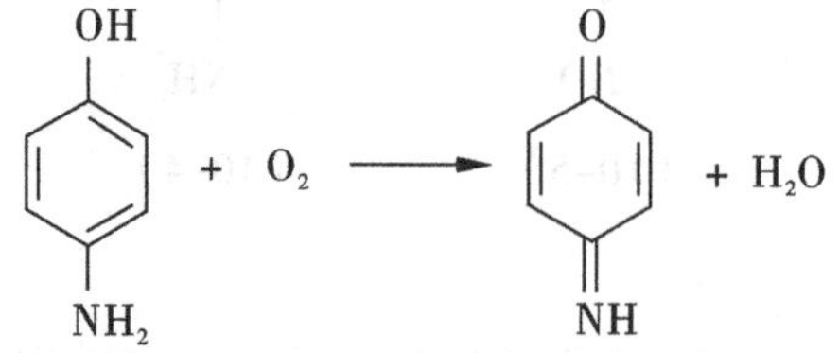

此外,对氨基苯酚也能缩合,生成深灰色的 4,4′-二羟基二苯胺(10-19)。

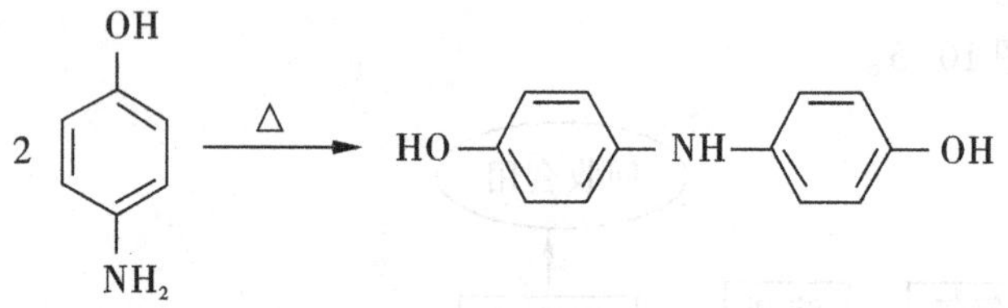

上述副反应均是由于对氨基苯酚在较高温度下反应所引起的。如用醋酐为乙酰化试剂,反应可在较低温度下进行,容易控制副反应。例如用醋酐-醋酸作酰化试剂,可在 80 ℃下进行反应;用醋酐-吡啶,在 100 ℃下可以进行反应;用乙酰氯-吡啶为酰化试剂,反应在 60 ℃以下就能进行。

当然,醋酐价格较贵,生产上一般采用稀醋酸(35% ~ 40%)与之混合使用,即先套用回收的稀醋酸,蒸馏脱水,再加入冰醋酸回流去水,最后加醋酐减压,蒸出醋酸。该工艺充分利用了原料醋酸,节约了开支。为避免氧化等副反应的发生,反应前可先加入少量抗氧剂。

另外,乙酰化时,采用适量的分馏装置严格控制蒸馏速度和脱水量是反应的关键。也可利用三元共沸的原理把乙酰化生成的水及时蒸出,使乙酰化反应完全。

乙酰化反应温度一般以控制在 120 ~ 140 ℃为好。

反应终点要取样测定,也就是测定对氨基苯酚的剩余量和反应液的酸度。只有保证对氨基苯酚的剩余量低于 2.0%,才能确保扑热息痛成品的质量和收率。

在精制时,为保证扑热息痛的质量要加入亚硫酸氢钠防氧化。

二、工艺过程

将配料对氨基苯酚、冰醋酸、母液(含醋酸 50% 以上)投入酰化釜内,开夹层蒸汽,打开反应罐上回流冷凝器的冷凝水,加热回流反应 2 h 后,改蒸馏,控制蒸出醋酸速度,要求为每小时蒸出总量的 1/10,待内温升至 135 ℃以上,从底阀取样,检查对氨基苯酚残留量低于 2.0% 时为反应终点。如未到反应终点,须补加醋酐继续反应到终点。反应结束,加入含量50%以上的冰醋酸,冷却结晶。甩滤,先用少量稀酸洗涤,再用大量水洗涤至滤液近无色,得扑热息痛粗品。

在精制釜中投入配量粗品扑热息痛、水及活性炭,开夹层蒸汽,加热至沸腾,用1∶1盐酸调节pH值=5.5,然后升温至95℃趁热压滤,滤液冷却结晶,再加入亚硫酸氢钠,冷却结晶,离心,滤饼用大量水洗,甩干,干燥得扑热息痛成品。滤液经浓缩、结晶、甩滤后得粗品扑热息痛,再精制。

三、工艺流程图

工艺流程见图10-6。

1. 酰化

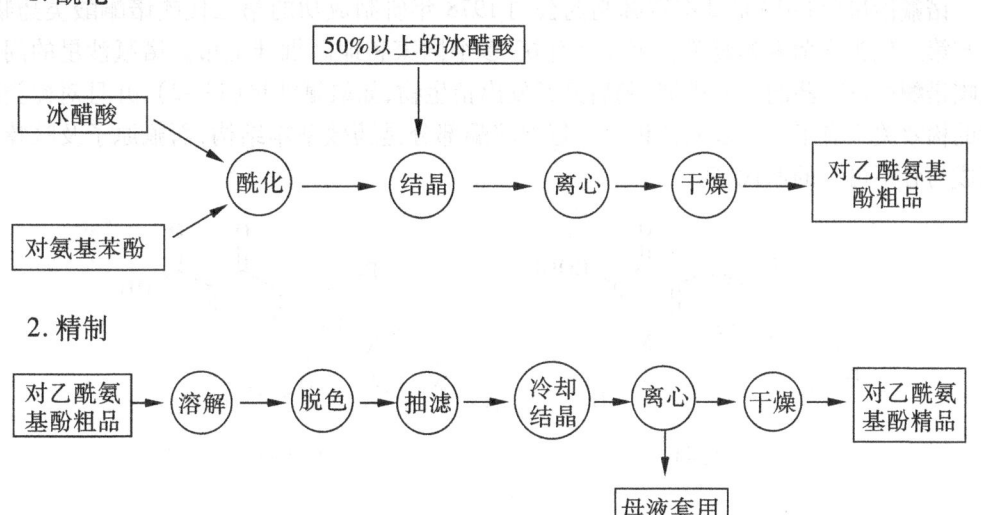

2. 精制

图 10-6　对乙酰氨基酚的制备工艺流程

第十一章　诺氟沙星的生产工艺原理

诺氟沙星化学名为1-乙基-6-氟-1,4-二氢-4-氧代-7-(1-哌嗪基)-3-喹啉羧酸(11-1)。

诺氟沙星(11-1)是日本杏林制药公司1978年研制成功的第三代喹诺酮酸类药物,可与第三代头孢菌素相媲美。至今已有60多个国家和地区批准上市。诺氟沙星的问世是喹诺酮类抗菌药的重要进展,随后又开发出衍生物,如氧氟沙星(11-2),并且对此类药物的构效关系有了进一步的认识。二氢吡啶酮部分是药效基本结构,而氟原子及哌嗪基也成为必不可少的取代基。

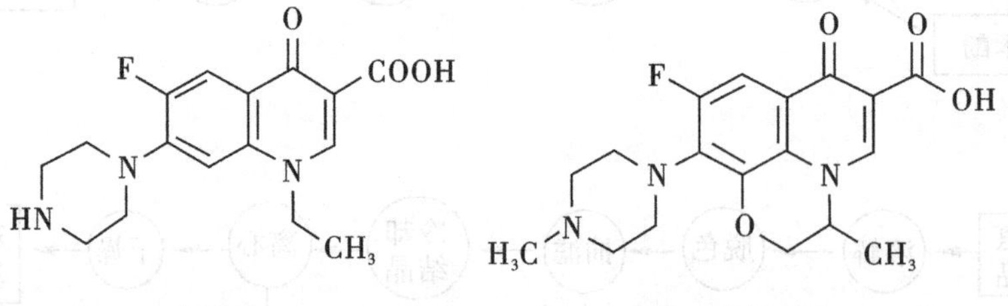

（11-1）　　　　　　　　（11-2）

第一节　合成路线及其选择

经过几十年的发展,诺氟沙星的合成方法有很多。剖析诺氟沙星的化学结构可以看出,喹诺酮酸环上1-位的乙基,7-位上的哌嗪基均是C—N键连接,因而乙基和哌嗪基都可以在成环后经亲核取代反应引入。它的合成可以从两个途径进行:一条是先合成喹诺酮酯(酸)环,然后引入乙基及哌嗪基或形成哌嗪环;另一条是先引入成先形成哌嗪环,再合成喹诺酮酸。

一、先合成喹诺酮酯(酸)环再引入乙基和哌嗪基的合成路线

喹诺酮酸的化学结构,可应用类型反应法来合成,1-位上的乙基可采用卤乙烷(一般用溴乙烷)进行乙基化引入,7-位上的哌嗪基,可先合成喹诺酮酸环上具有氯原子的化合物后,再置换氯原子引入哌嗪环的合成途径。

(1)以3-氯-4-氟苯胺(11-3)为原料。

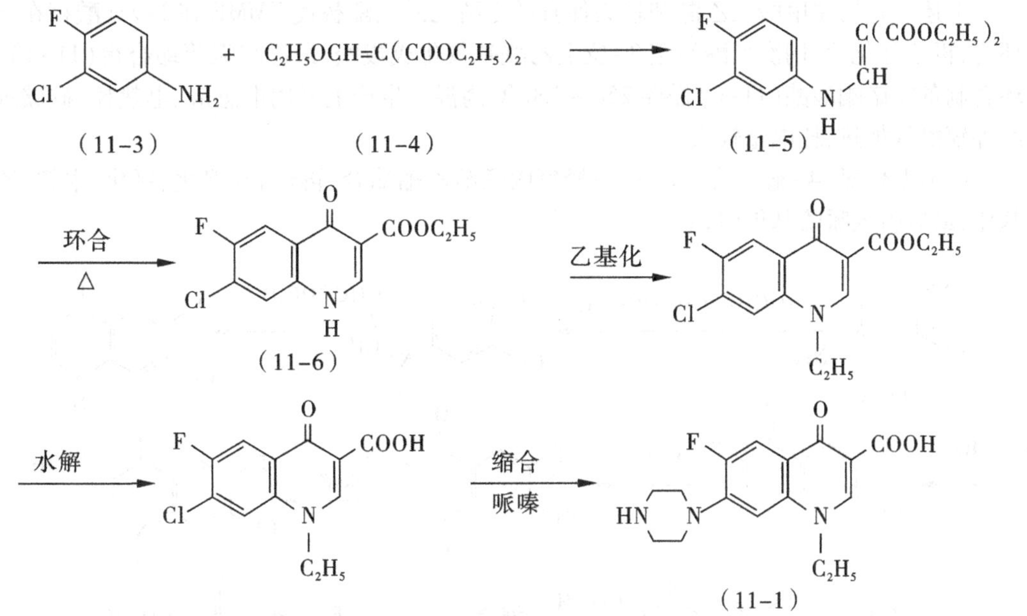

（11-3）　　　　　　　　　（11-4）　　　　　　　　　　（11-5）

（11-6）

（11-1）

上述工艺路线的优点为：原料易得，各步收率较高，成本较低。缺点是：①环合反应温度较高；②由于喹诺酮酸酯（11-6）的 7-位氯原子化学活性较差，与哌嗪缩合的收率较低，而且有副产物氯哌酸生成；③乙氧亚甲基丙二酸二乙酸（EMME，11-4）的制备需减压蒸馏，工艺条件较苛刻。

（2）以 3-氯-4-氟苯胺（11-3）与原甲酸三乙酯、乙酰乙酸乙酯作用，经环合、乙基化、氧化与哌嗪缩合得（11-1）。

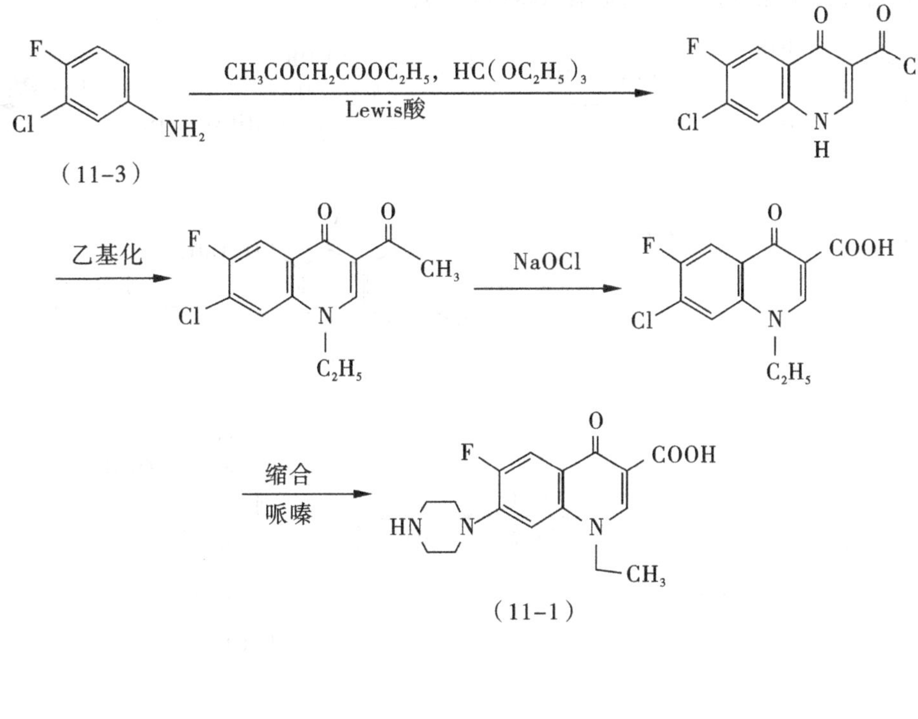

（11-3）

（11-1）

上述工艺用原甲酸三乙酯和较为便宜的乙酰乙酸乙酯替代 EMME 在 Lewis 酸存在下环合,再乙基化后,用次氯酸钠把3-位上乙酰基氧化成羧酸,最后与哌嗪缩合得(11-1)。环合制备喹诺酮酸酯(11-6)需要 250～260 ℃高温。生产上采用电感应、电热棒、硅碳远红外辐射等加热,耗电量较大。

(3)以3-氯-4-氟苯胺(11-3)与烃氧丙烯酸乙酯缩合,再环合、溴化、氰化、水解、乙基化,最后引入哌嗪基得(11-1)。

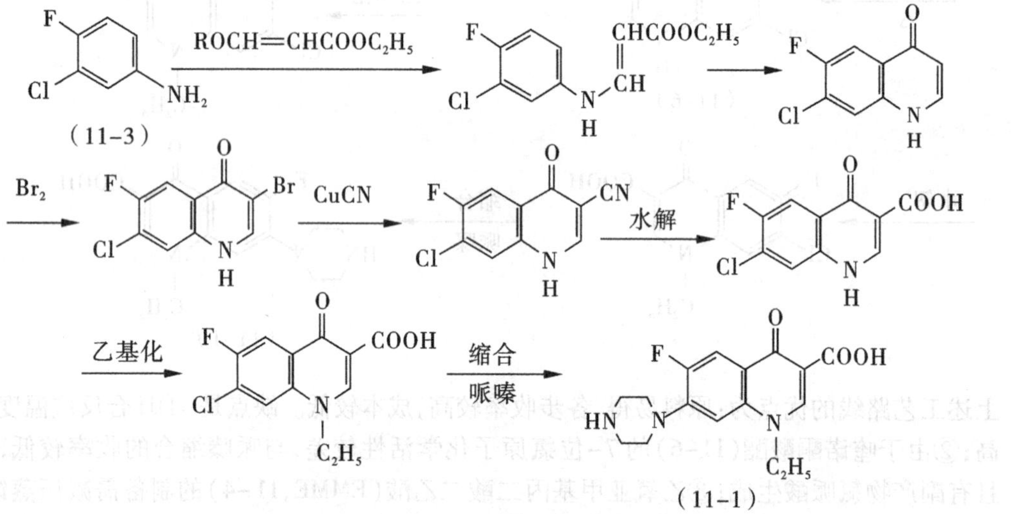

上述工艺较长,合成中用到剧毒的 CuCN,对环境会造成污染。

(4)以2-氨基-4-氯-5-氟苯甲酸酯为原料,经 Deckmann 环合制成喹诺酮酸酯(11-6),再经乙基化、水解,与哌嗪缩合得(11-1)。

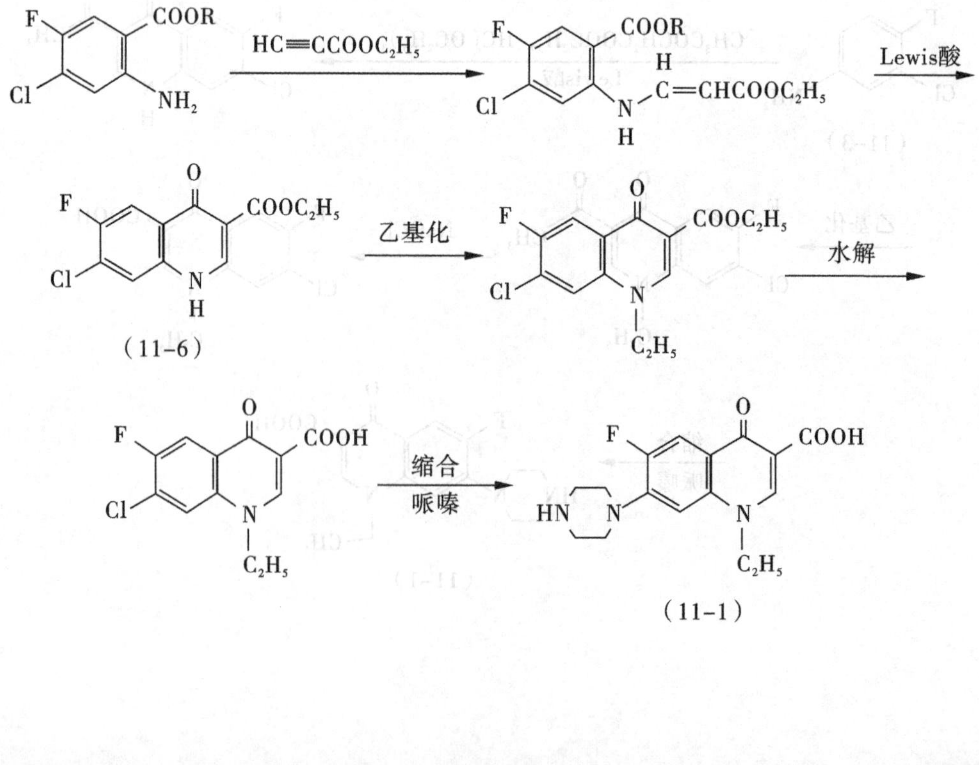

（5）2,4-二氯氟苯与乙酰氯经 Friedel-Crafts 反应,引入乙酰基再氧化、氯化成 2,4-二氯-5-氟苯甲酰氯,再与 N-乙基-3-氨基丙烯酸酯缩合,经分子内亲核取代,环合成喹诺酮酸,再水解,与哌嗪缩合得(11-1)。

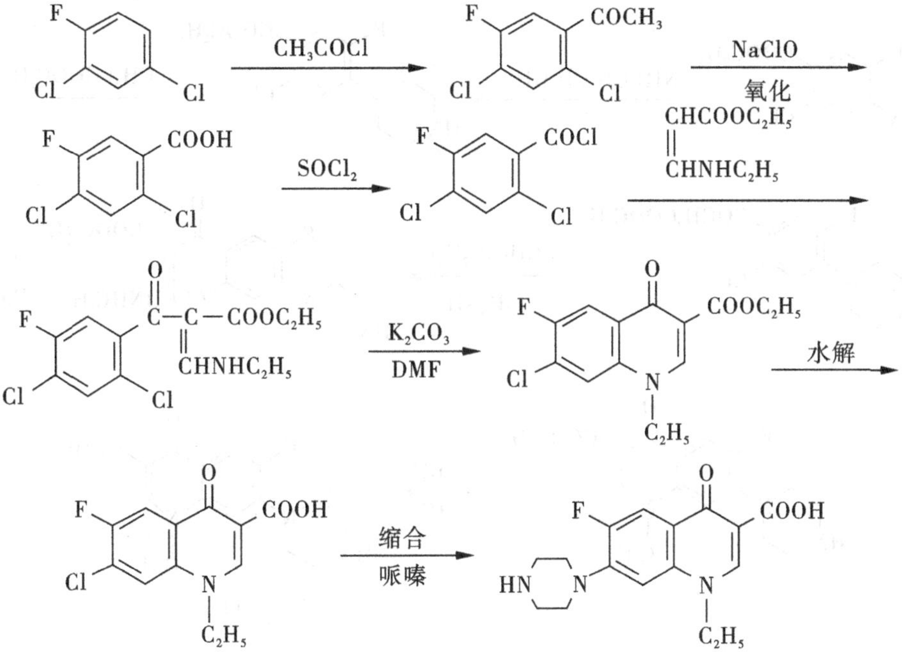

二、先引入或先形成哌嗪环,再合成喹诺酮酸的合成路线

（1）以邻氟苯胺为原料,先将邻氟苯胺上的氨基与二乙醇胺作用,环合成哌嗪环;再进行硝化、还原,与 EMME 缩合,环合,乙基化,水解得(11-1)。

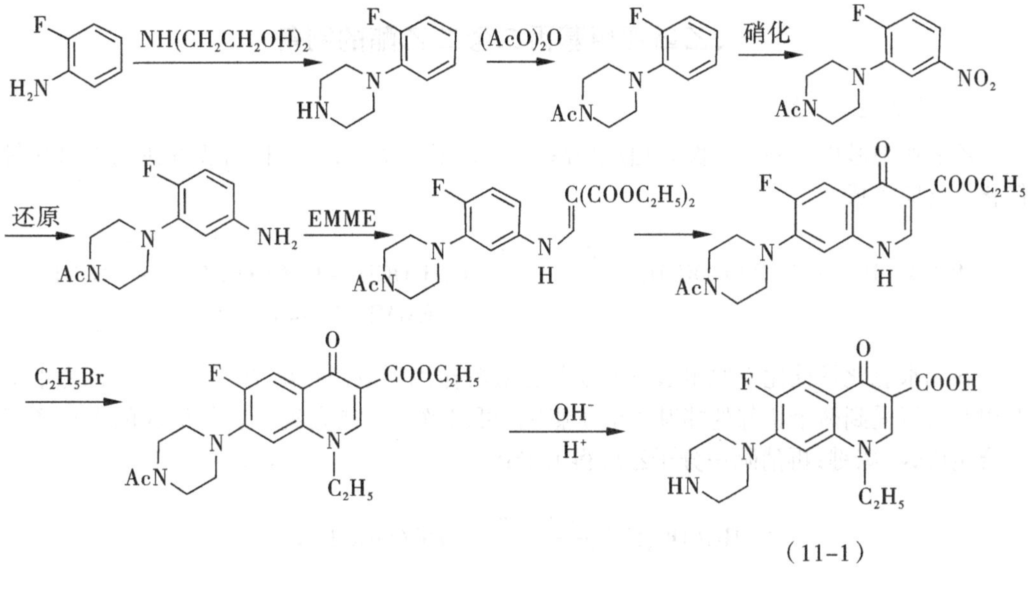

（11-1）

（2）以 2-氯-4-氨基-5-氟苯甲酸乙酯为原料，将其氨基先与二乙醇胺形成哌嗪环，再与丙二酸二乙酯缩合，水解，然后与原甲酸三乙酯和乙胺缩合，分子内亲核取代形成喹诺酮酸酯环，最后水解得（11-1）。

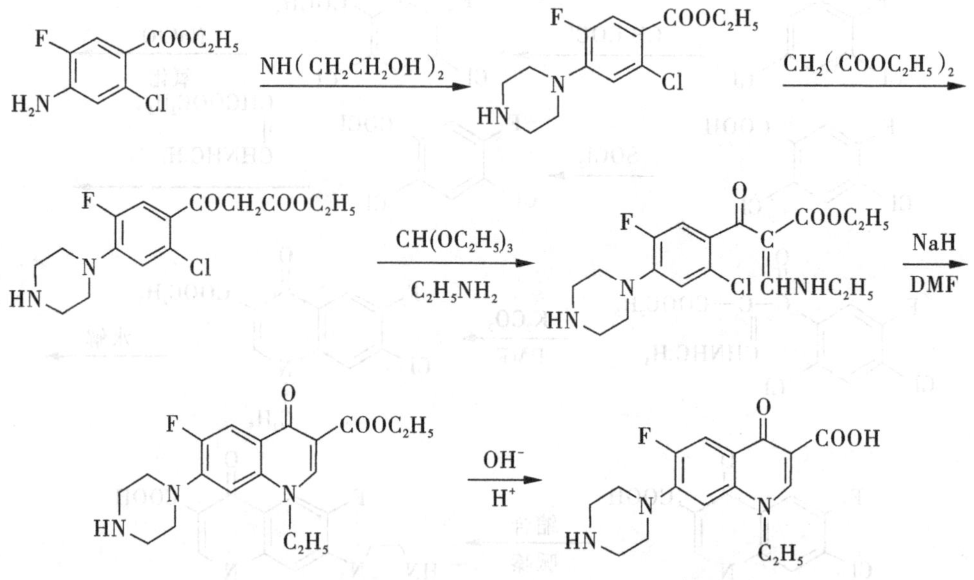

（11-1）

上述先引入或先形成哌嗪的合成路线，由于起始原料太贵、反应步骤较长、收率较低，无开发生产价值。目前我国生产的工艺路线均为 3-氯-4-氟苯胺（11-3）、乙氧亚甲基丙二酸二乙酯工艺路线，小试验总收率已达到 70% 以上。

第二节　诺氟沙星的生产工艺原理及其过程

一、乙氧亚甲基丙二酸二乙酯的制备

（一）工艺原理

乙氧亚甲基丙二酸二乙酯是由原甲酸三乙酯、丙二酸二乙酯和乙酸酐在无水氯化锌催化下反应生成。

$$HC(OC_2H_5)_3 + H_2C(COOC_2H_5)_2 \xrightarrow{ZnCl_2, Ac_2O} C_2H_5OCH = C(COOC_2H_5)_2 + C_2H_5OH$$
$$EMME(11-4)$$

在无水氯化锌催化下原甲酸三乙酯与乙酸酐作用形成碳正离子。丙二酸二乙酯上的亚甲基的氢受到两个相邻的酯基吸电子影响，可以解离成碳负离子。与形成的碳正离子结合生成碳-碳键；再消除一分子乙醇得 EMME。

$$HC(OC_3H_5)_3 \xrightarrow{ZnCl_2, Ac_2O} \overset{\oplus}{H}C(OC_2H_5)_2$$

$$H_2C(COOC_2H_5)_2 \Longleftrightarrow \overset{\ominus}{H}C(COOC_2H_5)_2 + \overset{\oplus}{H}$$

$$\overset{\oplus}{H}C(OC_2H_5)_2 + \overset{\ominus}{H}C(COOC_2H_5)_2 \longrightarrow (C_2H_5)_2CH—CH(COOC_2H_5)_2 \xrightarrow{-C_2H_5OH}$$

$$C_2H_5OCH = C(COOC_2H_5)_2$$

(二) 工艺过程

在干燥反应罐中加入原甲酸三乙酯,升温蒸去低沸物,在罐内温度不超过 130 ℃时,加入丙二酸二乙酯和无水氯化锌。在搅拌下滴加乙酸酐,回流,逐渐蒸出乙醇,使罐内温度达到 156 ℃,并在此温度反应 3 h。反应结束,冷却到 100 ℃,减压回收原甲酸三乙酯,然后将反应物抽入精馏罐中,进行减压精馏,收集沸点 140 ~ 160 ℃/1.33 kPa（10 mmHg）馏分,含量 98% 以上,收率 50% ~ 65%。

(三) 反应条件及影响因素

原甲酸三乙酯、丙二酸二乙酯、乙酸酐和乙氧基亚甲基丙二酸二乙酯等原料和产物均易水解,因此,必须控制水分,所用设备必须干燥。为保证反应完全,乙酸酐的滴加速度、用量必须充分注意。这些工艺条件对收率都有较大影响。

(四) 工艺流程图

工艺流程见图 11-5。

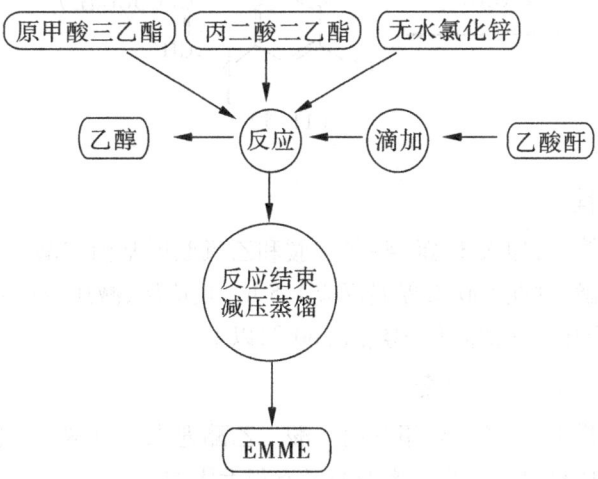

图 11-5 乙氧亚甲基丙二酸二乙酯制备工艺流程

二、3-氯-4-氟苯胺基亚甲基丙二酸二乙酯的制备

（一）工艺原理

3-氯-4-氟苯胺与乙氧亚甲基丙二酸二乙酯共热，脱去一分子乙醇，缩合而得 3-氯-4-氟苯胺基亚甲基丙二酸二乙酯(11-5)。

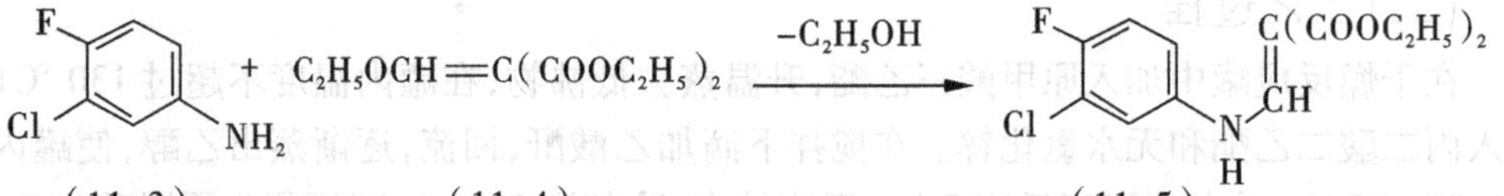

(11-3)　(11-4)　(11-5)

乙氧亚甲基丙二酸二乙酯含有乙烯基醚的结构，双键化学性质比较活泼，可与氨基发生亲核加成，然后消除一分子乙醇便可得化合物(11-5)。

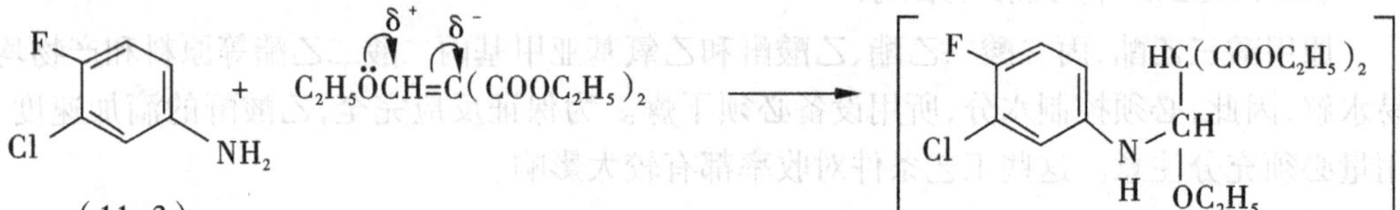

(11-3)

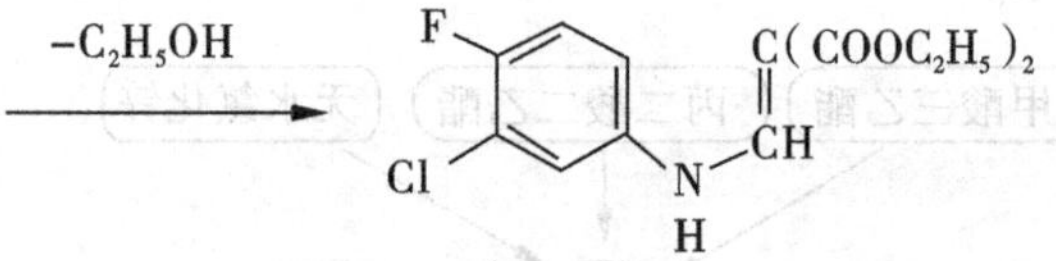

(11-5)

（二）工艺过程

在干燥的反应罐中，加入 3-氯-4-氟苯胺和乙氧亚甲基丙二酸二乙酯，开动搅拌器，升温蒸出生成的乙醇，并在 130 ℃保温反应 1.5 h。反应毕，减压蒸馏除去生成的乙醇后，立即放出反应液，冷却后立即固化，熔点在 60 ℃以上。

（三）反应条件及影响因素

反应釜要洗净烘干，因乙氧亚甲基丙二酸二乙酯遇水易分解，因此，反应必须在干燥系统中进行。它的质量对下一步收率及质量有很大影响。

（四）工艺流程图

工艺流程见图 11-6。

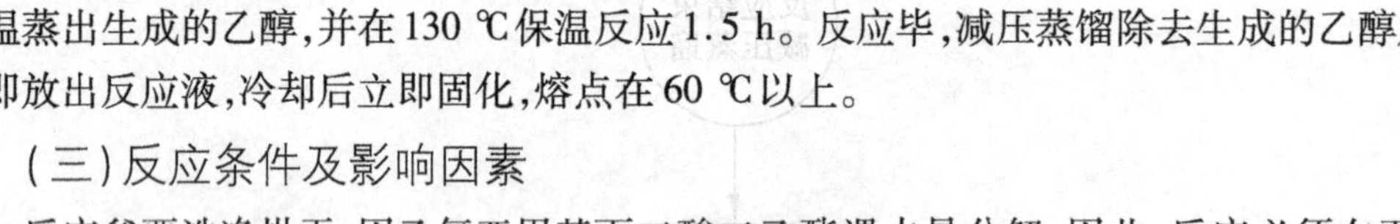

图 11-6　3-氯-4-氟苯胺基亚甲基丙二酸二乙酯制备工艺流程

三、7-氯-6-氟-4-氧-3-喹啉甲酸乙酯的制备

(一)工艺原理

3-氯-4-氟苯胺基亚甲基丙二酸二乙酯在高温导热介质中(250 ℃)脱醇环合得7-氯-6-氟-4-氧-3-喹啉甲酸乙酯(喹诺酮酸酯,11-6)。

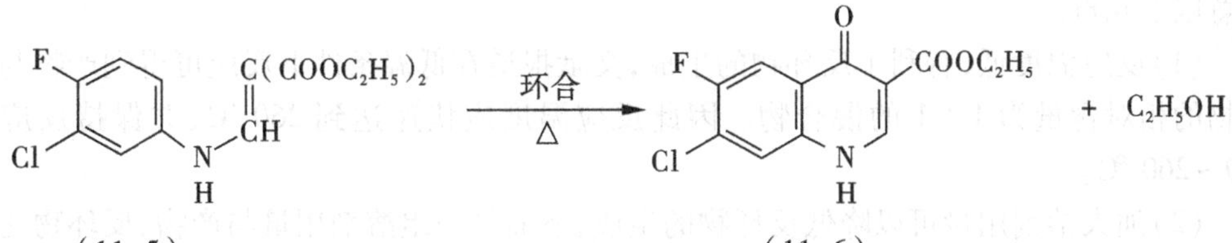

$$（11-5）\xrightarrow[\triangle]{环合}（11-6）+ C_2H_5OH$$

工业上用石蜡油、道生油(73.5%二苯醚和26.5%联苯混合物)、二苯乙烷、二苯醚作为导热介质。它的环合机制认为是苯环上的亲电取代反应,即苯胺的邻位碳原子与羰基加成,然后进行消除反应,脱去乙醇,生成7-氯-6-氟-4-氧-3-喹啉甲酸乙酯。

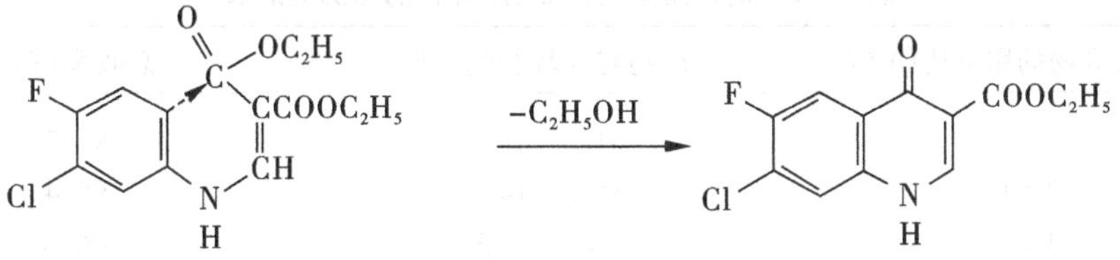

$$\xrightarrow{-C_2H_5OH}（11-6）$$

该反应为典型的 Gould-Jacobs 反应,考虑苯环上的取代基的定位效应及空间效应,3-位氯的对位远比邻位活泼,但亦不能忽略邻位的取代,因此,环合时可能同时产生两种产物。

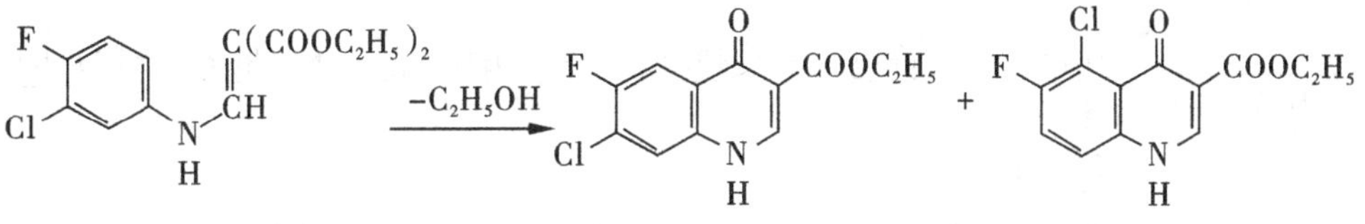

$$（11-5）\xrightarrow{-C_2H_5OH}（11-6）+ 反环物$$

喹诺酮酸酯和反环物分子量相同,理化性质也近似,用一般重结晶方法难以分离。工艺研究中常选择适当的导热介质来促进喹诺酮酸酯的生成。

(二)工艺过程

先将石蜡油预热到250 ℃,加入3-氯-4-氟-苯胺基亚甲基丙二酸二乙酯,升温到250~260 ℃。反应1 h,蒸馏出生成的乙醇,冷却到10 ℃,离心过滤,滤饼先用石油醚洗涤,再用丙酮洗涤,干燥后,熔点在310 ℃以上,收率79%。

（三）反应条件及影响因素

反应温度控制在 250 ~ 260 ℃ 为宜，且升温要快，为避免温度超过 260 ℃，可将导热介质预热到 250 ℃，再缓缓加热。反应开始后，反应液变得黏稠，为避免局部过热，应快速搅拌，因为温度过高能致环合产物炭化。

另外，选用导热介质不同，生成的环合物和副产物也各异。为减少反环物的生成，应注意以下几点。

（1）反应温度低，有利于反环物的生成，文献报道在低温条件下反应可得到产物与反环物的相对含量为 1 : 1 的混合物。因此反应温度应快速达到 260 ℃，并保持反应在 250 ~ 260 ℃。

（2）加大溶剂用量可以降低反环物的生成，下面是一组溶剂用量与产物、反环物比例的实验数据见表 11-1。从经济的角度来说，采用溶剂与反应物用量比 3 : 1 时比较合适。

（3）用二苯醚或二苯砜为溶剂时，会减少反环物的生成，但价格昂贵，亦可用廉价的柴油代替石蜡油。

表 11-1　溶剂用量与产物、反环物的比例对照表

溶剂与反应物的用量比（V/W）	产物与反环物的比例	总收率（%）
1 : 1	81.6 : 18.4	97.2
2 : 1	85.5 : 14.5	95.4
3 : 1	94.7 : 5.3	96.4

（四）工艺流程图

工艺流程见图 11-7。

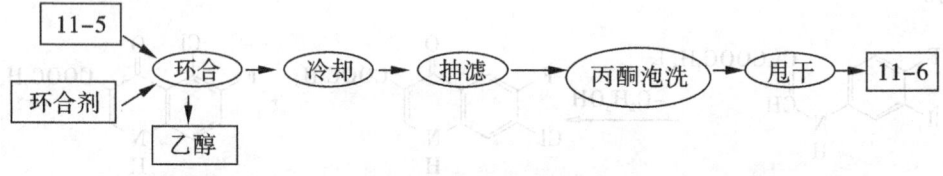

图 11-7　7-氯-6-氟-4-氧-3-喹啉甲酸乙酯制备工艺流程

四、1-乙基-7-氯-6-氟-4-氧-3-喹啉羧酸乙酯的制备

（一）工艺原理

7-氯-6-氟-4-氧-3-喹啉甲酸乙酯（11-6）在无水碳酸钾、DMF 条件下与乙基化试剂作用，在氮原子上引入乙基制得 1-乙基-7-氯-6-氟-4-氧-3-喹啉羧配乙酯（11-7）。常用的乙基化试剂有硫酸二乙酯、对甲苯磺酸乙酯、溴乙烷、碘乙烷等。用碘乙烷收率高，但价格昂贵。用硫酸二乙酯，虽价格低廉，但收率不高且毒性较大。用对甲苯磺酸乙酯，

收率低,"三废"和后处理繁杂,成本也较高。目前国内生产均用溴乙烷作乙基化试剂。

其反应机制是:

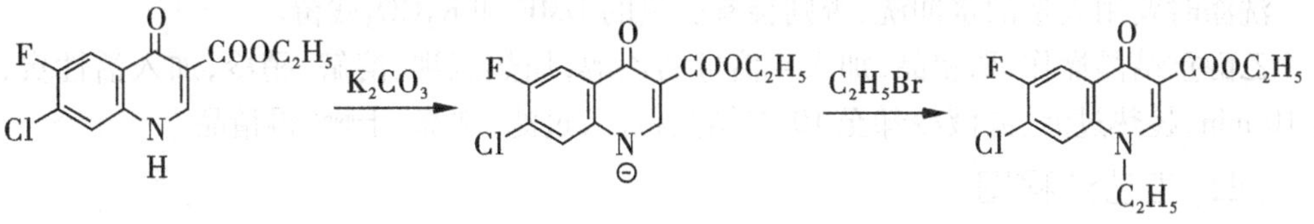

（11-6）　$\xrightarrow{K_2CO_3}$　　$\xrightarrow{C_2H_5Br}$　（11-7）

乙基化时,如果反应条件控制不当,会有4-位乙基化的4-O-乙基副产物生成,其生成量有时可高达10%以上。

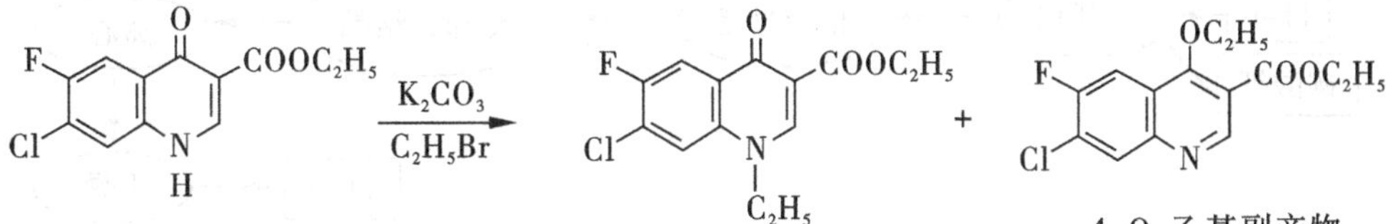

（11-6）　$\xrightarrow{\substack{K_2CO_3 \\ C_2H_5Br}}$　（11-7）　+　4-O-乙基副产物

从乙基化的反应机制推论,氮原子上的氢受4-位羰基和3-位酯基的影响,加入碳酸钾,可先生成钾盐,再与溴乙烷反应引入乙基。

4-O-乙基副产物的生成是先经酮式互变异构成烯醇式,烯醇羟基与碳酸钾成钾盐,再与溴乙烷作用。

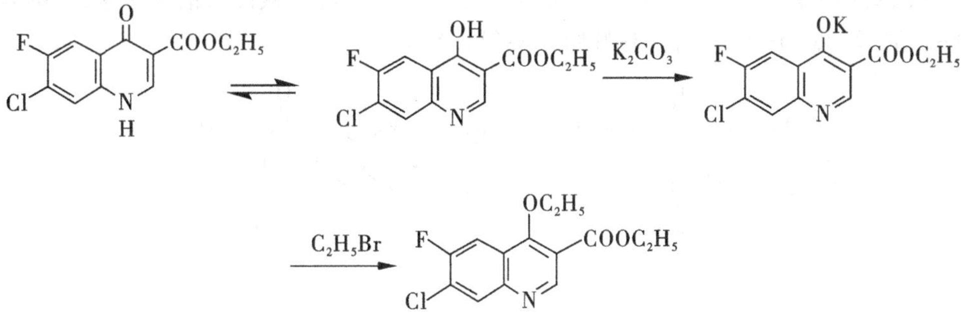

（互变异构式 $\rightleftharpoons$ 烯醇式 $\xrightarrow{K_2CO_3}$ OK钾盐式）

$\xrightarrow{C_2H_5Br}$ （4-O-乙基产物）

（二）工艺过程

将7-氯-6-氟-4-氧-3-喹啉甲酸乙酯、碳酸钾、二甲基甲酰胺（DMF）置反应罐中,搅拌下加热到110 ℃,保温1 h,再冷却到30 ℃以下,滴加溴乙烷,滴毕,加热到90 ℃,回流8 h。冷却,滤去反应副产物无机盐,减压回收70~80%的DMF。降温至50 ℃左右,加入纯净水,洗出固体,过滤,水洗,干燥,得粗品,用乙醇重结晶得白色或淡黄色结晶。熔点为144~145 ℃,收率90%。

（三）反应条件及影响因素

选择适宜的乙基化试剂和控制反应条件是提高乙基化收率和产品质量的关键。溴乙烷沸点低,因此,滴加时必须将罐内反应液降温到30 ℃以下,避免溴乙烷损失。

反应液加水时要降温至50℃左右,温度太高导致酯键水解,过低会使产物结块,不易处理。

洗涤时要用大量的水冲洗,否则会有少量的DMF和K_2CO_3残留。

乙醇重结晶操作,取粗品,加入4倍量的乙醇,加热至沸,溶解,稍冷,加入活性炭,回流10 min,趁热过滤,滤液冷却至10℃结晶析出,过滤,洗涤,干燥,得精品。

（四）工艺流程图

工艺流程见图11-8。

```
        ┌──────┐
        │ 溴乙烷 │
        └──────┘
             ↓
┌──────┐
│ DMF  │──┐
└──────┘  ↓
┌──────┐ ┌──────┐    ┌────────┐    ┌──────────┐    ┌──────┐
│ 11-6 │→│ 乙基化 │──→│ 稍冷过滤 │──→│ 冷却,结晶 │──→│ 离心 │
└──────┘ └──────┘    └────────┘    └──────────┘    └──────┘
┌──────┐  ↑                                             ↓
│ 碳酸钾 │──┘                              ┌──────┐    ┌──────┐
└──────┘                                  │ 11-7 │←──│ 干燥 │
                                          └──────┘    └──────┘
```

图11-8 1-乙基-7-氯-6-氟-4-氧-3-喹啉羧酸乙酯制备工艺流程

五、1-乙基-7-氯-6-氟-4-氧-3-喹啉甲酸的制备

（一）工艺原理

1-乙基-7-氯-6-氟-4-氧-3-喹啉羧酸乙酯(11-7),在碱性溶液中水解,再酸化得到1-乙基-7-氯-6-氟-4-氧-3-喹啉甲酸(11-8)。

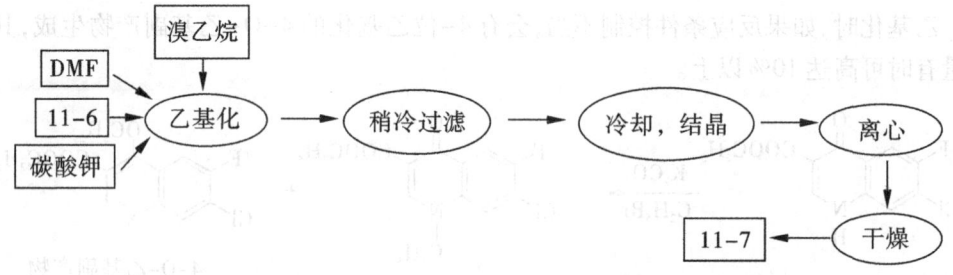

（二）工艺过程

将1-乙基-7-氯-6-氟-4-氧-3-喹啉羧酸乙酯、氢氧化钠及纯净水置于反应罐中,搅拌下加热至95~100℃,保温2 h,加水稀释,并用脱色炭脱色,过滤,滤液用稀盐酸调整pH值至6.4左右。析出沉淀冷却到20℃以下,过滤,用水洗涤滤饼。真空干燥,熔点250℃以上,含量90%以上,再用DMF重结晶得精品,熔点278℃以上,收率75%。

（三）反应条件及影响因素

中和时,要保持pH值在6.4为宜,防止呈碱性而影响收率。

（四）工艺流程图

工艺流程见图11-9。

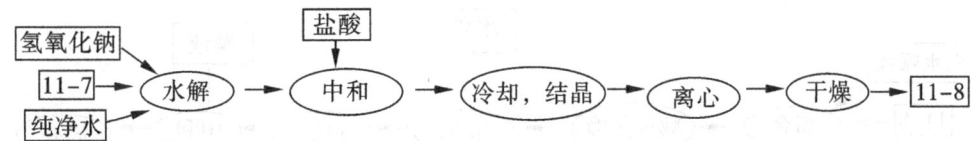

图 11-9　1-乙基-7-氯-6-氟-4-氧-3-喹啉甲酸制备工艺流程

六、诺氟沙星的制备

(一) 工艺原理

1-乙基-7-氯-6-氟-4-氧-3-喹啉甲酸易与哌嗪发生反应,脱氯化氢缩合得诺氟沙星(11-1)。这里哌嗪是亲核试剂。但处在 6 位上的氟原子,也具有一定的活性,它也能与哌嗪脱氟化氢,缩合成为无抗菌活性的化合物氯哌酸,生产中伴有 25% 左右的氯哌酸生成。

（11-8）　　　　　　　（11-1）　　　　　　　氯哌酸

(二) 工艺过程

将六水哌嗪、甲苯加入有分水装置的反应罐中,搅拌回流,由甲苯带水,直至蒸出的甲苯澄明,内温达 115 ℃,冷却,加入 1-乙基-7-氯-6-氟-4-氧-3-喹啉甲酸和吡啶,升温回流 8 h。然后,减压回收吡啶,再加水减压蒸出剩余的吡啶。残留物加稀乙酸,使 pH 值至 5.5,加脱色炭脱色,趁热过滤,滤液调至 pH 值至 7.0~7.2,冷却,过滤,得粗品。用水洗涤粗品和用乙醇重结晶得精品,收率 52%。

(三) 反应条件及影响因素

7-位氯原子的活性是缩合哌嗪的关键,设法增强氯原子活性,不仅可以提高诺氟沙星的收率,同时可减少氯哌酸的生成,提高诺氟沙星的质量。文献曾报道:可用硼化合物使 3-位羧基和 4-位羰基间形成有机配合物,以增强氯原子活性,可使缩合收率达到 77.2%。

缩合反应在无水条件下进行,应用无水哌嗪并用吡啶为缩合剂为宜。

(四) 工艺流程图

工艺流程见图 11-10。

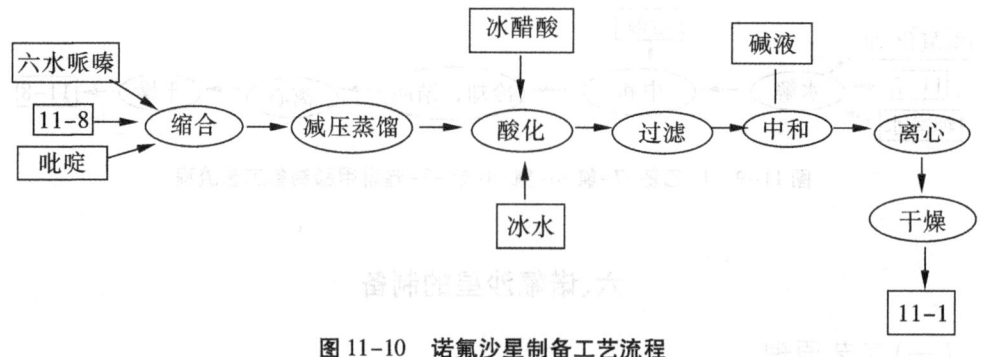

图 11-10　诺氟沙星制备工艺流程

第三节　进一步改革诺氟沙星生产工艺的途径

一、诺氟沙星生产工艺中存在的问题

以 3-氯-4-氟苯胺（11-3）、原甲酸三乙酯、丙二酸二乙酯为起始原料,经缩合、环合、乙基化、水解和引入哌嗪的缩合反应等步骤制得诺氟沙星（11-1）。这条工艺路线已被国内广泛采用,总收率在 30%~40%。收率偏低,成本偏高,主要存在以下几方面的问题。

（一）环合反应副产物多,收率低

环合反应的主产物是 7-氯-6-氟-4-氧-3-喹啉甲酸乙酯（11-6）,其副产物是异构体,用重结晶法又难以分离。它们两者在不少溶剂系统中的 R_f 值亦几乎一致,其紫外、红外、质谱均无显著差别。用层析分离也极其费事。工业生产中要将中间体反复纯化也是不可取的。唯一的途径是控制环合反应条件和寻找适宜的环合导热介质等从根本上减少或消除副产物的生成。

（二）避免应用价格较贵的溴乙烷和 4-O-乙基化副产物的生成

国内普遍采用溴乙烷作乙基化试剂,价格仍偏贵,同时有 4-O-乙基化副产物生成,带入难以分离的杂质。4-O-乙基化副产物水解后得 7-氯-6-氟-4-氧-3-喹啉甲酸（11-9）,后者互变异构成 7-氯-6-氟-4-羟基-3-喹啉甲酸（11-10）。（11-10）溶于碱成为难分离的杂质。（11-9）与哌嗪缩合得 7-哌嗪基-6-氟-4-氧-3-喹啉酸（11-11）。（11-11）极易脱羧,生成杂质 7-哌嗪基-6-氟-4-氧喹啉（11-12）。

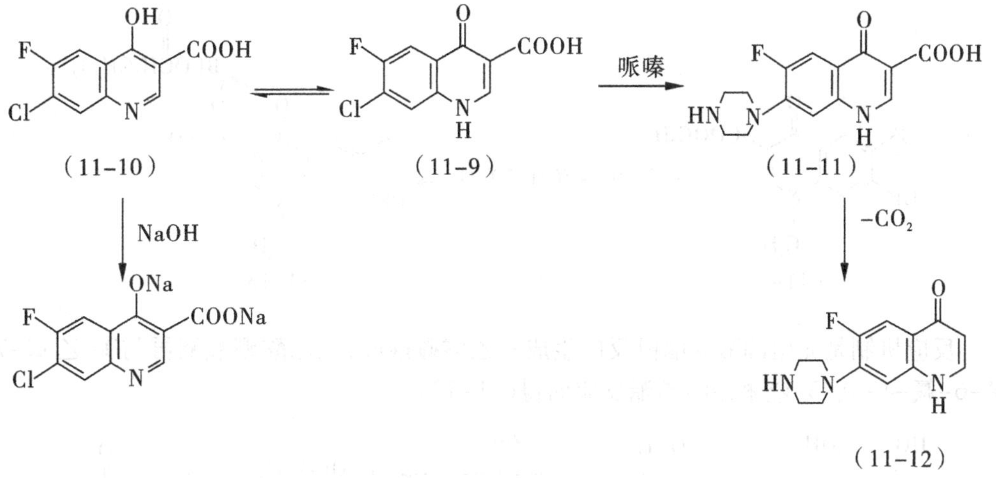

（三）与哌嗪缩合时产生副产物氯哌酸影响质量和收率

诺氟沙星最后一步引入哌嗪基时，还有 25% 的氯哌酸生成，不仅降低诺氟沙星的收率，也影响质量。如何减少或避免氯哌酸的生成，是提高诺氟沙星收率和质量的重要课题。

二、改革诺氟沙星生产工艺的途径

（一）降低环合副产物

选择环合一步的适宜导热介质，使环合一步的副产物降到最低，国内外文献报道的导热介质如用二苯醚、石蜡油、二苯乙烷、道生油等一般生成反环物的副产物在 6%～7%。据报道应用烷烃作环合一步的导热介质，不仅价格较低，且可反复套用，流动性好。产物（11-6）的收率几乎达到定量水平。

（二）提高缩合反应收率和产品质量

通过有机硼配合物，提高与哌嗪缩合反应的收率和诺氟沙星的质量。据文献报道，利用硼化合物与 3-羧基和 4-羰基形成有机配合物，使 4-位上氧原子的 p 电子跃迁到硼的空轨道上，然后通过共轭效应，促使 7-位碳原子上电子密度减少，而 6-位碳原子上电子密度相对增加，因而活化了 7-位氯原子，也钝化了 6-位氟原子。这样有利于哌嗪上氮原子对 7-位碳原子上的亲核进攻，而抑制了对 6-位碳原子的亲核进攻。

三、1-乙基-7-氯-6-氟-4-氧-3-喹啉羧酸硼酸双乙酯的制备

（一）工艺原理

由 1-乙基-7-氯-6-氟-4-氧-3-喹啉羧酸乙酯与硼酸、醋酐反应生成 1-乙基-7-氯-6-氟-4-氧-3-喹啉羧酸硼酸双乙酯（11-13）。

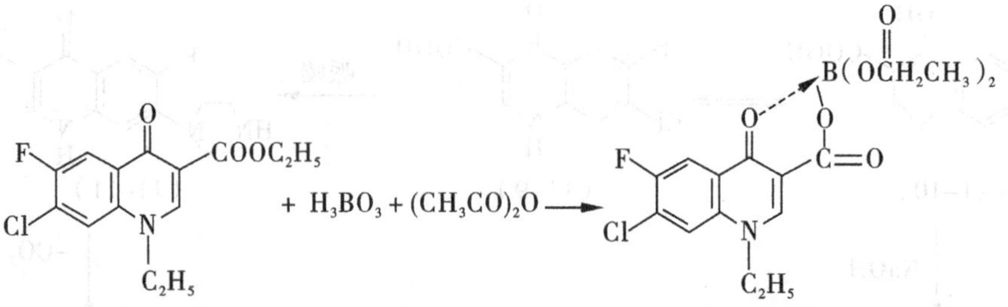

反应机制是先由硼酸与醋酐反应生成三乙酸硼酸酯,三乙酸硼酸酯再与1-乙基-7-氯-6-氟-4-氧-3-喹啉羧酸乙酯反应而得(11-13)。

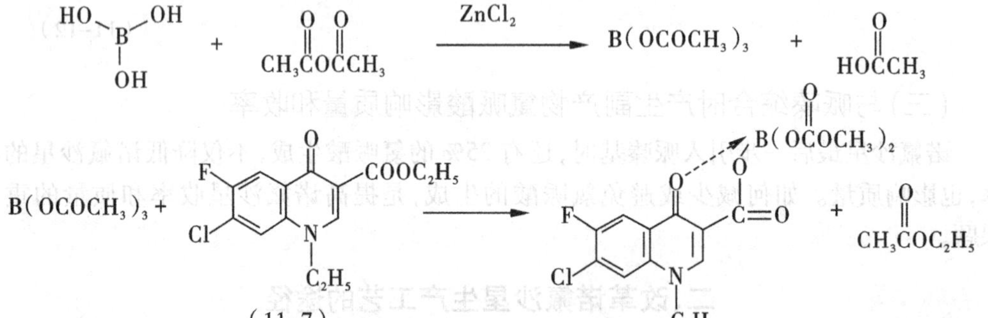

文献曾报道,用 HBF_4 或 $BF_3 \cdot Et_2O$ 作有机配体,前者是 BF_3 和 HF 的络合酸,腐蚀性大,后者要求无水操作,且两者都需要"三废"处理。也有用丙酸酐与硼酸作有机配合剂。丙酸酐国内供应不足,价格较高,现都用醋酐与硼酸在 Lewis 酸催化剂存在下制备。

(二)工艺过程

在反应釜中加入配量醋酐、无水氯化锌,再分批加入配量硼酸,室温下搅拌 30 min,再加热至 116 ℃,回流 1.5 h。然后,冷却至内温 80～90 ℃加入配量的 1-乙基-7-氯-6-氟-4-氧-3-喹啉羧酸乙酯(11-7),回流反应 2 h,反应液显红棕色。反应结束,减压蒸去乙酸乙酯,冷却至内温 10 ℃以下,加入配量冰水,于 10 ℃以下搅拌 3 h,抽滤,依次用冰水、乙醇洗,真空 40 ℃以下干燥,得灰白色结晶粉末(11-13),熔点 275 ℃。

(三)反应条件及影响因素

硼酸与醋酐反应生成硼酸三乙酰酯,此反应到达 79 ℃(其反应临界点)时才开始反应,并放出大量的热,温度急剧升高。如果量大,则有冲料的危险,建议采用较大的反应容器,并缓缓加热。

由于螯合物在乙醇中有一定的溶解度,为避免产品损失,最后洗涤时,可先用冰水洗,温度降下后,用冰乙醇再洗。制备 $B(OAc)_3$,要加入 $ZnCl_2$ 催化,引发反应。反应完减压蒸乙酸乙酯等时内温不要高。冷却至内温 100 ℃以下,方可以加冰水。

（四）工艺流程图

工艺流程见图 11-11。

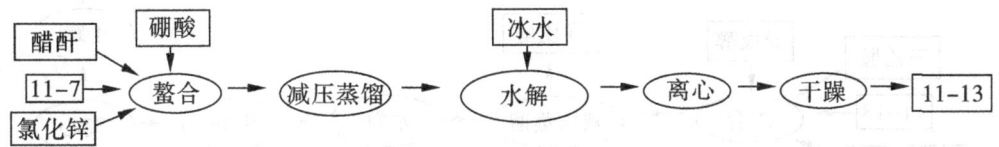

图 11-11　1-乙基-7-氯-6-氟-4-氧-3-喹啉羧酸硼酸双乙酯（硼螯合物）制备工艺流程

四、诺氟沙星的制备

（一）工艺原理

由 1-乙基-7-氯-6-氟-4-氧-3-喹啉羧酸硼酸双乙酯（硼螯合物）（11-13）与无水哌嗪亲核取代反应生成 1-乙基-6-氟-1,4-二氢-4-氧代-7-（1-哌嗪基）-3-喹啉羧酸硼酸双乙酯（11-14），再水解成诺氟沙星（11-1）。

（11-13）　　　　　　　　　　　　　　　　　　　　　（11-1）

（二）工艺过程

在反应釜中抽入配量的异戊醇，投入硼螯合物（11-13）、无水哌嗪、三乙胺于 110 ℃反应 3 h。反应完毕，回收尽异戊醇、三乙胺。然后加入 10% NaOH，回流 2 h，冷至室温。加水稀释，用乙酸调 pH 值至 7 左右，过滤，水洗，得诺氟沙星（11-1）。测熔点，熔点为 216～220 ℃。

（三）反应条件及影响因素

反应结束，减压回收异戊醇内温不能太高，温度高易有副反应。溶剂可以用吡啶、DMSO 代替异戊醇。但异戊醇价格便宜，生产成本低。

（四）工艺流程图

工艺流程见图 11-12。

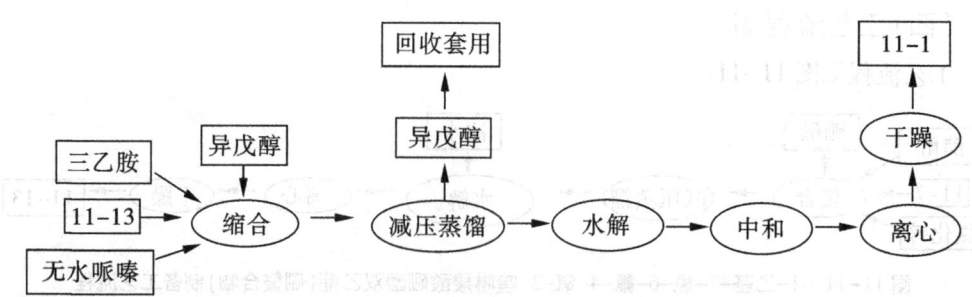

图 11-12　诺氟沙星制备工艺流程

四、诺氟沙星的制备

（四）工艺流程

工艺流程见图 11-12。

第十二章　氢化可的松的生产工艺原理

氢化可的松，化学名为 $11\beta,17\alpha,21$-三羟基孕甾-4-烯-3,20-二酮（12-1）。氢化可的松又称皮质醇。

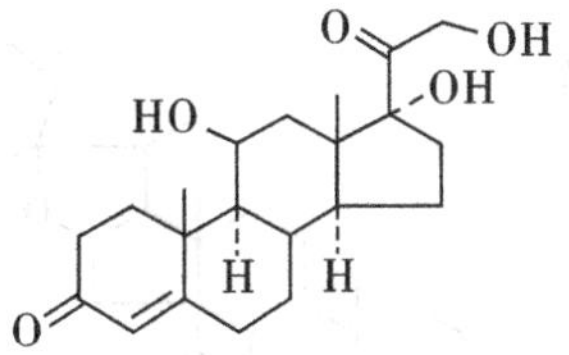

（12-1）

皮质激素类药物按其疗效可分为三类：氢化可的松与醋酸可的松等属于短效药物；泼尼松龙与泼尼松等属于中效药物；地塞米松与倍他美松等属于长效药物。

氢化可的松能影响糖代谢，并具有抗炎、抗毒、抗休克及抗过敏等作用，临床用途很广泛，主要用于肾上腺皮质功能不足、自身免疫性疾病（如肾病性慢性肾炎、系统性红斑狼疮、类风湿关节炎）、变态反应性疾病（如支气管哮喘、药物性皮炎），以及急性白血病、眼炎及何杰金氏病，也用于某些严重感染所致高热的综合治疗。本品的副作用与同类药物均相似，对充血性心力衰竭、糖尿病等患者慎用；对重症高血压、精神病、消化性溃疡、骨质疏松症忌用。临床上不能长期服用氢化可的松等皮质激素类药物，否则产生皮质激素过多症，造成水盐代谢紊乱、负氮平衡，也可能诱发精神症状。

在世界医药市场上皮质激素类药物在激素类药物的销售额中占 50%～60%，年递增率约为 10%，在我国皮质激素类药物成为激素药物中产量最大的品种。

第一节　合成路线及其选择

在最早的合成工艺中，氢化可的松的合成路线需要 30 多步合成反应，步骤长，工艺复杂，总收率低，故无工业生产的价值。实际上仅有极少数甾体药物如甲基炔诺酮、杂环甾体、扩环及缩环甾体药物才用全合成的方法制备。

环上的取代基对甾环平面都有一定的取向，这种复杂结构使得氢化可的松若用全合成的工艺制备时，反应步骤过长（全合成氢化可的松需要经 30 多步化学反应），工艺过程很复杂，总收率太低而无工业生产价值。目前国内外制备氢化可的松都采用半合成方法，即由天然产物中获取具有上述甾体基本骨架的化合物为原料，再经化学方法进行结构改造而得，习称半合成。

最早的甾体药物的合成是从墨西哥薯蓣皂素开始的。甾体药物半合成法的起始原料都是甾醇的衍生物。如从薯蓣科植物穿地龙(穿山龙、穿龙薯蓣)、黄姜、黄独、黄山药、叉蕊薯蓣(粉草薢)、川草薢等植物的根茎萃取得薯蓣皂素(12-2);从丝兰属植物剑麻中萃取得剑麻皂素(12-3);从龙舌兰植物金边龙舌兰中萃取得番麻皂素(12-4);从精炼豆油的油渣中萃取得豆甾醇(12-5)和β-谷甾醇(12-6),以及从羊毛脂中萃取得胆甾醇(12-7)等都可作为甾体药物半合成的原料。在我国薯蓣皂素曾是半合成的主要起始原料。据统计 1974 年前,60%的甾体药物的生产原料是薯蓣皂素,近年来,由于薯蓣皂素资源逐渐减少以及 C-17 边链微生物氧化降解成功,国外以豆甾醇、谷甾醇作原料的比例已上升。

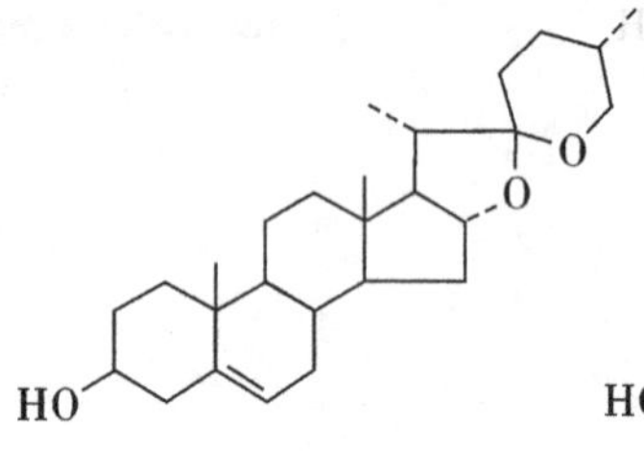

（12-2） 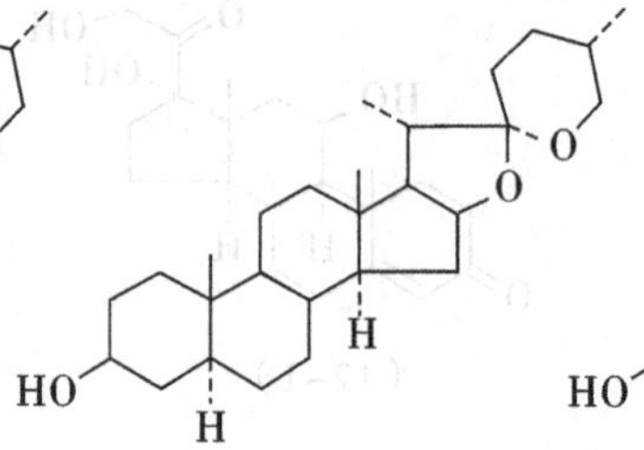　　　　　　　（12-3） 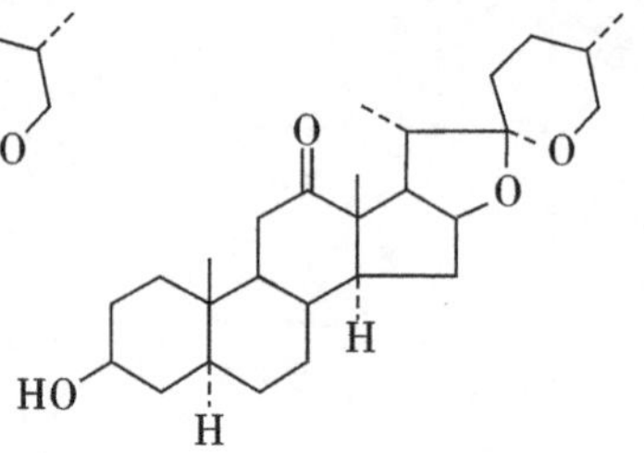　　　　　　　（12-4）

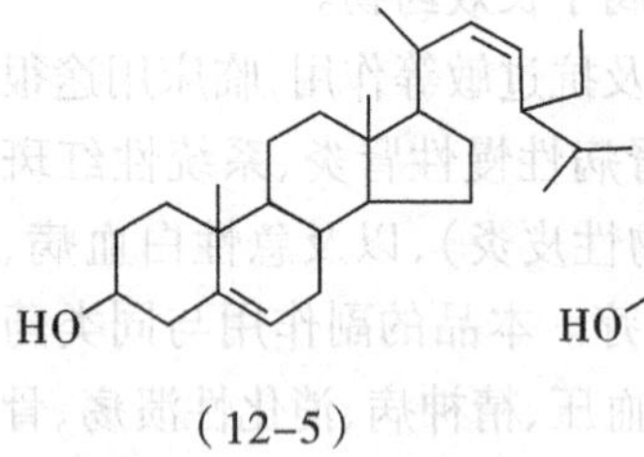

（12-5） 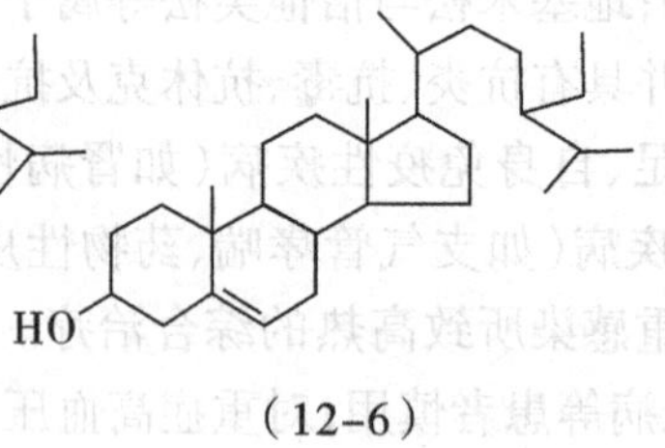　　　　　　　（12-6） 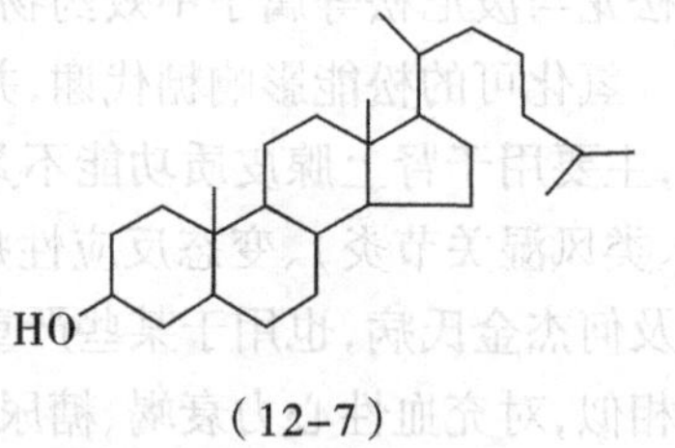　　　　　　　（12-7）

薯蓣皂素(12-2)立体构型与氢化可的松一致,A 环带有羟基,B 环带有双键,易于转化为 $\triangle^4$-3-酮的活性结构,合成工艺已相当成熟;而我国薯蓣皂素资源丰富,产量仅次于墨西哥,所以在我国仍以薯蓣皂素为半合成起始原料。剑麻皂素(12-3)和番麻皂素(12-4)等资源在我国也很丰富,但尚未充分利用。

从薯蓣皂素(12-2)转化为氢化可的松,从化学结构上可知,必须去掉薯蓣皂素中的E、F 环,通过一系列化学反应,可以得到关键中间体——双烯醇酮醋酸酯(12-8)。再以双烯醇酮醋酸酯为原料,分别通过:将 C-3 羟基转化为酮基;C-5,6 双键位移至 C-4,5位;C-3 的羟基经氧化可直接得到酮基,与此同时还伴有 $\triangle^4$ 双键的转位;C-21 位上有活性氢原子,可通过卤代之后,再转化为羟基;利用 $\triangle^{16}$ 双键的存在,可经环氧化反应转化为C-17 羟基,并且由于甾环的立体效应使 C-17 羟基恰好成为 β-构型等一系列反应,其中最关键的反应为 C-11 位 β-羟基的引入。

由于在 C-11 位周围没有活性功能基团的影响,欲应用化学方法引入 C-11 羟基是很困难的。应用微生物氧化法完美地解决了这一难题。有效的菌种是黑根霉菌和梨头霉菌;前者可专一性的在 C-11 位引入 α-羟基,因其构型恰恰相反,故还需将其氧化为酮得

醋酸可的松(12-12),再用硼氢化钾对其进行不对称还原,得到 C-11 位 β-羟基物,即氢
化可的松;梨头霉菌却能在醋酸化合物 S(12-16)的 C-11 位上直接引入 β-羟基;后者就
缩短了合成氢化可的松的工艺路线。目前国内外都采用经化合物 S,用梨头霉菌氧化合
成氢化可的松的工艺路线。这两条工艺路线见图 12-1。

　　两条工艺路线都以薯蓣皂素为起始原料,经双烯醇酮醋酸酯环氧化后,再经
Oppenauer 氧化得环氧黄体酮(12-10)。由环氧黄酮出发可有两条工艺路线:①由黑根霉
菌先在 C-11 位上引入 α-羟基后,经铬酐铬酸氧化 C-11 位 α-羟基为酮基,再上溴开环,
用 Raney 镍氢消除溴,上碘置换得醋酸可的松。成缩氨脲保护 C-11、C-20 位上酮基,用
钾硼氢还原 C-11 位上酮基使成为 β-羟基;脱去 C-11、C-20 位上保护基和水解 C-21 位
上乙酰基可得氢化可的松。②由环氧黄体酮先上溴开环、氢解除溴,上碘置换得醋酸化合
物 S,再经梨头霉菌氧化直接引入 C-11 位上 β 羟基得氢化可的松。

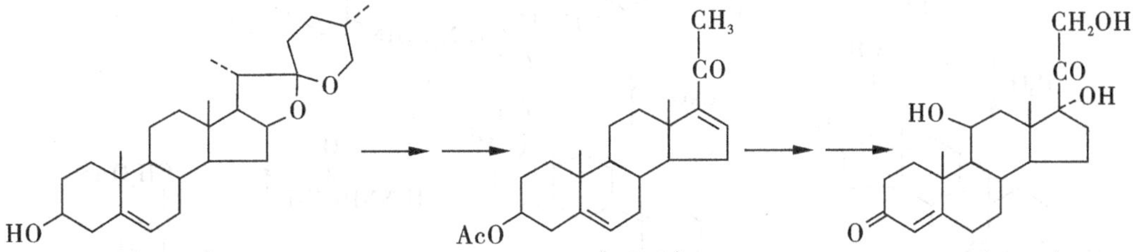

　　有关皮质激素类药物的生产情况,由于竞争激烈,对技术经济指标都严加保密。估计
我国制备双烯醇酮、化合物 S、可的松及泼尼松等的收率可能与国外接近,其他皮质激素
的收率均低于国际先进水平。就氢化可的松而言,经多年的生产实践,该工艺在国内已相
当成熟,除霉菌氧化一步与国外尚有较大差距外,其余各步均已达到国际先进水平。国外
霉菌氧化收率为 87% ~90% ,国内为 45% ~47% ,这是当前氢化可的松生产中存在的主
要问题。

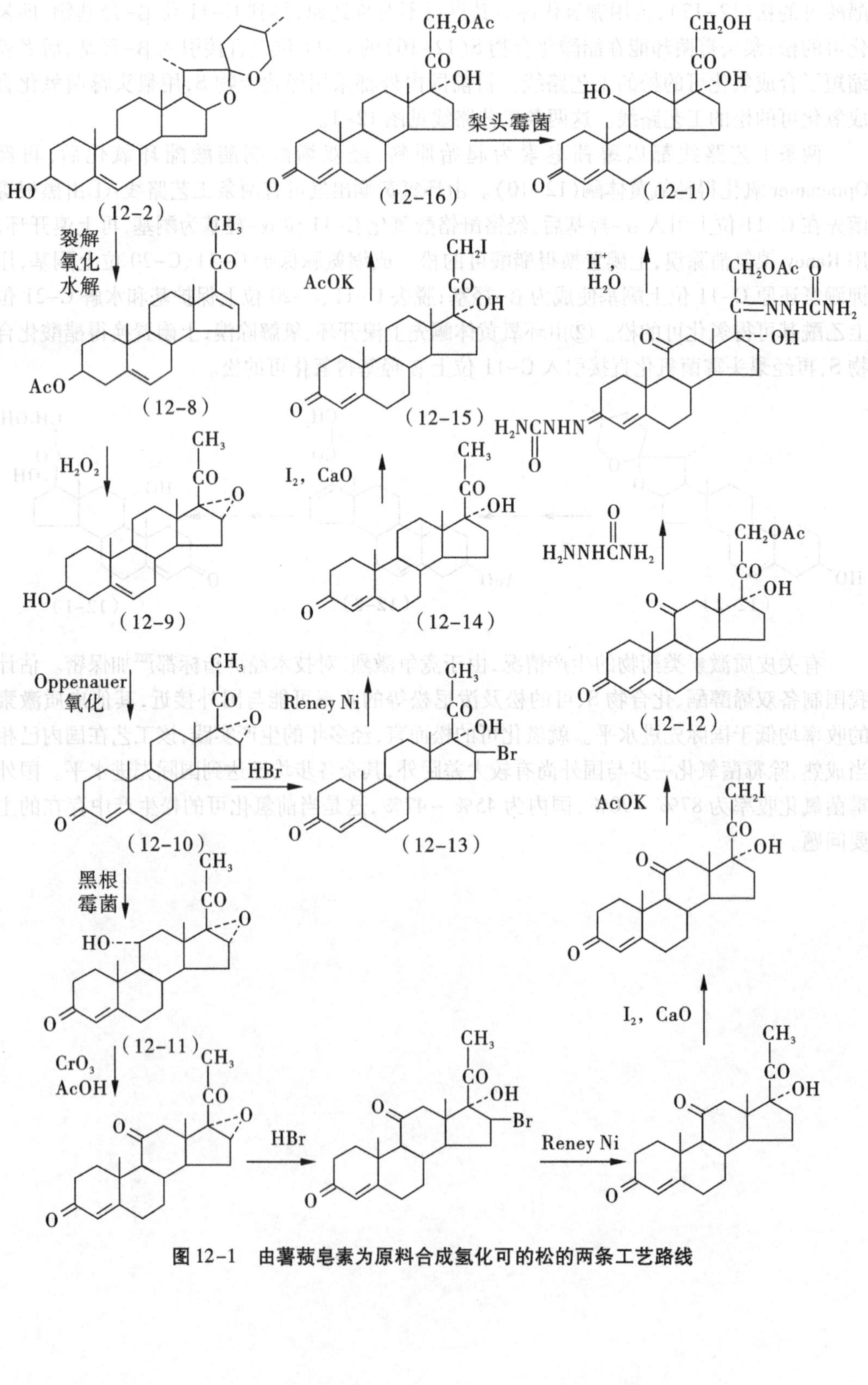

图 12-1 由薯蓣皂素为原料合成氢化可的松的两条工艺路线

第二节 生产工艺原理及其过程

以薯蓣皂素为起始原料经双烯醇酮醋酸酯、16α-17α-环氧黄体酮(12-9)、17α-羟基黄体酮(12-10)、醋酸化合物 S(12-16)等中间体制取氢化可的松(12-1)的生产工艺路线如下：

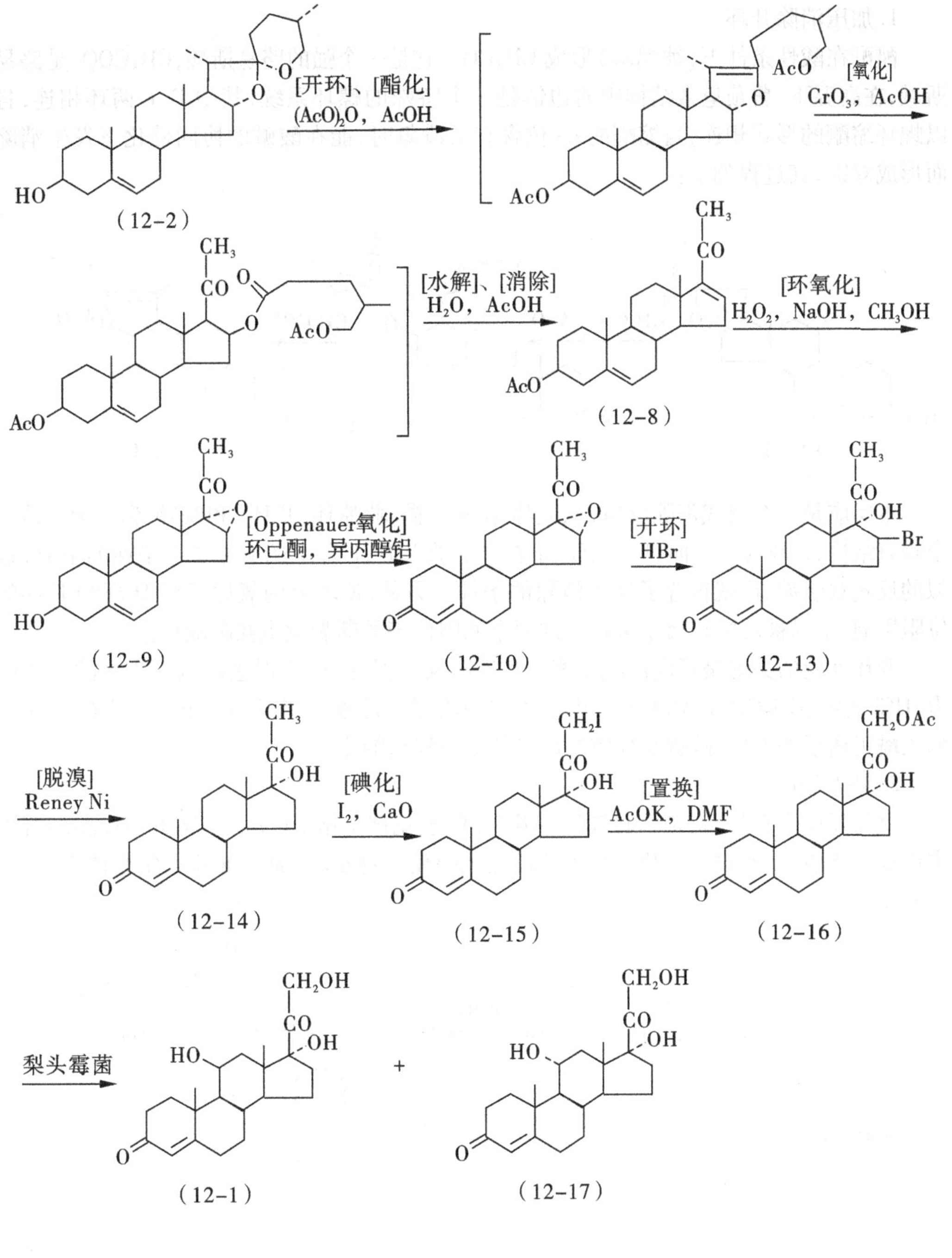
HO
(12-2)
[开环]、[酯化]
(AcO)₂O，AcOH
AcO
[氧化]
CrO₃，AcOH
CH₃
CO
AcO
[水解]、[消除]
H₂O，AcOH
(12-8)
[环氧化]
H₂O₂，NaOH，CH₃OH
(12-9)
[Oppenauer氧化]
环己酮，异丙醇铝
(12-10)
[开环]
HBr
OH
Br
(12-13)
[脱溴]
Reney Ni
(12-14)
[碘化]
I₂，CaO
CH₂I
(12-15)
[置换]
AcOK，DMF
CH₂OAc
(12-16)
梨头霉菌
CH₂OH
(12-1)
+
(12-17)

在该反应中仍有小部分的表氢可的松(12-17)生成。

一、△^{5,16}-孕甾二烯-3β-醇-20-酮-3-醋酸酯的制备

(一)工艺原理

以薯蓣皂素(12-2)为原料经加压开环、铬酐氧化开环、酸性水解、消除的过程生成△^{5,16}-孕甾二烯-3β-醇-20-酮-3-醋酸酯(12-8)。

1.加压消除开环

醋酐在酸性条件下(冰醋酸)形成 CH_3CO^+,它是一个强的路易斯酸,CH_3COO^- 是路易斯碱,在高温下,薯蓣皂素结构中的边链是一个特殊的螺环系统,其中 E、F 两环相连,且以螺环缩酮的形式相连,当缩酮的 α-位含有活泼氢时,能在酸碱的协同催化下发生消除而形成双键,其过程如下:

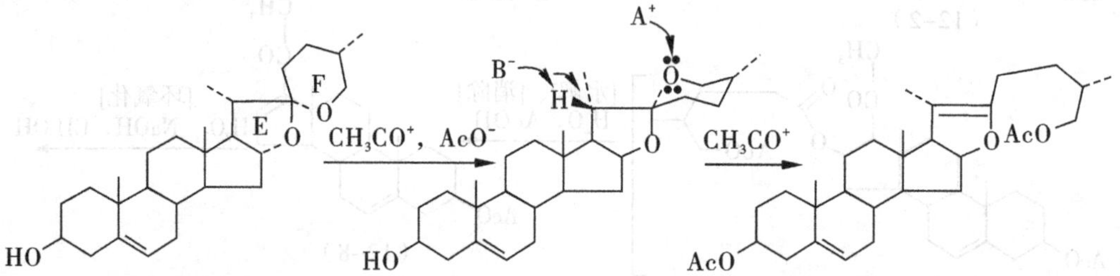

（12-2）   （Ⅰ）

本反应是一个反式消除反应,从立体结构上看,吡喃环(F 环)和呋喃环(E 环)是一个垂直结构,E 环为一平面,环的氢原子在平面的上方,F 环上的氧原子在平面的下方,近似的反式双竖键,这就符合了反式消除的条件。另外,E 环上的氧原子受 D 环和 F 环的位阻影响,不易被乙酰正离子进攻。这两个原因使键的断裂发生在吡喃环上。

开环反应的关键是形成乙酰正离子和提高反应温度,以便促进乙酰正离子的进攻能力,HCl 气体、CH_3COCl、$AlCl_3$ 或对甲苯磺酸等均促进乙酰正离子的形成。而水的存在影响乙酰正离子的形成,故这步反应要严格控制原辅料的水分。

2.氧化开环

氧化开环指 △^{20} 双键被氧化断链打开 E 环,氧化剂是铬酐(实际是铬酐在稀醋酸溶液中形成的铬酸)。双键的氧化一般不停留在二醇化合物阶段,而是继续氧化断链为酮,即 E 环开环。

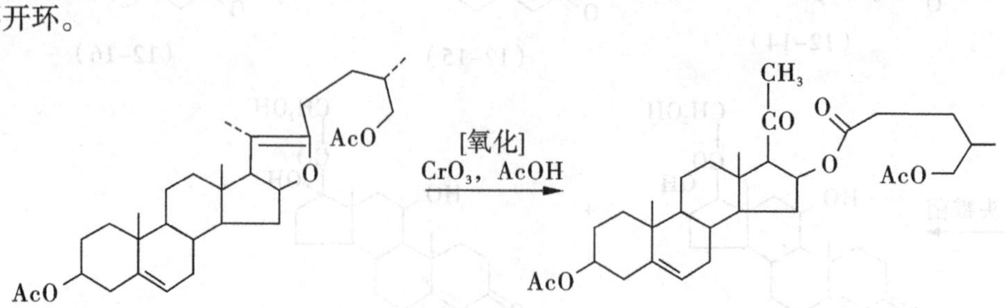

（Ⅰ）   （Ⅱ）

　　在化合物（Ⅰ）的分子结构中，有$\triangle^5$和$\triangle^{20}$二个双键，由于$\triangle^{20}$为烯醇型（烯醚型）结构，氧上的P电子与双键共轭，故$\triangle^{20}$上的电子云密度比$\triangle^5$丰富，$\triangle^{20}$处易失去电子而被氧化。在$\triangle^{20}$氧化时，除生成中间体双酮化合物之外，反应比较复杂，还伴有环氧化合物和二醇碳酸酯的生成。铬酐在稀醋酸溶液中形成铬酰阳离子与$\triangle^{20}$位双键π电子形成碳正离子中间过渡态（Ⅲ）；（Ⅲ）可能发生两种竞争性的反应，一是与水结合生成醇（Ⅳ），另一是与醋酸根结合生成酯（Ⅴ）。（Ⅳ）若发生分子内的亲核进攻得环氧化合物（Ⅵ）；若继续与水作用则水解得二醇（Ⅶ），（Ⅶ）继续氧化得开环化产物双酮化合物（Ⅱ）。（Ⅴ）经分子内的亲核进攻等一系列反应，得二醇碳酸酯（Ⅷ）。

　　氧化反应是放热反应，为控制反应温度，冷冻设备是个关键。铬盐有毒，又易污染水质，可考虑用其他氧化剂代替铬酐，如用过氧化氢和臭氧氧化，能否用于工业生产还有待进一步研究。

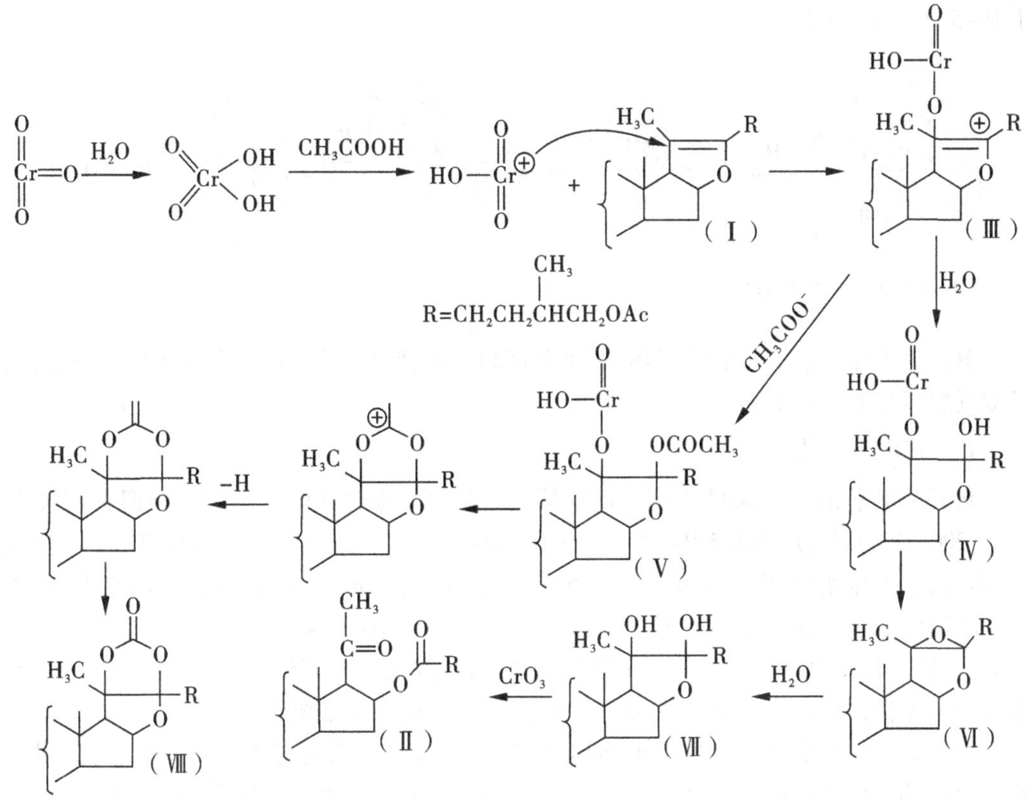

3. 酸性水解1,4消除

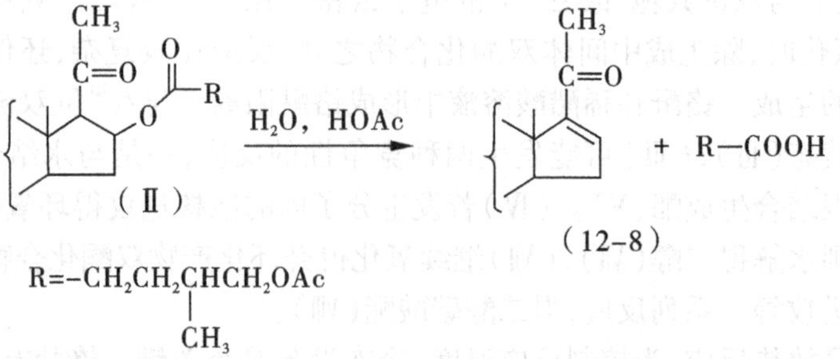

$$R=-CH_2CH_2CHCH_2OAc$$
$$\qquad\qquad CH_3$$

水解反应机制是在酸性条件下发生的 β-H 消除反应,这是在 H⁺ 的作用下能促进C-20酮发生烯醇化,当其回复为酮时,则发生 1,4 消除,生成双烯醇酮醋酸酯(12-8)和4-甲基-5-羟基戊酸酯。

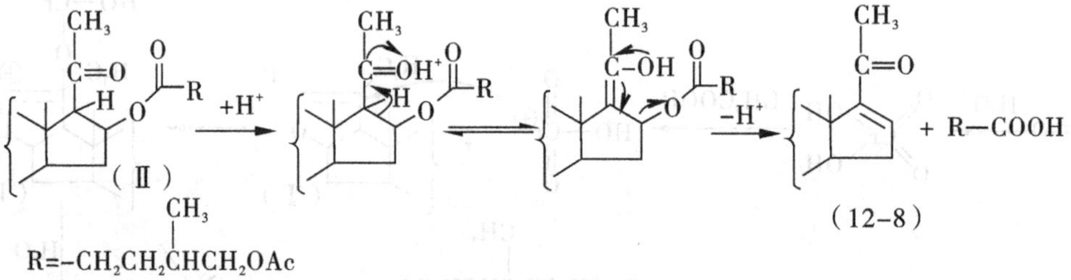

$$R=-CH_2CH_2CHCH_2OAc$$

薯蓣皂素经裂解加压消除开环、氧化开环和1,4消除反应,除去了 E 环和 F 环,得到了双烯醇酮醋酸酯(12-8)。

（二）工艺过程

将薯蓣皂素、醋酐、冰醋酸投入反应罐内,然后抽真空以排除空气。升温使温度为195~200 ℃,使罐内压力为 $3.9\times10^5 \sim 4.9\times10^5$ Pa(4.5~5.5 kg/cm²)以上,反应50 min。反应毕,冷却,加入冰醋酸,用冰盐水冷却至 5 ℃ 以下,投入预先配制的氧化剂(由铬酐、醋酸钠和水组成),反应罐内急剧升温,使其自然升温至 60~70 ℃ 保温反应20 min。当氧化完毕后,然后加热到 90~95 ℃,常压蒸馏回收醋酸,当温度升至 110 ℃ 再改减压继续回收醋酸到一定体积,冷却后,加水稀释,离心,洗涤,得双烯醇酮醋酸酯粗品。

双烯醇酮醋酸酯粗品用少量水加热溶解,再冷却成球状后与水分离,固体加适量乙醇,加热溶解,再冷至 0 ℃ 有结晶析出,甩滤,用乙醇洗涤,干燥,得双烯醇酮醋酸酯精品,熔点 165 ℃ 以上,收率55%~57%。

在精制用的乙醇母液中,含有少量的乙酰皂素和双烯醇酮醋酸酯,可用"皂化-萃取法"回收套用。将氢氧化钠加入双烯醇酮醋酸酯的乙醇母液中,使 4-甲基-5-羟基戊酸酯皂化成为钠盐;该皂化物易溶于甲醇,而母液中的双烯醇酮醋酸酯、皂素等易溶于环己烷,这样分离出的双烯醇酮醋酸酯和皂素套用于下一批投料,可提高收率约8%。

（三）反应条件及影响因素

氧化反应是放热反应,反应物料需冷却到 5 ℃ 以下;投入氧化剂后,罐内温度可上升到 90～100 ℃,如继续升温会出现溢料;为此,应注意以下几点。

(1)反应罐夹层须有冰盐水冷却。

(2)反应开始时必须开启安全阀(通天排气阀)。

(3)当反应温度超 100 ℃时,须立即停止搅拌。

(4)氧化罐最高装料量不得超过其容量的 60%。

采取上述措施,主要是防止溢料。

二、16α-17β-环氧黄体酮的制备

(一) 工艺原理

双烯醇酮醋酸酯经环氧化反应和 Oppenauer 氧化反应后,得 16α-17β-环氧黄体酮(简称环氧黄体酮或氧桥黄体酮)。

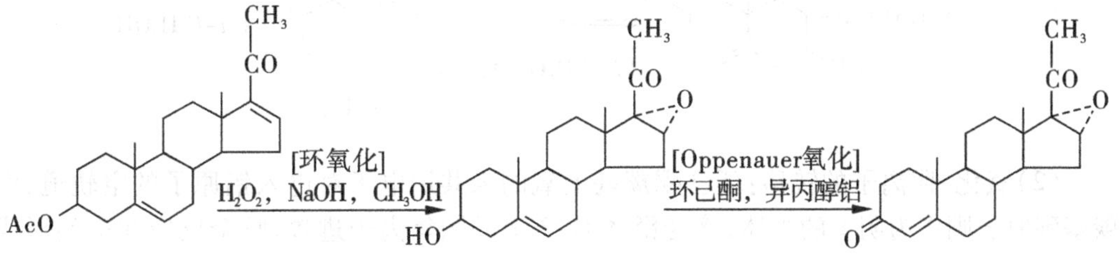

（12-8）　　　　（12-9）　　　　（12-10）

1.环氧化反应

在双烯醇酮醋酸酯的分子中,$\triangle^{16}$ 和 C-20 的羰基构成一个 α,β-不饱和酮的共轭体系,因此,这里的环氧化反应必须用亲核性环氧化试剂。即用碱性过氧化氢(双氧水)以选择性的环氧化 $\triangle^{16}$。而分子中 $\triangle^5$ 处的双键为孤立双键,它不受碱性双氧水的作用(孤立双键的环氧化反应必须用亲电性氧化试剂如过酸等)。在 α,β-不饱和酮的环氧化反应中,实质上是过氧羟基负离子对 α,β-不饱和酮的亲核性 1,4-加成反应。由于 C-17 上的乙酰基(CH_3CO^-)位于甾环的(β 位)平面之上,起着空间位阻作用,故氧化时过氧羟基负离子(HOO^-)从空间位阻小的 α 位发起进攻,所得环氧化物为 α 位,β 位的异构体很少。与此同时,C-3 位羟基上的乙酰基处于横键位置,空间位阻小,易于水解成醇,得(12-9)。

$$HOOH \xrightarrow{OH^-} HOO^- + H_2O$$

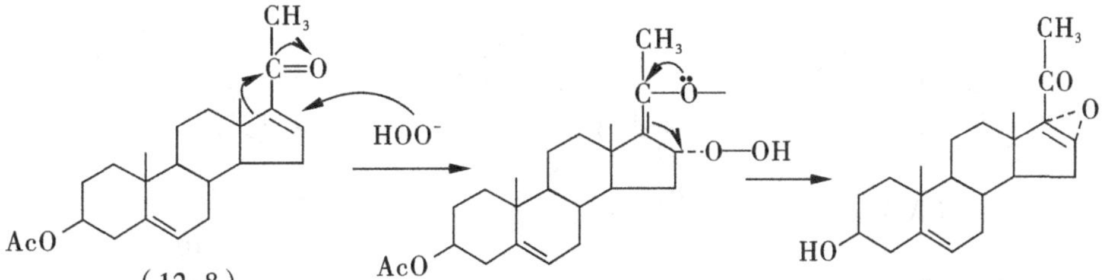

（12-8）　　　　　　　　　　　　　　（12-9）

2. Oppenauer 氧化反应

由于甾体药物结构的特点,用一般氧化剂容易氧化其他不饱和中心。Oppenauer 氧化反应能选择性的氧化为酮,而不影响分子结构中其他易被氧化的部分。它是个可逆反应。它的可逆反应是 Meerwein-Ponndorf 还原。Oppenauer 氧化反应的氧化剂为酮类如环己酮或丙酮为氢的受体,催化剂为异丙醇铝或叔丁醇铝或酚铝。

它的反应历程是被氧化的仲醇和异丙醇铝进行交换,形成一个新的醇铝化合物(Ⅰ),再与氢的受体酮中的氧原子形成络合物(Ⅱ),最后被氧化的仲醇的碳氢键上的氢起空间排列,转移到氢的受体酮(Ⅲ)上生成中间体(Ⅳ),而完成整个的氧化还原过程。氧化历程可分为 4 个阶段。

(1)烷氧基的交换:

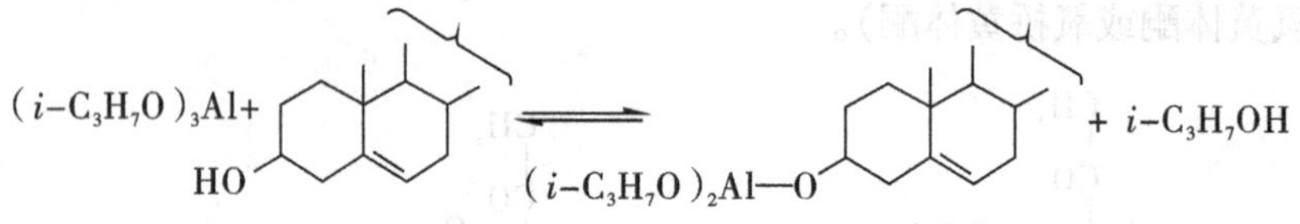

(2)氧化-阴离子的转移:环己酮羰基上氧的未共用电子对进入铝原子的空轨道,而羰基碳原子则作为阴氢的受体,接受甾体 C-3 上的阴氢离子进攻,整个反应在空间形成一个六元环的过渡态。随着电子的转移,C-3 上的氧原子与铝原子断键,氢原子带着一对成键电子对以阴氢的形式转移到环己酮,C-3 就形成酮基。

(3)双键位移重排:C-3 位上的酮基与 C-4 位上的活泼氢烯醇化,二个双键形成共轭体系,当回复为酮基时,氢加在共轭体系的末端 C-6 位上,使双键转位到 C-4 与 C-5 之间。

(4)异丙醇铝的再生(烷氧基的交换):

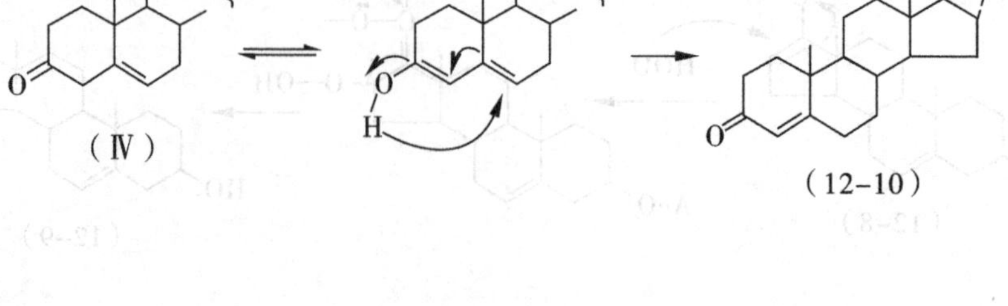

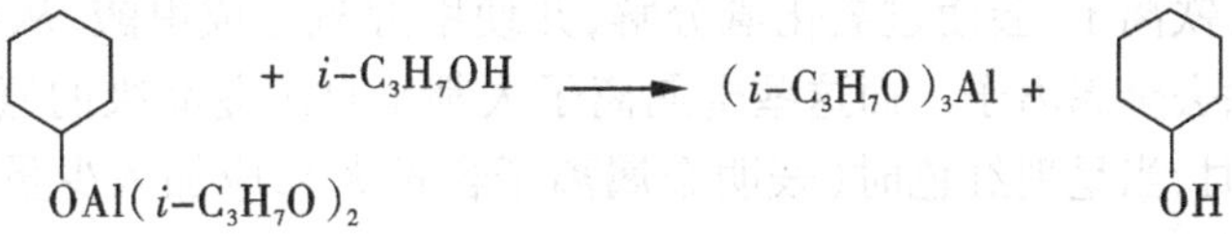

（二）工艺过程

将双烯醇酮醋酸酯和甲醇抽入反应罐内,搅拌下升温至 28～30 ℃,通入氮气,在搅拌下滴加 20% 的氢氧化钠液,加完,温度不超过 40 ℃,保温反应 20 min,降温到 28～30 ℃,逐渐加入过氧化氢,控制温度 30 ℃以下,加完,保温反应 3 h,室温放置,待抽样测定双氧水含量在 0.5% 以下,反应即告结束。环氧物(12-9)析出(熔点在 184 ℃左右)。用冰醋酸中和反应液到 pH 值为 7～8,加热至 70 ℃,减压浓缩至糊状。抽入甲苯,加热回流提取,萃取,热水洗涤甲苯萃取液至 pH 值为 7 左右。

甲苯层用常压蒸馏带水,直到馏出液澄清为止。加入环己酮,再蒸馏带水到馏出液澄清。加入预先配制好的异丙醇铝,再加热回流 1.5 h,冷却到 100 ℃以下,加入氢氧化钠液,通入蒸汽进行水蒸气蒸馏带出甲苯,趁热滤出粗品,用热水洗涤滤饼到洗液呈中性。干燥滤饼,用乙醇精制,甩滤,滤饼经颗粒机过筛、粉碎、干燥,得环氧黄体酮,熔点 207～210 ℃,收率 75%。

（三）反应条件及影响因素

(1)环氧化温度控制:严格控制反应温度不能超过 50 ℃,否则会导致过氧化氢(双氧水)分解和过氧化钠的形成,引起爆炸,并引起一些副反应,如生成 Δ^{16} 与甲醇的加成产物(Ⅰ)。但温度低于 22 ℃会使反应时间延长。另一方面,过氧化氢系强氧化剂,极易放出氧引起爆炸。因此,反应必须始终在足够的氮气下进行,避免接触空气。

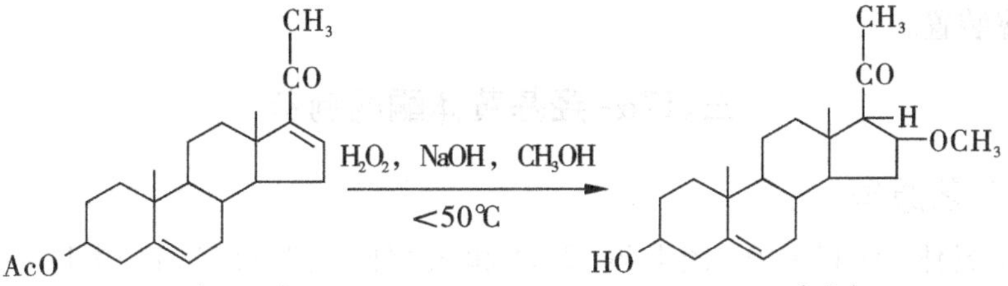

(2)过氧化氢的用量宜控制适当配比:一般双烯醇酮醋酸酯与过氧化氢的配比为 1∶1.5 左右。增加过氧化氢(H_2O_2)用量可加快反应速率,但相应的副反应速率也将加快。过氧化氢剩余量过高,容易造成爆炸事故,需加入亚硫酸氢钠除去之。

环氧化反应的终点是以测定反应液中过氧化氢的含量和环氧物的熔点为依据。若过氧化氢含量大于 0.5%,而环氧物的熔点低于 184 ℃时,则可适当提高反应温度(但不超过 45 ℃)继续反应,直至达到上述两项终点测定指标。若环氧物熔点偏低,而过氧化氢含量也低于 0.5% 时,则应适当补加过氧化氢继续反应。

(3)环氧化反应是在碱性介质中进行的,应控制碱浓度的大小。当 pH 值在 8 以下时,则环氧化反应进行不完全。且随着 pH 值的增大,副产物增多。另外,反应液中的金属离子,尤其是有铁离子,会使过氧化氢分解,并使甲醇氧化成甲酸,从而使 pH 值下降,因此,必须注意除去金属离子。而这些金属离子大都来自工业品级的氢氧化钠。所以在配制氢氧化钠液时,当呈现红色时(表明金属离子含量大),应加入少量硅酸钠使其成为硅酸盐沉淀而除去。

(4)Oppenauer 氧化为可逆反应,可增加环己酮的配料比,使反应向正方向移动,一般为理论量的 3~4 倍,否则反应太慢。

(5)Oppenauer 氧化反应应在无水条件下操作,否则异丙醇铝遇水分解。异丙醇铝遇碱也导致分解。因此,本反应操作时,设备和原辅材都应无水。环氧化合物的甲苯萃取液必须用水洗涤至中性,并彻底蒸出水。

(6)反应结束后应破坏异丙醇铝和除去铝盐。现使用氢氧化钠溶液使生成的铝盐型成水溶性的偏铝酸钠[NaAl(OH)$_4$],便于分离除去。

(7)异丙醇铝的制备:异丙醇铝是铝片和异丙醇反应而制得。为加速反应的进行,常加入少量三氯化铝,使生成少量活性更高的氯代异丙醇铝。

$$2Al+6(CH_3)_2CHOH+AlCl_3 \rightarrow 2Al[(CH_3)_2CHO]+3H_2\uparrow+ClAl[(CH_3)_2CHO]_2(少量)$$

将铝片、异丙醇、三氯化铝投入干燥反应罐中,回流冷却器的上部配置干燥装置,加热回流开始时,即可停止加热,使其自然回流反应,若铝片尚未全溶而回流停止时,可稍加热或补加一些异丙醇,直至铝片全部溶解。先常压蒸馏,后减压蒸馏回收异丙醇,冷却。密闭储存异丙醇铝,备用。

本反应需无水操作,当反应系统中含水分超过 0.2% 时,Oppenauer 氧化收率急剧下降。

本工序有氢气产生,又属放热反应,因此为一级防爆。特别注意生产安全,反应罐上应配置防爆装置。

三、17α-羟基黄体酮的制备

(一)工艺原理

由环氧黄体酮(12-10)经上溴、开环和氢解除溴等反应,制得 17α-羟基黄体酮(12-14)。

1. 开环反应

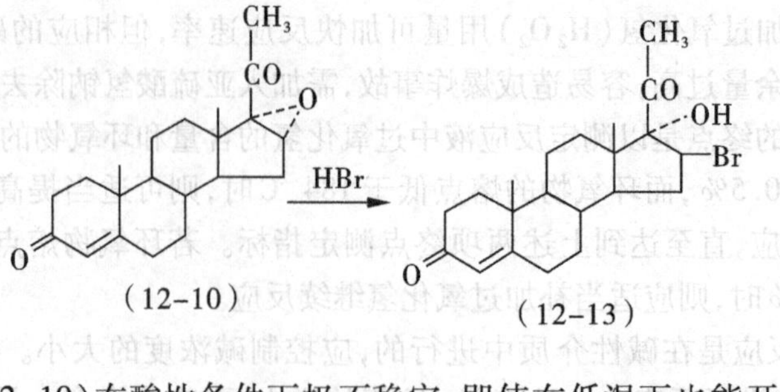

（12-10）　　　　　　　　（12-13）

环氧化合物(12-10)在酸性条件下极不稳定,即使在低温下也能开环和发生加成反应,生成反式竖键的邻位溴化醇(12-13)。因在酸性条件下环氧基的氧原子先质子化,溴负离子从环氧的背面(β-面)进攻,由于 C-17 位上有乙酰基边链的位阻影响,溴负离子只能进攻在 C-16 位上,使环氧破裂,生成 16β-溴-17α-羟基的反式加成产物(12-13)。

2. 氢解除溴

这是卤代烃类的氢解脱卤反应,氢气被催化剂 Raney 镍吸附后,形成原子态氢(H),它很活泼,使 C-16 位上的 C—Br 键断裂,并生成 C—H 键和 HBr,达到除溴的目的。在(12-13)分子中还存在有其他可被氢化的基团。根据吡啶氮上的未共用电子对更易于被活性镍吸附,因此,加入吡啶,以保护 C-3、C-20 位上酮基及 $\triangle^4$ 双键不被氢化。

（12-13）　　　　　　　　　（12-14）

（二）工艺过程

将含量 56% 的氢溴酸预冷到 15 ℃加入环氧黄体酮,温度不超过 24～26 ℃,加完后,反应 1.5 h,将反应物倾入水中,静置,过滤,再用水洗涤到中性和无溴离子(用硝酸银试液检查),得 16β-溴-17α-羟基黄体酮(12-13)。

将分离得到的固体溶于乙醇中,加入冰醋酸及 Raney 镍,封闭反应罐,尽量排出罐内空气。然后在 1.96×10^4 Pa(0.2 kg/cm²)的压力下通入氢气,于 34～36 ℃滴加醋酸铵-吡啶溶液,继续反应直到除尽溴(取少量反应液用铜丝做焰色反应)。停止通氢气,加热到 65～68 ℃保温 15 min,过滤,滤液减压浓缩回收乙醇,冷却,加水稀释。析出沉淀,过滤,用水洗涤滤饼至中性,干燥得 17α-羟基黄体酮(12-14),熔点 184 ℃,收率 95% 左右。

（三）反应条件及影响因素

（1）由于环氧黄体酮(12-10) $\triangle^{4(5)}$ 有双键,对溴氢酸中游离溴的含量加以限制,一般应低于 0.5%,否则 $\triangle^{4(5)}$ 处会发生加成反应。

（2）在氢解除溴时,为避免分子中其他部分被还原氢化,除采用上述加吡啶的保护措施外,Raney 镍的活性极为重要,活性太弱反应不能顺利进行,太强又会影响其他可被还原的基团,生产上采用中等活性的 W₂ 型活性镍。

Raney 镍表面干燥后,遇空气中的氧即迅速反应,引起燃烧,应注意安全,一般将 Raney 镍浸没在水中备用。

（3）反应中生成的溴化氢是活性镍的一种毒化剂,会阻碍反应进行,加入适量的醋酸铵,既可中和溴化氢,又可与醋酸形成缓冲溶液,以维持反应体系的 pH 值相对稳定。

（4）氢解除溴反应是一个气-固-液三相反应,必须加强搅拌效果,反应设备也必须密闭良好,以有利于反应进行。

（5）Raney 镍的制备:Raney 镍系镍铝合金(含镍 50%)和浓氢氧化钠液作用,使合金中铝溶于氢氧化钠中。因而形成多孔性海绵状的活性镍微粒,又称骨架镍,其表面积很大,能吸附大量的氢。

$$2Al-Ni+2NaOH+2H_2O\rightarrow 2Ni+2NaAlO_2+2H_2\uparrow$$

将粉状镍铝合金慢慢加入氢氧化钠溶液中,有气泡产生,当气泡很多时可加少量乙醇消沫,加完后,温度上升到 80 ℃左右。然后加热到 85 ~ 95 ℃,保温反应 4 h,反应毕,冷却,静置分出水层,用水反复洗涤,直至 pH = 10 为止。将活性镍浸于水中储存。

在制备过程中,由于反应温度,碱的浓度和用量以及反应时间、洗涤条件等不同,所得活性镍在分散程度、铝的残留量及氢的吸附量等各不相同。因此,活性镍的活性也不相同。按活性镍的活性大小顺序分为 $W_6>W_7>W_3$、W_4、$W_5>W_2>W_1>W_8$。通常制备的活性镍尚残存有 10% ~ 15% 的铝,每克活性镍可吸附 25 ~ 150 mL 的氢;铝的残存量越少,吸附的氢越多,活性越高。由于活性镍吸附的氢较多,因而干燥的活性镍在空气中可剧烈氧化而自燃。

四、$\triangle^4$孕甾烯-17α,21-二醇-3,20-二酮的制备

(一)工艺原理

羟基黄体酮(12-14)经 C-21 位上碘代(又称碘化)和置换(又称酯化)两步反应,引入乙酰氧基制得$\triangle^4$孕甾烯-17α,21-二醇-3,20-二酮醋酸酯(醋酸化合物 S,12-16)。

1. 碘代反应

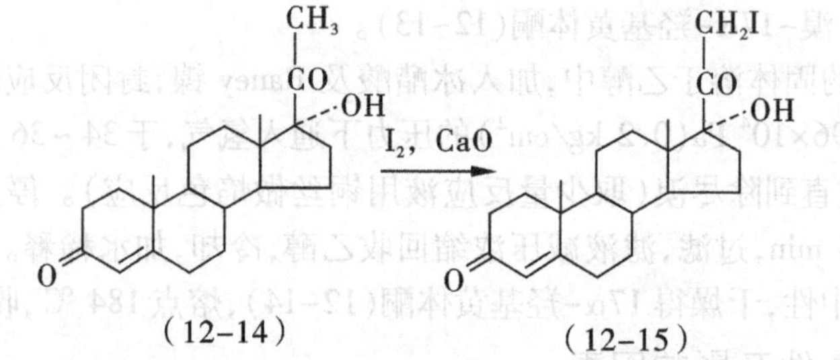

（12-14）　　　　　　　　　　　　　　　（12-15）

碘代反应属碱催化下的亲电取代反应。由于 C-20 位羰基的影响,使 C-21 位上的氢原子活泼性增加,在 OH⁻ 离子作用下,α-氢原子易脱去并与之形成水。同时碘溶在极性溶剂氯化钙-甲醇溶液中易被极化成 I^+—I^-,其中 I^+ 向 C-21 位发生亲电反应生成17α-羟基-21-碘黄体酮(12-15)。

$$CaO+H_2O\longrightarrow Ca(OH)_2\rightleftharpoons Ca^{2+}+2OH^-$$

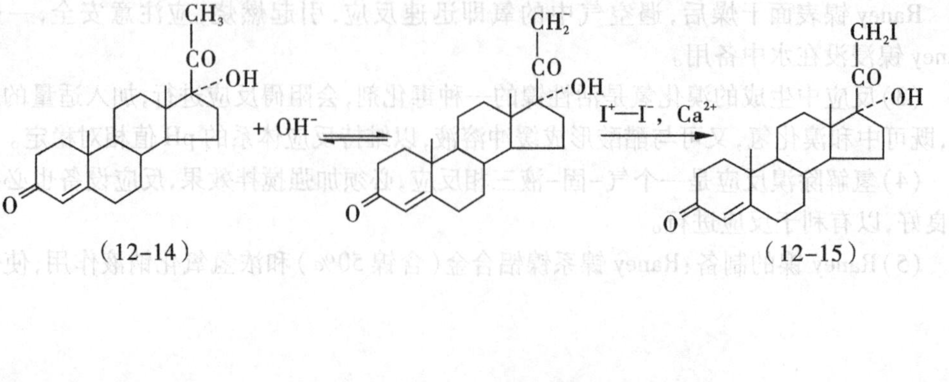

（12-14）　　　　　　　　　　　　　　　　　　　　　　（12-15）

2. 置换反应（又称酯化反应）

酯化反应是亲核取代（SN_2）反应，不能有质子存在，醋酸钾需要在非质子极性溶剂 DMF（二甲基甲酰胺）中解离为钾离子和醋酸根离子，醋酸根负离子（CH_3COO^-）向 C–21 亲核进攻，并置换出碘负离子，碘负离子和钾离子作用形成碘化钾。

（一二15）　　　　　AcOK, DMF　　　　　（12–16）

（二）工艺过程

在反应罐内投入氯仿及总量氯化钙-甲醇溶液的 1/3 量，搅拌下投入 17α-羟基黄体酮，待全溶后加入氧化钙，搅拌冷却至 0 ℃。将碘溶于其余 2/3 的氯化钙-甲醇液中，慢慢滴入反应罐，保持温度在（0±1）℃，滴毕，继续保温搅拌反应 1.5 h。加入预冷至 -10 ℃的氯化铵溶液，静置，过滤，分出氯仿层（水层可回收碘），减压回收氯仿到结晶析出。加入甲醇，搅拌均匀，减压浓缩至干，即为 17α-羟基-21-碘黄体酮。加入 DMF 总量的 3/4，使其溶解，降温到 10 ℃左右，加入新配制好的醋酸钾液（将碳酸钾溶于余下的 1/4 的 DMF 中，搅拌下加入醋酸和醋酐，升温到 90 ℃反应 0.5 h，再冷却备用）。逐步升温反应到 90 ℃，再保温反应 0.5 h，反应完毕后冷却到 -10 ℃，过滤，用水洗涤，干燥得醋酸化合物 S（12–16）。熔点为 226 ℃，收率为 95% 左右。

（三）反应条件及影响因素

（1）碘代反应的催化剂是氢氧化钙，由于氢氧化钙会呈黏稠状，不易过滤造成后处理麻烦，生产上加的是氧化钙，氧化钙与原料中所含的微量水及反应中不断生成的水作用，形成氢氧化钙，足以供碘代反应催化之用。为使氢氧化钙生成适当，应控制水分含量。

（2）必须除去过量的氢氧化钙，否则过滤困难造成产品流失。有效的措施是加入氯化铵溶液使之与氢氧化钙生成可溶性钙盐而除去。反应中生成的碘化钙也能因与氯化铵作用而除去。

$$2NH_4Cl+Ca(OH)_2 \longrightarrow CaCl_2+2NH_4Cl$$

$$2NH_4Cl+CaI_2 \longrightarrow CaCl_2+2NH_4I$$

（3）碘化物遇热易分解，在置换反应中反应温度宜逐步升高，一般在 1 h 内升至 20 ℃，然后 1 h 内升至 30 ℃，再 1 h 内升至 50 ℃，于 5 h 内逐步升温到 90 ℃。

（4）碘化物与无水碳酸钾在 DMF 中反应制备醋酸化合物 S 的工艺已应用多年，其优点是收率稳定，产物易精制。但 DMF 价贵，单耗高，且应严格控制水分。据报道，应用相转移催化以 TEBA 为催化剂，丙酮为溶剂，进行置换反应，醋酸化合物 S 的收率可提高

5%,且质量也符合生产要求。

五、氢化可的松的制备

(一) 工艺原理

应用梨头霉菌对醋酸化合物 S(12-16)进行微生物氧化,在 C-11 位引入 β-羟基,经提取,分离和精制而得到氢化可的松(12-1)。

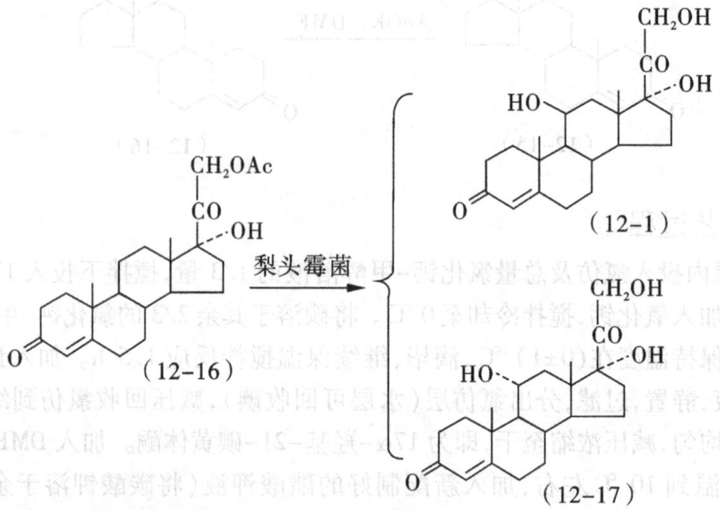

梨头霉菌氧化专属性不高,成品中除了氢化可的松即 11β-羟基化合物(简称 β-体,12-1)外,还有表氢可的松即 11α-羟基化合物(简称 α-体,12-17),以及少量其他位置的羟基化合物生成,所以在梨头霉菌氧化完毕后,还必须进行分离提纯,将 C-11 羟基化合物萃取到醋酸乙酯中。然后用甲醇-二氯乙烷为溶剂分离出 α-体和 β-体。

(二) 工艺过程

将梨头霉菌在无菌操作下于培养基上培养 7~9 d,在 26~28 ℃温度下待菌丝生长丰满,孢子均匀,无杂菌生长,即可在冰箱储存备用。将玉米浆、酵母膏、硫酸铵、葡萄糖及常水加入发酵罐中,搅拌,用氢氧化钠液调整 pH 值到 5.7~6.3,加入0.03%的豆油,在120 ℃灭菌 0.5 h,通入无菌空气,降温到 27~28 ℃,加入梨头霉菌孢子混悬液,维持罐压 5.88×10^4 Pa(0.6 kg/cm²),通气搅拌发酵 28~32 h。镜检菌丝生长,无杂菌,用氢氧化钠溶液调 pH 值到 5.5~6.0,投入发酵液体积 0.15%的醋酸化合物 S 乙醇液,调节好通气量,氧化 8~14 h,再投入发酵液体积的 0.15%的醋酸化合物 S 乙醇液,氧化 40 h,取样做比色试验检查反应终点,到达终点后,滤除菌丝,发酵液用醋酸丁酯多次提取,合并提取液,减压浓缩至适量,冷却至 0~10 ℃,过滤、干燥得氢化可的松粗品,熔点 195 ℃以上,收率 46%以上。母液中主要组分是 α-体,可将母液浓缩分离得表氢可的松(12-17)。

将氢化可的松粗品加入 16~18 倍的 8%甲醇-二氯乙烷溶液中,加热回流使其全溶,趁热过滤,滤液冷至 0~5 ℃,过滤、干燥,得氢化可的松,熔点 202 ℃以上[含表氢可的松(12-17)约3%]。上述分离物再加入 16~18 倍的甲醇或乙醇及脱色炭,加热回流使其全溶,趁热过滤,滤液冷至 0 ~ 5 ℃,析出结晶,过滤,干燥,得氢化可的松精品,熔点 212 ~ 222 ℃,收率 44% ~ 45%。氢化可的松的总收率约 18.4%(对双烯醇酮重量计)。

氧化终点的控制是用比色法来测定的,因氢化可的松可与浓硫酸显色。即取出一定量的发酵液,用四氯化碳-氯仿混合液提取,提取液加浓硫酸后呈现红色,然后和预先配制成的标准比色液(氯化钴溶液)进行比色测定。

(三)反应条件及影响因素

(1)从醋酸化合物 S 制备氢化可的松工艺中,关键的一步是梨头霉菌发酵,该工序影响因素较多:pH 值控制、培养基组成、菌体成熟状态、有机相所占比例、杂菌污染、通气量等都影响转化率。我国转化率尚在 45% 左右,而国际上已达 87% ~ 90%;投料浓度亦低,这是当前工艺上存在的主要问题。近有报道,采用诱导羟化酶的方法转化底物(醋酸化合物 S),能提高氢化可的松的收率。即在生物转化时,加入 0.04% 的醋酸化合物 S 作诱导剂对羟化酶进行预诱导,经 8 h 后,再投入醋酸化合物 S 进行发酵。氢化可的松收率可由 48.5% 提高到 68.6%。

(2)为了一步提高转化率,人们选用了新的菌株——新月弯孢霉,与梨头霉菌相比,新月弯霉菌株具有副产物少、转化率高、易分离、工艺简单等优点。两种生产菌的区别见表 12-1。

表 12-1　国内外氢化可的松生产菌情况的比较

菌种	蓝色梨头霉	新月弯孢霉
羟化酶组成	复杂	简单
副产物	较多(α-型占 1/3,其中 7α 占 30%,14α 占 11%,11α 占 20%)	单一(14α-型)
最佳转化率(粗品)	70%	90%
菌种改造难易程度	较难	较易

(3)通过添加吐温 80、β 环糊精包埋、超声波振荡三种方法对底物(12-16)进行处理,增加了底物的溶解性,对氢化可的松转化率的提高有明显的效果,具有一定的应用前景。此外,近年来随着双水相转化技术、超临界流体技术等新技术的不断发展,以及耐有机溶剂重组菌株的选育,均有望解决底物的溶解性。

(4)在萃取过程中改进了萃取设备,新的连续逆流提取工艺采用环隙式离心萃取器代替带有搅拌的金属罐。把错流萃取流程改为连续逆流萃取流程,工艺更合理、先进,做到在相同级数,较少萃取剂耗量的条件下,达到较好的萃取效果。

第三节　副产物的综合利用及"三废"治理

一、副产物的综合利用

氢化可的松半合成工艺中最大的副产物是表氢可的松(12-17),它是没有生理活性的副产物,可将表氢可的松转化为可的松或其他甾体甾素,如氟氢可的松等加以利用。

1. 工艺原理

比较表氢可的松和醋酸可的松的结构,唯一的区别是 C-11 位上的基团不同;前者为 C-11α-羟基,后者 C-11 酮基。若将 C-11 羟基氧化为羰基即得醋酸可的松。但(12-17)结构中有三个羟基,其被氧化活性顺序为:C-21 羟基>C-11α-羟基>C-17α-羟基,所以在氧化 C-11α-羟基时,应先将 C-21 羟基保护起来,有效的办法是乙酰化(12-18),然后再用铬酐、醋酸选择性的氧化 C-11α-羟基。而 C-11 相邻的 C-9 为叔碳原子,氧化时易引起 C-9 ~ C-11 碳链的断裂,故须加入少量的二氯化锰($MnCl_2$)以起缓冲作用,同时应注意控制反应温度。

2. 工艺过程

将表皮质醇、冰醋酸、醋酐、醋酸钡加入反应罐内,搅拌,控制温度在 25 ~ 30 ℃,进行乙酰化反应 6 h。反应毕,降温到 10 ℃,滴加铬酐-二氯化锰水溶液,加毕,反应 3 h。将反应液倾入冰水中,析出固体,过滤,水洗到中性,干燥,再用氯仿、甲醇精制,得醋酸可的松(12-12),熔点为 237 ~ 245 ℃,收率为 70%(对表氢可的松,以重量计)。

二、"三废"治理

对于原料药合成工艺的选择,"三废"处理是必须考虑的因素。

氢化可的松生产工艺中主要废气有锅炉废气和有机溶剂废气。反应过程的反应均采用密封进行,产生的有机蒸气很少,有机溶剂采用减压回收利用,锅炉废气排放高度按环评要求应建造为 45 m,按这些标准执行,废气标准达到国家标准。

固体废物主要为锅炉煤渣和职工生活垃圾,此外在生产工艺上还产生一定量的提取皂素的废渣,可提取农用核酸,是优质的农用肥料;有机滤泥饼渣、活性炭废渣及活性污泥,其中 85% 实现综合利用,其他运往垃圾处理场进行无害化处置。

在氢化可的松生产工艺中,主要的"三废"是含铬废水,含铬废水对人体和生物体均有剧毒。在排放的无机废水中,铬含量是重要的监测项目,含铬废水必须进行治理。

在天然的地表水和地下水中,常含有微量的铬;如在未受到污染的海水中含有 0.05 μg/L 的铬。铬也是机体不可缺少的微量元素之一,但过量摄取,特别是六价铬的过量摄取,会导致急性或慢性中毒。铬在自然界有下列几种存在形式:金属铬、Cr^{2+}、Cr^{3+} 和 Cr^{6+}。天然来源的铬大都以对人体无毒的金属铬或低毒 Cr^{3+} 存在。在含铬废水中,一般为 Cr^{3+} 和 Cr^{6+} 状态出现,已证实:Cr^{3+} 是一种蛋白质凝聚剂,其中硫酸亚铬对鱼和水生生物的毒性较大;而 Cr^{6+} 的毒性又比 Cr^{3+} 毒性高 100 倍,Cr^{6+}(如铬酸、铬酐、重铬酸钠等)被认为是致癌、致畸胎和致突变的物质。对农作物、微生物都有很大的毒害作用,它能降低生化过程的需氧量。当 Cr^{6+} 的浓度为 1 mg/L 时,生化需氧量将减少 20%,从而阻碍氮的硝化作用,使土壤板结,破坏生物机体的新陈代谢作用。由于铬(特别是 Cr^{6+})对人体和水生生物具有很大的毒性,因而世界各国对不同用途的水都规定了不同的允许含铬标准。见表 12-2。

表 12-2 含铬允许量(mg/L)

分类	中国	美国	前苏联
地面水	0.01 ~ 0.1	0.05	0.1
生活用水	0.05		0.05
农田灌溉用水	0.1 ~ 0.5	0.5	0.5

随着工业的发展,含铬废水的排放量越来越大。由于含铬废水的排放,使周围环境的地面水含铬量增高,造成污染。因此,《中华人民共和国环境保护法》和《中华人民共和国水污染防治法》中规定,所排放的含铬废水中,Cr^{6+} 的最大允许浓度不得超过 0.5 mg/L。

目前国内外正用多种方法治理含铬废水,其中包括化学还原法、活性炭吸附法、反渗透法和离子交换法等。应该指出,Cr^{6+} 是一种较特殊的离子,由于它的电荷高,离子半径小,因此在水中不是以简单的 Cr^{6+} 存在,而是以其他形式存在。其中主要有 4 种:H_2CrO_4、$HCrO_4^-$、CrO_4^{2-} 和 $Cr_2O_7^{2-}$,含铬废水的处理方法即基于铬的多种离子形式而言。

1. 化学还原法

用化学还原法处理含铬废水是将 Cr^{6+} 还原为低毒的 Cr^{3+},然后再生成氢氧化铬沉淀分离出去。将硫酸亚铁加入酸性含铬废水中,其中 Fe^{2+} 能把 $HCrO_4^-$ 和 $Cr_2O_7^{2-}$ 还原为 Cr^{3+},然后再向此溶液中加入氢氧化钠液使废液的 pH 值调至 6 ~ 8,加热到 80 ℃ 左右,并通入适量空气,则发生下列反应:

$$Fe^{2+} + 2OH^- \longrightarrow Fe(OH)_2$$
$$Fe^{3+} + 3OH^- \longrightarrow Fe(OH)_3$$
$$Cr^{3+} + 3OH^- \longrightarrow Cr(OH)_3$$

控制 Cr^{6+} 与硫酸亚铁的比例,可得到难溶于水,组成类似 Fe_3O_4 的化合物,其中部分 Fe^{3+} 被 Cr^{3+} 所代替。此种氧化物具有磁性,借助磁铁或电磁铁能使这种含铬铁氧化体沉淀物从废水中分离出来。经处理后的废水含铬量可符合国家排放标准。

2. 活性炭吸附法

对含有有机物的含铬废水,可以用活性炭吸附的方法除去 Cr^{6+},其机制可能是有机物可成为连接金属离子和炭的共吸附物。本法对含重金属水的处理情况见表 12-3。

表 12-3 活性炭吸附重金属的情况

金属	吸附前 pH 值	吸附前的浓度(mg/L)	吸附后的浓度(mg/L)	去除率(%)
镉	7.6	7.0×10^{-4}	9.0×10^{-6}	98.7
铬	7.6	4.9×10^{-2}	1.7×10^{-3}	96.5

3.反渗透法

反渗透法处理含铬废水是行之有效的方法。一种溶液与半透膜相接触时,在静压梯度的作用下,某些物质能透过膜,而其他组分基本不透过,据此能实现物质的分离。图12-2 示意了反渗透法的原理。

用半透膜隔开的蔗糖溶液和水,放置一段时间后,水会自然地穿过半透膜进行直接渗透(图 12-2a),这时糖溶液体积逐渐增大,浓度减少。当溶剂(水)停止流动即停止渗透时,即达到平衡状态(图 12-2b),这时出现一液体差,这就是渗透压产生的液体水头。如果施加一个外力,使其大于渗透压力及液体水头重力之和,则溶剂(水)即从溶液隔室渗透到盛水的隔室,这种溶剂的"倒流"现象叫反渗透(图 12-2c)。应用反渗透原理处理废水时,是在外压之下将废水与合适的膜相接触;这时只有水能透过膜,其结果是使溶解性污染物在废水隔室内浓缩,另一隔室可得到净水供循环使用。

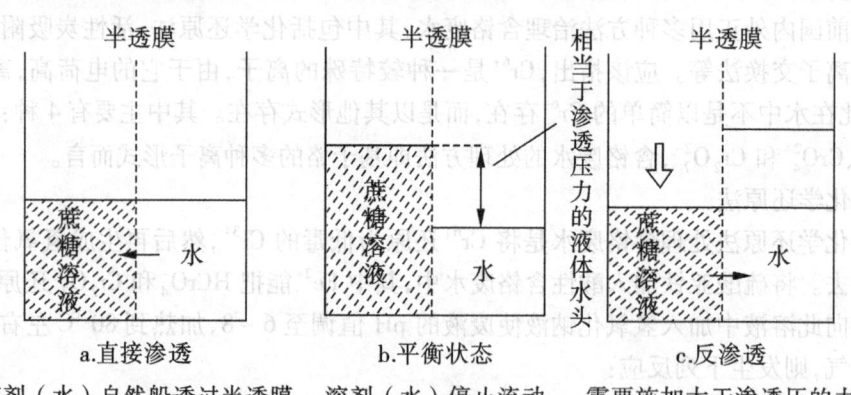

a.直接渗透　　　　　　b.平衡状态　　　　　　c.反渗透

溶剂(水)自然船透过半透膜　溶剂(水)停止流动　需要施加大于渗透压的力

图 12-2 反渗透原理示意

实际应用时,反渗透过程是在管型系统中进行的。废水在压力下(大于渗透压力值)流过一个由半透膜制成并可耐压运行的内管,净化水则从处于大气压力下的由普通管材制成的外管排出。用聚砜酰胺反渗透膜处理含铬废水,对铬酸酐(CrO_3)的脱除率达93%～97%。回收的铬酸酐和节省的水费。可在 3 年内即全部偿还反渗透设备投资费用。

4.离子交换法

用离子交换法处理含铬废水,所用的是阴离子交换树脂。常用弱碱性阴离子交换树脂对铬的去除率、树脂再生、铬的回收及树脂的转型等过程都比应用强碱性阴离子交换树脂更满意。离子交换法的主要过程和反应式如下:

离子交换、铬被吸附：$R-SO_4 + CrO_4^{2-} \rightleftharpoons R-CrO_4 + SO_4^{2-}$

树脂再生、铬被回收：$R-CrO_4 + NaOH \rightleftharpoons R-OH + NaCrO$

树脂转型：$R-OH + H_2SO_4 \rightleftharpoons R-SO_4 + H_2O$

控制适当的 pH 值是离子交换法处理含铬废水的关键。一般认为 pH 值在 2 ～ 5 之间，树脂的工作容量大，交换效率最高。这是由于含 Cr^{6+} 的 4 种存在形式之间有如下的平衡：

$$H_2CrO_4 \rightleftharpoons H^+ + HCrO_4^- \quad K_1 = 0.18$$

$$HCrO_4^- \rightleftharpoons H^+ + CrO_4^{2-} \quad K_2 = 3.2 \times 10^{-7}$$

$$2HCrO_4^- \rightleftharpoons Cr_2O_7^{2-} + H_2O \quad K_3 = 98$$

在上述 pH 值范围内，Cr^{6+} 主要以 $Cr_2O_7^{2-}$ 和 $HCrO_4^-$ 的状态存在，而不利于 CrO_4^{2-} 的存在形式。而在阳离子交换吸附树脂中，两个交换吸附基团可以交换一个 $Cr_2O_7^{2-}$ 离子或交换两个 $HCrO_4^-$ 离子，实际结果是除去了两个六价铬离子，而若以 CrO_4^{2-} 形式出现，则二个交换吸附基团只交换一个 CrO_4^{2-}，实际上只除去了一个六价铬离子。用离子交换法处理含铬废水具有效果好，占地面积小，运行费用低，并可回收铬酸和实现水的循环利用等优点，因而受到国内外的普遍重视。

参考文献

[1] 赵临襄. 化学制药工艺学[M]. 北京:中国医药科技出版社,2003.

[2] 元英进. 制药工艺学[M]. 北京:化学工业出版社,2007.

[3] 尤田耙,林国强. 不对称合成[M]. 北京:科学出版社,2006.

[4] H. U. Blaser,E. Schmidt. 工业规模的不对称催化[M]. 施小新,冀亚飞,邓卫平,译. 上海:华东理工大学出版社,2006.

[5] 尤启东,周伟澄. 化学药物制备的工业化技术[M]. 北京:化学工业出版社,2007.

[6] 丁奎岭,范青华. 不对称催化新概念与新方法[M]. 北京:化学工业出版社,2009.

[7] 林国强,孙兴文,陈耀全,等. 手性合成:不对称反应及其应用[M]. 4版. 北京:科学出版社,2010.

[8] 陈荣业,王勇. 21世纪新药合成[M]. 北京:中国医药科技出版社,2010.

[9] 张三奇. 药物合成新方法[M]. 北京:化学工业出版社,2009.

[10] 林国强. 手性合成与手性药物[M]. 北京:化学工业出版社,2008.

[11] 张万年. 药物合成设计[M]. 上海:第二军医大学出版社,2010.

[12] 张珩,杨艺虹. 绿色制药技术[M]. 北京:化学工业出版社,2006.

[13] 秦胜利,于建生. 手性药物拆分技术进展[J]. 山东化工,2011,40(3):51-54.

[14] 王蔚青,孟玲,杨叶舟. 手性药物高效毛细管电泳拆分方法的研究进展[J]. 抗感染药学,2014(4),272-275.

[15] 程永琪,手性液膜技术用于布洛芬外消旋体拆分过程的研究[D]. 北京:北京化工大学,2012.

[16] 付思敏,脂肪酶-钯复合物耦合催化芳基胺的动态动力学拆分[D]. 浙江:浙江大学,2012.